AutoCAD 2018 中文版园林设计实例教程

胡仁喜 孟培 等编著

机 械 工 业 出 版 社

本书主要讲解利用 AutoCAD 2018 绘制各种景观与园林设计施工图的方法与技巧。

全书分为 3 篇 10 章，第 1 篇为基础知识篇，第 2 篇为园林设计单元篇，第 3 篇为综合实例篇，分别讲述了园林绿地设计、带状公园设计。

本书针对 AutoCAD 初、中级用户以及对景观与园林设计比较了解的技术人员而编写，旨在帮助读者用较短的时间快速熟练地掌握使用 AutoCAD 2018 绘制各种景观与园林设计的技巧，并提高建筑景观与园林设计的质量。

图书在版编目（CIP）数据

AutoCAD 2018 中文版园林设计实例教程/胡仁喜等编著. —3 版. —北京：机械工业出版社，2017.9

ISBN 978-7-111-58169-7

Ⅰ. ①A… Ⅱ. ①胡… Ⅲ. ①园林设计—计算机辅助设计—AutoCAD软件—教材 Ⅳ. ①TU986.2-39

中国版本图书馆 CIP 数据核字(2017)第 243405 号

机械工业出版社（北京市百万庄大街 22 号　邮政编码 100037）
责任编辑：曲彩云　　　　责任印制：孙　炜
北京中兴印刷有限公司印刷
2017 年 10 月第 3 版第 1 次印刷
184mm×260mm · 26.5 印张 · 641 千字
0001－3000 册
标准书号：ISBN 978-7-111-58169-7
定价：79.00 元

凡购本书，如有缺页、倒页、脱页，由本社发行部调换

电话服务		网络服务
服务咨询热线：	010-88361066	机工官网：www.cmpbook.com
读者购书热线：	010-68326294	机工官博：weibo.com/cmp1952
	010-88379203	金 书 网：www.golden-book.com
编辑热线：	010-88379782	教育服务网：www.cmpedu.com

前　言

AutoCAD 不仅具有强大的二维平面绘图功能，还具有出色的、灵活可靠的三维建模功能，是进行园林设计最为有力的工具与途径之一。使用 AutoCAD 绘制园林图，不仅可以利用人机交互界面实时进行修改，快速地把设计人员的创意反映到设计中去，而且可以看到修改后的效果，从多个角度进行观察，是园林设计的得力工具。

一、本书特色

- 作者权威

本书作者有多年的计算机辅助园林设计领域工作经验和教学经验。本书是作者总结多年的设计经验以及教学的心得体会精心编著，力求全面细致地展现出 AutoCAD 2018 在园林设计应用领域的各种功能和使用方法。

- 实例专业

本书中引用的实例都来自园林设计工程实践，实例典型、实用。这些实例经过作者精心提炼和改编，不仅保证了读者能够学好知识点，更重要的是能够帮助读者掌握实际的操作技能。

- 提升技能

本书从全面提升园林设计与 AutoCAD 应用能力的角度出发，结合具体的案例来讲解如何利用 AutoCAD 2018 进行园林设计，真正让读者懂得计算机辅助园林设计，从而独立地完成各种园林设计。

- 内容全面

本书在有限的篇幅内，包含了 AutoCAD 常用的功能以及常见的园林设计类型讲解，涵盖了 AutoCAD 绘图基础知识、园林设计基础技能、园林单元设计、综合园林设计等知识。读者只要有本书在手，AutoCAD 园林设计知识全精通。本书不仅有透彻的讲解，还有非常典型的工程实例。通过实例的演练，能够帮助读者找到一条学习 AutoCAD 园林设计的捷径。

- 知行合一

本书结合典型的园林设计实例详细讲解 AutoCAD 2018 园林设计知识要点，让读者在学习案例的过程中潜移默化地掌握 AutoCAD 2018 软件操作技巧，同时培养读者工程设计实践能力。

二、本书主要内容

本书以新发布的 AutoCAD 2018 版本为演示平台，全面介绍了 AutoCAD 园林设计从基础到实例的全部知识，帮助读者从入门走向精通。全书分为 3 篇共 10 章。

第 1 篇基础知识篇—— 介绍必要的基本操作方法和技巧

第 1 章　AutoCAD 2018 入门

第 2 章　二维绘图命令

第 3 章　编辑命令

第 4 章　文字、标注与表格

第 5 章　辅助工具

第 2 篇园林设计单元篇—— 详细讲解园林设计单元的设计方法

第 6 章　园林建筑

第 7 章　园林小品

第 8 章　园林水景

第 9 章　园林绿化设计

第 3 篇综合实例篇—— 详细讲解各种典型园林类型设计方法

第 10 章　带状公园设计

三、本书电子资料使用说明

本书所有实例操作需要的原始文件和结果文件，以及上机实验实例的原始文件和结果文件，都在随书电子资料包的“源文件”目录下，读者可以复制到计算机硬盘下参考和使用。

随书配送的电子资料包中包含所有实例的文件，并制作了全程实例动画 AVI 文件以及 AutoCAD 操作技巧集锦和 AutoCAD 建筑设计、室内设计、电气设计的相关操作实例的录屏讲解 AVI 电子教材，总教学时长达 3000 分钟。为了增强教学的效果，更进一步方便读者的学习，对实例动画进行了配音讲解。利用精心设计的多媒体界面，读者可以像看电影一样轻松愉悦地学习本书。读者可以登录百度网盘地址：http://pan.baidu.com/s/1hr9GotQ 下载，密码：8uxr（读者如果没有百度网盘，需要先注册一个才能下载）。电子资料包中有两个重要的目录希望读者关注，“源文件”目录下是本书所有实例操作需要的原始文件和结果文件，以及上机试验实例的原始文件和结果文件。“动画演示”目录下是本书所有实例的操作过程视频 AVI 文件，总时长为 8 小时 30 分钟左右。

如果读者对本书提供的多媒体界面不习惯，也可以打开该文件夹，选用自己喜欢的播放器进行播放。

本书由三维书屋工作室总策划，**Autodesk 中国认证考试中心首席专家胡仁喜博士和孟培**等编著，康士廷、李鹏、周冰、董伟、李瑞、王敏、刘昌丽、张俊生、王玮、张日晶、王艳池、阳平华、袁涛、闫聪聪、王培合、路纯红、王义发、王玉秋、杨雪静、卢园、王渊峰、王兵学、孙立明、甘勤涛、李兵、徐声杰、李亚莉等参加了部分编写工作。本书的编写和出版得到了很多朋友的大力支持，值此图书出版发行之际，向他们表示衷心的感谢。

本书虽几易其稿，但由于时间仓促，加之水平有限，书中不足之处在所难免，望广大读者登录 www.sjzswsw.com 或联系 win760520@126.com 批评指正，作者将不胜感激，也欢迎加入三维书屋图书学习交流群（QQ：379090620）交流探讨。

编　者

目　录

第1篇

基础知识篇

本章导读：

本篇主要介绍 AutoCAD 2018 的基础知识，目的是为下一步园林设计案例讲解进行必要的知识准备。内容主要包括 AutoCAD 2018 的基本绘图方法、快速绘图工具的使用以及各种基本园林设计模块的绘制方法。

内容要点：

- 园林设计基本概念
- AutoCAD 2018 基础知识
- 二维绘图和编辑命令
- 辅助工具

第 1 章　AutoCAD 2018 入门

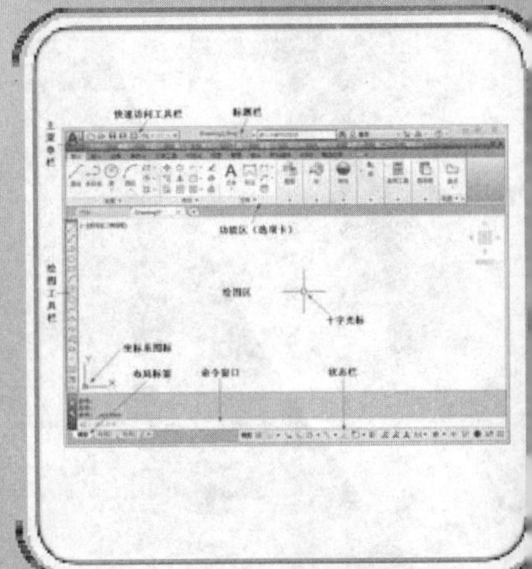

本章将循序渐进地介绍 AutoCAD 2018 绘图的基本知识。帮助读者了解操作界面基本布局，掌握如何设置图形的系统参数，熟悉文件管理方法，学会各种基本输入操作方式，熟练进行图层设置、应用各种绘图辅助工具等。为后面进入系统学习准备必要的知识。

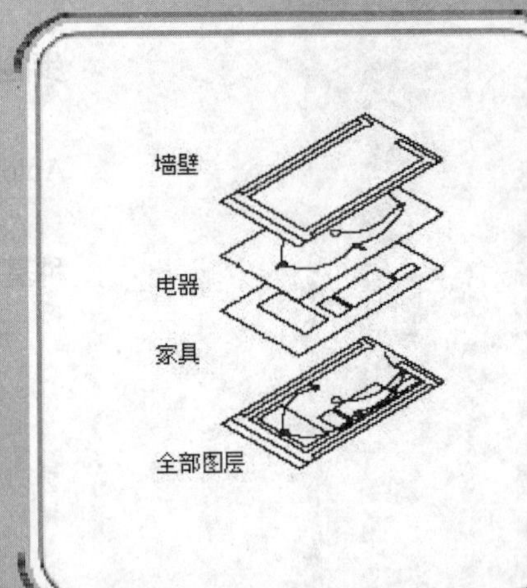

- 操作界面
- 配置绘图系统
- 图层设置
- 绘图辅助工具
- 基本输入操作

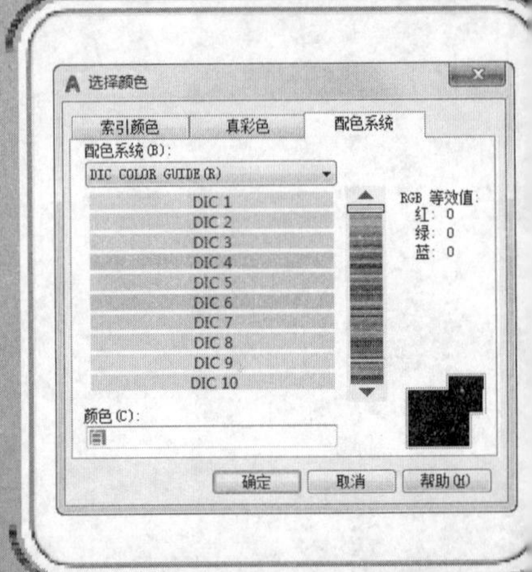

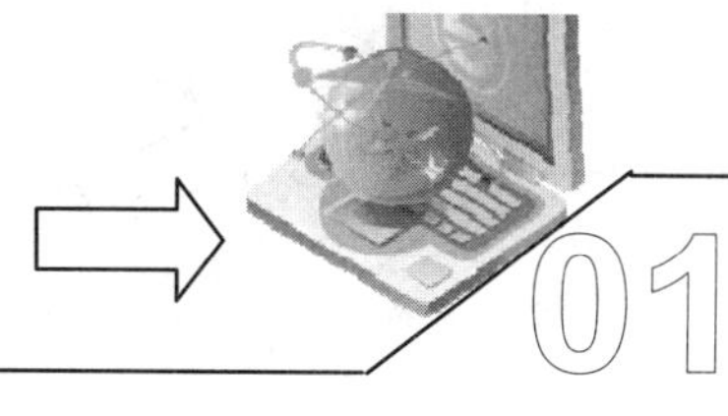

1.1 操作界面

AutoCAD 的操作界面是 AutoCAD 显示、编辑图形的区域。启动 AutoCAD 2018 后的默认界面体现了 AutoCAD 2018 的新界面风格，采用草图与注释的界面介绍，如图 1-1 所示。

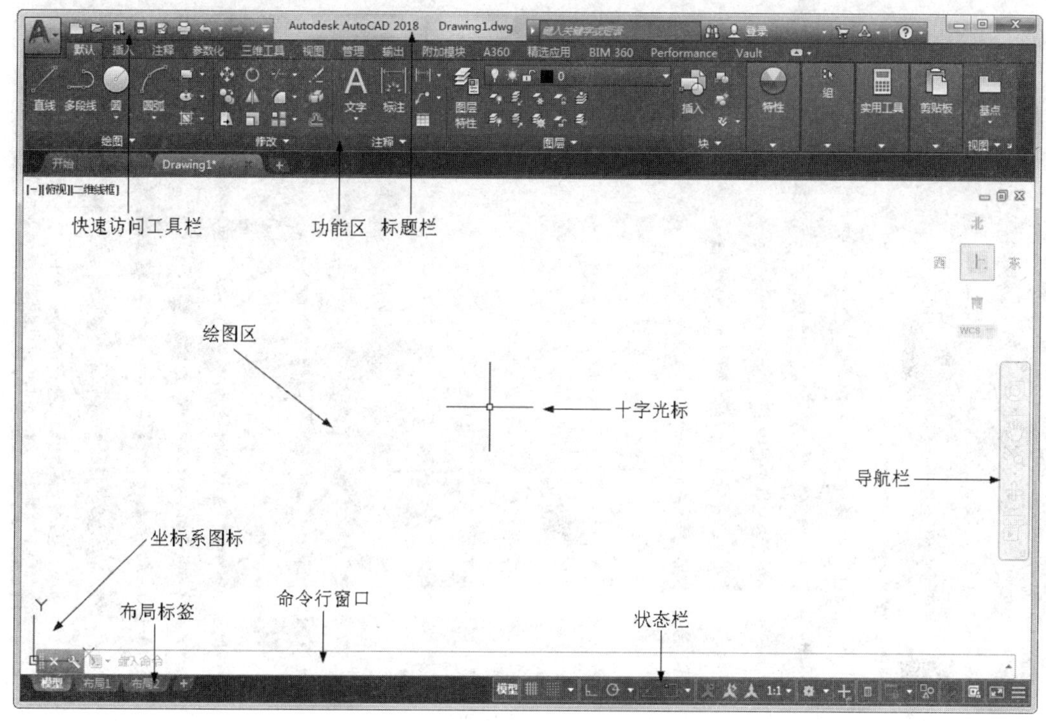

图 1-1 AutoCAD 2018 中文版操作界面

注 意

安装 AutoCAD 2018 后，默认的界面如图 1-2 所示，在绘图区中右击鼠标，打开快捷菜单，如图 1-3 所示。选择“选项”命令，打开“选项”对话框，选择“显示”选项卡，在窗口元素对应的“配色方案”中设置为“明”，如图 1-4 所示。单击确定按钮，退出对话框，继续单击“窗口元素”区域中的“颜色”按钮，将打开图 1-5 所示的“图形窗口颜色”对话框，单击“图形窗口颜色”对话框中“颜色”下拉箭头，在打开的下拉列表中，选择白色。然后单击“应用并关闭”按钮，继续单击“确定”按钮，退出对话框，其界面如图 1-6 所示。

具体的转换方法是：单击界面右下角的“切换工作空间”按钮，在打开的菜单中选择“草图与注释”选项，如图 1-7 所示，系统转换到草图与注释界面。

一个完整的草图与注释操作界面包括快速访问工具栏、交互信息工具栏、功能区、标题栏、绘图区、十字光标、菜单栏、工具栏、坐标系、命令行窗口、状态栏、状态托盘、布局标签和滚动条等。

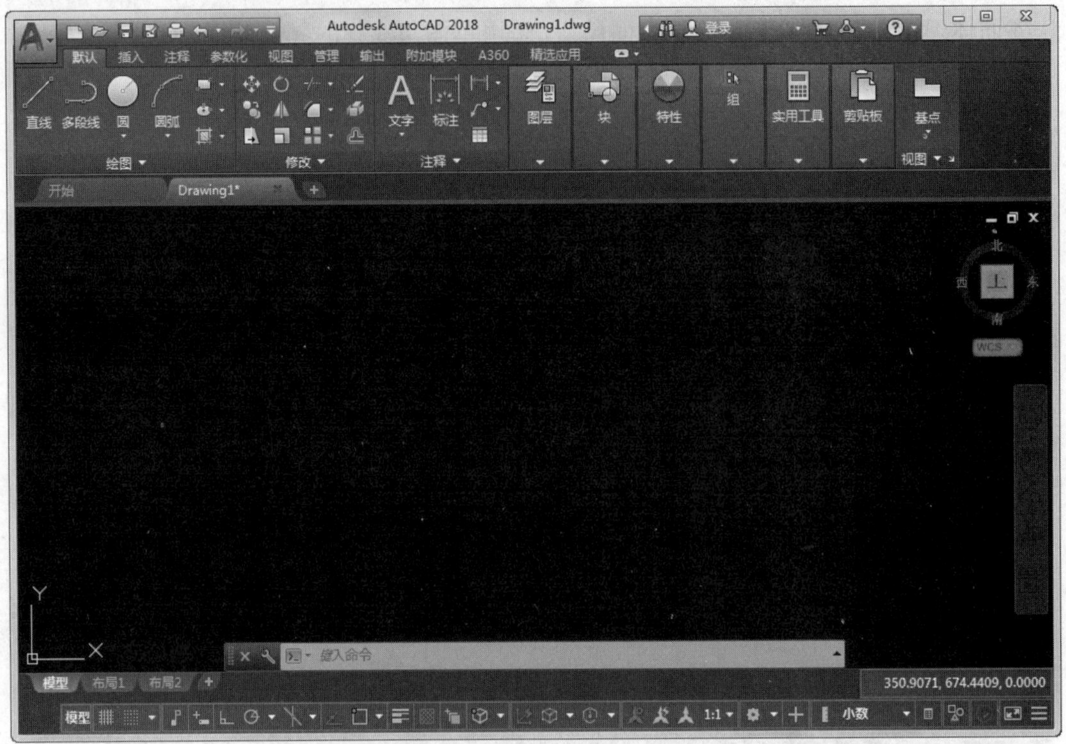

图 1-2　默认界面

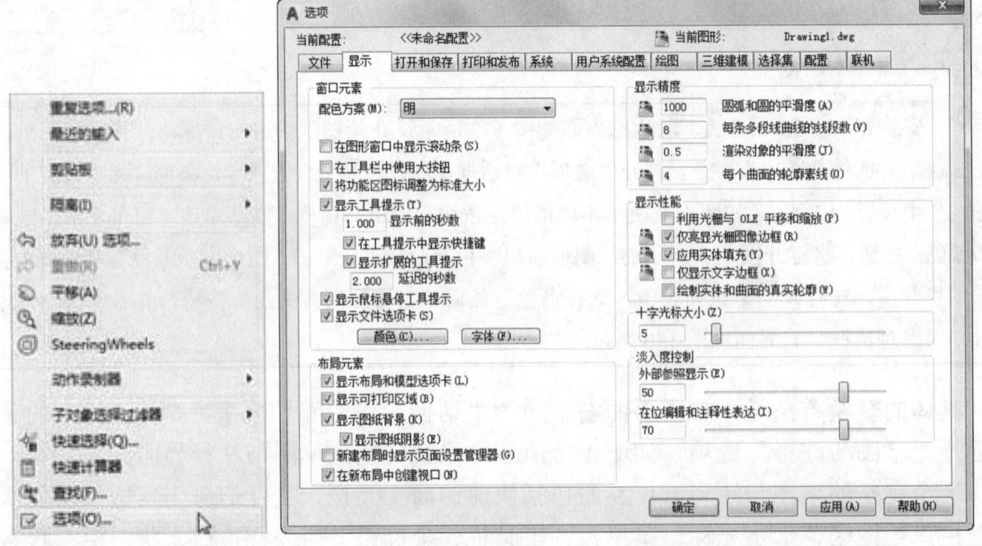

图 1-3　快捷菜单　　　　图 1-4　“选项”对话框

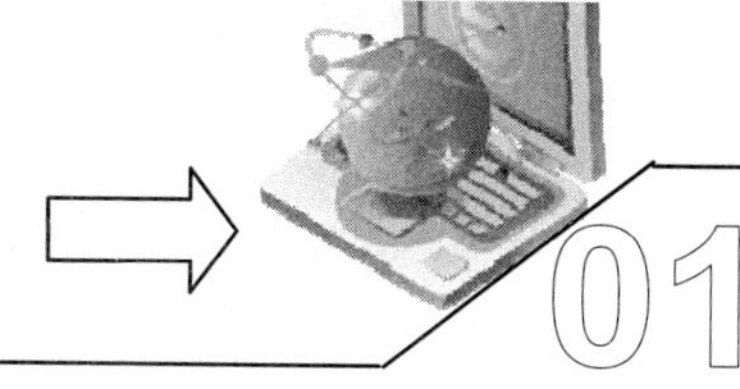

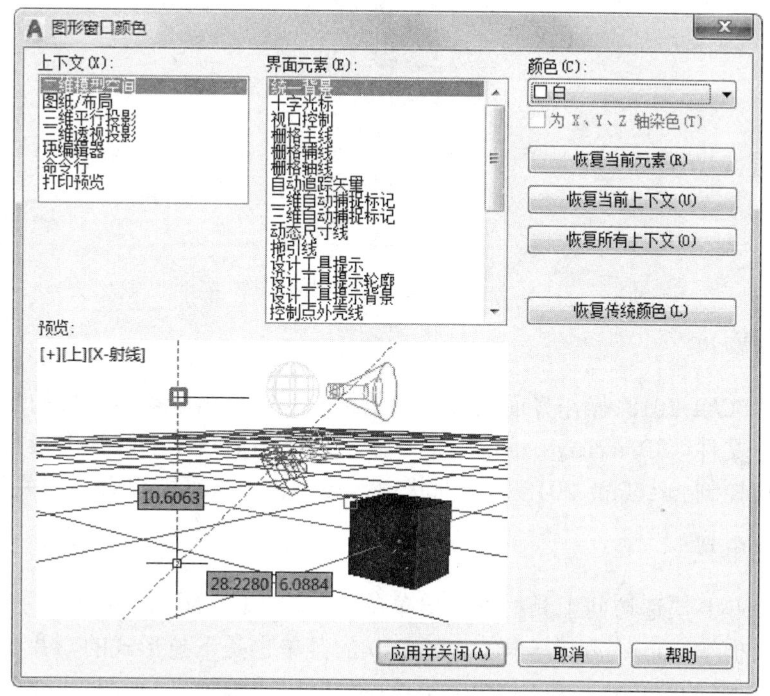

图 1-5 “图形窗口颜色”对话框

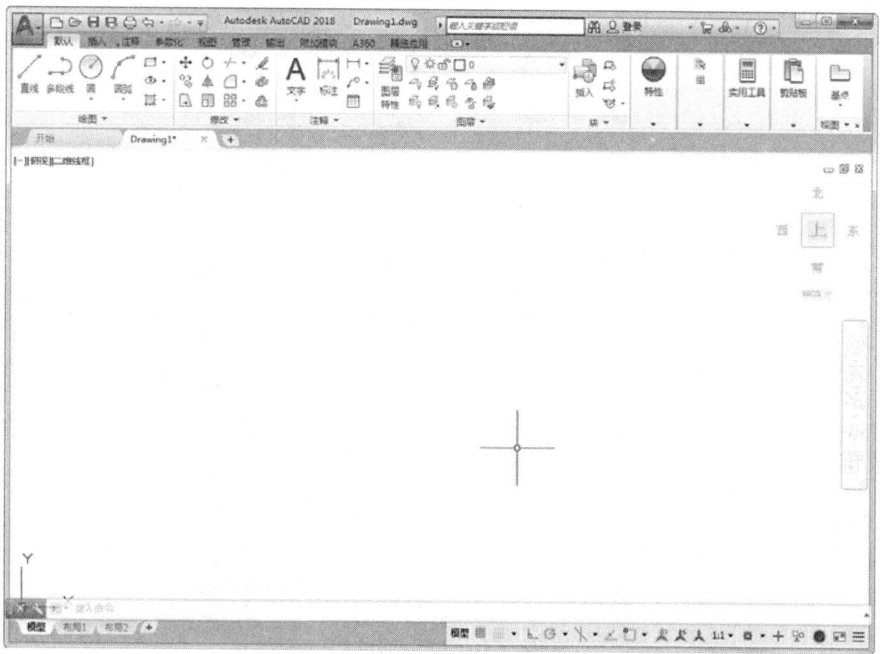

图 1-6 AutoCAD 2018 中文版的操作界面

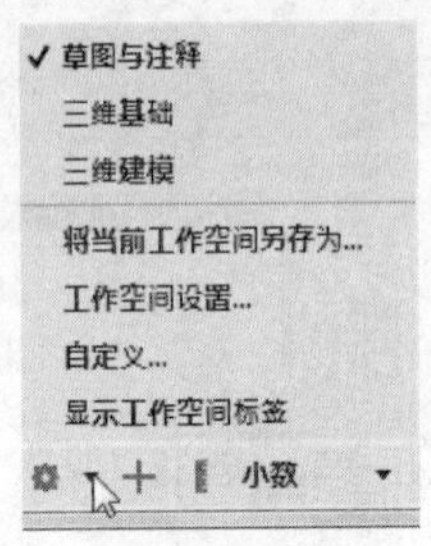

图 1-7　工作空间转换

1.1.1　标题栏

在 AutoCAD 2018 操作界面的最上端是标题栏，显示了当前软件的名称和用户正在使用的图形文件，“DrawingN.dwg”（N 是数字）是 AutoCAD 的默认图形文件名；最右边的 3 个按钮控制 AutoCAD 2018 当前的状态：最小化、恢复窗口大小和关闭。

1.1.2　菜单栏

在 AutoCAD 快速访问工具栏处调出菜单栏，如图 1-8 所示。调出后的菜单栏如图 1-9 所示。同其他 Windows 程序一样，AutoCAD 的菜单也是下拉形式的，并在菜单中包含子菜单。AutoCAD 的菜单栏中包含 12 个菜单：“文件”“编辑”“视图”“插入”“格式”“工具”“绘图”“标注”“修改”“参数”“窗口”和“帮助”，这些菜单几乎包含了 AutoCAD 的所有绘图命令，后面的章节将对这些菜单功能作详细讲解。

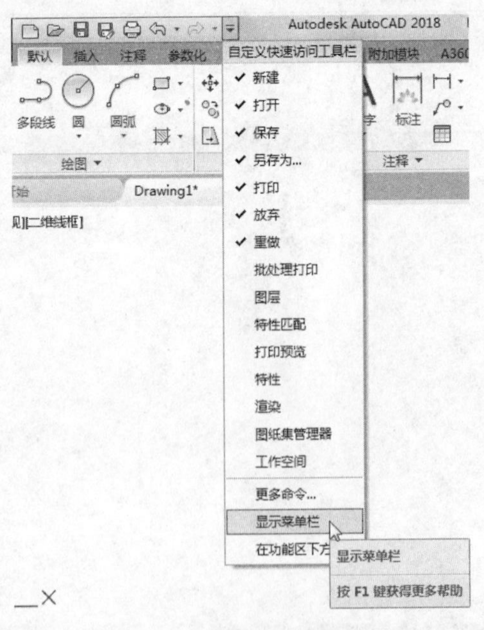

图 1-8　调出菜单栏

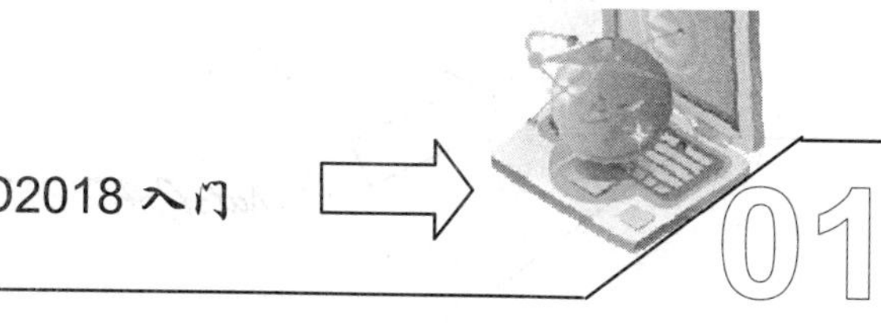

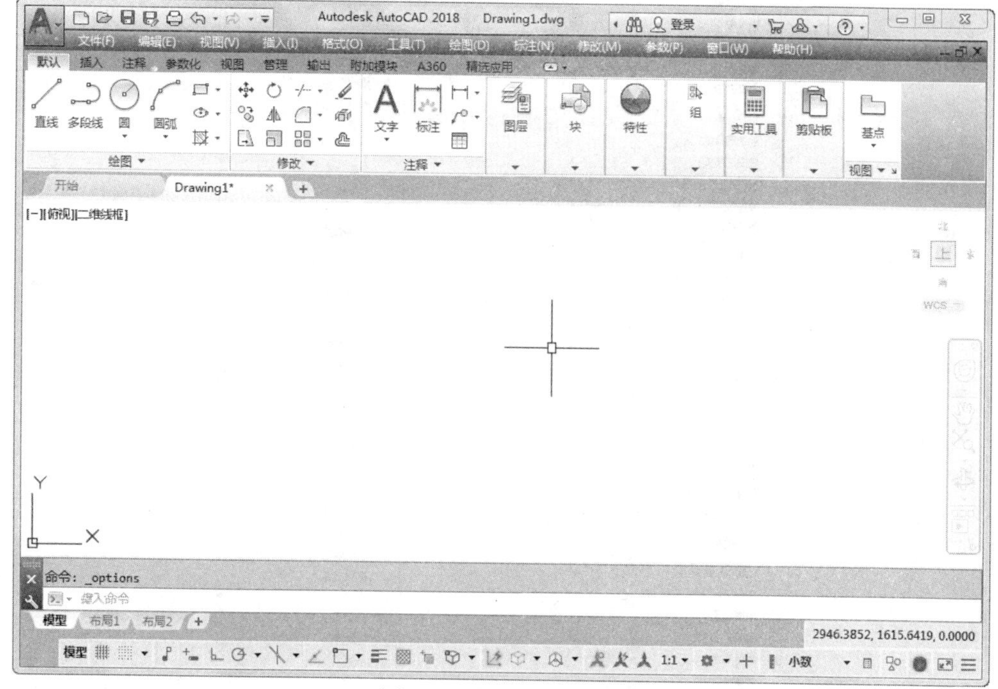

图 1-9　菜单栏显示界面

一般来讲，AutoCAD 2018 下拉菜单有以下 3 种类型：

1）右边带有小三角形的菜单项，表示该菜单后面带有子菜单，将光标放在上面会打开它的子菜单。

2）右边带有省略号的菜单项，表示单击该项后会打开一个对话框。

3）右边没有任何内容的菜单项，选择它可以直接执行一个相应的 AutoCAD 命令，在命令提示窗口中显示出相应的提示。

1.1.3　工具栏

工具栏是一组按钮工具的集合，选择菜单栏中的“工具”→“工具栏”→“AutoCAD”，调出所需要的工具栏，把光标移动到某个按钮上，稍停片刻即在该按钮的一侧显示相应的功能提示，此时，单击按钮就可以启动相应的命令了。

1）设置工具栏。AutoCAD 2018 提供了几十种工具栏，选择菜单栏中的“工具”→“工具栏”→“AutoCAD”，调出所需要的工具栏，如图 1-10 所示。单击某一个未在界面显示的工具栏名，系统自动在界面打开该工具栏；反之，关闭工具栏。

2）工具栏的“固定”“浮动”与“打开”。工具栏可以在绘图区“浮动”显示（见图 1-11），此时显示该工具栏标题，并可关闭该工具栏，可以拖动“浮动”工具栏到绘图区边界，使它变为“固定”工具栏，此时该工具栏标题隐藏。也可以把“固定”工具栏拖出，使它成为“浮动”工具栏。

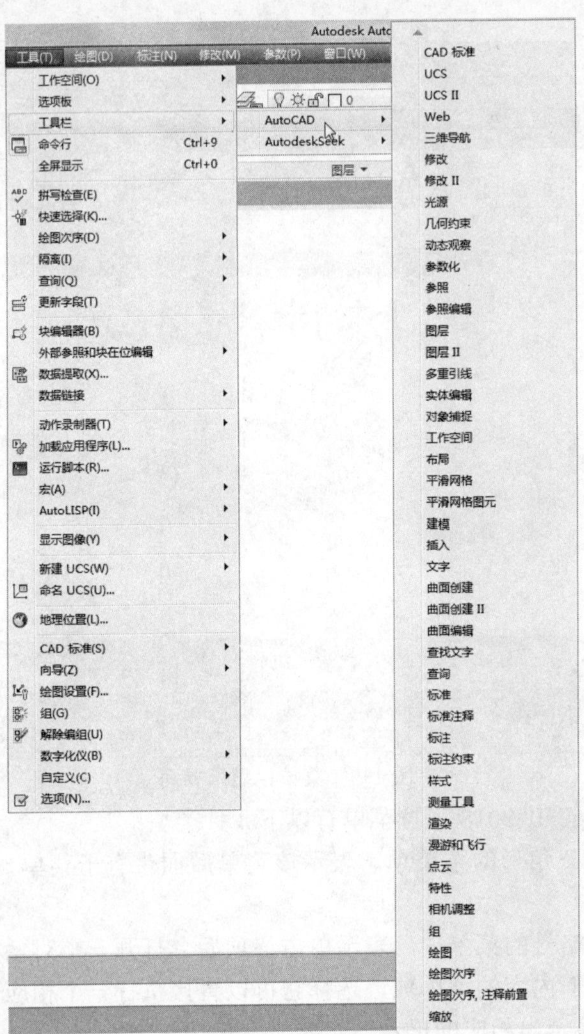

图 1-10 调出工具栏

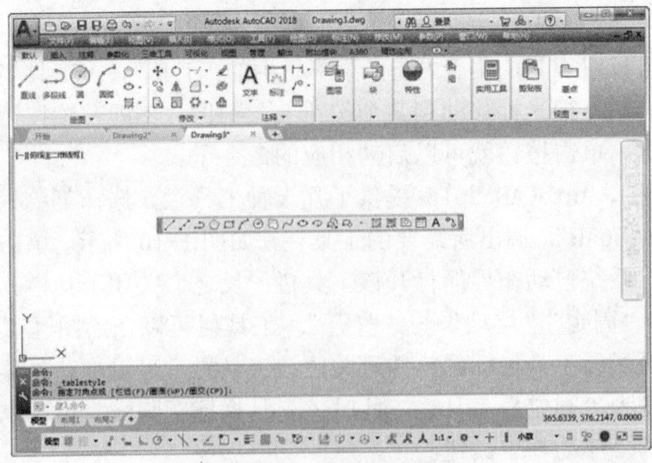

图 1-11 “浮动”工具栏

1.1.4 绘图区

绘图区是显示、绘制和编辑图形的矩形区域。左下角是坐标系图标，表示当前使用的坐标系和坐标方向，根据工作需要，用户可以打开或关闭该图标的显示。十字光标由鼠标控制，其交叉点的坐标值显示在状态栏中。

1. 改变绘图窗口的颜色

（1）选择菜单栏中的“工具”→“选项”命令，打开“选项”对话框。

（2）单击“显示”选项卡，如图 1-12 所示。

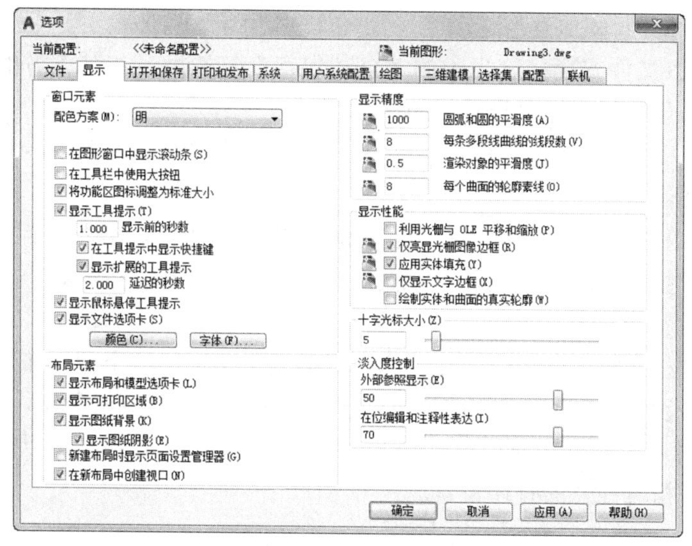

图 1-12 “选项”对话框中的“显示”选项卡

（3）单击“窗口元素”中的“颜色”按钮，打开图 1-13 所示的“图形窗口颜色”对话框。

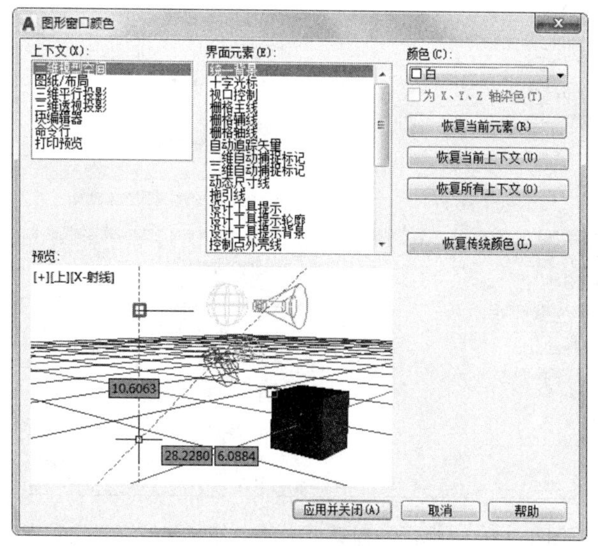

图 1-13 “图形窗口颜色”对话框

（4）从“颜色”下拉列表框中选择某种颜色，例如白色，单击“应用并关闭”按钮，即可将绘图窗口改为白色。

2．改变十字光标的大小

在图 1-12 所示的“显示”选项卡中拖动“十字光标大小”区的滑块，或在文本框中直接输入数值，即可对十字光标的大小进行调整。

3．设置自动保存时间和位置

（1）选择菜单栏中的“工具”→“选项”命令，打开“选项”对话框。

（2）单击“打开和保存”选项卡，如图 1-14 所示。

（3）勾选“文件安全措施”中的“自动保存”复选框，在其下方的输入框中输入自动保存的间隔分钟数。建议设置为 10～30 分钟。

（4）在“文件安全措施”中的“临时文件的扩展名”输入框中，可以改变临时文件的扩展名，默认为 ac$。

（5）打开“文件”选项卡，在“自动保存文件”中设置自动保存文件的路径，单击“浏览”按钮修改自动保存文件的存储位置。单击“确定”按钮。

4．布局标签

在绘图窗口左下角有模型空间标签和布局标签来实现模型空间与布局之间的转换。模型空间提供了设计模型（绘图）的环境。布局是指可访问的图纸显示，专用于 AutoCAD 2018 打印设置时可以在一个布局上建立多个视图，同时，一张图纸可以建立多个布局且每一个布局都有相对独立的打印设置。

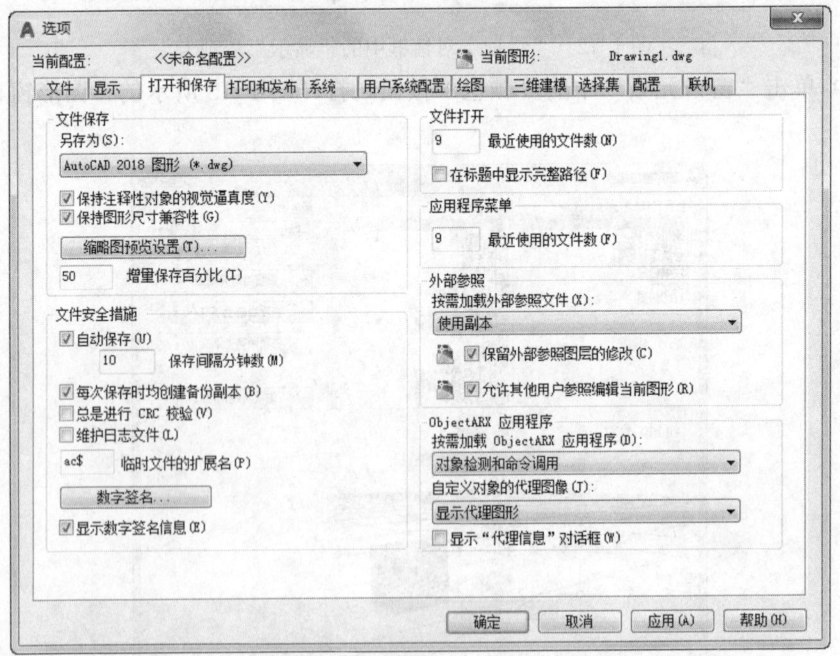

图 1-14　“选项”对话框中的“打开和保存”选项卡

1.1.5 命令行

命令行位于操作界面的底部，是用户与 AutoCAD 进行交互对话的窗口。在“命令：”提示下，AutoCAD 接受用户使用各种方式输入的命令，然后显示出相应的提示，如命令选项、提示信息和错误信息等。

命令行中显示文本的行数可以改变，将光标移至命令行上边框处，光标变为双箭头后，按住左键拖动即可。命令行的位置可以在操作界面的上方或下方，也可以浮动在绘图窗口内。将光标移至该窗口左边框处，光标变为箭头，单击并拖动即可。使用 F2 功能键能放大显示命令行。

1.1.6 状态栏

状态栏在屏幕的底部，依次显示的有“坐标”“模型空间”“栅格”“捕捉模式”“推断约束”“动态输入”“正交模式”“极轴追踪”“等轴测草图”“对象捕捉追踪”“二维对象捕捉”“线宽”“透明度”“选择循环”“三维对象捕捉”“动态 UCS”“选择过滤”“小控件”“注释可见性”“自动缩放”“注释比例”“切换工作空间”“注释监视器”“单位”“快捷特性”“图形性能”“锁定用户界面”“隔离对象”“全屏显示”“自定义”共 30 个功能按钮。左键单击部分开关按钮，可以实现这些功能的开关。通过部分按钮也可以控制图形或绘图区的状态。

注意

默认情况下，不会显示所有工具，可以通过状态栏上最右侧的按钮，选择要从“自定义”菜单显示的工具。状态栏上显示的工具可能会发生变化，具体取决于当前的工作空间以及当前显示的是“模型”选项卡还是布局选项卡。下面对部分状态栏上的按钮做简单介绍，如图 1-15 所示。

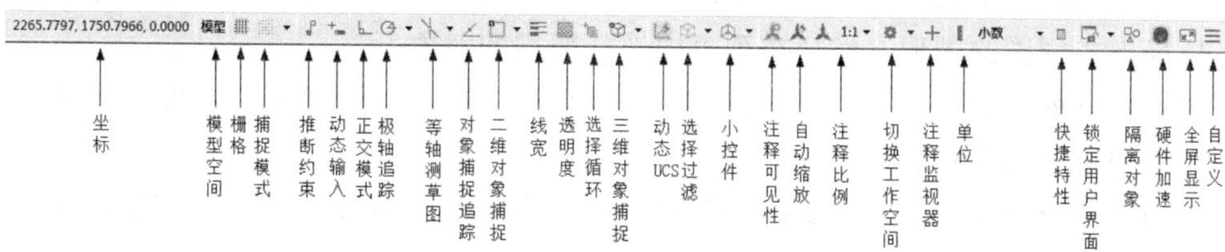

图 1-15 状态栏

（1）坐标：显示工作区鼠标放置点的坐标。

（2）模型空间：在模型空间与布局空间之间进行转换。

（3）栅格：栅格是覆盖整个坐标系（UCS）XY 平面的直线或点组成的矩形图案。使用栅格类似于在图形下放置一张坐标纸。利用栅格可以对齐对象并直观显示对象之间的距离。

（4）捕捉模式：对象捕捉对于在对象上指定精确位置非常重要。不论何时提示输入点，都可以指定对象捕捉。默认情况下，当光标移到对象的对象捕捉位置时，将显示标记和工具提示。

（5）推断约束：自动在正在创建或编辑的对象与对象捕捉的关联对象或点之间应用约束。

（6）动态输入：在光标附近显示出一个提示框（称为“工具提示”），工具提示中显示出对应的命令提示和光标的当前坐标值。

（7）正交模式：将光标限制在水平或垂直方向上移动，以便于精确地创建和修改对象。当创建或移动对象时，可以使用“正交”模式将光标限制在相对于用户坐标系（UCS）的水平或垂直方向上。

（8）极轴追踪：使用极轴追踪，光标将按指定角度进行移动。创建或修改对象时，可以使用“极轴追踪”来显示由指定的极轴角度所定义的临时对齐路径。

（9）等轴测草图：通过设定“等轴测捕捉/栅格”，可以很容易地沿三个等轴测平面之一对齐对象。尽管等轴测图形看似三维图形，但它实际上是由二维图形表示。因此不能期望提取三维距离和面积、从不同视点显示对象或自动消除隐藏线。

（10）对象捕捉追踪：使用对象捕捉追踪，可以沿着基于对象捕捉点的对齐路径进行追踪。已获取的点将显示一个小加号（+），一次最多可以获取 7 个追踪点。获取点之后，在绘图路径上移动光标，将显示相对于获取点的水平、垂直或极轴对齐路径。例如，可以基于对象端点、中点或者对象的交点，沿着某个路径选择一点。

（11）二维对象捕捉：使用执行对象捕捉设置（也称为对象捕捉），可以在对象上的精确位置指定捕捉点。选择多个选项后，将应用选定的捕捉模式，以返回距离靶框中心最近的点。按 Tab 键以在这些选项之间循环。

（12）线宽：分别显示对象所在图层中设置的不同宽度，而不是统一线宽。

（13）透明度：使用该命令，调整绘图对象显示的明暗程度。

（14）选择循环：当一个对象与其他对象彼此接近或重叠时，准确地选择某一个对象是很困难的，使用选择循环的命令，单击鼠标左键，打开“选择集”列表框，里面列出了鼠标点击周围的图形，然后在列表中选择所需的对象。

（15）三维对象捕捉：三维中的对象捕捉与在二维中工作的方式类似，不同之处在于在三维中可以投影对象捕捉。

（16）动态 UCS：在创建对象时使 UCS 的 XY 平面自动与实体模型上的平面临时对齐。

（17）选择过滤：根据对象特性或对象类型对选择集进行过滤。当按下图标后，只选择满足指定条件的对象，其他对象将被排除在选择集之外。

（18）小控件：帮助用户沿三维轴或平面移动、旋转或缩放一组对象。

（19）注释可见性：当图标亮显时表示显示所有比例的注释性对象；当图标变暗时表示仅显示当前比例的注释性对象。

（20）自动缩放：注释比例更改时，自动将比例添加到注释对象。

（21）注释比例：单击注释比例右下角小三角符号打开注释比例列表，如图 1-16 所示，可以根据需要选择适当的注释比例。

（22）切换工作空间：进行工作空间转换。

（23）注释监视器：打开仅用于所有事件或模型文档事件的注释监视器。

（24）单位：指定线性和角度单位的格式和小数位数。

（25）快捷特性：控制快捷特性面板的使用与禁用。

（26）锁定用户界面：按下该按钮，锁定工具栏、面板和可固定窗口的位置和大小。

（27）隔离对象：当选择隔离对象时，在当前视图中显示选定对象。所有其他对象都暂时隐藏；当选择隐藏对象时，在当前视图中暂时隐藏选定对象。所有其他对象都可见。

（28）硬件加速：设定图形卡的驱动程序以及设置硬件加速的选项。

（29）全屏显示：该选项可以清除 Windows 窗口中的标题栏、功能区和选项板等界面元素，使 AutoCAD 的绘图窗口全屏显示，如图 1-17 所示。

（30）自定义：状态栏可以提供重要信息，而无需中断工作流。使用 MODEMACRO 系统变量可将应用程序所能识别的大多数数据显示在状态栏中。使用该系统变量的计算、判断和编辑功能可以完全按照用户的要求构造状态栏。

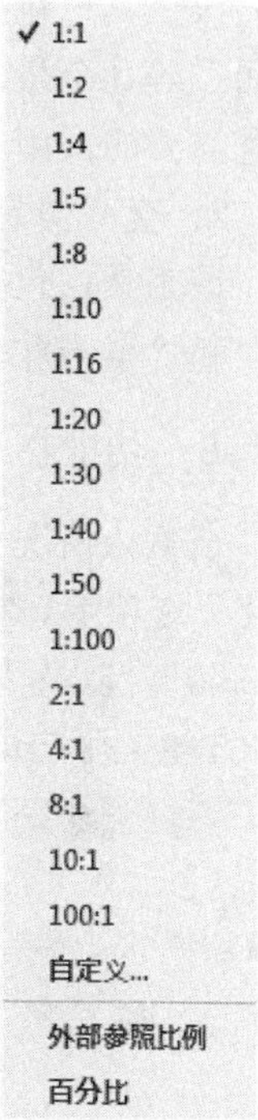

✓ 1:1
1:2
1:4
1:5
1:8
1:10
1:16
1:20
1:30
1:40
1:50
1:100
2:1
4:1
8:1
10:1
100:1
自定义...
外部参照比例
百分比

图 1-16　注释比例表

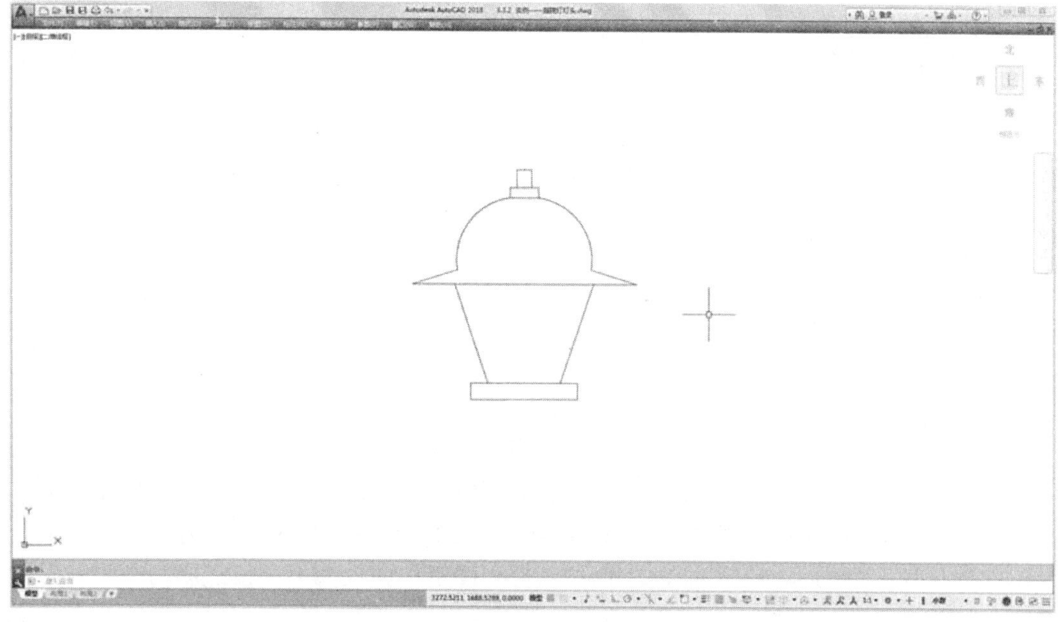

图 1-17　全屏显示

1.1.7　快速访问工具栏和交互信息工具栏

1. 快速访问工具栏

该工具栏包括“新建”“打开”“保存”“另存为”“打印”“放弃”“重做”和“工作空间”等几个最常用的工具按钮。用户也可以单击此工具栏后面的小三角下拉按钮选择设置需要的常用工具。

2. 交互信息工具栏

该工具栏包括“搜索”“Autodesk A360”“Autodesk Exchange 应用程序”“保持连接”和“单击此处访问帮助”等几个常用的数据交互访问工具按钮。

1.1.8 功能区

在默认情况下，功能区包括“默认”选项卡、“插入”选项卡、“注释”选项卡、“参数化”选项卡、“视图”选项卡、“管理”选项卡、“输出”选项卡、“附加模块”选项卡、“A360” 以及“精选应用”选项卡，如图 1-18 所示。每个选项卡集成了相关的操作工具，方便了用户的使用。用户可以单击功能区选项后面的按钮控制功能的展开与收缩。

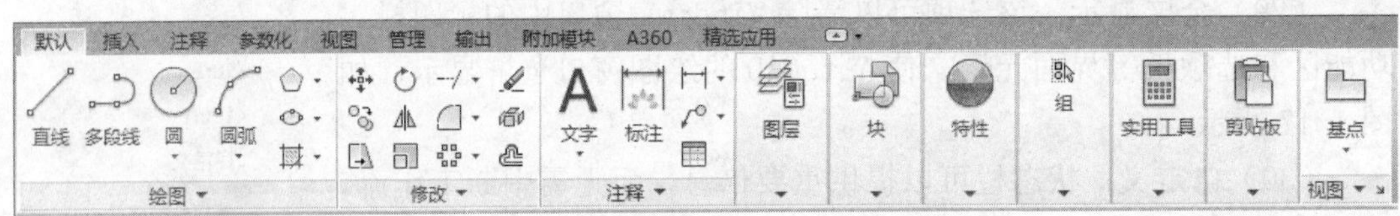

图 1-18　默认情况下出现的选项卡

（1）设置选项卡。将光标放在面板中任意位置处，单击鼠标右键，打开图 1-19 所示的快捷菜单。单击某一个未在功能区显示的选项卡名，系统自动在功能区打开该选项卡。反之，关闭选项卡（调出面板的方法与调出选项板的方法类似，这里不再赘述）。

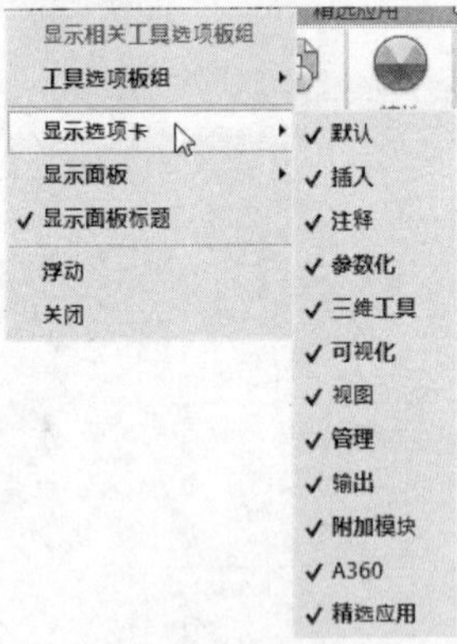

图 1-19　快捷菜单

（2）选项卡中面板的“固定”与“浮动”。面板可以在绘图区“浮动”（见图 1-20），将光标放到浮动面板的右上角位置处，显示“将面板返回到功能区”，如图 1-21 所示。单击此处，使它变为“固定”面板。也可以把“固定”面板拖出，使它成为“浮动”面板。

（3）执行方式.

命令行：RIBBON（或 RIBBONCLOSE）。

菜单栏：“工具” → “选项板” → “功能区”。

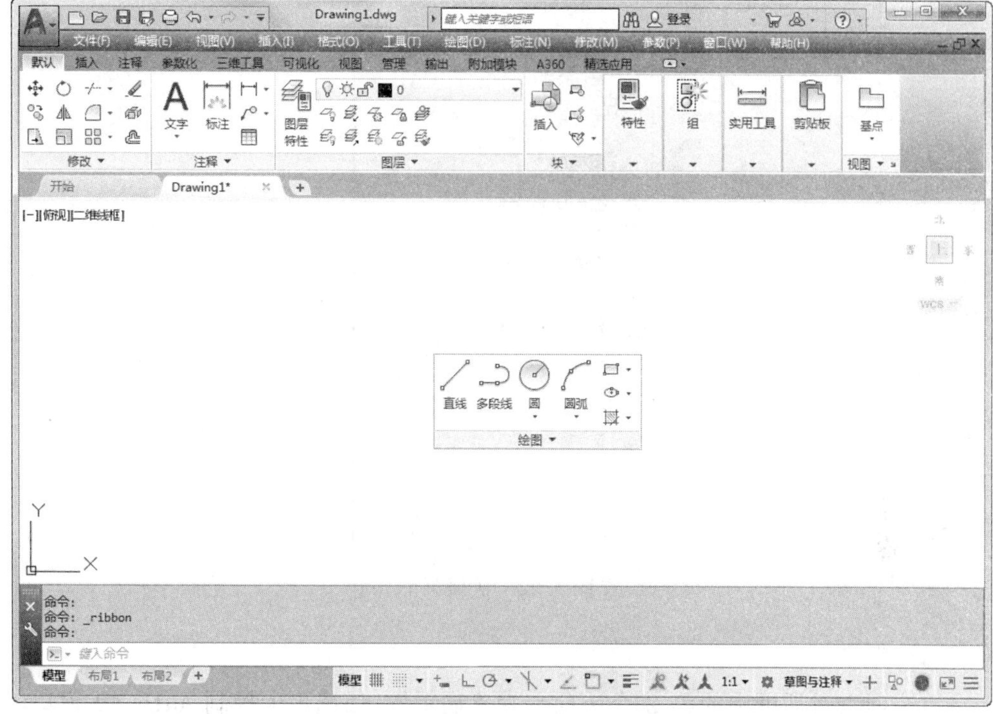

图 1-20 “浮动”面板

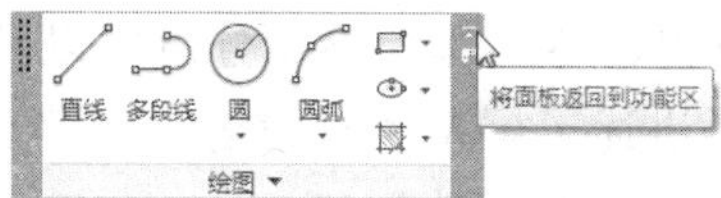

图 1-21 “绘图”面板

1.2 配置绘图系统

由于每台计算机所使用的显示器、输入设备和输出设备的类型不同，用户喜好的风格及计算机的目录设置也是不同的，所以每台计算机都是独特的。一般来讲，使用 AutoCAD 2018 的默认配置就可以绘图，但为了使用用户的定点设备或打印机，以及提高绘图的效率，AutoCAD 推荐用户在开始作图前先进行必要的配置。

1. 执行方式

命令行：preferences。

菜单栏：“工具”→“选项”。

快捷菜单：在绘图区右击，系统打开快捷菜单，如图 1-22 所示，选择“选项”命令。

2. 操作格式

执行上述命令后，系统自动打开“选项”对话框。用户可以在该对话框中选择有关选项，对系统进行配置。下面只就其中主要的几个选项卡作一下说明，其他配置选项，在后面用到时再作具体说明。

图 1-22　快捷菜单

1.2.1　显示配置

在“选项”对话框中的第 2 个选项卡为“显示”，该选项卡控制 AutoCAD 窗口的外观，如图 1-6 所示。该选项卡设定屏幕菜单、滚动条显示与否、固定命令行窗口中文字行数、AutoCAD 的版面布局设置、各实体的显示分辨率以及 AutoCAD 运行时的其他各项性能参数的设定等。前面已经讲述了屏幕菜单设定、屏幕颜色、光标大小等知识，其余有关选项的设置读者可参照“帮助”文件学习。

在设置实体显示分辨率时，请务必记住，显示质量越高，即分辨率越高，计算机计算的时间越长，千万不要将其设置得太高。显示质量设定在一个合理的程度上是很重要的。

1.2.2　系统配置

“选项”对话框中的第 5 个选项卡为“系统”，如图 1-23 所示。该选项卡用来设置 AutoCAD 系统的有关特性。

1.“当前定点设备”选项组

安装及配置定点设备，如数字化仪和鼠标。具体如何配置和安装，请参照定点设备的用户手册。

2.“常规选项”选项组

确定是否选择系统配置的有关基本选项。

3.“布局重生成选项”选项组

确定切换布局时是否重生成或缓存模型选项卡和布局。

4.“数据库连接选项”选项组

确定数据库连接的方式。

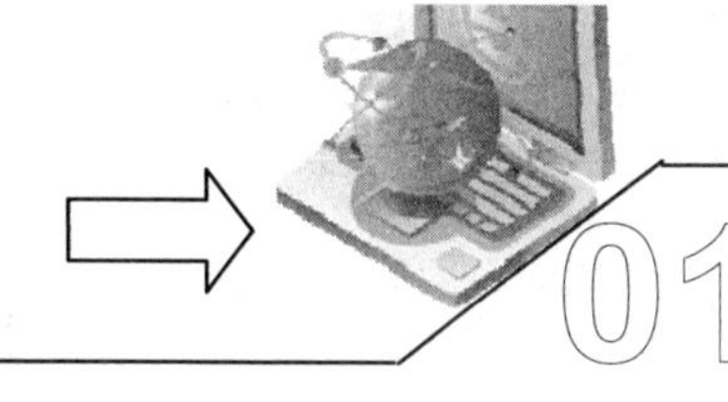

图 1-23 “系统”选项卡

1.3 图层设置

AutoCAD 中的图层就如同在手工绘图中使用的重叠透明图纸，如图 1-24 所示，可以使用图层来组织不同类型的信息。在 AutoCAD 中，图形的每个对象都位于一个图层上，所有图形对象都具有图层、颜色、线型和线宽这 4 个基本属性。

在绘图时，图形对象将创建在当前的图层上。每个 CAD 文档中图层的数量是不受限制的，每个图层都有自己的名称。

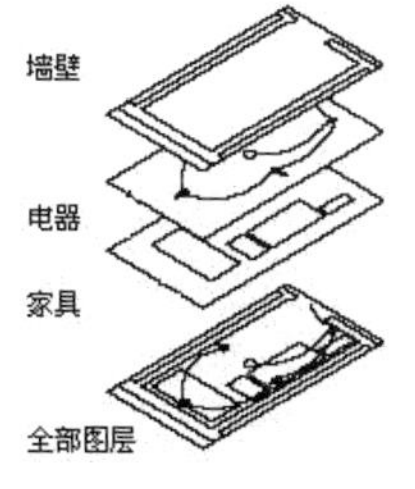

图 1-24 图层示意图

1.3.1 建立新图层

新建的 CAD 文档中只能自动创建一个名为“0”的特殊图层。默认情况下，图层 0 将被指定使用 7 号颜色、CONTINUOUS 线型、默认线宽以及 NORMAL 打印样式，并且不能被删除或重命名。通过创建新的图层，可以将类型相似的对象指定给同一个图层使其相关联。例如，可以将构造线、文字、标注和标题栏置于不同的图层上，并为这些图层指定通用特性。通过将对象分类放到各自的图层中，可以快速有效地控制对象的显示以及

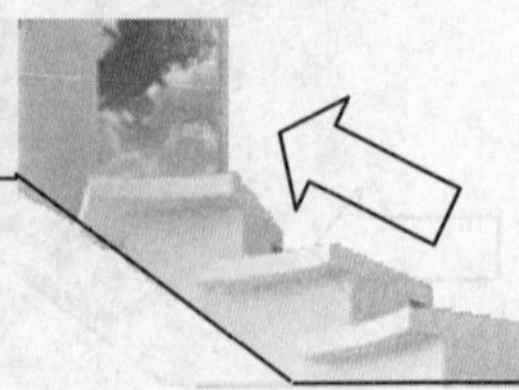

对其进行更改。

执行方式如下：

命令行：LAYER。

菜单栏：“格式”→“图层”。

工具栏：“图层”→“图层特性管理器”，如图 1-25 所示。

功能区：单击“默认”选项卡“图层”面板中的“图层特性”按钮或单击“视图”选项卡“选项板”面板中的“图层特性”按钮。

图 1-25 “图层”工具栏

执行上述操作之一后，系统打开“图层特性管理器”对话框，如图 1-26 所示。单击“图层特性管理器”对话框中的“新建图层”按钮，建立新图层，默认的图层名为“图层 1”。可以根据绘图需要，更改图层名。在一个图形中可以创建的图层数以及在每个图层中可以创建的对象数实际上是无限的，图层最长可使用 255 个字符的字母数字命名。图层特性管理器按名称的字母顺序排列图层。

提 示

如果要建立多个图层，无需重复单击“新建”按钮。更有效的方法是：在建立一个新的图层“图层 1”后，改变图层名，在其后输入逗号“,”，这样系统会自动建立一个新图层“图层 1”，改变图层名，再输入一个逗号，又一个新的图层建立了，这样可以依次建立各个图层。也可以按两次 Enter 键，建立另一个新的图层。

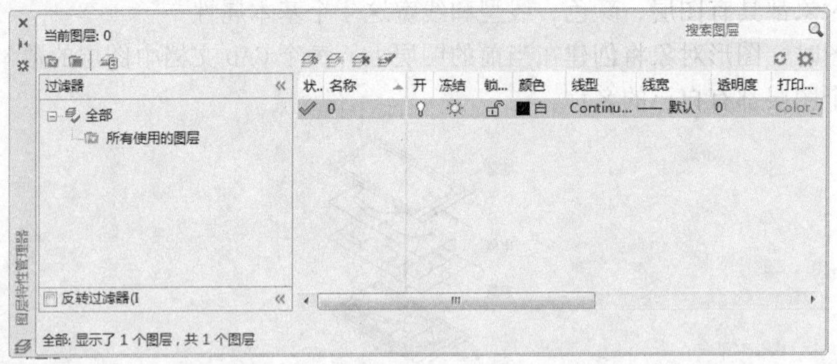

图 1-26 “图层特性管理器”对话框

在每个图层属性设置中，包括图层状态、图层名称、关闭/打开图层、冻结/解冻图层、锁定/解锁图层、图层线条颜色、图层线条线型、图层线条宽度、打印样式、打印、冻结新视口、透明度以及说明共 13 个参数。下面将分别讲述如何设置这些图层参数。

1. 设置图层线条颜色

在工程图中，整个图形包含多种不同功能的图形对象，如实体、剖面线与尺寸标注等，为了便于直观地区分它们，就有必要针对不同的图形对象使用不同的颜色，例如实体层使用白色、剖面线层使用青色等。

要改变图层的颜色时，单击图层所对应的颜色图标，打开“选择颜色”对话框，如图 1-27 所示。它是一个标准的颜色设置对话框，可以使用“索引颜色”“真彩色”和“配色系统”3 个选项卡中的参数来设置颜色。

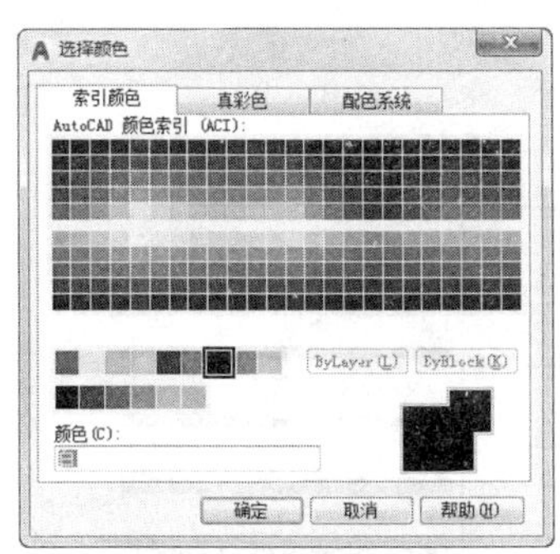

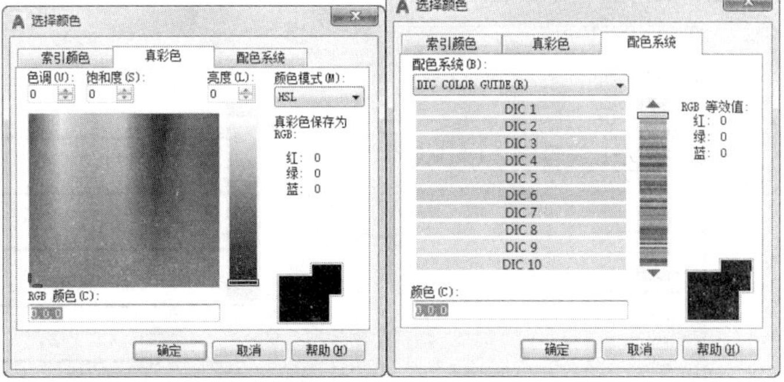

图 1-27　“选择颜色”对话框

2．设置图层线型

线型是指作为图形基本元素的线条的组成和显示方式，如实线、点画线等。在许多绘图工作中，常常以线型划分图层，为某一个图层设置适合的线型。在绘图时，只需将该图层设为当前工作层，即可绘制出符合线型要求的图形对象，极大地提高了绘图效率。

单击图层所对应的线型图标，打开“选择线型”对话框，如图 1-28 所示。默认情况下，在“已加载的线型”列表框中，系统中只添加了 Continuous 线型。单击“加载”按钮，打开“加载或重载线型”对话框，如图 1-29 所示，可以看到 AutoCAD 提供了许多线型，用鼠标选择所需的线型，单击“确定”按钮，即可把该线型加载到“已加载的线型”列表框中，可以按住 Ctrl 键选择几种线型同时加载。

图 1-28　“选择线型”对话框

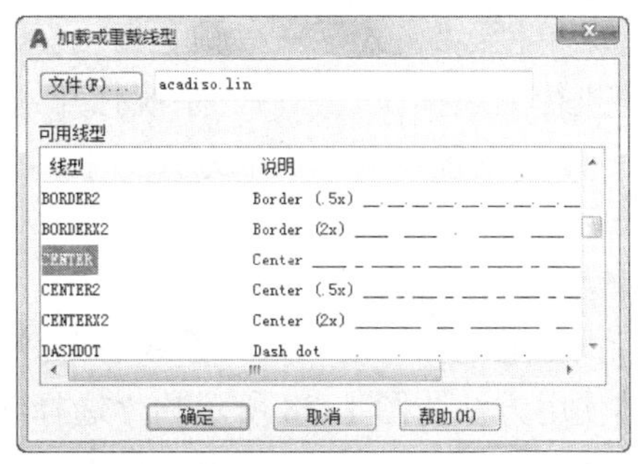

图 1-29　“加载或重载线型”对话框

3．设置图层线宽

线宽设置顾名思义就是改变线条的宽度。用不同宽度的线条表现图形对象的类型，可以提高图形的表达能力和可读性，例如绘制外螺纹时大径使用粗实线，小径使用细实线。

单击“图层特性管理器”对话框中图层所对应的线宽图标，打开“线宽”对话框，如图 1-30 所示。选择一个线宽，单击“确定”按钮完成对图层线宽的设置。

图层线宽的默认值为 0.25mm。在状态栏为“模型”状态时，显示的线宽同计算机的像素有关。线宽为零时，显示为一个像素的线宽。单击状态栏中的“显示/隐藏线宽”按

钮，显示的图形线宽与实际线宽成比例，如图 1-31 所示，但线宽不随着图形的放大和缩小而变化。线宽功能关闭时，不显示图形的线宽，图形的线宽均为默认宽度值显示。可以在“线宽”对话框中选择所需的线宽。

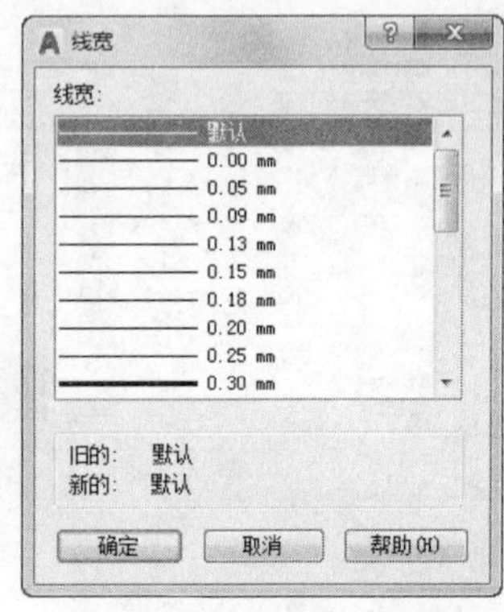

图 1-30 “线宽”对话框

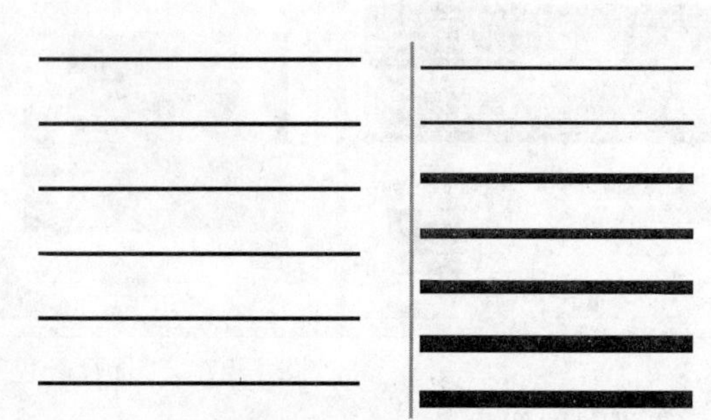

图 1-31 线宽显示效果图

1.3.2 设置图层

除了前面讲述的通过图层管理器设置图层的方法外，还有其他几种简便方法可以设置图层的颜色、线宽、线型等参数。

1．直接设置图层

可以直接通过命令行或菜单设置图层的颜色、线宽、线型等参数。

（1）设置颜色。执行方式如下：

命令行：COLOR。

菜单栏：“格式”→“颜色”。

执行上述操作之一后，系统打开“选择颜色”对话框，如图 1-27 所示。

（2）设置线型。执行方式如下：

命令行：LINETYPE。

菜单栏：“格式”→“线型”。

执行上述操作之一后，系统打开“线型管理器”对话框，如图 1-32 所示。该对话框的使用方法与图 1-28 所示的“选择线型”对话框类似。

（3）设置线宽。执行方式如下：

命令行：LINEWEIGHT 或 LWEIGHT。

菜单栏：“格式”→“线宽”。

执行上述操作之一后，系统打开“线宽设置”对话框，如图 1-33 所示。该对话框的使用方法与图 1-30 所示的“线宽”对话框类似。

2．利用“特性”工具栏设置图层

AutoCAD 提供了一个“特性”工具栏，如图 1-34 所示。用户能够控制和使用工具栏中的对象特性工具快速地察看和改变所选对象的颜色、线型、线宽等特性。“特性”工具栏增强了查看和编辑对象属性的功能，在绘图区选择任意对象都将在该工具栏中自动显

示它所在的图层、颜色、线型等属性。

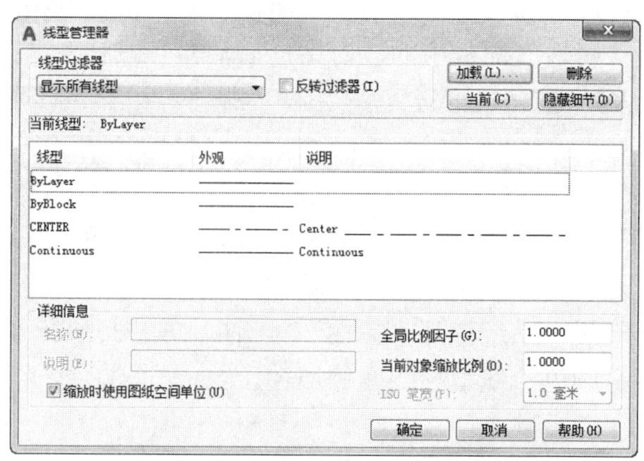

图 1-32 “线型管理器”对话框

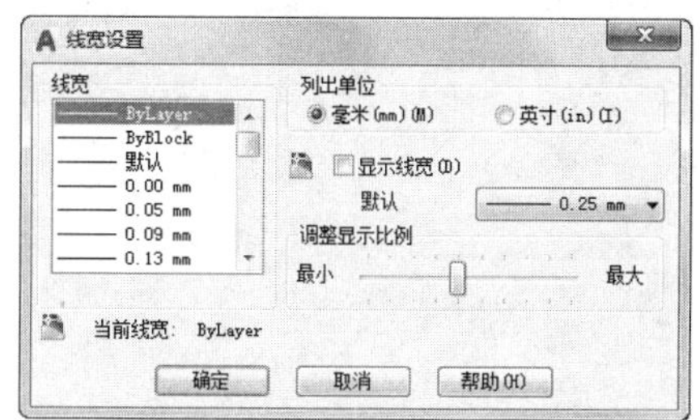

图 1-33 “线宽设置”对话框

图 1-34 “特性”工具栏

也可以在“特性”工具栏的“颜色”“线型”“线宽”和“打印样式”下拉列表中选择需要的参数值。如果在“颜色”下拉列表中选择“选择颜色”选项，如图 1-35 所示，系统就会打开“选择颜色”选项。同样，如果在“线型”下拉列表中选择“其他”选项，如图 1-36 所示，系统就会打开“线型管理器”对话框。

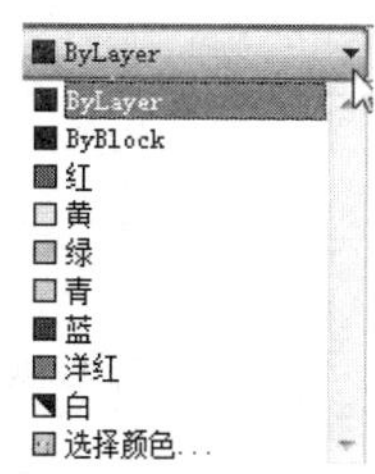

图 1-35 “选择颜色”选项

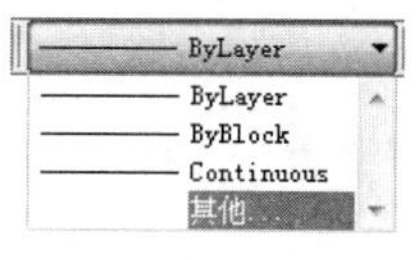

图 1-36 “其他”选项

3. 用“特性”对话框设置图层

执行方式如下：

命令行：DDMODIFY 或 PROPERTIES。

菜单栏：“修改”→“特性”。

工具栏：“标准”→“特性”![icon]。

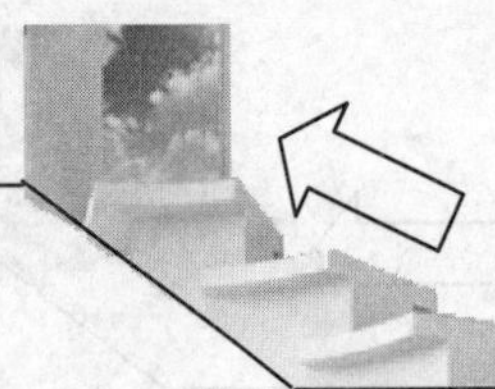

功能区：单击“视图”选项卡“选项板”面板中的“特性”按钮（见图1-37）或单击“默认”选项卡“特性”面板中的“对话框启动器”按钮。

图1-37　“选项板”面板

执行上述操作之一后，系统打开“特性”对话框，如图 1-38 所示。在其中可以方便地设置或修改图层、颜色、线型、线宽等属性。

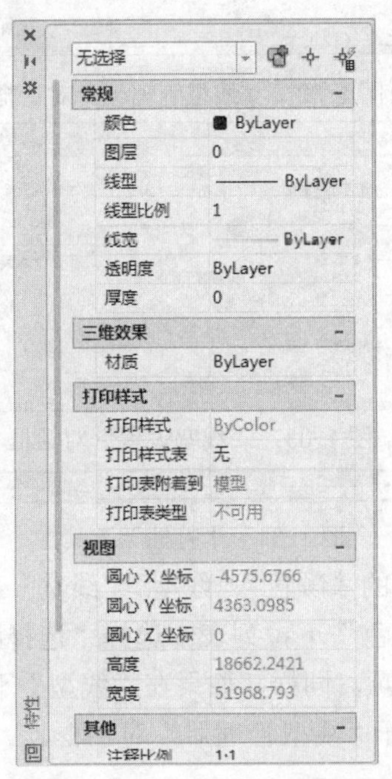

图1-38　“特性”对话框

1.3.3　控制图层

1. 切换当前图层

不同的图形对象需要绘制在不同的图层中，在绘制前，需要将工作图层切换到所需的图层上来。单击“图层”工具栏中的“图层特性管理器”按钮，打开“图层特性管理器”对话框，选择图层，单击“置为当前”按钮即可完成设置。

2. 删除图层

在“图层特性管理器”对话框的图层列表框中选择要删除的图层，单击“删除图层”按钮即可删除该图层。从图形文件定义中删除选定的图层时，只能删除未参照的图层。参照图层包括图层 0 及 DEFPOINTS、包含对象（包括块定义中的对象）的图层、当前图层和依赖外部参照的图层。不包含对象（包括块定义中的对象）的图层、非当前图层和

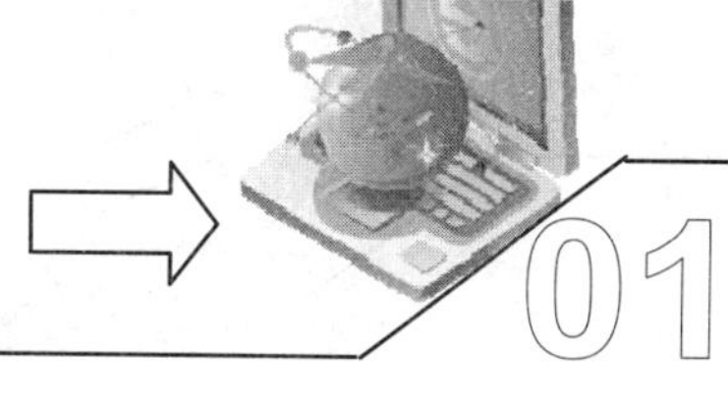

不依赖外部参照的图层都可以删除。

3．关闭/打开图层

在“图层特性管理器”对话框中，单击图标，可以控制图层的可见性。图层打开时，图标小灯泡呈鲜艳的颜色时，该图层上的图形可以显示在屏幕上或绘制在绘图仪上。单击该属性图标后，图标小灯泡呈灰暗色时，该图层上的图形不显示在屏幕上，而且不能被打印输出，但仍然作为图形的一部分保留在文件中。

4．冻结/解冻图层

在“图层特性管理器”对话框中，单击图标，可以冻结图层或将图层解冻。图标呈雪花灰暗色时，该图层处于冻结状态；图标呈太阳鲜艳色时，该图层处于解冻状态。冻结图层上的对象不能显示，也不能打印，同时也不能编辑修改。在冻结了图层后，该图层上的对象不影响其他图层上对象的显示和打印。例如，在使用“HIDE”命令消隐对象的时候，被冻结图层上的对象不隐藏。

5．锁定/解锁图层

在“图层特性管理器”对话框中，单击或图标，可以锁定图层或将图层解锁。锁定图层后，该图层上的图形依然显示在屏幕上并可打印输出，也可以在该图层上绘制新的图形对象，但不能对该图层上的图形进行编辑修改操作。可以对当前图层进行锁定，也可在对锁定图层上的图形对象进行查询或捕捉。锁定图层可以防止对图形的意外修改。

6．打印样式

在 AutoCAD 2018 中，可以使用 “打印样式”对象特性。打印样式控制对象的打印特性，包括颜色、抖动、灰度、笔号、虚拟笔、淡显、线型、线宽、线条端点样式、线条连接样式和填充样式。打印样式功能给用户提供了很大的灵活性，用户可以设置打印样式来替代其他对象特性，也可以根据需要关闭这些替代设置。

7．打印/不打印

在“图层特性管理器”对话框中，单击图标，可以设定该图层是否打印，以保证在图形可见性不变的条件下，控制图形的打印特征。打印功能只对可见的图层起作用，对于已经被冻结或被关闭的图层不起作用。

8．新视口冻结

新视口冻结功能用于控制在当前视口中图层的冻结和解冻，不解冻图形中设置为“关”或“冻结”的图层，对于模型空间视口不可用。

9．透明度

控制所有对象在选定图层上的可见性。对单个对象应用透明度时，对象的透明度特性将替代图层的透明度设置。

10．说明

（可选）描述图层或图层过滤器。

1.4 绘图辅助工具

要快速顺利地完成图形绘制工作，有时要借助一些辅助工具，比如用于准确确定绘制位置的精确定位工具和调整图形显示范围与方式的显示工具等。下面简略介绍一下这两种非常重要的辅助绘图工具。

1.4.1 图形缩放

图形缩放命令类似于照相机的镜头，可以放大或缩小屏幕所显示的范围，只改变视图的比例，但是对象的实际尺寸并不发生变化。当放大图形一部分的显示尺寸时，可以更清楚地查看这个区域的细节；相反，如果缩小图形的显示尺寸，则可以查看更大的区域，如整体浏览。

图形缩放功能在绘制大幅面机械图，尤其是装配图时非常有用，是使用频率最高的命令之一。这个命令可以透明地使用，也就是说，该命令可以在其他命令执行时运行。用户完成涉及到透明命令的过程时，AutoCAD 会自动地返回在用户调用透明命令前正在运行的命令。执行图形缩放的方法如下：

1. 执行方式

命令行：ZOOM。

菜单栏："视图"→"缩放"。

工具栏："标准"→"实时缩放"，如图 1-39 所示。

功能区：单击"视图"选项卡"导航"面板中的"实时"按钮

图 1-39 "缩放"工具栏

2. 操作格式

执行上述命令后，系统提示：

```
指定窗口的角点，输入比例因子 (nX 或 nXP)，或者
[全部(A)/中心(C)/动态(D)/范围(E)/上一个(P)/比例(S)/窗口(W)/对象(O)] <实时>:
```

3. 选项说明

（1）实时。这是"缩放"命令的默认操作，即在输入"ZOOM"命令后（见图 1-40），直接按 Enter 键，将自动执行实时缩放操作。实时缩放就是可以通过上下移动鼠标交替进行放大和缩小。在使用实时缩放时，系统会显示一个"+"号或"-"号。当缩放比例接近极限时，AutoCAD 将不再与光标一起显示"+"号或"-"号。需要从实时缩放操作中退出时，可按 Enter 键、Esc 键或从菜单中选择"Exit"退出。

图 1-40 ZOOM

（2）全部(A)。执行"ZOOM"命令后，在提示文字后键入"A"，即可执行"全部(A)"缩放操作。不论图形有多大，该操作都将显示图形的边界或范围，即使对象不包括在边界以内，它们也将被显示。因此，使用"全部(A)"缩放选项，可查看当前视口中的整个图形。

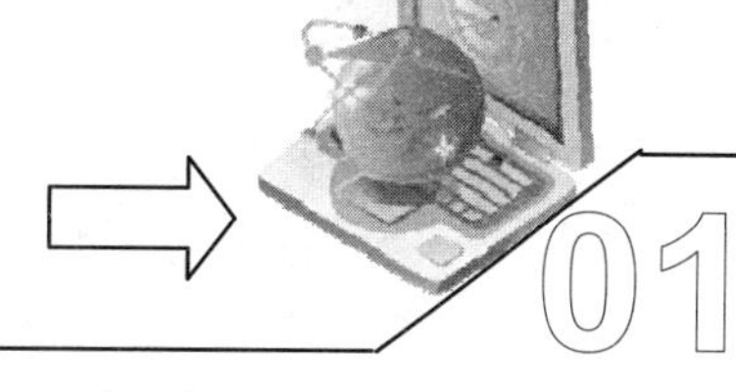

（3）中心(C)。通过确定一个中心点，该选项可以定义一个新的显示窗口。操作过程中需要指定中心点以及输入比例或高度。默认新的中心点就是视图的中心点，默认的输入高度就是当前视图的高度，直接按 Enter 键后，图形将不会被放大。输入比例，则数值越大，图形放大倍数也将越大。也可以在数值后面紧跟一个 X，如 3X，表示在放大时不是按照绝对值变化，而是按相对于当前视图的相对值缩放。

（4）动态(D)。通过操作一个表示视口的视图框，可以确定所需显示的区域。选择该选项，在绘图窗口中出现一个小的视图框，按住鼠标左键左右移动可以改变该视图框的大小，定形后放开左键，再按下鼠标左键移动视图框，确定图形中的放大位置，系统将清除当前视口并显示一个特定的视图选择屏幕。这个特定屏幕，由有关当前视图及有效视图的信息所构成。

（5）范围(E)。可以使图形缩放至整个显示范围。图形的范围由图形所在的区域构成，剩余的空白区域将被忽略。应用这个选项，图形中所有的对象都尽可能地被放大。

（6）上一个(P)。在绘制一幅复杂的图形时，有时需要放大图形的一部分以进行细节的编辑。当编辑完成后，有时希望回到前一个视图。这种操作可以使用“上一个(P)”选项来实现。当前视口由“缩放”命令的各种选项或“移动”视图、视图恢复、平行投影或透视命令引起的任何变化，系统都将做保存。每一个视口最多可以保存 10 个视图。连续使用“上一个(P)”选项可以恢复前 10 个视图。

（7）比例(S)。提供了 3 种使用方法。在提示信息下，直接输入比例系数，AutoCAD 将按照此比例因子放大或缩小图形的尺寸。如果在比例系数后面加一“X”，则表示相对于当前视图计算的比例因子。使用比例因子的第三种方法就是相对于图形空间，例如，可以在图纸空间阵列布排或打印出模型的不同视图。为了使每一张视图都与图纸空间单位成比例，可以使用“比例(S)”选项，每一个视图可以有单独的比例。

（8）窗口(W)。窗口是最常使用的选项。通过确定一个矩形窗口的两个对角来指定所需缩放的区域，对角点可以由鼠标指定，也可以输入坐标确定。指定窗口的中心点将成为新的显示屏幕的中心点。窗口中的区域将被放大或者缩小。调用“ZOOM”命令时，可以在没有选择任何选项的情况下，利用鼠标在绘图窗口中直接指定缩放窗口的两个对角点。

（9）对象（O）。缩放以便尽可能大地显示一个或多个选定的对象并使其位于视图的中心。可以在启动 ZOOM 命令前后选择对象。

提 示

这里所提到的诸如放大、缩小或移动等操作，仅仅是对图形在屏幕上的显示进行控制，图形本身并没有任何改变。

1.4.2 图形平移

当图形幅面大于当前视口时，例如使用图形缩放命令将图形放大，如果需要在当前

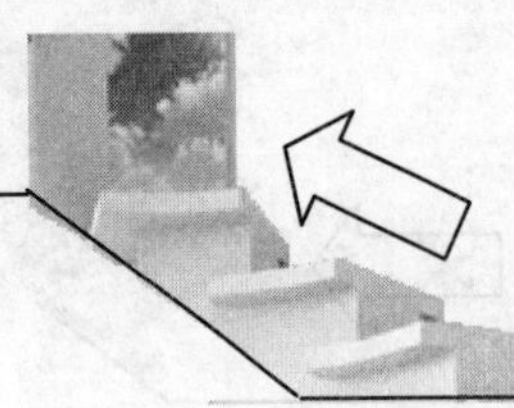

视口之外观察或绘制一个特定区域时，可以使用图形平移命令来实现。平移命令能将在当前视口以外的图形的一部分移动进来查看或编辑，但不会改变图形的缩放比例。执行图形缩放的方法如下：

命令行：PAN。

菜单栏：“视图”→“平移”→“实时”。

工具栏：“标准”→“实时平移”。

快捷菜单：绘图窗口中单击右键→平移。

功能区：单击“视图”选项卡“导航”面板中的“平移”按钮，如图 1-41 所示。

图 1-41　“导航”面板

激活平移命令之后，光标将变成一只“小手”，可以在绘图窗口中任意移动，以示当前正处于平移模式。单击并按住鼠标左键将光标锁定在当前位置，即“小手”已经抓住图形，然后，拖动图形使其移动到所需位置上。松开鼠标左键将停止平移图形。可以反复按下鼠标左键、拖动、松开，将图形平移到其他位置上。

平移命令预先定义了一些不同的菜单选项与按钮，它们可用于在特定方向上平移图形，在激活平移命令后，这些选项可以从菜单“视图”→“平移”→“*”中调用。

（1）实时：实时是平移命令中最常用的选项，也是默认选项，前面提到的平移操作都是指实时平移，通过鼠标的拖动来实现任意方向上的平移。

（2）点：这个选项要求确定位移量，这就需要确定图形移动的方向和距离。可以通过输入点的坐标或用鼠标指定点的坐标来确定位移。

（3）左：该选项移动图形使屏幕左部的图形进入显示窗口。

（4）右：该选项移动图形使屏幕右部的图形进入显示窗口。

（5）上：该选项向底部平移图形后，使屏幕顶部的图形进入显示窗口。

（6）下：该选项向顶部平移图形后，使屏幕底部的图形进入显示窗口。

1.4.3　精确定位工具

在绘制图形时，可以使用直角坐标和极坐标精确定位点，但是有些点（如端点、中心点等）的坐标是不知道的，又想精确地指定这些点，可想而知是很难的，有时甚至是不可能的。AutoCAD 提供了辅助定位工具，使用这类工具可以很容易地在屏幕中捕捉到这些点，进行精确的绘图。

1. 栅格

AutoCAD 的栅格由有规则的点的矩阵组成，延伸到指定为图形界限的整个区域。使

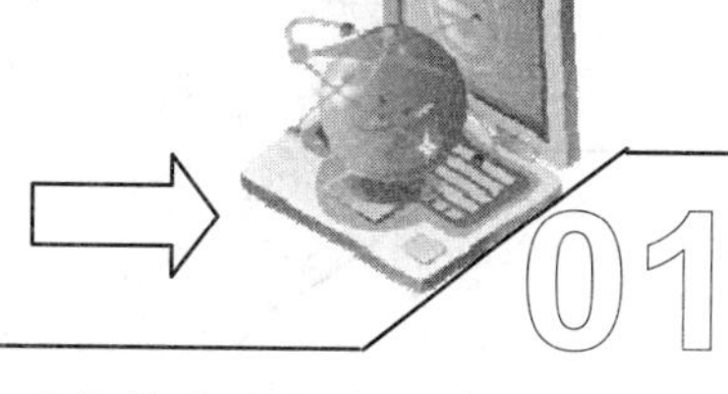

用栅格与在坐标纸上绘图是十分相似的，利用栅格可以对齐对象并直观显示对象之间的距离。如果放大或缩小图形，可能需要调整栅格间距，使其更适合新的比例。虽然栅格在屏幕上是可见的，但它并不是图形对象，因此它不会被打印成图形中的一部分，也不会影响在何处绘图。

可以单击状态栏上的“栅格”按钮或按 F7 键打开或关闭栅格。启用栅格并设置栅格在 X 轴方向和 Y 轴方向上的间距的方法如下：

执行方式如下：

命令行：DSETTINGS（或 DS，S E 或 DDRMODES）。

菜单：工具→绘图设置。

快捷菜单：“栅格”按钮处右击→设置。

操作步骤。执行上述命令，系统打开“草图设置”对话框，如图 1-42 所示。

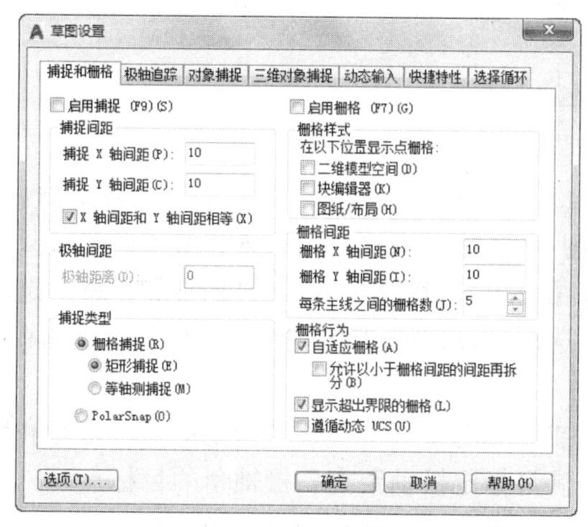

图 1-42 “草图设置”对话框

如果需要显示栅格，选择“启用栅格”复选框。在“栅格 X 轴间距”文本框中，输入栅格点之间的水平距离，单位为 mm。如果使用相同的间距设置垂直和水平分布的栅格点，则按 Tab 键。否则，在“栅格 Y 轴间距”文本框中输入栅格点之间的垂直距离。

用户可改变栅格与图形界限的相对位置。默认情况下，栅格以图形界限的左下角为起点，沿着与坐标轴平行的方向填充整个由图形界限所确定的区域。

捕捉可以使用户直接使用鼠标快速地定位目标点。捕捉模式有几种不同的形式：栅格捕捉、对象捕捉、极轴捕捉和自动捕捉。

另外，可以使用 GRID 命令通过命令行方式设置栅格，功能与“草图设置”对话框类似，不再赘述。

注意

如果栅格的间距设置得太小，当进行“打开栅格”操作时，AutoCAD 将在文本窗口中显示“栅格太密，无法显示”的信息，而不在屏幕上显示栅格点。或者使用“缩放”命令时，将图形缩放很小，也会出现同样提示，不显示栅格。

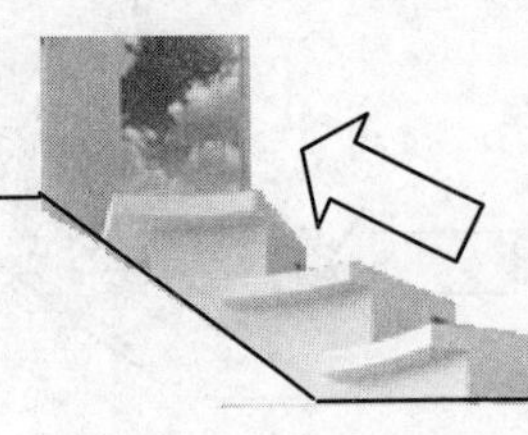

2．捕捉

捕捉是指 AutoCAD 可以生成一个隐含分布于屏幕上的栅格，这种栅格能够捕捉光标，使得光标只能落到其中的一个栅格点上。捕捉可分为“矩形捕捉”和“等轴测捕捉”两种类型。默认设置为“矩形捕捉”，即捕捉点的阵列类似于栅格，如图 1-43 所示，用户可以指定捕捉模式在 X 轴方向和 Y 轴方向上的间距，也可改变捕捉模式与图形界限的相对位置。与栅格不同之处在于：捕捉间距的值必须为正实数；另外捕捉模式不受图形界限的约束。“等轴测捕捉”表示捕捉模式为等轴测模式，此模式是绘制正等轴测图时的工作环境，如图 1-44 所示。在“等轴测捕捉”模式下，栅格和光标十字线成绘制等轴测图时的特定角度。

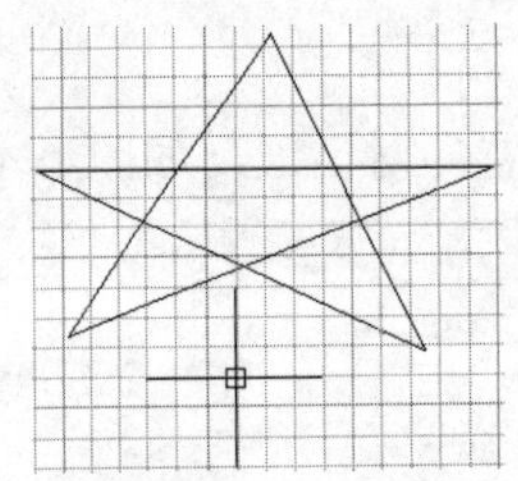

图 1-43　矩形捕捉

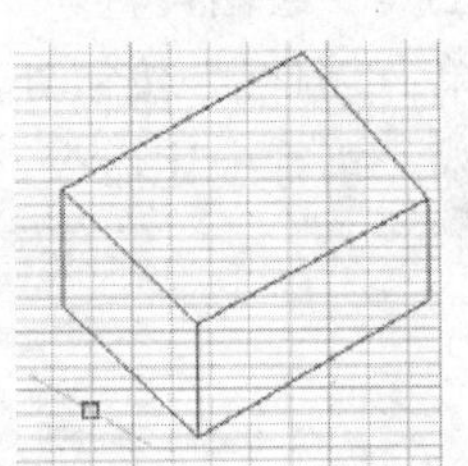

图 1-44　等轴测捕捉

在绘制图 1-43 和图 1-44 中的图形时，输入参数点时光标只能落在栅格点上。两种模式切换方法：打开“草图设置”对话框，进入“捕捉和栅格”选项卡，在“捕捉类型和样式”选项区中，通过单选框可以切换“矩阵捕捉”模式与“等轴测捕捉”模式。

3．极轴捕捉

极轴捕捉是在创建或修改对象时，按事先给定的角度增量和距离增量来追踪特征点，即捕捉相对于初始点且满足指定极轴距离和极轴角的目标点。

极轴追踪设置主要是设置追踪的距离增量和角度增量，以及与之相关联的捕捉模式。这些设置可以通过“草图设置”对话框的“捕捉和栅格”选项卡与“极轴追踪”选项卡来实现，如图 1-45 和图 1-46 所示。

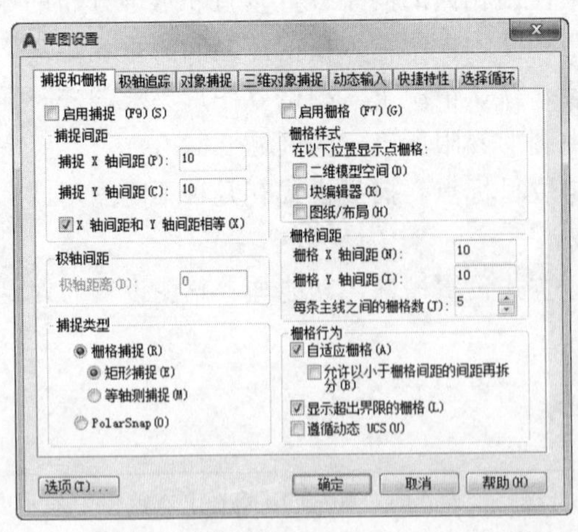

图 1-45　“捕捉和栅格”选项卡

图 1-46　“极轴追踪”选项卡

（1）设置极轴距离。如图 1-45 所示，在“草图设置”对话框的“捕捉和栅格”选项

卡中，可以设置极轴距离，单位 mm。绘图时，光标将按指定的极轴距离增量进行移动。

（2）设置极轴角度。如图 1-46 所示，在“草图设置”对话框的“极轴追踪”选项卡中，可以设置极轴角增量角度。设置时，可以使用向下箭头所打开的下拉选择框中的 90°、45°、30°、22.5°、18°、15°、10° 和 5° 的极轴角增量，也可以直接输入指定其他任意角度。光标移动时，如果接近极轴角，将显示对齐路径和工具栏提示。例如，图 1-47 所示为当极轴角增量设置为 30°，光标移动 90 时显示的对齐路径。

“附加角”用于设置极轴追踪时是否采用附加角度追踪。选中“附加角”复选框，通过“增加”按钮或者“删除”按钮来增加、删除附加角度值。

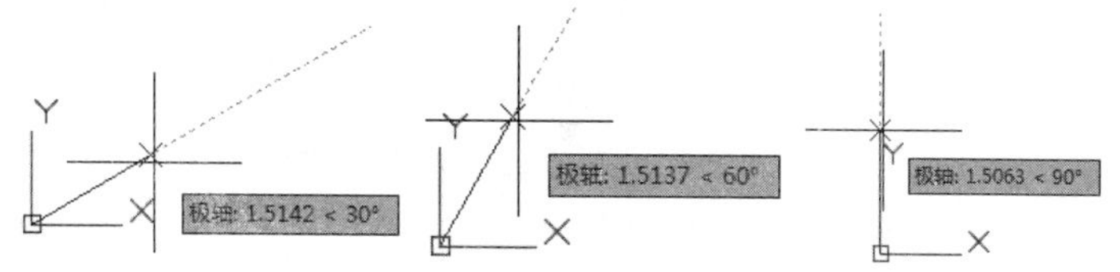

图 1-47　设置极轴角度

（3）对象捕捉追踪设置。用于设置对象捕捉追踪的模式。如果选择“仅正交追踪”选项，则当采用追踪功能时，系统仅在水平和垂直方向上显示追踪数据；如果选择“用所有极轴角设置追踪”选项，则当采用追踪功能时，系统不仅可以在水平和垂直方向显示追踪数据，还可以在设置的极轴追踪角度与附加角度所确定的一系列方向上显示追踪数据。

（4）极轴角测量。用于设置极轴角的角度测量采用的参考基准，“绝对”则是相对水平方向逆时针测量，“相对上一段”则是以上一段对象为基准进行测量。

4．对象捕捉

AutoCAD 给所有的图形对象都定义了特征点，对象捕捉则是指在绘图过程中，通过捕捉这些特征点，迅速准确地将新的图形对象定位在现有对象的确切位置上，例如圆的圆心、线段中点或两个对象的交点等。在 AutoCAD 中，可以通过单击状态栏中“对象捕捉”选项，或是在“草图设置”对话框的“对象捕捉”选项卡中选择“启用对象捕捉”单选框，来完成启用对象捕捉功能。在绘图过程中，对象捕捉功能的调用可以通过以下方式完成。

“对象捕捉”工具栏：如图 1-48 所示，在绘图过程中，当系统提示需要指定点位置时，可以单击“对象捕捉”工具栏中相应的特征点按钮，再把光标移动到要捕捉的对象上的特征点附近，AutoCAD 会自动提示并捕捉到这些特征点。例如，如果需要用直线连接一系列圆的圆心，可以将“圆心”设置为执行对象捕捉。如果有两个可能的捕捉点落在选择区域，AutoCAD 将捕捉离光标中心最近的符合条件的点。还有可能指定点时需要检查哪一个对象捕捉有效，例如在指定位置有多个对象捕捉符合条件，在指定点之前，按 Tab 键可以遍历所有可能的点。

图 1-48　“对象捕捉”工具栏

对象捕捉快捷菜单：在需要指定点位置时，还可以按住 Ctrl 键或 Shift 键，单击鼠标右键，打开对象捕捉快捷菜单，如图 1-49 所示。从该菜单上选择某一种特征点执行对象捕捉，把光标移动到要捕捉对象上的特征点附近，即可捕捉到这些特征点。

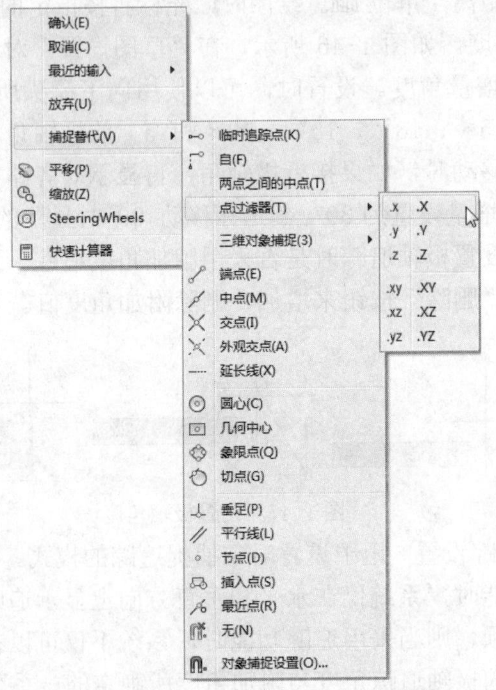

图 1-49 “对象捕捉”快捷菜单

注 意

1.对象捕捉不可单独使用，必须配合别的绘图命令一起使用。仅当 AutoCAD 提示输入点时，对象捕捉才生效。如果试图在命令提示下使用对象捕捉，AutoCAD 将显示错误信息。

2.对象捕捉只影响屏幕上可见的对象，包括锁定图层、布局视口边界和多段线上的对象。不能捕捉不可见的对象，如未显示的对象、关闭或冻结图层上的对象或虚线的空白部分。

使用命令行：当需要指定点位置时，在命令行中输入相应特征点的关键词把光标移动到要捕捉对象上的特征点附近，即可捕捉到这些特征点。对象捕捉特征点的关键字见表 1-1。

表 1-1 对象捕捉模式

模式	关键字	模式	关键字	模式	关键字
临时追踪点	TT	捕捉自	FROM	端点	END
中点	MID	交点	INT	外观交点	APP
延长线	EXT	圆心	CEN	象限点	QUA
切点	TAN	垂足	PER	平行线	PAR
节点	NOD	最近点	NEA	无捕捉	NON

5. 自动对象捕捉

在绘制图形的过程中，使用对象捕捉的频率非常高，如果每次在捕捉时都要先选择捕捉模式，将使工作效率大大降低。出于此种考虑，AutoCAD 提供了自动对象捕捉模式。如果启用自动捕捉功能，当光标距指定的捕捉点较近时，系统会自动精确地捕捉这些特征点，并显示出相应的标记以及该捕捉的提示。设置“草图设置”对话框中的“对象捕捉”选项

卡，选中“启用对象捕捉追踪”复选框，可以调用自动捕捉，如图 1-50 所示。

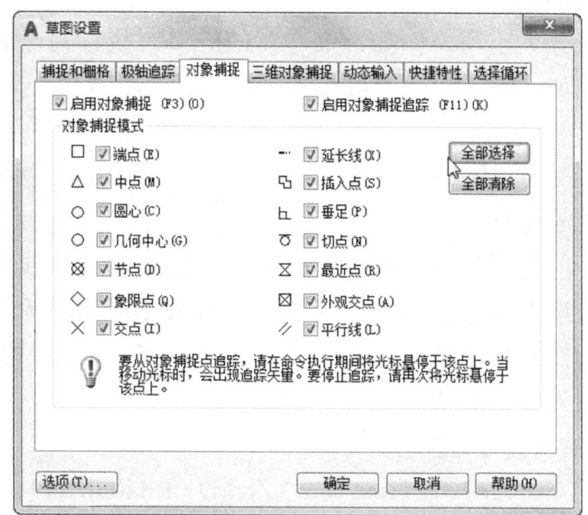

图 1-50　“对象捕捉”选项卡

6. 正交绘图

正交绘图模式，即在命令的执行过程中，光标只能沿 X 轴或者 Y 轴移动。所有绘制的线段和构造线都将平行于 X 轴或 Y 轴，因此它们相互垂直成 90º 相交，即正交。使用正交绘图，对于绘制水平和垂直线非常有用，特别是当绘制构造线时经常使用。而且当捕捉模式为等轴测模式时，它还迫使直线平行于 3 个等轴测中的一个。

设置正交绘图可以直接单击状态栏中“正交”按钮，或按 F8 键，相应地会在文本窗口中显示开/关提示信息。也可以在命令行中输入“ORTHO”命令，执行开启或关闭正交绘图。

注意

可以设置自己经常要用的捕捉方式。一旦设置了运行捕捉方式后，在每次运行时，所设定的目标捕捉方式就会被激活，而不是仅对一次选择有效，当同时使用多种方式时，系统将捕捉距光标最近同时又是满足多种目标捕捉方式之一的点。当光标距要获取的点非常近时，按下 Shift 键将暂时不获取对象。

“正交”模式将光标限制在水平或垂直（正交）轴上。因为不能同时打开“正交”模式和极轴追踪，因此“正交”模式打开时，AutoCAD 会关闭极轴追踪。如果再次打开极轴追踪，AutoCAD 将关闭“正交”模式。

1.5　基本输入操作

在 AutoCAD 中有一些基本的输入操作方法，这些基本方法是进行 AutoCAD 绘图的必备知识基础，也是深入学习 AutoCAD 功能的前提。

1.5.1　命令输入方式

AutoCAD 交互绘图必须输入必要的指令和参数。有多种 AutoCAD 命令输入方式（以画直线为例）：

1. 在命令窗口输入命令名

命令字符可不区分大小写。例如：命令：LINE↙。执行命令时，在命令行提示中经常会出现命令选项。如：输入绘制直线命令“LINE”后，命令行中的提示如下：

命令：LINE↙

指定第一个点：(在屏幕上指定一点或输入一个点的坐标)

指定下一点或 [放弃(U)]：

命令中不带括号的提示为默认选项，因此可以直接输入直线段的起点坐标或在屏幕上指定一点，如果要选择其他选项，则应该首先输入该选项的标识字符，如“放弃”选项的标识字符“U”，然后按系统提示输入数据即可。在命令选项的后面有时还带有尖括号，尖括号内的数值为默认数值。

2. 在命令窗口输入命令缩写字

如 L（Line）、C（Circle）、A（Arc）、Z（Zoom）、R（Redraw）、M（More）、CO（Copy）、PL（Pline）、E（Erase）等。

3. 选择“绘图”菜单直线选项

选取该选项后，在状态栏中可以看到对应的命令说明及命令名。

4. 选取工具栏中的对应图标

选取该图标后在状态栏中也可以看到对应的命令说明及命令名。

5. 在绘图区打开右键快捷菜单

如果在前面刚使用过要输入的命令，可以在绘图区打开右键快捷菜单，在“最近的输入”子菜单中选择需要的命令，如图 1-51 所示。

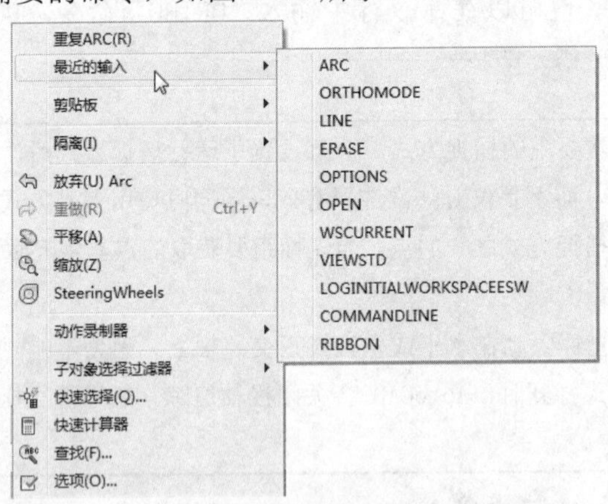

图 1-51 命令行右键快捷菜单

“最近的输入”子菜单中储存最近使用的几个命令，如果是经常重复使用的命令，这种方法就比较快速简洁。

6. 在绘图区右击鼠标

如果用户要重复使用上次使用的命令，可以直接在绘图区右击鼠标，系统立即重复执行上次使用的命令，这种方法适用于重复执行某个命令。

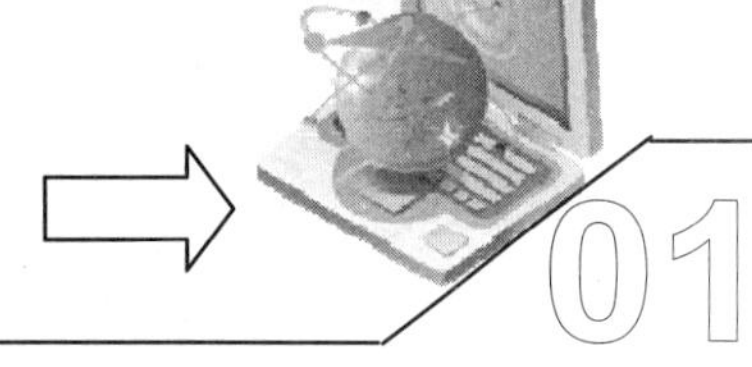

1.5.2 命令的重复、撤消、重做

1. 命令的重复

在命令窗口中按 Enter 键可重复调用上一个命令，不管上一个命令是完成了还是被取消了。

2. 命令的撤消

在命令执行的任何时刻都可以取消和终止命令的执行。执行方式如下：

命令行：UNDO。

菜单栏："编辑"→"放弃"。

快捷键：按 Esc 键。

3. 命令的重做

已被撤消的命令还可以恢复重做。要恢复撤消的最后一个命令。执行方式如下：

命令行：REDO。

菜单栏："编辑"→"重做"。

该命令可以一次执行多重放弃和重做操作。单击"标准"工具栏中的"放弃"按钮或"重做"按钮后面的小三角，可以选择要放弃或重做的操作，如图 1-52 所示。

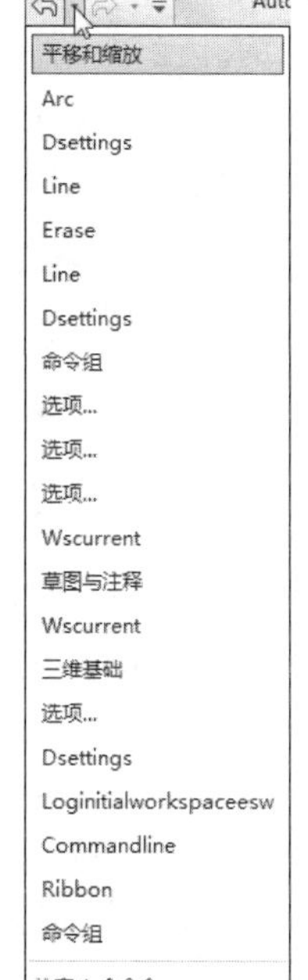

图 1-52　多重放弃或重做

1.5.3 透明命令

在 AutoCAD 2018 中有些命令不仅可以直接在命令行中使用，而且还可以在其他命令的执行过程中，插入并执行，待该命令执行完毕后，系统继续执行原命令，这种命令称为透明命令。透明命令一般多为修改图形设置或打开辅助绘图工具的命令。

上述执行方式同样适用于透明命令的执行。例如在命令行中进行如下操作：

命令:ARC↙

指定圆弧的起点或 [圆心(C)]:ZOOM↙(透明使用显示缩放命令 ZOOM)

>>(执行 ZOOM 命令)

正在恢复执行 ARC 命令。

指定圆弧的起点或 [圆心(C)]:(继续执行原命令)

1.5.4 按键定义

在 AutoCAD 2018 中，除了可以通过在命令窗口输入命令、单击工具栏图标或单击菜单项来完成外，还可以使用键盘上的一组功能键或快捷键，通过这些功能键或快捷键，可以快速实现指定功能，如按 F1 键，系统调用 AutoCAD 帮助对话框。系统使用 AutoCAD 传统标准（Windows 之前）或 Microsoft Windows 标准解释快捷键。有些功能键或快捷键在 AutoCAD 的菜单中已经指出，如"粘贴"的快捷键为 Ctrl+V，这些只要用户在使用

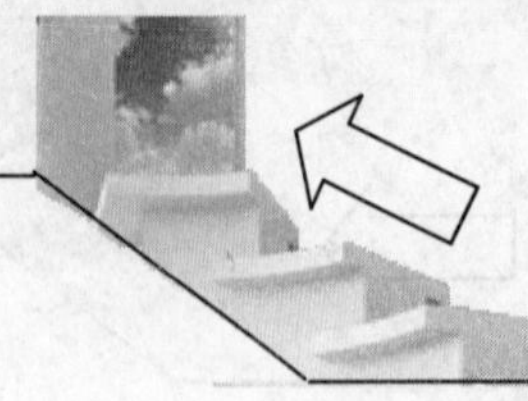

过程中多加留意，就会熟练掌握。快捷键的定义见菜单命令后面的说明，如“剪切 Ctrl+X”。

1.5.5 命令执行方式

有的命令有两种执行方式，通过对话框或通过命令行输入命令。如指定使用命令窗口方式，可以在命令名前加短划来表示，如“LAYER”表示用命令行方式执行“图层”命令。而如果在命令行输入“LAYER”，系统则会自动打开“图层特性管理器”对话框。

另外，有些命令同时存在命令行、菜单和工具栏 3 种执行方式，这时如果选择菜单或工具栏方式，命令行会显示该命令，并在前面加一下划线，如通过菜单或工具栏方式执行“直线”命令时，命令行会显示“_line”，命令的执行过程与结果和命令行方式相同。

1.5.6 坐标系统与数据的输入方法

1. 坐标系

AutoCAD 采用两种坐标系：世界坐标系（WCS）与用户坐标系。用户刚进入 AutoCAD 时的坐标系就是世界坐标系，是固定的坐标系。世界坐标系也是坐标系中的基准，绘制图形时多数情况下都是在这个坐标系下进行的。

执行方式如下：

命令行：UCS。

菜单栏：“工具”→“新建 UCS”子菜单中相应的命令。

工具栏：单击“UCS”工具栏中的相应按钮。

功能区：选择“视图”选项卡“视口工具”面板中的“UCS 图标”按钮。

AutoCAD 有两种视图显示方式：模型空间和图纸空间。模型空间是指单一视图显示法，通常使用的都是这种显示方式；图纸空间是指在绘图区域创建图形的多视图。用户可以对其中每一个视图进行单独操作。在默认情况下，当前 UCS 与 WCS 重合。图 1-53a 所示为模型空间下的 UCS 坐标系图标，通常放在绘图区左下角处；也可以指定它放在当前 UCS 的实际坐标原点位置，如图 1-53b 所示。图 1-53c 所示为图纸空间下的坐标系图标。

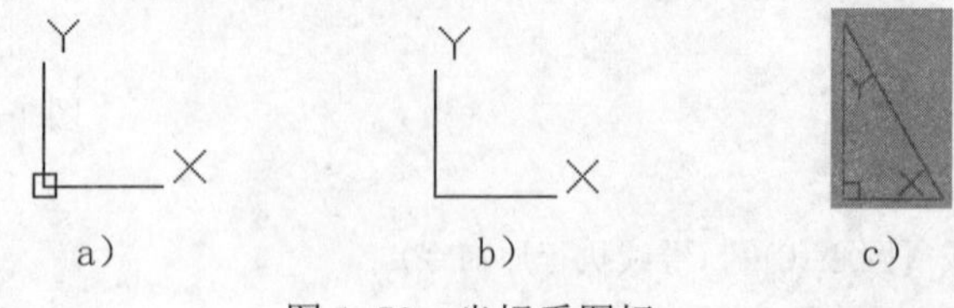

图 1-53 坐标系图标

2. 数据输入方法

在 AutoCAD 2018 中，点的坐标可以用直角坐标、极坐标、球面坐标和柱面坐标表示，每一种坐标又分别具有两种坐标输入方式：绝对坐标和相对坐标。其中直角坐标和极坐标最为常用，下面主要介绍一下它们的输入。

（1）直角坐标法。用点的 X、Y 坐标值表示的坐标。

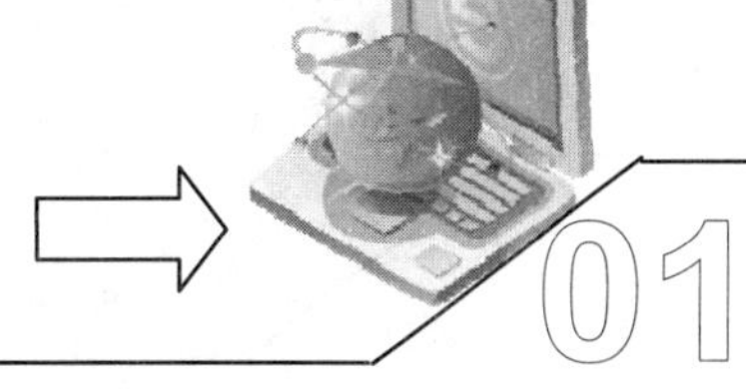

例如：在命令行中输入点的坐标提示下，输入“15，18”，则表示输入了一个 X、Y 的坐标值分别为 15、18 的点，此为绝对坐标输入方式，表示该点的坐标是相对于当前坐标原点的坐标值，如图 1-54a 所示。如果输入“@10，20”，则为相对坐标输入方式，表示该点的坐标是相对于前一点的坐标值，如图 1-54c 所示。

提示

输入坐标时，其中的逗号只能在西文状态下，否则会出现错误。

（2）极坐标法。用长度和角度表示的坐标，只能用来表示二维点的坐标。

在绝对坐标输入方式下，表示为：“长度<角度”，如“25<50”，其中长度为该点到坐标原点的距离，角度为该点至原点的连线与 X 轴正向的夹角，如图 1-54b 所示。

在相对坐标输入方式下，表示为：“@长度<角度”，如“@25<45”，其中长度为该点到前一点的距离，角度为该点至前一点的连线与 X 轴正向的夹角，如图 1-54d 所示。

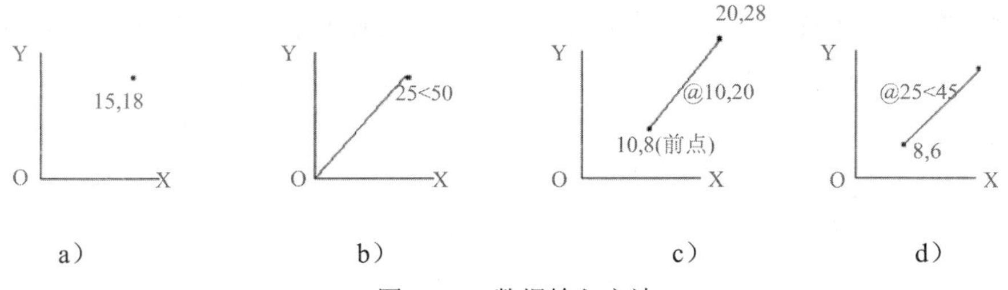

图 1-54　数据输入方法

3．动态数据输入

按下状态栏中的“动态输入”按钮，系统打开动态输入功能，可以在屏幕上动态地输入某些参数数据，例如，绘制直线时，在光标附近，会动态地显示“指定第一点”，以及后面的坐标框，当前显示的是光标所在位置，可以输入数据，两个数据之间以逗号隔开，如图 1-55 所示。指定第一点后，系统动态显示直线的角度，同时要求输入线段长度值，如图 1-56 所示，其输入效果与“@长度<角度”方式相同。

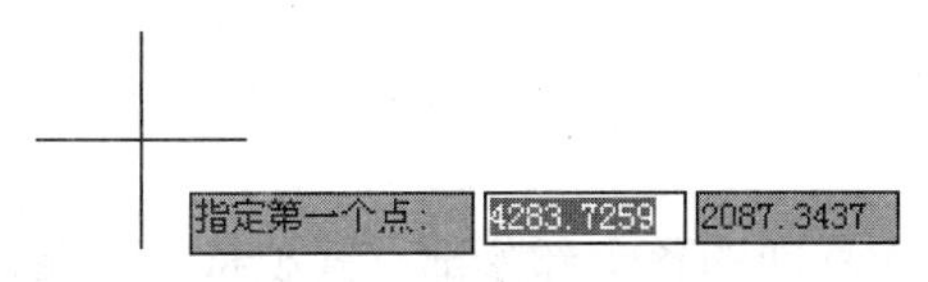

图 1-55　动态输入坐标值

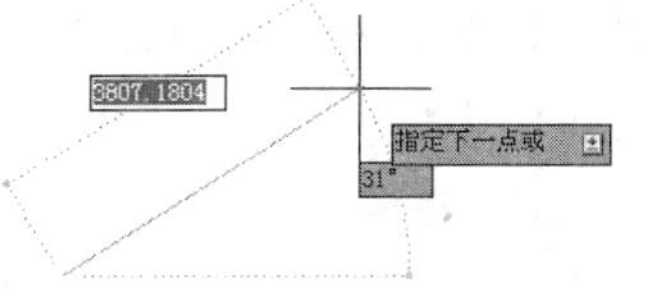

图 1-56　动态输入长度值

下面分别讲述点与距离值的输入方法。

（1）点的输入。绘图过程中，常需要输入点的位置，AutoCAD 提供了如下几种输入点的方式：

1）用键盘直接在命令窗口中输入点的坐标：直角坐标有两种输入方式：x，y（点的绝对坐标值，例如：100，50）和@ x，y（相对于上一点的相对坐标值，例如：@ 50，-30）。坐标值均相对于当前的用户坐标系。

极坐标的输入方式为：长度 < 角度 （其中，长度为点到坐标原点的距离，角度为

原点至该点连线与 X 轴的正向夹角，例如：20<45）或@长度 < 角度（相对于上一点的相对极坐标，例如 @ 50 < -30）。

2）用鼠标等定标设备移动光标单击左键在屏幕上直接取点。

3）用目标捕捉方式捕捉屏幕上已有图形的特殊点（如端点、中点、中心点、插入点、交点、切点、垂足点等）。

4）直接距离输入：先用光标拖拉出橡筋线确定方向，然后用键盘输入距离。这样有利于准确控制对象的长度等参数，如要绘制一条 10mm 长的线段，命令行提示与操作方法如下：

```
命令: line↙
指定第一个点:（在绘图区指定一点）
指定下一点或 [放弃(U)]:
```

这时在屏幕上移动鼠标指针指明线段的方向，但不要单击鼠标左键确认，如图 1-57 所示，然后在命令行输入 10，这样就在指定方向上准确地绘制了长度为 10mm 的线段。

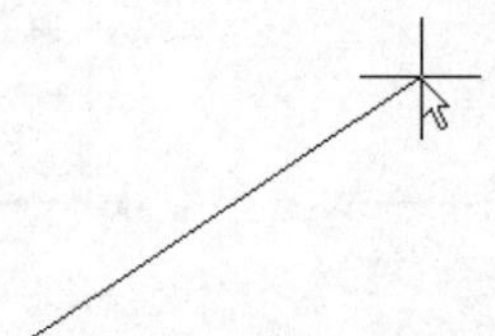

图 1-57　绘制直线

（2）距离值的输入。在 AutoCAD 命令中，有时需要提供高度、宽度、半径、长度等距离值。AutoCAD 提供了两种输入距离值的方式：一种是用键盘在命令窗口中直接输入数值；另一种是在屏幕上拾取两点，以两点的距离值定出所需数值。

1.6　上机操作

通过前面的学习，读者对本章知识也有了大体的了解。本节将通过两个操作练习使读者进一步掌握本章知识要点。

【实例 1】熟悉 AutoCAD 2018 的操作界面。

1. 目的要求

操作界面是用户绘制图形的平台，操作界面的各个部分都有其独特的功能，熟悉操作界面有助于用户方便快速地进行绘图。本例要求了解操作界面各部分功能，掌握改变绘图区颜色和光标大小的方法，能够熟练地打开、关闭菜单和工具栏。

2. 操作提示

（1）启动 AutoCAD 2018，进入操作界面。

（2）调整操作界面大小。

（3）设置绘图区颜色与光标大小。

（4）打开、关闭菜单和工具栏。

（5）尝试同时利用命令行、菜单命令和工具栏绘制一条线段。

【实例 2】设置图形文件。

1. 目的要求

任何一个图形文件都有一个特定的绘图环境，包括图形边界、绘图单位、角度等。设置绘图环境通常有两种方法：设置向导与单独的命令设置方法。通过学习设置绘图环境，可以促进读者对图形总体环境的认识。

2. 操作提示

（1）选择菜单栏中的“文件”→“新建”命令，系统打开“选择样板”对话框，单击“打开”按钮，进入绘图界面。

（2）选择菜单栏中的“格式”→“图形界限”命令，设置界限为“(0,0)，(297,210)”，在命令行中可以重新设置模型空间界限。

（3）选择菜单栏中的“格式”→“单位”命令，系统打开“图形单位”对话框，设置长度类型为“小数”，精度为“0.00”；角度类型为十进制度数，精度为“0”；用于缩放插入内容的单位为“毫米”，用于指定光源强度的单位为“国际”；角度方向为“顺时针”。

第 2 章　二维绘图命令

二维图形是指在二维平面空间绘制的图形，主要由一些图形元素组成，如点、直线、圆弧、圆、椭圆、矩形、多边形、多段线、样条曲线、多线等几何元素。AutoCAD 提供了大量的绘图工具，可以帮助用户完成二维图形的绘制。本章主要内容包括：直线，圆和圆弧，椭圆和椭圆弧，平面图形，点，轨迹线与区域填充，徒手线和修订云线，多段线，样条曲线，多线和图案填充等。

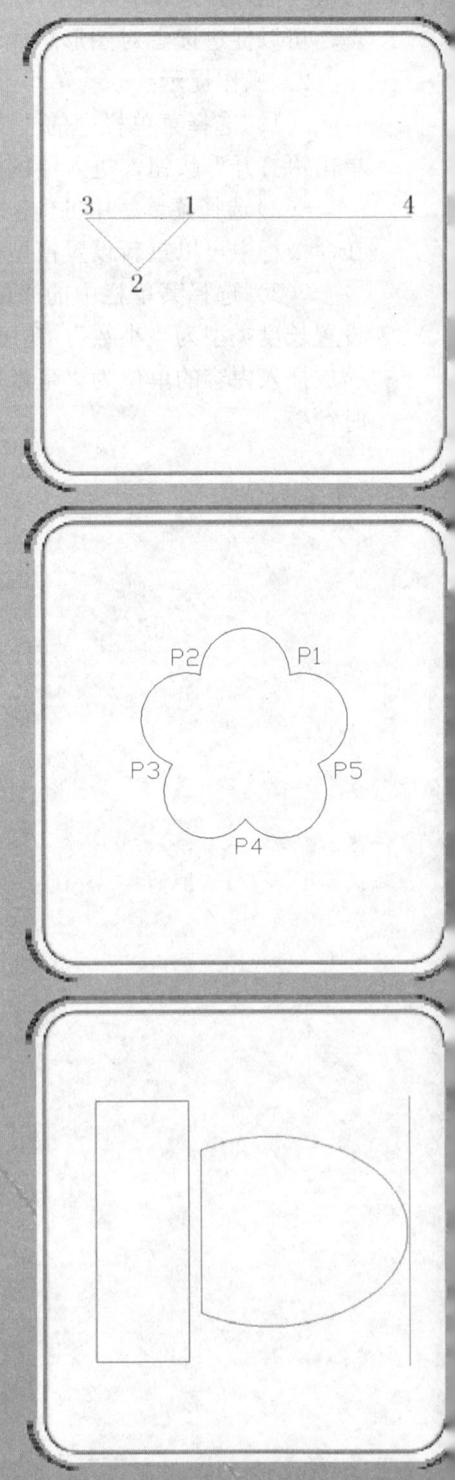

- 直线与点
- 圆类图形
- 平面图形
- 多段线、样条曲线和多线
- 图案填充

2.1 直线与点

直线类命令主要包括直线和构造线命令。直线命令和点命令是AutoCAD中最简单的绘图命令。

2.1.1 绘制点

1. 执行方式

命令行：POINT。

菜单栏："绘图"→"点"→"单点或多点"。

工具栏："绘图"→"点"▫。

功能区：单击"默认"选项卡"绘图"面板中的"多点"按钮▫。

2. 操作格式

```
命令: POINT
当前点模式:  PDMODE=0  PDSIZE=0.0000
指定点:(指定点所在的位置)
```

3. 选项说明

（1）通过菜单方法进行操作时（见图 2-1），"单点"命令表示只输入一个点，"多点"命令表示可输入多个点。

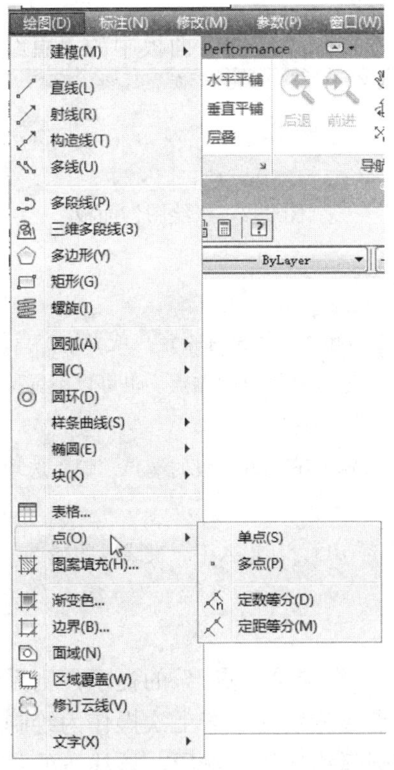

图 2-1 "点"子菜单

（2）单击状态栏中的"对象捕捉"开关按钮，设置点的捕捉模式，帮助用户拾取

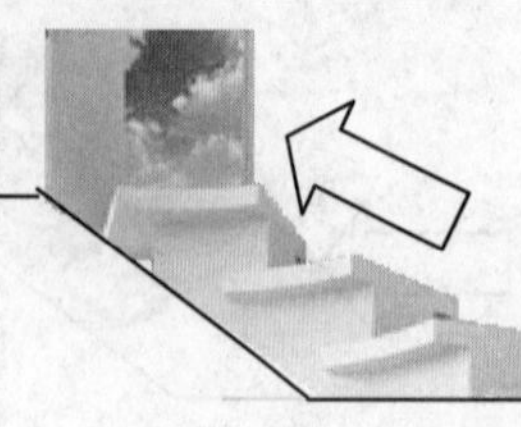

点。

（3）点在图形中的表示样式共有 20 种。可通过命令 DDPTYPE 或拾取菜单：格式→点样式，打开“点样式”对话框来设置点样式，如图 2-2 所示。

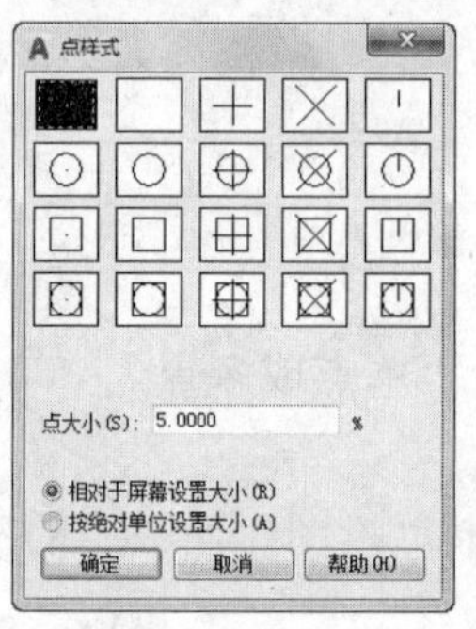

图 2-2 “点样式”对话框

2.1.2 绘制直线段

1. 执行方式

命令行：LINE。

菜单栏：“绘图”→“直线”。

工具栏：“绘图”→“直线”。

功能区：单击“默认”选项卡“绘图”面板中的“直线”按钮，如图 2-3 所示。

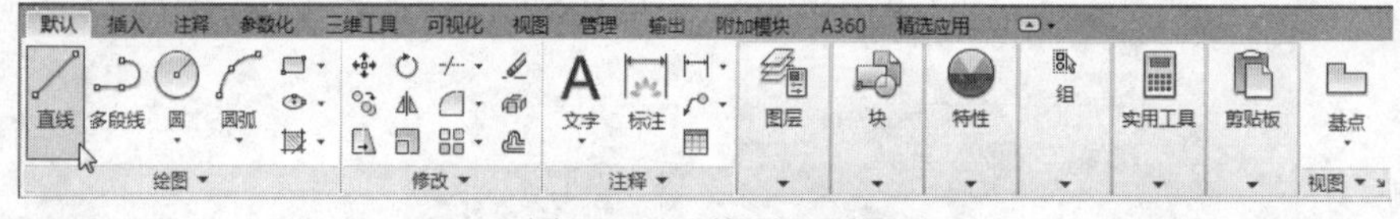

图 2-3 “绘图”面板

2. 操作格式

命令：LINE

指定第一个点：(输入直线段的起点，用鼠标指定点或者给定点的坐标）

指定下一点或［放弃(U)]：（输入直线段的端点，也可以用鼠标指定一定角度后，直接输入直线段的长度）

指定下一点或［放弃(U)]：（输入下一直线段的端点。输入选项 U 表示放弃前面的输入；右击或按 Enter 键，结束命令）

指定下一点或［闭合(C)/放弃(U)]：（输入下一直线段的端点，或输入选项 C 使图形闭合，结束命令）

3. 选项说明

（1）若按 Enter 键响应“指定第一点:”的提示，则系统会把上次绘制线（或弧）的终点作为本次操作的起始点。特别地，若上次操作为绘制圆弧，按 Enter 键响应后，绘制出通过圆弧终点的与该圆弧相切的直线段，该线段的长度由鼠标在屏幕上指定的一点与切点之间线段的长度确定。

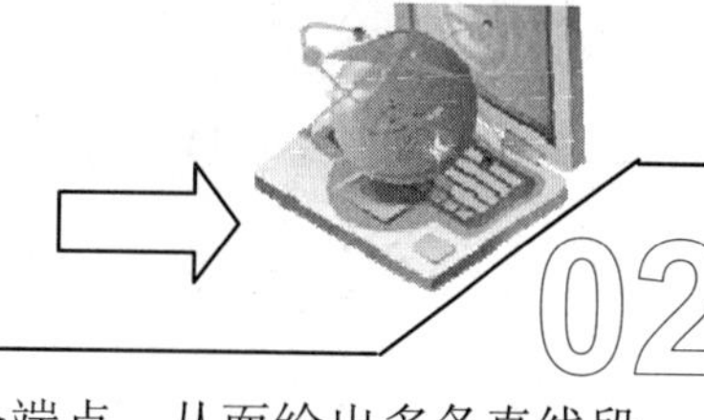

（2）在“指定下一点”的提示下，用户可以指定多个端点，从而绘出多条直线段。但是，每一条直线段都是一个独立的对象，可以进行单独地编辑操作。

（3）绘制两条以上的直线段后，若用选项“C”响应“指定下一点”的提示，系统会自动链接起始点和最后一个端点，从而绘制出封闭的图形。

（4）若用选项“U”响应提示，则会擦除最近一次绘制的直线段。

（5）若设置正交方式（单击状态栏上的“正交”按钮），则只能绘制水平直线段或垂直直线段。

（6）若设置动态数据输入方式（单击状态栏上的 DYN 按钮），则可以动态输入坐标或长度值。下面的命令同样可以设置动态数据输入方式，效果与非动态数据输入方式类似。除了特别需要（以后不再强调），否则只按非动态数据输入方式输入相关数据。

2.1.3　绘制构造线

1．执行方式

命令行：XLINE

菜单栏：“绘图”→“构造线”。

工具栏：“绘图”→“构造线”。

功能区：单击“默认”选项卡“绘图”面板中的“构造线”按钮。

2．操作格式

```
命令：XLINE
指定点或 [水平(H)/垂直(V)/角度(A)/二等分(B)/偏移(O)]：(给出点)
指定通过点：(给定通过点 2，画一条双向的无限长直线)
指定通过点：(继续给点，继续画线，按 Enter 键，结束命令)
```

3．选项说明

（1）执行选项中有“指定点”“水平”“垂直”“角度”“二等分”和“偏移”6 种方式绘制构造线。

（2）构造线可以模拟手工绘图中的辅助绘图线。用特殊的线型显示，在绘图输出时，可不作输出。常用于辅助绘图。

2.1.4　实例——标高符号

绘制图 2-4 所示的标高符号。

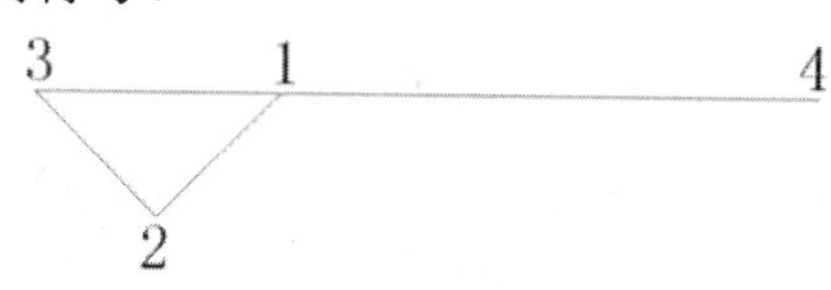

图 2-4　标高符号

光盘\动画演示\第 2 章\标高符号.avi

操作步骤

单击“默认”选项卡“绘图”面板中的“直线”按钮，命令行提示与操作如下：

命令：_line

指定第一个点：100,100↙（1 点）

指定下一点或［放弃(U)］：@40,-135↙

指定下一点或［放弃(U)］：u↙（输入错误，取消上次操作）

指定下一点或［放弃(U)］：@40<-135↙（2 点，也可以按下状态栏上“DYN”按钮，在鼠标位置为 135 °时，动态输入 40，如图 2-5 所示，下同）

指定下一点或［放弃(U)］：@40<135↙（3 点，相对极坐标数值输入方法，此方法便于控制线段长度）

指定下一点或［闭合(C)/放弃(U)］：@180,0↙（4 点，相对直角坐标数值输入方法，此方法便于控制坐标点之间正交距离）

指定下一点或［闭合(C)/放弃(U)］：↙（回车结束直线命令）

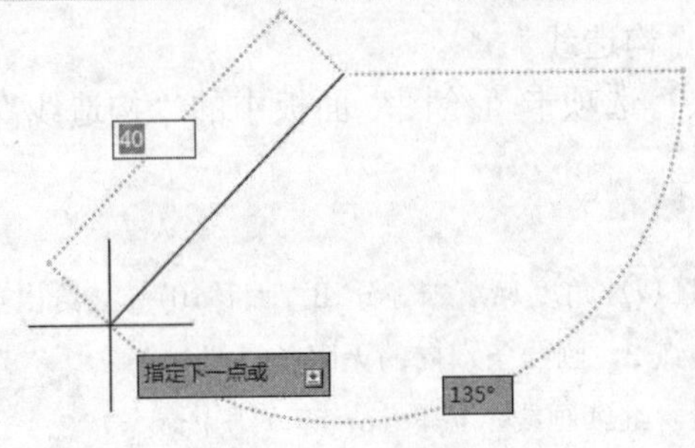

图2-5　动态输入

提示

1. 输入坐标时，其中的逗号只能在西文状态下，否则会出现错误。

2. 一般每个命令有 3 种执行方式，这里只给出了命令行执行方式，其他两种执行方式的操作方法与命令行执行方式相同。

2.2　圆类图形

圆类命令主要包括“圆”“圆弧”“椭圆”“椭圆弧”以及“圆环”等命令，这几个命令是 AutoCAD 中最简单的圆类命令。

2.2.1　绘制圆

1. 执行方式

命令行：CIRCLE。

菜单栏：“绘图”→“圆”。

工具栏：“绘图”→“圆”。

功能区：单击“默认”选项卡“绘图”面板中的“圆”下拉菜单，如图 2-6 所示。

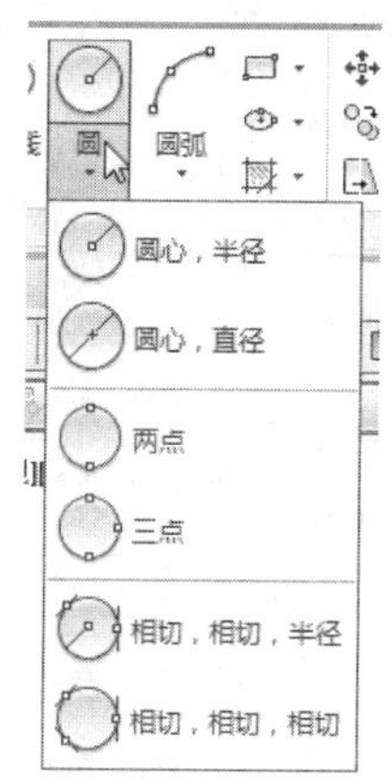

图2-6 “圆”下拉菜单

2. 操作格式

命令：CIRCLE

指定圆的圆心或 [三点(3P)/两点(2P)/ 切点、切点、半径(T)]：（指定圆心）

指定圆的半径或 [直径(D)]：（直接输入半径数值或用鼠标指定半径长度）

指定圆的直径 <默认值>：（输入直径数值或用鼠标指定直径长度）

3. 选项说明

（1）三点(3P)：用指定圆周上三点的方法画圆。

（2）两点(2P)：按指定直径的两端点的方法画圆。

（3）切点、切点、半径(T)：按先指定两个相切对象，后给出半径的方法画圆。

“绘图”→“圆”菜单中多了一种“相切、相切、相切”的方法，当选择此方式时，系统提示：

指定圆的圆心或 [三点(3P)/两点(2P)/切点、切点、半径(T)]：_3p 指定圆上的第一个点：_tan 到：（指定相切的第一个圆弧）

指定圆上的第二个点：_tan 到：（指定相切的第二个圆弧）

指定圆上的第三个点：_tan 到：（指定相切的第三个圆弧）

2.2.2 绘制圆弧

1. 执行方式

命令行：ARC（缩写名：A）。

菜单栏：“绘图”→“圆弧”。

工具栏：“绘图”→“圆弧” 。

功能区：单击“默认”选项卡“绘图”面板中的“圆弧”下拉菜单，如图 2-7 所示。

2. 操作格式

命令：ARC

指定圆弧的起点或 [圆心(C)]：（指定起点）

指定圆弧的第二个点或 [圆心(C)/端点(E)]：（指定第二点）

指定圆弧的端点:（指定端点）

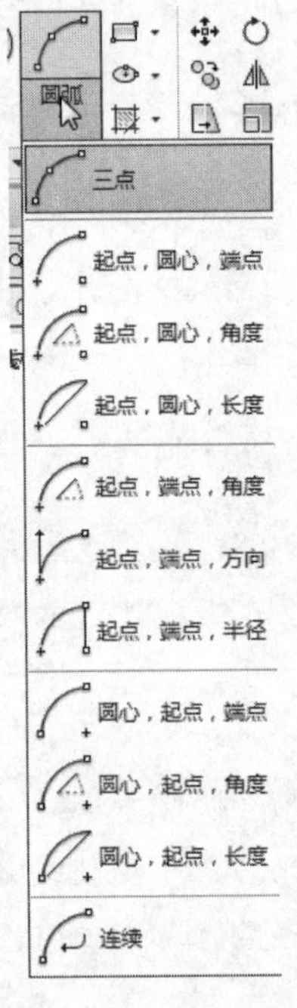

图2-7 “圆弧”下拉菜单

3．选项说明

（1）用命令行方式画圆弧时，可以根据系统提示选择不同的选项，具体功能和用“绘制”菜单中的“圆弧”子菜单提供的 11 种方式的功能相似。

（2）需要强调的是“继续”方式，绘制的圆弧与上一线段或圆弧相切，继续画圆弧段，因此提供端点即可。

2.2.3 实例——五瓣梅

绘制图 2-8 所示的五瓣梅。

光盘\动画演示\第 2 章\五瓣梅.avi

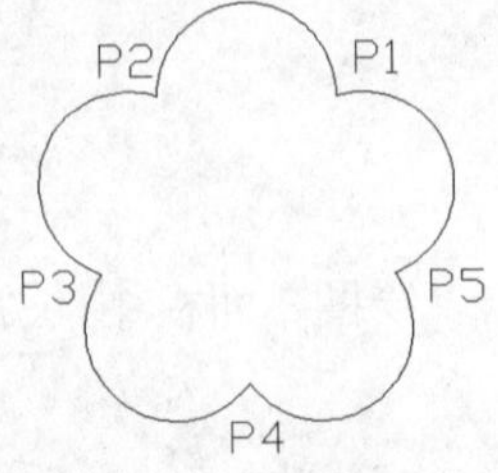

图2-8 五瓣梅

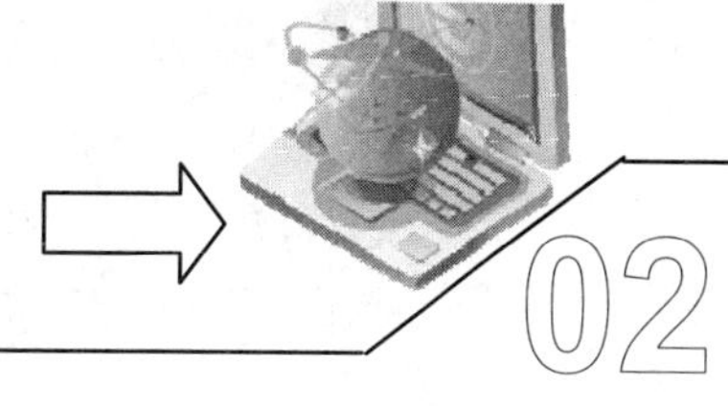

操作步骤

（1）在命令行输入“NEW”，或选择菜单栏中“文件”→“新建”命令，或单击“标准”工具栏中的“新建”按钮，系统创建一个新图形。

（2）单击“默认”选项卡“绘图”面板中的“圆弧”按钮，绘制第一段圆弧，命令行提示与操作如下：

```
命令: _arc 指定圆弧的起点或 [圆心(C)]: 140,110↙
指定圆弧的第二个点或 [圆心(C)/端点(E)]: E↙
指定圆弧的端点: @40<180↙
指定圆弧的中心点(按住 Ctrl 键以切换方向)或 [角度(A)/方向(D)/半径(R)]:r
指定圆弧的半径(按住 Ctrl 键以切换方向): 20↙
```

（3）单击“默认”选项卡“绘图”面板中的“圆弧”按钮，绘制第二段圆弧，命令行提示与操作如下：

```
命令: _arc 指定圆弧的起点或 [圆心(C)]: 选择刚才绘制的圆弧端点 P2
指定圆弧的第二个点或 [圆心(C)/端点(E)]: E↙
指定圆弧的端点: @40<252↙
指定圆弧的中心点(按住 Ctrl 键以切换方向)或 [角度(A)/方向(D)/半径(R)]: A↙
指定夹角(按住 Ctrl 键以切换方向): 180↙
```

（4）单击“默认”选项卡“绘图”面板中的“圆弧”按钮，绘制第三段圆弧，命令行提示与操作如下：

```
命令: _arc
指定圆弧的起点或 [圆心(C)]: 选择步骤 (3) 中绘制的圆弧端点 P3
指定圆弧的第二个点或 [圆心(C)/端点(E)]: C↙
指定圆弧的圆心: @20<324↙
指定圆弧的端点(按住 Ctrl 键以切换方向)或 [角度(A)/弦长(L)]: A↙
指定夹角(按住 Ctrl 键以切换方向): 180↙
```

（5）单击“默认”选项卡“绘图”面板中的“圆弧”按钮，绘制第四段圆弧，命令行提示与操作如下：

```
命令: _arc 指定圆弧的起点或 [圆心(C)]: 选择步骤 (4) 中绘制圆弧的端点 P4
指定圆弧的第二个点或 [圆心(C)/端点(E)]: C↙
指定圆弧的圆心: @20<36↙
指定圆弧的端点(按住 Ctrl 键以切换方向)或 [角度(A)/弦长(L)]: L↙
指定弦长(按住 Ctrl 键以切换方向): 40↙
```

（6）单击“默认”选项卡“绘图”面板中的“圆弧”按钮，绘制第五段圆弧，命令行提示与操作如下：

```
命令: _arc 指定圆弧的起点或 [圆心(C)]:选择步骤 (5) 中绘制的圆弧端点 P5
指定圆弧的第二个点或 [圆心(C)/端点(E)]: E↙
指定圆弧的端点: 选择圆弧起点 P1
```

```
指定圆弧的中心点(按住 Ctrl 键以切换方向)或 [角度(A)/方向(D)/半径(R)]: D↙
指定圆弧起点的相切方向(按住 Ctrl 键以切换方向): @20<20↙
```

完成五瓣梅的绘制，最终绘制结果如图 2-8 所示。

（7）在命令行输入“QSAVE”，或选择菜单栏中的“文件”→“保存”命令，或单击“标准”工具栏中的“保存”按钮，在打开的“图形另存为”对话框中输入文件名保存即可。

注意

绘制圆弧时，注意圆弧的曲率是遵循逆时针方向的，所以在选择指定圆弧两个端点和半径模式时，需要注意端点的指定顺序，否则有可能导致圆弧的凹凸形状与预期的相反。

2.2.4 绘制圆环

1．执行方式

命令行：DONUT。

菜单栏：“绘图”→“圆环”。

功能区：单击“默认”选项卡“绘图”面板中的“圆环”按钮。

2．操作格式

```
命令: DONUT
指定圆环的内径 <默认值>: (指定圆环内径)
指定圆环的外径 <默认值>: (指定圆环外径)
指定圆环的中心点或 <退出>:(指定圆环的中心点)
指定圆环的中心点或 <退出>:(继续指定圆环的中心点，则继续绘制具有相同内外径的圆环。按Enter 键空格键或右击，结束命令)
```

3．选项说明

（1）若指定内径为零，则画出实心填充圆。

（2）用命令 FILL 可以控制圆环是否填充。

```
命令: FILL
输入模式 [开(ON)/关(OFF)] <开>: (选择 ON 表示填充，选择 OFF 表示不填充)
```

2.2.5 绘制椭圆与椭圆弧

1．执行方式

命令行：ELLIPSE。

菜单栏：“绘图”→“椭圆”→“圆弧”。

工具栏：“绘图”→“椭圆”或“绘图”→“椭圆弧”。

功能区：单击“默认”选项卡“绘图”面板中的“椭圆”下拉菜单，如图 2-9 所示。

2．操作格式

```
命令: ELLIPSE
```

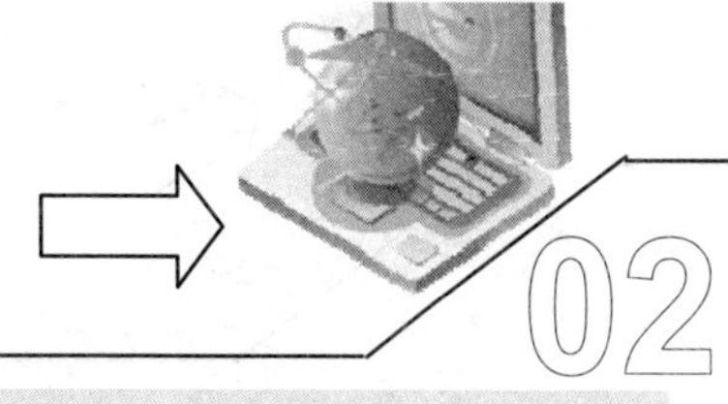

指定椭圆的轴端点或 [圆弧(A)/中心点(C)]:

指定轴的另一个端点:

指定另一条半轴长度或 [旋转(R)]:

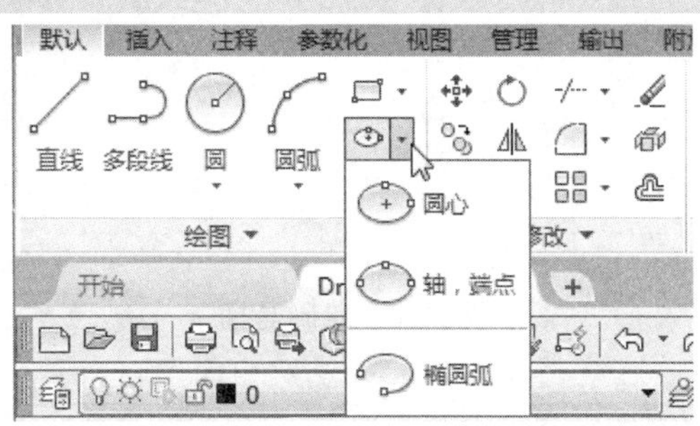

图2-9 “椭圆”下拉菜单

3. 选项说明

（1）指定椭圆的轴端点：根据两个端点，定义椭圆的第一条轴。第一条轴的角度确定了整个椭圆的角度。第一条轴既可定义为椭圆的长轴，也可定义为椭圆的短轴。

（2）旋转(R)：通过绕第一条轴旋转圆来创建椭圆。相当于将一个圆绕椭圆轴翻转一个角度后的投影视图。

（3）中心点(C)：通过指定的中心点创建椭圆。

（4）椭圆弧(A)：该选项用于创建一段椭圆弧。与“工具栏：绘制→椭圆弧”功能相同。其中第一条轴的角度确定了椭圆弧的角度。第一条轴既可定义为椭圆弧长轴也可定义为椭圆弧短轴。选择该项，系统继续提示：

指定椭圆弧的轴端点或 [圆弧(A)/中心点(C)]:（指定端点或输入 C）

指定椭圆弧的轴端点或 [中心点(C)]:

指定轴的另一个端点:（指定另一端点）

指定另一条半轴长度或 [旋转(R)]: （指定另一条半轴长度或输入 R）

指定起始角度或 [参数(P)]:（指定起始角度或输入 P）

指定端点角度或 [参数(P)/夹角(I)]:

其中各选项含义如下：

1）角度：指定椭圆弧端点的两种方式之一，光标与椭圆中心点连线的夹角为椭圆弧端点位置的角度。

2）参数(P)：指定椭圆弧端点的另一种方式，该方式同样是指定椭圆弧端点的角度，通过以下矢量参数方程式创建椭圆弧：

$$p(u) = c + a* \cos(u) + b* \sin(u)$$

式中，c 是椭圆的中心点；a 和 b 分别是椭圆的长轴和短轴；u 为光标与椭圆中心点连线的夹角。

3）夹角(I)：定义从起始角度开始的包含角度。

2.2.6 实例——马桶

绘制图 2-10 所示的马桶。

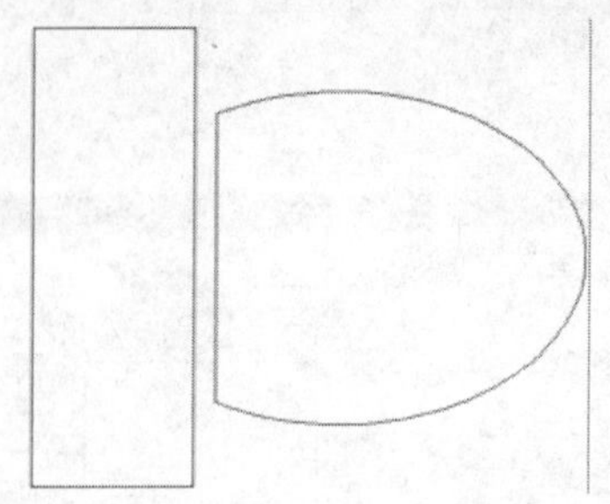

图2-10　绘制马桶

光盘\动画演示\第 2 章\马桶.avi

操作步骤

本实例主要介绍椭圆弧绘制方法的具体应用。首先利用椭圆弧命令绘制马桶外沿，然后利用直线命令绘制马桶后沿和水箱，如图 2-10 所示。

（1）单击“默认”选项卡“绘图”面板中的“椭圆弧”按钮，绘制马桶外沿，命令行提示与操作如下：

```
命令: _ellipse
指定椭圆的轴端点或 [圆弧(A)/中心点(C)]: _a
指定椭圆弧的轴端点或 [中心点(C)]: c↙
指定椭圆弧的中心点: ↙（指定一点）
指定轴的端点: ↙（适当指定一点）
指定另一条半轴长度或 [旋转(R)]: ↙（适当指定一点）
指定起点角度或 [参数(P)]:↙（指定下面适当位置一点）
指定端点角度或 [参数(P)/ 夹角(I)]: ↙（指定正上方适当位置一点）
```

绘制结果如图 2-11 所示。

（2）单击“绘图”工具栏中的“直线”按钮，连接椭圆弧两个端点，绘制马桶后沿。结果如图 2-12 所示。

（3）单击“绘图”工具栏中的“直线”按钮，取适当的尺寸，在左边绘制一个矩形框作为水箱，最终结果如图 2-10 所示。

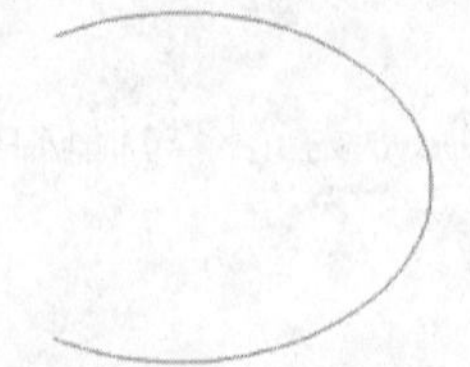

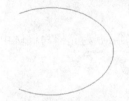

图2-11　绘制马桶外沿

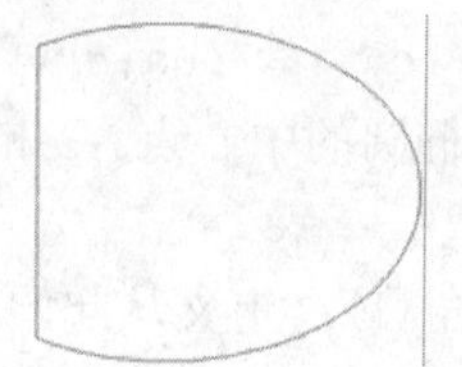

图2-12　绘制马桶后沿

注意

本例中指定起点角度和端点角度的点时，不要将两个点的顺序指定反了，因为系统默认的旋转方向是逆时针，如果指定反了，得出的结果可能和预期的刚好相反。

2.3 平面图形

平面图形主要包括“矩形”和“正多边形”等命令。

2.3.1 绘制矩形

1. 执行方式

命令行：RECTANG（缩写名：REC）。

菜单栏：“绘图”→“矩形”。

工具栏：“绘图”→“矩形”▭。

功能区：单击“默认”选项卡“绘图”面板中的“矩形”按钮▭。

2. 操作格式

```
命令: RECTANG↙
指定第一个角点或 [倒角(C)/标高(E)/圆角(F)/厚度(T)/宽度(W)]:
指定另一个角点或 [面积(A)/尺寸(D)/旋转(R)]:
```

3. 选项说明

（1）第一个角点：通过指定两个角点来确定矩形，如图 2-13a 所示。

（2）倒角(C)：指定倒角距离，绘制带倒角的矩形（见图 2-13b），每一个角点的逆时针和顺时针方向的倒角可以相同，也可以不同，其中第一个倒角距离是指角点逆时针方向的倒角距离，第二个倒角距离是指角点顺时针方向的倒角距离。

（3）标高(E)：指定矩形标高（Z 坐标），即把矩形画在标高为 Z、平行于 XOY 坐标面的平面上，并作为后续矩形的标高值。

（4）圆角(F)：指定圆角半径，绘制带圆角的矩形，如图 2-13c 所示。

（5）厚度(T)：指定矩形的厚度，如图 2-13d 所示。

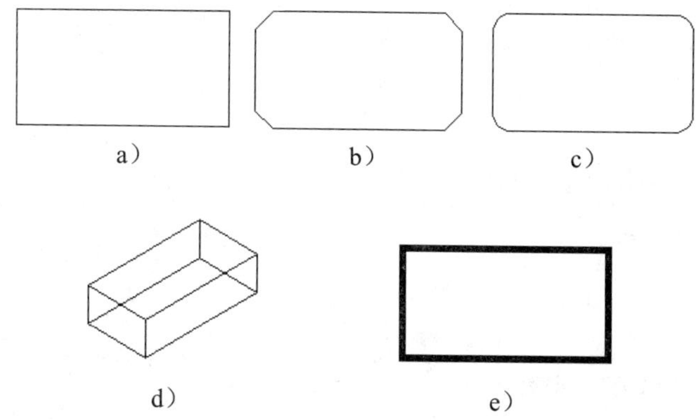

图2-13　绘制矩形

（6）宽度(W)：指定线宽，如图 2-13e 所示。

（7）尺寸(D)：使用长和宽创建矩形。第二个指定点将矩形定位在与第一角点相关的四个位置之一。

（8）面积（A)：通过指定面积和长或宽来创建矩形。选择该项，系统提示：

```
输入以当前单位计算的矩形面积 <20.0000>: （输入面积值）
计算矩形标注时依据 [长度(L)/宽度(W)] <长度>:（按 Enter 键或输入 W）
输入矩形长度 <4.0000>: （指定长度或宽度）
```

指定长度或宽度后，系统自动计算出另一个维度后绘制出矩形。如果矩形被倒角或圆角，则在长度或宽度计算中，会考虑此设置，如图 2-14 所示。

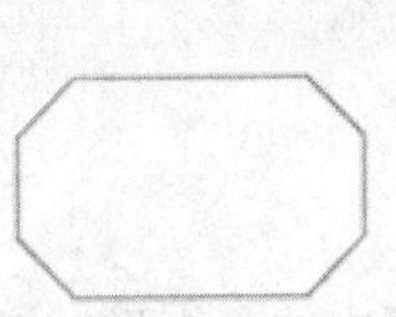

倒角距离 (1,1) 面积：20 长度： 6

圆角半径：1.0 面积：20 宽度： 6

图2-14　按面积绘制矩形

（9）旋转(R)：旋转所绘制矩形的角度。选择该项，系统提示如下：

```
指定旋转角度或 [拾取点(P)] <135>: （指定角度）
指定另一个角点或 [面积(A)/尺寸(D)/旋转(R)]:（指定另一个角点或选择其他选项）
```

指定旋转角度后，系统按指定旋转角度创建矩形，如图 2-15 所示。

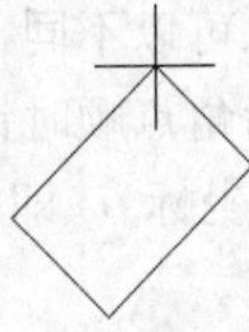

图2-15　按指定旋转角度创建矩形

2.3.2　实例——方形园凳

绘制图 2-16 所示的方形园凳。

图2-16　方形园凳

光盘\动画演示\第 2 章\方形园凳.avi

操作步骤

（1）单击“默认”选项卡“绘图”面板中的“矩形”按钮▭，绘制门。命令行提示与操作如下：

```
命令：_rectang
指定第一个角点或 [倒角(C)/标高(E)/圆角(F)/厚度(T)/宽度(W)]: 100,100↙
指定另一个角点或 [面积(A)/尺寸(D)/旋转(R)]: 300,570↙（结果如图 2-17 所示）
命令：↙（回车表示直接执行上次命令）
命令：_rectang
指定第一个角点或 [倒角(C)/标高(E)/圆角(F)/厚度(T)/宽度(W)]: 1500,100↙
指定另一个角点或 [面积(A)/尺寸(D)/旋转(R)]: d↙
指定矩形的长度 <10.0000>: 200↙
指定矩形的宽度 <10.0000>: 470↙
```

结果如图 2-18 所示。

图2-17　绘制矩形

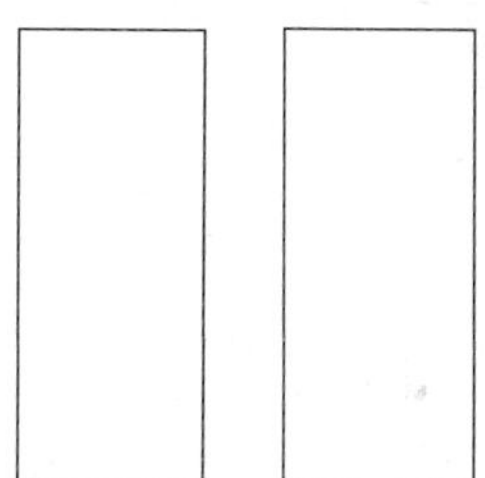

图2-18　绘制另一个矩形

（2）打开状态栏上的“对象捕捉”按钮□，并在此按钮上单击鼠标右键，打开快捷菜单，如图 2-19 所示，选择其中的“对象捕捉设置”命令，打开“草图设置”对话框，如图 2-20 所示，单击“全部选择”按钮，选择所有的对象捕捉模式，再单击“确定”按钮关闭该对话框。

图2-19　右键菜单

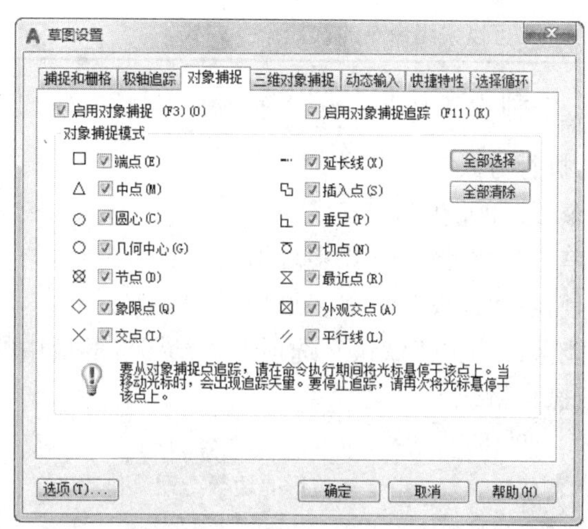

图2-20　“草图设置”对话框

（3）单击“默认”选项卡“绘图”面板中的“直线”按钮，命令行提示与操作如下：

命令: _line
指定第一个点: 300,500↙
指定下一点或 [放弃(U)]: ↙（水平向右捕捉另一个矩形上的垂足，如图 2-21 所示）
指定下一点或 [放弃(U)]: ↙
命令:L↙（LINE 命令的快捷方式）
指定第一个点: from↙（基点捕捉方式）
基点: （捕捉刚绘制直线的起点）
<偏移>: @0,50↙
指定下一点或 [放弃(U)]: ↙（水平向右捕捉另一个矩形上的垂足）
指定下一点或 [放弃(U)]: ↙

最终结果如图 2-16 所示。

图2-21　捕捉垂足

提 示

从本例可以看出，为了提高绘图速度，可以采取两种方式：

（1）当重复执行命令时，可以直接回车。

（2）可以采用命令的快捷命令方式。

2.3.3　绘制正多边形

1．执行方式

命令行：POLYGON。

菜单栏：“绘图”→“多边形”。

工具栏：“绘图”→“多边形”。

功能区：单击“默认”选项卡“绘图”面板中的“多边形”按钮。

2．操作格式

命令: POLYGON
输入侧面数<4>:（指定多边形的边数，默认值为 4）
指定正多边形的中心点或 [边(E)]: （指定中心点）
输入选项 [内接于圆(I)/外切于圆(C)] <I>:（指定是内接于圆或外切于圆，I 表示内接于圆如图

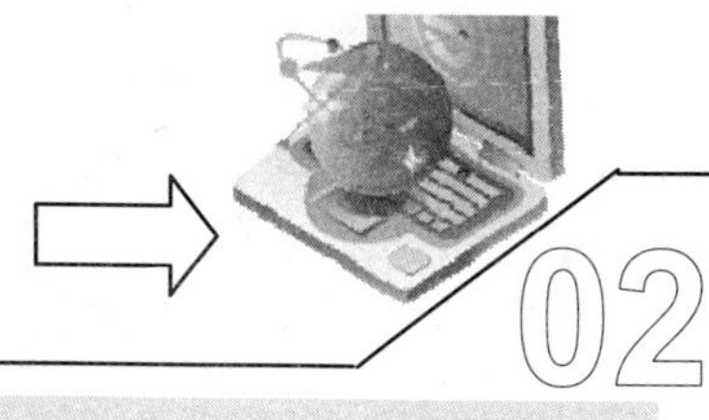

2-22a 所示，C 表示外切于圆如图 2-22b 所示）

指定圆的半径：（指定外接圆或内切圆的半径）

3. 选项说明

如果选择“边”选项，则只要指定多边形的一条边，系统就会按逆时针方向创建该正多边形，如图 2-22c 所示。

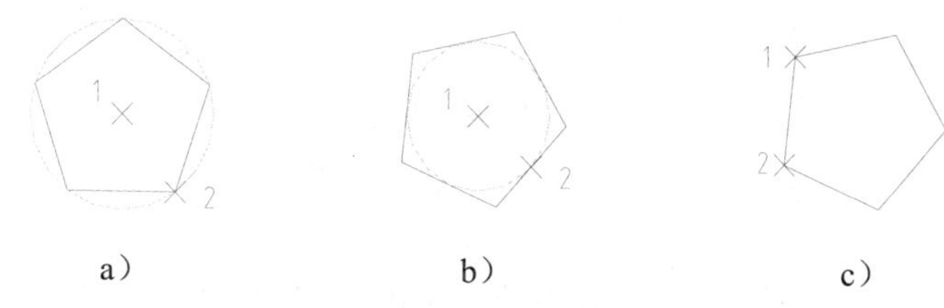

a） b） c）

图2-22　画正多边形

2.3.4　实例——八角凳

绘制图 2-23 所示的八角凳。

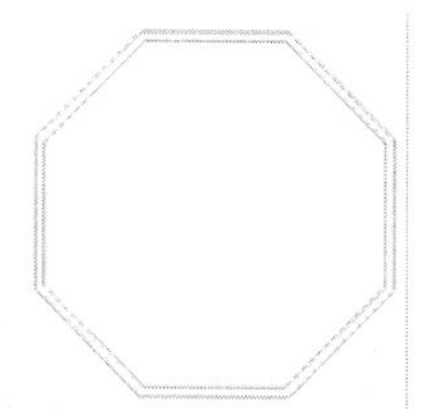

图2-23　绘制八角凳

光盘\动画演示\第 2 章\八角凳.avi

操作步骤

单击“默认”选项卡“绘图”面板中的“多边形”按钮，绘制外轮廓线。命令行提示与操作如下：

命令：polygon↙

输入侧面数 <4>：8↙

指定正多边形的中心点或 [边(E)]：0,0↙

输入选项 [内接于圆(I)/外切于圆(C)] <I>：c↙

指定圆的半径：100↙（绘制结果如图 2-24 所示）

命令：↙

输入侧面数 <8>：↙

指定正多边形的中心点或 [边(E)]：0,0↙

输入选项 [内接于圆(I)/外切于圆(C)] <C>：i↙

指定圆的半径：95↙

最终结果如图 2-23 所示。

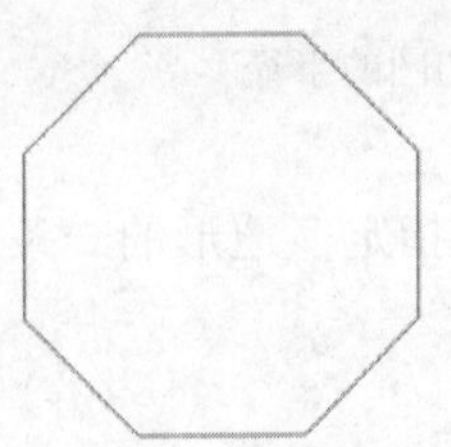

图2-24　绘制轮廓线图

2.4　多段线

多段线是一种由线段和圆弧组合而成的、不同线宽的多线，这种线由于其组合形式的多样和线宽的不同，弥补了直线或圆弧功能的不足，适合绘制各种复杂的图形轮廓，因而得到了广泛的应用。

2.4.1　绘制多段线

1. 执行方式

命令行：PLINE（缩写：PL）。

菜单栏："绘图"→"多段线"。

工具栏："绘图"→"多段线"。

功能区：单击"默认"选项卡"绘图"面板中的"多段线"按钮。

2. 操作格式

```
命令: PLINE
指定起点:（指定多段线的起点）
当前线宽为 0.0000（提示当前多段线的宽度）
指定下一个点或 [圆弧(A)/半宽(H)/长度(L)/放弃(U)/宽度(W)]:（指定多段线的下一点）
指定下一点或 [圆弧(A)/闭合(C)/半宽(H)/长度(L)/放弃(U)/宽度(W)]:
```

3. 选项说明

多段线主要由不同长度的连续的线段或圆弧组成，如果在上述提示中选"圆弧"命令，则命令行提示：

```
指定圆弧的端点(按住 Ctrl 键以切换方向)或[角度(A)/圆心(CE)/方向(D)/半宽(H)/直线(L)/半径(R)/第二个点(S)/放弃(U)/宽度(W)]:
```

绘制圆弧的方法与"圆弧"命令相似。

2.4.2　编辑多段线

1. 执行方式

命令行：PEDIT（缩写：PE）。

菜单栏："修改"→"对象"→"多段线"。

工具栏："修改 II"→"编辑多段线"。

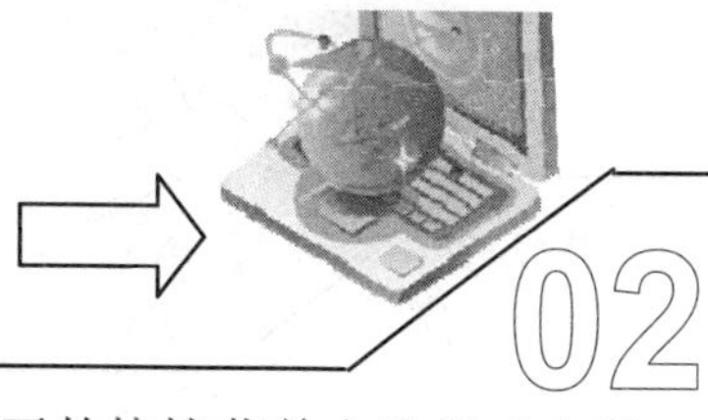

快捷菜单：选择要编辑的多线段，在绘图区右击，从打开的快捷菜单上选择“多段线编辑”。

功能区：单击“默认”选项卡“修改”面板中的“编辑多段线”按钮，如图 2-25 所示。

图2-25　“修改”面板

2. 操作格式

命令：PEDIT

选择多段线或 [多条(M)]：(选择一条要编辑的多段线)

输入选项 [闭合(C)/合并(J)/宽度(W)/编辑顶点(E)/拟合(F)/样条曲线(S)/非曲线化(D)/线型生成(L)/反转（R）/放弃(U)]：

3. 选项说明

（1）合并(J)：以选中的多段线为主体，合并其他直线段、圆弧或多段线，使其成为一条多段线能合并的条件是各段线的端点首尾相连，如图 2-26 所示。

（2）宽度(W)：修改整条多段线的线宽，使其具有同一线宽，如图 2-27 所示。

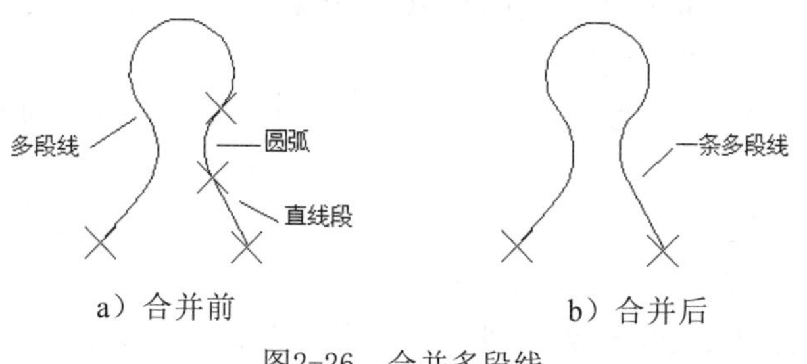

a）合并前　　b）合并后

图2-26　合并多段线

a）修改前　　b）修改后

图2-27　修改整条多段线的线宽

（3）编辑顶点(E)：选择该项后，在多段线起点处出现一个十字叉“×”，它为当前顶点的标记，并在命令行出现进行后续操作的提示：

[下一个(N)/上一个(P)/打断(B)/插入(I)/移动(M)/重生成(R)/拉直(S)/切向(T)/宽度(W)/退出(X)] <N>:

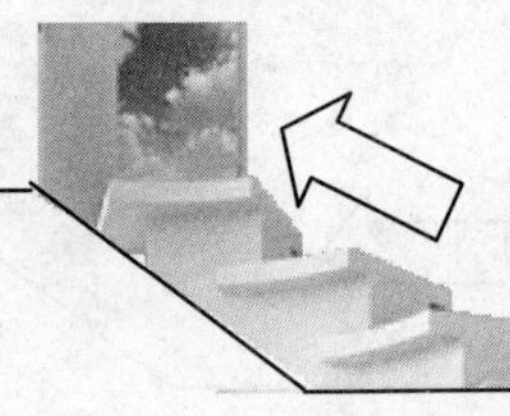

这些选项允许用户进行移动、插入顶点和修改任意两点间的线的线宽等操作。

（4）拟合(F)：从指定的多段线生成由光滑圆弧连接而成的圆弧拟合曲线，该曲线经过多段线的各顶点，如图 2-28 所示。

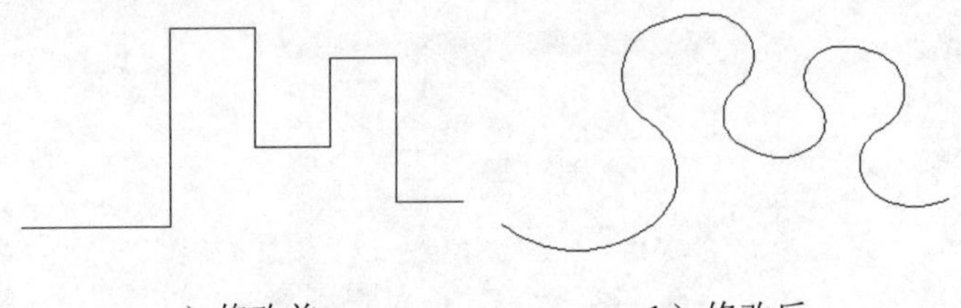

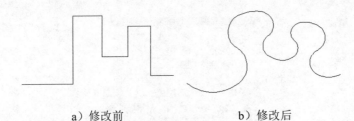

a）修改前　　　　b）修改后

图2-28　生成圆弧拟合曲线

（5）样条曲线(S)：以指定的多段线的各顶点作为控制点生成 B 样条曲线，如图 2-29 所示。

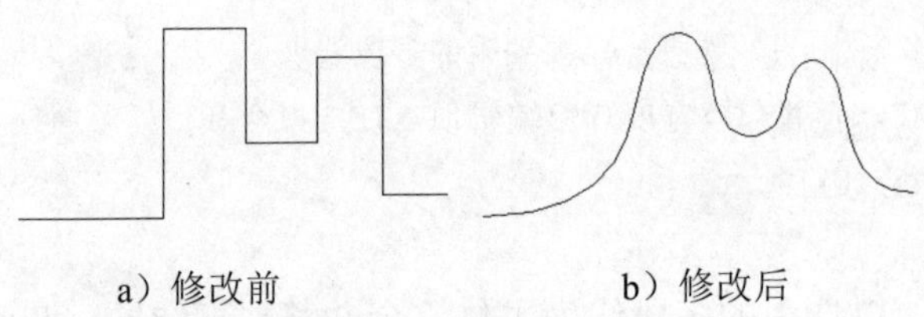

a）修改前　　　　b）修改后

图2-29　生成B样条曲线

（6）非曲线化(D)：用直线代替指定的多段线中的圆弧。对于选择“拟合（F）”选项或“样条曲线（S）”选项后生成的圆弧拟合曲线或样条曲线，删去其生成曲线时新插入的顶点，则恢复成由直线段组成的多段线。

（7）线型生成(L)：当多段线的线型为点画线时，控制多段线的线型生成方式开关。选择此项，系统提示：

```
输入多段线线型生成选项 [开(ON)/关(OFF)] <关>:
```

选择 ON 时，将在每个顶点处允许以短划开始或结束生成线型，选择 OFF 时，将在每个顶点处允许以长划开始或结束生成线型。“线型生成”不能用于包含带变宽的线段的多段线，如图 2-30 所示。

（8）反转（R）：反转多段线顶点的顺序。使用此选项可反转使用包含文字线型的对象的方向。

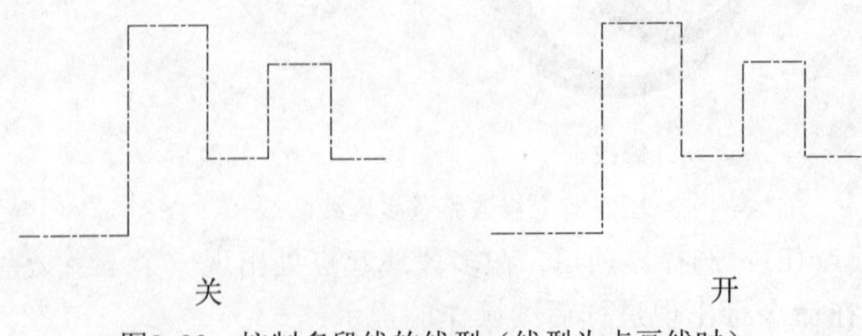

图2-30　控制多段线的线型（线型为点画线时）

2.4.3 实例——紫荆花瓣

绘制图 2-31 所示的紫荆花瓣。

图2-31 紫荆花瓣

光盘\动画演示\第 2 章\紫荆花瓣.avi

操作步骤

（1）单击“默认”选项卡“绘图”面板中的“多段线”按钮，绘制花瓣外框。命令行提示与操作如下：

命令：_pline

指定起点：（指定一点）

当前线宽为 0

指定下一个点或 [圆弧(A)/半宽(H)/长度(L)/放弃(U)/宽度(W)]: a↙

指定圆弧的端点(按住 Ctrl 键以切换方向)或[角度(A)/圆心(CE)/方向(D)/半宽(H)/直线(L)/半径(R)/第二个点(S)/放弃(U)/宽度(W)]: s↙

指定圆弧上的第二个点：

指定圆弧的端点：

指定圆弧的端点(按住 Ctrl 键以切换方向)或[角度(A)/圆心(CE)/闭合(CL)/方向(D)/半宽(H)/直线(L)/半径(R)/第二个点(S)/放弃(U)/宽度(W)]: s↙

指定圆弧上的第二个点：

指定圆弧的端点：

指定圆弧的端点(按住 Ctrl 键以切换方向)或[角度(A)/圆心(CE)/闭合(CL)/方向(D)/半宽(H)/直线(L)/半径(R)/第二个点(S)/放弃(U)/宽度(W)]: d↙

指定圆弧的起点切向：

指定圆弧的端点(按住 Ctrl 键以切换方向)：

指定圆弧的端点(按住 Ctrl 键以切换方向)或[角度(A)/圆心(CE)/闭合(CL)/方向(D)/半宽(H)/直线(L)/半径(R)/第二个点(S)/放弃(U)/宽度(W)]: ↙

指定圆弧的端点(按住 Ctrl 键以切换方向)或[角度(A)/圆心(CE)/闭合(CL)/方向(D)/半宽(H)/直线(L)/半径(R)/第二个点(S)/放弃(U)/宽度(W)]: ↙

（2）单击“默认”选项卡“绘图”面板中的“圆弧”按钮，绘制一段圆弧。命令行提示与操作如下：

```
命令: _arc
指定圆弧的起点或 [圆心(C)]:(指定刚绘制的多段线下端点)
指定圆弧的第二个点或 [圆心(C)/端点(E)]:(指定第二点)
指定圆弧的端点:(指定端点)
绘制结果如图 2-32 所示。
```

（3）单击“默认”选项卡“绘图”面板中的“多边形”按钮，在花瓣外框内绘制一个五边形。

（4）单击“默认”选项卡“绘图”面板中的“直线”按钮，连接五边形内的端点，形成一个五角星，如图 2-33 所示。

（5）单击“默认”选项卡“修改”面板中的“删除”按钮和“修剪”按钮（删除和修剪命令在后面章节中将详细介绍），将五边形删除并修剪掉多余的直线，最终完成紫荆花瓣的绘制，如图 2-34 所示。命令行提示与操作如下：

```
命令: _trim
当前设置:投影=UCS，边=无
选择剪切边...
选择对象或 <全部选择>: ↙
选择要修剪的对象，或按住 Shift 键选择要延伸的对象，或[栏选(F)/窗交(C)/投影(P)/边(E)/删除(R)/放弃(U)]:(选择多余直线)
……
命令: erase
选择对象:(选择五边形) ↙
```

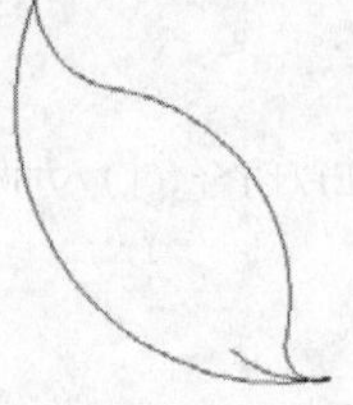
图2-32　花瓣外框

图2-33　绘制五角星

图2-34　修剪五角星

2.5　样条曲线

AutoCAD 使用一种称为非一致有理 B 样条(NURBS)曲线的特殊样条曲线类型。NURBS 曲线在控制点之间产生一条光滑的样条曲线，如图 2-35 所示。样条曲线可用于创建形状不规则的曲线，例如，为地理信息系统（GIS）应用或汽车设计绘制轮廓线。

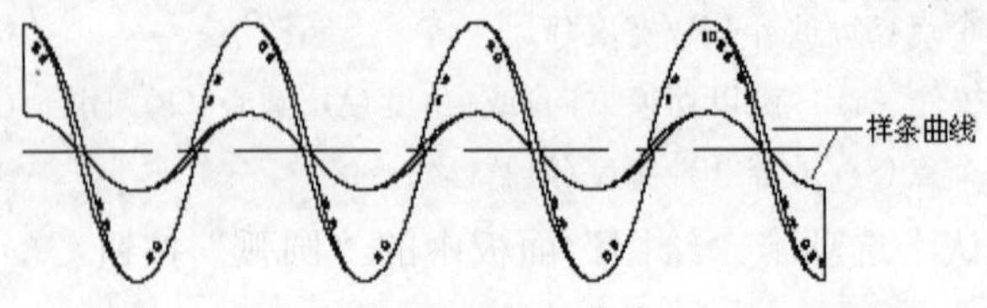

图2-35　样条曲线

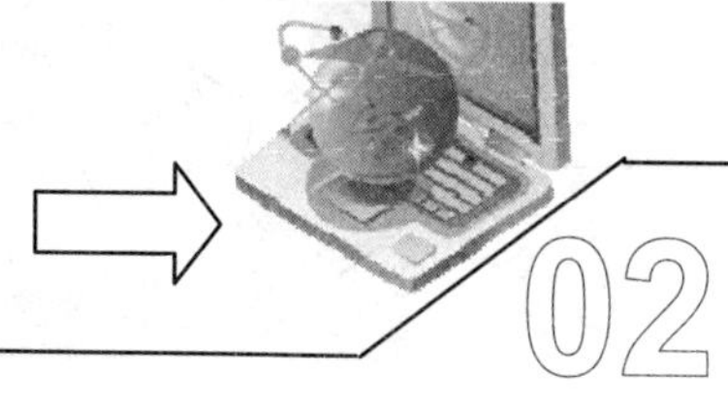

2.5.1 绘制样条曲线

1. 执行方式

命令行：SPLINE。

菜单栏：“绘图”→“样条曲线”。

工具栏：“绘图”→“样条曲线”。

功能区：单击“默认”选项卡“绘图”面板中的“样条曲线拟合”按钮或“样条曲线控制点”按钮，如图2-36所示。

2. 操作格式

```
命令：SPLINE↙
当前设置：方式=拟合    节点=弦
指定第一个点或 [方式(M)/节点(K)/对象(O)]：_M
输入样条曲线创建方式 [拟合(F)/控制点(CV)] <拟合>：_FIT
当前设置：方式=拟合    节点=弦
指定第一个点或 [方式(M)/节点(K)/对象(O)]：(指定一点或选择“对象(O)”选项)
输入下一个点或 [起点切向(T)/公差(L)]：(指定一点)
输入下一个点或 [端点相切(T)/公差(L)/放弃(U)]：（输入下一个点）
输入下一个点或 [端点相切(T)/公差(L)/放弃(U)/闭合(C)]：C
```

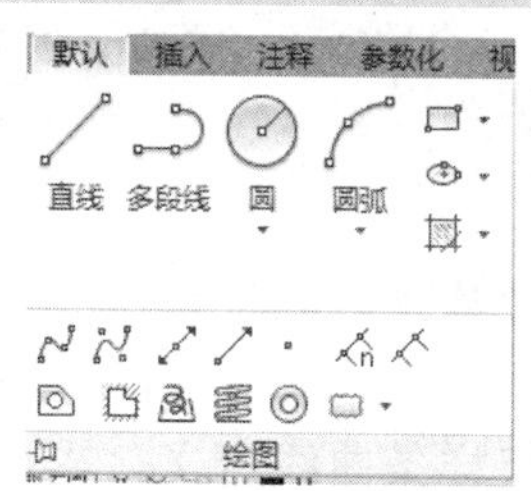

图2-36 “绘图”面板

3. 选项说明

（1）方式（M）：控制是使用拟合点还是使用控制点来创建样条曲线。选项会因选择的是使用拟合点创建样条曲线的选项还是使用控制点创建样条曲线的选项而异。

（2）节点(K)：指定节点参数化，它会影响曲线在通过拟合点时的形状（SPLKNOTS系统变量)。

（3）对象（O)：将二维或三维的二次或三次样条曲线拟合多段线转换为等价的样条曲线，然后（根据 DELOBJ 系统变量的设置）删除该多段线。

（4）起点切向(T)：基于切向创建样条曲线。

（5）公差(L)：指定距样条曲线必须经过的指定拟合点的距离。公差应用于除起点和端点外的所有拟合点。

（6）端点相切(T)：停止基于切向创建曲线。可通过指定拟合点继续创建样条曲线。选择“端点相切”后，将提示指定最后一个输入拟合点的最后一个切点。

（7）闭合（C)：将最后一点定义为与第一点一致，并使它在连接处相切，这样可

以闭合样条曲线。选择该项，系统继续提示：

```
指定切向:（指定点或按 Enter 键）
```

用户可以指定一点来定义切向矢量，或者使用“切点”和“垂足”对象捕捉模式使样条曲线与现有对象相切或垂直。

2.5.2 编辑样条曲线

1. 执行方式

命令行：SPLINEDIT。

菜单栏：“修改”→“对象”→“样条曲线”。

快捷菜单：选择要编辑的样条曲线，在绘图区右击，从打开的快捷菜单上选择“编辑样条曲线”。

工具栏：“修改 II”→“编辑样条曲线”。

功能区：单击“默认”选项卡“修改”面板中的“编辑样条曲线”按钮。

2. 操作格式

```
命令：SPLINEDIT
选择样条曲线:（选择要编辑的样条曲线。若选择的样条曲线是用 SPLINE 命令创建的，其近似点以夹点的颜色显示出来；若选择的样条曲线是用 PLINE 命令创建的，其控制点以夹点的颜色显示出来。）
输入选项 [闭合(C)/ 合并（J）/拟合数据(F)/编辑顶点（E）/转换为多段线（P）/反转（R）/放弃(U)/退出（X）]:
```

3. 选项说明

（1）拟合数据(F)：编辑近似数据。选择该项后，创建该样条曲线时指定的各点将以小方格的形式显示出来。

（2）编辑顶点(E)：精密调整样条曲线定义。

（3）转换为多段线（P)：将样条曲线转换为多段线。精度值决定结果多段线与源样条曲线拟合的精确程度。有效值为 0～99 之间的任意整数。

（4）反转(R)：反转样条曲线的方向。此选项主要适用于第三方应用程序。

2.5.3 实例——碧桃花瓣

本实例绘制碧桃花瓣，主要介绍样条曲线的具体应用，如图 2-37 所示。

光盘\动画演示\第 2 章\碧桃花瓣.avi

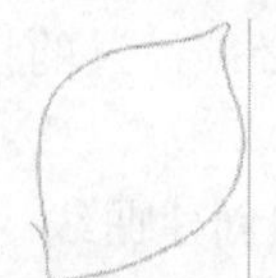

图2-37 绘制碧桃花瓣

操作步骤

单击“默认”选项卡“绘图”面板中的“样条曲线拟合”按钮，绘制碧桃花瓣，命令行提示与操作如下：

```
命令：_spline
当前设置：方式=拟合    节点=弦
指定第一个点或 [方式(M)/节点(K)/对象(O)]：_M
输入样条曲线创建方式 [拟合(F)/控制点(CV)] <拟合>：_FIT
当前设置：方式=拟合    节点=弦
指定第一个点或 [方式(M)/节点(K)/对象(O)]：
输入下一个点或 [起点切向(T)/公差(L)]：
输入下一个点或 [端点相切(T)/公差(L)/放弃(U)]：
输入下一个点或 [端点相切(T)/公差(L)/放弃(U)/闭合(C)]：
……
输入下一个点或 [端点相切(T)/公差(L)/放弃(U)/闭合(C)]：↙
```

结果如图 2-37 所示。

2.6 多线

多线是一种复合线，由连续的直线段复合组成。多线的一个突出优点是能够提高绘图效率，保证图线之间的统一性。

2.6.1 绘制多线

1. 执行方式

命令行：MLINE。

菜单栏：“绘图”→“多线”。

2. 操作格式

```
命令：MLINE
当前设置：对正 = 上，比例 = 20.00，样式 = STANDARD
指定起点或 [对正(J)/比例(S)/样式(ST)]：(指定起点)
指定下一点：（给定下一点）
指定下一点或 [放弃(U)]：（继续给定下一点，绘制线段。输入“U”，则放弃前一段的绘制；右击或按 Enter 键，结束命令）
指定下一点或 [闭合(C)/放弃(U)]：（继续给定下一点，绘制线段。输入“C”，则闭合线段，结束命令）
```

3. 选项说明

（1）对正(J)：该项用于给定绘制多线的基准。共有 3 种对正类型“上”“无”和“下”。其中，“上（T）”表示以多线上侧的线为基准，以此类推。

（2）比例(S)：选择该项，要求用户设置平行线的间距。输入值为零时，平行线重合；值为负时，多线的排列倒置。

（3）样式(ST)：该项用于设置当前使用的多线样式。

2.6.2　定义多线样式

1．执行方式

命令行：MLSTYLE

2．操作格式

系统自动执行该命令后，打开图 2-38 所示的“多线样式”对话框。在该对话框中，用户可以对多线样式进行定义、保存和加载等操作。

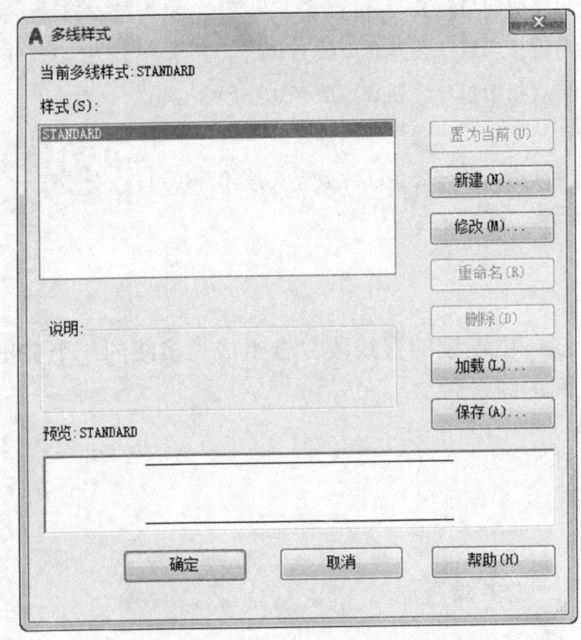

图2-38　“多线样式”对话框

2.6.3　编辑多线

1．执行方式

命令行：MLEDIT。

菜单栏：“修改”→“对象→“多线”。

2．操作格式

利用该命令后，打开“多线编辑工具”对话框，如图 2-39 所示。

利用该对话框可以创建或修改多线的模式。对话框中分 4 列显示了示例图形。其中，第一列管理十字交叉形式的多线，第二列管理 T 形多线，第三列管理拐角接合点和节点形式的多线，第四列管理多线被剪切或连接的形式。

单击选择某个示例图形，然后单击“关闭”按钮，就可以调用该项编辑功能。

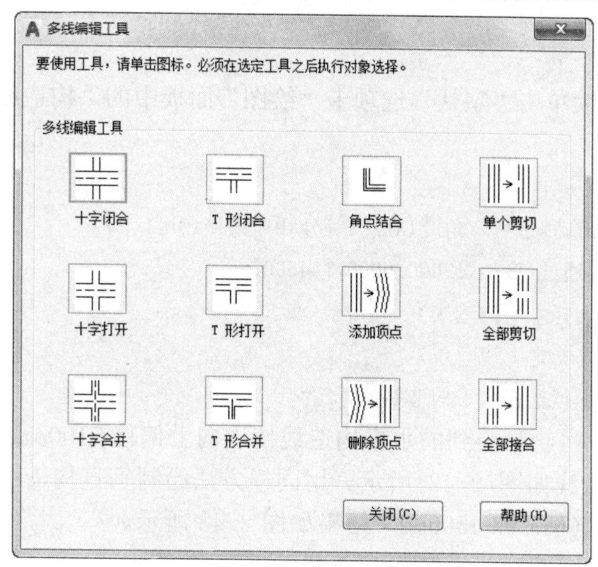

图2-39 “多线编辑工具”对话框

2.6.4 实例——墙体

绘制图 2-40 所示的墙体。

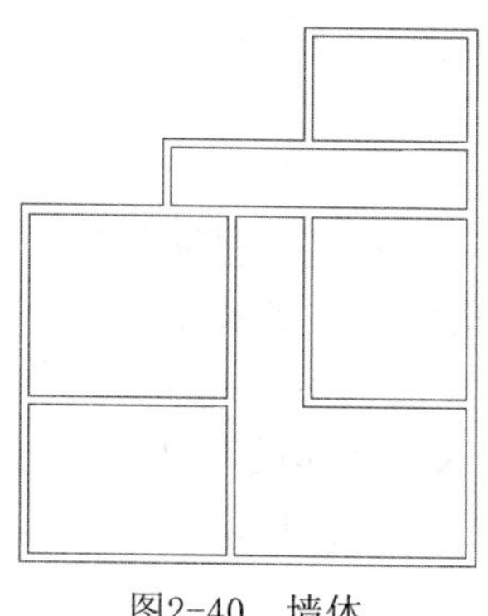

图2-40 墙体

光盘\动画演示\第 2 章\墙体.avi

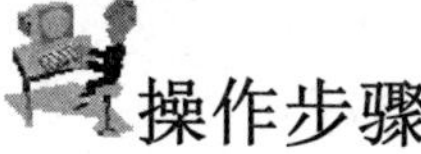

操作步骤

(1) 单击“默认”选项卡“绘图”面板中的“构造线”按钮⤢，绘制出一条水平构造线和一条竖直构造线，组成“十”字形辅助线，如图 2-41 所示。命令行提示与操作如下：

```
命令：XLINE↙
指定点或 [水平(H)/垂直(V)/角度(A)/二等分(B)/偏移(O)]：(指定一点)
指定通过点：(指定水平方向一点)
指定通过点：(指定竖直方向一点)
```

```
指定通过点:↙
```

（2）同理，继续单击“默认”选项卡“绘图”面板中的“构造线”按钮⤢，命令行提示与操作如下：

```
命令:XLINE
指定点或 [水平(H)/垂直(V)/角度(A)/二等分(B)/偏移(O)]: O↙
指定偏移距离或 [通过(T)] <12000.0000>: 4500↙
选择直线对象:(选择水平构造线)
指定向哪侧偏移:(指定上边一点)
选择直线对象:(继续选择水平构造线)
```

用相同的方法，将绘制得到的水平构造线依次向上偏移5100mm、1800mm和3000mm，偏移得到的水平构造线如图 2-42 所示。用同样方法绘制垂直构造线，并依次向右偏移3900mm、1800mm、2100mm和4500mm，结果如图2-43所示。

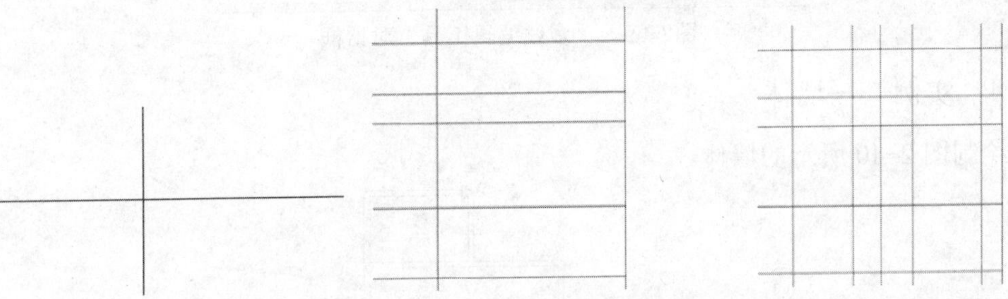

图2-41 “十”字形辅助线　　图2-42 水平构造线　　图2-43 居室的辅助线网格

（3）选取菜单栏中的“格式”→“多线样式”命令，系统打开“多线样式”对话框，在该对话框中单击“新建”按钮，系统打开“创建新的多线样式”对话框，在该对话框的“新样式名”文本框中键入“墙体线”，单击“继续”按钮。

（4）系统打开“新建多线样式：墙体线”对话框，进行图2-44所示的设置。

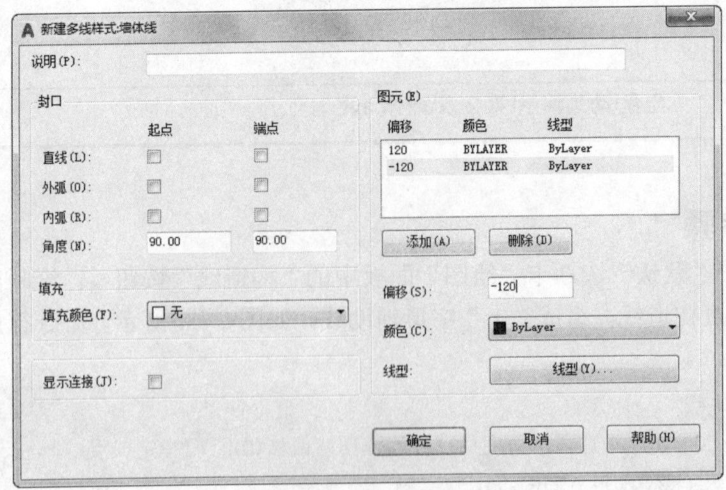

图2-44 设置多线样式

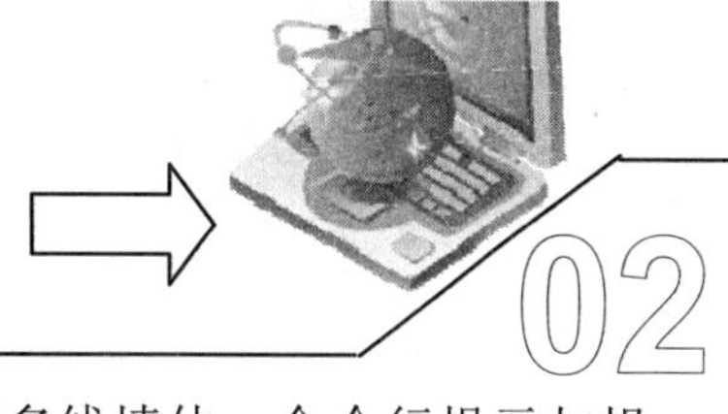

（5）选择菜单栏中的“绘图”→“多线”命令，绘制多线墙体。命令行提示与操作如下：

```
命令：MLINE
当前设置：对正 = 上，比例 = 20.00，样式 = STANDARD
指定起点或 [对正(J)/比例(S)/样式(ST)]： S↙
输入多线比例 <20.00>： 1↙
当前设置：对正 = 上，比例 = 1.00，样式 = STANDARD
指定起点或 [对正(J)/比例(S)/样式(ST)]： J↙
输入对正类型 [上(T)/无(Z)/下(B)] <上>： Z↙
当前设置：对正 = 无，比例 = 1.00，样式 = STANDARD
指定起点或 [对正(J)/比例(S)/样式(ST)]： ST
输入多线样式名或 [?]： 墙体线
指定起点或 [对正(J)/比例(S)/样式(ST)]：(在绘制的辅助线交点上指定一点)
指定下一点：（在绘制的辅助线交点上指定下一点）
指定下一点或 [放弃(U)]：（在绘制的辅助线交点上指定下一点）
指定下一点或 [闭合(C)/放弃(U)]：（在绘制的辅助线交点上指定下一点）
……
指定下一点或 [闭合(C)/放弃(U)]:C↙
```

根据辅助线网格，用相同方法绘制多线，绘制结果如图 2-45 所示。

（6）编辑多线。选择菜单栏中的“修改”→“对象”→“多线”命令，系统打开“多线编辑工具”对话框，如图 2-46 所示。单击其中的“T 形合并”选项，单击“关闭”按钮后，命令行提示与操作如下：

```
命令：MLEDIT
选择第一条多线：(选择多线)
选择第二条多线：(选择多线)
选择第一条多线或 [放弃(U)]：
```

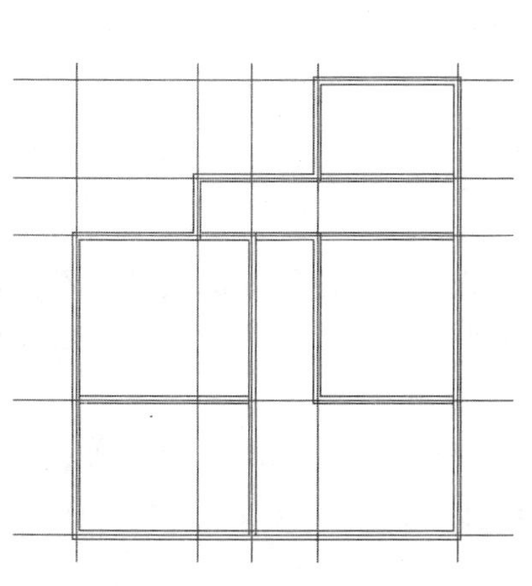

图2-45 全部多线绘制结果

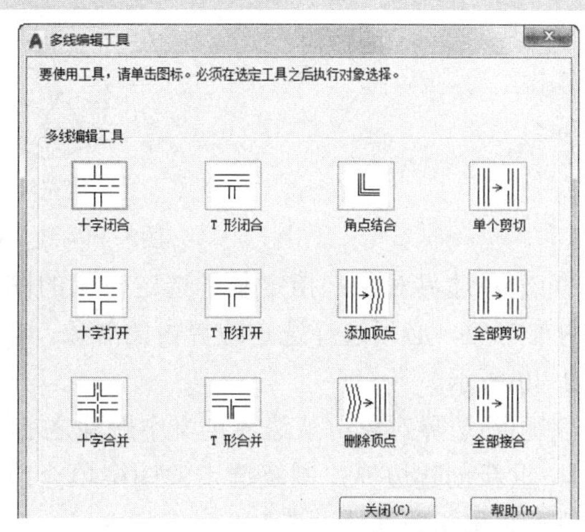

图2-46 “多线编辑工具”对话框

（7）重复“编辑多线”命令 继续进行多线编辑，编辑的最终结果如图 2-40 所示。

2.7 图案填充

当用户需要用一个重复的图案（pattern）填充某个区域时，可以使用 BHATCH 命令建立一个相关联的填充阴影对象，即所谓的图案填充。

2.7.1 图案填充的操作

1. 执行方式

命令行：BHATCH。

菜单栏：“绘图”→“图案填充”。

工具栏：“绘图”→“图案填充”。

功能区：单击“默认”选项卡“绘图”面板中的“图案填充”按钮。

2. 操作格式

执行上述命令后，系统打开图 2-47 所示的“图案填充创建”选项卡，各面板中的按钮含义如下：

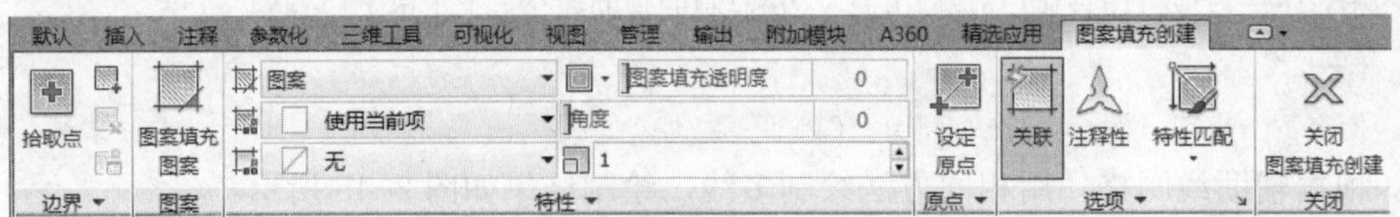

图2-47 “图案填充创建”选项卡

3. 选项说明

（1）“边界”面板.

1）拾取点：通过选择由一个或多个对象形成的封闭区域内的点，确定图案填充边界，如图 2-48 所示。指定内部点时，可以随时在绘图区域中单击鼠标右键以显示包含多个选项的快捷菜单。

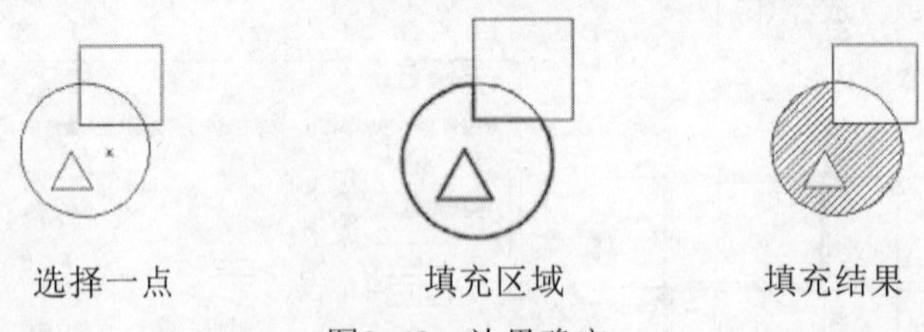

图2-48 边界确定

2）选择边界对象：指定基于选定对象的图案填充边界。使用该选项时，不会自动检测内部对象，必须选择选定边界内的对象，以按照当前孤岛检测样式填充这些对象，如图 2-49 所示。

3）删除边界对象：从边界定义中删除之前添加的任何对象（如图 2-50 所示）。

4）重新创建边界：围绕选定的图案填充或填充对象创建多段线或面域，并使其与图案填充对象相关联（可选）。

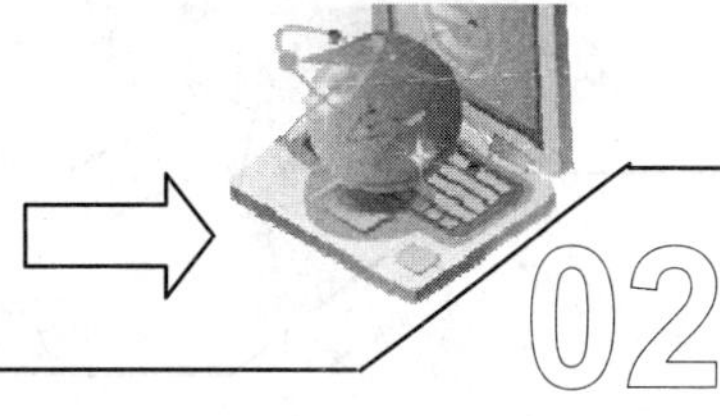

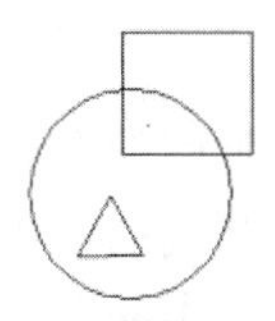
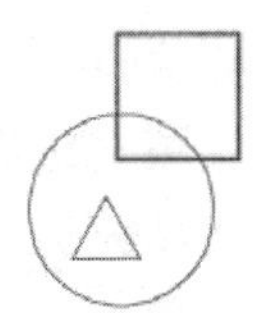
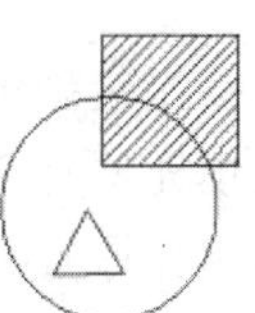

原始图形　　选取边界对象　　填充结果

图2-49　选取边界对象

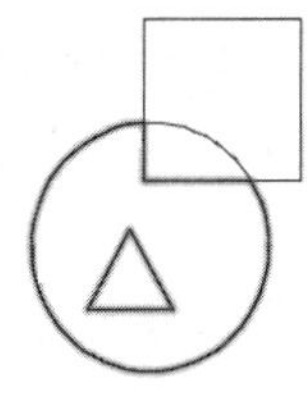
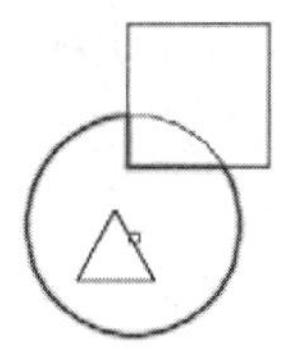
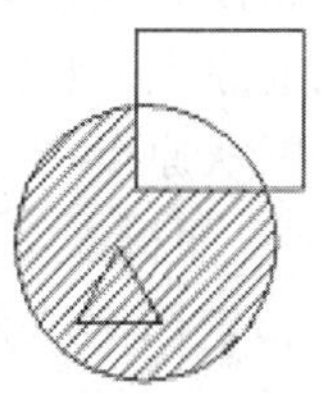

选取边界对象　　删除边界　　填充结果

图2-50　删除“岛”后的边界

5）显示边界对象：选择构成选定关联图案填充对象的边界的对象，使用显示的夹点可修改图案填充边界。

6）保留边界对象。

指定如何处理图案填充边界对象。包括以下选项：

②　　保留边界(仅在图案填充创建期间可用)。不创建独立的图案填充边界对象。

②保留边界多段线（仅在图案填充创建期间可用）。创建封闭图案填充对象的多段线。

③保留边界面域（仅在图案填充创建期间可用）。创建封闭图案填充对象的面域对象。

④选择新边界集。指定对象的有限集（称为边界集），以便通过创建图案填充时的拾取点进行计算。

（2）“图案”面板。显示所有预定义和自定义图案的预览图像。

（3）“特性”面板

1）图案填充类型：指定是使用纯色、渐变色、图案还是用户定义的填充。

2）图案填充颜色：替代实体填充和填充图案的当前颜色。

3）背景色：指定填充图案背景的颜色。

4）图案填充透明度：设定新图案填充或填充的透明度，替代当前对象的透明度。

5）图案填充角度：指定图案填充或填充的角度。

6）填充图案比例：放大或缩小预定义或自定义填充图案。

7）相对图纸空间（仅在布局中可用）：相对于图纸空间单位缩放填充图案。使用此选项，可很容易地做到以适合于布局的比例显示填充图案。

8）双向：（仅当“图案填充类型”设定为“用户定义”时可用）将绘制第二组直线，与原始直线成 90° 角，从而构成交叉线。

9）ISO 笔宽（仅对于预定义的 ISO 图案可用）：基于选定的笔宽缩放 ISO 图案。

（4）“原点”面板。

1）设定原点：直接指定新的图案填充原点。

2）左下：将图案填充原点设定在图案填充边界矩形范围的左下角。

3）右下：将图案填充原点设定在图案填充边界矩形范围的右下角。

4）左上：将图案填充原点设定在图案填充边界矩形范围的左上角。

5）右上：将图案填充原点设定在图案填充边界矩形范围的右上角。

6）中心：将图案填充原点设定在图案填充边界矩形范围的中心。

7）使用当前原点：将图案填充原点设定在 HPORIGIN 系统变量中存储的默认位置。

8）存储为默认原点：将新图案填充原点的值存储在 HPORIGIN 系统变量中。

（5）“选项”面板。

1）关联：指定图案填充或填充为关联图案填充。关联的图案填充或填充在用户修改其边界对象时将会更新。

2）注释性：指定图案填充为注释性。此特性会自动完成缩放注释过程，从而使注释能够以正确的大小在图纸上打印或显示。

3）特性匹配。

使用当前原点：使用选定图案填充对象（除图案填充原点外）设定图案填充的特性。

使用源图案填充的原点：使用选定图案填充对象（包括图案填充原点）设定图案填充的特性。

4）允许的间隙：设定将对象用作图案填充边界时可以忽略的最大间隙。默认值为 0，此值指定对象必须封闭区域而没有间隙。

5）创建独立的图案填充：控制当指定了几个单独的闭合边界时，是创建单个图案填充对象，还是创建多个图案填充对象。

6）孤岛检测。

①普通孤岛检测：从外部边界向内填充。如果遇到内部孤岛，填充将关闭，直到遇到孤岛中的另一个孤岛。

②外部孤岛检测：从外部边界向内填充。此选项仅填充指定的区域，不会影响内部孤岛。

③忽略孤岛检测：忽略所有内部的对象，填充图案时将通过这些对象。

7）绘图次序：为图案填充或填充指定绘图次序。选项包括不更改、后置、前置、置于边界之后和置于边界之前。

（6）“关闭”面板。

关闭“图案填充创建”：退出 HATCH 并关闭上下文选项卡。也可以按 Enter 键或 Esc 键退出 HATCH。

2.7.2 渐变色的操作

1. 执行方式

命令行：GRADIENT。

菜单栏：“绘图”→“渐变色”。

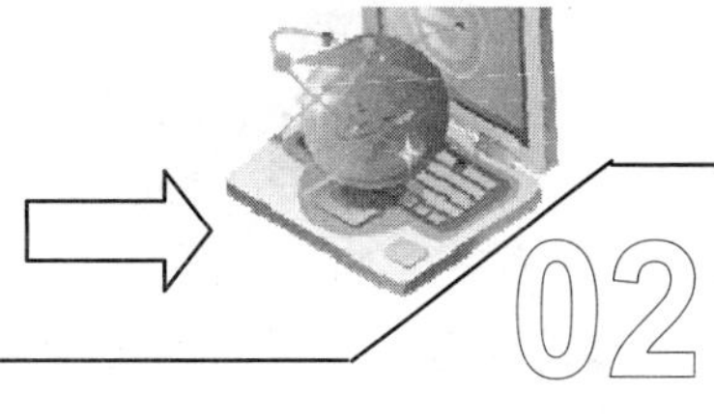

工具栏：“绘图”→“渐变色”。

功能区：单击“默认”选项卡“绘图”面板中的“渐变色”按钮。

2．操作格式

执行上述命令后系统打开图 2-51 所示的“图案填充创建”选项卡，各面板中的按钮含义与图案填充的类似，这里不再赘述。

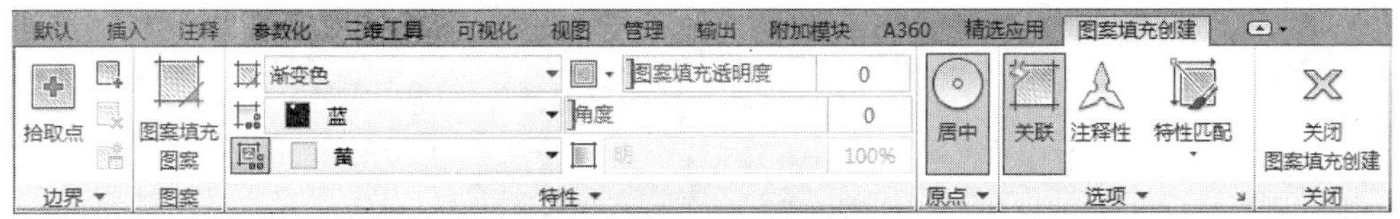

图2-51 “图案填充创建”选项卡

2.7.3 边界的操作

1．执行方式

命令行：BOUNDARY。

功能区：单击“默认”选项卡“绘图”面板中的“边界”按钮。

2．操作格式

执行上述命令后系统打开图 2-52 所示的“边界创建”对话框。

图2-52 “边界创建”对话框

3．选项说明

（1）拾取点：根据围绕指定点构成封闭区域的现有对象来确定边界。

（2）孤岛检测：控制 BOUNDARY 命令是否检测内部闭合边界，该边界称为孤岛。

（3）对象类型：控制新边界对象的类型。BOUNDARY 将边界作为面域或多段线对象创建。

（4）边界集：定义通过指定点定义边界时，BOUNDARY 要分析的对象集。

2.7.4 编辑填充的图案

利用 HATCHEDIT 命令，编辑已经填充的图案。

1．执行方式

命令行：HATCHEDIT。

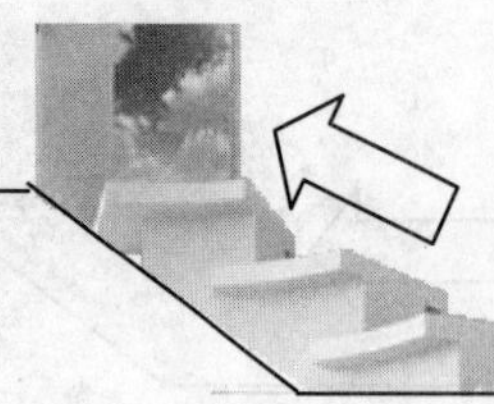

菜单栏："修改"→"对象"→"图案填充"。

工具栏："修改 II"→"编辑图案填充"。

功能区：单击"默认"选项卡"修改"面板中的"编辑图案填充"按钮。

快捷菜单：选中填充的图案右击，在打开的快捷菜单中选择"图案填充编辑"命令，如图 2-53 所示。

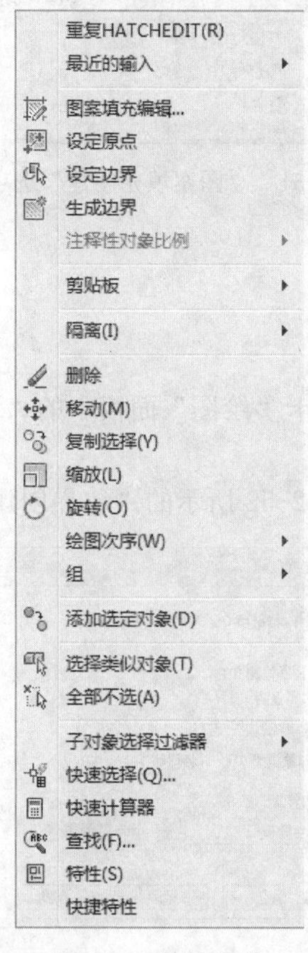

图2-53　快捷菜单

快捷方法：直接选择填充的图案，打开"图案填充编辑器"选项卡，如图 2-54 所示。

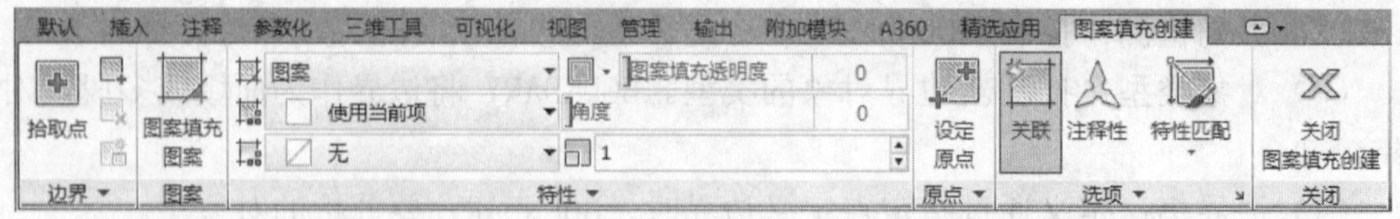

图2-54　"图案填充编辑器"选项卡

2. 操作格式

执行上述命令后，AutoCAD 会给出下面的提示：

```
选择图案填充对象：
```

选取关联填充物体后，系统打开图 2-55 所示的"图案填充编辑"对话框。

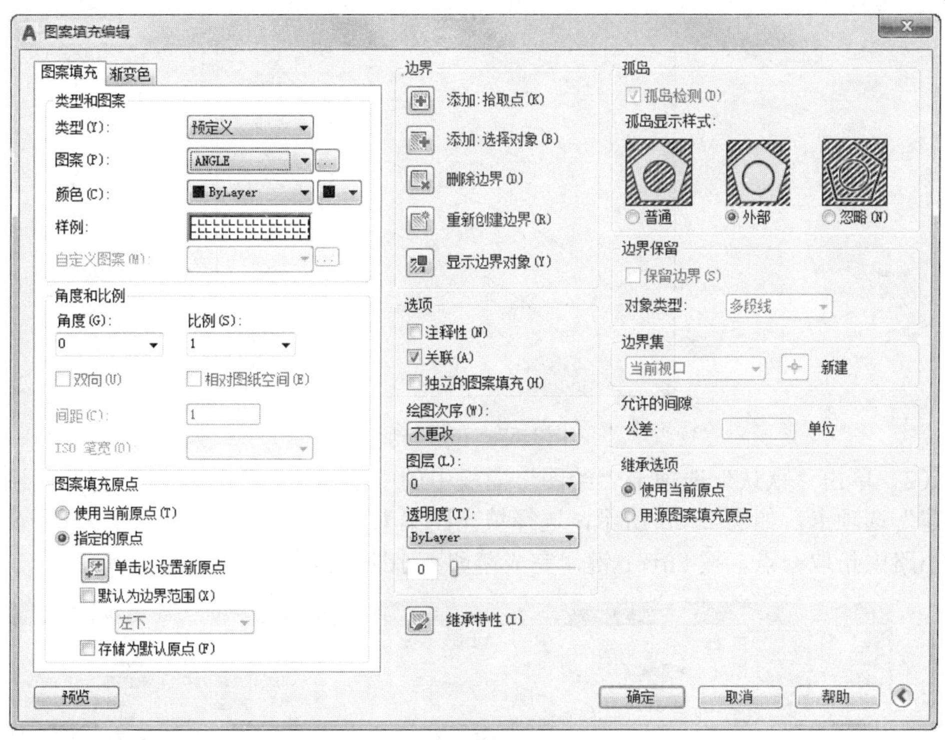

图2-55 “图案填充编辑”对话框

2.7.5 实例——公园一角

绘制图 2-56 所示的公园一角

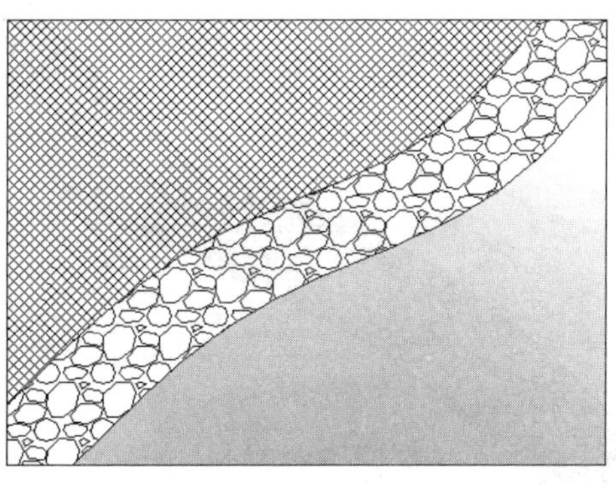

图2-56 公园一角

光盘\动画演示\第 2 章\公园一角.avi

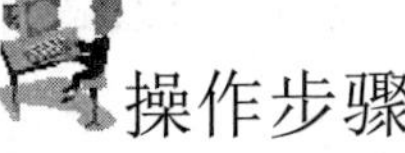

操作步骤

（1）单击“默认”选项卡“绘图”面板中的“矩形”按钮和“样条曲线拟合”按钮，绘制花园外形，如图 2-57 所示。

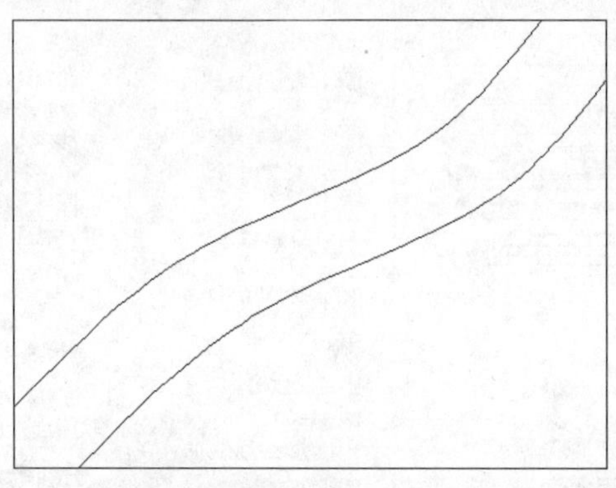

图2-57　花园外形

（2）单击“默认”选项卡“绘图”面板中的“图案填充”按钮，打开“图案填充创建”选项卡，如图 2-58 所示，选择填充图案为 GRAVEL，在绘图区两条样条曲线组成的小路中拾取一点，按 Enter 键，完成鹅卵石小路的绘制，如图 2-59 所示。

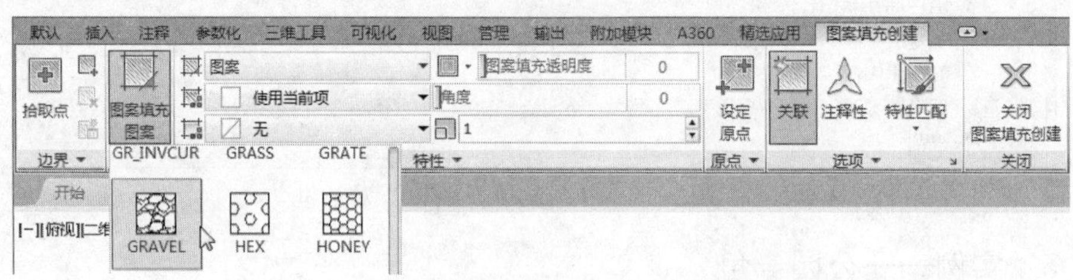

图2-58　“图案填充创建”选项卡1

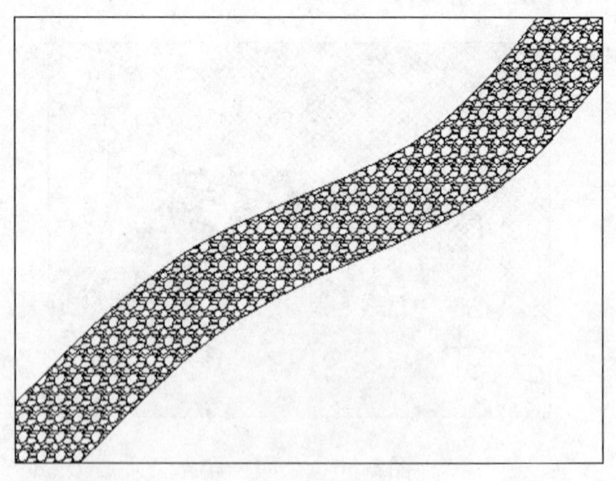

图2-59　填充小路

（3）从图 2-59 中可以看出，填充图案过于细密，可以对其进行编辑修改。选中填充图案右击，在出现的快捷菜单中选择“图案填充编辑”，系统打开“图案填充编辑”对话框，将图案填充“比例”改为 3，如图 2-60 所示，单击“确定”按钮，修改后的填充图案如图 2-61 所示。

（4）单击“默认”选项卡“绘图”面板中的“图案填充”按钮，系统打开“图案填充创建”选项卡，在“特性”面板中选择“用户定义”类型，填充“角度”为 45°、

“间距”为 10，选择“双交叉线”，如图 2-62 所示。在绘制的图形左上方拾取一点，按 Enter 键，完成草坪的绘制，如图 2-63 所示。

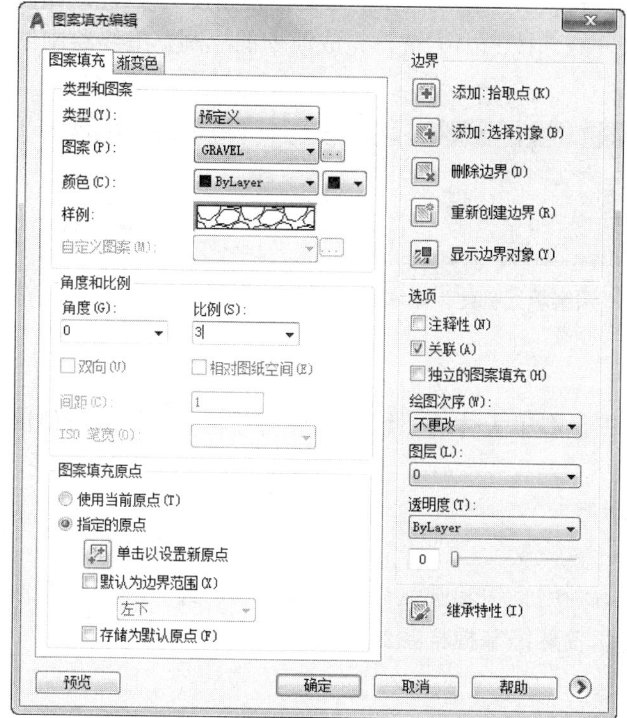

图2-60　“图案填充编辑”对话框

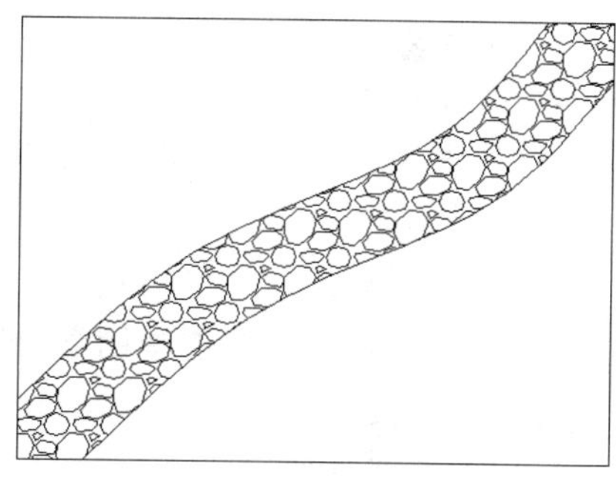

图2-61　修改后的填充图案

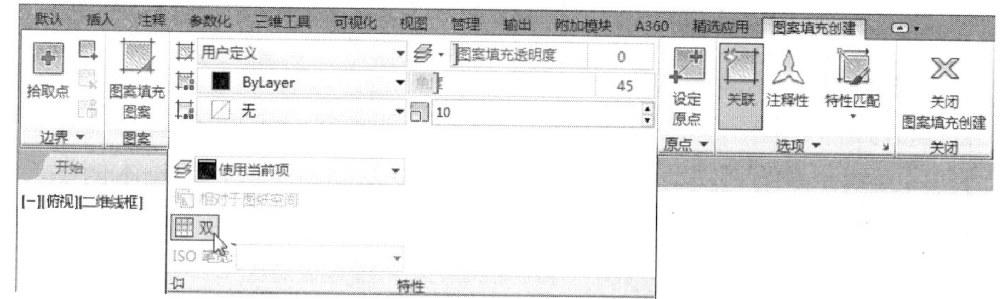

图2-62　“图案填充创建”选项卡

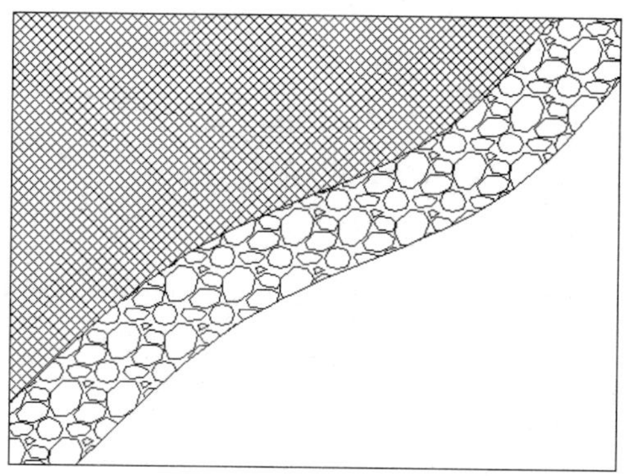

图2-63　填充草坪

（5）单击“默认”选项卡“绘图”面板中的“渐变色”按钮，系统打开“图案填充创建”选项卡，设置“渐变色 1”为绿色，“渐变色 2”为白色，角度为 15°，如图 2-64 所示，在绘制的图形右下方拾取一点，按 Enter 键，完成池塘的绘制，最终绘制结果如图 2-56 所示。

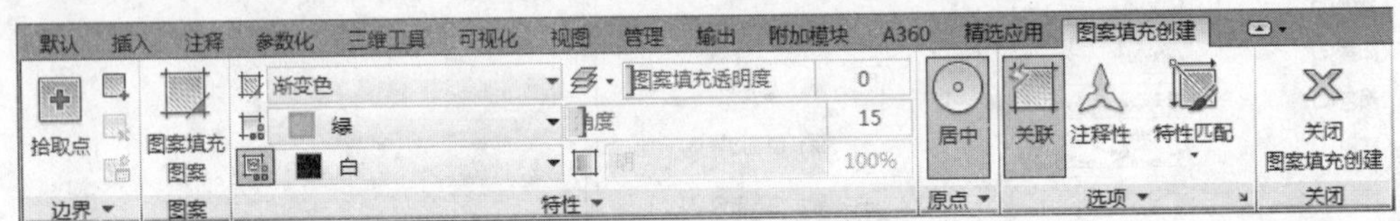

图2-64 “图案填充创建”选项卡

2.8 上机操作

通过前面的学习，读者对本章知识也有了大体的了解，本节通过两个操作练习使读者进一步掌握本章知识要点。

【实例 1】绘制图 2-65 所示的壁灯。

1. 目的要求

本例利用矩形命令绘制底座，然后利用直线和圆弧命令绘制灯罩，最后利用样条曲线命令绘制装饰物，通过本例学习使读者熟练掌握样条曲线命令的运用。

2. 操作提示

（1）绘制底座。

（2）绘制灯罩。

（3）绘制装饰物。

【实例 2】绘制图 2-66 所示的喷泉水池。

1. 目的要求

本例利用直线命令绘制辅助线，然后利用圆命令绘制多个圆，通过本例学习使读者熟练掌握圆命令的运用。

2. 操作提示

（1）绘制辅助线。

（2）绘制水池。

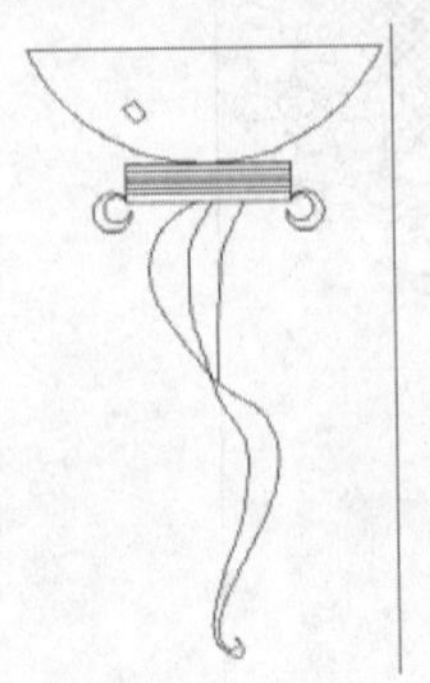

图 2-65 壁灯

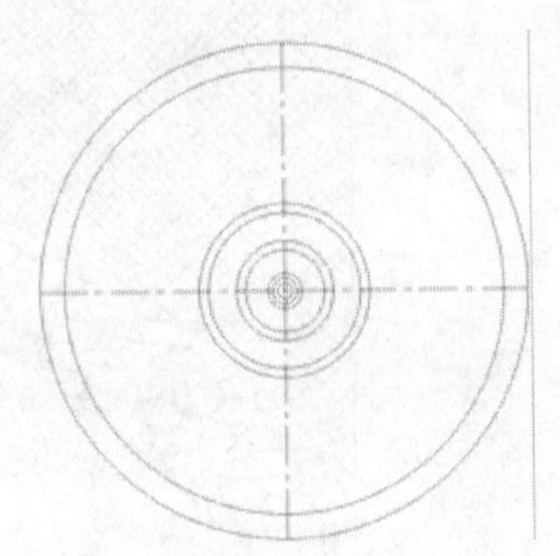

图 2-66 喷泉水池

第 3 章　编辑命令

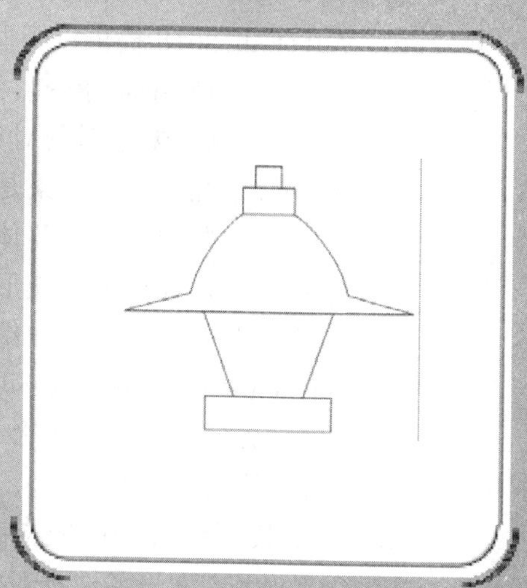

二维图形编辑操作配合绘图命令的使用可以进一步完成复杂图形对象的绘制工作，并可使用户合理安排和组织图形，保证作图准确，减少重复，因此，对编辑命令的熟练掌握和使用有助于提高设计和绘图的效率。本章主要介绍以下内容：复制类命令，改变位置类命令，删除、恢复类命令，改变几何特性类编辑命令和对象编辑命令等。

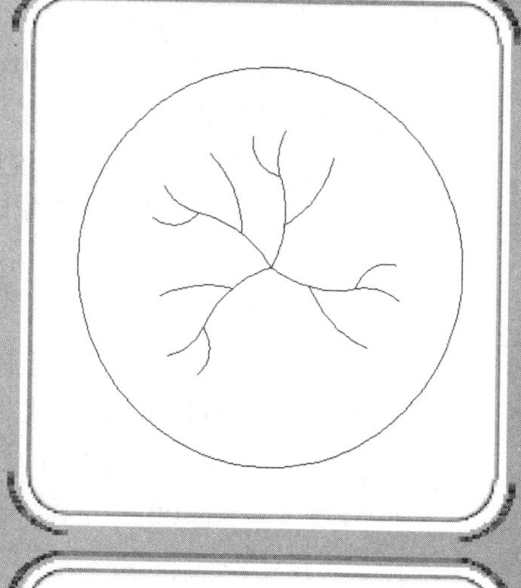

知识点

- 删除及恢复类命令
- 复制类命令
- 改变位置类命令
- 改变几何特性类命令
- 对象编辑

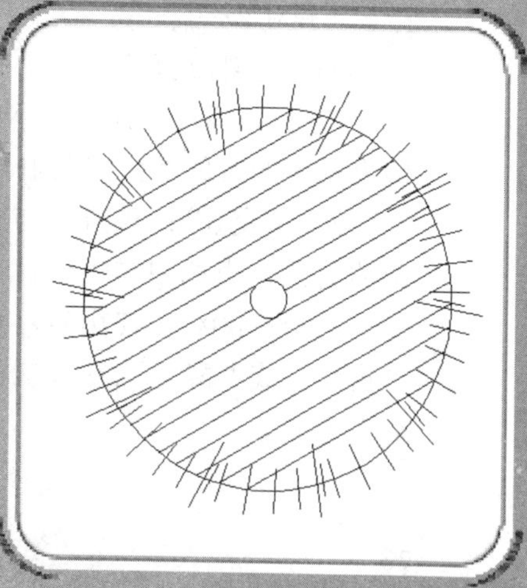

3.1 选择对象

选择对象是进行编辑的前提。AutoCAD 提供了多种对象选择方法，如点取方法、用选择窗口选择对象、用选择线选择对象、用对话框选择对象等。

AutoCAD 2018 提供以下两种途径编辑图形：

（1）先执行编辑命令，然后选择要编辑的对象。

（2）先选择要编辑的对象，然后执行编辑命令。

这两种途径的执行效果是相同的。AutoCAD 2018 可以把选择的多个对象组成整体，如选择集和对象组，进行整体编辑与修改。

选择集可以仅由一个图形对象构成，也可以是一个复杂的对象组，如位于某一特定层上具有某种特定颜色的一组对象。选择集的构造可以在调用编辑命令之前或之后。

AutoCAD 2018 提供以下几种方法构造选择集：

（1）先选择一个编辑命令，然后选择对象，用按 Enter 键键结束操作。

（2）使用 SELECT 命令。在命令提示行输入 SELECT，然后根据选择选项后，出现提示选择对象，按 Enter 键结束。

（3）用点取设备选择对象，然后调用编辑命令。

（4）定义对象组。

无论使用哪种方法，AutoCAD 2018 都将提示用户选择对象，并且光标的形状由十字光标变为拾取框。

下面结合 SELECT 命令说明选择对象的方法。

SELECT 命令可以单独使用，也可以在执行其他编辑命令时被自动调用。此时屏幕提示：

```
选择对象：
```

等待用户以某种方式选择对象作为回答。AutoCAD 2018 提供多种选择方式，可以键入“？”查看这些选择方式。选择该选项后，出现如下提示：

```
需要点或窗口(W)/上一个(L)/窗交(C)/框(BOX)/全部(ALL)/栏选(F)/圈围(WP)/圈交(CP)/编组(G)/添加(A)/删除(R)/多个(M)/前一个(P)/放弃(U)/自动(AU)/单个(SI)/子对象(SU)/对象(O)
选择对象：
```

部分选项含义如下：

1）窗口(W)：用由两个对角顶点确定的矩形窗口选取位于其范围内部的所有图形，与边界相交的对象不会被选中。指定对角顶点时应该按照从左向右的顺序，如图 3-1 所示。

2）窗交(C)：该方式与上述“窗口”方式类似，区别在于：它不但选择矩形窗口内部的对象，也选中与矩形窗口边界相交的对象。选择的对象如图 3-2 所示。

3）框(BOX)：使用时，系统根据用户在屏幕上给出的两个对角点的位置而自动引用“窗口”或“窗交”选择方式。若从左向右指定对角点，为“窗口”方式；反之，为“窗交”方式。

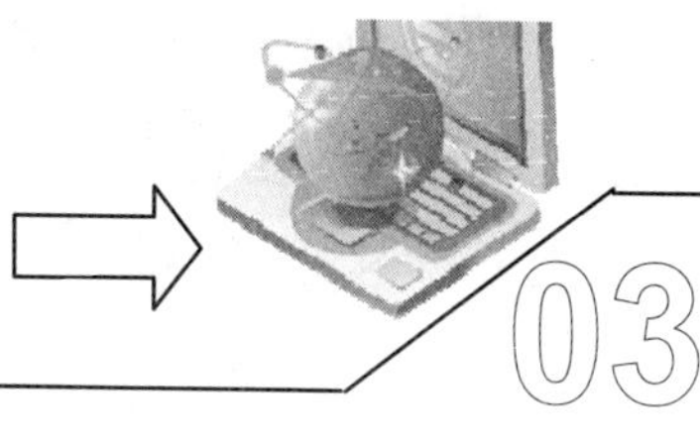

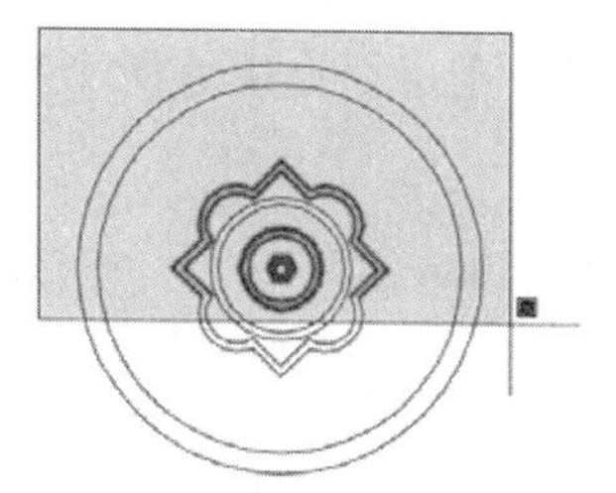

图中深色覆盖部分为选择窗口

选择后的图形

图3-1 “窗口”对象选择方式

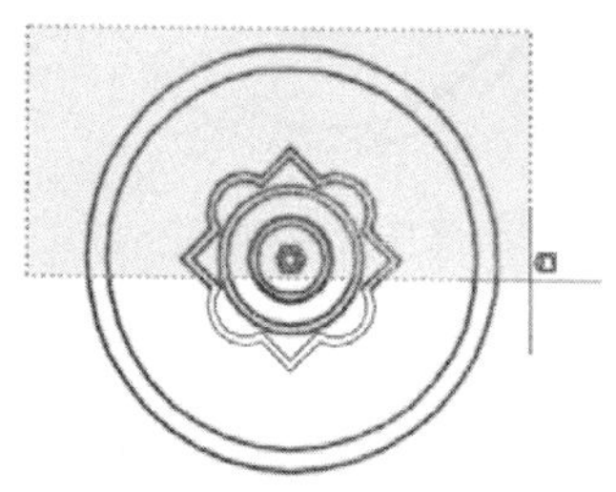

图中深色覆盖部分为选择窗口

选择后的图形

图3-2 “窗交”对象选择方式

4）栏选(F)：用户临时绘制一些直线，这些直线不必构成封闭图形，凡是与这些直线相交的对象均被选中。执行结果如图 3-3 所示。

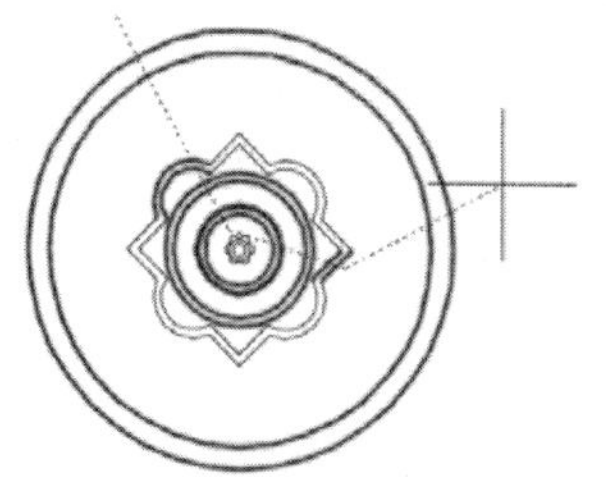

图中虚线为选择栏

选择后的图形

图3-3 “栏选”对象选择方式

5）圈围(WP)：使用一个不规则的多边形来选择对象。根据提示，用户顺次输入构成多边形所有顶点的坐标，直到最后用按 Enter 键作出空回答结束操作，系统将自动连接第一个顶点与最后一个顶点形成封闭的多边形。凡是被多边形围住的对象均被选中(不包括边界)。执行结果如图 3-4 所示。

6）圈交(CP)：类似于“圈围”方式，在“选择对象:”提示后键入 CP，后续操作与“圈围”方式相同。区别在于：与多边形边界相交的对象也被选中。

7）添加(A)：添加下一个对象到选择集。也可用于从移走模式（Remove）到选择模式的切换。

8）删除(R)：按住 Shift 键选择对象，可以从当前选择集中移走该对象。对象由高亮度显示状态变为正常显示状态。

9）多个(M)：指定多个点，不高亮度显示对象。这种方法可以加快在复杂图形上的

选择对象过程。若两个对象交叉，两次指定交叉点，则可以选中这两个对象。

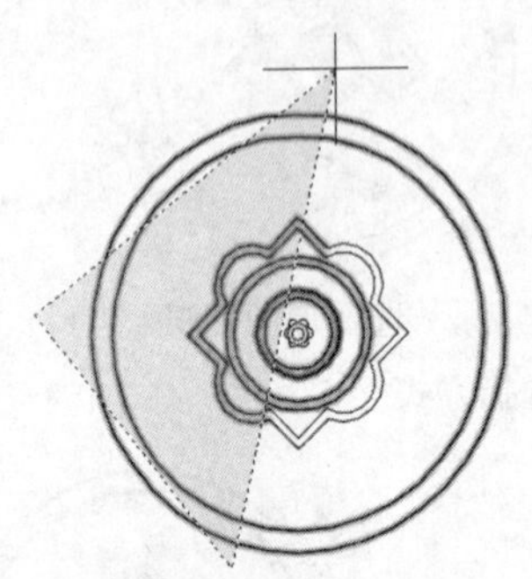

图中十字线所拉出深色多边形为选择窗口

选择后的图形

图3-4 “圈围”对象选择方式

10）前一个(P)：用关键字 P 回应“选择对象:”的提示，则把上次编辑命令中的最后一次构造的选择集或最后一次使用 Select（DDSELECT）命令预置的选择集作为当前选择集。这种方法适用于对同一选择集进行多种编辑操作的情况。

11）自动(AU)：选择结果视用户在屏幕上的选择操作而定。如果选中单个对象，则该对象即为自动选择的结果；如果选择点落在对象内部或外部的空白处，系统会提示：“指定对角点”，此时，系统会采取一种窗口的选择方式。对象被选中后，变为虚线形式，并以高亮度显示。

12）单个(SI)：选择指定的第一个对象或对象集，而不继续提示进行下一步的选择。

3.2 删除及恢复类命令

这一类命令主要用于删除图形的某部分或对已被删除的部分进行恢复。

3.2.1 删除命令

如果所绘制的图形不符合要求或不小心错绘了图形，可以使用删除命令 ERASE 把它删除。

1. 执行方式

命令行：ERASE。

菜单栏：修改→删除。

快捷菜单：选择要删除的对象，在绘图区域右击鼠标，从打开的快捷菜单上选择“删除”。

工具栏：修改→删除。

功能区：单击“默认”选项卡“修改”面板中的“删除”按钮。

2. 操作格式

可以先选择对象后调用“删除”命令，也可以先调用“删除”命令然后再选择对象。选择对象时可以使用前面介绍的对象选择的各种方法。

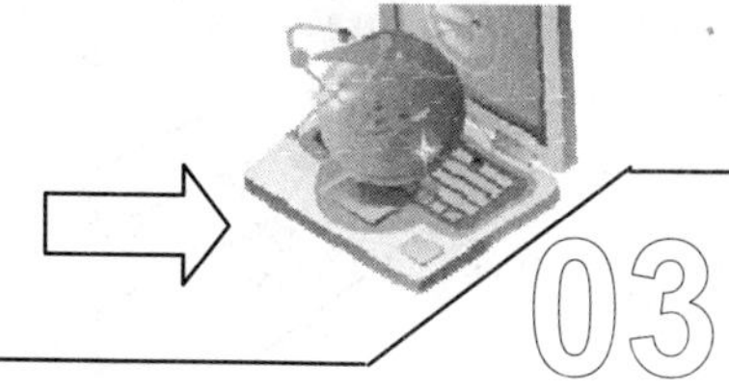

注意

绘图过程中，如果出现了绘制错误或者不太满意的图形，需要删除的，可以利用标准工具栏中的命令，也可以用 Delete 键。提示：“_erase:”，单击要删除的图形，单击右键即可。删除命令可以一次删除一个或多个图形，如果删除错误，可以利用来补救。

3.2.2　恢复命令

若不小心误删除了图形，可以使用恢复命令 OOPS 恢复误删除的对象。

1. 执行方式

命令行：OOPS 或 U。

工具栏：标准工具栏→放弃。

快捷键：Ctrl+Z。

2. 操作格式

在命令行中输入“OOPS”命令，按 Enter 键。

3.2.3　清除命令

此命令与删除命令功能完全相同。

1. 执行方式

菜单栏：编辑→删除。

快捷键：Delete。

2. 操作格式

用菜单或快捷键输入上述命令后，系统提示：

```
选择对象:(选择要清除的对象，按按 Enter 键键执行清除命令)
```

3.3　复制类命令

本节详细介绍 AutoCAD 2018 的复制类命令。利用这些编辑功能，可以方便地编辑绘制的图形。

3.3.1　镜像命令

镜像对象是指把选择的对象围绕一条镜像线作对称复制。镜像操作完成后，可以保留原对象也可以将其删除。

1. 执行方式

命令行：MIRROR。

菜单栏：修改→镜像。

工具栏：修改→镜像。

功能区：单击“默认”选项卡“修改”面板中的“镜像”按钮，如图 3-5 所示。

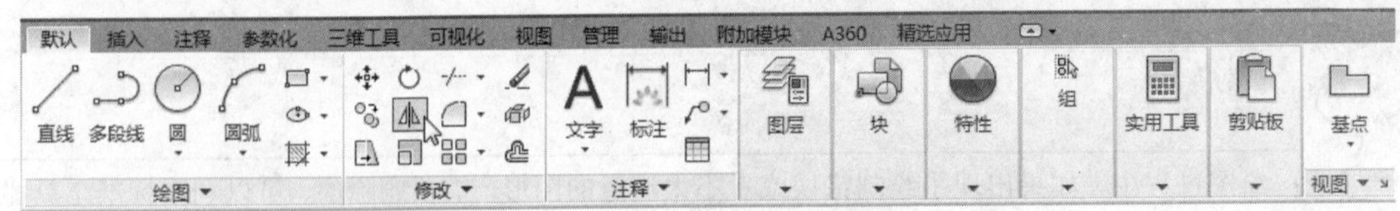

图3-5 “修改”面板

2．操作格式

命令：MIRROR↙

选择对象：（选择要镜像的对象）

选择对象：↙

指定镜像线的第一点：（指定镜像线的第一个点）

指定镜像线的第二点：（指定镜像线的第二个点）

要删除源对象吗？[是(Y)/否(N)] <N>：（确定是否删除原对象）

这两点确定一条镜像线，被选择的对象以该线为对称轴进行镜像。包含该线的镜像平面与用户坐标系统的 XY 平面垂直，即镜像操作工作在与用户坐标系统的 XY 平面平行的平面上。

3.3.2 实例——庭院灯灯头

绘制图 3-6 所示的庭院灯灯头。

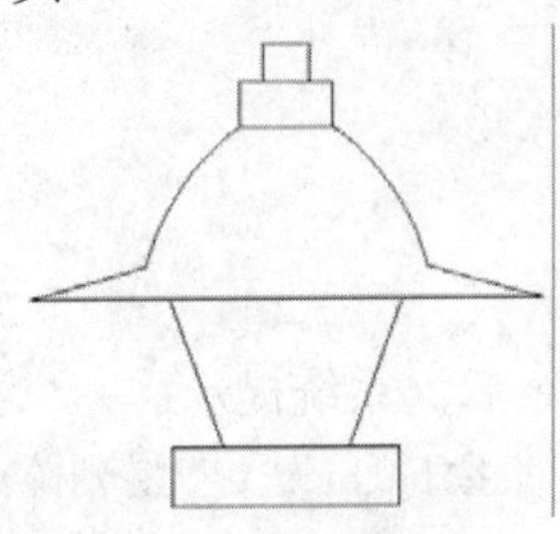

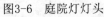

图3-6 庭院灯灯头

光盘\动画演示\第3章\庭院灯灯头.avi

操作步骤

（1）单击“默认”选项卡“绘图”面板中的“直线”按钮，绘制一系列直线，尺寸适当选取，如图 3-7 所示。

（2）单击“默认”选项卡“绘图”面板中的“圆弧”按钮和“直线”按钮补全图形，如图 3-8 所示。

（3）单击“默认”选项卡“修改”面板中的“镜像”按钮，命令行提示与操作如下：

```
命令：MIRROR↙
选择对象:（选取除最右边直线外的所有图形）
选择对象:↙
指定镜像线的第一点:（捕捉最右边直线上的点）
指定镜像线的第二点:（捕捉最右边直线上另一点）
要删除源对象吗？[是(Y)/否(N)] <否>:↙
```

绘制结果如图 3-9 所示。

（4）把中间竖直直线删除，最终结果如图 3-6 所示。

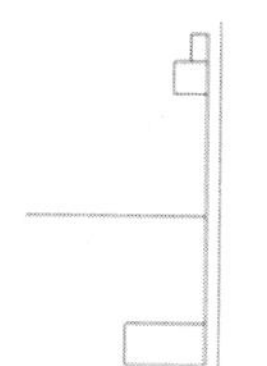

图3-7　绘制直线

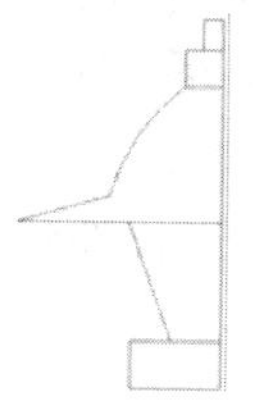

图3-8　绘制圆弧和直线

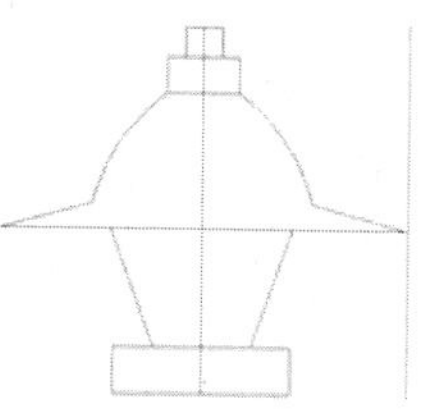

图3-9　镜像

3.3.3　偏移命令

偏移对象是指保持选择的对象的形状、在不同的位置以不同的尺寸大小新建一个对象。

1. 执行方式

命令行：OFFSET。

菜单栏：修改→偏移。

工具栏：修改→偏移。

功能区：单击“默认”选项卡“修改”面板中的“偏移”按钮。

2. 操作格式

```
命令： OFFSET↙
当前设置: 删除源=否　图层=源　OFFSETGAPTYPE=0
指定偏移距离或 [通过(T)/删除(E)/图层(L)] <通过>:（指定距离值）
选择要偏移的对象，或 [退出(E)/放弃(U)] <退出>:（选择要偏移的对象。按 Enter 键会结束操作）
指定要偏移的那一侧上的点，或 [退出(E)/多个(M)/放弃(U)] <退出>:（指定偏移方向）
选择要偏移的对象，或 [退出(E)/放弃(U)] <退出>:
```

3. 选项说明

（1）指定偏移距离：输入一个距离值，或按 Enter 键使用当前的距离值，系统把该距离值作为偏移距离，如图 3-10 所示。

（2）通过(T)：指定偏移的通过点。选择该选项后出现如下提示：

```
选择要偏移的对象，或 [退出(E)/放弃(U)] <退出>:（选择要偏移的对象。按 Enter 键会结束操作）
指定通过点或 [退出(E)/多个(M)/放弃(U)] <退出>:（指定偏移对象的一个通过点）
```

操作完毕后，系统根据指定的通过点绘出偏移对象，如图 3-11 所示。

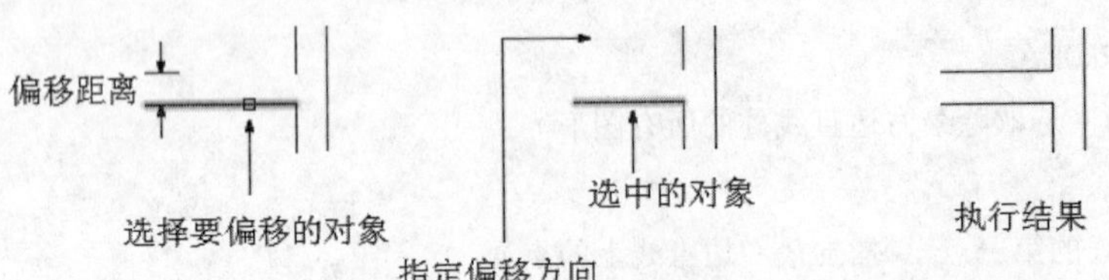

图3-10　指定偏移对象的距离

（3）删除（E）：偏移源对象后将其删除，选择该项，系统提示：

要在偏移后删除源对象吗？[是(Y)/否(N)]〈否〉:

（4）图层（L）：确定将偏移对象创建在当前图层上还是源对象所在的图层上。这样就可以在不同图层上偏移对象。选择该项，系统提示：

输入偏移对象的图层选项［当前(C)/源(S)］〈源〉:

（5）多个（M）：使用当前偏移距离重复进行偏移操作，并接受附加的通过点。

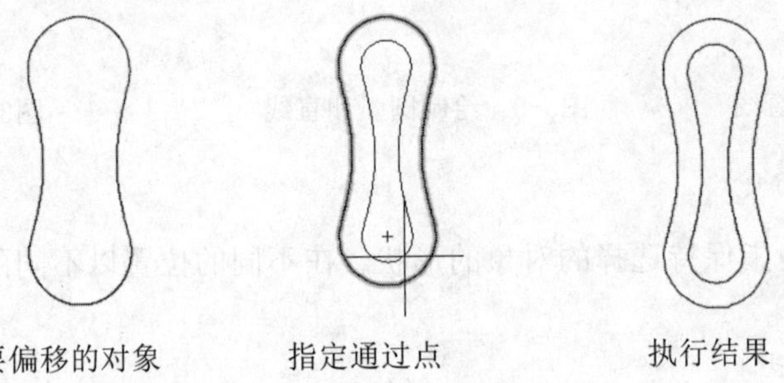

图3-11　指定偏移对象的通过点

AutoCAD 2018 中，可以使用“偏移”命令，对指定的直线、圆弧、圆等对象作定距离偏移复制。在实际应用中，常利用“偏移”命令的特性创建平行线或等距离分布图形，效果同“阵列”。默认情况下，需要指定偏移距离，再选择要偏移复制的对象，然后指定偏移方向，以复制出对象。

3.3.4　实例——庭院灯灯杆

绘制图 3-12 所示的庭院灯灯杆。

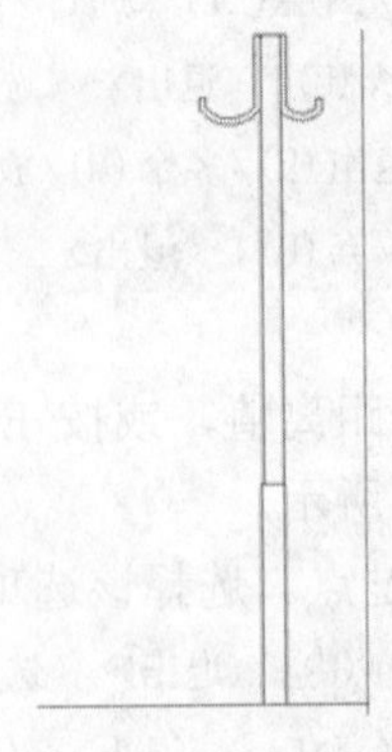

图3-12　庭院灯灯杆

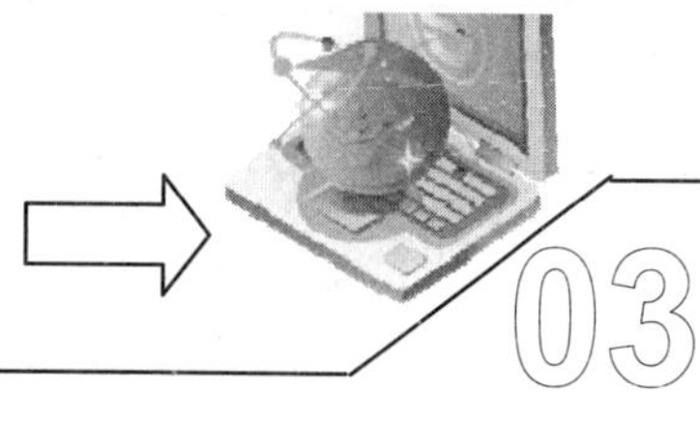

光盘\动画演示\第3章\庭院灯灯杆.avi

操作步骤

（1）单击“默认”选项卡“绘图”面板中的“圆弧”按钮和“直线”按钮，绘制初步图形，最上面水平线段长度为50mm，其他尺寸大体参照选取，如图3-13所示。

（2）选择菜单栏中的“修改”→“对象”→“多段线”命令，命令行提示与操作如下：

命令：PEDIT↙

选择多段线或［多条（M）］：m↙

选择对象：（依次选择左边两条竖线和圆弧）

选择对象：↙

是否将直线、圆弧和样条曲线转换为多段线？［是(Y)/否(N)］？<Y>↙

输入选项［闭合(C)/打开(O)/合并(J)/宽度(W)/拟合(F)/样条曲线(S)/非曲线化(D)/线型生成(L)/反转(R)/放弃(U)］：j↙

合并类型 = 延伸

输入模糊距离或［合并类型(J)］<0.0000>：↙

多段线已增加 2 条线段

输入选项［闭合(C)/打开(O)/合并(J)/宽度(W)/拟合(F)/样条曲线(S)/非曲线化(D)/线型生成(L)/反转(R)/放弃(U)］：↙

同样方法，将右边两条竖线和圆弧合并成多段线。

（3）单击“默认”选项卡“修改”面板中的“偏移”按钮，将上步合成的多段线进行偏移操作。命令行提示与操作如下：

命令：_offset

当前设置：删除源=否　图层=源　OFFSETGAPTYPE=0

指定偏移距离或［通过(T)/删除(E)/图层(L)］<通过>:15↙

选择要偏移的对象，或［退出(E)/放弃(U)］<退出>:↙（指定刚合并的多段线）

指定要偏移的那一侧上的点，或［退出(E)/多个(M)/放弃(U)］<退出>:↙（向外侧任意指定一点）

选择要偏移的对象，或［退出(E)/放弃(U)］<退出>:↙（指定刚合并的另一多段线）

指定要偏移的那一侧上的点，或［退出(E)/多个(M)/放弃(U)］<退出>:↙（向外侧任意指定一点）

选择要偏移的对象，或［退出(E)/放弃(U)］<退出>:↙

结果如图3-14所示。

（4）单击“默认”选项卡“绘图”面板中的“直线”按钮，将图线补充完整，尺寸适当选取，最终结果如图3-12所示。

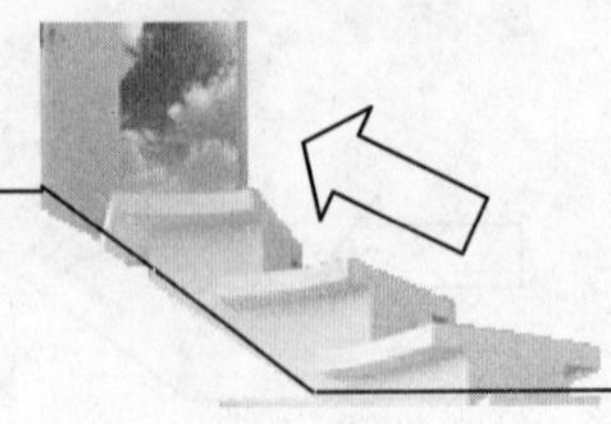

图3-13　绘制圆弧和线段

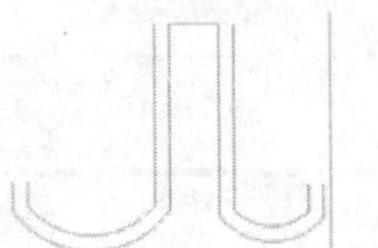

图3-14　偏移处理

3.3.5　复制命令

1．执行方式

命令行：COPY。

菜单栏：修改→复制。

工具栏：修改→复制。

快捷菜单：选择要复制的对象，在绘图区域右击，从打开的快捷菜单上选择“复制选择”。

功能区：单击“默认”选项卡“修改”面板中的“复制”按钮。

2．操作格式

```
命令：COPY↙
选择对象：（选择要复制的对象）
```

用前面介绍的对象选择方法选择一个或多个对象，按Enter键结束选择操作。系统继续提示：

```
当前设置： 复制模式 = 多个
指定基点或［位移（D）/模式（O）］<位移>：（指定基点或位移）
指定第二个点或［阵列（A）］<使用第一个点作为位移>：
指定第二个点或［阵列（A）/退出（E）/放弃（U）］<退出>：
```

3．选项说明

（1）指定基点：指定一个坐标点后，AutoCAD 2018 把该点作为复制对象的基点，并提示：

```
指定第二个点或［阵列(A)］<使用第一个点作为位移>：
```

指定第二个点后，系统将根据这两点确定的位移矢量把选择的对象复制到第二点处。如果此时直接按Enter键，既选择默认的“用第一点作位移”，则第一个点被当作相对于 X、Y、Z 的位移。例如，如果指定基点为 2,3 并在下一个提示下按 Enter 键，则该对象从它当前的位置开始在 X 方向上移动 2 个单位，在 Y 方向上移动 3 个单位。复制完成后，系统会继续提示：

```
指定第二个点或［阵列(A)/退出(E)/放弃(U)］<退出>：
```

这时，可以不断指定新的第二点，从而实现多重复制。

（2）位移：直接输入位移值，表示以选择对象时的拾取点为基准，以拾取点坐标为移动方向纵横比移动指定位移后确定的点为基点。例如，选择对象时拾取点坐标为（2，3），输入位移为5，则表示以（2，3）点为基准，沿纵横比为3:2的方向移动5个单位所确定的点为基点。

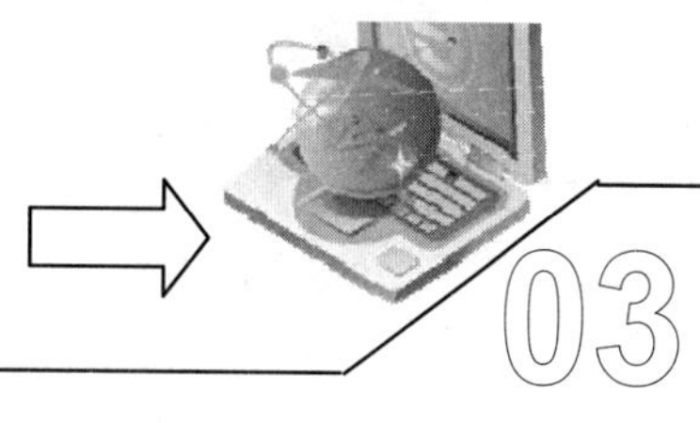

（3）模式：控制是否自动重复该命令。该设置由 COPYMODE 系统变量控制。

3.3.6 实例——两火喇叭形庭院灯

绘制图 3-15 所示的两火喇叭形庭院灯。

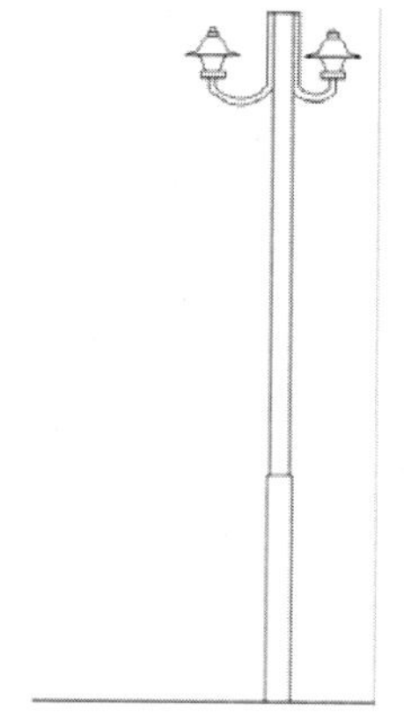

图3-15　两火喇叭形庭院灯

光盘\动画演示\第3章\两火喇叭形庭院灯.avi

操作步骤

（1）打开 AutoCAD 2018 应用程序，建立新文件，将新文件命名为“两火喇叭形庭院灯.dwg”并保存。

（2）打开前面绘制的庭院灯灯头和灯杆，将其复制到“两火喇叭形庭院灯”实例中，如图 3-16 所示。

（3）单击“默认”选项卡“修改”面板中的“移动”按钮，将庭院灯灯头移动到庭院灯灯杆处，如图 3-17 所示。命令行操作与提示如下(移动命令在后面章节中详细介绍)：

```
命令：MOVE ↙
选择对象：（选择庭院灯灯头）
选择对象：↙
指定基点或 [位移(D)] <位移>：（选择最下部矩形长边的中心店）
指定第二个点或 <使用第一个点作为位移>:（指定到庭院灯灯杆处水平短线的中点）
```

（4）单击“默认”选项卡“修改”面板中的“复制”按钮，将庭院灯灯头复制到庭院灯灯杆的另一侧，命令行提示与操作如下：

```
命令：_copy
选择对象：（选择两火喇叭形庭院灯）
选择对象：↙
当前设置：  复制模式 = 多个
```

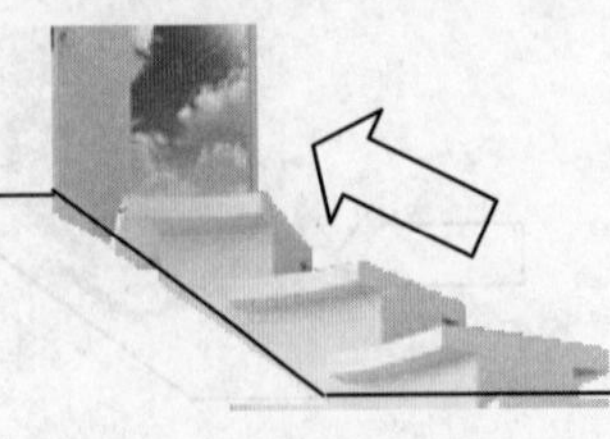

指定基点或［位移(D)/模式(O)］〈位移〉：（捕捉灯头下边矩形的底边中点）

指定第二个点或［阵列(A)］〈使用第一个点作为位移〉：（水平向右捕捉灯杆右侧水平线的中点）

指定第二个点或［阵列(A)/退出(E)/放弃(U)］〈退出〉：↙

结果如图 3-15 所示。

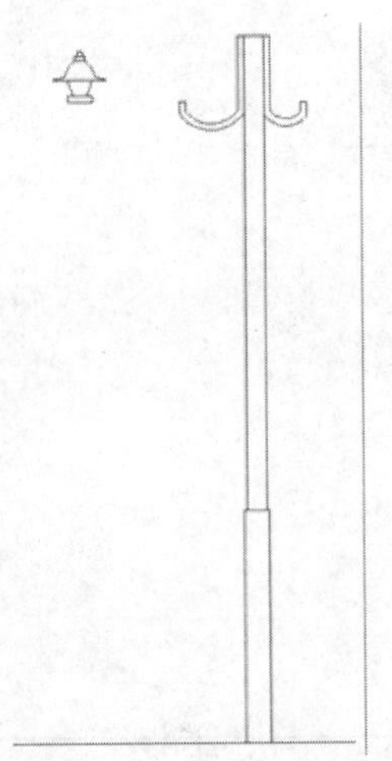

图3-16　打开庭院灯灯头和灯杆

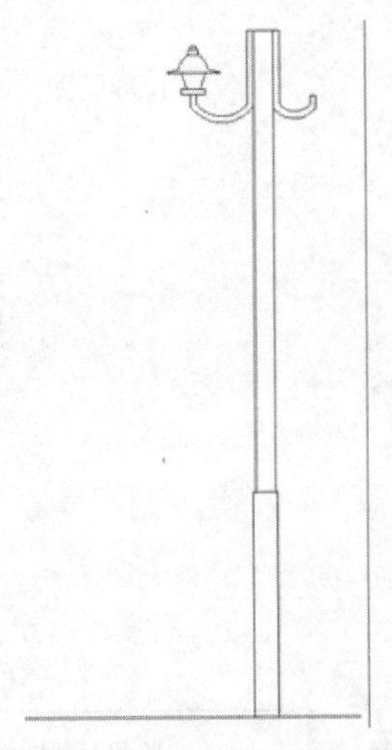

图3-17　移动庭院灯灯头

3.3.7　阵列命令

建立阵列是指多重复制选择的对象并把这些副本按矩形或环形排列。把副本按矩形排列称为建立矩形阵列，把副本按环形排列称为建立极阵列。建立极阵列时，应该控制复制对象的次数和对象是否被旋转；建立矩形阵列时，应该控制行和列的数量以及对象副本之间的距离。AutoCAD 2018 提供 ARRAY 命令建立阵列。用该命令可以建立矩形阵列、极阵列（环形）和旋转的矩形阵列。

1. 执行方式

命令行：ARRAY。

菜单栏：修改→阵列。

工具栏：修改→矩形阵列，修改→路径阵列，修改→环形阵列。

功能区：单击“默认”选项卡“修改”面板中的“矩形阵列”按钮/“路径阵列”按钮/“环形阵列”按钮，如图 3-18 所示。

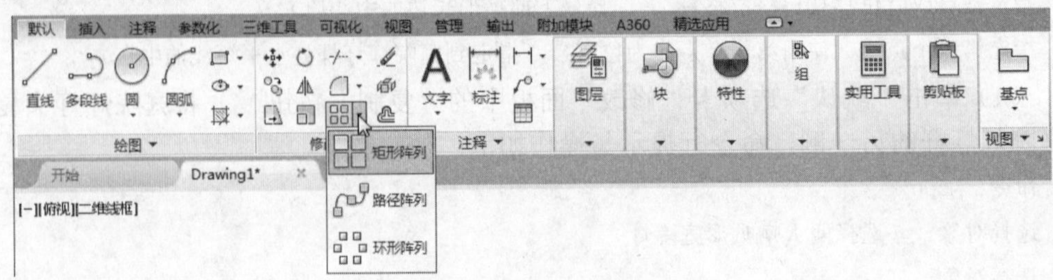

图3-18　“修改”面板

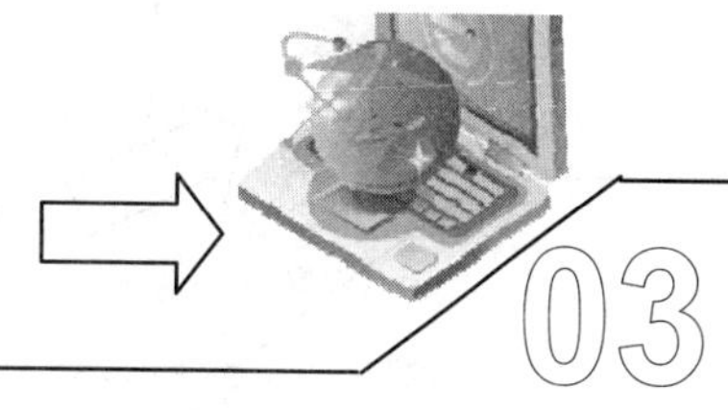

2．操作格式

命令：ARRAY↙

选择对象：（使用对象选择方法）

选择对象：↙

输入阵列类型[矩形（R）/路径（PA）/极轴（PO）]<矩形>:

3．选项说明

（1）矩形（R）（命令行：arrayrect）：将选定对象的副本分布到行数、列数和层数的任意组合。通过夹点，调整阵列间距、列数、行数和层数；也可以分别选择各选项输入数值。

（2）路径（PA）（命令行：arraypath）：沿路径或部分路径均匀分布选定对象的副本。选择该选项后出现如下提示：

选择路径曲线:（选择一条曲线作为阵列路径）

选择夹点以编辑阵列或［关联(AS)/方法(M)/基点(B)/切向(T)/项目(I)/行(R)/层(L)/对齐项目(A)/Z 方向(Z)/退出(X)］<退出>:（通过夹点，调整阵行数和层数；也可以分别选择各选项输入数值）

（3）极轴（PO）：在绕中心点或旋转轴的环形阵列中均匀分布对象副本。选择该选项后出现如下提示：

指定阵列的中心点或［基点(B)/旋转轴(A)］:（选择中心点、基点或旋转轴）

选择夹点以编辑阵列或［关联(AS)/基点(B)/项目(I)/项目间角度(A)/填充角度(F)/行(ROW)/层(L)/旋转项目(ROT)/退出(X)］<退出>:（通过夹点，调整角度，填充角度；也可以分别选择各选项输入数值）

3.4 改变位置类命令

这一类编辑命令的功能是按照指定要求改变当前图形或图形的某部分的位置，主要包括移动、旋转和缩放等命令。

3.4.1 移动命令

1．执行方式

命令行：MOVE。

菜单栏：修改→移动。

快捷菜单：选择要复制的对象，在绘图区域右击，从打开的快捷菜单中选择“移动”。

工具栏：修改→移动。

功能区：单击“默认”选项卡“修改”面板中的“移动”按钮。

2．操作格式

命令：MOVE↙

选择对象：（选择对象）

选择对象：↙

指定基点或［位移(D)］<位移>:（指定基点或移至点）

指定第二个点或<使用第一个点作为位移>:

命令选项功能与“复制”命令类似。

3.4.2 旋转命令

1. 执行方式

命令行：ROTATE。

菜单栏：修改→旋转。

快捷菜单：选择要旋转的对象，在绘图区域右击，从打开的快捷菜单中选择“旋转”。

工具条：修改→旋转。

功能区：单击“默认”选项卡“修改”面板中的“旋转”按钮。

2. 操作格式

```
命令：ROTATE↙
UCS 当前的正角方向： ANGDIR=逆时针  ANGBASE=0
选择对象：（选择要旋转的对象）
选择对象：（可以按 Enter 键或空格键结束选择，也可以继续）
指定基点:（指定旋转的基点。在对象内部指定一个坐标点）
指定旋转角度，或［复制(C)/参照(R)］<0>:（指定旋转角度或其他选项）
```

3. 选项说明

（1）复制（C）：选择该项，旋转对象的同时，保留源对象。

（2）参照（R）：采用参考方式旋转对象时，系统提示：

```
指定参照角 <0>:（指定要参考的角度，默认值为 0）
指定新角度或 [点(P)] <0>:（输入旋转后的角度值）
```

操作完毕后，对象被旋转至指定的角度位置。

注 意

可以用拖动鼠标指针的方法旋转对象。选择对象并指定基点后，从基点到当前光标位置会出现一条连线，移动鼠标指针选择的对象会动态地随着该连线与水平方向的夹角的变化而旋转，按 Enter 键会确认旋转操作，如图 3-19 所示。

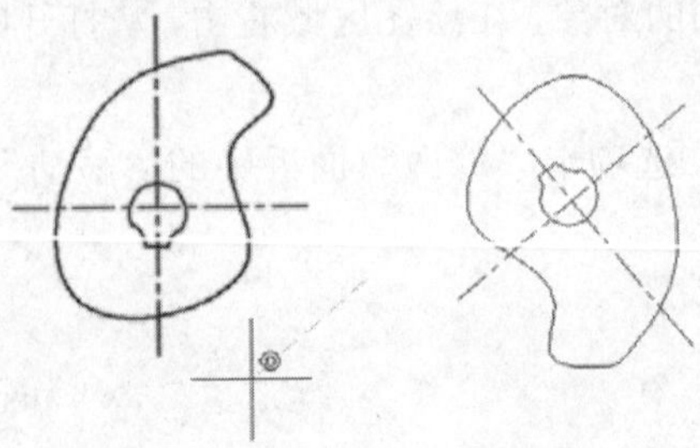

图3-19　拖动鼠标旋转对象

3.4.3 实例——枸杞

绘制图 3-20 所示的枸杞。

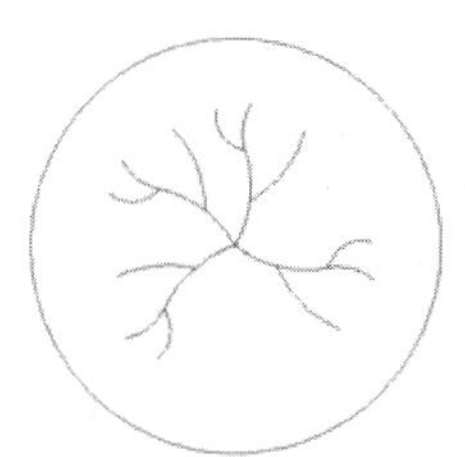

图3-20 枸杞

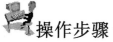

光盘\动画演示\第3章\枸杞.avi

操作步骤

（1）单击“默认”选项卡“绘图”面板中的“圆”按钮和“样条曲线拟合”按钮（“样条曲线拟合”命令的将在下一章中详细讲解），绘制初步图形，其中表示树枝的样条曲线最下面的起点捕捉为圆心，如图 3-21 所示。

（2）单击“默认”选项卡“修改”面板中的“旋转”按钮，命令行提示与操作如下：

```
命令：_rotate
UCS 当前的正角方向： ANGDIR=逆时针 ANGBASE=0
选择对象：（选取圆内图形对象）
选择对象：↙
指定基点：（捕捉圆心为基点）
指定旋转角度，或 [复制(C)/参照(R)] <0>： c↙
旋转一组选定对象。
指定旋转角度或 [复制(C)/参照(R)] <0>: -90↙
```

（3）利用同样的方法继续进行复制旋转，如图 3-22 所示。最终结果如图 3-20 所示。

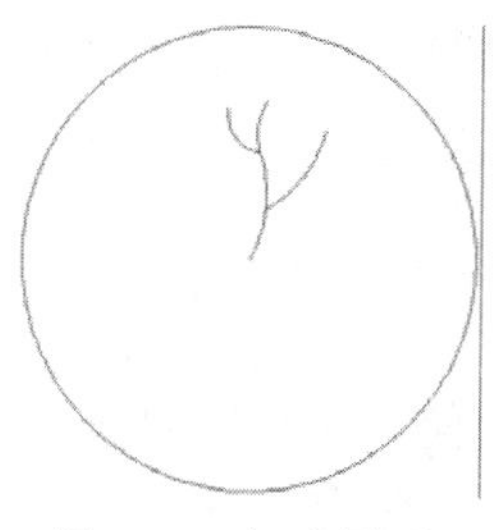

图3-21 初步图形

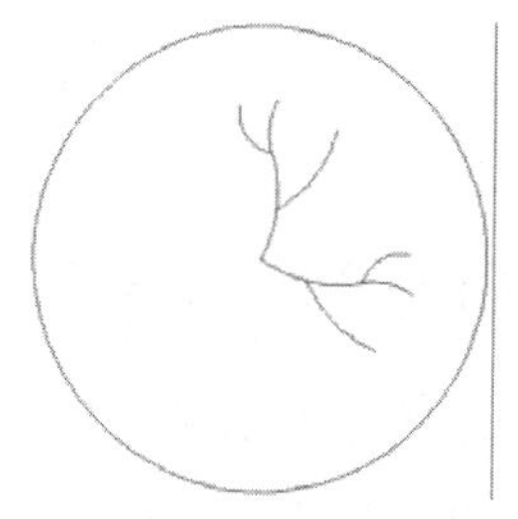

图3-22 复制旋转

3.4.4 缩放命令

1．执行方式

命令行：SCALE。

菜单栏：修改→缩放。

快捷菜单：选择要缩放的对象，在绘图区域右击，从打开的快捷菜单中选择“缩放”。

工具栏：修改→缩放。

功能区：单击“默认”选项卡“修改”面板中的“缩放”按钮。

2．操作格式

```
命令：SCALE↙
选择对象：(选择要缩放的对象)
选择对象：↙
指定基点：(指定缩放操作的基点)
指定比例因子或［复制（C）/参照（R）］<1.0000>:
```

3．选项说明

（1）采用参考方向缩放对象时：系统提示：

```
指定参照长度 <1>:(指定参考长度值)
指定新的长度或［点(P)］<1.0000>:(指定新长度值)
```

若新长度值大于参考长度值，则放大对象；否则，缩小对象。操作完毕后，系统以指定的基点按指定的比例因子缩放对象。如果选择“点（P）”选项，则指定两点来定义新的长度。

（2）可以用拖动鼠标的方法缩放对象：选择对象并指定基点后，从基点到当前光标位置会出现一条连线，线段的长度即为比例大小。移动鼠标指针选择的对象会动态地随着该连线长度的变化而缩放，按Enter键会确认缩放操作。

（3）选择“复制（C）”选项：可以复制缩放对象，即缩放对象时，保留源对象，如图3-23所示。

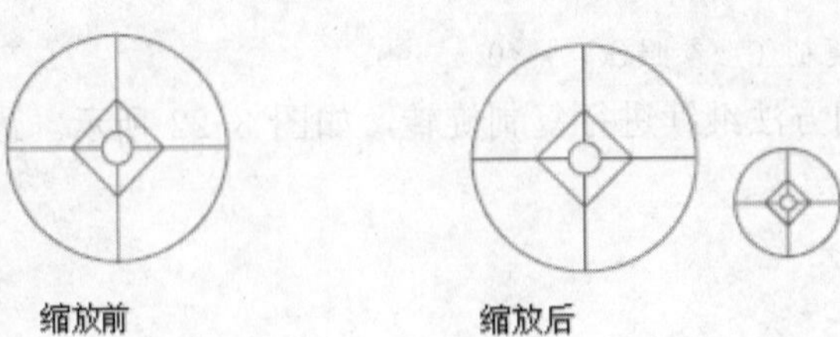

图3-23 复制缩放

3.5 改变几何特性类命令

这一类编辑命令在对指定对象进行编辑后，使编辑对象的几何特性发生改变。包括倒斜角、倒圆角、断开、修剪、延长、加长、伸展等命令。

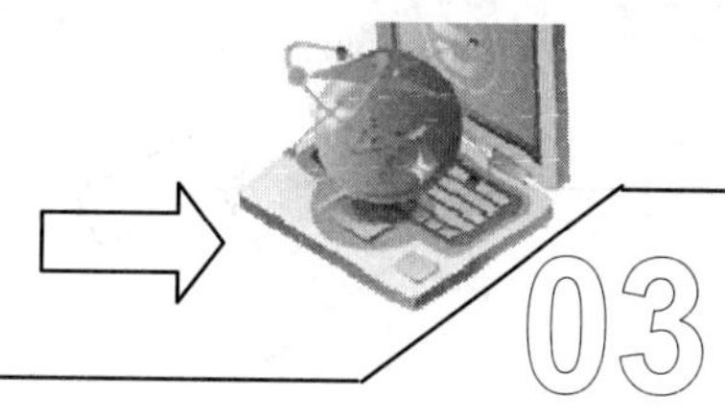

3.5.1 修剪命令

1. 执行方式

命令行：TRIM。

菜单栏：修改→修剪。

工具栏：修改→修剪 。

功能区：单击“默认”选项卡“修改”面板中的“修剪”按钮。

2. 操作格式

命令：TRIM↙

当前设置:投影=UCS，边=无

选择剪切边...

选择对象或 <全部选择>:（选择用作修剪边界的对象）

选择对象：↙

选择要修剪的对象，或按住 Shift 键选择要延伸的对象，或[栏选(F)/窗交(C)/投影(P)/边(E)/删除(R)/放弃(U)]：（选择修剪对象）

3. 选项说明

（1）选择对象：如果按住 Shift 键，系统就自动将“修剪”命令转换成“延伸”命令，“延伸”命令将在下节介绍。

（2）选择“边”选项：可以选择对象的修剪方式：

1）延伸(E)：延伸边界进行修剪。在此方式下，如果剪切边没有与要修剪的对象相交，系统会延伸剪切边直至与对象相交，然后再修剪，如图 3-24 所示。

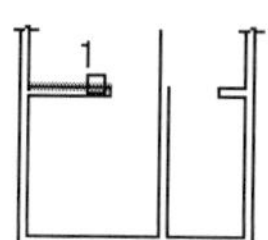

选择剪切边

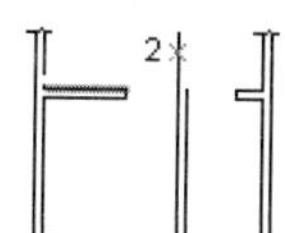

选择要修剪的对象

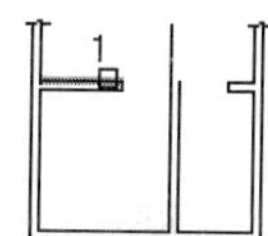

修剪后的结果

图3-24　延伸方式修剪对象

2）不延伸(N)：不延伸边界修剪对象。只修剪与剪切边相交的对象。

（3）选择“栏选（F）”选项：系统以栏选的方式选择被修剪对象，如图 3-25 所示。

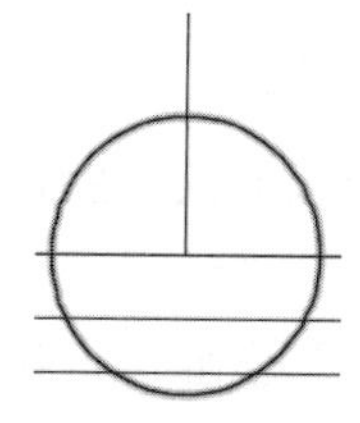

选择剪切边

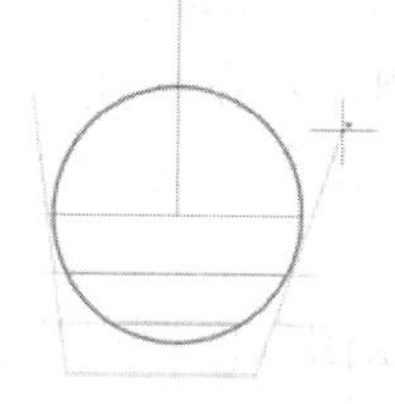

选择要修剪的对象

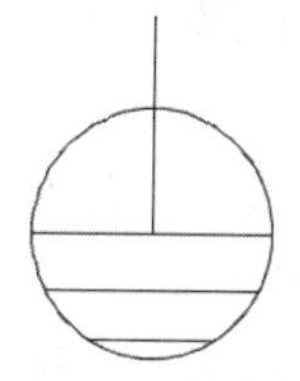

修剪后的结果

图3-25　栏选修剪对象

（4）选择“窗交（C）”选项：系统以栏选的方式选择被修剪对象，如图 3-26 所示。

（5）被选择的对象可以互为边界和被修剪对象：此时系统会在选择的对象中自动

判断边界。

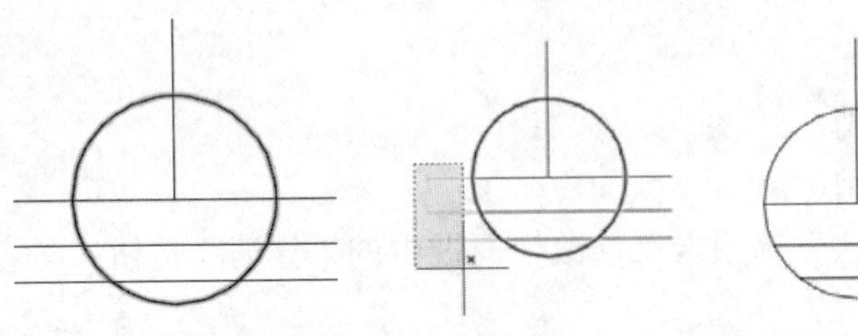
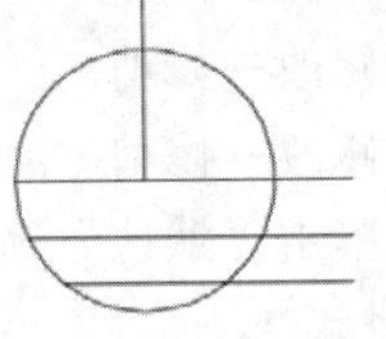

图3-26　窗交选择修剪对象

3.5.2　实例——常绿针叶乔木

绘制图 3-27 所示的常绿针叶乔木。

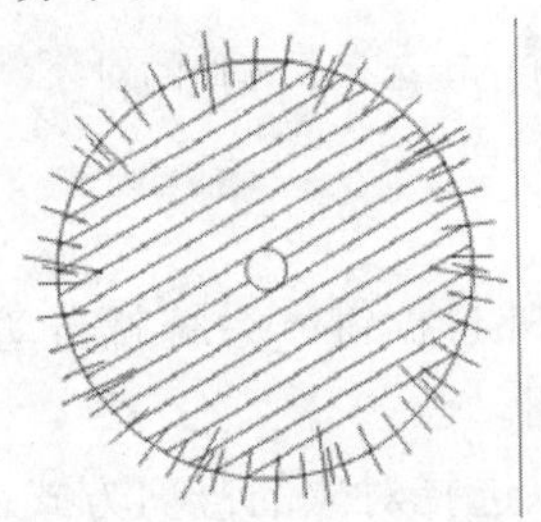

图3-27　常绿针叶乔木

光盘\动画演示\第3章\常绿针叶乔木.avi

操作步骤

（1）单击“默认”选项卡“绘图”面板中的“圆”按钮，在命令行输入 1500mm，命令行提示与操作如下：

```
命令：_circle
指定圆的圆心或 [三点(3P)/两点(2P)/相切、相切、半径(T)]：(指定圆心)
指定圆的半径或 [直径(D)] <4.1463>: 1500↙
```

绘制一半径为 1500mm 的圆，圆代表乔木树冠平面的轮廓。

（2）单击“默认”选项卡“绘图”面板中的“圆”按钮，绘制一半径为 150 的小圆，代表乔木的树干。

（3）单击“默认”选项卡“绘图”面板中的“直线”按钮，在圆上绘制直线，直线代表枝条，如图 3-28 所示。

（4）单击“默认”选项卡“修改”面板中的“环形阵列”按钮，设置项目数为 10，填充角度为 360°，圆心为阵列中心点，将上步绘制的直线进行阵列，命令行提示与操作如下：

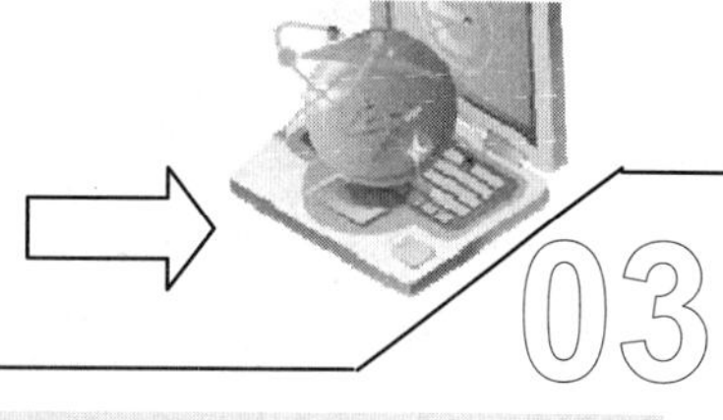

命令：_arraypolar

选择对象：（选择上步绘制的直线）

选择对象：↙

类型 = 极轴　关联 = 否

指定阵列的中心点或 [基点(B)/旋转轴(A)]：（选择圆心）

选择夹点以编辑阵列或 [关联(AS)/基点(B)/项目(I)/项目间角度(A)/填充角度(F)/行(ROW)/层(L)/旋转项目(ROT)/退出(X)] <退出>：i↙

输入阵列中的项目数或 [表达式(E)] <6>：10↙

选择夹点以编辑阵列或 [关联(AS)/基点(B)/项目(I)/项目间角度(A)/填充角度(F)/行(ROW)/层(L)/旋转项目(ROT)/退出(X)] <退出>：f↙

指定填充角度(+=逆时针、-=顺时针)或 [表达式(EX)] <360>：↙

选择夹点以编辑阵列或 [关联(AS)/基点(B)/项目(I)/项目间角度(A)/填充角度(F)/行(ROW)/层(L)/旋转项目(ROT)/退出(X)] <退出>：↙

结果如图 3-29 所示。

（5）单击“默认”选项卡“绘图”面板中的“直线”按钮，在圆内画一条 30° 斜线（打开状态行中“极轴”，右键单击设置极轴角度为 30°）。

（6）单击“默认”选项卡“修改”面板中的“偏移”按钮，偏移距离 150mm，命令行提示与操作如下：

命令： OFFSET↙

当前设置：删除源=否　图层=源　OFFSETGAPTYPE=0

指定偏移距离或 [通过(T)/删除(E)/图层(L)] <通过>： 150↙

选择要偏移的对象，或 [退出(E)/放弃(U)] <退出>：

指定要偏移的那一侧上的点，或 [退出(E)/多个(M)/放弃(U)] <退出>：↙

结果如图 3-30 所示：

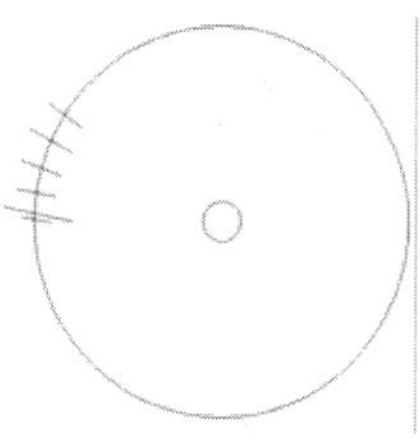

图3-28　绘制直线

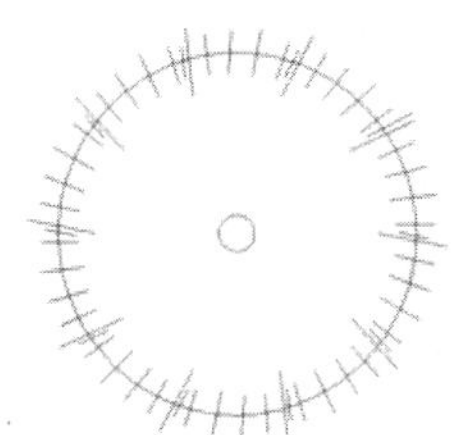

图3-29　阵列直线

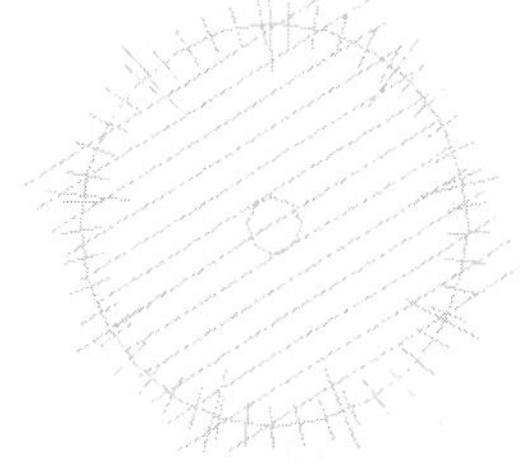

图3-30　偏移直线

（7）单击“默认”选项卡“修改”面板中的“修剪”按钮，选择对象为圆轮廓线，按按 Enter 键或空格键确定，对圆外的斜线进行修剪，命令行提示与操作如下：

命令：_trim

当前设置：投影=UCS，边=无

选择剪切边...

选择对象或 <全部选择>：（选择圆轮廓线）

选择对象：↙

选择要修剪的对象，或按住 Shift 键选择要延伸的对象，或[栏选(F)/窗交(C)/投影(P)/边(E)/删除(R)/放弃(U)]：(选择圆外要修剪的直线)

不与剪切边相交。

选择要修剪的对象，或按住 Shift 键选择要延伸的对象，或[栏选(F)/窗交(C)/投影(P)/边(E)/删除(R)/放弃(U)]：(选择圆外要修剪的直线)

…

选择要修剪的对象，或按住 Shift 键选择要延伸的对象，或[栏选(F)/窗交(C)/投影(P)/边(E)/删除(R)/放弃(U)]：↙

结果如图 3-31 所示。

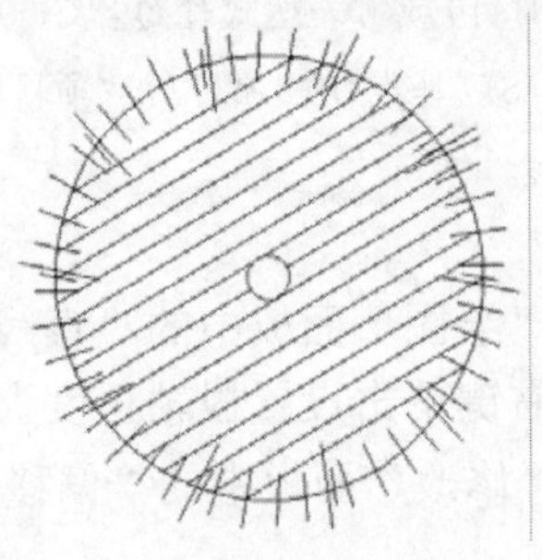

图3-31　修剪图形

3.5.3　延伸命令

延伸对象是指延伸对象直至到另一个对象的边界线，如图 3-32 所示。

选择边界

选择要延伸的对象

执行结果

图3-32　延伸对象

1. 执行方式

命令行：EXTEND。

菜单栏：修改→延伸。

工具栏：修改→延伸。

功能区：单击“默认”选项卡“修改”面板中的“延伸”按钮。

2. 操作格式

命令：EXTEND↙

当前设置:投影=UCS，边=无

```
选择边界的边...
选择对象或 <全部选择>:(选择边界对象)
```

此时可以选择对象来定义边界。若直接按Enter键，则选择所有对象作为可能的边界对象。

系统规定可以用作边界对象的对象有：直线段、射线、双向无限长线、圆弧、圆、椭圆、二维和三维多义线、样条曲线、文本、浮动的视口、区域。如果选择二维多义线作边界对象，系统会忽略其宽度而把对象延伸至多义线的中心线。

选择边界对象后,系统继续提示:

```
选择要延伸的对象，或按住 Shift 键选择要修剪的对象，或[栏选(F)/窗交(C)/投影(P)/边(E)/放弃(U)]:
```

3．选项说明

如果要延伸的对象是适配样条多义线，则延伸后会在多义线的控制框上增加新节点。如果要延伸的对象是锥形的多义线，系统会修正延伸端的宽度，使多义线从起始端平滑地延伸至新终止端。如果延伸操作导致终止端宽度可能为负值，则取宽度值为0，如图3-33所示。

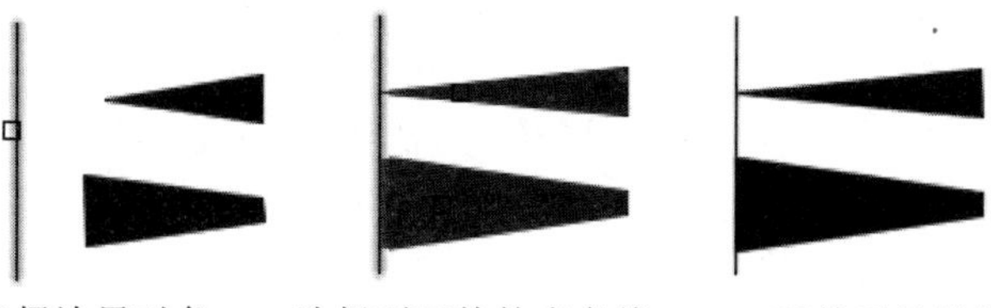

选择边界对象　　选择要延伸的多义线　　延伸后的结果

图3-33　延伸对象

选择对象时，如果按住Shift键，系统就自动将“延伸”命令转换成“修剪”命令。

3.5.4　实例——榆叶梅

绘制图3-34所示的榆叶梅。

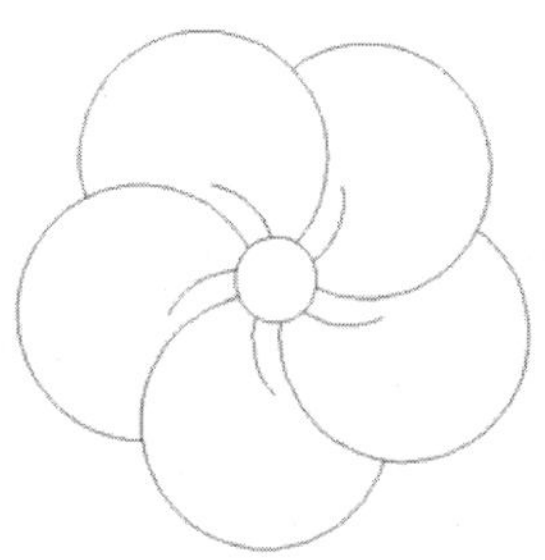

图3-34　榆叶梅

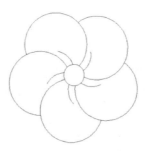

光盘\动画演示\第3章\榆叶梅.avi

操作步骤

（1）单击“默认”选项卡“绘图”面板中的“圆”按钮和“圆弧”按钮，尺寸适当选取，如图3-35所示。

（2）单击“默认”选项卡“修改”面板中的“修剪”按钮，修剪大圆，命令行提示与操作如下：

命令：_trim

当前设置:投影=UCS，边=无

选择剪切边...

选择对象或 <全部选择>：（选取小圆）

选择对象：↙

选择要修剪的对象，或按住 Shift 键选择要延伸的对象，或[栏选(F)/窗交(C)/投影(P)/边(E)/删除(R)/放弃(U)]：↙（选择大圆在小圆里面部分）

选择要修剪的对象，或按住 Shift 键选择要延伸的对象，或[栏选(F)/窗交(C)/投影(P)/边(E)/删除(R)/放弃(U)]：↙

结果如图 3-36 所示。

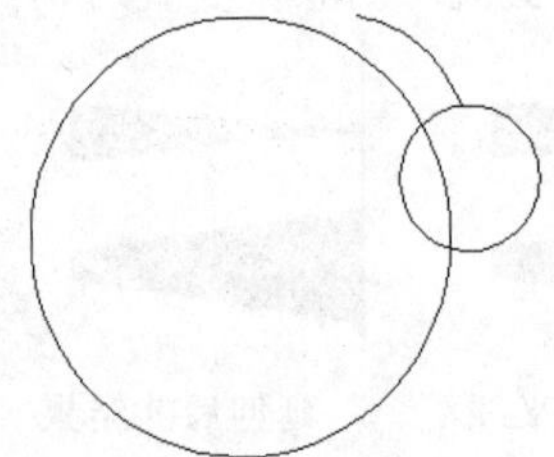

图3-35　初步图形

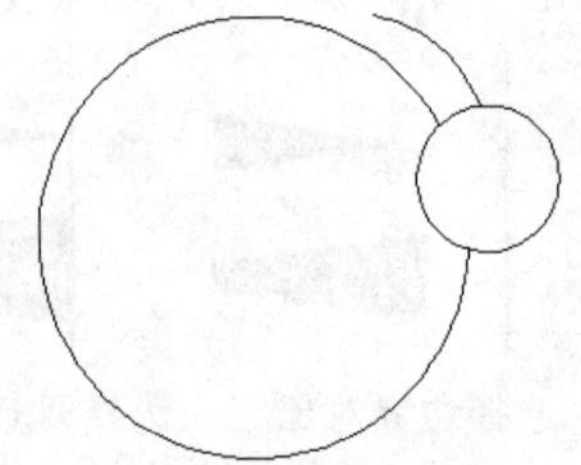

图3-36　修剪大圆

（3）单击“默认”选项卡“修改”面板中的“环形阵列”按钮，命令行提示与操作如下：

命令：_arraypolar

选择对象：（选择两段圆弧）

选择对象：↙

类型 = 极轴　关联 = 是

指定阵列的中心点或 [基点(B)/旋转轴(A)]：（捕捉小圆圆心，结果如图 3-37 所示）

选择夹点以编辑阵列或 [关联(AS)/基点(B)/项目(I)/项目间角度(A)/填充角度(F)/行(ROW)/层(L)/旋转项目(ROT)/退出(X)] <退出>：i↙

输入阵列中的项目数或 [表达式(E)] <6>：5↙

选择夹点以编辑阵列或 [关联(AS)/基点(B)/项目(I)/项目间角度(A)/填充角度(F)/行(ROW)/层(L)/旋转项目(ROT)/退出(X)] <退出>：as↙

创建关联阵列 [是(Y)/否(N)] <否>：n↙

选择夹点以编辑阵列或 [关联(AS)/基点(B)/项目(I)/项目间角度(A)/填充角度(F)/行(ROW)/层(L)/旋转项目(ROT)/退出(X)] <退出>:↙

结果如图 3-37 所示。

（4）单击“默认”选项卡“修改”面板中的“修剪”按钮，将多余的圆弧修剪掉，最终结果如图 3-38 所示。

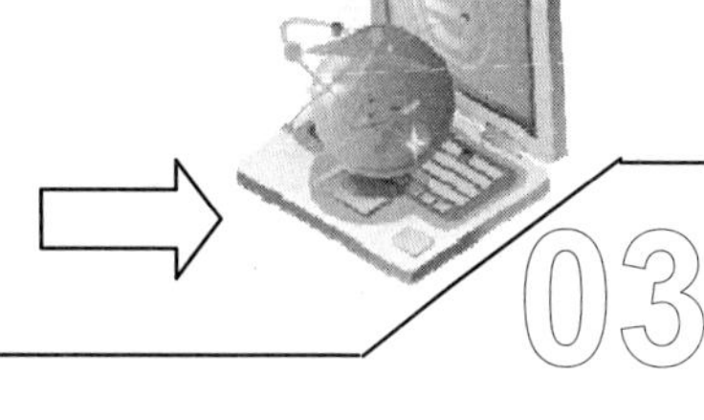

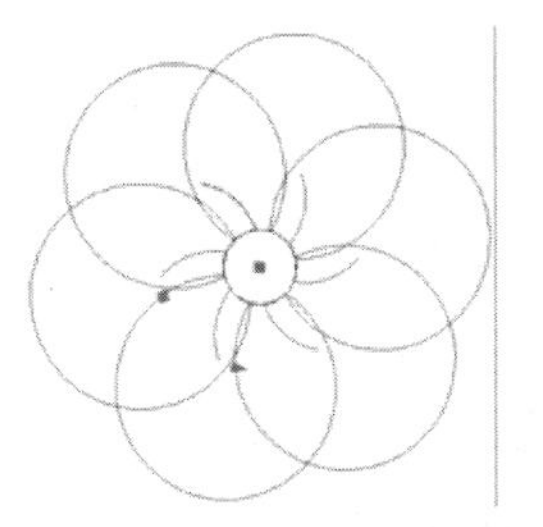

图3-37　阵列中间过程

图3-38　阵列结果

3.5.5　拉伸命令

拉伸对象是指拖拉选择的对象，使对象的形状发生改变。拉伸对象时应指定拉伸的基点和移置点。利用一些辅助工具如捕捉、钳夹功能及相对坐标等可以提高拉伸的精度。

1. 执行方式

命令行：STRETCH。

菜单栏：修改→拉伸。

工具栏：修改→拉伸。

功能区：单击“默认”选项卡“修改”面板中的“拉伸”按钮。

2. 操作格式

```
命令：STRETCH↙
以交叉窗口或交叉多边形选择要拉伸的对象...
选择对象：C↙
指定第一个角点：指定对角点：（采用交叉窗口的方式选择要拉伸的对象）
选择对象：↙
指定基点或 [位移(D)] <位移>:（指定拉伸的基点）
指定第二个点或 <使用第一个点作为位移>:（指定拉伸的移至点）
```

此时，若指定第二个点，系统将根据这两点决定的矢量拉伸对象。若直接按 Enter 键，系统会把第一个点作为 X 轴和 Y 轴的分量值。

STRETCH 移动完全包含在交叉窗口内的顶点和端点。部分包含在交叉选择窗口内的对象将被拉伸。

3.5.6　拉长命令

1. 执行方式

命令行：LENGTHEN。

菜单栏：修改→拉长。

功能区：单击“默认”选项卡“修改”面板中的“拉长”按钮。

2. 操作格式

```
命令:LENGTHEN↙
选择要测量的对象或 [增量(DE)/百分比(P)/总计(T)/动态(DY)] <总计(T)>:（选定对象）
当前长度：30.5001（给出选定对象的长度，如果选择圆弧则还将给出圆弧的包含角）
```

选择要测量的对象或 [增量(DE)/百分比(P)/总计(T)/动态(DY)] <总计(T)>: DE↙（选择拉长或缩短的方式。如选择“增量（DE）”方式）

输入长度增量或 [角度(A)] <0.0000>: 10↙（输入长度增量数值。如果选择圆弧段，则可输入选项“A”给定角度增量）

选择要修改的对象或 [放弃(U)]:（选定要修改的对象，进行拉长操作）

选择要修改的对象或 [放弃(U)]:（继续选择，按 Enter 键结束命令）

3. 选项说明

（1）增量(DE)：用指定增加量的方法改变对象的长度或角度。

（2）百分比(P)：用指定占总长度的百分比的方法改变圆弧或直线段的长度。

（3）总计(T)：用指定新的总长度或总角度值的方法来改变对象的长度或角度。

（4）动态(DY)：打开动态拖拉模式。在这种模式下，可以使用拖拉鼠标指针的方法来动态地改变对象的长度或角度。

3.5.7 实例——挂钟

绘制图 3-39 所示的图形。

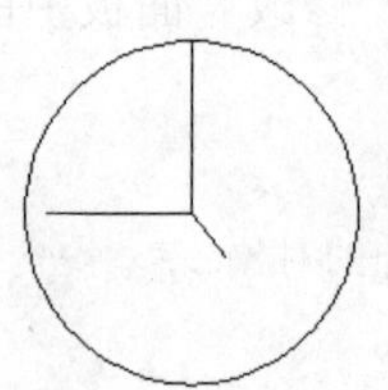

图3-39 挂钟图形

光盘\动画演示\第3章\挂钟.avi

操作步骤

（1）单击“默认”选项卡“绘图”面板中的“圆”按钮，绘制一个圆心坐标为（100，100）、半径为 20mm 的圆作为挂钟的外轮廓线，绘制结果如图 3-40 所示。

（2）单击“默认”选项卡“绘图”面板中的“直线”按钮，绘制坐标点为{（100，100）（100，117.25）}{（100，100）（82.75，100）}{（100，100）（105，94）}的 3 条直线作为挂钟的指针，绘制结果如图 3-41 所示。

图3-40 绘制圆形

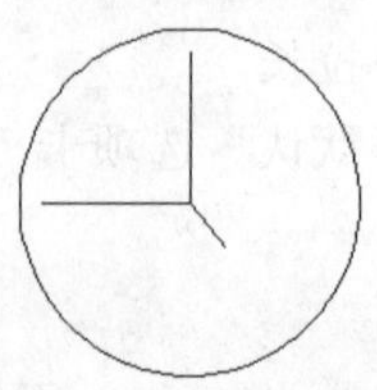

图3-41 绘制指针

（3）单击“默认”选项卡“修改”面板中的“拉长”按钮，将秒针拉长至圆的边。命令行提示与操作如下：

命令：LENGTHEN↙

选择要测量的对象或 [增量(DE)/百分比(P)/总计(T)/动态(DY)] <总计(T)>:（选择直线）

当前长度：20.0000（给出选定对象的长度，如果选择圆弧则还将给出圆弧的夹角）

选择要测量的对象或 [增量(DE)/百分比(P)/总计(T)/动态(DY)] <总计(T)>: de↙

输入长度增量或 [角度(A)] <2.7500>: 2.75↙（输入长度增量数值）

选择要修改的对象或 [放弃(U)]:（选择竖直直线）

选择要修改的对象或 [放弃(U)]: ↙

绘制挂钟完成，如图 3-39 所示。

3.5.8 圆角命令

圆角是指用指定的半径决定的一段平滑的圆弧连接两个对象。系统规定可以圆滑连接一对直线段、非圆弧的多义线段、样条曲线、双向无限长线、射线、圆、圆弧和真椭圆。可以在任何时刻圆滑连接多义线的每个节点。

1．执行方式

命令行：FILLET。

菜单栏：修改→圆角。

工具栏：修改→圆角。

功能区：单击“默认”选项卡“修改”面板中的“圆角”按钮。

2．操作格式

命令：FILLET↙

当前设置：模式 = 修剪，半径 = 0.0000

选择第一个对象或 [放弃(U)/多段线(P)/半径(R)/修剪(T)/多个(M)]:（选择第一个对象或别的选项）

选择第二个对象，或按住 Shift 键选择对象以应用角点或 [半径(R)]:（选择第二个对象）

3．选项说明

（1）多段线(P)：在一条二维多段线的两段直线段的节点处插入圆滑的弧。选择多段线后系统会根据指定的圆弧的半径把多段线各顶点用圆滑的弧连接起来。

（2）修剪(T)：决定在圆滑连接两条边时，是否修剪这两条边，如图 3-42 所示。

（3）多个(M)：同时对多个对象进行圆角编辑。而不必重新起用命令。

按住 Shift 键并选择两条直线，可以快速创建零距离倒角或零半径圆角。

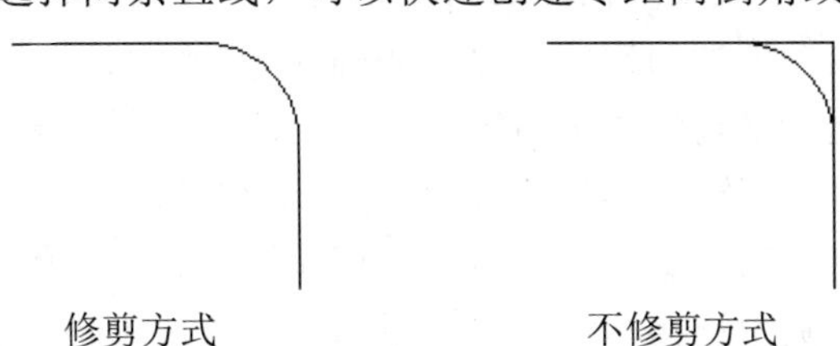

图3-42 圆角连接

3.5.9 倒角命令

斜角是指用斜线连接两个不平行的线型对象。可以用斜线连接直线段、双向无限长线、射线和多义线。系统采用两种方法确定连接两个线型对象的斜线：

（1）指定斜线距离。斜线距离是指从被连接的对象与斜线的交点到被连接的两对象的可能的交点之间的距离，如图3-43所示。

（2）指定斜线角度和一个斜距离连接选择的对象。采用这种方法斜线连接对象时，需要输入两个参数，分别为斜线与一个对象的斜线距离和斜线与该对象的夹角，如图3-44所示。

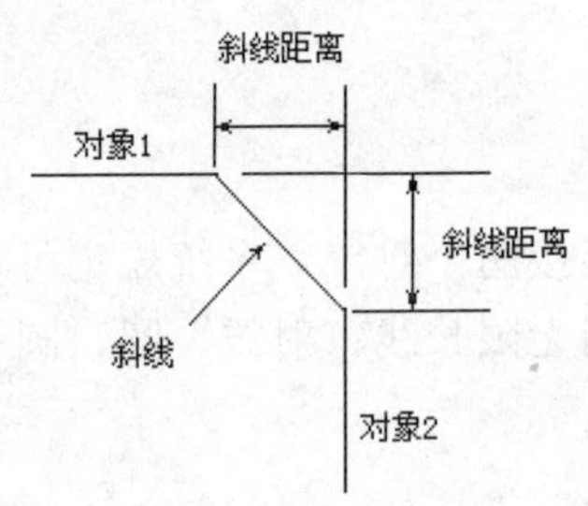

图3-43　斜线距离

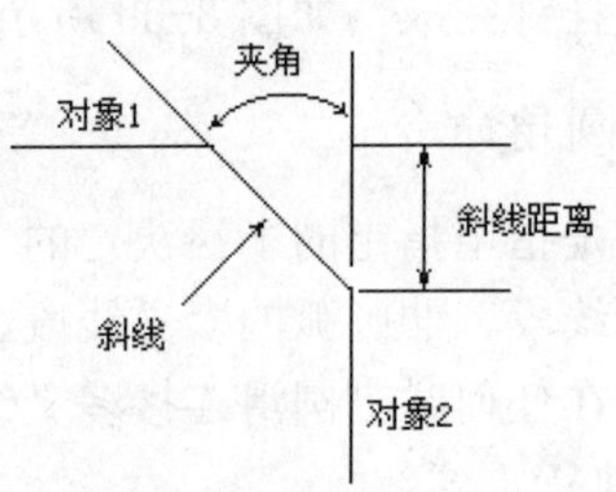

图3-44　斜线距离与夹角

1．执行方式

命令行：CHAMFER。

菜单栏：修改→倒角。

工具栏：修改→倒角。

功能区：单击“默认”选项卡“修改”面板中的“打断”按钮。

2．操作格式

命令：CHAMFER↙

（“不修剪”模式）当前倒角距离 1 = 0.0000，距离 2 = 0.0000

选择第一条直线或［放弃(U)/多段线(P)/距离(D)/角度(A)/修剪(T)/方式(E)/多个(M)］：（选择第一条直线或别的选项）

选择第二条直线，或按住 Shift 键选择直线以应用角点或［距离(D)/角度(A)/方法(M)］：（选择第二条直线）

3．选项说明

（1）多段线（P）：对多段线的各个交叉点倒斜角。为了得到最好的连接效果，一般设置斜线是相等的值。系统根据指定的斜线距离把多义线的每个交叉点都作斜线连接，连接的斜线成为多段线新添加的构成部分，如图3-45所示。

（2）距离(D)：选择倒角的两个斜线距离。这两个斜线距离可以相同或不相同，若二者均为0，则系统不绘制连接的斜线，而是把两个对象延伸至相交并修剪超出的部分。

（3）角度(A)：选择第一条直线的斜线距离和第一条直线的倒角角度。

（4）修剪(T)：与圆角连接命令 FILLET 相同，该选项决定连接对象后是否剪切源

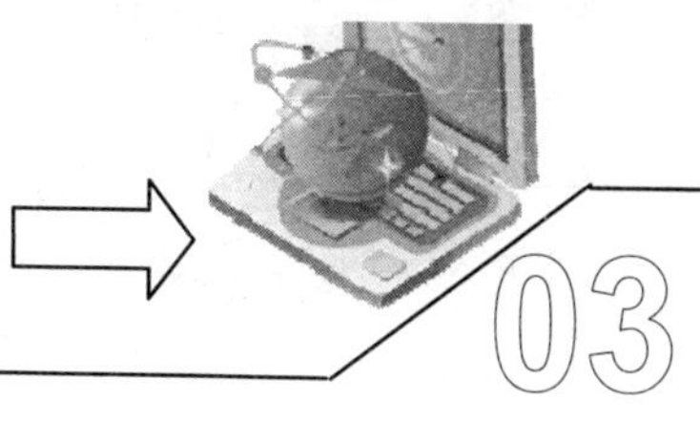

对象。

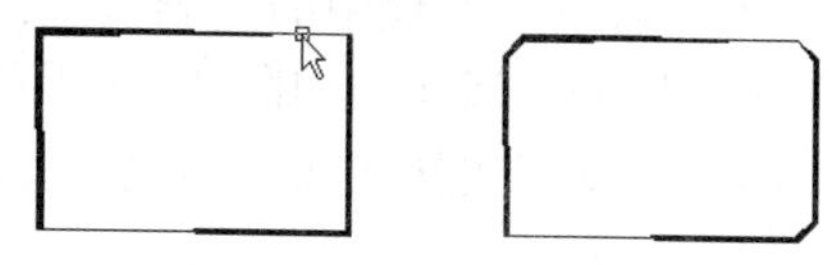

选择多段线　　倒斜角结果

图3-45　斜线连接多段线

（5）方式(E)：决定采用“距离”方式还是“角度”方式来倒斜角。

（6）多个(M)：同时对多个对象进行倒斜角编辑。

3.5.10　实例——檐柱细部大样图

绘制图 3-46 所示的檐柱细部大样图。

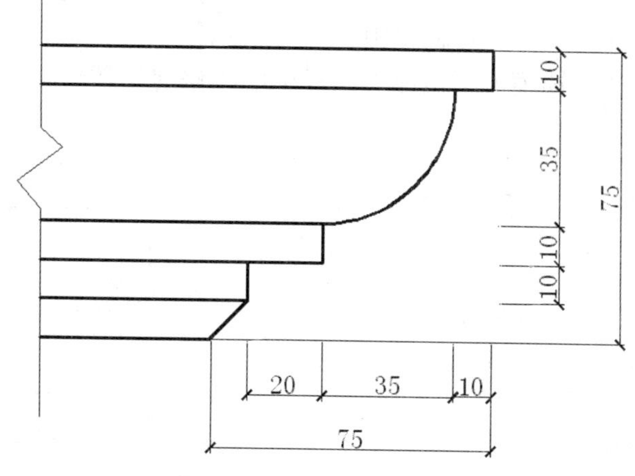

图3-46　檐柱细部大样图

光盘\动画演示\第3章\檐柱细部大样图.avi

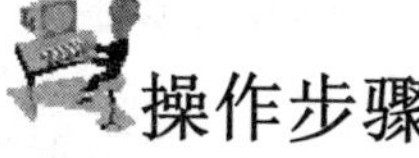

操作步骤

（1）单击“默认”选项卡“绘图”面板中的“直线”按钮，绘制长度约为 120mm 的一条竖直和一条水平线段，相对位置如图 3-47 所示。

图3-47　绘制线段

（2）单击“默认”选项卡“修改”面板中的“偏移”按钮，将水平线段分别向下依次偏移 10mm、35mm、10mm、10mm、10mm，如图 3-48 所示。

（3）单击“默认”选项卡“绘图”面板中的“直线”按钮，连接偏移线段右端点，如图 3-49 所示。

图3-48 偏移水平线段

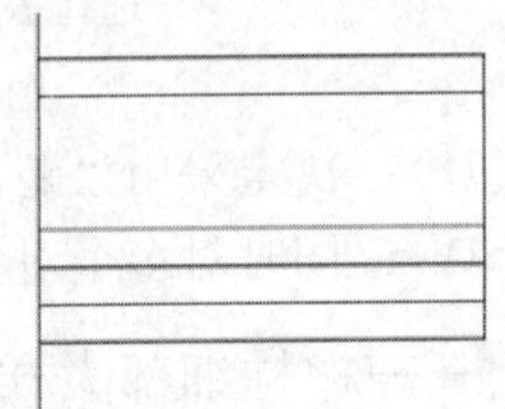
图3-49 连接右端点

（4）单击“默认”选项卡“修改”面板中的“偏移”按钮，将右边竖直线段分别向左依次偏移 10mm、35mm、20mm，如图 3-50 所示。

（5）单击“默认”选项卡“修改”面板中的“修剪”按钮，将线段进行修剪，如图 3-51 所示。

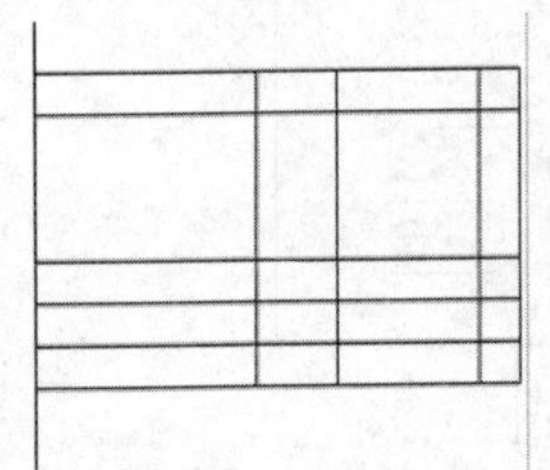
图3-50 偏移竖直线段

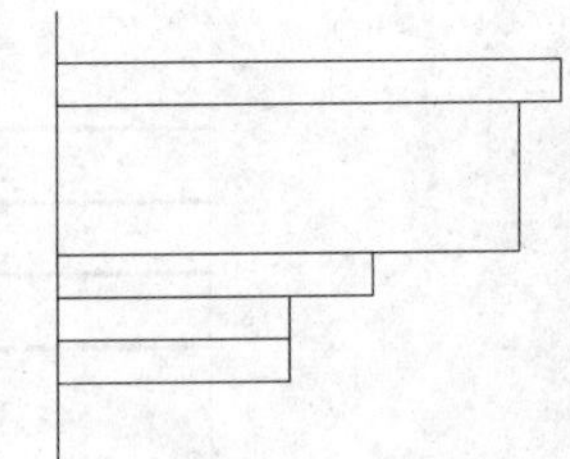
图3-51 修剪线段

（6）单击“默认”选项卡“修改”面板中的“圆角”按钮，命令行提示与操作如下：

命令：_fillet

当前设置：模式 = 修剪，半径 = 0.0000

选择第一个对象或［放弃（U）/多段线（P）/半径（R）/修剪（T）/多个（M）］：r↙

指定圆角半径 <0.0000>：35↙

选择第一个对象或［放弃(U)/多段线(P)/半径(R)/修剪(T)/多个(M)］：(选择右起第二条竖直线段)

选择第二个对象，或按住 Shift 键选择对象以应用角点或［半径(R)］：（选择上起第三条水平线段）

（7）单击“默认”选项卡“修改”面板中的“倒角”按钮，命令行提示与操作如下：

命令：_chamfer

（“修剪”模式）当前倒角距离 1 = 0.0000，距离 2 = 0.0000

选择第一条直线或［放弃（U）/多段线(P)/距离(D)/角度(A)/修剪(T)/方式(E)/多个(M)］：d↙

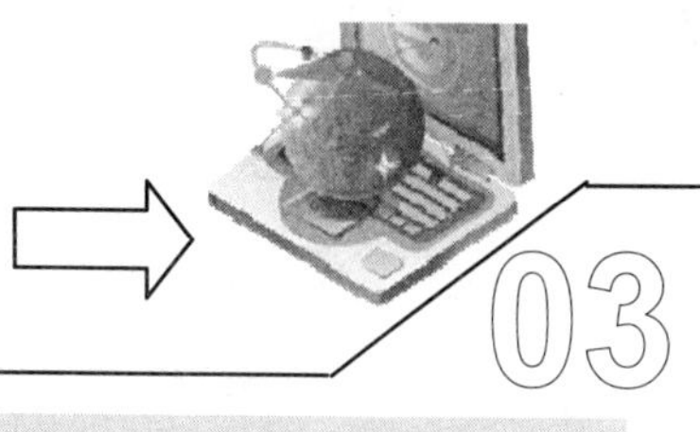

指定第一个倒角距离 <0.0000>: 10↙

指定第二个倒角距离 <10.0000>:↙

选择第一条直线或 [放弃(U)/多段线(P)/距离(D)/角度(A)/修剪(T)/方式(E)/多个(M)]:(选择左起第二条竖直线段)

选择第二条直线或按住 Shift 键选择直线以应用角点或[距离(D)/角度(A)/方法(M)]:(选择最下边水平线段)

结果如图 3-52 所示。

(8)单击“默认”选项卡“绘图”面板中的“直线”按钮，在最左边竖直直线上绘制三条折线，如图 3-53 所示。

(9)单击“默认”选项卡“修改”面板中的“修剪”按钮，将最左边线段进行修剪，最终结果如图 3-46 所示。

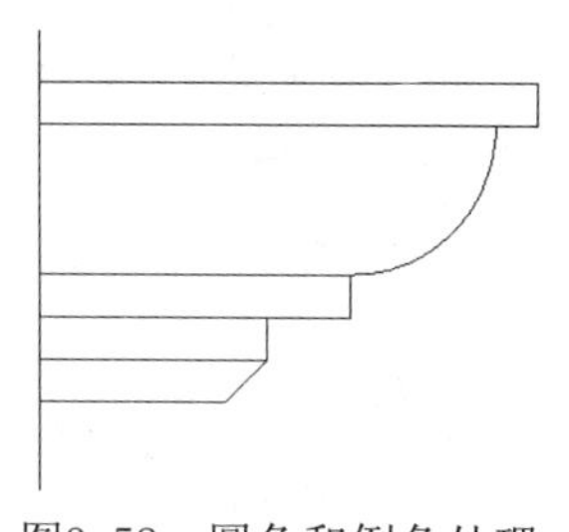

图3-52 圆角和倒角处理

图3-53 绘制折线

3.5.11 打断命令

1. 执行方式

命令行：BREAK。

菜单栏：修改→打断。

工具栏：修改→打断。

功能区：单击“默认”选项卡“修改”面板中的“打断”按钮。

2. 操作格式

命令：BREAK↙

选择对象:(选择要打断的对象)

指定第二个打断点或 [第一点(F)]:(指定第二个断开点或键入 F)

3. 选项说明

如果选择“第一点(F)”，系统将丢弃前面的第一个选择点，重新提示用户指定两个断开点。

3.5.12 实例——天目琼花

绘制图 3-54 所示的天目琼花。

光盘\动画演示\第3章\天目琼花.avi

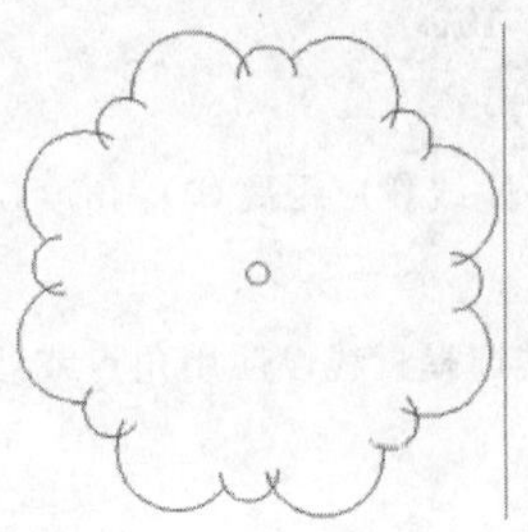

图3-54 天目琼花

操作步骤

（1）单击“默认”选项卡“绘图”面板中的“圆”按钮，绘制三个适当大小的圆，相对位置如图 3-55 所示。

（2）单击“默认”选项卡“修改”面板中的“打断”按钮，命令行提示与操作如下：

```
命令: _break
选择对象:（选择上面大圆上适当一点）
指定第二个打断点或[第一点（F）]:（选择此圆上适当另一点）
```

相同方法修剪上面的小圆，结果如图 3-56 所示。

技巧荟萃

系统默认的打断方向是沿逆时针的方向，所以在选择打断点的先后顺序时，注意不要把顺序弄反。

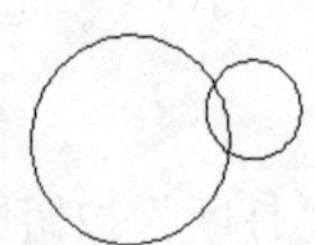

图3-55 绘制圆

图3-56 打断圆

（3）单击“默认”选项卡“修改”面板中的“环形阵列”按钮，命令行提示与操作如下：

```
命令: _arraypolar
选择对象:（选择刚打断形成的两段圆弧）
选择对象: ↙
类型 = 极轴  关联 = 否
指定阵列的中心点或 [基点(B)/旋转轴(A)]:（捕捉下面圆的圆心）
选择夹点以编辑阵列或 [关联(AS)/基点(B)/项目(I)/项目间角度(A)/填充角度(F)/行(ROW)
```

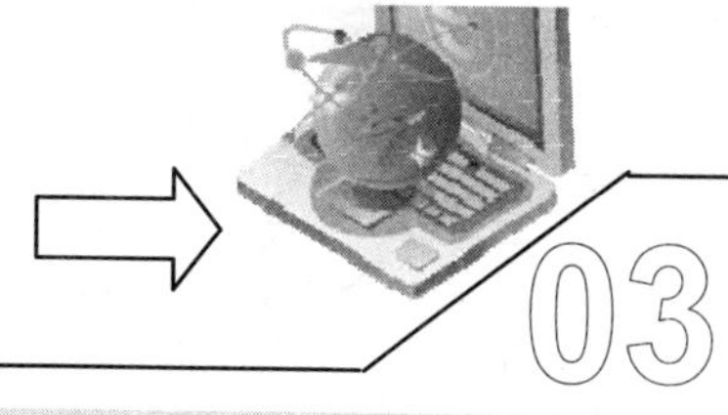

/层(L)/旋转项目(ROT)/退出(X)] <退出>: i↙

输入阵列中的项目数或 [表达式(E)] <6>: 8↙ (结果如图 3-57 所示)

选择夹点以编辑阵列或 [关联(AS)/基点(B)/项目(I)/项目间角度(A)/填充角度(F)/行(ROW)/层(L)/旋转项目(ROT)/退出(X)] <退出>:↙ (选择图形上面蓝色方形编辑夹点)

** 拉伸半径 **

指定半径 (往下拖动夹点，如图 3-58 所示，拖到合适的位置，按下鼠标左键，结果如图 3-59 所示)

选择夹点以编辑阵列或 [关联(AS)/基点(B)/项目(I)/项目间角度(A)/填充角度(F)/行(ROW)/层(L)/旋转项目(ROT)/退出(X)] <退出>:↙

最终结果如图 3-54 所示。

图3-57　环形阵列

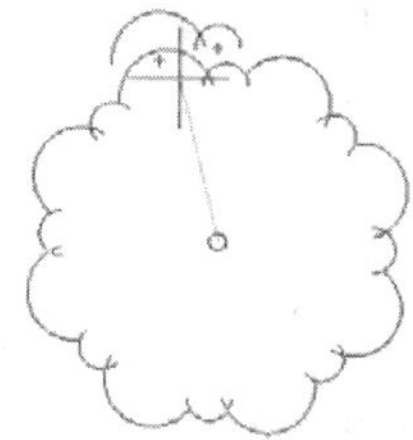

图3-58　夹点编辑

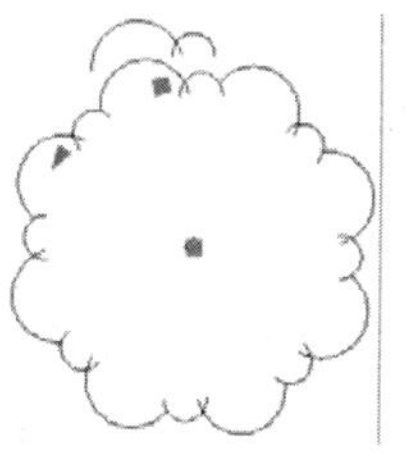

图3-59　编辑结果

3.5.13　分解命令

1. 执行方式

命令行：EXPLODE。

菜单栏：修改→分解。

工具栏：修改→分解。

功能区：单击“默认”选项卡“修改”面板中的“分解”按钮。

2. 操作格式

命令：EXPLODE↙

选择对象：(选择要分解的对象)

选择一个对象后，该对象会被分解。系统继续提示该行信息，允许分解多个对象。

注 意

分解命令是将一个合成图形分解成为其部件的工具。例如，一个矩形被分解之后会变成 4 条直线，而一个有宽度的直线分解之后会失去其宽度属性。

3.5.14　合并

可以将直线、圆、椭圆弧和样条曲线等独立的线段合并为一个对象。

1. 执行方式

命令行：JOIN。

菜单栏："修改"→"合并"。

工具栏："修改"→"合并"。

功能区：单击"默认"选项卡"修改"面板中的"合并"按钮。

2. 操作格式

```
命令：JOIN↙
选择源对象或要一次合并的多个对象：（选择对象）
选择要合并的对象：（选择另一个对象）
选择要合并的对象：↙
```

3.6 对象编辑

在对图形进行编辑时，还可以对图形对象本身的某些特性进行编辑，从而方便地进行图形绘制。

3.6.1 钳夹功能

利用钳夹功能可以快速方便地编辑对象。AutoCAD在图形对象上定义了一些特殊点，称为夹持点，利用夹持点可以灵活地控制对象，如图3-60所示。

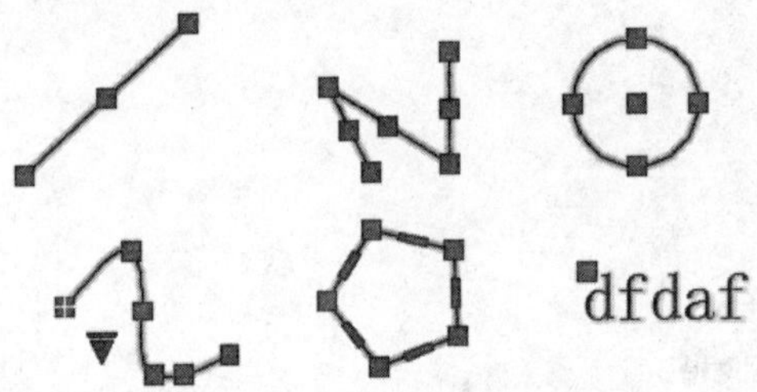

图3-60 显示夹点

要使用钳夹功能编辑对象必须先打开钳夹功能，打开方法如下：

菜单栏：工具→选项→选择集。

在"选择集"选项卡的夹点选项组下面，打开"显示夹点"复选框。在该页面上还可以设置代表夹点的小方格的尺寸和颜色。

也可以通过GRIPS系统变量控制是否打开钳夹功能，1代表打开，0代表关闭。

打开了钳夹功能后，应该在编辑对象之前先选择对象。夹点表示了对象的控制位置。

使用夹点编辑对象，要选择一个夹点作为基点，称为基准夹点。然后，选择一种编辑操作：删除、移动、复制选择、旋转和缩放。可以用空格键、按Enter键键或键盘上的快捷键循环选择这些功能。

下面仅就其中的拉伸对象操作为例进行讲述，其他操作类似。

在图形上拾取一个夹点，该夹点改变颜色，此点为夹点编辑的基准点。这时系统提示：

```
** 拉伸 **
```

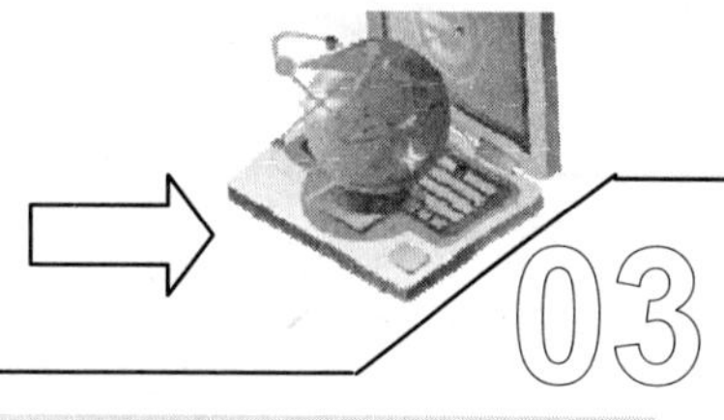

指定拉伸点或 [基点(B)/复制(C)/放弃(U)/退出(X)]:

在上述拉伸编辑提示下，输入“缩放”命令或右击，选择快捷菜单中的“缩放”命令，系统就会转换为“缩放”操作，其他操作类似。

3.6.2 特性选项板

1．执行方式

命令行：DDMODIFY 或 PROPERTIES。

菜单栏：修改→特性。

工具栏：标准→特性。

功能区：单击“默认”选项卡“特性”面板中的“对话框启动器”按钮。

2．操作格式

命令：DDMODIFY↙

AutoCAD 打开特性工具板，如图 3-61 所示。利用它可以方便地设置或修改对象的各种属性。

不同的对象属性种类和值不同，修改属性值，对象改变为新的属性。

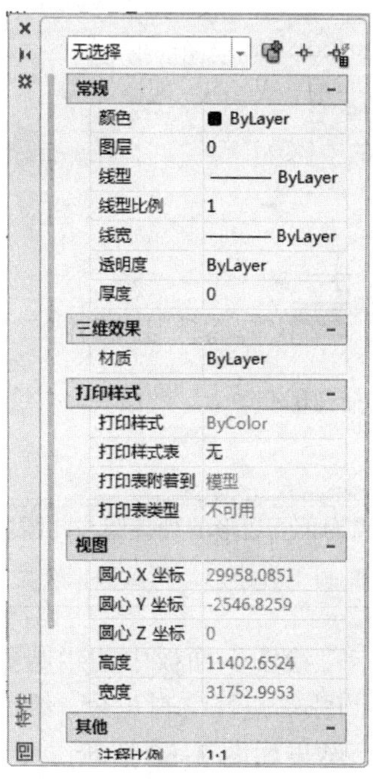

图3-61 特性工具板

3.6.3 实例——花朵

绘制图 3-62 所示的花朵。

光盘\动画演示\第3章\花朵.avi

图3-62　绘制花朵

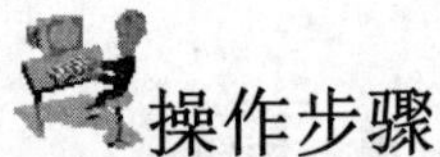

操作步骤

（1）单击“默认”选项卡“绘图”面板中的“圆”按钮，绘制花蕊。

（2）单击“默认”选项卡“绘图”面板中的“多边形”按钮，绘制图3-63中的圆心为正多边形的中心点内接于圆的正五边形，结果如图3-64所示。命令行提示与操作如下：

```
命令: POLYGON↙
输入侧面数 <5>:5(绘制五边形) ↙
指定正多边形的中心点或 [边(E)]:(在绘图区指定)
输入选项 [内接于圆(I)/外切于圆(C)] <I>: I↙
指定圆的半径:(指定内接圆的半径)
```

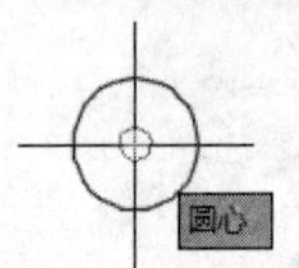

图3-63　捕捉圆心

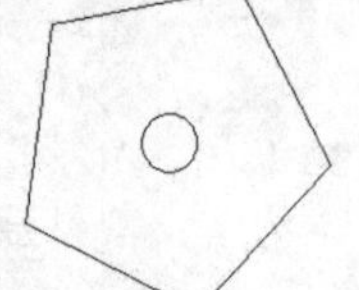

图3-64　绘制正五边形

技巧荟萃

一定要先绘制中心的圆，因为正五边形的外接圆与此圆同心，必须通过捕捉获得正 五边形的外接圆圆心位置。如果反过来，先画正五边形，再画圆，会发现无法捕捉正五边形外接圆圆心。

（3）单击“默认”选项卡“绘图”面板中的“圆弧”按钮，以最上斜边的中点为圆弧起点，左上斜边中点为圆弧端点，绘制花朵。绘制结果如图3-65所示。重复“圆弧”命令，绘制另外4段圆弧，结果如图3-66所示。最后删除正五边形，结果如图3-67所示。

（4）单击“默认”选项卡“绘图”面板中的“多段线”按钮（“多段线”命令将在后面章节中详细讲述），绘制枝叶。花枝的宽度为4mm；叶子的起点半宽为12mm，端点半宽为3mm。同样方法绘制另两片叶子，结果如图3-68所示。

（5）选择枝叶，枝叶上显示夹点标志，在一个夹点上单击鼠标右键，打开右键快捷菜单，选择其中的“特性”命令，如图3-69所示。系统打开特性选项板，在“颜色”下拉列表框中选择“绿”，如图3-70所示。

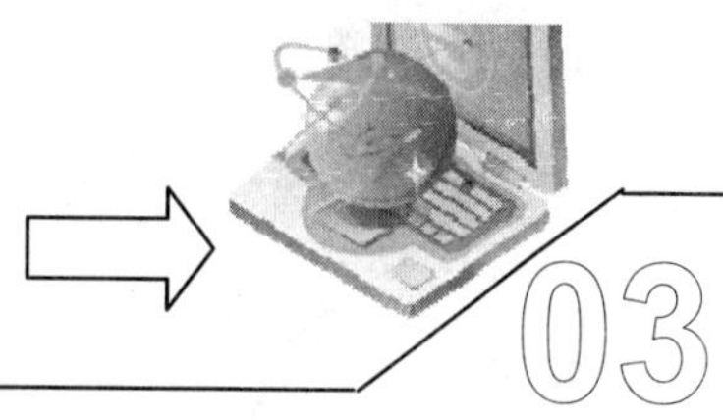

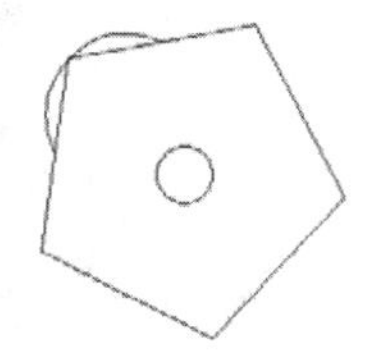

图3-65 绘制一段圆弧

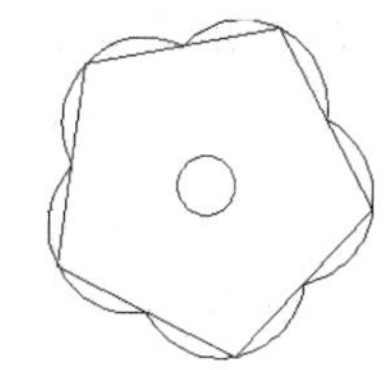

图3-66 绘制所有圆弧

图3-67 绘制花朵

图3-68 绘制出花朵图案

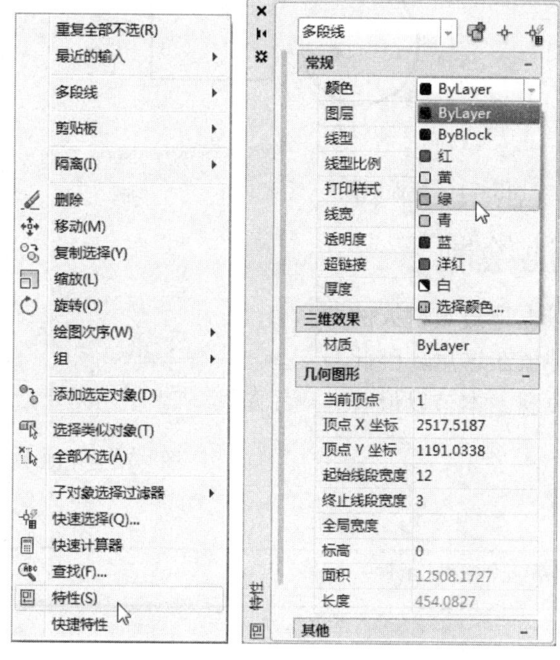

图3-69 右键快捷菜单

图3-70 修改枝叶颜色

（6）按照步骤（5）的方法修改花朵颜色为红色，花蕊颜色为洋红色，最终结果如图 3-62 所示。

3.6.4 特性匹配

利用特性匹配功能可以将目标对象的属性与源对象的属性进行匹配，使目标对象的属性与源对象属性相同。利用特性匹配功能可以方便快捷地修改对象属性，并保持不同对象的属性相同。

1. 执行方式

命令行：MATCHPROP。

菜单栏：“修改”→“特性匹配”。

工具栏：“标准”→“特性匹配”。

功能区：单击“默认”选项卡“特性”面板中的“特性匹配”按钮。

2. 操作格式

```
命令: MATCHPROP↙
```

选择源对象:(选择源对象)

当前活动设置: 颜色 图层 线型 线型比例 线宽 透明度 厚度 打印样式 标注 文字 图案填充 多段线 视口 表格材质 阴影显示 多重引线

选择目标对象或[设置(S)]:(选择目标对象)

图 3-71a 所示为两个属性不同的对象，以右边的圆为源对象，对左边的矩形进行特性匹配，结果如图 3-71b 所示。

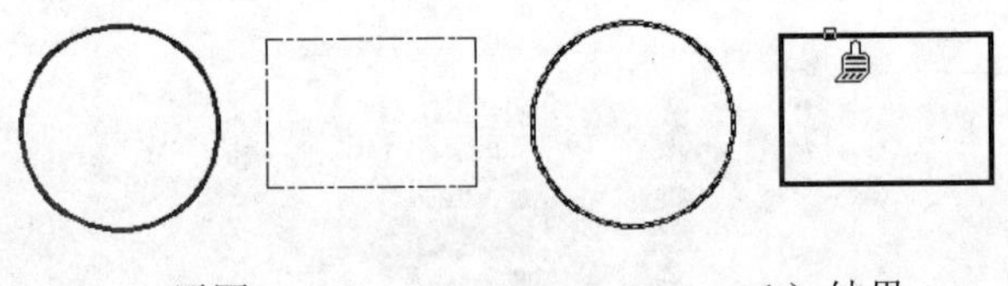

a）原图　　　　b）结果

图3-71　特性匹配

3.7　综合实例——花池绘制

花池是公园里最灵动的地方，也是最吸引人的地方，因为最美丽鲜艳的植物就种植在这里。因此花池的设计一定要新颖、别致、美观。本节以最普通的花池为例说明其绘制过程。

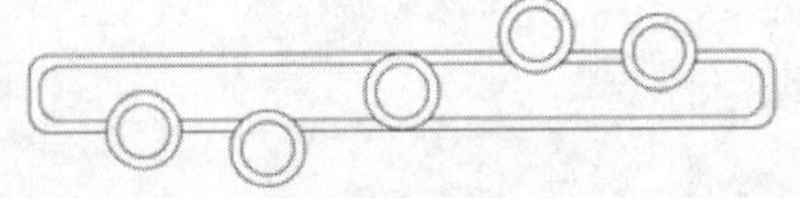

图3-72　花池

绘制花池图形如图 3-72 所示。

光盘\动画演示\第3章\花池绘制.avi

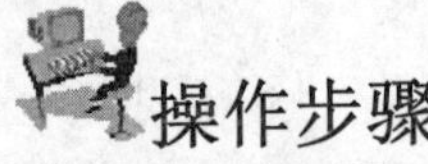

操作步骤

1. 建立花池图层

单击“默认”选项卡“图层”面板中的“图层特性”按钮，打开“图层特性管理器”对话框，建立一个新图层，命名为“花池”，颜色为洋红，线型为“Continous”，线宽为 0.70mm，并将其设置为当前图层，如图 3-73 所示。

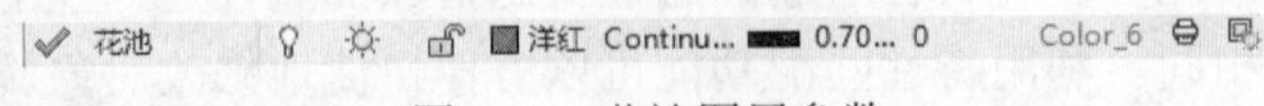

图3-73　花池图层参数

2. 花池外轮廓的绘制

（1）单击“默认”选项卡“绘图”面板中的“矩形”按钮，在绘图区取适当一点为矩形的第一角点，另一角点坐标为（@20000，2000）。然后单击“默认”选项卡“修改”面板中的“偏移”按钮，将矩形向内侧进行偏移，偏移距离为 300。结果如图 3-74 所示。

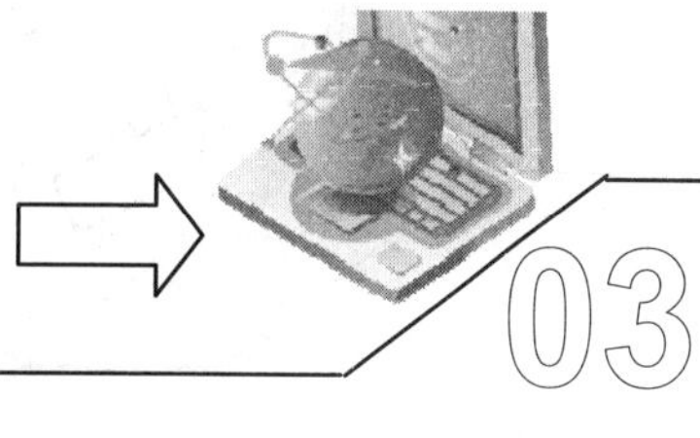

图3-74 花池外轮廓

（2）单击“默认”选项卡“修改”面板中的“分解”按钮，将两个矩形分解。然后单击“默认”选项卡“修改”面板中的“圆角”按钮，对矩形进行圆角处理，命令行提示与操作如下：

```
命令：_fillet
当前设置：模式 = 修剪，半径 = 0.0000
选择第一个对象或 [放弃(U)/多段线(P)/半径(R)/修剪(T)/多个(M)]：r↙
指定圆角半径 <0.0000>：500↙
选择第一个对象或 [放弃(U)/多段线(P)/半径(R)/修剪(T)/多个(M)]：(选择直线 1)
选择第二个对象，或按住 Shift 键选择对象以应用角点或 [半径(R)]：(选择直线 2)
```

（3）重复“圆角”命令，对内外矩形的其他边角进行圆角化，圆角半径均为500mm，结果如图 3-75 所示。

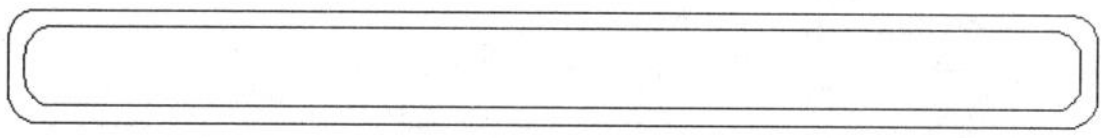

图3-75 圆角后效果

（4）单击“默认”选项卡“绘图”面板中的“圆”按钮，绘制一半径为1000的圆，如图 3-76 所示。

（5）单击“默认”选项卡“修改”面板中的“偏移”按钮，将圆向内偏移 300mm，如图 3-77 所示。

图3-76 绘制圆

图3-77 偏移圆

3．添加圆形花池

（1）单击“默认”选项卡“绘图”面板中的“直线”按钮，绘制直线确定圆形花池的位置，分别连接矩形四边的中点，交点即为中心圆形花池的插入点；右边圆形花池位置的确定：打开状态栏上的“极轴追踪”按钮，右键单击选择“正在追踪设置”命令，打开“草图设置”对话框，设置增量角为 22°，如图 3-78 所示。

重复“直线”命令，沿 22°角方向绘制直线段，直线段长度为 3900mm，此点作为中心圆右侧圆形花池的圆心插入点；同样方法沿 8°角方向绘制直线段，直线段长度为 7000mm，结果如图 3-79 所示。

（2）单击“默认”选项卡“修改”面板中的“镜像”按钮，将上一步绘制好的右侧圆形花池沿横向中轴线（矩形两条短边中点的连线）镜像，然后再将镜像后的圆形花池沿竖向中轴线（矩形两条长边中点的连线）镜像，结果如图 3-80 所示。

（3）单击“默认”选项卡“修改”面板中的“删除”按钮和“修剪”按钮，删除多余的辅助线，并对其进行修剪处理，结果如图 3-81 所示。

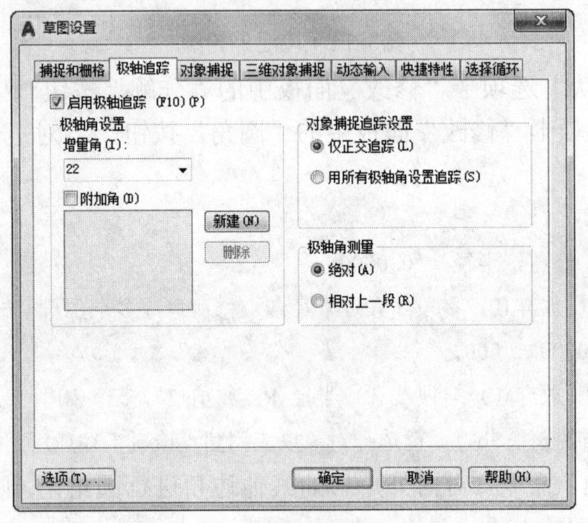

图3-78 “草图设置”对话框

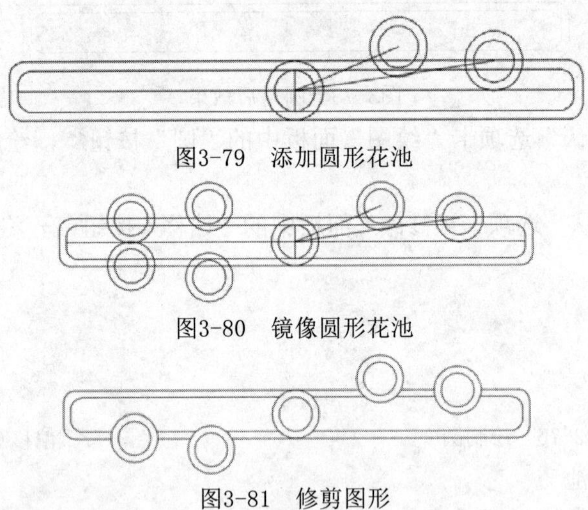

图3-79 添加圆形花池

图3-80 镜像圆形花池

图3-81 修剪图形

3.8 上机操作

通过前面的学习，读者对本章知识也有了大体的了解，本节通过几个操作练习使读者进一步掌握本章知识要点。

【实例 1】绘制图 3-82 所示的三人坐凳。

1. 目的要求

本练习设计的图形是一个简单的三人坐凳。利用平面绘图命令绘制石桌和凳子，最后利用“旋转”“移动”和“环形阵列”命令，布置图形，通过本实验，读者将体会到熟悉编辑命令的操作。

2. 操作提示

（1）绘制石桌。

（2）绘制凳子。

（3）布置图形。

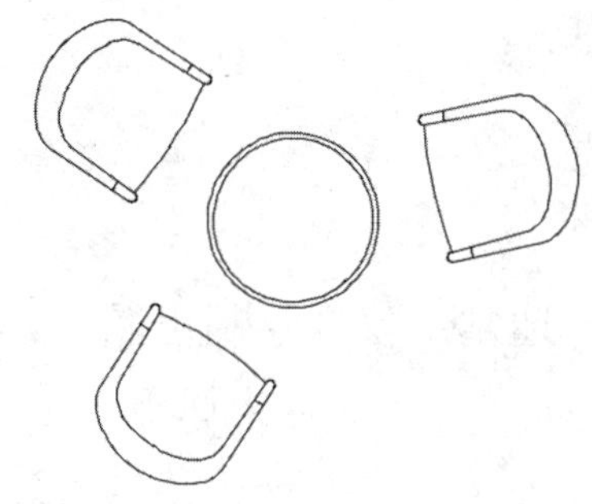

图3-82　三人坐凳

【实例 2】绘制图 3-83 所示的花钵坐凳。

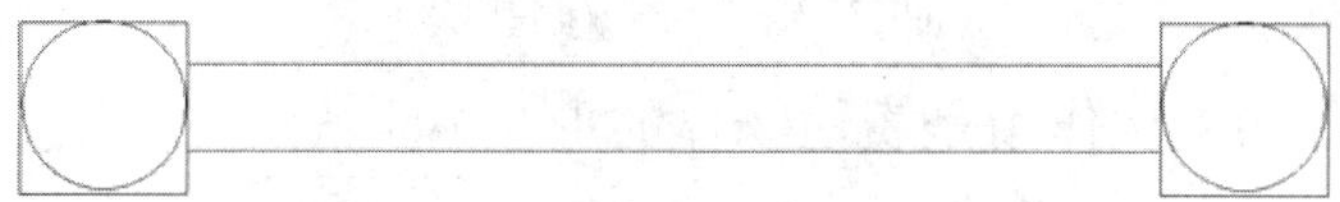

图3-83　花钵坐凳

1．目的要求

本例利用矩形和圆命令绘制花钵，然后利用直线命令绘制坐凳，最后利用复制命令复制花钵到另一侧，完成花钵坐凳的绘制，通过本例的学习使读者熟练掌握复制命令的运用。

2．操作提示

（1）绘制花钵。

（2）绘制坐凳。

（3）复制花钵。

第 4 章　文字、标注与表格

在进行各种设计时，通常不仅要绘制出图形，还要在图形中标注一些文字，如技术要求、注释说明等。另外，表格在 AutoCAD 图形中也有大量的应用，如名细表、参数表和标题栏等。AutoCAD 的表格功能使绘制表格变得方便快捷。由于图形的主要作用是表达物体的形状，而物体各部分的真实大小和各部分之间的确切位置只能通过尺寸标注来表达。

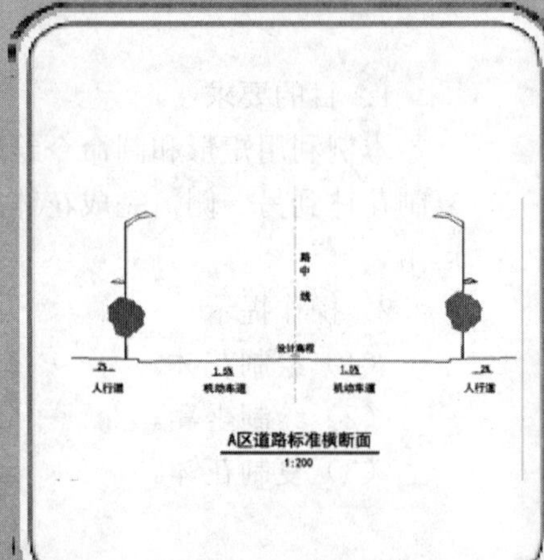

- 文字
- 表格
- 尺寸标注

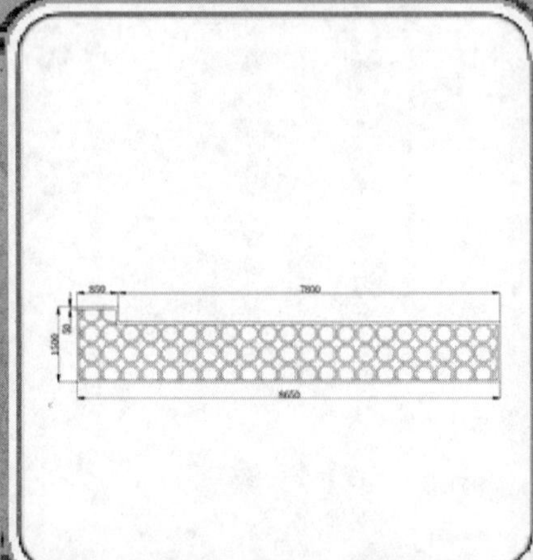

4.1 文字

在工程制图中，文字标注往往是必不可少的环节。AutoCAD 2018 提供了文字相关命令来进行文字的输入与标注。

4.1.1 文字样式

AutoCAD 2018 提供了“文字样式”对话框，通过这个对话框可方便直观地设置需要的文字样式，或对已有的样式进行修改。

1. 执行方式

命令行：STYLE。

菜单栏：“格式”→“文字样式”。

工具栏：“文字”→“文字样式”。

功能区：单击“默认”选项卡“注释”面板中的“文字样式”按钮（见图 4-1）或单击“注释”选项卡“文字”面板上的“文字样式”下拉菜单中的“管理文字样式”按钮（见图 4-2）或单击“注释”选项卡“文字”面板中“对话框启动器”按钮。

图4-1 “注释”面板

图4-2 “文字”面板

2. 操作格式

执行上述操作后，系统打开“文字样式”对话框，如图 4-3 所示。

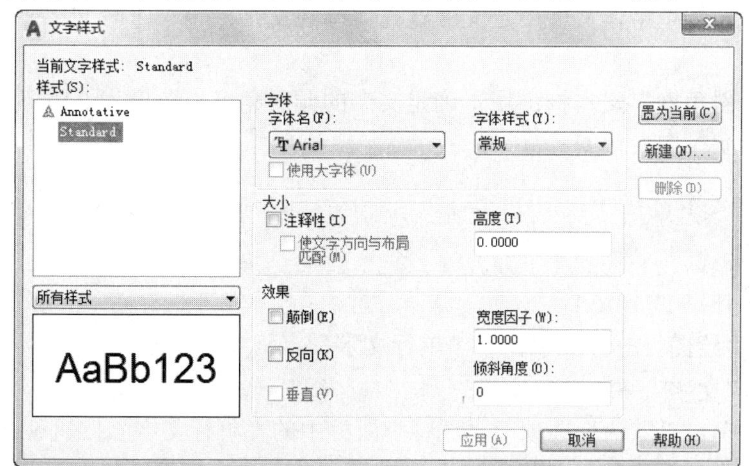

图4-3 “文字样式”对话框

3. 选项说明

（1）“字体”选项组：确定字体式样。在 AutoCAD 中，除了固有的 SHX 字体外，还可以使用 TrueType 字体（如宋体、楷体、italic 等）。一种字体可以设置不同的效果从而被多种文字样式使用。

（2）“大小”选项组：用来确定文字样式使用的字体文件、字体风格及字高等。

1）“注释性”复选框：指定文字为注释性文字。

2）“使文字方向与布局匹配”复选框：指定图纸空间视口中的文字方向与布局方向匹配。如果取消勾选“注释性”复选框，则该选项不可用。

3）“高度”复选框：如果在“高度”文本框中输入一个数值，则它将作为添加文字时的固定字高，在用“TEXT”命令输入文字时，AutoCAD 将不再提示输入字高参数。如果在该文本框中设置字高为 0，文字默认值为 0.2mm，AutoCAD 则会在每一次创建文字时提示输入字高。

（3）“效果”选项组：用于设置字体的特殊效果。

1）“颠倒”复选框：勾选该复选框，表示将文本文字倒置标注，如图 4-4a 所示。

2）“反向”复选框：确定是否将文本文字反向标注。图 4-4b 所示给出了这种标注效果。

3）“垂直”复选框：确定文本是水平标注还是垂直标注。勾选该复选框为垂直标注，否则为水平标注，如图 4-5 所示。

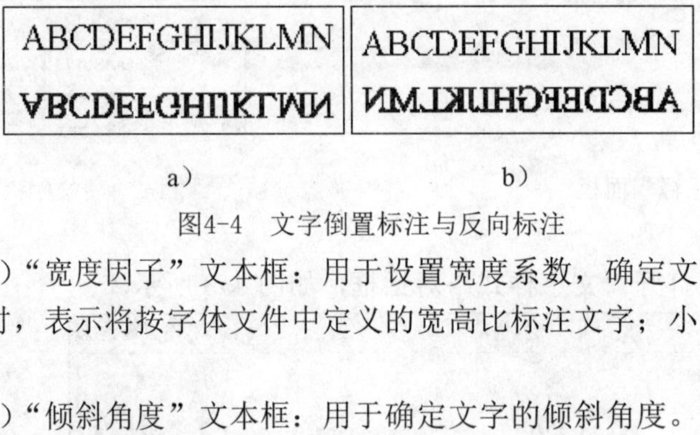

ABCDEFGHIJKLMN
ABCDEFGHIJKLMN

a）

ABCDEFGHIJKLMN
ABCDEFGHIJKLMN

b）

图4-4　文字倒置标注与反向标注

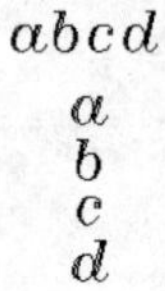

abcd
a
b
c
d

图4-5　垂直标注文字

（4）“宽度因子”文本框：用于设置宽度系数，确定文本字符的宽高比。当宽度因子为 1 时，表示将按字体文件中定义的宽高比标注文字；小于 1 时文字会变窄，反之变宽。

（5）“倾斜角度”文本框：用于确定文字的倾斜角度。角度为 0 时不倾斜，为正时向右倾斜，为负时向左倾斜。

4.1.2　单行文本标注

1. 执行方式

命令行：TEXT 或 DTEXT。

菜单栏：“绘图”→“文字”→“单行文字”。

工具栏：“文字”→“单行文字”A。

功能区：单击“默认”选项卡“注释”面板中的“单行文字”按钮A或单击“注释”选项卡“文字”面板中的“单行文字”按钮A。

执行上述操作之一后，选择相应的菜单项或在命令行中输入“TEXT”命令，命令行中的提示如下：

```
当前文字样式：Standard　文字高度：　0.2000 注释性：　否　对正：　左
```

指定文字的起点或[对正(J)/样式(S)]:

2. 选项说明

（1）指定文字的起点：在此提示下直接在绘图区拾取一点作为文本的起始点。利用“TEXT”命令也可创建多行文本，只是这种多行文本每一行都是一个对象，因此不能对多行文本同时进行操作，但可以单独修改每一单行的文字样式、字高、旋转角度和对齐方式等。

（2）对正(J)：在命令行中输入“J”，用来确定文本的对齐方式。对齐方式决定文本的哪一部分与所选的插入点对齐。

（3）样式(S)：指定文字样式，文字样式决定文字字符的外观。创建的文字使用当前文字样式。

实际绘图时，有时需要标注一些特殊字符，例如直径符号、上划线或下划线、温度符号等，由于这些符号不能直接从键盘上输入，AutoCAD 提供了一些控制码，用来实现这些要求。控制码用两个百分号（%%）加一个字符构成，AutoCAD 常用的控制码见表 4-1。

表4-1　AutoCAD常用控制码

符号	功能	符号	功能
%%O	上划线	\u+0278	电相位
%%U	下划线	\u+E101	流线
%%D	“度”符号	\u+2261	标识
%%P	正负符号	\u+E102	界碑线
%%C	直径符号	\u+2260	不相等
%%%	百分号（%）	\u+2126	欧姆
\u+2248	几乎相等	\u+03A9	欧米加
\u+2220	角度	\u+214A	低界线
\u+E100	边界线	\u+2082	下标 2
\u+2104	中心线	\u+00B2	上标 2
\u+0394	差值		

其中，%%O 和%%U 分别是上划线和下划线的开关，第一次出现此符号时开始画上划线和下划线，第二次出现此符号上划线和下划线终止。例如，在“输入文字：”提示后输入“I want to %%U go to Beijing%%U”，则得到图 4-6a 所示的文本行，输入“50%%D+%%C75%%P12”，则得到图 4-6b 所示的文本行。

I want to go to Beijing.　　　　50°+Ø75±12

a）　　　　b）

图4-6　文本行

用“TEXT”命令可以创建一个或若干个单行文本，也就是说此命令可以用于标注多行文本。在“输入文字：”提示下输入一行文本后按 Enter 键，用户可输入第二行文本，依此类推，直到文本全部输完，再在此提示下按 Enter 键，结束文本输入命令。

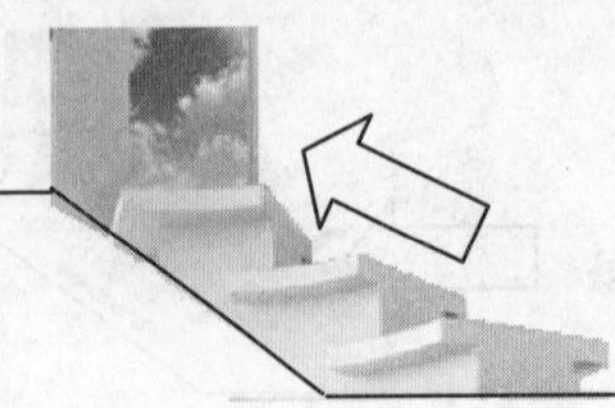

每按一次 Enter 键就结束一个单行文本的输入。

用“TEXT”命令创建文本时，在命令行中输入的文字同时显示在屏幕上，而且在创建过程中可以随时改变文本的位置，只要将光标移到新的位置单击，则当前行结束，随后输入的文本出现在新的位置上。用这种方法可以把多行文本标注到屏幕的任何地方。

4.1.3　多行文本标注

1. 执行方式

命令行：MTEXT。

菜单栏：“绘图”→“文字”→“多行文字”。

工具栏：“绘图”　→“多行文字”A或“文字”→“多行文字”A。

功能区：单击“默认”选项卡“注释”面板中的“多行文字”按钮A或单击“注释”选项卡“文字”面板中的“多行文字”按钮A。

执行上述操作之一后，命令行中提示如下：

```
当前文字样式：“Standard”　当前文字高度：2.5　注释性：否
指定第一角点：(指定矩形框的第一个角点)
指定对角点或[高度(H)/对正(J)/行距(L)/旋转(R)/样式(S)/宽度(W)/栏(C)]：
```

2. 选项说明

（1）指定对角点：在绘图区选择两个点作为矩形框的两个角点，AutoCAD 以这两个点为对角点构成一个矩形区域，其宽度作为将来要标注的多行文本的宽度，第一个点作为第一行文本顶线的起点。响应后 AutoCAD 打开图 4-7 所示的“文字编辑器”选项卡和多行文字编辑器，可利用此编辑器输入多行文本文字并对其格式进行设置。关于该对话框中各项的含义及编辑器功能，稍后再详细介绍。

（2）对正（J）：用于确定所标注文本的对齐方式。选择此选项，AutoCAD 提示：

```
输入对正方式 [左上(TL)/中上(TC)/右上(TR)/左中(ML)/正中(MC)/右中(MR)/左下(BL)/中下(BC)/右下(BR)] <左上(TL)>:
```

这些对齐方式与 TEXT 命令中的各对齐方式相同。选择一种对齐方式后按 Enter 键，系统回到上一级提示。

（3）行距（L）：用于确定多行文本的行间距。这里所说的行间距是指相邻两文本行基线之间的垂直距离。选择此选项，AutoCAD 提示：

```
输入行距类型 [至少(A)/精确(E)] <至少(A)>:
```

在此提示下有“至少”和“精确”两种方式确定行间距。

1）在“至少”方式下，系统根据每行文本中最大的字符自动调整行间距；

2）在“精确”方式下，系统为多行文本赋予一个固定的行间距，可以直接输入一个确切的间距值，也可以输入“nx”的形式。

其中 n 是一个具体数，表示行间距设置为单行文本高度的 n 倍，而单行文本高度是本行文本字符高度的 1.66 倍。

（4）旋转（R）：用于确定文本行的倾斜角度。选择此选项，AutoCAD 提示：

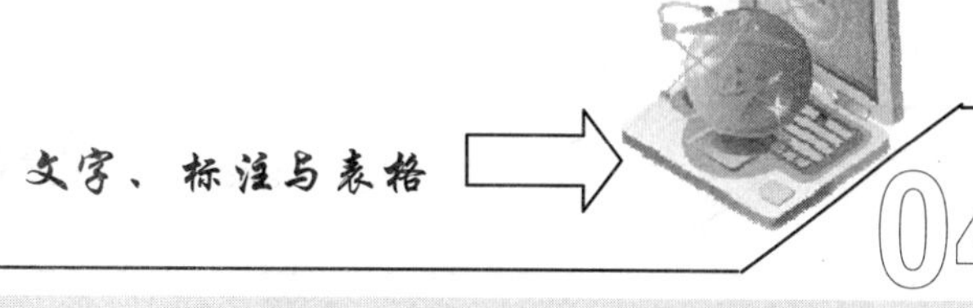

指定旋转角度 <0>：(输入倾斜角度)

输入角度值后按 Enter 键，系统返回到“指定对角点或[高度(H)/对正(J)/行距(L)/旋转(R)/样式(S)/宽度(W)/栏(C)]:”的提示。

（5）样式（S）：用于确定当前的文本文字样式。

（6）宽度（W）：用于指定多行文本的宽度。可在绘图区选择一点，与前面确定的第一个角点组成一个矩形框的宽作为多行文本的宽度；也可以输入一个数值，精确设置多行文本的宽度。

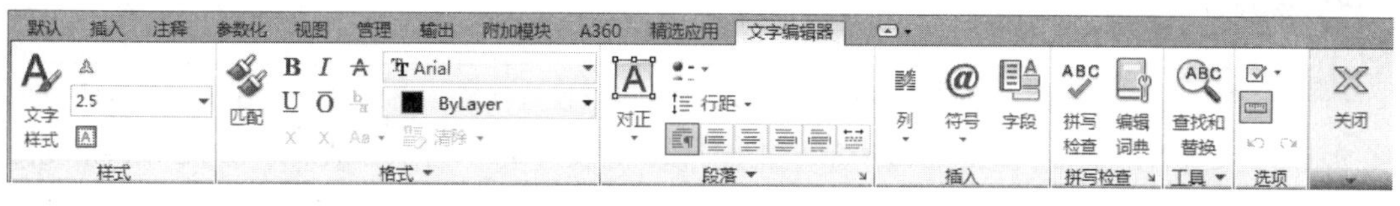

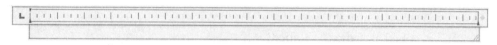

图4-7 “文字编辑器”选项卡和多行文字编辑器

（7）栏（C）：根据栏宽，栏间距宽度和栏高组成矩形框。

（8）“文字编辑器”选项卡：用来控制文本文字的显示特性。可以在输入文本文字前设置文本的特性，也可以改变已输入的文本文字特性。要改变已有文本文字显示特性，首先应选择要修改的文本，选择文本的方式有以下 3 种：

1）将光标定位到文本文字开始处，按住鼠标左键，拖到文本末尾。

2）双击某个文字，则该文字被选中。

3）3 次单击鼠标，则选中全部内容。

下面介绍选项卡中部分选项的功能：

①“文字高度”下拉列表框：用于确定文本的字符高度，可在文本编辑器中设置输入新的字符高度，也可从此下拉列表框中选择已设定过的高度值。

②“粗体”**B**和“斜体”*I*按钮：用于设置加粗或斜体效果，但这两个按钮只对 TrueType 字体有效，如图 4-9 所示。

③“删除线”按钮 A̶：用于在文字上添加水平删除线，如图 4-8 所示。

④“下划线”U和“上划线”Ō按钮：用于设置或取消文字的上下划线，如图 4-8 所示。

⑤“堆叠”按钮 $\frac{b}{a}$：为层叠或非层叠文本按钮，用于层叠所选的文本文字，也就是创建分数形式。当文本中某处出现“/”、“^”或“#”3 种层叠符号之一时，选中需层叠的文字，才可层叠文本。二者缺一不可。则符号左边的文字作为分子，右边的文字作为分母进行层叠。

从入门到实践

从入门到实践

~~从入门到实践~~

<u>从入门到实践</u>

从入门到实践

图4-8 文本样式

AutoCAD 提供了 3 种分数形式：

◆ 如选中“abcd/efgh”后单击此按钮，得到如图 4-9a 所示的分数形式；

◆ 如果选中“abcd^efgh”后单击此按钮，则得到如图 4-9b 所示的形式，此形式多用于标注极限偏差；

◆ 如果选中“abcd # efgh”后单击此按钮，则创建斜排的分数形式，如图 4-9c 所示。

◆ 如果选中已经层叠的文本对象后单击此按钮，则恢复到非层叠形式。

⑥“倾斜角度”（0/）文本框：用于设置文字的倾斜角度。

提 示

倾斜角度与斜体效果是两个不同的概念，前者可以设置任意倾斜角度，后者是在任意倾斜角度的基础上设置斜体效果，如图 4-10 所示。第一行倾斜角度为 0°，非斜体效果；第二行倾斜角度为 12°，非斜体效果；第三行倾斜角度为 12°，斜体效果。

abcd / efgh　　abcd efgh　　abcd/efgh

a）　b）　c）

图4-9　文本层叠

都市农夫

都市农夫

都市农夫

图4-10　倾斜角度与斜体效果

⑦“符号”按钮@：用于输入各种符号。单击此按钮，系统打开符号列表，如图 4-11 所示，可以从中选择符号输入到文本中。

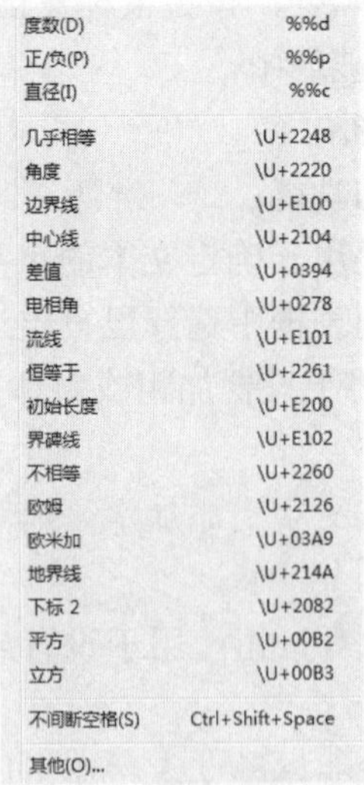

度数(D)	%%d
正/负(P)	%%p
直径(I)	%%c
几乎相等	\U+2248
角度	\U+2220
边界线	\U+E100
中心线	\U+2104
差值	\U+0394
电相角	\U+0278
流线	\U+E101
恒等于	\U+2261
初始长度	\U+E200
界碑线	\U+E102
不相等	\U+2260
欧姆	\U+2126
欧米加	\U+03A9
地界线	\U+214A
下标 2	\U+2082
平方	\U+00B2
立方	\U+00B3
不间断空格(S)	Ctrl+Shift+Space
其他(O)...	

图4-11　符号列表

⑧“插入字段”按钮：用于插入一些常用或预设字段。单击此按钮，系统打开“字段”对话框，如图 4-12 所示，用户可从中选择字段，插入到标注文本中。

⑨“追踪”下拉列表框 a•b：用于增大或减小选定字符之间的空间。1.0 表示设置常规间距，设置大于 1.0 表示增大间距，设置小于 1.0 表示减小间距。

⑩“宽度因子”下拉列表框：用于扩展或收缩选定字符。1.0 表示设置代表此字体中字母的常规宽度，可以增大该宽度或减小该宽度。

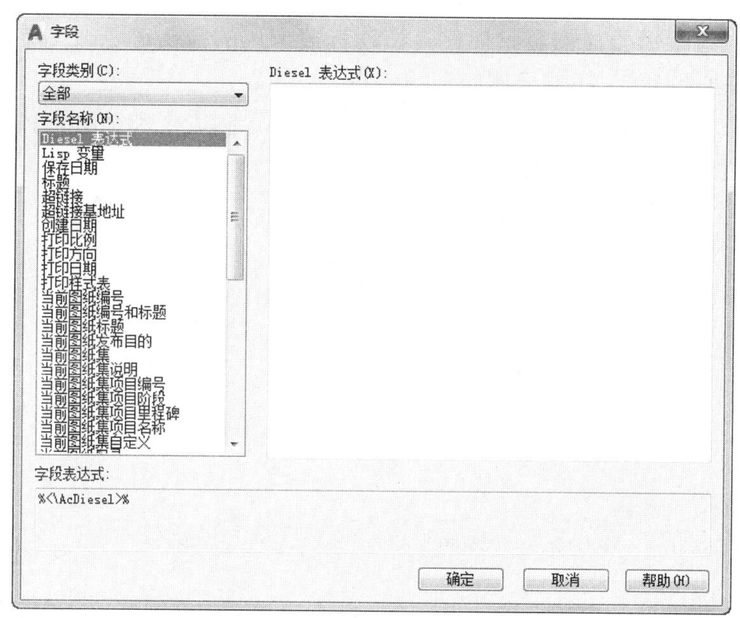

图4-12 “字段”对话框

4)“上标”按钮：将选定文字转换为上标，即在键入线的上方设置稍小的文字。

5)“下标”按钮：将选定文字转换为下标，即在键入线的下方设置稍小的文字。

6)“清除格式”下拉列表：删除选定字符的字符格式，或删除选定段落的段落格式，或删除选定段落中的所有格式。

①关闭：如果选择此选项，将从应用了列表格式的选定文字中删除字母、数字和项目符号。不更改缩进状态。

②以数字标记：应用将带有句点的数字用于列表中的项的列表格式。

③以字母标记：应用将带有句点的字母用于列表中的项的列表格式。如果列表含有的项多于字母中含有的字母，可以使用双字母继续序列。

④以项目符号标记：应用将项目符号用于列表中的项的列表格式。

⑤启动：在列表格式中启动新的字母或数字序列。如果选定的项位于列表中间，则选定项下面的未选中的项也将成为新列表的一部分。

⑥继续：将选定的段落添加到上面最后一个列表然后继续序列。如果选择了列表项而非段落，选定项下面的未选中的项将继续序列。

⑦允许自动项目符号和编号：在键入时应用列表格式。以下字符可以用作字母和数字后的标点并不能用作项目符号：句点（.）、逗号（,）、右括号（)）、右尖括号（>）、右方括号（]）和右花括号（}）。

◆ 允许项目符号和列表：如果选择此选项，列表格式将应用到外观类似列表的多行文字对象中的所有纯文本。

◆ 拼写检查：确定键入时拼写检查处于打开还是关闭状态。

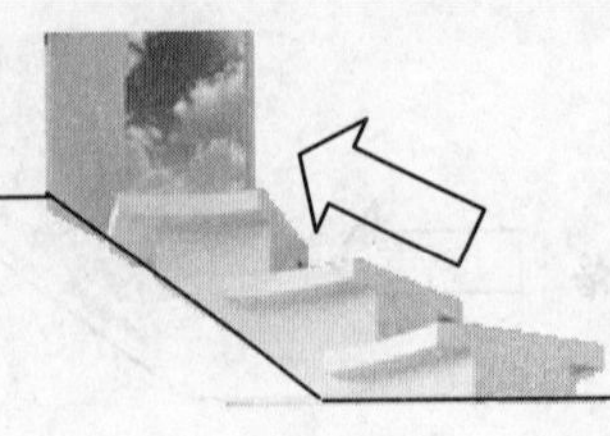

◆ 编辑词典：显示“词典”对话框，从中可添加或删除在拼写检查过程中使用的自定义词典。

◆ 标尺：在编辑器顶部显示标尺。拖动标尺末尾的箭头可更改文字对象的宽度。列模式处于活动状态时，还显示高度和列夹点。

7）段落：为段落和段落的第一行设置缩进。指定制表位和缩进，控制段落对齐方式、段落间距和段落行距，如图 4-13 所示。

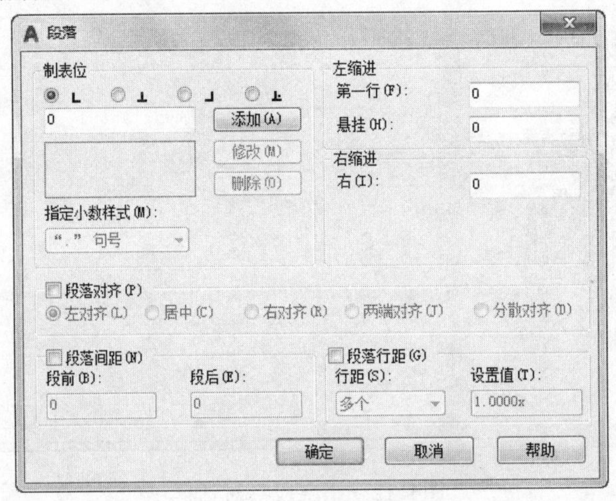

图4-13 “段落”对话框

8）输入文字：选择此项，系统打开“选择文件”对话框，如图 4-14 所示。选择任意 ASCII 或 RTF 格式的文件。输入的文字保留原始字符格式和样式特性，但可以在多行文字编辑器中编辑和格式化输入的文字。选择要输入的文本文件后，可以替换选定的文字或全部文字，或在文字边界内将插入的文字附加到选定的文字中。输入文字的文件必须小于 32KB。

图4-14 “选择文件”对话框

9）编辑器设置：显示“文字格式”工具栏的选项列表。有关详细信息参见编辑器设置。

4.1.4　文本编辑

执行方式如下：

命令行：DDEDIT。

菜单栏：“修改”→“对象”→“文字”→“编辑”。

工具栏：“文字”→“编辑”A。

执行上述操作之一后，命令行中的提示如下：

```
命令：DDEDIT↙
选择注释对象或[放弃(U)]：
```

要求选择想要修改的文本，同时光标变为拾取框。单击选择对象，如果选择的文本是用“TEXT”命令创建的单行文本，则亮显该文本，此时可对其进行修改；如果选择的文本是用“MTEXT”命令创建的多行文本，选择后则打开多行文字编辑器，可根据前面的介绍对各项设置或内容进行修改。

4.1.5　实例——标注园林道路断面图说明文字

给如图 4-15 所示的园林道路断面图标注说明文字。

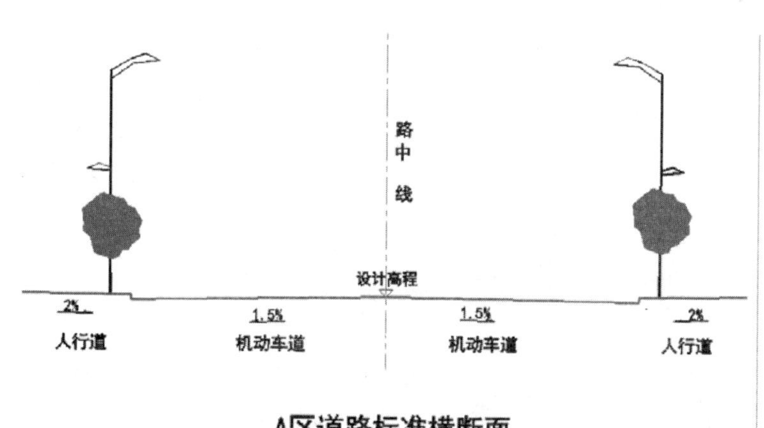

图4-15　标注园林道路断面图说明文字

光盘\动画演示\第 4 章\标注园林道路断面图说明文字.avi

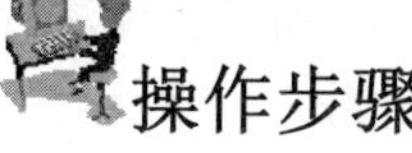

操作步骤

1．打开文件

打开园林道路断面图，如图 4-16 所示。

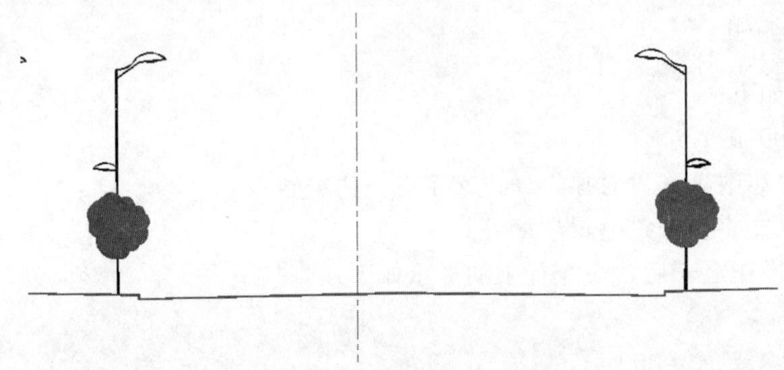

图4-16　园林道路断面图

2．设置图层

打开源文件/图库/道路断面图，新建一个文字图层，其设置如图 4-17 所示。

文字　白　Continu... —— 默认　0　Color_7

图4-17　文字图层设置

3．文字样式的设置

单击“默认”选项卡“注释”面板中的“文字样式”按钮，进入“文字样式”对话框，选择仿宋字体，宽度因子设置为 0.8。文字样式的设置如图 4-18 所示。

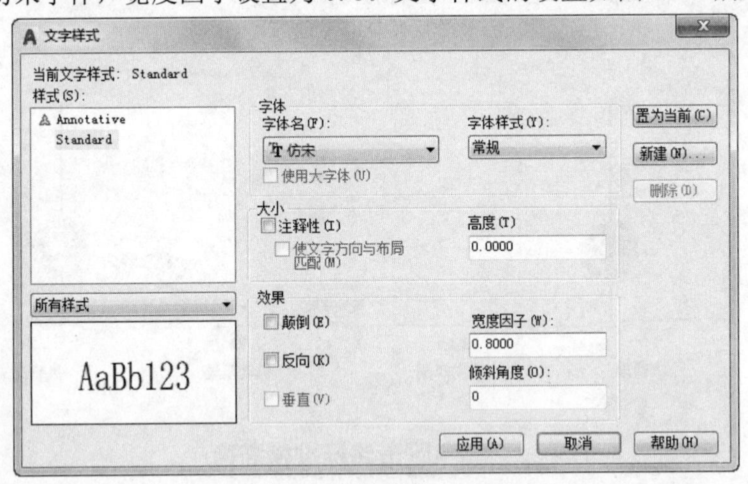

图4-18　“文字样式”对话框

4．绘制高程符号

（1）把尺寸线图层设置为当前图层。单击“默认”选项卡“绘图”面板中的“多边形”按钮，在平面上绘制一个封闭的倒立正三角形 ABC。

（2）把文字图层设置为当前图层。单击“默认”选项卡“注释”面板中的“多行文字”按钮，打开“文字编辑器”选项卡和多行文字编辑器，如图 4-19 所示，标注标高文字“设计高程”，指定的高度为 0.7mm，旋转角度为 0。操作流程如图 4-20 所示。

图4-19 “文字编辑器”选项卡和多行文字编辑器

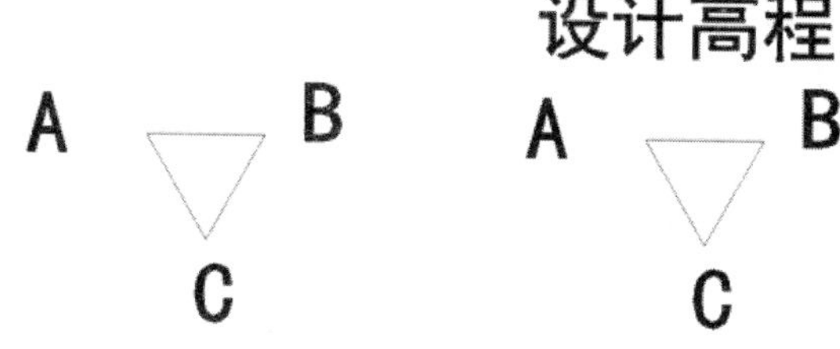

图4-20 高程符号绘制流程

5．绘制箭头以及标注文字

（1）单击“默认”选项卡“绘图”面板中的“多段线”按钮，绘制箭头。指定 A 点为起点输入 w 设置多段线的宽为 0.0500mm；指定 B 点为第二点，输入 w 指定起点宽度为 0.1500mm，指定端点宽度 0，指定 C 点为第三点。

（2）单击“默认”选项卡“注释”面板中的“多行文字”按钮，标注标高“1.5%”，指定的高度为 0.5mm，旋转角度为 0°。注意文字标注时需要把文字图层设置为当前图层。

操作步骤如图 4-21 所示。

（3）同上标注其他文字，完成的图形如图 4-22 所示。

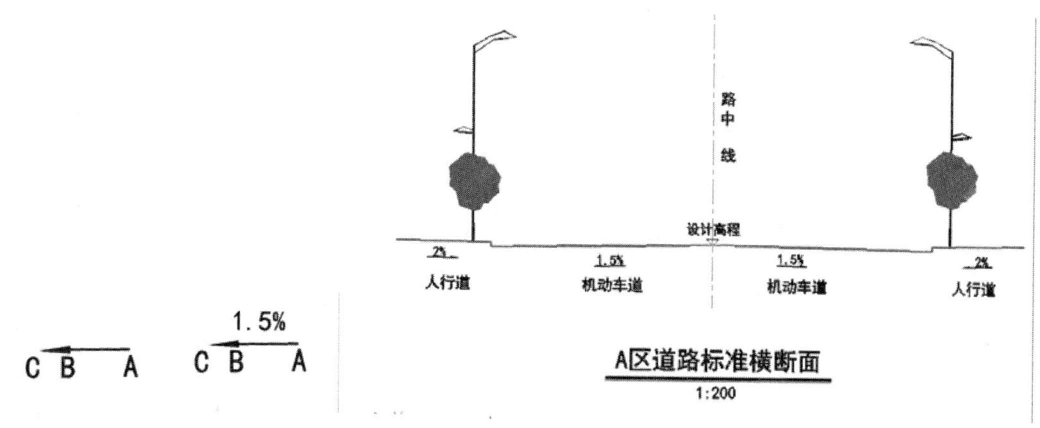

图4-21 道路横断面图坡度绘制流程

图4-22 道路横断面图文字标注

4.2 表格

使用 AutoCAD 提供的表格功能，创建表格就变得非常容易，用户可以直接插入设置好样式的表格，而不用由单独的图线重新绘制。

4.2.1 定义表格样式

表格样式是用来控制表格基本形状和间距的一组设置。和文字样式一样，所有 AutoCAD 图形中的表格都有和其相对应的表格样式。当插入表格对象时，AutoCAD 使用当前设置的表格样式。模板文件“acad.dwt”和“acadiso.dwt”中定义了名为 Standard 的默认表格样式。

1. 执行方式

命令行：TABLESTYLE。

菜单栏：“格式”→“表格样式”。

工具栏：“样式”→“表格样式管理器”。

功能区：单击“默认”选项卡“注释”面板中的“表格样式”按钮（见图 4-23）或单击“注释”选项卡“表格”面板上的“表格样式”下拉菜单中的“管理表格样式”按钮（见图 4-24）或单击“注释”选项卡“表格”面板中“对话框启动器”按钮。

图4-23 “注释”面板

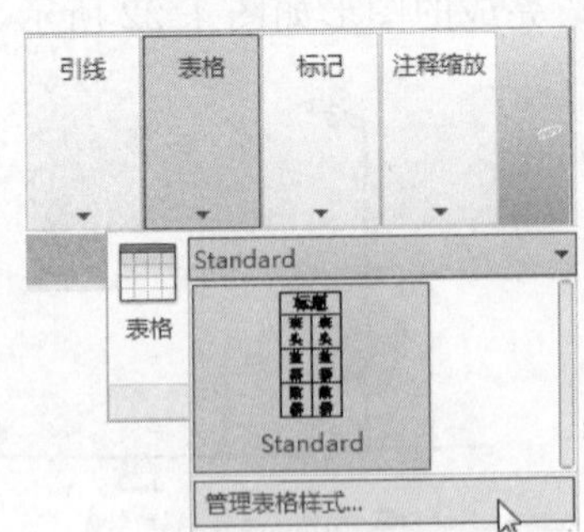

图4-24 “表格”面板

2. 操作格式

执行上述操作之一后，打开“表格样式”对话框，如图 4-25 所示。单击“新建”按钮，打开“创建新的表格样式”对话框，如图 4-26 所示。输入新的表格样式名后，单击“继续”按钮，打开“新建表格样式”对话框，如图 4-27 所示，从中可以定义新的表格样式。

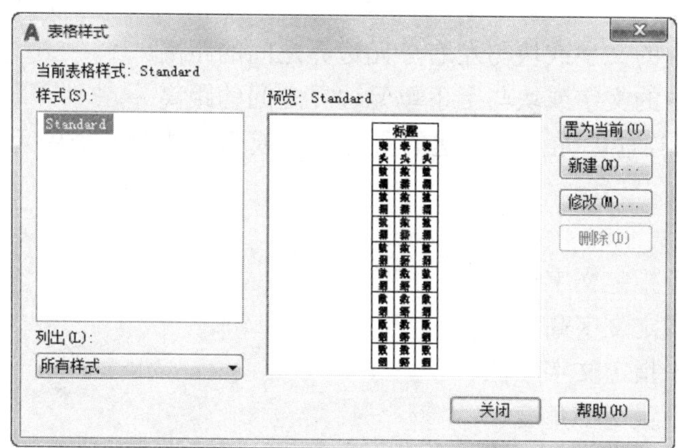

图4-25　“表格样式”对话框

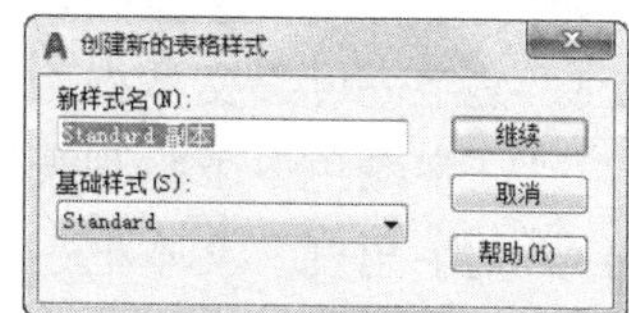

图4-26　“创建新的表格样式”对话框

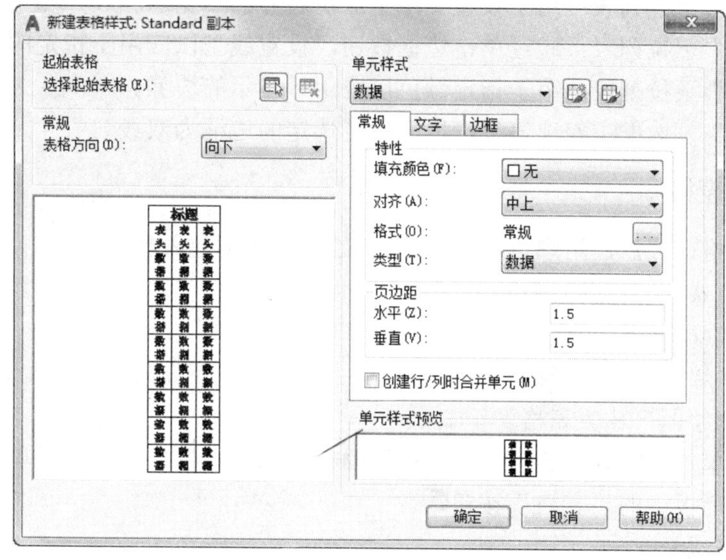

图4-27　“新建表格样式”对话框

“新建表格样式”对话框中有三个选项卡：“常规”“文字”和“边框”，分别用于控制表格中数据、表头和标题的有关参数，如图 4-28 所示。

3．选项说明

（1）“常规”选项卡。

1）“特性”选项组。

①“填充颜色”下拉列表：用于指定填充颜色。

②“对齐”下拉列表：用于为单元内容指定一种对齐方式。

③“格式”选项框：用于设置表格中各行的数据类型和格式。

④“类型”下拉列表：将单元样式指定为标签或数据，在包含起始表格的表格样式中插入默认文字时使用。也用于在工具选项板上创建表格工具的情况。

标题		
表头	表头	表头
数据	数据	数据
数据	数据	数据
数据	数据	数据
数据	数据	数据

图4-28　表格样式

2)“页边距”选项组。

①“水平”文本框：设置单元中的文字或块与左右单元边界之间的距离。

②“垂直”文本框：设置单元中的文字或块与上下单元边界之间的距离。

创建行/列时合并单元：将使用当前单元样式创建的所有新行或列合并到一个单元中。

(2)“文字”选项卡。

1)“文字样式”下拉列表：用于指定文字样式。

2)“文字高度”文本框：用于指定文字高度。

3)“文字颜色”下拉列表：用于指定文字颜色。

4)“文字角度”文本框：用于设置文字角度。

(3)“边框”选项卡。

1)“线宽”下拉列表：用于设置要用于显示边界的线宽。

2)“线型”下拉列表：通过单击边框按钮，设置线型以应用于指定的边框。

3)“颜色”下拉列表：用于指定颜色以应用于显示的边界。

4)“双线”复选框：勾选该复选框，指定选定的边框为双线。

4.2.2 创建表格

设置好表格样式后，用户可以利用“TABLE”命令创建表格。

1. 执行方式

命令行：TABLE。

菜单栏：“绘图”→“表格”。

工具栏：“绘图”→“表格”。

功能区：单击“默认”选项卡“注释”面板中的“表格”按钮或单击“注释”选项卡“表格”面板中的“表格”按钮。

2. 操作格式

执行上述操作后，系统打开“插入表格”对话框，如图4-29所示。

3. 选项说明

(1)“表格样式”选项组：可以在下拉列表中选择一种表格样式，也可以通过单击后面的“…”按钮来新建或修改表格样式。

(2)“插入方式”选项组

1)“指定插入点”单选钮：用于指定表格左上角的位置。可以使用定点设备，也可以在命令行中输入坐标值。如果表样式将表的方向设置为由下而上读取，则插入点位于表的左下角。

2)“指定窗口”单选钮：用于指定表格的大小和位置。可以使用定点设备，也可以在命令行中输入坐标值。点选该单选钮时，行数、列数、列宽和行高取决于窗口的大小以及列和行的设置。

(3)“列和行设置”选项组：指定列和行的数目以及列宽与行高。

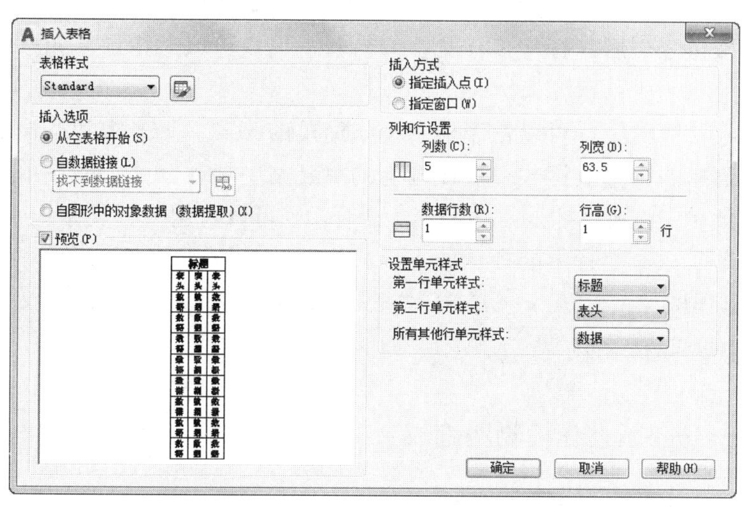

图4-29 “插入表格”对话框

在“插入表格”对话框中进行相应的设置后，单击“确定”按钮，系统在指定的插入点处自动插入一个空表格，并显示“文字编辑器”选项卡，用户可以逐行逐列输入相应的文字或数据，如图 4-30 所示。

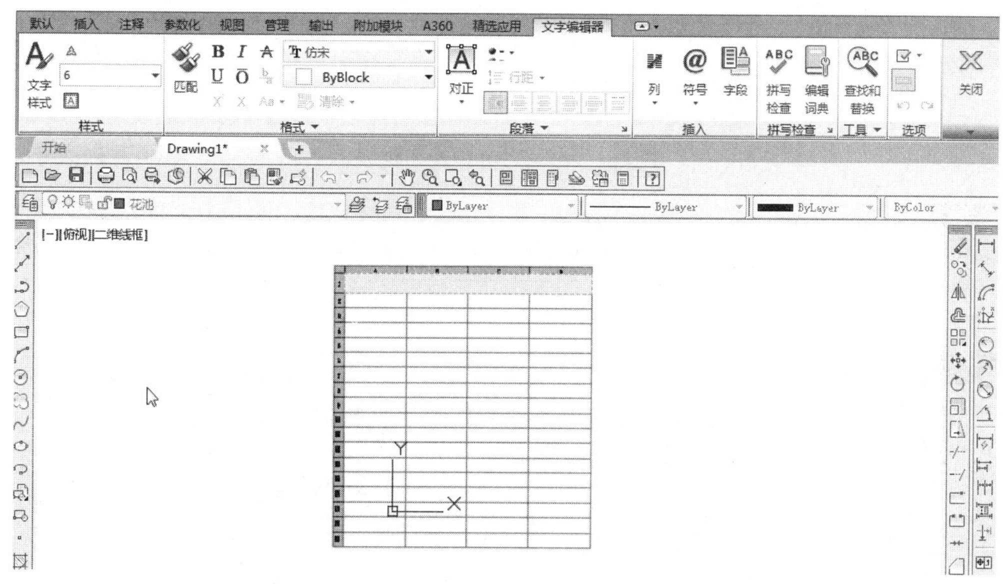

图4-30 插入表格

4.2.3 表格文字编辑

执行方式如下：

命令行：TABLEDIT。

快捷菜单：选定表的一个或多个单元后右击，在打开的快捷菜单中选择“编辑文字”命令。

定点设备：在表单元格内双击。

执行上述操作之一后，打开多行文字编辑器，用户可以对指定单元格中的文字进行编辑。

在 AutoCAD 2018 中，可以在表格中插入简单的公式，用于求和、计数和计算平均值，以及定义简单的算术表达式。要在选定的单元格中插入公式，需在单元格中右击，在打开的快捷菜单中选择“插入点→公式”命令。也可以使用多行文字编辑器输入公式。选择一个公式项后，命令行中的提示如下：

选择表单元范围的第一个角点：（在表格内指定一点）

选择表单元范围的第二个角点：（在表格内指定另一点）

4.2.4　实例——公园设计植物明细表

绘制图 4-31 所示的公园设计植物明细表。

苗木名称	数量	规格	苗木名称	数量	规格	苗木名称	数量	规格
落叶松	32	10cm	红叶	3	15cm	金叶女贞		20棵/m2丛植H=500
银杏	44	15cm	法国梧桐	10	20cm	紫叶小柴		20棵/m2丛植H=500
元宝枫	5	6m(冠径)	油松	4	8cm	草坪		2－3个品种混播
樱花	3	10cm	三角枫	26	10cm			
合欢	8	12cm	睡莲	20				
玉兰	27	15cm						
龙爪槐	30	8cm						

图4-31　公园设计植物明细表

光盘\动画演示\第 4 章\公园设计植物明细表.avi

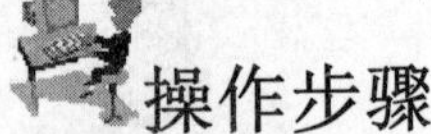

操作步骤

（1）单击“默认”选项卡“注释”面板中的“表格样式”按钮。系统打开“表格样式”对话框，如图 4-32 所示。

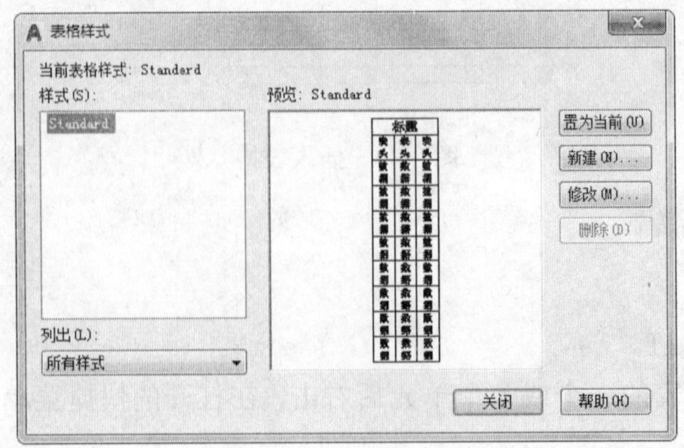

图4-32　“表格样式”对话框

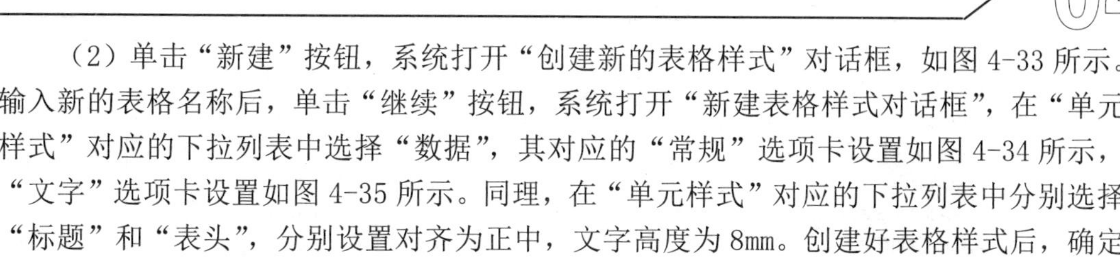

（2）单击“新建”按钮，系统打开“创建新的表格样式”对话框，如图 4-33 所示。输入新的表格名称后，单击“继续”按钮，系统打开“新建表格样式对话框”，在“单元样式”对应的下拉列表中选择“数据”，其对应的“常规”选项卡设置如图 4-34 所示，“文字”选项卡设置如图 4-35 所示。同理，在“单元样式”对应的下拉列表中分别选择“标题”和“表头”，分别设置对齐为正中，文字高度为 8mm。创建好表格样式后，确定并关闭退出“表格样式”对话框。

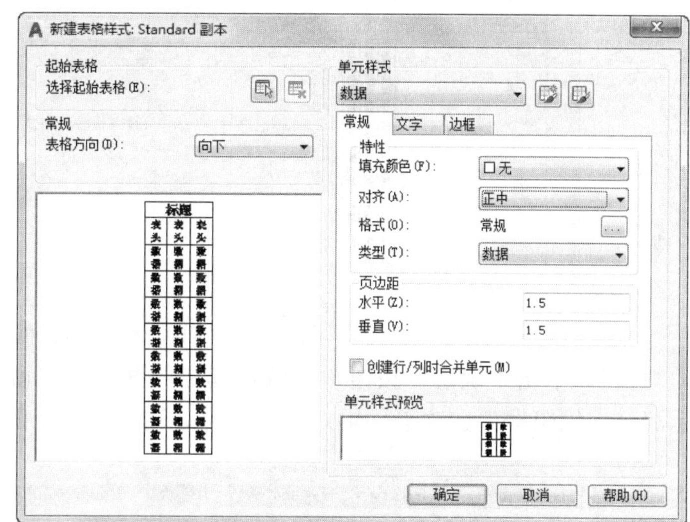

图4-33 “创建新的表格样式”对话框　　图4-34 “常规”选项卡设置

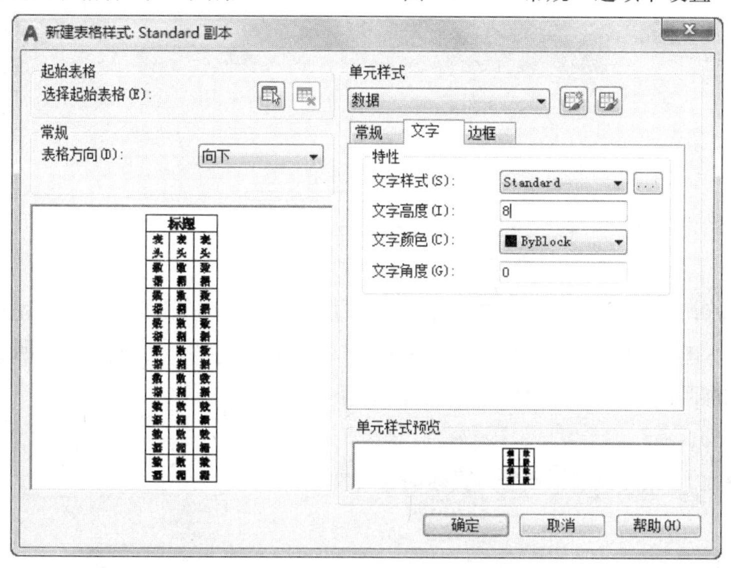

图4-35 “文字”选项卡设置

（3）创建表格。在设置好表格样式后，单击“默认”选项卡“注释”面板中的“表格”按钮创建表格。

（4）单击“默认”选项卡“注释”面板中的“表格”按钮，系统打开“插入表格”的对话框，设置如图 4-36 所示。

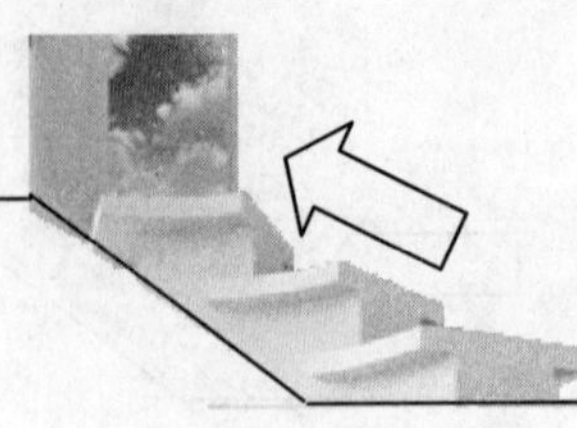

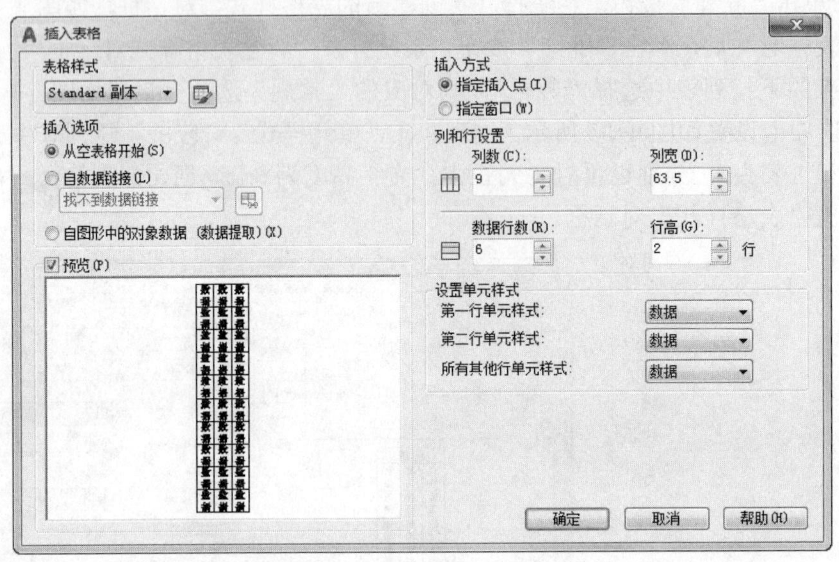

图4-36 “插入表格”对话框

（5）单击“确定”按钮，系统在指定的插入点或窗口自动插入一个空表格，并显示“文字编辑器”选项卡，用户可以逐行逐列输入相应的文字或数据，如图 4-37 所示。

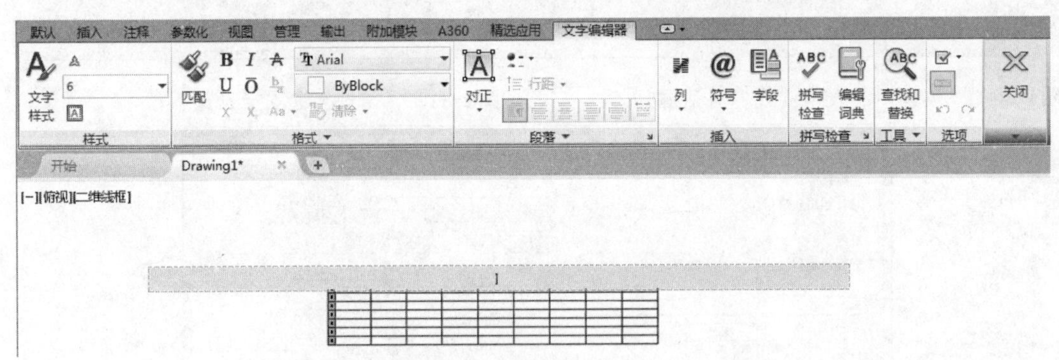

图4-37 多行文字编辑器

（6）当编辑完成的表格有需要修改的地方时可用 TABLEDIT 命令来完成（也可在要修改的表格上单击右键，出现快捷菜单中单击“编辑文字”，如图 4-38 所示，同样可以达到修改文本的目的）。命令行提示与操作如下：

```
命令: tabledit
拾取表格单元:（鼠标点取需要修改文本的表格单元）
```

注 意

在插入后的表格中选择某一个单元格，单击后出现钳夹点，通过移动钳夹点可以改变单元格的大小，如图 4-39 所示。

多行文字编辑器会再次出现，用户可以进行修改。

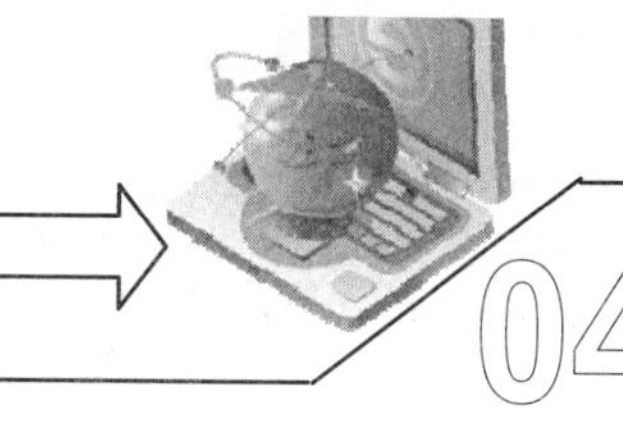

最后完成的植物明细表如图 4-31 所示。

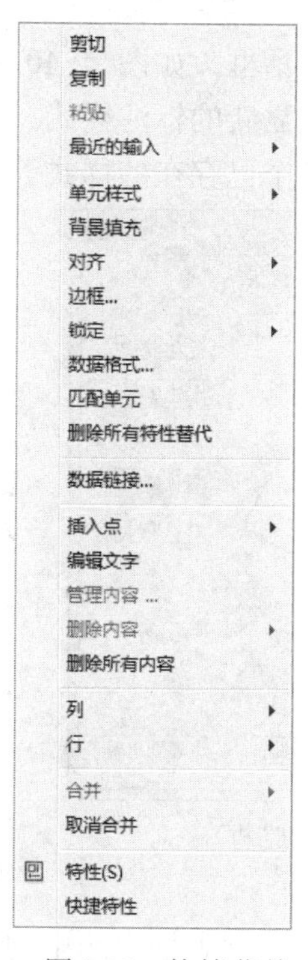

图4-38　快捷菜单

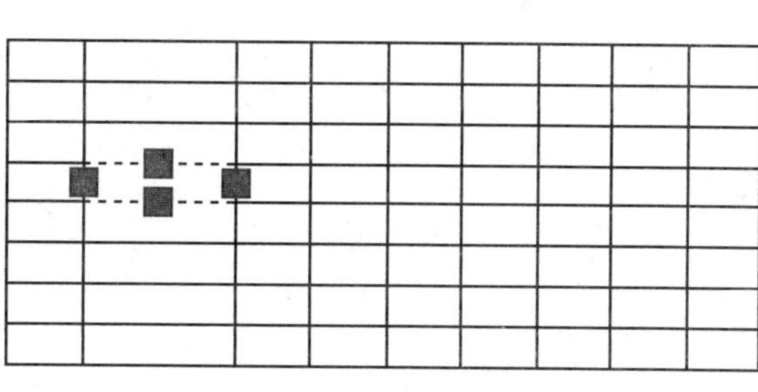

图4-39　改变单元格大小

4.3　尺寸标注

组成尺寸标注的尺寸界线、尺寸线、尺寸文本及箭头等可以采用多种多样的形式，实际标注一个几何对象的尺寸时，它的尺寸标注以什么形态出现，取决于当前所采用的尺寸标注样式。标注样式决定尺寸标注的形式，包括尺寸线、尺寸界线、箭头和中心标记的形式，以及尺寸文本的位置、特性等。在 AutoCAD 2018 中用户可以利用“标注样式管理器”对话框方便地设置自己需要的尺寸标注样式。下面介绍如何定制尺寸标注样式。

4.3.1　尺寸样式

在进行尺寸标注之前，要建立尺寸标注的样式。如果用户不建立尺寸样式而直接进行标注，系统使用默认的名称为“Standard”的样式。用户如果认为使用的标注样式有某些设置不合适，也可以修改标注样式。

1. 执行方式

命令行：DIMSTYLE。

菜单栏：“格式”→“标注样式”或“标注”→“标注样式”。

工具栏：“标注”→“标注样式”。

功能区：单击“默认”选项卡“注释”面板中的“标注样式”按钮或单击“注释”选项卡“标注”面板上的“标注样式”下拉菜单中的“管理标注样式”按钮或单击“注

释”选项卡“标注”面板中“对话框启动器”按钮↘。

2. 操作格式

执行上述操作之一后，打开“标注样式管理器”对话框，如图4-40所示。利用此对话框可方便直观地设置和浏览尺寸标注样式，包括建立新的标注样式、修改已存在的样式、设置当前尺寸标注样式、重命名样式以及删除一个已存在的样式等。

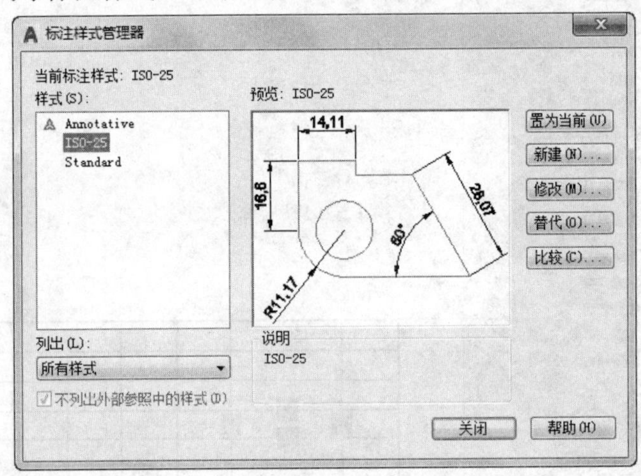

图4-40 “标注样式管理器”对话框

3. 选项说明

（1）“置为当前”按钮：单击该按钮，把在“样式”列表框中选中的样式设置为当前样式。

（2）“新建”按钮：定义一个新的尺寸标注样式。单击该按钮，打开“创建新标注样式”对话框，如图4-41所示，利用此对话框可创建一个新的尺寸标注样式。

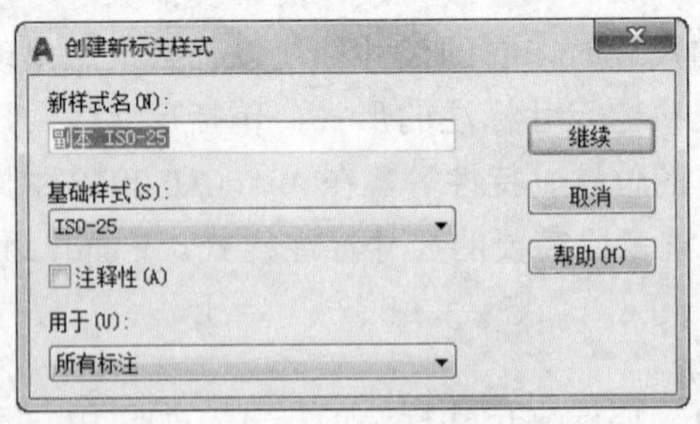

图4-41 “创建新标注样式”对话框

（3）“修改”按钮：修改一个已存在的尺寸标注样式。单击该按钮，打开“修改标注样式”对话框，该对话框中的各选项与“创建新标注样式”对话框中完全相同，用户可以对已有标注样式进行修改。

（4）“替代”按钮：设置临时覆盖尺寸标注样式。单击该按钮，打开“新建标注样式”对话框，如图4-42所示。用户可改变选项的设置覆盖原来的设置，但这种修改只对指定的尺寸标注起作用，而不影响当前尺寸变量的设置。

（5）“比较”按钮：比较两个尺寸标注样式在参数上的区别，或浏览一个尺寸标注样式的参数设置。单击该按钮，打开“比较标注样式”对话框，如图 4-43 所示。可以把比较结果复制到剪贴板上，然后再粘贴到其他的 Windows 应用软件上。

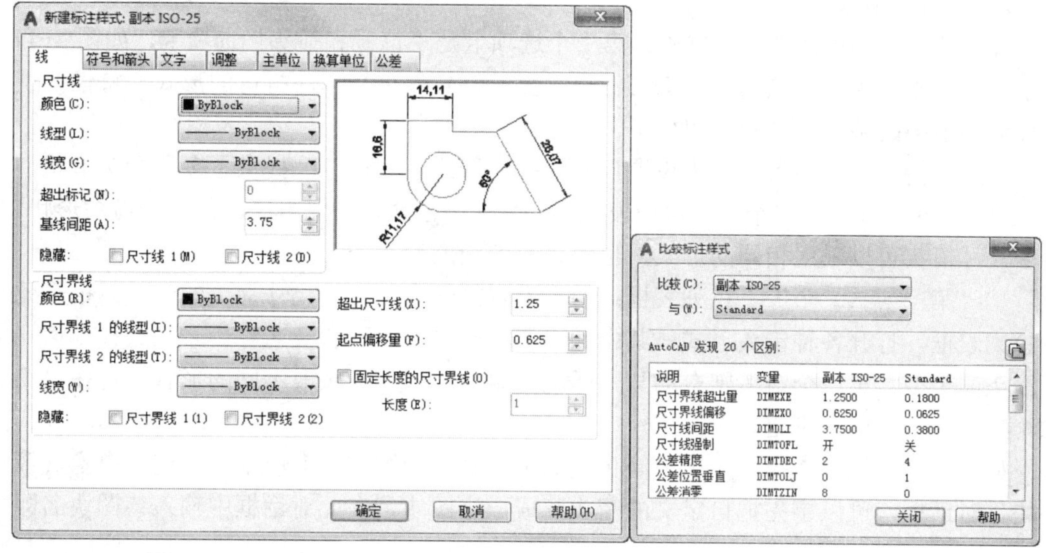

图4-42 “新建标注样式”对话框　　　　图4-43 “比较标注样式”对话框

下面对图 4-42 所示的“新建标注样式”中的主要选项卡进行简要说明。

1. 线

在“新建标注样式”对话框中，第一个选项卡就是“线”选项卡。该选项卡用于设置尺寸线、尺寸界线的形式和特性。对该选项卡中的各选项分别说明如下：

（1）“尺寸线”选项组：用于设置尺寸线的特性，其中各选项的含义如下：

1）“颜色”（“线型”、“线宽”）下拉列表框：用于设置尺寸线的颜色（线型、线宽）。

2）“超出标记”微调框：当尺寸箭头设置为短斜线、短波浪线等，或尺寸线上无箭头时，可利用此微调框设置尺寸线超出尺寸界线的距离。

3）“基线间距”微调框：设置以基线方式标注尺寸时，相邻两尺寸线之间的距离。

4）“隐藏”复选框组：确定是否隐藏尺寸线及相应的箭头。勾选“尺寸线 1（2）”复选框，表示隐藏第一（二）段尺寸线。

（2）“尺寸界线”选项组：用于确定尺寸界线的形式，其中各选项的含义如下。

1）“颜色”（“线宽”）下拉列表框：用于设置尺寸界线的颜色（线宽）。

2）“尺寸界线 1(2)的线型”下拉列表框：用于设置第一条尺寸界线的线型（DIMLTEX1 系统变量）。

3）“超出尺寸线”微调框：用于确定尺寸界线超出尺寸线的距离。

4）“起点偏移量”微调框：用于确定尺寸界线的实际起始点相对于指定尺寸界线起始点的偏移量。

5）“隐藏”复选框组：确定是否隐藏尺寸界线。

6）“固定长度的尺寸界线”复选框：勾选该复选框，系统以固定长度的尺寸界线标注尺寸，可以在其下面的“长度”文本框中输入长度值。

（3）尺寸样式显示框：在“新建标注样式”对话框的右上方，有一个尺寸样式显

示框，该显示框以样例的形式显示用户设置的尺寸样式。

2．符号和箭头

在“新建标注样式”对话框中，第二个选项卡是“符号和箭头”选项卡，如图 4-44 所示。该选项卡用于设置箭头、圆心标记、弧长符号和半径标注折弯的形式和特性，现对该选项卡中的各选项分别说明如下。

（1）“箭头”选项组：用于设置尺寸箭头的形式。AutoCAD 提供了多种箭头形状，列在“第一个”和“第二个”下拉列表框中。另外，还允许采用用户自定义的箭头形状。两个尺寸箭头可以采用相同的形式，也可采用不同的形式。

1）“第一（二）个”下拉列表框：用于设置第一（二）个尺寸箭头的形式。单击此下拉列表框，打开各种箭头形式，其中列出了各类箭头的形状及名称。一旦选择了第一个箭头的类型，第二个箭头则自动与其匹配，要想第二个箭头取不同的形状，可在“第二个”下拉列表框中设定。

如果在列表框中选择了“用户箭头”选项，则打开图 4-45 所示的“选择自定义箭头块”对话框，可以事先把自定义的箭头存成一个图块，在此对话框中输入该图块名即可。

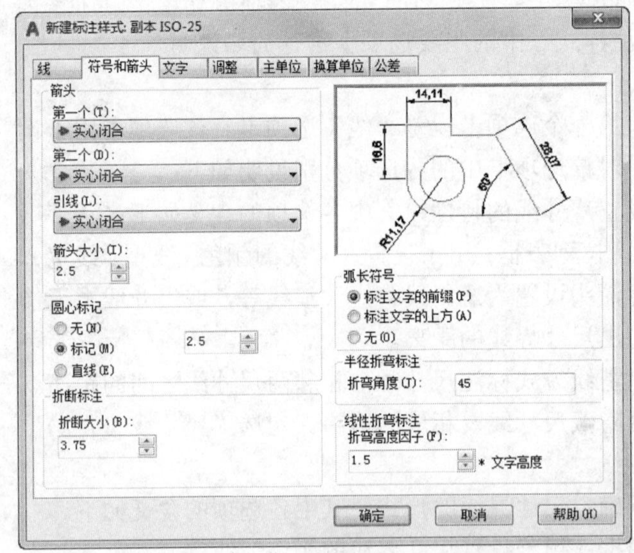

图4-44 “符号和箭头”选项卡

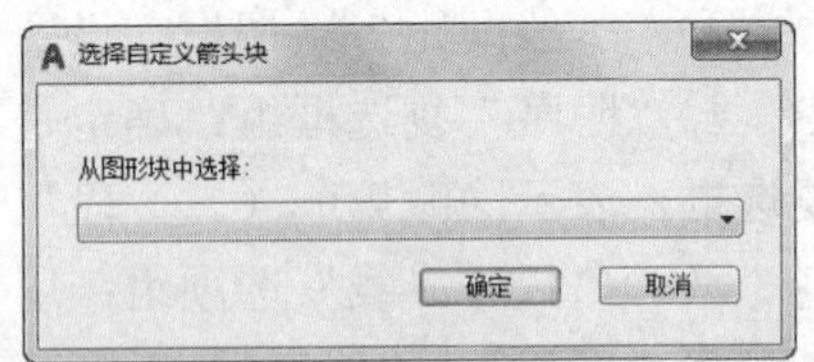

图4-45 “选择自定义箭头块”对话框

2）“引线”下拉列表框：确定引线箭头的形式，与“第一个”设置类似。

3）“箭头大小”微调框：用于设置尺寸箭头的大小。

（2）“圆心标记”选项组：用于设置半径标注、直径标注和中心标注中的中心标记和中心线形式。其中各项含义如下。

1）“无”单选钮：点选该单选钮，既不产生中心标记，也不产生中心线。

2）“标记”单选钮：点选该单选钮，中心标记为一个点记号。

3）“直线”单选钮：点选该单选钮，中心标记采用中心线的形式。

4）“大小”微调框：用于设置中心标记和中心线的大小和粗细。

（3）“折断标注”选项组：用于控制折断标注的间距宽度。

（4）“弧长符号”选项组：用于控制弧长标注中圆弧符号的显示，对其中的 3 个单选钮含义介绍如下：

1）“标注文字的前缀”单选钮：点选该单选钮，将弧长符号放在标注文字的左侧，如图 4-46a 所示。

2）“标注文字的上方”单选钮：点选该单选钮，将弧长符号放在标注文字的上方，如图 4-46b 所示。

3）“无”单选钮：点选该单选钮，不显示弧长符号，如图 4-46c 所示。

（5）“半径折弯标注”选项组：用于控制折弯（Z 字形）半径标注的显示。折弯半径标注通常在中心点位于页面外部时创建。在“折弯角度”文本框中可以输入连接半径标注的尺寸界线和尺寸线的横向直线角度，如图 4-47 所示。

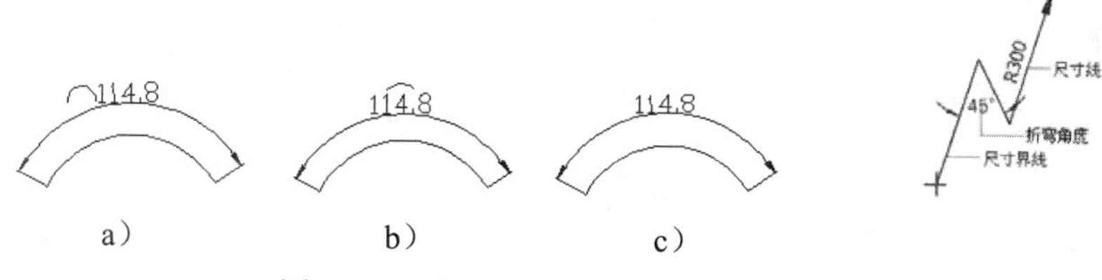

图4-46　弧长符号　　　图4-47　折弯角度

（6）“线性折弯标注”选项组：用于控制折弯线性标注的显示。当标注不能精确表示实际尺寸时，常将折弯线添加到线性标注中。通常，实际尺寸比所需值小。

3. 文字

在“新建标注样式”对话框中，第 3 个选项卡是“文字”选项卡，如图 4-48 所示。该选项卡用于设置尺寸文本文字的形式、布置、对齐方式等，对该选项卡中的各选项分别说明如下：

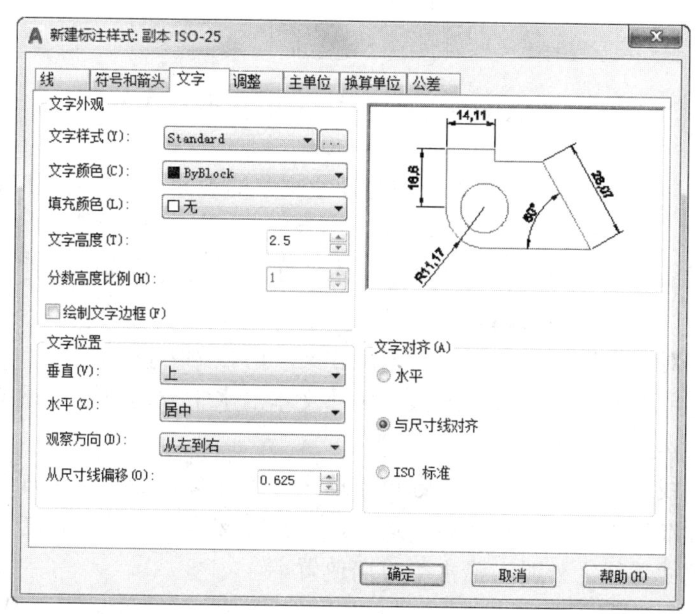

图4-48　“文字”选项卡

（1）“文字外观”选项组

1）“文字样式”下拉列表框：用于选择当前尺寸文本采用的文字样式。

2）“文字颜色”下拉列表框：用于设置尺寸文本的颜色。

3）“填充颜色”下拉列表框：用于设置标注中文字背景的颜色。

4）“文字高度”微调框：用于设置尺寸文本的字高。如果选用的文本样式中已设置了具体的字高（不是 0），则此处的设置无效；如果文本样式中设置的字高为 0，才以此处设置为准。

5）“分数高度比例”微调框：用于确定尺寸文本的比例系数。

6）“绘制文字边框”复选框：勾选此复选框，AutoCAD 在尺寸文本的周围加上边框。

（2）“文字位置”选项组

1）“垂直”下拉列表框：用于确定尺寸文本相对于尺寸线在垂直方向的对齐方式，如图 4-49 所示。

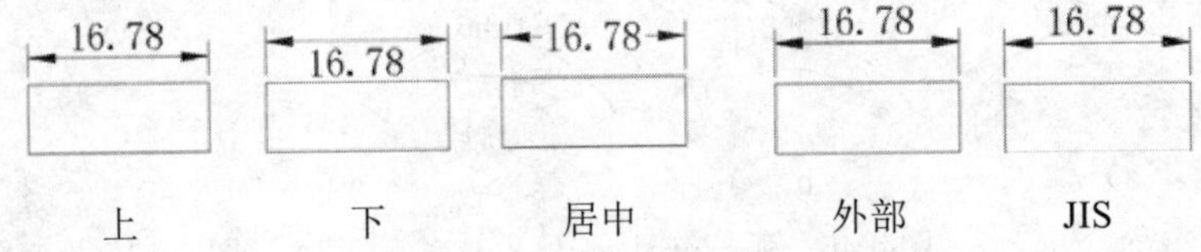

图4-49 尺寸文本在垂直方向的放置

2）“水平”下拉列表框：用于确定尺寸文本相对于尺寸线和尺寸界线在水平方向的对齐方式。单击此下拉列表框，可从中选择的对齐方式有 5 种：居中、第一条尺寸界线、第二条尺寸界线、第一条尺寸界线上方、第二条尺寸界线上方，如图 4-50 所示。

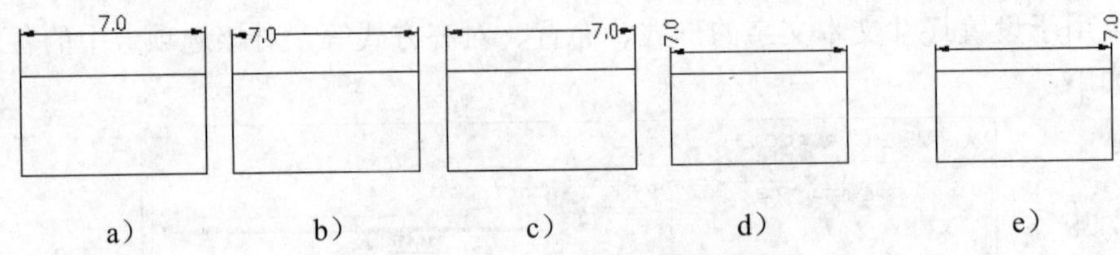

图4-50 尺寸文本在水平方向的放置

3）“观察方向”下拉列表框：用于控制标注文字的观察方向（可用DIMTXTDIRECTION系统变量设置）。

4）“从尺寸线偏移”微调框：当尺寸文本放在断开的尺寸线中间时，此微调框用来设置尺寸文本与尺寸线之间的距离。

（3）“文字对齐”选项组：用于控制尺寸文本的排列方向。

1）“水平”单选钮：点选该单选钮，尺寸文本沿水平方向放置。不论标注什么方向的尺寸，尺寸文本总保持水平。

2）“与尺寸线对齐”单选钮：点选该单选钮，尺寸文本沿尺寸线方向放置。

3）“ISO 标准”单选钮：点选该单选钮，当尺寸文本在尺寸界线之间时，沿尺寸线方向放置；在尺寸界线之外时，沿水平方向放置。

4.3.2 尺寸标注

正确地进行尺寸标注是设计绘图工作中非常重要的一个环节，AutoCAD 2018 提供了方便快捷的尺寸标注方法，可通过执行命令实现，也可利用菜单或工具按钮来实现。本节将重点介绍如何对各种类型的尺寸进行标注。

1．线性标注

（1）执行方式。

命令行：DIMLINEAR（快捷命令为 DIMLIN）。

菜单栏："标注"→"线性"。

工具栏："标注" →"线性"⊢⊣。

功能区：单击"默认"选项卡"注释"面板中的"线性"按钮⊢⊣（见图 4-51）或单击"注释"选项卡"标注"面板中的"线性"按钮⊢⊣（见图 4-52）。

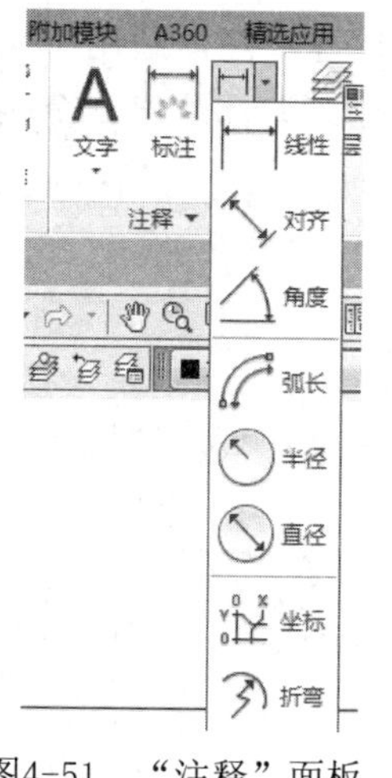

图4-51 "注释"面板

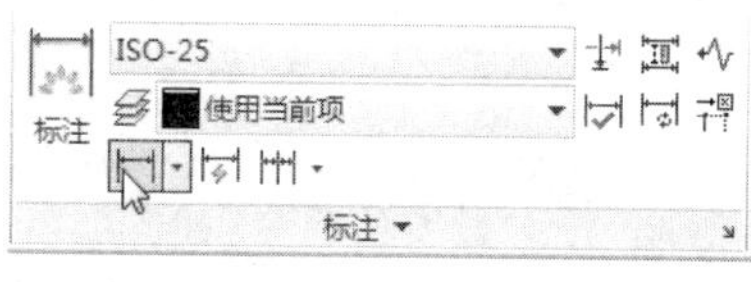

图4-52 "标注"面板

（2）操作格式。

```
命令：DIMLIN↙
```

选择相应的菜单项或工具图标，或在命令行输入 DIMLIN 后回车，AutoCAD 提示：

```
指定第一个尺寸界线原点或 <选择对象>:
```

（3）选项说明。

在此提示下有两种选择，直接按 Enter 键选择要标注的对象或确定尺寸界线的起始点。

1）直接按 Enter 键：光标变为拾取框，命令行中的提示如下：

```
选择标注对象:
```

用拾取框拾取要标注尺寸的线段，命令行中的提示如下：

```
指定尺寸线位置或[多行文字(M)/文字(T)/角度(A)/水平(H)/垂直(V)/旋转(R)]:
```

2）指定第一条尺寸界线原点：指定第一条与第二条尺寸界线的起始点。

2．对齐标注

（1）执行方式。

命令行：DIMALIGNED。

菜单栏："标注"→"对齐"。

工具栏："标注"→"对齐"。

功能区：单击"默认"选项卡"注释"面板中的"对齐"按钮或单击"注释"选项卡"标注"面板中的"对齐"按钮。

（2）操作格式。

```
命令：DIMALIGNED↙
指定第一个尺寸界线原点或〈选择对象〉：
```

（3）选项说明。这种命令标注的尺寸线与所标注轮廓线平行，标注起始点到终点之间的距离尺寸。

3．基线标注

基线标注用于产生一系列基于同一条尺寸界线的尺寸标注，适用于长度尺寸标注、角度标注和坐标标注等。在使用基线标注方式之前，应该先标注出一个相关的尺寸。

（1）执行方式。

命令行：DIMBASELINE。

菜单栏："标注"→"基线"。

工具栏："标注"→"基线"。

功能区：单击"注释"选项卡"标注"面板中的"基线"按钮。

（2）操作格式。

```
命令：DIMBASELINE↙
指定第二条尺寸界线原点或［放弃(U)］〈选择〉：
```

（3）选项说明。

1）指定第二条尺寸界线原点：直接确定另一个尺寸的第二条尺寸界线的起点，以上次标注的尺寸为基准标注出相应的尺寸。

2）选择(S)：在上述提示下直接按Enter键，命令行中的提示与操作如下。

```
选择基准标注：（选择作为基准的尺寸标注）
```

4．连续标注。

连续标注又叫尺寸链标注，用于产生一系列连续的尺寸标注，后一个尺寸标注均把前一个标注的第二条尺寸界线作为它的第一条尺寸界线。适用于长度尺寸标注、角度标注和坐标标注等。在使用连续标注方式之前，应先标注出一个相关的尺寸。

（1）执行方式。

命令行：DIMCONTINUE。

菜单栏："标注"→"连续"。

工具栏："标注"→"连续"。

功能区：单击"注释"选项卡"标注"面板中的"连续"按钮。

（2）操作格式。

```
命令：DIMCONTINUE↙
```

指定第二条尺寸界线原点或 [选择(S)/放弃(U)] <选择>:

（3）选项说明：此提示下的各选项与基线标注中完全相同，此处不再赘述。

5. 引线标注

AutoCAD 提供了引线标注功能，利用该功能不仅可以标注特定的尺寸，如圆角、倒角等，还可以在图中添加多行旁注、说明。在引线标注中，指引线可以是折线，也可以是曲线；指引线端部可以有箭头，也可以没有箭头。

利用“QLEADER”命令可快速生成指引线及注释，而且可以通过命令行优化对话框进行用户自定义，由此可以消除不必要的命令行提示，取得最高的工作效率。

（1）执行方式。

命令行：QLEADER。

（2）操作格式。

命令：QLEADER↙

指定第一个引线点或 [设置(S)] <设置>:

（3）选项说明。

1）指定第一个引线点。根据命令行中的提示确定一点作为指引线的第一点，命令行中的提示如下：

指定下一点：（输入指引线的第二点）

指定下一点：（输入指引线的第三点）

AutoCAD 提示用户输入的点的数目由“引线设置”对话框确定，如图 4-53 所示。输入完指引线的点后，命令行中的提示如下：

指定文字宽度<0.0000>：（输入多行文本的宽度）

输入注释文字的第一行<多行文字(M)>:

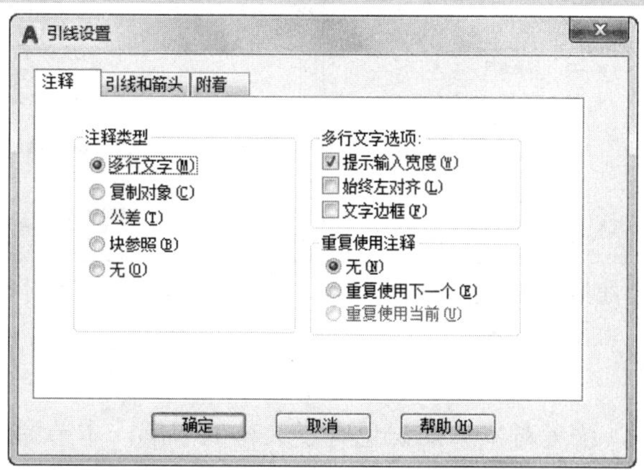

图4-53 “引线设置”对话框

此时，有以下两种方式进行输入选择。

①输入注释文字的第一行：在命令行中输入第一行文本。此时，命令行中的提示如下：

输入注释文字的下一行：（输入另一行文本）

输入注释文字的下一行：（输入另一行文本或按<Enter>键）

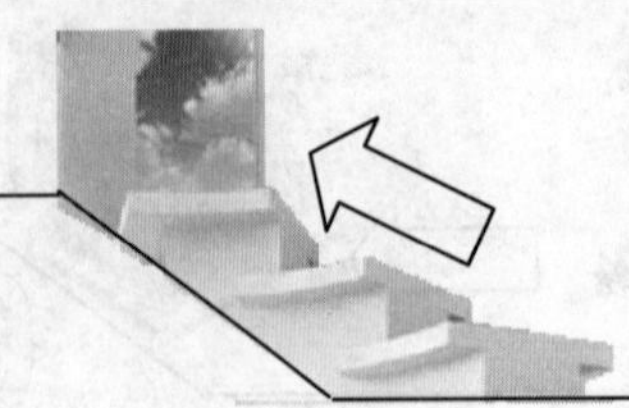

②多行文字(M)：打开多行文字编辑器，输入、编辑多行文字。输入全部注释文本后直接按Enter键，系统结束“QLEADER”命令，并把多行文本标注在指引线的末端附近。

2）设置(S)。在上面的命令行提示下直接按Enter键或输入“S”，打开“引线设置”对话框，允许对引线标注进行设置。该对话框中包含“注释”“引线和箭头”和“附着”3个选项卡，下面分别进行介绍。

①“注释”选项卡：用于设置引线标注中注释文本的类型、多行文本的格式并确定注释文本是否多次使用。

②“引线和箭头”选项卡：用于设置引线标注中引线和箭头的形式，如图4-54所示。其中，“点数”选项组用于设置执行“QLEADER”命令时提示用户输入的点的数目。例如，设置点数为3，执行“QLEADER”命令时当用户在提示下指定3个点后，AutoCAD自动提示用户输入注释文本。

需要注意的是，设置的点数要比用户希望的指引线段数多1。如果勾选“无限制”复选框，AutoCAD会一直提示用户输入点直到连续按Enter键两次为止。“角度约束”选项组用于设置第一段和第二段指引线的角度约束。

③“附着”选项卡：用于设置注释文本和指引线的相对位置，如图4-55所示。如果最后一段指引线指向右边，系统自动把注释文本放在右侧；如果最后一段指引线指向左边，系统自动把注释文本放在左侧。利用该选项卡中左侧和右侧的单选钮，可以分别设置位于左侧和右侧的注释文本与最后一段指引线的相对位置，二者可相同也可不同。

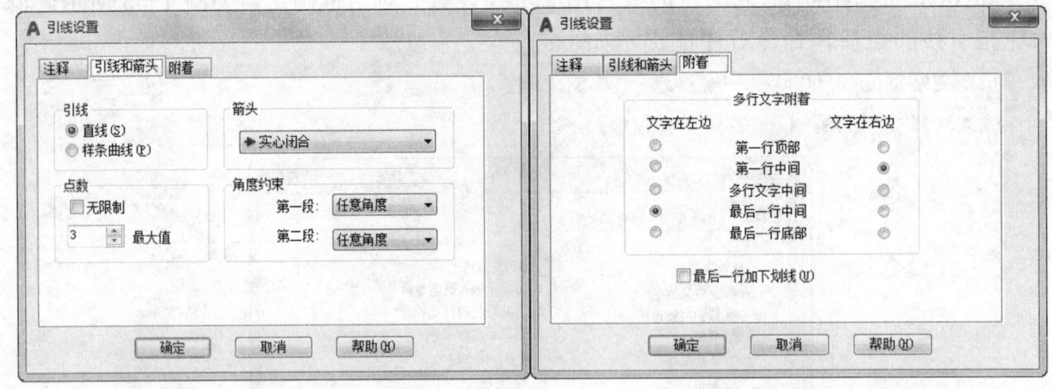

图4-54 “引线和箭头”选项卡　　图4-55 “附着”选项卡

4.4 上机操作

通过前面的学习，读者对本章知识也有了大体的了解，本节通过两个操作练习使读者进一步掌握本章知识要点。

【实例1】绘制图4-56所示的石壁图形。

1. 目的要求

本例利用二维绘图和修改命令绘制石壁，然后利用线性标注命令标注尺寸，通过本例学习使读者熟练掌握标注尺寸的运用。

2. 操作提示

（1）绘制石壁轮廓。

（2）绘制喷泉轮廓图。

（3）绘制同心圆花纹。

（4）标注尺寸。

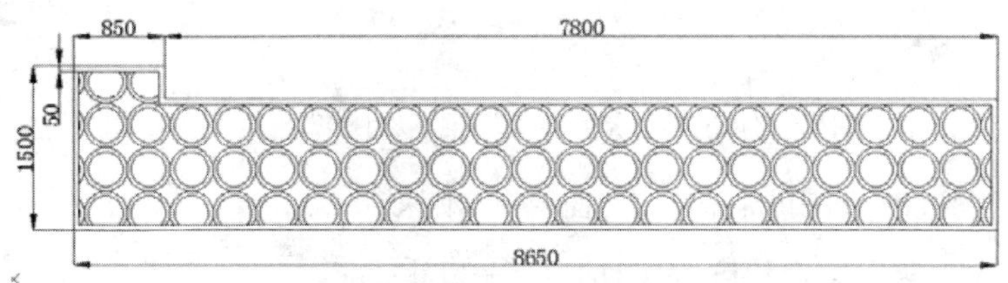

图4-56　石壁图形

【实例 2】绘制图 4-57 所示的花卉表。

1．目的要求

本例利用表格命令绘制表格，然后利用二维绘图和编辑命令绘制图例，最后利用文字命令填写表格，通过本例学习使读者熟练掌握表格的运用。

2．操作提示

（1）绘制表格。

（2）绘制图例。

（3）添加文字。

序号	图例	名　称	规　格	备　注
1		花石榴	H0.6M, 50X50CM	意寓旺家春秋开花观果
2		腊　梅	H0.4-0.6M	冬天开花
3		红　枫	H1.2-1.8M	叶色火红，观叶树种
4		紫　薇	H0.5M, 35X35CM	夏秋开花，秋冬枝干秀美
5		桂　花	H0.6-0.8M	秋天开花，花香
6		牡　丹	H0.3M	冬春开花
7		四季竹	H0.4-0.5M	观姿，叶色丰富
8		鸢　尾	H0.2-0.25M	春秋开花
9		海　棠	H0.3-0.45M	春天开花
10		苏　铁	H0.6M, 60X60CM	观姿树种
11		葱　兰	H0.1M	烘托作用
12		芭蕉	H0.35M, 25X25CM	
13		月　季	H0.35M, 25X25CM	春夏秋开花

图4-57　花卉表

第 5 章　辅助工具

在绘图设计过程中，经常会遇到一些重复出现的图形（如建筑设计中的桌椅、门窗等）如果每次都重新绘制这些图形，不仅会造成大量的重复工作，而且存储这些图形及其信息也会占据相当大的磁盘空间。图块与设计中心给出了模块化绘图的方法，这样不仅避免了大量的重复工作，提高了绘图速度和工作效率，而且还可以大大节省磁盘空间。本章主要介绍图块和设计中心功能，主要内容包括图块操作、图块属性、设计中心、工具选项板、出图等知识。

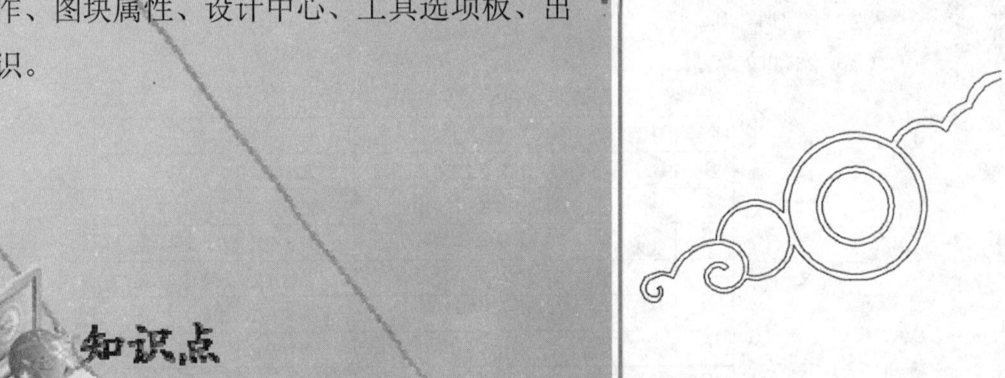

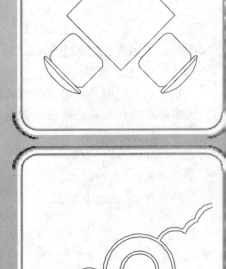

知识点

- 查询工具
- 图块及其属性
- 设计中心
- 工具选项板

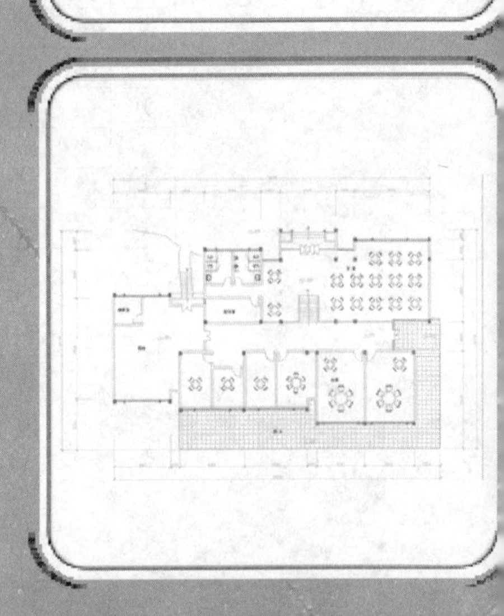

5.1 查询工具

在绘制图形或阅读图形的过程中，有时需要即时查询图形对象的相关数据，如对象之间的距离、建筑平面图室内面积等。为方便用户及时了解图形信息，AutoCAD 提供了很多查询工具，这里简要进行说明。

5.1.1 查询距离

1．执行方式

命令行：DIST。

菜单栏：工具”→“查询”→“距离”。

工具栏：“查询”→“距离”。

功能区：单击“默认”选项卡“实用工具”面板上的“测量”下拉菜单中的“距离”按钮，如图 5-1 所示。

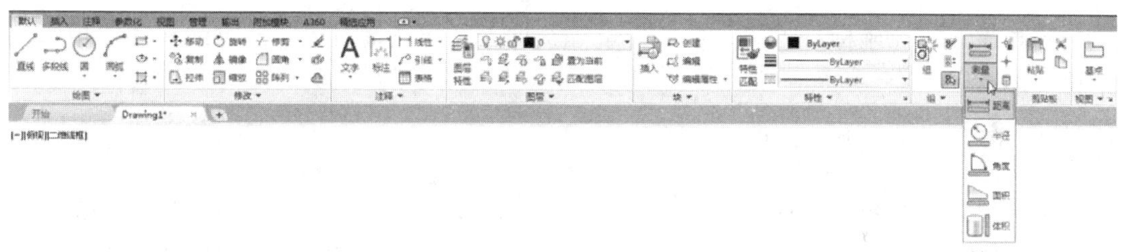

图5-1 “测量”下拉菜单

2．操作格式

```
命令：DIST↙
指定第一点：（指定第一点）
指定第二个点或 [多个点(M)]：（指定第二点）
距离=5.2699，XY 平面中的倾角=0，  与 XY 平面的夹角 = 0
X 增量=5.2699，  Y 增量=0.0000，   Z 增量=0.0000
```

3．选项说明

其中查询结果的各个选项的说明如下：

（1）距离：两点之间的三维距离。

（2）XY 平面中倾角：两点之间连线在 XY 平面上的投影与 X 轴的夹角。

（3）与 XY 平面的夹角：两点之间连线与 XY 平面的夹角。

（4）X 增量：第 2 点 X 坐标相对于第 1 点 X 坐标的增量。

（5）Y 增量：第 2 点 Y 坐标相对于第 1 点 Y 坐标的增量。

（6）Z 增量：第 2 点 Z 坐标相对于第 1 点 Z 坐标的增量。

5.1.2 查询对象状态

1．执行方式

命令行：STATUS。

菜单栏：选择菜单栏中的“工具”→“查询”→“状态”命令。

2. 操作格式

执行上述命令后，系统自动切换到显示当前文件的状态，包括文件中的各种参数状态以及文件所在磁盘的使用状态，如图 5-2 所示。

```
放弃文件大小:          67927 个字节
模型空间图形界限          X:     0.0000   Y:     0.0000  (关)
                        X:   420.0000   Y:   297.0000
模型空间使用            X: 1927.7411   Y: 1821.9544
                        X: 2512.7613   Y: 1975.8382 **超过
显示范围                X:   838.9420   Y: 1544.2766
                        X: 3817.9774   Y: 1889.7598
插入基点                X:     0.0000   Y:     0.0000   Z:     0.0000
捕捉分辨率              X:    10.0000   Y:    10.0000
栅格间距                X:    10.0000   Y:    10.0000
当前空间:               模型空间
当前布局:               Model
当前图层:               0
当前颜色:               BYLAYER -- 7 (白)
当前线型:               BYLAYER -- "Continuous"
当前材质:               BYLAYER -- "Global"
当前线宽:               BYLAYER
STATUS 按 ENTER 键继续:
```

图5-2　文本显示窗口

列表显示、点坐标、时间、系统变量等查询工具与查询对象状态方法和功能相似，不再赘述。

5.2　图块及其属性

把一组图形对象组合成图块加以保存，需要时可以把图块作为一个整体以任意比例和旋转角度插入到图中任意位置，这样不仅避免了大量的重复工作，提高绘图速度和工作效率，而且可大大节省磁盘空间。

5.2.1　图块操作

1. 图块定义

（1）执行方式

命令行：BLOCK（快捷命令：B）。

菜单栏：“绘图”→“块”→“创建”。

工具栏：“绘图”→“创建块”。

功能区：单击“默认”选项卡“块”面板中的“创建”按钮（见图 5-3）或单击“插入”选项卡“块定义”面板中的“创建块”按钮（见图 5-4）。

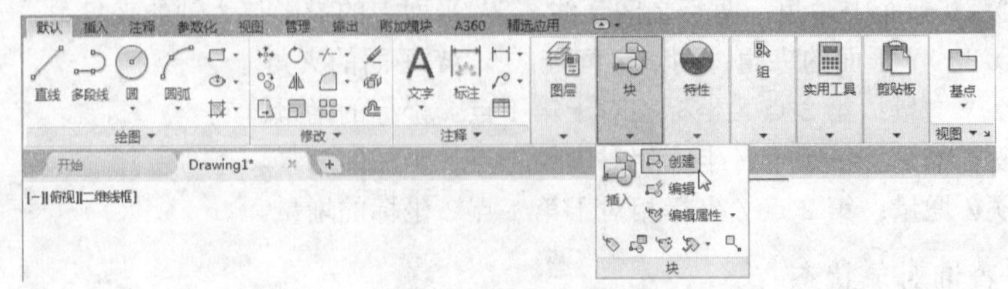

图5-3　“块”面板

（2）操作格式：执行上述操作后，系统打开图 5-5 所示的“块定义”对话框，利

用该对话框可定义图块并为之命名。

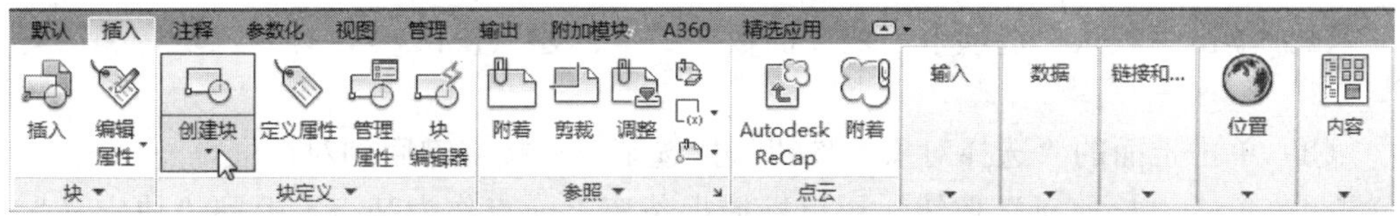

图5-4 “块定义”面板

图5-5 “块定义”对话框

2. 图块保存

执行方式如下：

命令行：WBLOCK（快捷命令：W）。

功能区：单击“插入”选项卡“块定义”面板中的“写块”按钮。

5.2.2 实例——茶座图块

将图 5-6 所示茶座定义为图块。操作步骤如下：

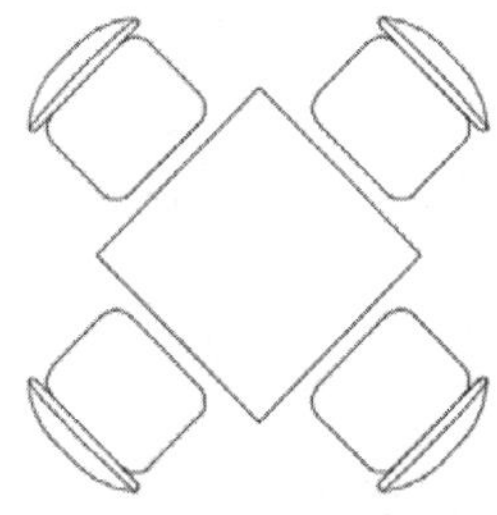

图5-6 茶座图块

光盘\动画演示\第5章\茶座图块.avi

操作步骤

（1）打开随书光盘中的“源文件/第 5 章/茶座．dwg”文件。

（2）单击“默认”选项卡“块”面板中的“创建”按钮，打开“块定义”对话框。

（3）单击上面的“选择对象”按钮，框选茶座，按右键回到对话框。

（4）单击“拾取点”按钮，用鼠标捕捉茶座上一点作为基点，返回“块定义”对话框。

（5）在名称栏输入名称：茶座，然后单击“确定”按钮完成，如图 5-7 所示。

图5-7　“块定义”对话框

（6）在命令行输入“WBLOCK”命令，系统打开“写块”对话框，如图 5-8 所示。在“源”选项组中选择“块”单选按钮，在后面的下拉列表框中选择“茶座”块，并进行其他相关设置确认退出。

图5-8　“写块”对话框

（7）图块插入方式如下：

1）执行方式

命令行：INSERT（快捷命令：I）。

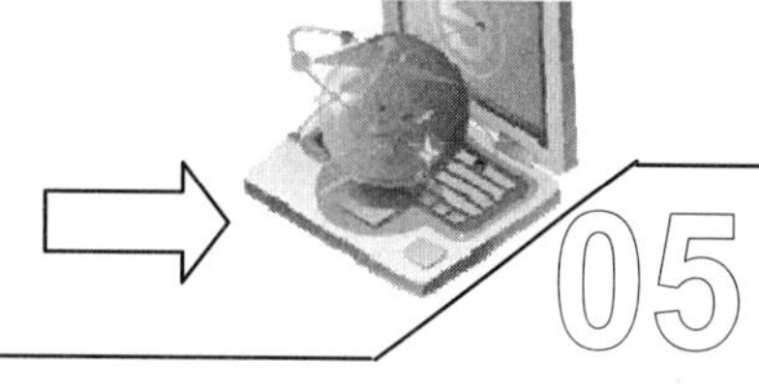

菜单栏：“插入”→“块”。

工具栏：“插入”→“插入块”或“绘图”→“插入块”。

功能区：单击“默认”选项卡“块”面板中的“插入”按钮或单击“插入”选项卡“块”面板中的“插入”按钮。

2）操作格式：执行上述操作后，系统打开“插入”对话框，如图 5-9 所示，可以指定要插入的图块及插入位置。

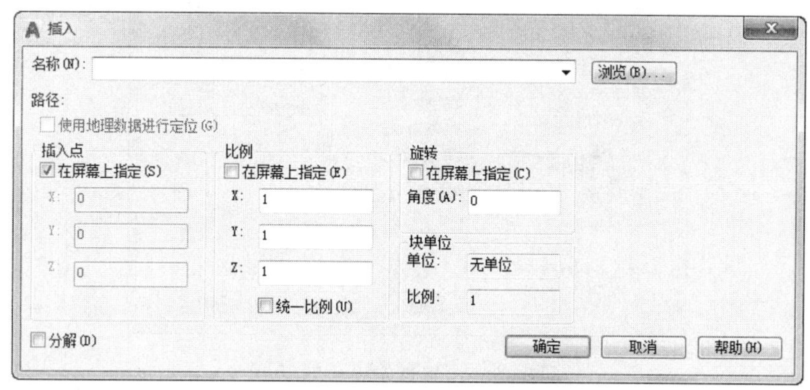

图5-9 “插入”对话框

5.2.3 图块的属性

图块除了包含图形对象以外，还可以具有非图形信息，例如把一个椅子的图形定义为图块后，还可把椅子的号码、材料、重量、价格以及说明等文本信息一并加入到图块当中。图块的这些非图形信息，叫做图块的属性，它是图块的一个组成部分，与图形对象一起构成一个整体，在插入图块时，AutoCAD 把图形对象连同属性一起插入到图形中。

1. 定义图块属性

（1）执行方式。

命令行：ATTDEF（快捷命令：ATT）。

菜单栏：“绘图”→“块”→“定义属性”。

功能区：单击“默认”选项卡“块”面板中的“定义属性”按钮或单击“插入”选项卡“块定义”面板中的“定义属性”按钮。

（2）操作格式：执行上述操作后，打开“属性定义”对话框，如图 5-10 所示。

（3）选项说明。

1）“模式”选项组：用于确定属性的模式。

①“不可见”复选框：勾选此复选框，属性为不可见显示方式，即插入图块并输入属性值后，属性值在图中并不显示出来。

②“固定”复选框：勾选此复选框，属性值为常量，即属性值在属性定义时给定，在插入图块时系统不再提示输入属性值。

③“验证”复选框：勾选此复选框，当插入图块时，系统重新显示属性值提示用户验证该值是否正确。

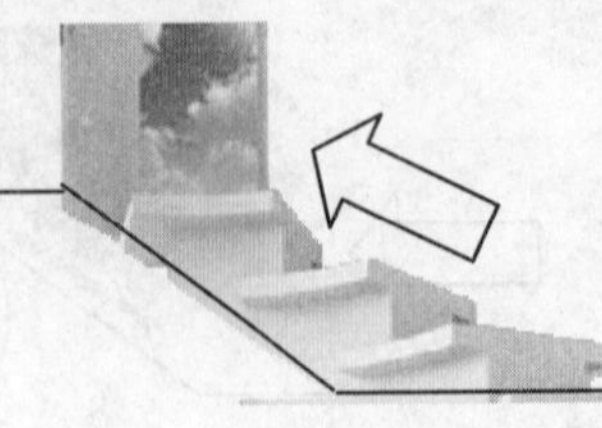

④“预设”复选框：勾选此复选框，当插入图块时，系统自动把事先设置好的默认值赋予属性，而不再提示输入属性值。

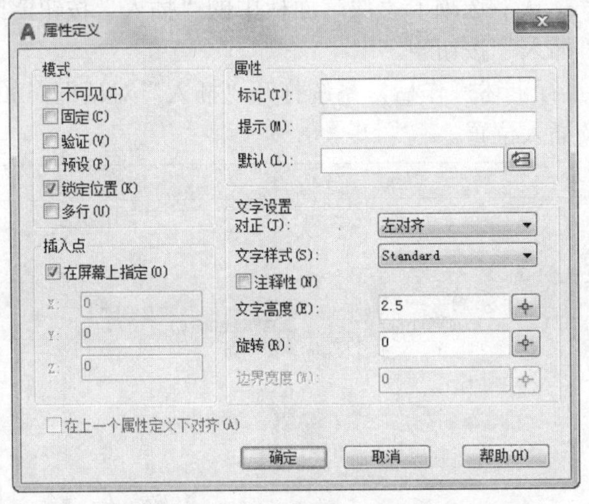

图5-10　“属性定义”对话框

⑤“锁定位置”复选框：锁定块参照中属性的位置。解锁后，属性可以相对于使用夹点编辑块的其他部分移动，并且可以调整多行文字属性的大小。

⑥“多行”复选框：勾选此复选框，可以指定属性值包含多行文字，可以指定属性的边界宽度。

2）“属性”选项组：用于设置属性值。在每个文本框中，AutoCAD 允许输入不超过 256 个字符。

①“标记”文本框：输入属性标签。属性标签可由除空格和感叹号以外的所有字符组成，系统自动把小写字母改为大写字母。

②“提示”文本框：输入属性提示。属性提示是插入图块时系统要求输入属性值的提示，如果不在此文本框中输入文字，则以属性标签作为提示。如果在“模式”选项组中勾选“固定”复选框，即设置属性为常量，则不需设置属性提示。

③“默认”文本框：设置默认的属性值。可把使用次数较多的属性值作为默认值，也可不设默认值。

3）“插入点”选项组：用于确定属性文本的位置。可以在插入时由用户在图形中确定属性文本的位置，也可在 X、Y、Z 文本框中直接输入属性文本的位置坐标。

4）“文字设置”选项组：用于设置属性文本的对齐方式、文本样式、字高和倾斜角度。

5）“在上一个属性定义下对齐”复选框：勾选此复选框表示把属性标签直接放在前一个属性的下面，而且该属性继承前一个属性的文本样式、字高和倾斜角度等特性。

2．修改属性定义

在定义图块之前，可以对属性的定义加以修改，不仅可以修改属性标签，还可以修改属性提示和属性默认值。

（1）执行方式。

命令行：DDEDIT（快捷命令：ED）。

菜单栏："修改"→"对象"→"文字"→"编辑"。

（2）操作格式：执行上述操作后，选择定义的图块，打开"编辑属性定义"对话框，如图 5-11 所示。

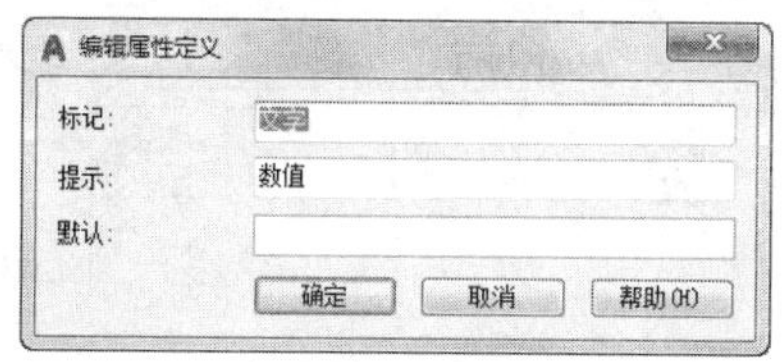

图5-11　"编辑属性定义"对话框

该对话框表示要修改属性的"标记""提示"及"默认"，可在各文本框中对各项进行修改。

3. 图块属性编辑

当属性被定义到图块当中，甚至图块被插入到图形当中之后，用户还可以对图块属性进行编辑。利用 ATTEDIT 命令可以通过对话框对指定图块的属性值进行修改，利用 ATTEDIT 命令不仅可以修改属性值，而且可以对属性的位置、文本等其他设置进行编辑。

（1）执行方式。

命令行：ATTEDIT（快捷命令：ATE）。

菜单栏："修改"→"对象"→"属性"→"单个"。

工具栏："修改 II"→"编辑属性"按钮。

（2）操作格式。

```
命令：ATTEDIT↙
选择块参照：
```

（3）选项说明：对话框中显示出所选图块中包含的前 8 个属性的值，用户可对这些属性值进行修改。如果该图块中还有其他的属性，可单击"上一个"和"下一个"按钮对它们进行观察和修改。

当用户通过菜单栏或工具栏执行上述命令时，系统打开"增强属性编辑器"对话框，如图 5-12 所示。该对话框不仅可以编辑属性值，还可以编辑属性的文字选项和图层、线型、颜色等特性值。

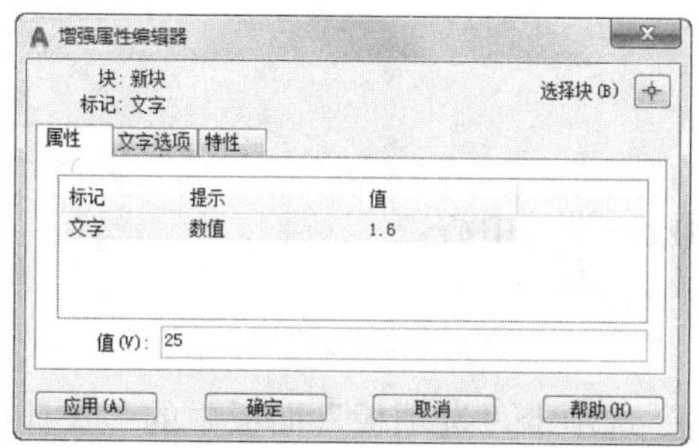

图5-12　"增强属性编辑器"对话框

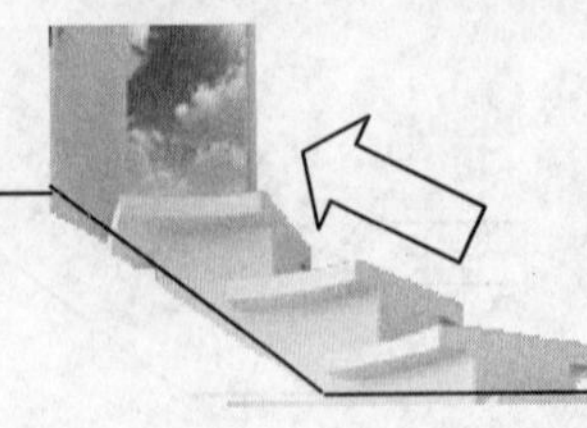

另外，还可以通过“块属性管理器”对话框来编辑属性。选择菜单栏中的“修改”→“对象”→“属性”→“块属性管理器”命令，系统打开“块属性管理器”对话框，如图 5-13 所示。单击“编辑”按钮，系统打开“编辑属性”对话框，如图 5-14 所示，可以通过该对话框编辑属性。

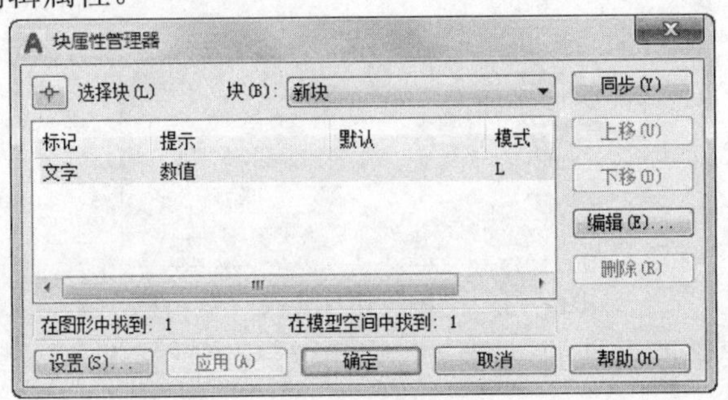

图5-13　“块属性管理器”对话框

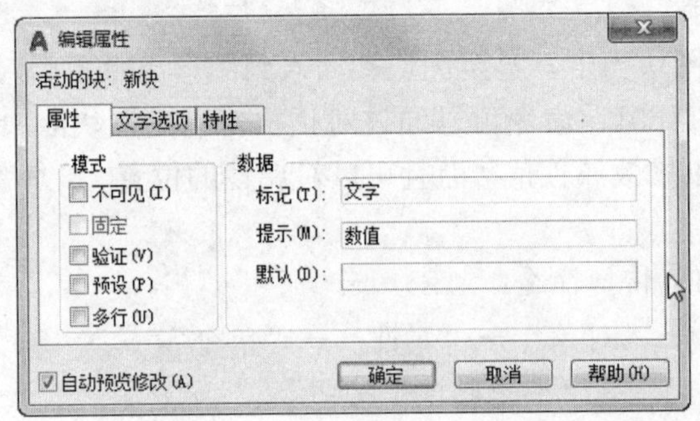

图5-14　“编辑属性”对话框

5.3　设计中心

使用 AutoCAD 设计中心可以很容易地组织设计内容，并把它们拖动到自己的图形中。可以使用 AutoCAD 设计中心窗口的内容显示框，来观察用 AutoCAD 设计中心的资源管理器所浏览资源的细目，如图 5-15 所示。在图 5-15 中，左边方框为 AutoCAD 设计中心的资源管理器，右边方框为 AutoCAD 设计中心窗口的内容显示框。其中上面窗口为文件显示框，中间窗口为图形预览显示框，下面窗口为说明文本显示框。

5.3.1　启动设计中心

1．执行方式

命令行：ADCENTER。

菜单栏：工具→选项板→设计中心。

工具栏：标准→设计中心▦。

快捷键：CTRL+2。

功能区：单击“视图”选项卡“选项板”面板中的“设计中心”按钮▦。

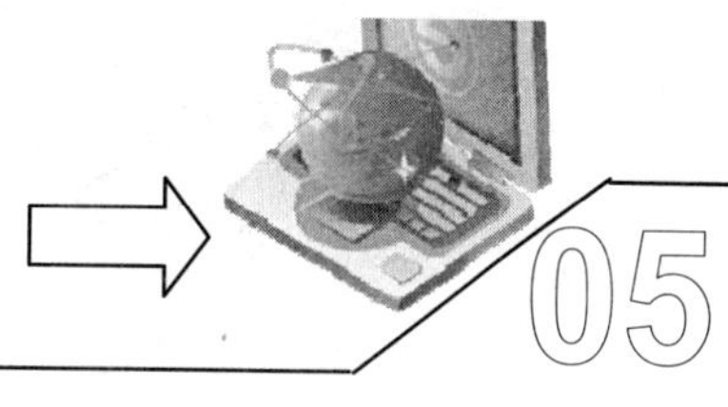

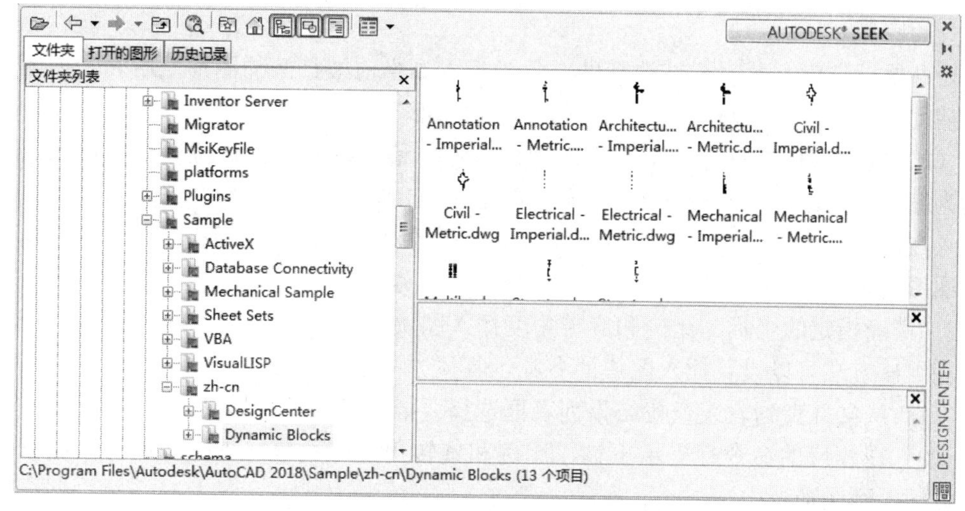

图5-15　AutoCAD设计中心的资源管理器和内容显示区

2. 操作格式

命令：ADCENTER↙

系统打开设计中心。第一次启动设计中心时，默认打开的选项卡为“文件夹”。内容显示区采用大图标显示，左边的资源管理器采用 tree view 显示方式显示系统的树形结构，浏览资源的同时，在内容显示区显示所浏览资源的有关细目或内容，如图 5-15 所示。

可以依靠鼠标拖动边框来改变 AutoCAD 设计中心资源管理器和内容显示区，以及 AutoCAD 绘图区的大小，但内容显示区的最小尺寸应能显示两列大图标。

如果要改变 AutoCAD 设计中心的位置，可在设计中心工具条的上部用鼠标拖动它，松开鼠标后，AutoCAD 设计中心便处于当前位置，到新位置后，仍可以用鼠标改变各窗口的大小。也可以通过设计中心边框左边下方的“自动隐藏”按钮来自动隐藏设计中心。

5.3.2　插入图块

可以将图块插入到图形当中。当将一个图块插入到图形当中的时候，块定义就被复制到图形数据库当中。在一个图块被插入图形之后，如果原来的图块被修改，则插入到图形当中的图块也随之改变。

当其他命令正在执行时，不能插入图块到图形当中。例如，如果在插入块时，在提示行正在执行一个命令，此时光标变成一个带斜线的圆，提示操作无效。另外一次只能插入一个图块。AutoCAD 设计中心提供了插入图块的两种方法：“利用鼠标指定比例和旋转方式”和“精确指定坐标、比例和旋转角度方式”。

1. 利用鼠标指定比例和旋转方式插入图块

系统根据鼠标拉出的线段的长度与角度确定比例与旋转角度。插入图块的步骤如下：

（1）从文件夹列表或查找结果列表选择要插入的图块，按住鼠标左键，将其拖动到打开的图形。

松开鼠标左键，此时，被选择的对象被插入到当前被打开的图形当中。利用当前设置的捕捉方式，可以将对象插入到任何存在的图形当中。

（2）按下鼠标左键，指定一点作为插入点，移动鼠标，鼠标位置点与插入点之间距离为缩放比例。按下鼠标左键确定比例。同样方法移动鼠标指针，鼠标指针指定位置与插入点连线与水平线角度为旋转角度。被选择的对象就根据鼠标指定的比例和角度插入到图形当中。

2．精确指定的坐标、比例和旋转角度插入图块

利用该方法可以设置插入图块的参数，具体方法如下：

（1）从文件夹列表或查找结果列表框选择要插入的对象，拖动对象到打开的图形。

（2）在相应的命令行提示下输入比例和旋转角度等数值。被选择的对象根据指定的参数插入到图形当中。

5.3.3 图形复制

1．在图形之间复制图块

利用 AutoCAD 设计中心可以浏览和装载需要复制的图块，然后将图块复制到剪贴板，利用剪贴板将图块粘贴到图形当中。具体方法如下：

（1）在控制板选择需要复制的图块，右击打开快捷菜单，在快捷菜单中选择“复制”命令。

（2）将图块复制到剪贴板上，然后通过“粘贴”命令粘贴到当前图形上。

2．在图形之间复制图层

利用 AutoCAD 设计中心可以从任何一个图形复制图层到其他图形。例如，如果已经绘制了一个包括设计所需的所有图层的图形，在绘制另外的新的图形的时候，可以新建一个图形，并通过 AutoCAD 设计中心将已有的图层复制到新的图形当中，这样可以节省时间，并保证图形间的一致性。

（1）拖动图层到已打开的图形：确认要复制图层的目标图形文件被打开，并且是当前的图形文件。在控制板或查找结果列表框选择要复制的一个或多个图层。拖动图层到打开的图形文件。松开鼠标左键后被选择的图层被复制到打开的图形当中。

（2）复制或粘贴图层到打开的图形：确认要复制的图层的图形文件被打开，并且是当前的图形文件。在控制板或查找结果列表框选择要复制的一个或多个图层。右击打开快捷菜单，在快捷菜单中选择“复制到粘贴板”命令。如果要粘贴图层，确认粘贴的目标图形文件被打开，并为当前文件。右击打开快捷菜单，在快捷菜单选择“粘贴”命令。

5.4 工具选项板

该选项板是“工具选项板”窗口中选项卡形式的区域，提供组织、共享和放置块及填充图案的有效方法。工具选项板还可以包含由第三方开发人员提供的自定义工具。

5.4.1 打开工具选项板

1. 执行方式

命令行：TOOLPALETTES。

菜单栏：工具→选项板→工具选项板。

工具栏：标准→工具选项板窗口。

快捷键：Crtl+3。

功能区：单击“视图”选项卡“选项板”面板中的“工具选项板”按钮。

2. 操作格式

命令：TOOLPALETTES↙

系统自动打开工具选项板窗口，如图 5-16 所示。

3. 选项说明

在工具选项板中，系统设置了一些常用图形选项卡，这些常用图形选项卡可以方便用户绘图。

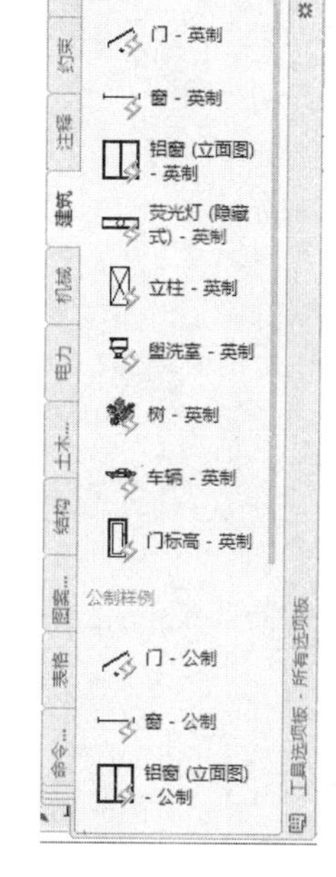

图5-16 工具选项板窗口

5.4.2 新建工具选项板

用户可以建立新工具选项板，这样有利于个性化作图，也能够满足特殊作图需要。

1. 执行方式

命令行：CUSTOMIZE。

菜单栏：工具→自定义→工具选项板。

快捷菜单：在任意工具选项板上单击鼠标右键，然后选择“自定义选项板”。

2. 操作格式

命令：CUSTOMIZE↙

系统打开“自定义”对话框，如图 5-17 所示。

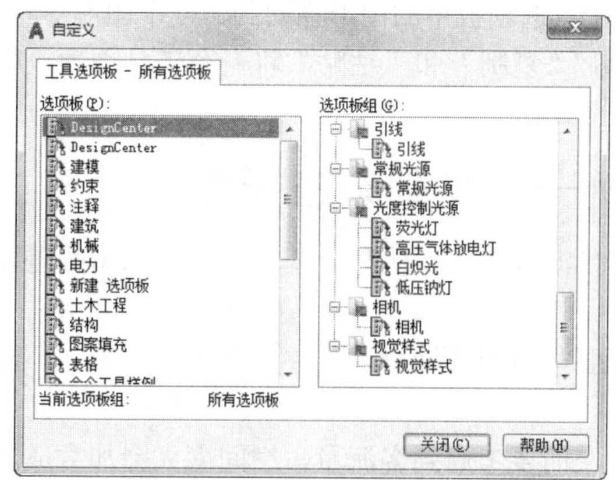

图 5-17 “自定义”对话框

在“选项板”列表框中单击鼠标右键，打开快捷菜单，如图 5-18 所示，选择“新建选项板”项，在对话框可以为新建的工具选项板命名。确定后，工具选项板中就增加了一个新的选项卡，如图 5-19 所示。

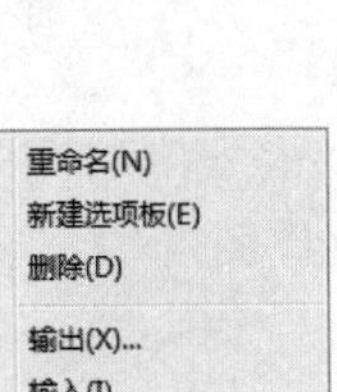

图5-18　“新建工具选项板”对话框

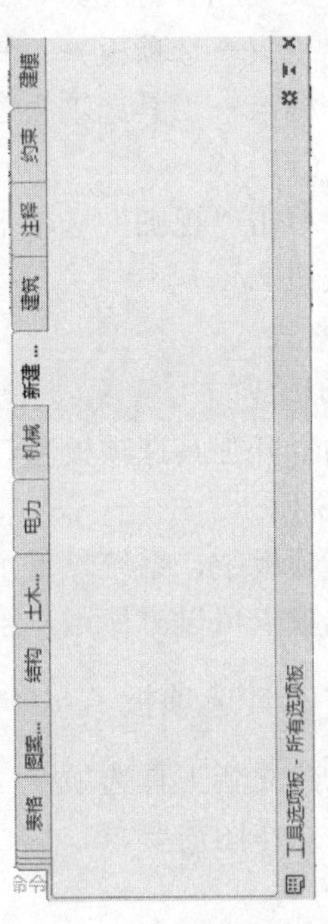

图5-19　新增选项卡

5.4.3　向工具选项板添加内容

（1）将图形、块和图案填充从设计中心拖动到工具选项板上，例如，在 Designcenter 文件夹上右击鼠标，系统打开右键快捷菜单，从中选择“创建块的工具选项板”命令，如图 5-20a 所示。设计中心中储存的图元就出现在工具选项板中新建的 Designcenter 选项卡上，如图 5-20b 所示。这样就可以将设计中心与工具选项板结合起来，建立一个快捷方便的工具选项板。将工具选项板中的图形拖动到另一个图形中时，图形将作为块插入。

（2）使用“剪切”“复制”和“粘贴”将一个工具选项板中的工具移动或复制到另一个工具选项板中。

5.5　综合实例——绘制茶室平面图

公园里的茶室可供游人饮茶、休憩、观景，是公园里很重要的建筑。茶室设计要注意两点。

首先其外型设计要与周围环境协调，并且要优美，使之不仅是一个商业建筑，更要成为公园里的艺术品。

其次茶室本身的空间要考虑到客流量，空间太大会加大成本且显得空荡、冷落、寂寞；空间过小则不能达到其相应的服务功能。空间内部的布局基本要求是：敞亮、整洁、

美观、和谐、舒适，满足人的生理和心理需求，有利于人的身心健康，同时要灵活多样地区划空间，造就好的观景点，形成优美的休闲空间。

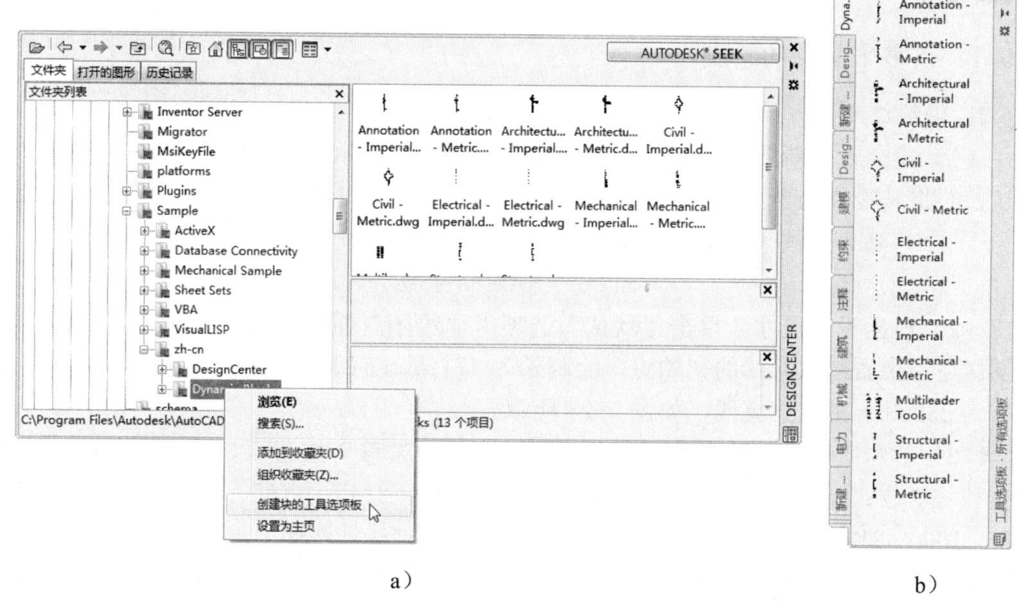

a）　　b）

图5-20　将储存图元创建成“设计中心”工具选项板

下面以某公园茶室为例说明其绘制方法，如图 5-21 所示。

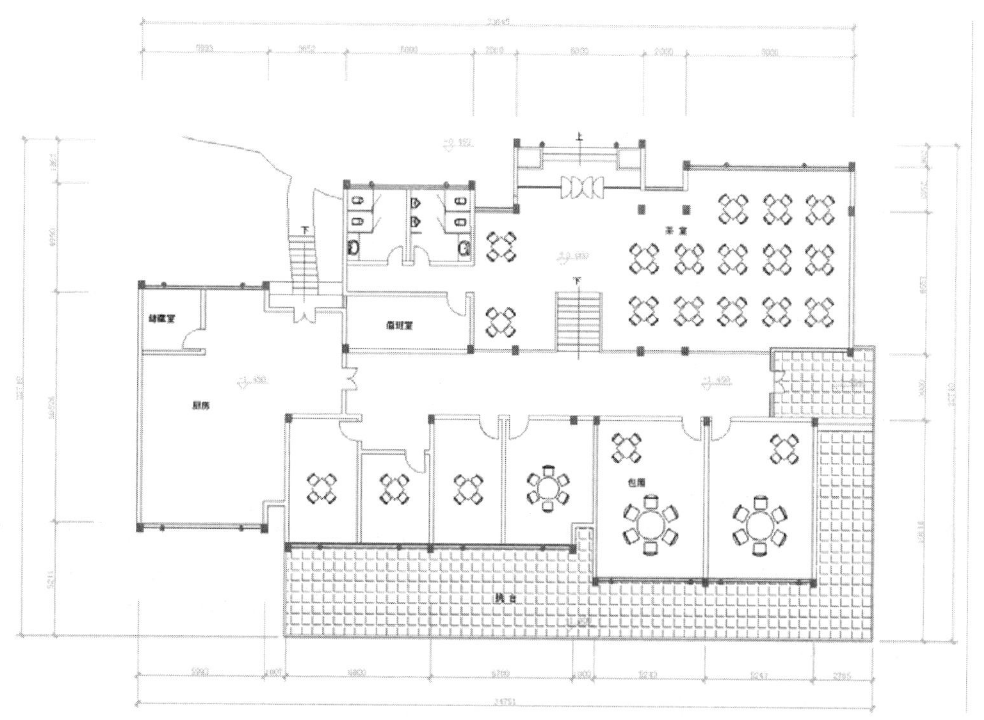

图5-21　茶室平面设计图

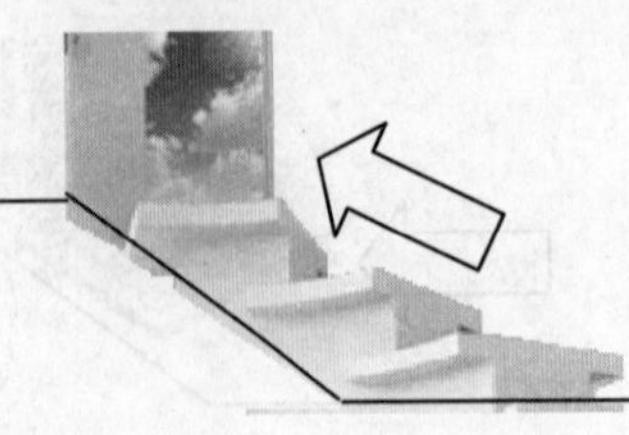

光盘\动画演示\第5章\绘制茶室平面图.avi

5.5.1　茶室平面图的绘制

1．轴线绘制

（1）建立一个新图层，命名为“轴线”，颜色为红色，线型为“CENTER”，线宽为默认，并将其设置为当前图层，如图 5-22 所示。确定后回到绘图状态。

轴线　红　CENTER　—— 默认　0　Color 1

图5-22　轴线图层参数

（2）根据设计尺寸，单击“默认”选项卡“绘图”面板中的“直线”按钮，在绘图区适当位置选取直线的初始点，绘制长为 37128mm 的水平直线，重复直线命令，绘制长为 23268mm 的竖直直线，如图 5-23 所示。

（3）单击“默认”选项卡“修改”面板中的“偏移”按钮，将竖直轴线依次向右偏移（单位：mm）3000、2993、1007、2645、755、2245、1155、1845、1555、445、2855、1000、2145、2000、1098、5243 和 1659，水平轴线依次向上偏移（单位：mm）892、2412、1603、2850、150、1850、769、1400、2538、1052、1000 和 982，并设置线型为 40，然后单击“默认”选项卡“修改”面板中的“移动”按钮，将各个轴线上下浮动进行调整并保持偏移的距离不变，结果如图 5-24 所示。

图5-23　绘制轴线

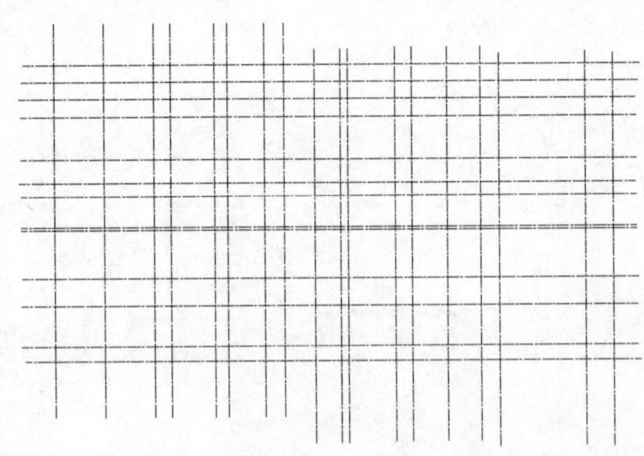

图5-24　轴线设置

2．建立茶室图层

单击“默认”选项卡“图层”面板中的“图层特性”按钮，打开“图层特性管理器”对话框，建立一个新图层，命名为“茶室”，颜色为洋红，线型为“Continous”，线宽为 0.70mm，并将其设置为当前图层，如图 5-25 所示。确定后回到绘图状态。

3．绘制茶室平面图

（1）柱的绘制。单击“默认”选项卡“绘图”面板中的“矩形”按钮，绘制 300mm ×400mm 的矩形；单击“默认”选项卡“绘图”面板中的“图案填充”按钮，打开“图

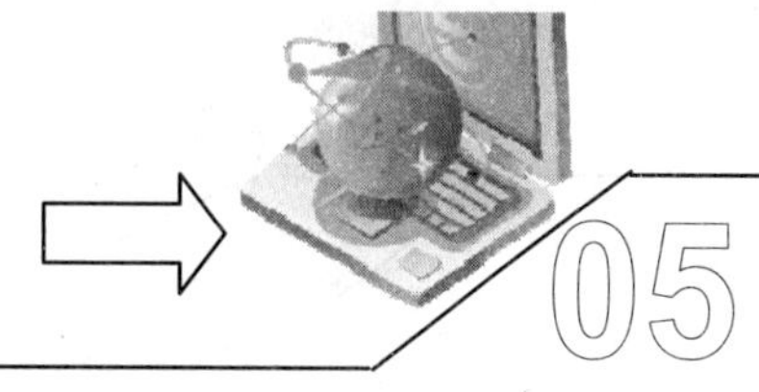

案填充创建”选项卡，设置如图 5-26 所示；单击“默认”选项卡“绘图”面板中的“直线”按钮，确定出柱的准确位置，然后单击“默认”选项卡“修改”面板中的“移动”按钮，将柱移到指定位置，结果如图 5-27 所示。

茶室 洋红 Continu... 0.70... 0 Color 6

图5-25 茶室图层参数

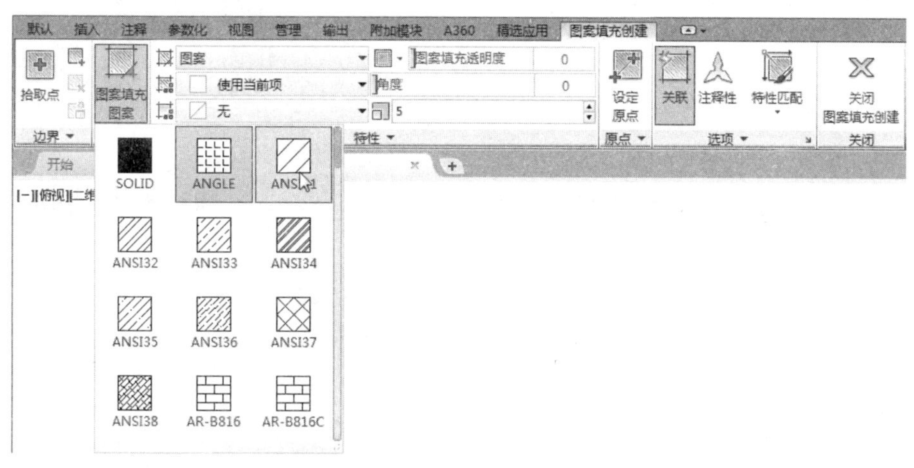

图5-26 “图案填充创建”选项卡

（2）墙体的绘制。选择菜单栏中的“绘图”→“多线”命令，绘制墙体，命令行提示与操作如下：

```
命令:MLINE ↙
当前设置：对正 = 下，比例 = 1.00，样式 = STANDARD
指定起点或 [对正(J)/比例(S)/样式(ST)]： j↙
输入对正类型 [上(T)/无(Z)/下(B)] <下>： b↙
当前设置：对正 = 下，比例 = 1.00，样式 = STANDARD
指定起点或 [对正(J)/比例(S)/样式(ST)]： s↙
输入多线比例 <1.00>： 200↙
当前设置：对正 = 下，比例 = 200.00，样式 = STANDARD
指定起点或 [对正(J)/比例(S)/样式(ST)]：（选择柱的左侧边缘）
指定下一点：（选择柱的左侧边缘）
```

结果如图 5-28 所示。

依照上述方法绘制剩余墙体，修剪多余的线条，将墙的端口用直线连接上。绘制洞口时，常以临近的墙线或轴线作为距离参照来帮助确定墙洞位置，如图 5-29 所示，然后将轴线关闭，结果如图 5-30 所示。

（3）入口及隔挡的绘制。单击“默认”选项卡“绘图”面板中的“直线”按钮和“多段线”按钮，以最近的柱为基准，确定入口的准确位置，绘制相应的入口台阶。

新建一图层，命名为“文字”，并将其设置为当前图层，在合适的位置标出台阶的上下关系，结果如图 5-31 所示。

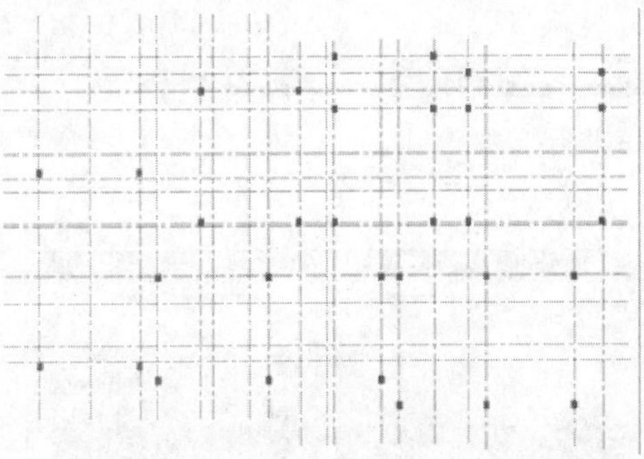

图5-27　柱的绘制

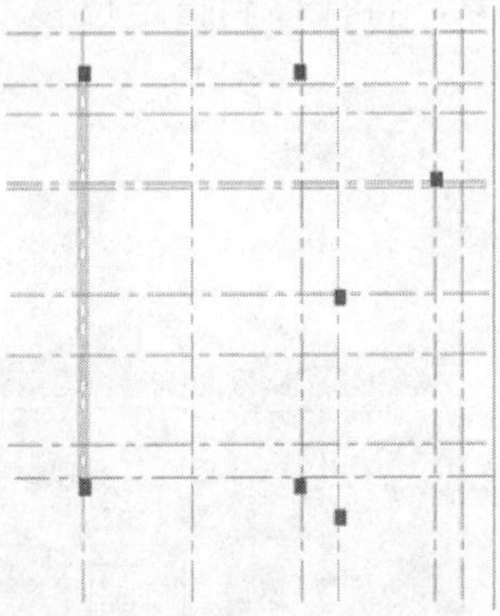

图5-28　绘制墙体

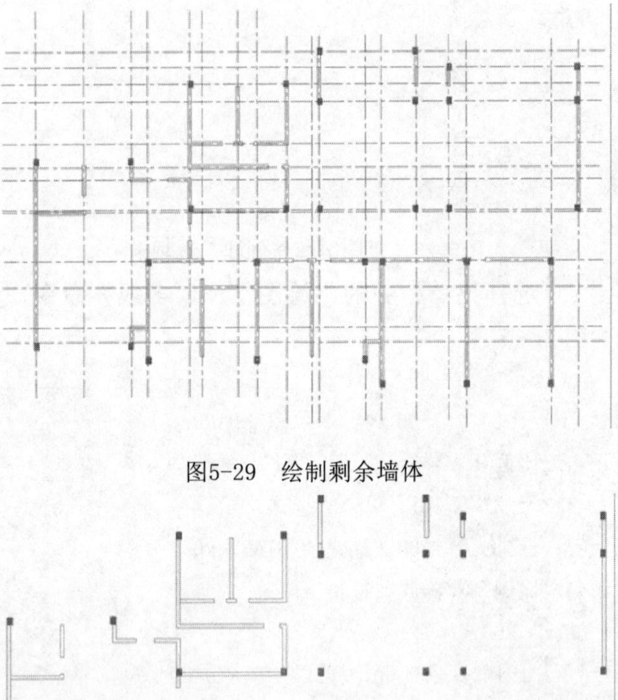

图5-29　绘制剩余墙体

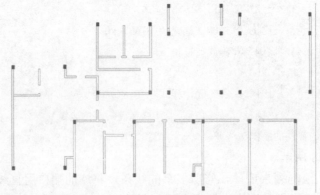

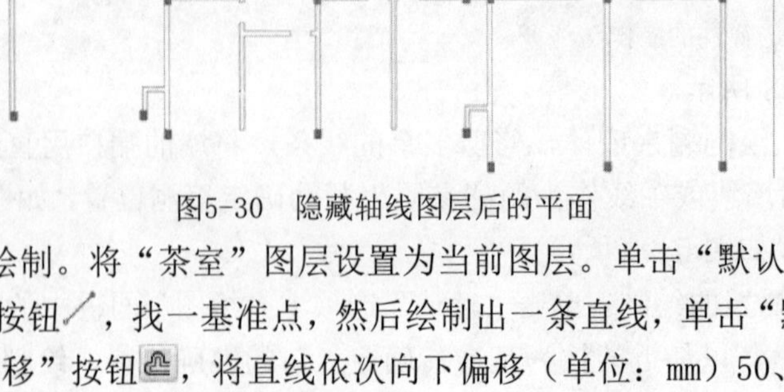

图5-30　隐藏轴线图层后的平面

（4）窗户的绘制。将“茶室”图层设置为当前图层。单击“默认”选项卡“绘图”面板中的“直线”按钮，找一基准点，然后绘制出一条直线，单击“默认”选项卡“修改”面板中的“偏移”按钮，将直线依次向下偏移（单位：mm）50、100 和 50，最终

完成窗户的绘制，如图 5-32 所示。同理，绘制图中其他位置处的窗户，结果如图 5-33 所示。

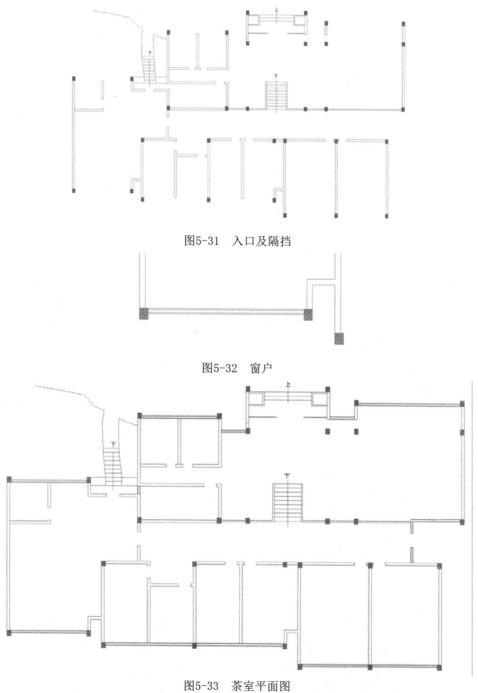

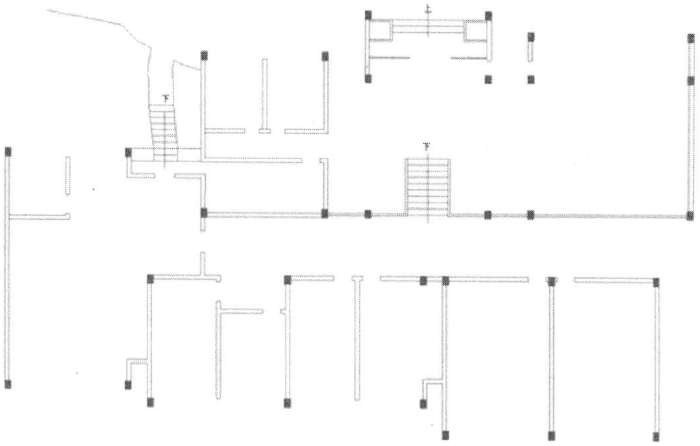

图5-31　入口及隔挡

图5-32　窗户

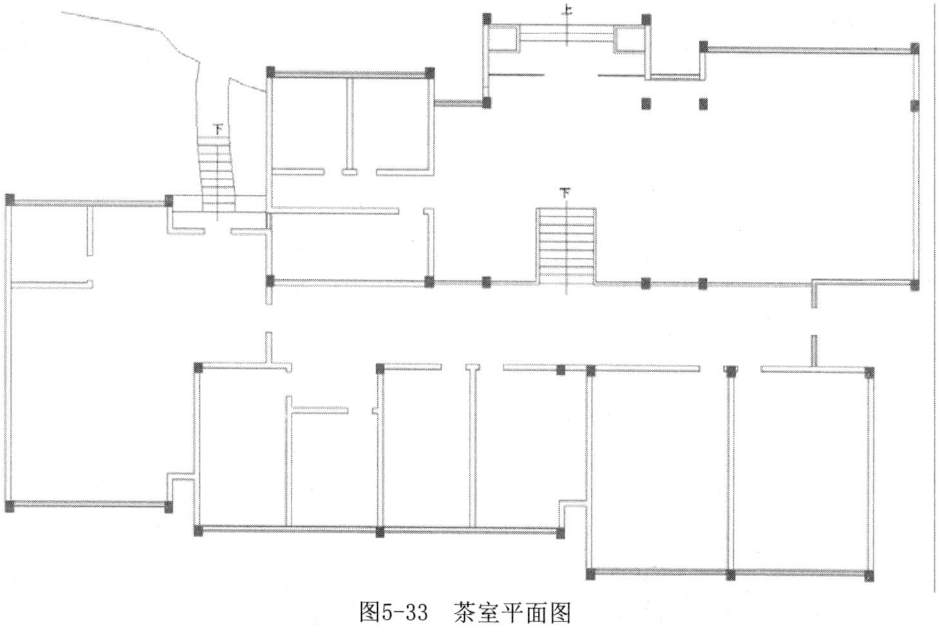

图5-33　茶室平面图

（5）窗柱的绘制。单击“默认”选项卡“绘图”面板中的“圆”按钮，绘制一半径为 110mm 的圆，对其进行填充，填充方法同方柱的填充方法。绘制好后，复制到准

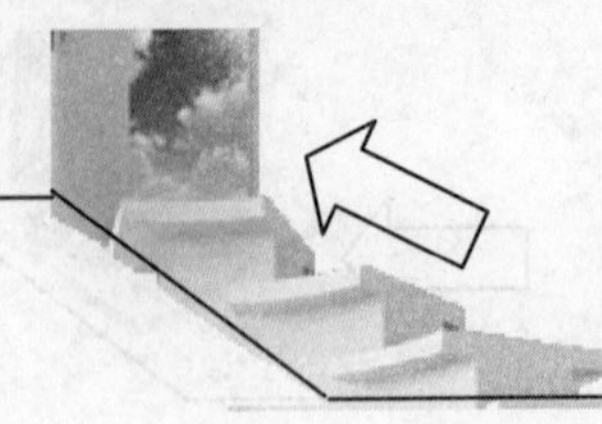

确位置，结果如图 5-34 所示。

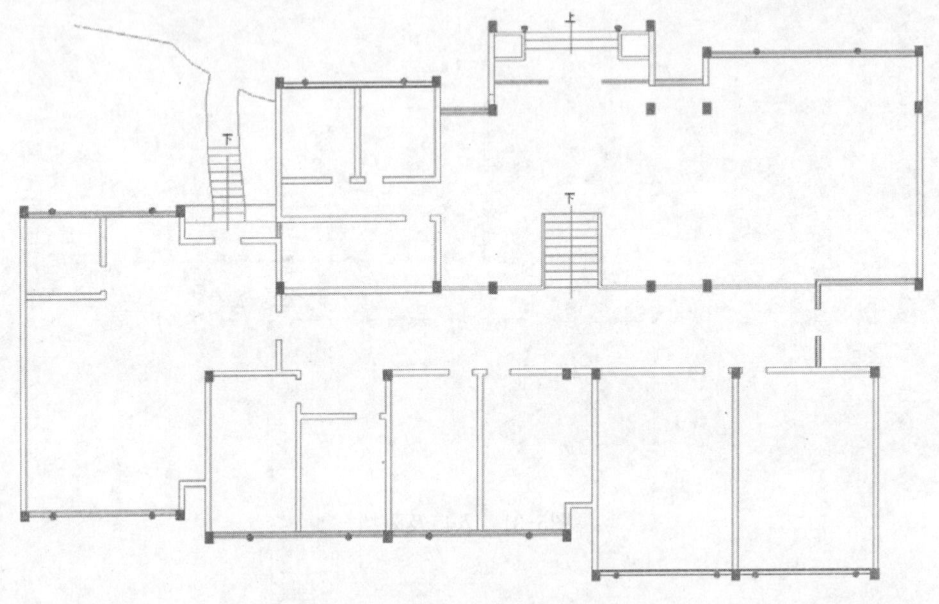

图5-34 窗柱

（6）阳台的绘制。单击“默认”选项卡“绘图”面板中的“多段线”按钮，绘制阳台的轮廓，单击“默认”选项卡“绘图”面板中的“图案填充”按钮，对其进行填充，打开的“图案填充创建”选项卡设置如图 5-35 所示。

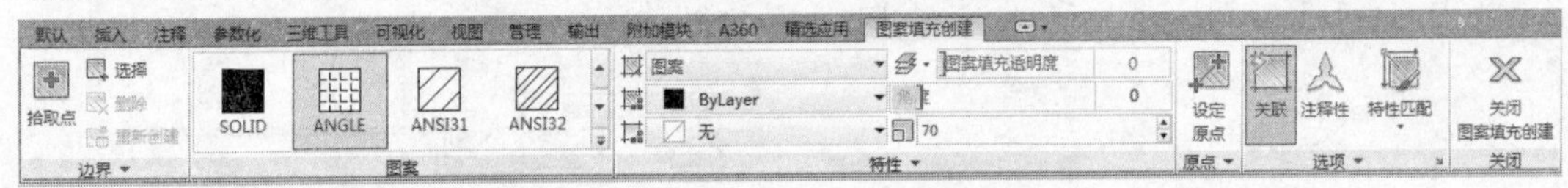

图5-35 “图案填充创建”选项卡

结果如图 5-36 所示。

（7）室内门的绘制。室内门分为单拉门和双拉门。

1）单拉门的绘制。单击“默认”选项卡“绘图”面板中的“圆弧”按钮，在门的位置绘制，以墙的内侧的一点为起点，半径为 900mm，包含角度为-90° 的圆弧，如图 5-37 所示。

单击“默认”选项卡“绘图”面板中的“直线”按钮，以圆弧的末端点为第一角点，水平向右绘制一直线段，与墙体相交，如图 5-38 所示。

2）双拉门的绘制。单击“默认”选项卡“绘图”面板中的“直线”按钮，以墙体右端点为起点水平向右绘制长为 500mm 的水平直线，然后单击“默认”选项卡“绘图”面板中的“圆弧”按钮，绘制半径为 500mm 的圆弧。

最后单击“默认”选项卡“修改”面板中的“镜像”按钮，将绘制好的门的一侧进行镜像，结果如图 5-39 所示。

3）多扇门的绘制。单击“默认”选项卡“绘图”面板中的“圆弧”按钮，以图示直线的端点为圆心，绘制半径 500mm，包含角度为-180° 的圆弧，如图 5-40 所示。

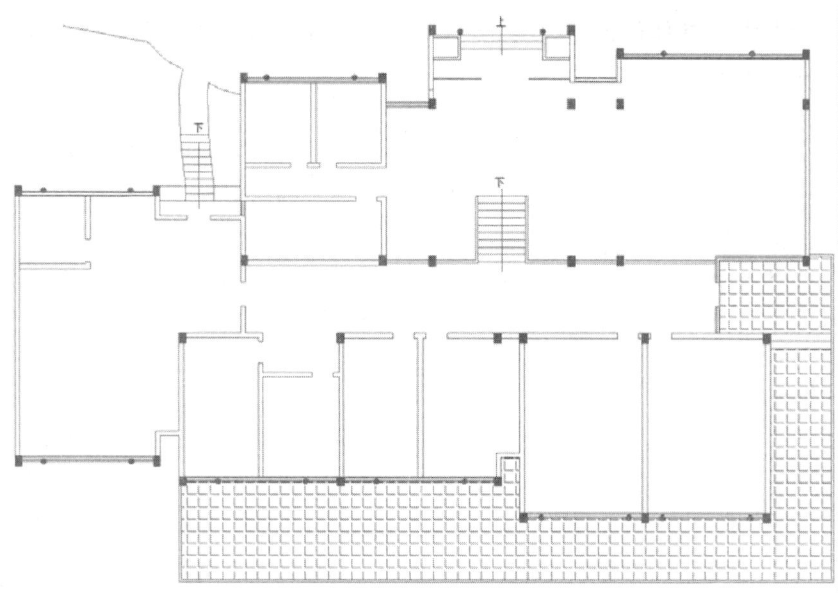

图5-36　填充后效果

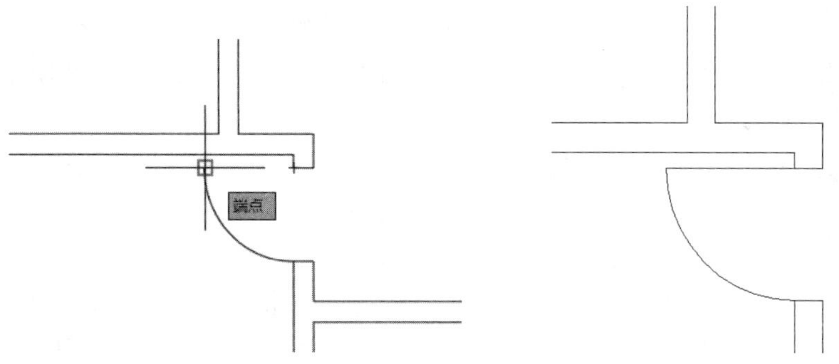

图5-37　室内门的绘制　　　　图5-38　室内门的绘制3

单击“默认”选项卡“绘图”面板中的“直线”按钮，将上一步绘制的半圆的直径用直线封闭起来，这样门的一扇就绘制好了。单击“默认”选项卡“修改”面板中的“复制”按钮，将绘制的一扇门全部选中，以圆心为指定基点，以圆弧的顶点为指定的第二点进行复制，然后单击“默认”选项卡“修改”面板中的“镜像”按钮，将绘制好的两扇门进行镜像操作，绘制结果如图 5-41 所示。

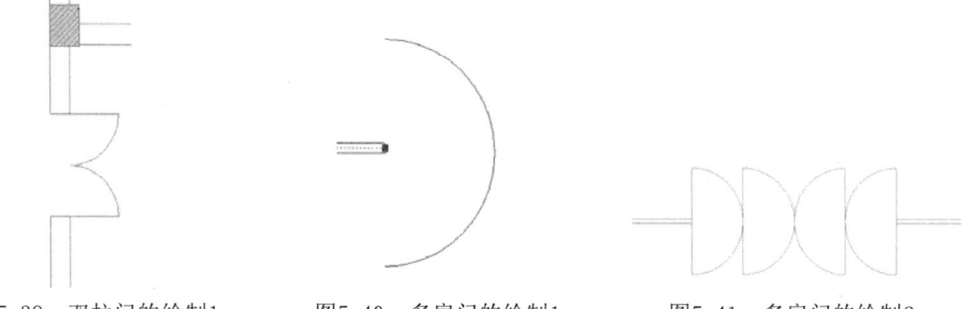

图5-39　双拉门的绘制1　　　　图5-40　多扇门的绘制1　　　　图5-41　多扇门的绘制2

同理，绘制茶室其他位置处的门，对于相同的门可以利用复制和旋转命令进行绘制，结果如图 5-42 所示。

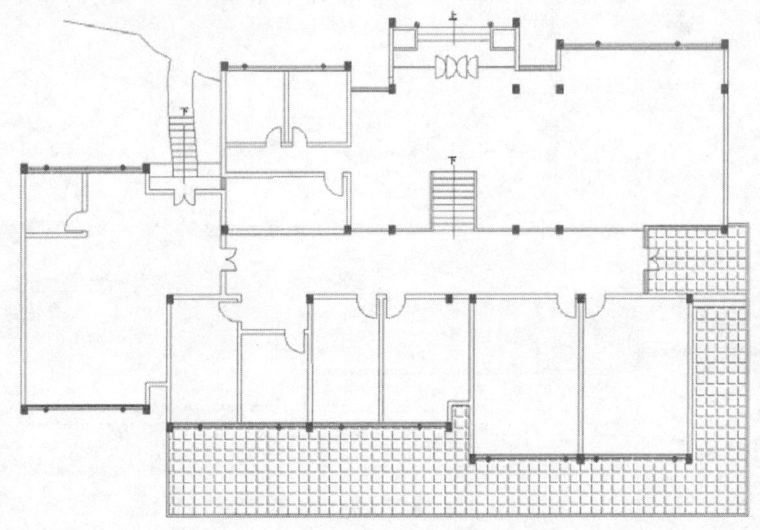

图5-42 将绘制好的门复制到茶室的相应位置

（8）室内设备的添加。建立一个“家具”图层，参数设置如图 5-43 所示，将其设置为当前图层。

✓ 家具 洋红 Continu... —— 默认 0 Color 6

图5-43 家具图层参数

下面的操作需要利用附带光盘中的素材，请将光盘插入光驱。

1）室内设备包括卫生间的设备、大厅的桌椅等，单击“默认”选项卡“绘图”面板中的“直线”按钮，绘制卫生间墙体，然后单击“默认”选项卡“块”面板中的“插入”按钮，将源文件/图库中的马桶、小便池和洗脸盆插入到图中，结果如图 5-44 所示。

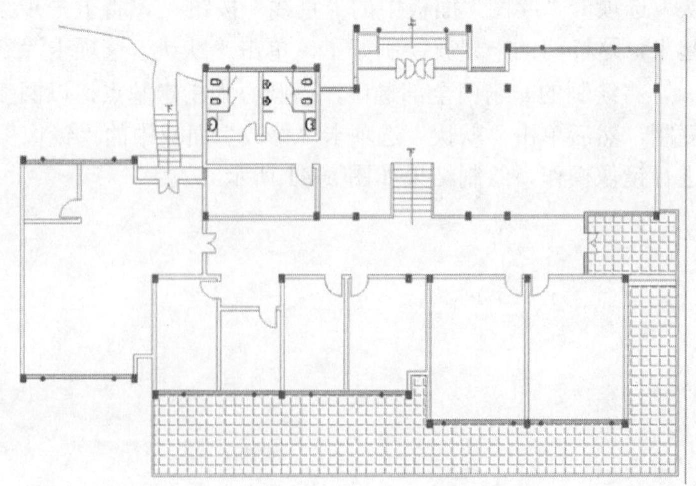

图5-44 添加室内设备1

2）桌椅的添加：单击“默认”选项卡“块”面板中的“插入”按钮，将源文件/图库中的方形桌椅和圆形桌椅插入到图中，结果如图 5-45 所示。

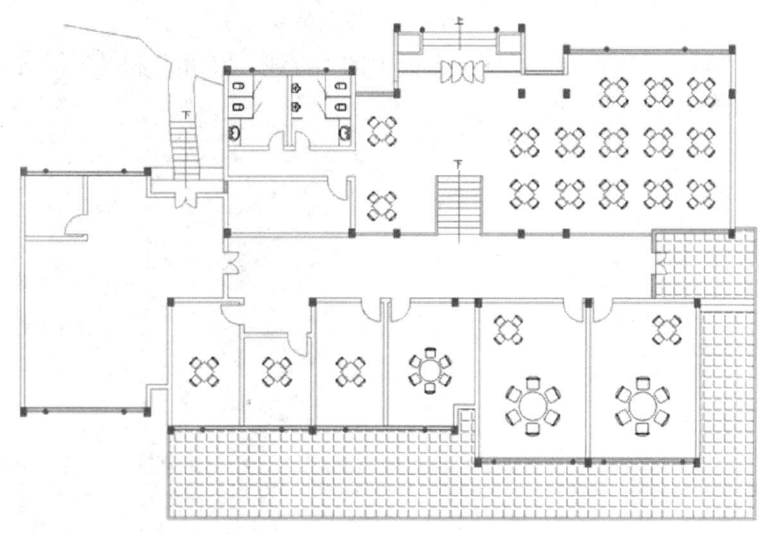

图5-45　添加室内设备2

5.5.2　文字、尺寸的标注

操作步骤

1．文字的标注

将文字图层设置为当前层，单击“默认”选项卡“注释”面板中的“多行文字”按钮A，在待注文字的区域拉出一个矩形，打开“文字格式”对话框。首先设置字体及字高，其次在文本区输入要注的文字，单击“确定”按钮后完成，结果如图 5-46 所示。

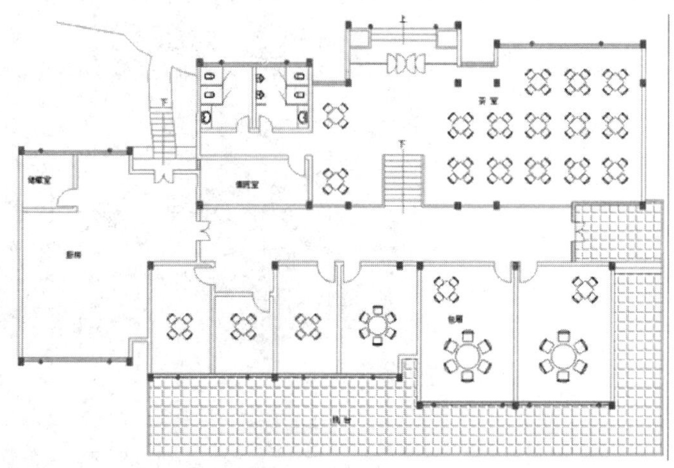

图5-46　文字标注

2．尺寸的标注

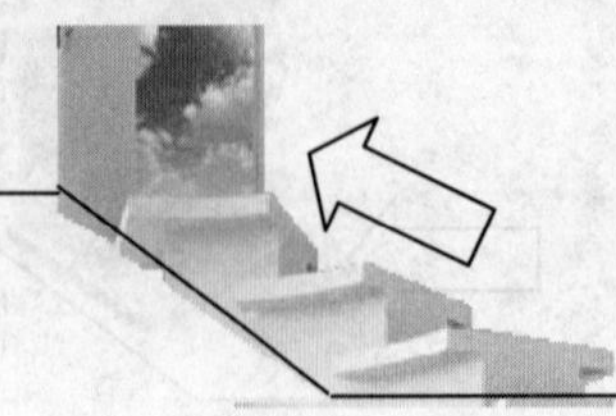

（1）建立“尺寸”图层，参数如图 5-47 所示，并将其设置为当前图层。

✔ 尺寸 绿 Continu... —— 默认 0 Color_3

图5-47　尺寸图层参数

（2）单击“默认”选项卡“绘图”面板中的“直线”按钮和“多行文字”按钮，标注标高，结果如图 5-48 所示。

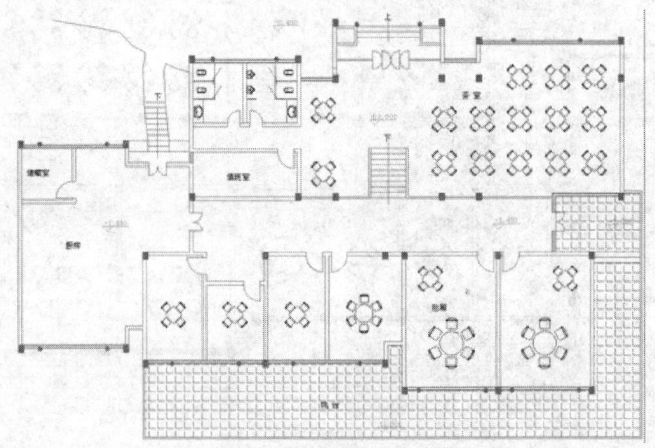

图5-48　相对高程的标注

（3）将轴线图层打开，单击“默认”选项卡“注释”面板中的“线性”按钮和“连续”按钮，标注尺寸，并整理图形，如图 5-49 所示，然后将轴线图层关闭。

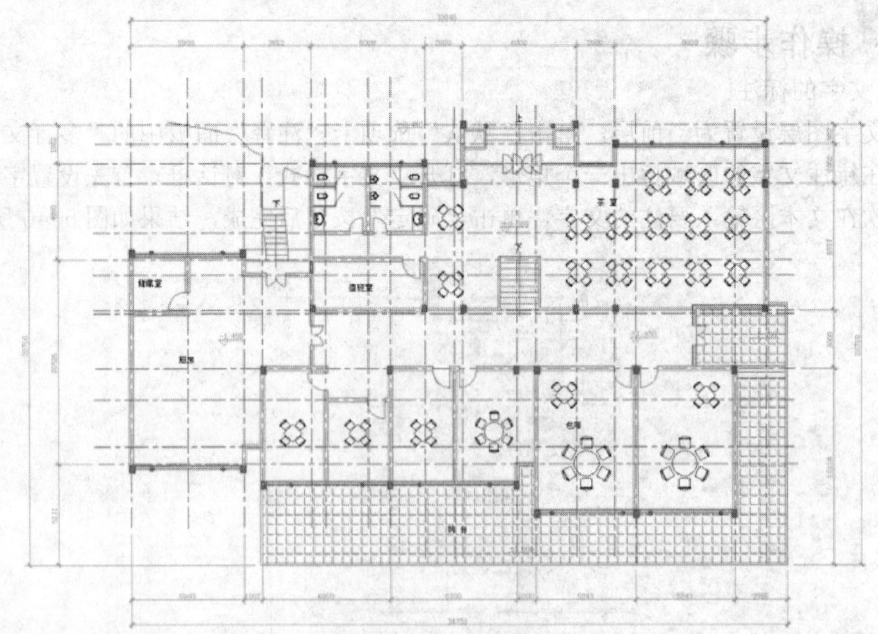

图5-49　尺寸的标注

5.6　上机实验

【实例 1】将图 5-50 所示的石花创建为块。

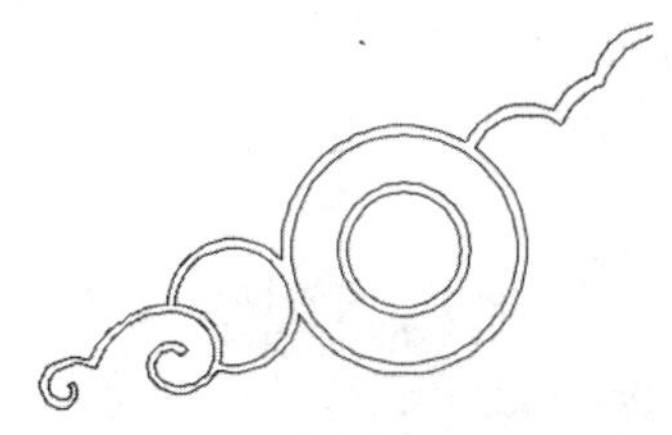

图5-50　石花

1．目的要求

在实际绘图过程中，会经常遇到比较复杂的装饰性图元。解决这类问题最简单快捷的办法是将其制作成图块，然后将图块插入图形。通过本实例的学习，使读者掌握图块相关的操作。

2．操作提示

（1）利用“圆”和“样条曲线”命令绘制石花。

（2）将石花创建为块。

【实例 2】利用距离查询工具测量图 5-51 所示的道路平面图。

1．目的要求

本例利用二维绘图和修改命令绘制道路平面图，然后利用距离查询工具测量道路，通过本例的学习使读者熟练掌握距离查询命令的运用。

2．操作提示

（1）绘制轴线。

（2）绘制道路平面图。

（3）测量道路。

（4）标注尺寸和文字。

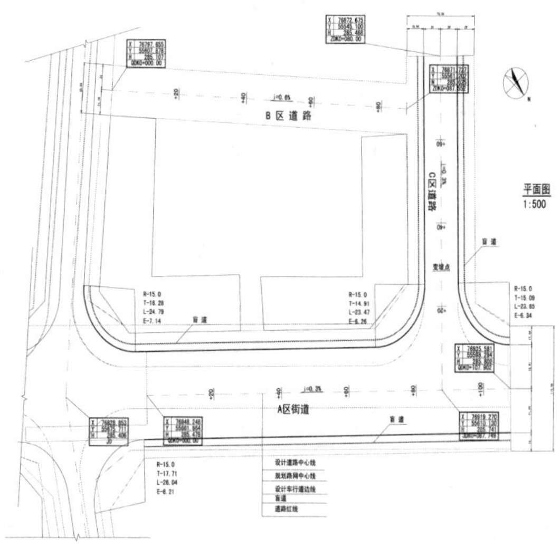

图5-51　道路平面图

第2篇

园林设计单元篇

本章导读：

本篇主要介绍各种园林景观的设计方法和思路，目的是为下一步园林设计具体案例的讲解进行必要的知识准备。包括园林设计的相关理论和具体设计实例。

内容要点：

- 园林建筑图绘制
- 园林水景图绘制
- 园林绿地平面图绘制
- 园林小品图绘制

第 6 章　园林建筑

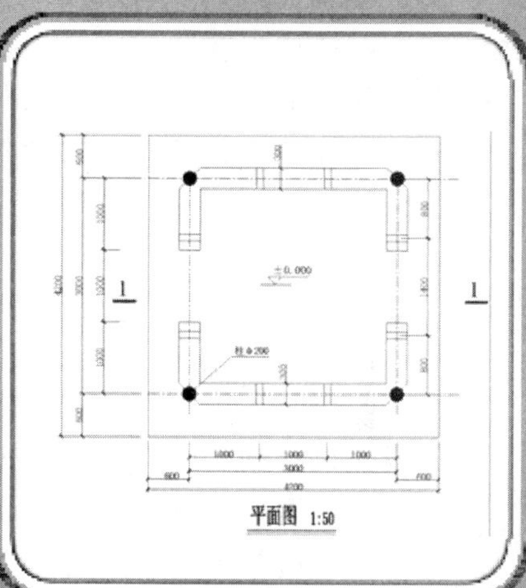

平面图 1:50

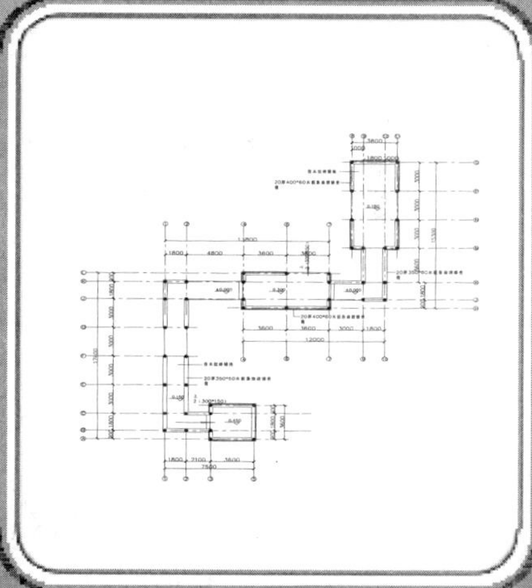

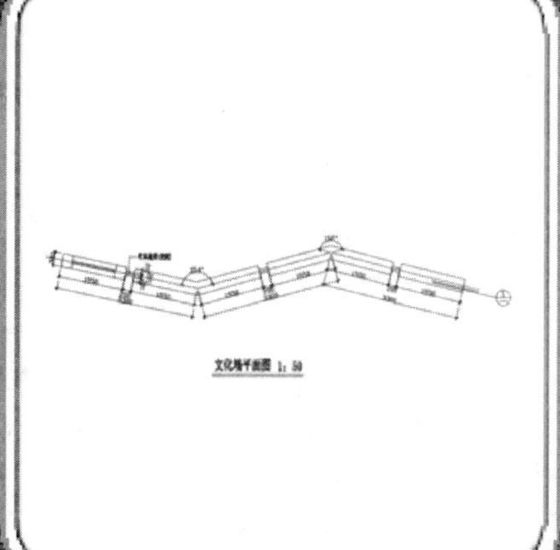

文化墙平面图 1:50

园林建筑是指在园林中与园林造景有直接关系的建筑，它既有使用价值，又能与环境组成景致，供人们游览和休憩，因此园林建筑的设计构造等一定要考虑这两个方面的因素，使之达到可居、可游、可观。其设计方法概括起来主要有六个方面：立意、选址、布局、借景、尺度与比例、色彩与质感。另外，根据园林设计的立意、功能要求、造景等需要，必须考虑适当的建筑和建筑组合。同时要考虑建筑的体量、造型、色彩以及与其配合的假山艺术、雕塑艺术、园林植物、水景等各要素的安排，并要求精心构思，使园林中的建筑起到画龙点睛的作用。

园林建筑常见的有亭、榭、廊、花架、大门、园墙、桥等，本章分别加以说明。

知识点

- 亭
- 廊
- 围墙
- 桥

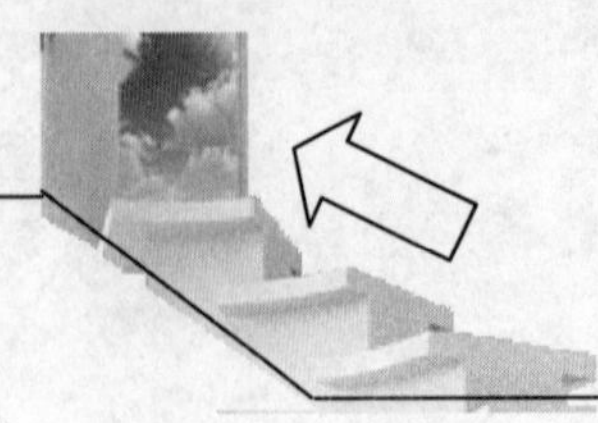

6.1 亭

亭在我国园林中是运用最多的一种建筑形式。无论是在传统的古典园林中，或是在现代新建的公园及风景游览区，都可以看到有各种各样的亭子，屹立于山冈之上；或依附在建筑之旁；或漂浮在水池之畔。以玲珑美丽、丰富多样的形象与园林中的其他建筑、山水、绿化等相结合，构成一幅幅生动的图画。在造型上，要结合具体地形、自然景观和传统设计，并以其特有的娇美轻巧、玲珑剔透形象与周围的建筑、绿化、水景等结合而构成园林一景。

6.1.1 亭的基本特点

亭的构造大致可分为亭顶、亭身、亭基三部分。体量宁小勿大，形制也较细巧，用竹、木、石、砖瓦等地方性传统材料均可修建。现在更多的是用钢筋混凝土或兼以轻钢、铝合金、玻璃钢、镜面玻璃、充气塑料等材料组建而成。

亭四面多开放，空间流动，内外交融，榭廊亦如此。解析了亭也就能举一反三于其他楼阁殿堂。亭榭等体量不大，但在园林造景中作用不小，是室内的室外；而在庭院中则是室外的室内。选择要有分寸，大小要得体，即要有恰到好处的比例与尺度，只顾重某一方面都是不允许的。任何作品只有在一定的环境下，它才是艺术，科学。生搬硬套学流行，会失去神韵和灵性，就谈不上艺术性与科学性。

园亭，是指园林绿地中精致细巧的小型建筑物。可分为两类，一类是供人休憩观赏的亭，另一类是具有实用功能的票亭、售货亭等。

1. 园亭的位置选择

建亭位置，要从两方面考虑，一是由内向外好看，二是由外向内也好看。园亭要建在风景好的地方，使入内歇足休息的人有景可赏，留得住人，同时更要考虑建亭后成为一处园林美景，园亭在这里往往可以起到画龙点睛的作用。

2. 园亭的设计构思

园亭虽小巧却必须深思才能出类拔萃。具体要求如下：

（1）选择所设计的园亭，传统、现代、中式、西式、自然野趣还是奢华富贵等这些款式的不同是不难理解的。

（2）同种款式中，平面、立面、装修的大小、形样、繁简也有很大的不同，须要斟酌。例如，同样是植物园内的中国古典园亭，牡丹园和槭树园不同。牡丹亭必需重檐起翘，大红柱子；槭树亭白墙灰瓦足矣。这是因它们所在的环境气质不同而异。同样是欧式古典园顶亭，高尔夫球场和私宅庭园的大小有很大不同，这是因它们所在环境的开阔郁闭不同而异。同是自然野趣，水际竹筏嬉鱼和树上杈窝观鸟不同，这是因环境的功能要求不同而异。

（3）所有的形式、功能、建材是在演变进步之中的，常常是相互交叉的，必须着重于创造。例如，在中国古典园亭的梁架上，以卡普隆阳光板作顶代替传统的瓦，古中有今，洋为我用，可以取得很好的效果。以四片实墙、边框采用中国古典

园亭的外轮廓，组成虚拟的亭，也是一种创造。用悬索、布幕、玻璃、阳光板等，层出不穷。

只有深入考虑这些还节，才能别具一格，不落俗套。

3. 园亭的平立面

园亭体量小，平面严谨。自点状伞亭起，三角、正方、长方、六角、八角以至圆形、海棠形、扇形，由简单而复杂，基本上都是规则几何形体，或再加以组合变形。根据这个道理，可构思其他形状，也可以和其他园林建筑如花架、长廊、水榭组合成一组建筑。

园亭的平面组成比较单纯，除柱子、坐凳(椅)、栏干，有时也有一段墙体、桌、碑、井、镜、匾等。

园亭的平面布置，一种是一个出入口，终点式的；还有一种是两个出入口，穿过式的。视亭大小而采用。

4. 园亭的立面

因款式的不同有很大的差异。但有一点是共同的，就是内外空间相互渗透，立面显得开敞通透。园亭的立面可以分成以下几种类型，这是决定园亭风格款式的主要因素。如：

（1）中国古典、西洋古典传统式样。这种类型都有程式可依，困难的是施工十分繁复。中国传统园亭柱子有木和石两种，用真材或砼仿制；但屋盖变化多，如以砼代木，则所费工、料均不合算，效果也不甚理想。西式传统形式，现在市面有各种规格的玻璃钢、GRC 柱式、檐口，可在结构外套用。

（2）平顶、斜坡、曲线各种新式样。要注意园亭平面和组成均甚简洁，观赏功能又强，因此屋面变化无妨要多一些。如做成折板、弧形、波浪形或者用新型建材、瓦、板材；或者强调某一部分构件和装修，来丰富园亭外立面。

（3）仿自然、野趣的式样。目前用得多的是竹、松木、棕榈等植物外型或木结构、真实石材或仿石结构，用茅草作顶也特别有表现力。

5. 设计要点

有关亭的设计归纳起来应掌握下面几个要点：

（1）必须选择好位置，按照总的规划意图选点。

（2）亭的体量与造型的选择，主要应看它所处的周围环境的大小、性质等，因地制宜而定。

（3）亭子的材料及色彩，应力求就地选用地方材料，即加工便利，又易于配合自然。

6.1.2 绘制亭平面图

光盘\动画演示\第 6 章\绘制亭平面图.avi

1. 绘图前准备

（1）建立新文件。打开 AutoCAD 2018 应用程序，单击“标准”工具栏中的“新建”按钮，选择无样板打开-公制（M）建立新文件，将其文件命名为“亭平面图.dwg”并保存。

（2）设置图层。单击“默认”选项卡“图层”面板中的“图层特性”按钮，打开“图层特性管理器”对话框，新建“轴线”“亭”“标注”“文字”图层，将“轴线”设置为当前图层，并进行相应的设置，如图 6-1 所示。

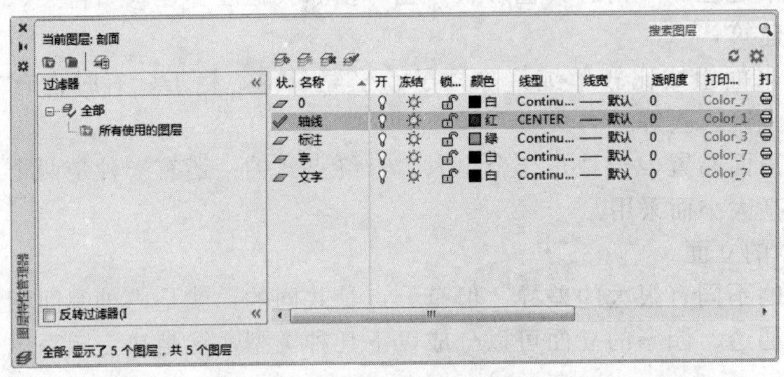

图6-1　亭平面图图层设置

2．绘制平面定位轴线

（1）单击“默认”选项卡“绘图”面板中的“直线”按钮，绘制一条长为4478mm 的水平轴线和一条长为 3295mm 的竖直轴线，如图 6-2 所示。

（2）选中上步绘制的水平轴线右击，打开快捷菜单，如图 6-3 所示，然后选择“特性”，打开“特性”选项板，如图 6-4 所示。将线型比例设置为 5，得到的轴线如图 6-5 所示。

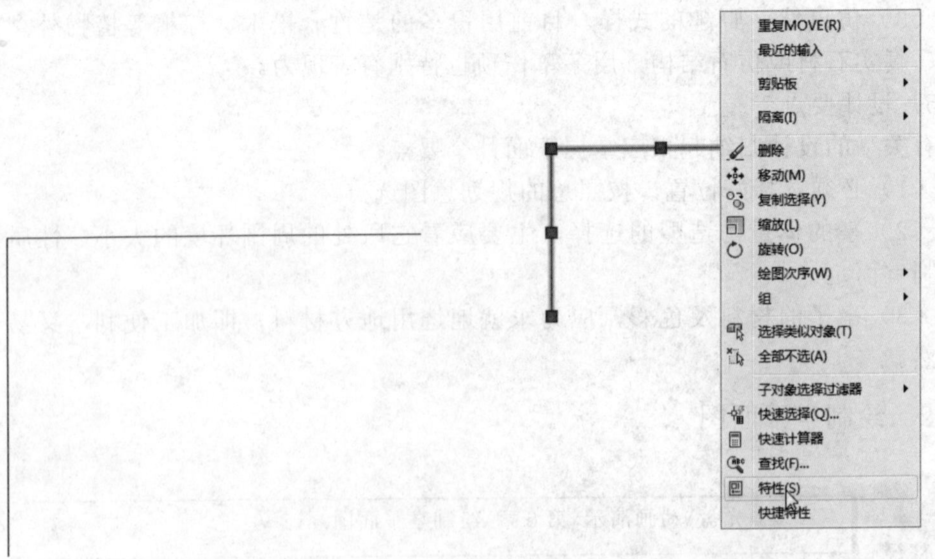

图6-2　绘制轴线　　　　图6-3　快捷菜单

图6-4 设置线型比例

图6-5 设置线型后的轴线

（3）单击“默认”选项卡“修改”面板中的“偏移”按钮，将水平轴线向上偏移 600mm，向下偏移 3000mm 和 600mm，竖直轴线向右偏移 600mm、3000mm 和 600mm，结果如图 6-6 所示。

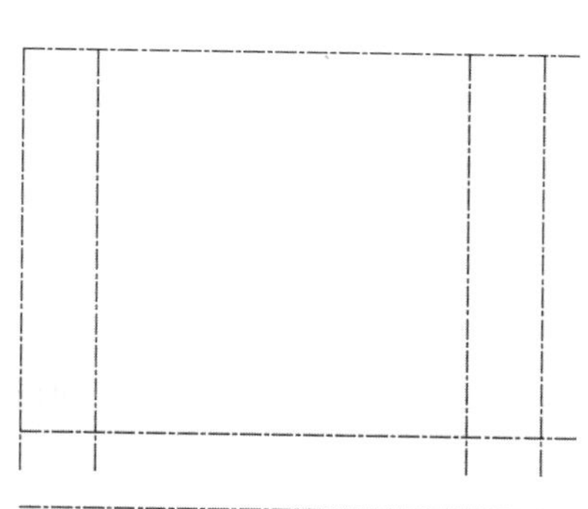

图 6-6 偏移轴线

3．柱和矩形的绘制

（1）单击“默认”选项卡“修改”面板中的“倒角”按钮，设置倒角距离为 0，对最外侧的轴线进行倒角处理，并将其替换到亭图层，完成亭子外轮廓线的绘制，如图 6-7 所示。

（2）将亭图层设置为当前图层，单击“默认”选项卡“绘图”面板中的“圆”按钮，绘制一个半径为 100mm 的圆，如图 6-8 所示。

（3）单击“默认”选项卡“绘图”面板中的“图案填充”按钮，打开“图案填充创建”选项卡，如图 6-9 所示，选择 SOLID 图案，填充圆，结果如图 6-10

所示。

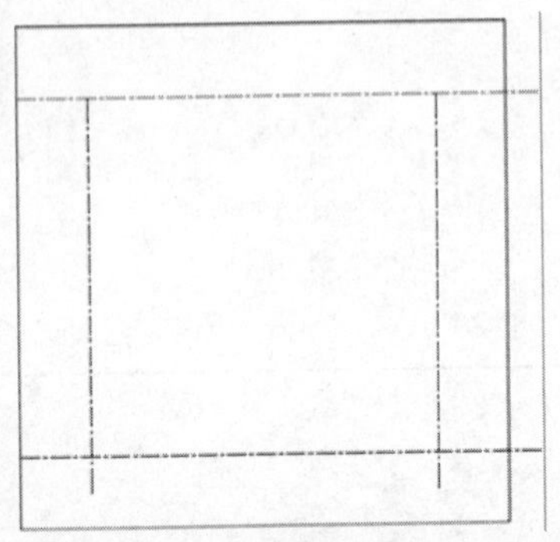

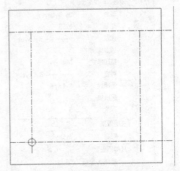

图6-7　绘制倒角

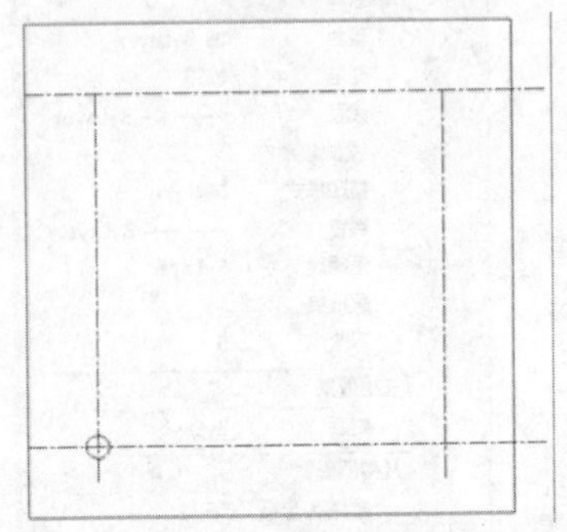

图6-8　绘制圆

（4）单击“默认”选项卡“修改”面板中的“复制”按钮，将填充圆复制到图中其他位置处，完成柱子的绘制，如图6-11所示。

图6-9　“图案填充创建”选项卡

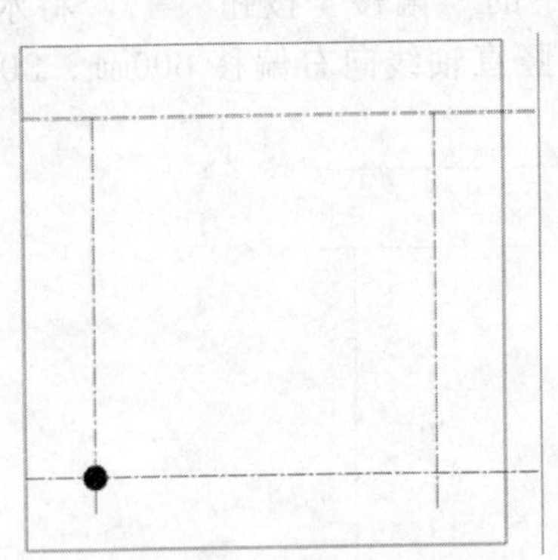

图6-10　填充圆

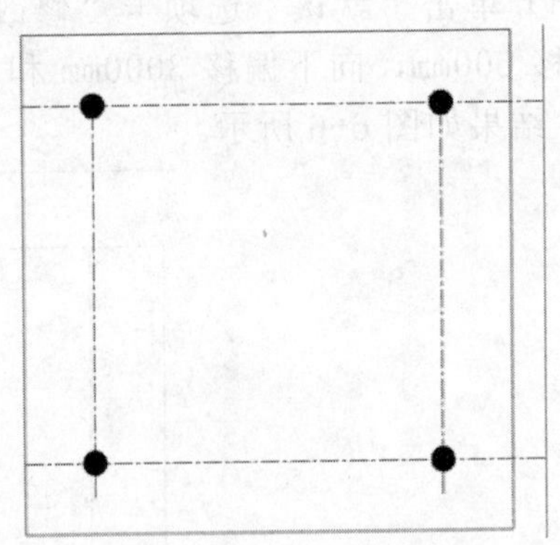

图6-11　复制填充圆

4．绘制坐凳

（1）单击“默认”选项卡“修改”面板中的“偏移”按钮，将各个轴线分别向两侧偏移150mm，如图6-12所示。

（2）单击“默认”选项卡“绘图”面板中的“直线”按钮，在4个角点处绘制4条角度为45°的斜线，如图6-13所示。

（3）单击“默认”选项卡“修改”面板中的“修剪”按钮，修剪多余的直线，并修改线型，如图6-14所示。

（4）单击“默认”选项卡“修改”面板中的“偏移”按钮，将最上侧水平直线向下偏移，偏移距离为1350mm、100mm、150mm、100mm0、150mm和100mm，如图6-15所示。

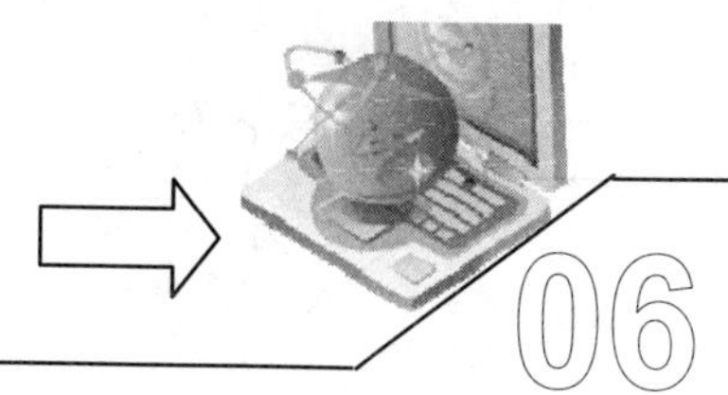

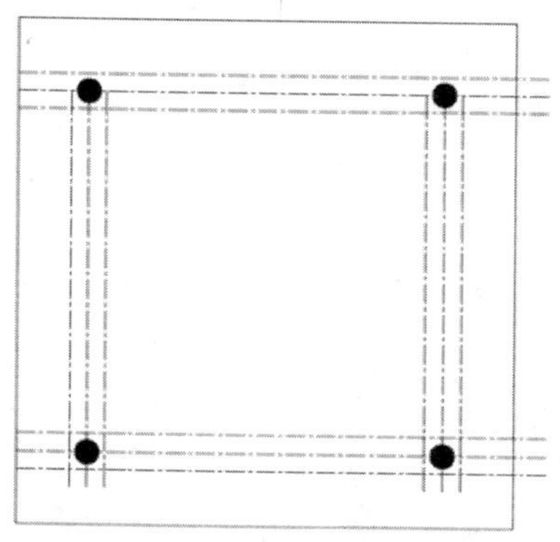

图6-12　偏移轴线

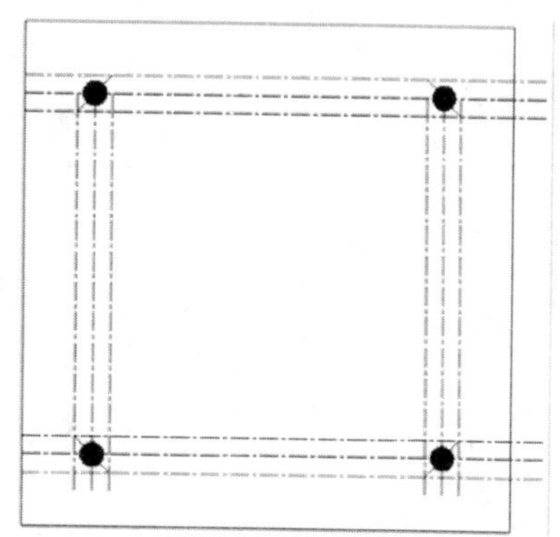

图6-13　绘制4条斜线

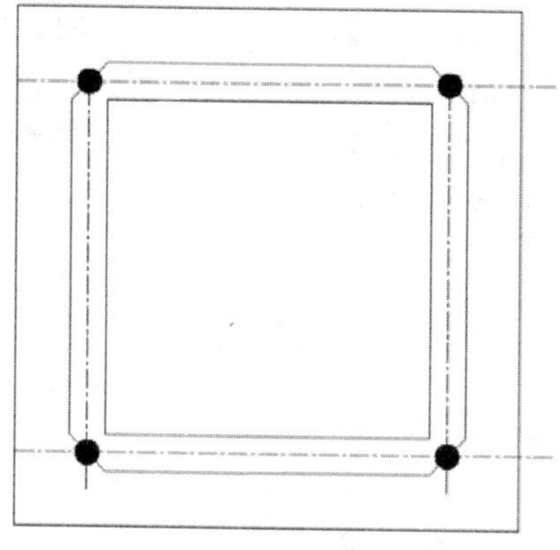

图6-14　修剪多余的直线

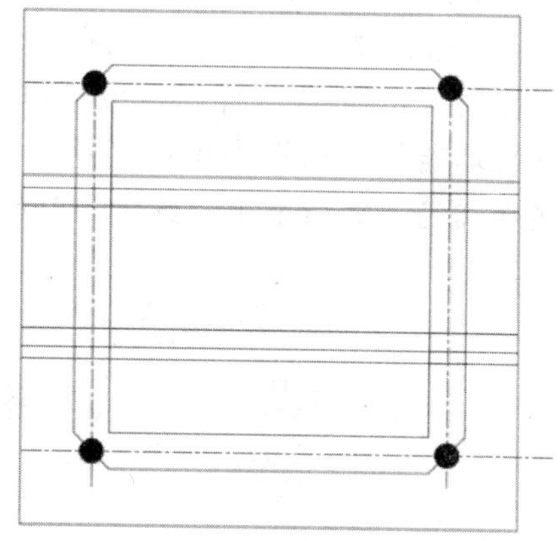

图6-15　偏移水平直线

（5）单击“默认”选项卡“修改”面板中的“修剪”按钮，修剪多余的直线，如图 6-16 所示。

（6）单击“默认”选项卡“修改”面板中的“偏移”按钮，将最左侧竖直直线向右偏移，偏移距离为 1549mm、100mm、900mm 和 100mm，如图 6-17 所示。

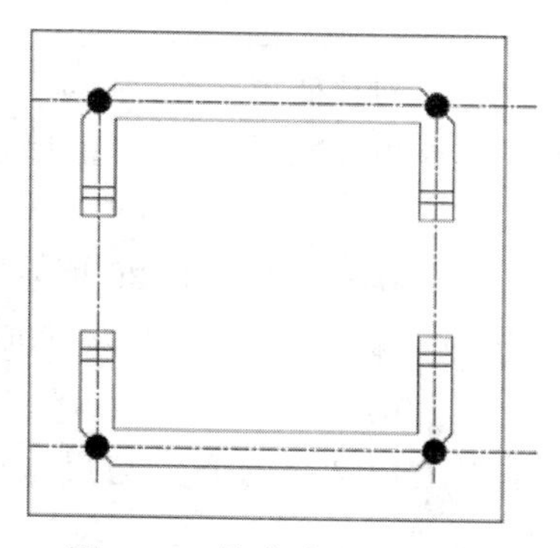

图6-16　修剪多余的直线

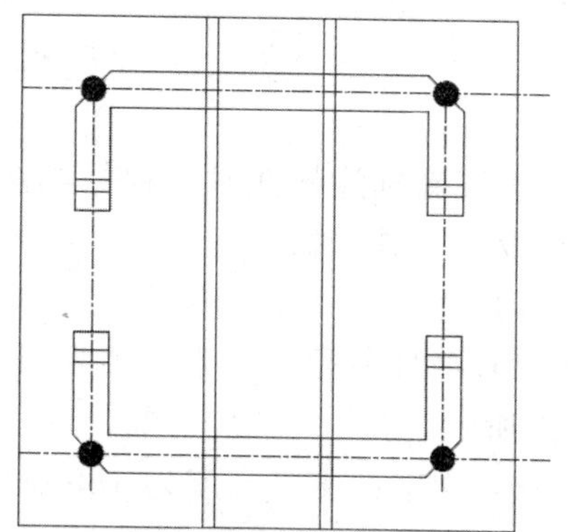

图6-17　偏移竖直直线

（7）单击“默认”选项卡“修改”面板中的“修剪”按钮，修剪多余的直线，最终完成坐凳的绘制，如图 6-18 所示。

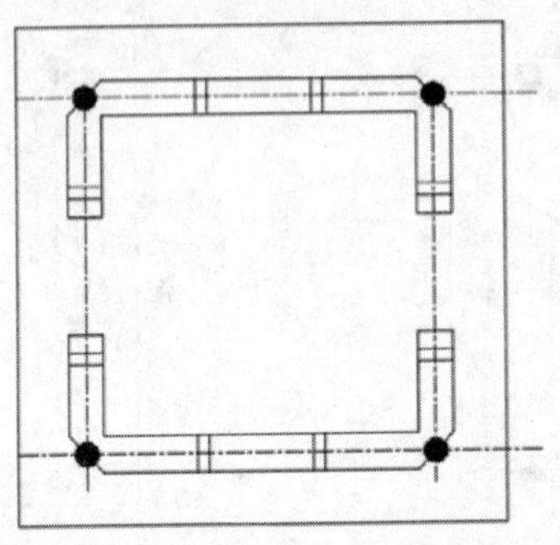

图6-18　修剪多余的直线

5．标注尺寸和文字

（1）将标注图层设置为当前图层，单击“默认”选项卡“注释”面板中的“标注样式”按钮，打开“标注样式管理器”对话框，如图 6-19 所示，在“标注样式管理器”对话框中单击“新建”按钮，打开“创建新标注样式”对话框，输入新建样式名，然后单击“继续”按钮，设置新的标注样式。

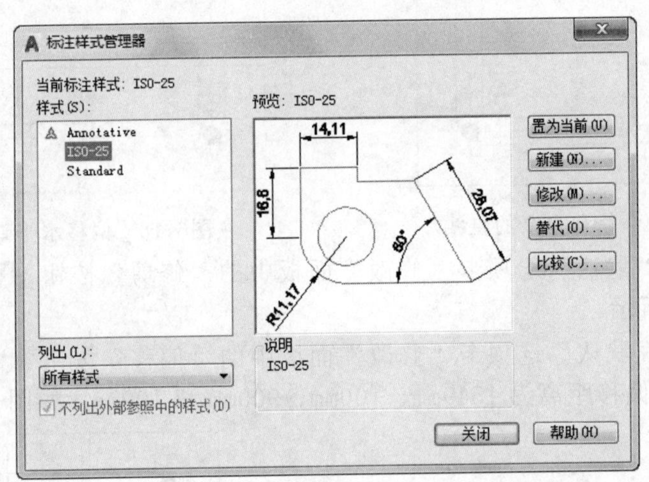

图6-19　“标注样式管理器”对话框

设置新标注样式时，根据绘图比例，对线、符号和箭头、文字、主单位选项卡进行设置，具体如下：

1）线：超出尺寸线距离为 80mm，起点偏移量为 80mm，如图 6-20 所示。

2）符号和箭头：第一个为用户箭头，选择建筑标记，箭头大小为 80mm，如图 6-21 所示。

3）文字：文字高度为 150mm，文字位置为垂直上，文字对齐为与尺寸线对齐，如图 6-22 所示。

4）主单位：精度为 0，舍入为 100，比例因子为 1，如图 6-23 所示。

（2）单击“默认”选项卡“注释”面板中的“线性”按钮和“连续”按钮，标注第一道尺寸，如图 6-24 所示。

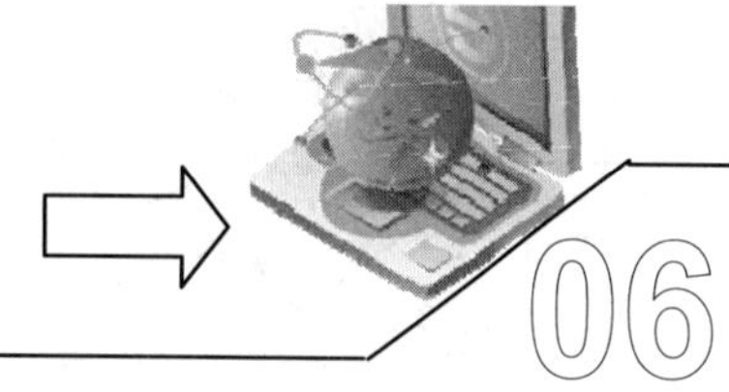

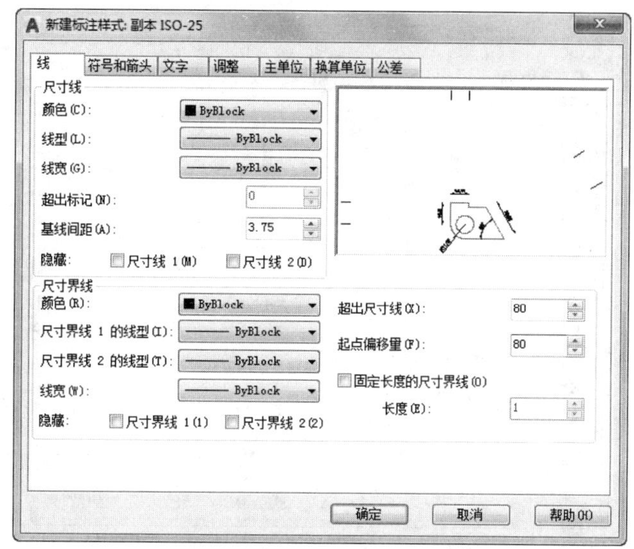

图6-20　“线”选项卡设置

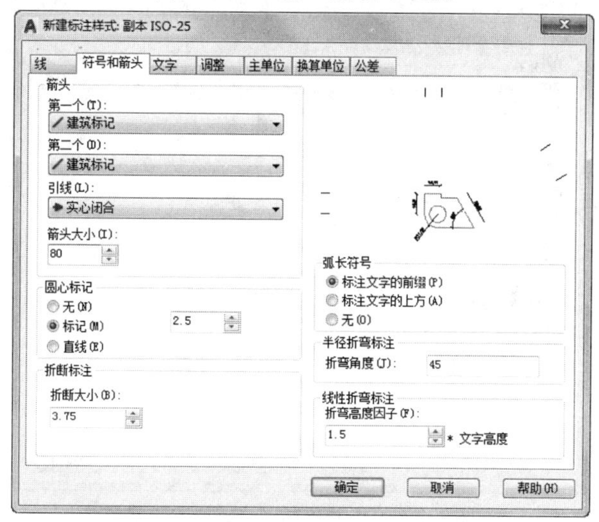

图6-21　“符号和箭头”选项卡设置

（3）标注第二道尺寸，如图 6-25 所示。

（4）单击“默认”选项卡“注释”面板中的“线性”按钮，标注总尺寸，如图 6-26 所示。

（5）标注图形内部尺寸，如图 6-27 所示。

（6）单击“默认”选项卡“绘图”面板中的“直线”按钮，标注标高符号，如图 6-28 所示。

（7）单击“默认”选项卡“注释”面板中的“多行文字”按钮A，输入标高数值，如图 6-29 所示。

（8）单击“默认”选项卡“绘图”面板中的“直线”按钮，在图中引出直线，如图 6-30 所示。

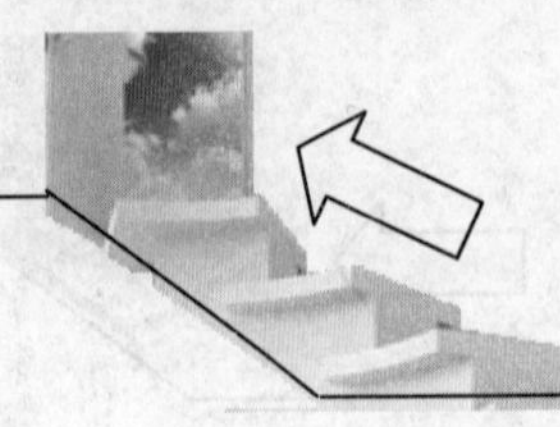

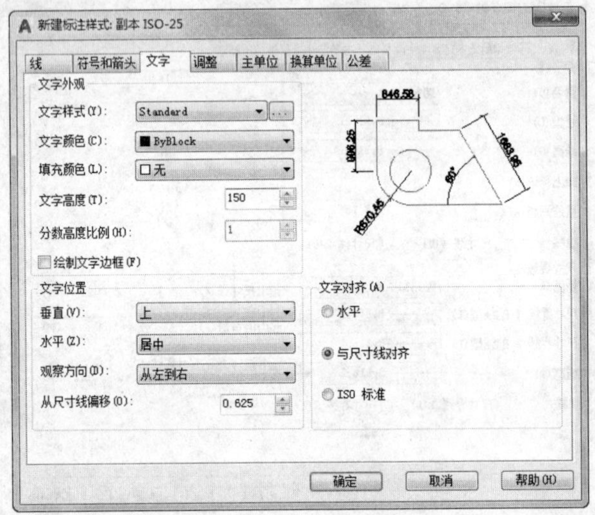

图6-22 “文字”选项卡设置

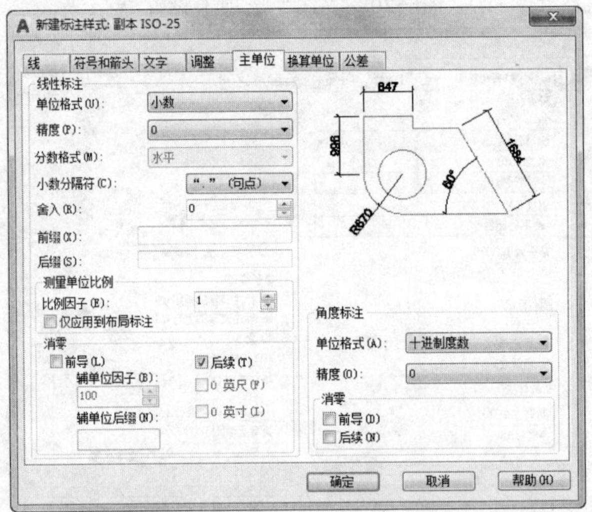

图6-23 “主单位”选项卡设置

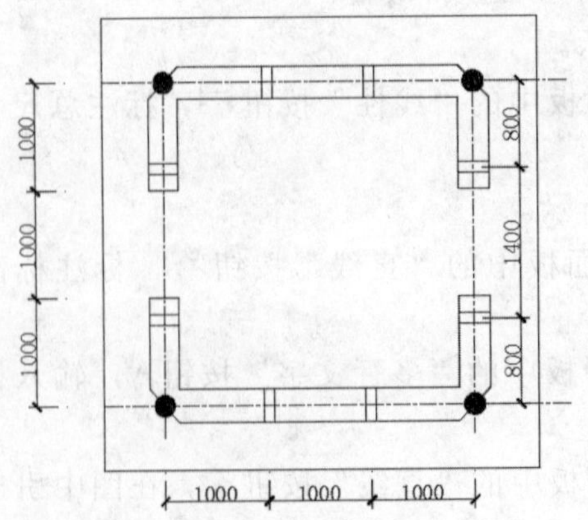

图6-24 标注第一道尺寸

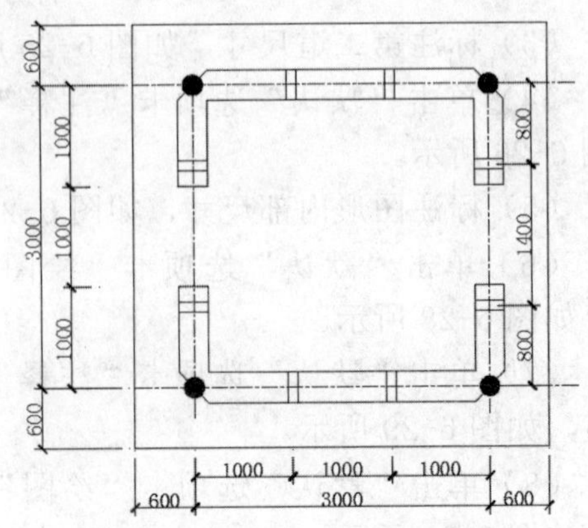

图6-25 标注第二道尺寸

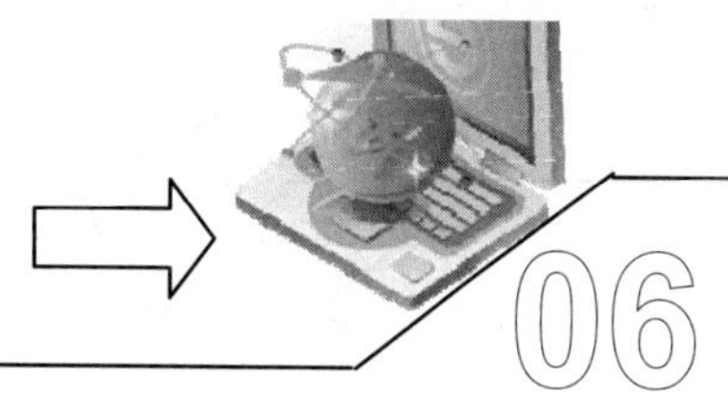

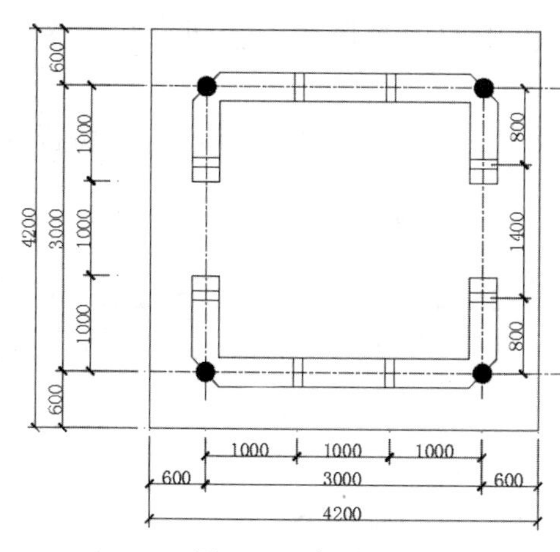

图6-26　标注总尺寸

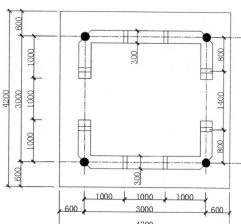

图6-27　标注内部尺寸

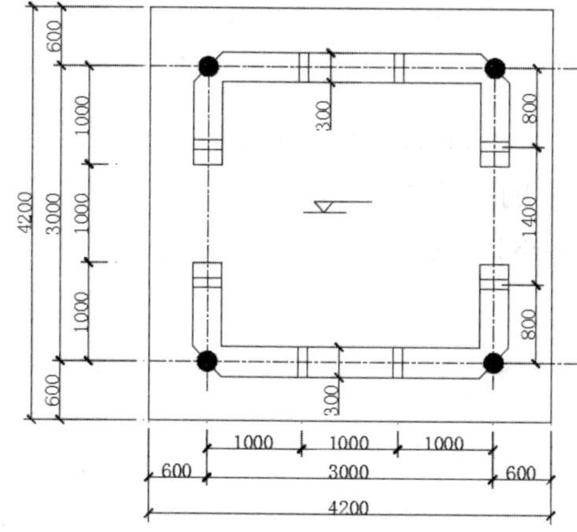

图6-28　标注标高符号

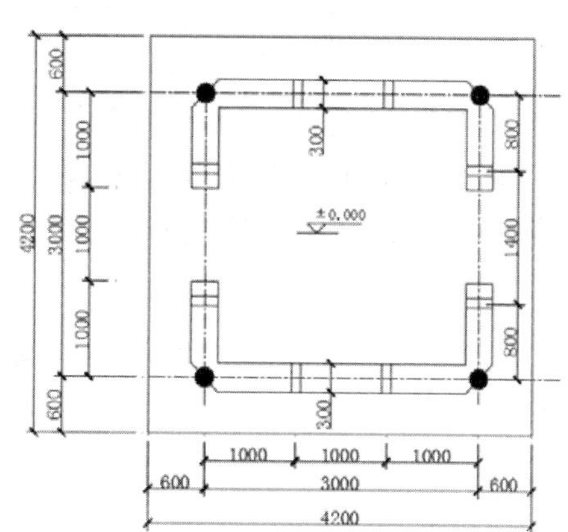

图6-29　输入标高数值

（9）单击“默认”选项卡“注释”面板中的“多行文字”按钮A，在直线上方标注文字，如图6-31所示。

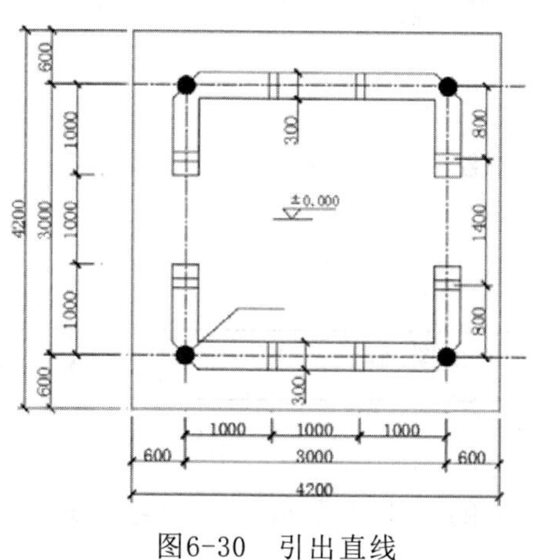

图6-30　引出直线

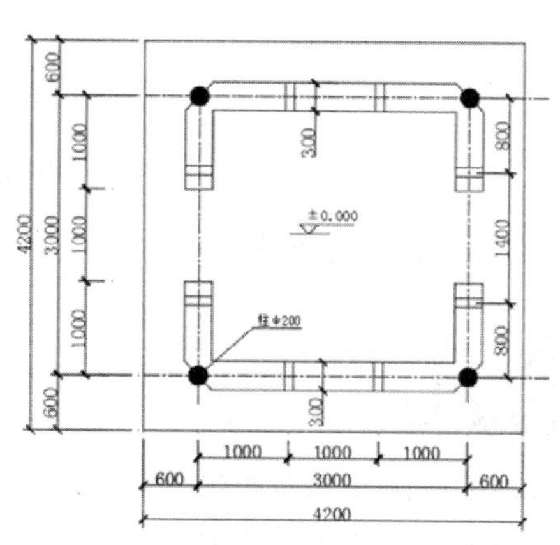

图6-31　标注文字

（10）单击“默认”选项卡“绘图”面板中的“多段线”按钮和“多行文字”按钮，绘制剖切符号，如图 6-32 所示。

（11）单击“默认”选项卡“修改”面板中的“复制”按钮，将剖切符号复制到另外一侧，如图 6-33 所示。

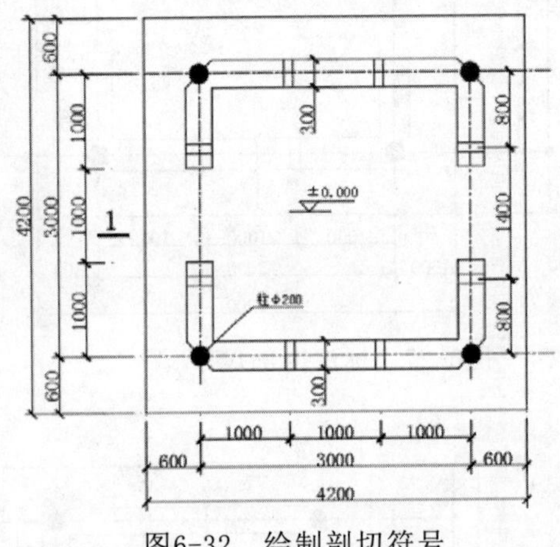

图6-32　绘制剖切符号

图6-33　复制剖切符号

（12）单击“默认”选项卡“绘图”面板中的“直线”按钮、“多段线”按钮和“多行文字”按钮，标注图名，如图 6-34 所示。

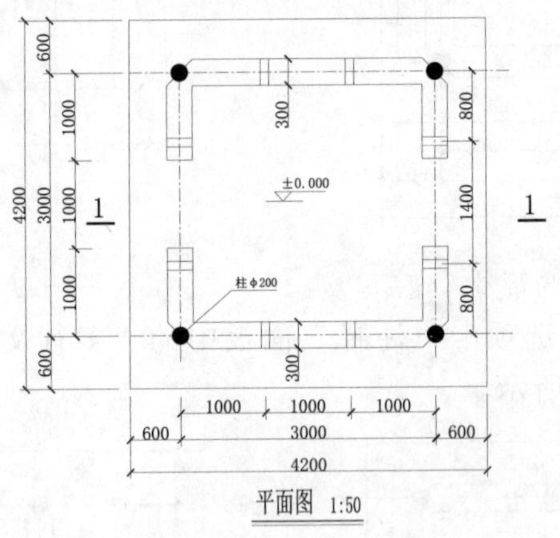

图6-34　标注图名

6.1.3　绘制亭立面图

光盘\动画演示\第 6 章\绘制亭立面图.avi

1．绘制圆柱立面和坐凳

（1）单击“默认”选项卡“绘图”面板中的“直线”按钮，绘制地坪线，如图 6-35 所示。

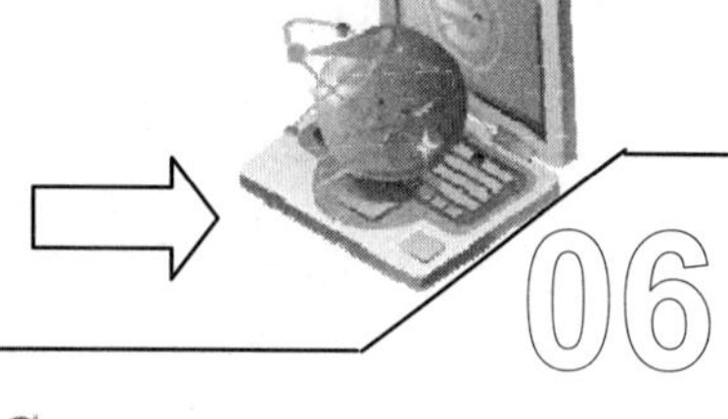

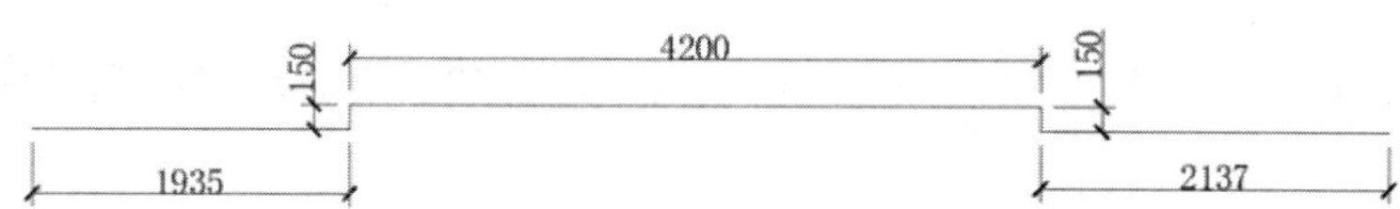

图6-35　绘制地坪线

（2）单击“默认”选项卡“修改”面板中的“偏移”按钮，将左侧的竖直短线向右偏移 500mm，如图 6-36 所示。

（3）单击“默认”选项卡“绘图”面板中的“直线”按钮，以偏移后的短线上端点为起点，绘制一条长为 2600mm 的竖向直线，如图 6-37 所示。

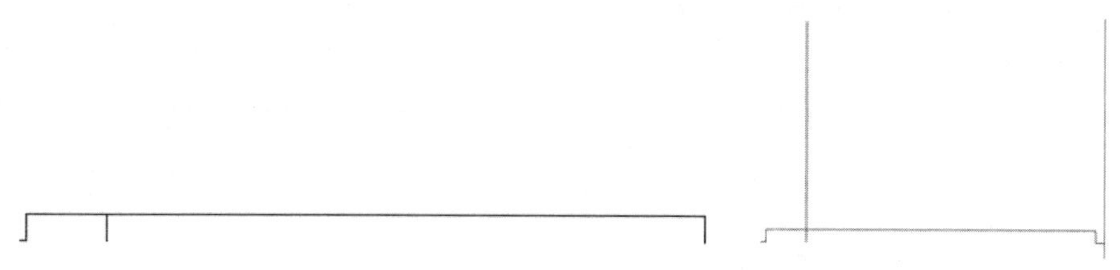

图6-36　偏移短线　　　　图6-37　绘制竖向直线

（4）单击“默认”选项卡“修改”面板中的“删除”按钮，将偏移的短线删除，如图 6-38 所示。

（5）单击“默认”选项卡“修改”面板中的“偏移”按钮，将竖直长线向右偏移（单位：mm）153、47、850、100、900、100、850、47 和 153，如图 6-39 所示。

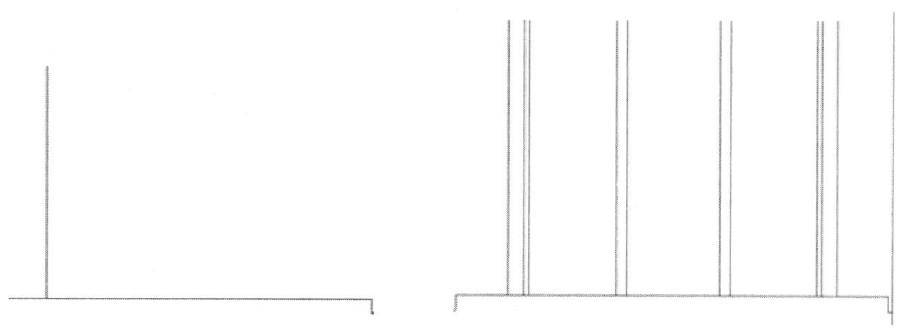

图6-38　删除短线　　　　图6-39　偏移直线

（6）单击“默认”选项卡“修改”面板中的“偏移”按钮，将最上侧水平线向上偏移 350mm 和 100mm，如图 6-40 所示。

（7）单击“默认”选项卡“修改”面板中的“修剪”按钮，修剪多余的直线，如图 6-41 所示。

2．绘制亭顶轮廓线

（1）单击“默认”选项卡“绘图”面板中的“矩形”按钮，捕捉左侧竖直长线的端点为起点，绘制一个 5000mm×150mm 的矩形，如图 6-42 所示。

（2）单击“默认”选项卡“修改”面板中的“移动”按钮，将矩形向左水平移动 900mm，如图 6-43 所示。

（3）单击“默认”选项卡“绘图”面板中的“直线”按钮，捕捉矩形上侧长边中点为起点，竖直向上绘制长为 1500mm 的直线，作为辅助线，如图 6-44 所示。

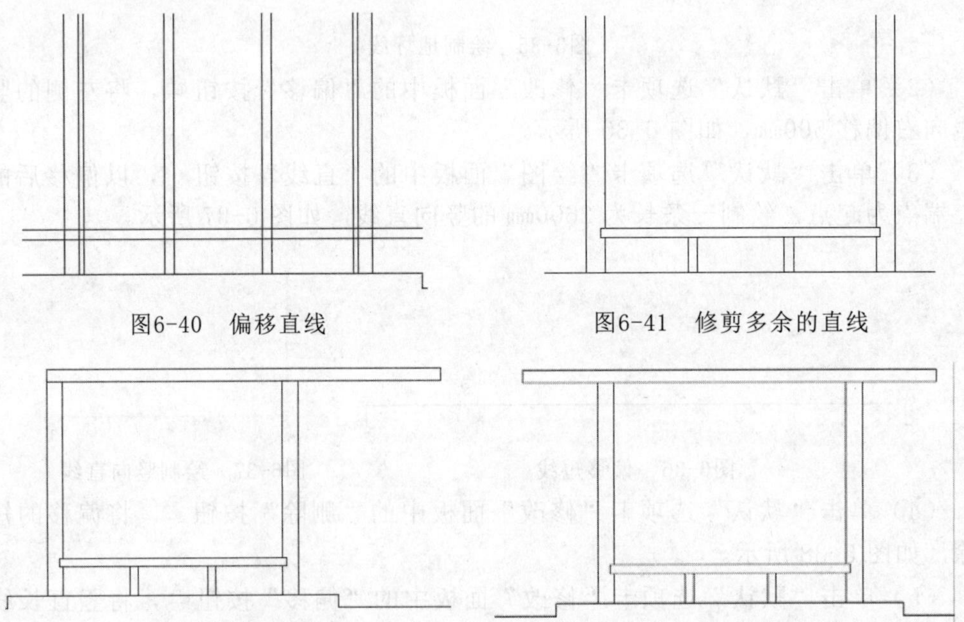

图6-40 偏移直线　　图6-41 修剪多余的直线

图6-42 绘制矩形　　图6-43 移动矩形

（4）单击“默认”选项卡“绘图”面板中的“多段线”按钮，设置线宽为 0，根据辅助线绘制屋脊线，如图 6-45 所示。

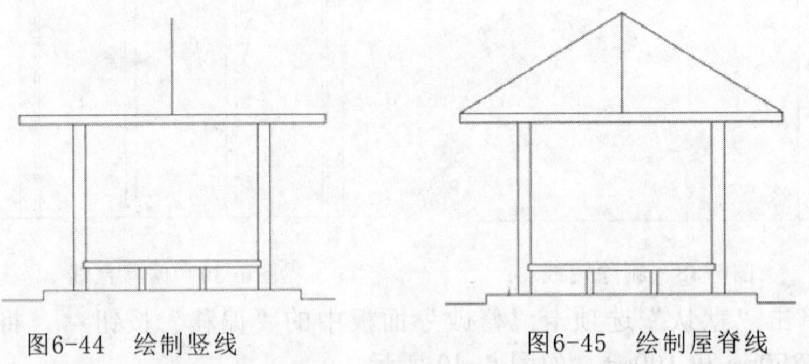

图6-44 绘制竖线　　图6-45 绘制屋脊线

（5）单击“默认”选项卡“修改”面板中的“删除”按钮，删除辅助线，如图 6-46 所示。

（6）单击“默认”选项卡“修改”面板中的“偏移”按钮，将屋脊线向内偏移 31mm，然后单击“默认”选项卡“修改”面板中的“修剪”按钮，修剪多余的直线，如图 6-47 所示。

（7）单击“默认”选项卡“绘图”面板中的“直线”按钮，细化亭顶，如图 6-48 所示。

3. 屋面和挂落

（1）单击“默认”选项卡“修改”面板中的“分解”按钮，将亭顶处的矩

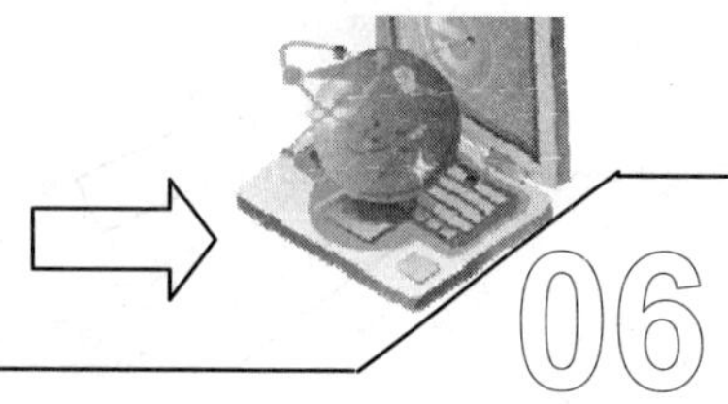

形进行分解。

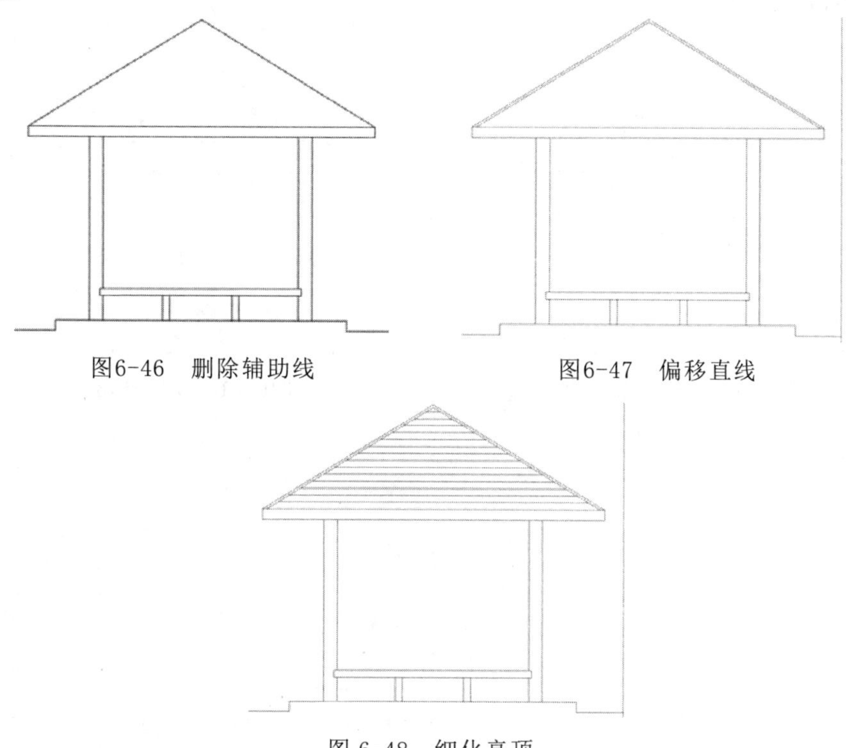

图6-46　删除辅助线　　图6-47　偏移直线

图 6-48　细化亭顶

（2）单击“默认”选项卡“修改”面板中的“偏移”按钮，将分解后的矩形下侧边向下偏移为 200mm，如图 6-49 所示。

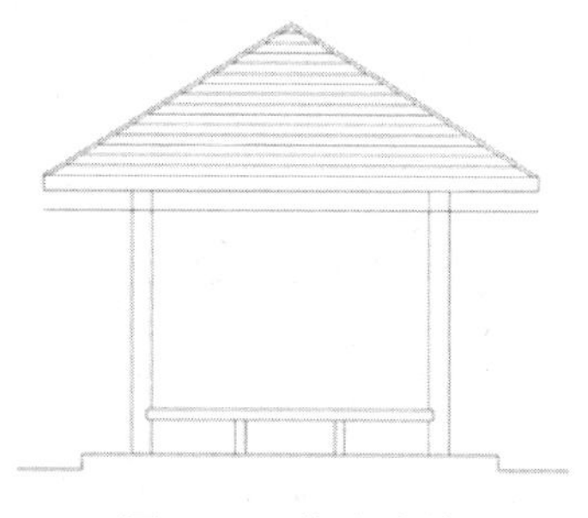

图6-49　偏移直线

（3）单击“默认”选项卡“修改”面板中的“修剪”按钮，修剪多余的直线，如图 6-50 所示。

（4）单击“默认”选项卡“绘图”面板中的“直线”按钮，绘制挂落，如图 6-51 所示。

（5）单击“默认”选项卡“绘图”面板中的“直线”按钮和“矩形”按钮，绘制剩余图形，如图 6-52 所示。

4．标注文字

（1）单击“默认”选项卡“绘图”面板中的“直线”按钮，在图中引出直线，如图 6-53 所示。

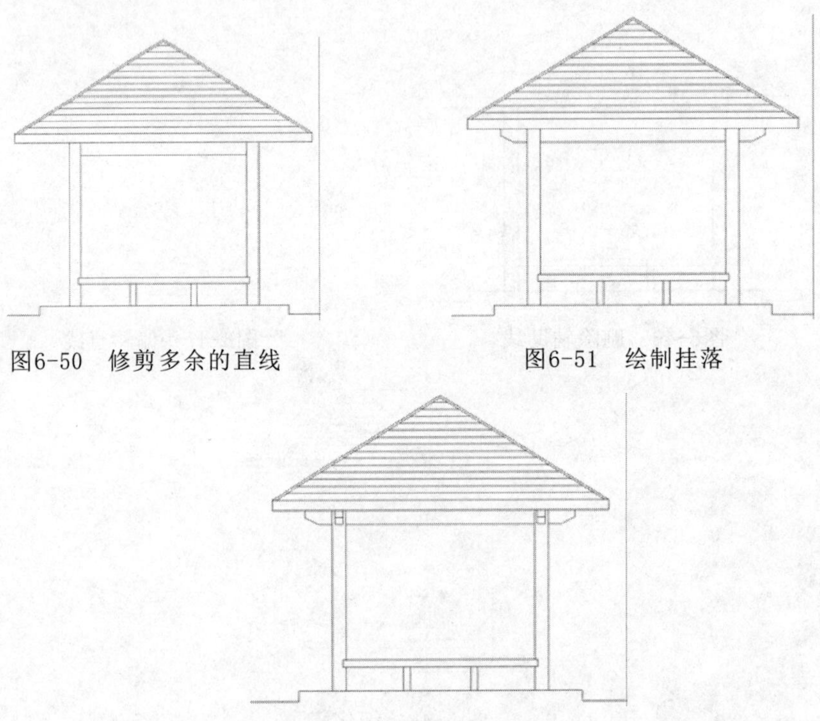

图6-50　修剪多余的直线

图6-51　绘制挂落

图 6-52　绘制剩余图形

（2）单击“默认”选项卡“注释”面板中的“多行文字”按钮A，在直线右侧输入文字，如图 6-54 所示。

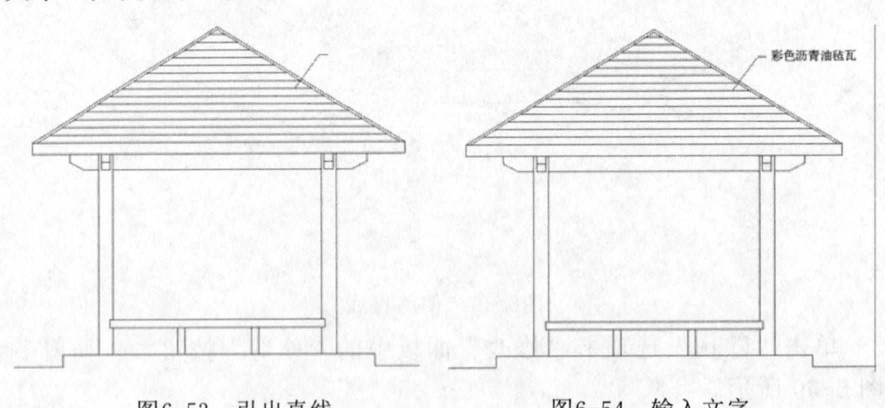

图6-53　引出直线

图6-54　输入文字

（3）标注其他位置处的文字说明，也可以利用复制命令，将上步输入的文字进行复制，然后双击文字修改文字内容，方便文字格式的统一，结果如图 6-55 所示。

（4）单击“默认”选项卡“绘图”面板中的“直线”按钮、“多段线”按钮和“多行文字”按钮A，标注图名，如图 6-56 所示。

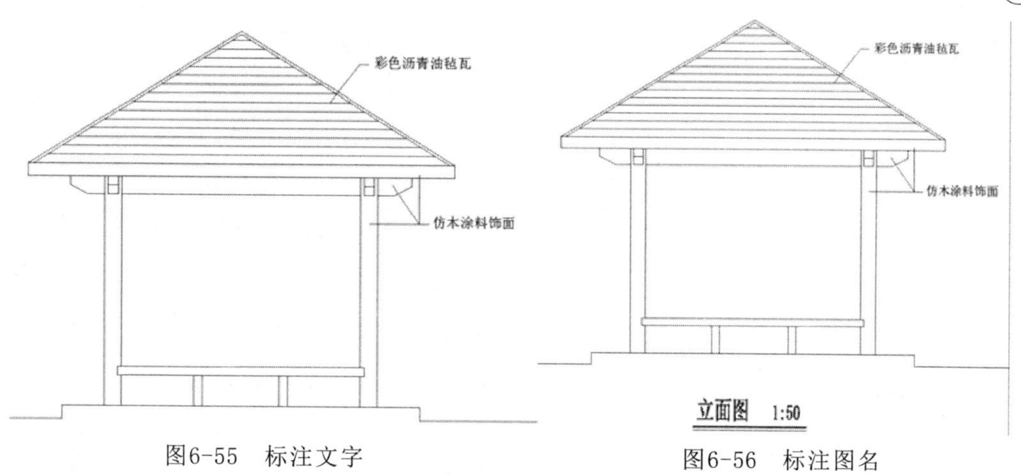

图6-55 标注文字　　图6-56 标注图名

6.1.4 绘制亭屋顶平面图

光盘\动画演示\第 6 章\绘制亭屋顶平面图.avi

（1）单击“默认”选项卡“绘图”面板中的“矩形”按钮，绘制一个长为 5000mm，宽为 5000mm 的矩形，如图 6-57 所示。

（2）单击“默认”选项卡“绘图”面板中的“直线”按钮，在矩形内绘制两条相交的斜线，如图 6-58 所示。

图6-57 绘制矩形

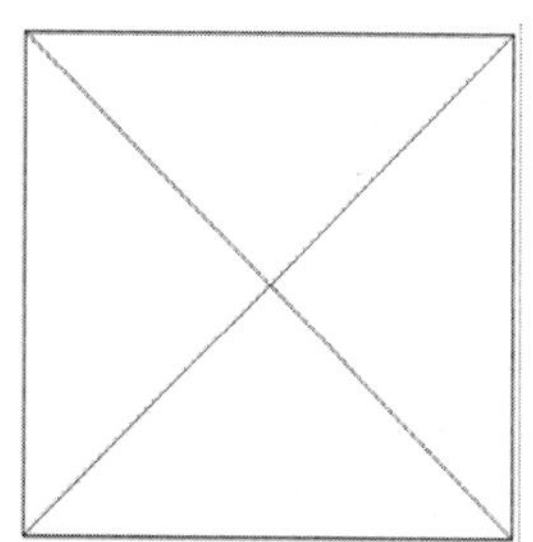

图6-58 绘制斜线

（3）单击“默认”选项卡“修改”面板中的“偏移”按钮，将两条斜线分别向两侧偏移，偏移距离为 75mm，如图 6-59 所示。

（4）单击“默认”选项卡“修改”面板中的“修剪”按钮，修剪多余的直线，如图 6-60 所示。

（5）单击“默认”选项卡“绘图”面板中的“直线”按钮，在图形的中间位置处，绘制两条互相垂直的直线，如图 6-61 所示。

（6）单击“默认”选项卡“修改”面板中的“偏移”按钮，将矩形分别向内偏移，偏移距离（单位：mm）145、150、150、150、150、150、150、150、150、150、150、150、150、150 和 150，如图 6-62 所示。

（7）单击“默认”选项卡“修改”面板中的“修剪”按钮，修剪多余的直

线，如图 6-63 所示。

图6-59　偏移直线

图6-60　修剪多余的直线

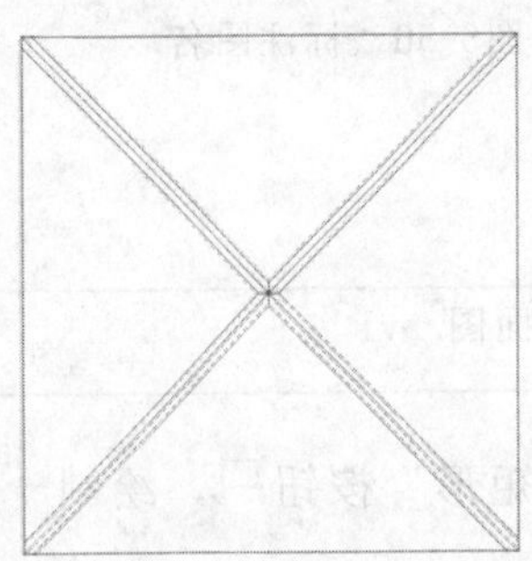

图6-61　绘制直线

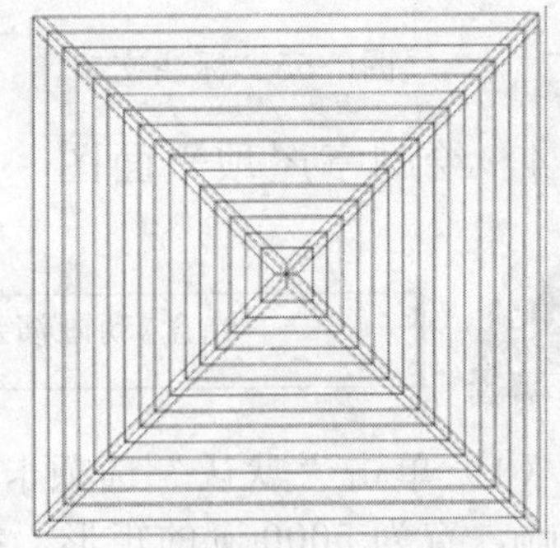

图6-62　偏移矩形

（8）单击“默认”选项卡“绘图”面板中的“直线”按钮，绘制 4 条虚线，如图 6-64 所示。

图6-63　修剪多余的直线

图6-64　绘制虚线

（9）按照亭平面图中的标注样式进行设置，设置结果如下：

1）线：超出尺寸线距离为 80mm，起点偏移量为 80mm。

2）符号和箭头：第一个为用户箭头，选择建筑标记，箭头大小为 80mm。

3）文字：文字高度为 1500mm，文字位置为垂直上，文字对齐为与尺寸线对齐。

4）主单位：精度为 0，舍入为 100，比例因子为 1。

（10）单击“默认”选项卡“注释”面板中的“线性”按钮，标注尺寸，如

图 6-65 所示。

（11）单击“默认”选项卡“绘图”面板中的“直线”按钮和“多行文字”按钮，标注文字，如图 6-66 所示。

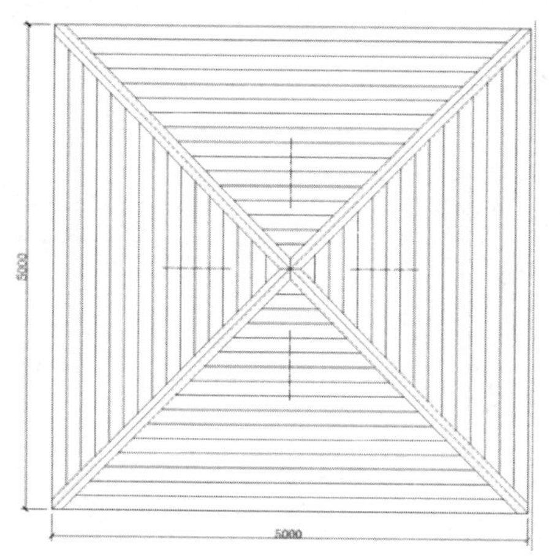

图6-65 标注尺寸

图6-66 标注文字

（12）单击“默认”选项卡“修改”面板中的“复制”按钮，将上步标注的文字复制到其他位置处，然后双击文字，修改文字内容，完成其他位置处文字的标注说明，以便文字格式的统一，结果如图 6-67 所示。

（13）单击“默认”选项卡“绘图”面板中的“直线”按钮、“多段线”按钮和“多行文字”按钮，标注图名，如图 6-68 所示。

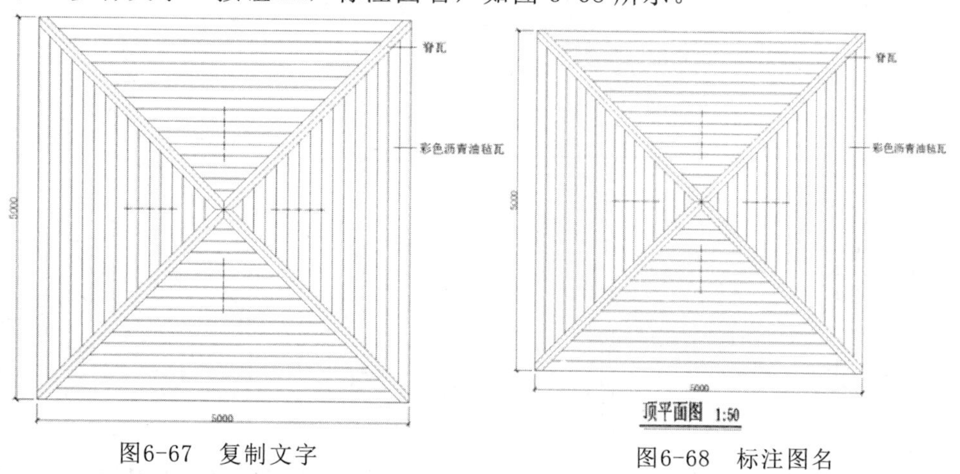

图6-67 复制文字

图6-68 标注图名

6.1.5 绘制 1-1 剖面图

光盘\动画演示\第 6 章\绘制 1-1 剖面图.avi

（1）单击“标准”工具栏中的“打开”按钮，将亭立面图打开，然后将其另存为“1-1 剖面图”。

（2）单击“默认”选项卡“修改”面板中的“删除”按钮和“修剪”按钮，删除多余的图形，并进行整理，如图6-69所示。

（3）单击“默认”选项卡“绘图”面板中的“直线”按钮，在图中绘制轴线，如图6-70所示。

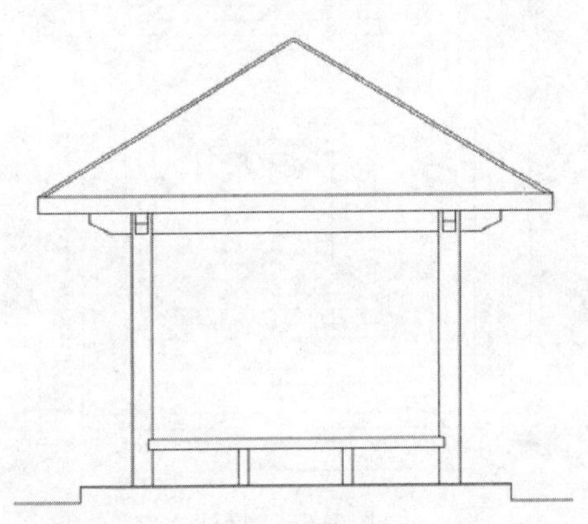
图6-69　整理图形

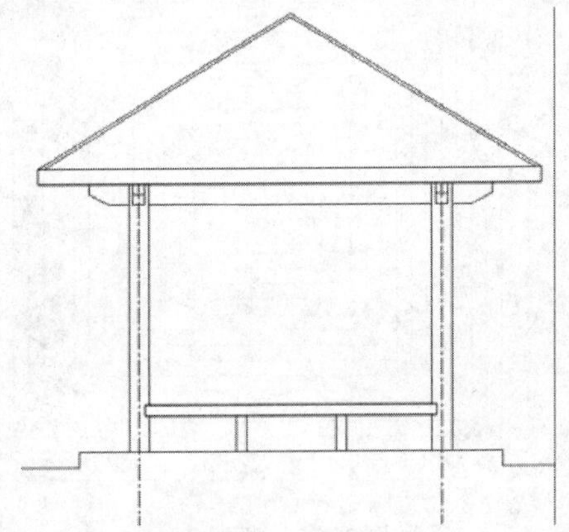
图6-70　绘制轴线

（4）单击“默认”选项卡“修改”面板中的“偏移”按钮，将轴线分别向两侧偏移150mm，如图6-71所示。

（5）单击“默认”选项卡“修改”面板中的“修剪”按钮和“延伸”按钮，绘制底柱，如图6-72所示。

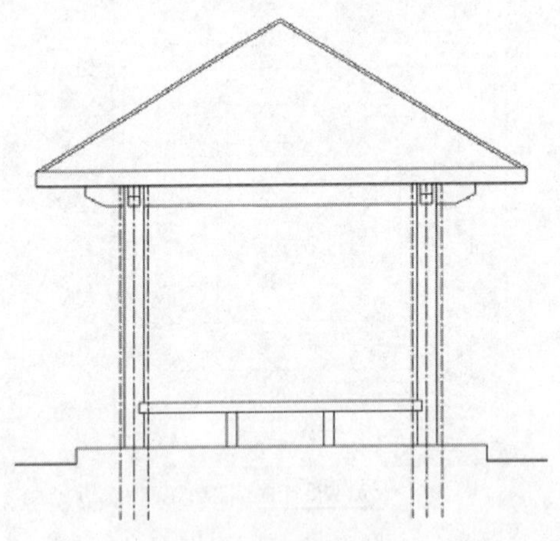
图6-71　偏移轴线

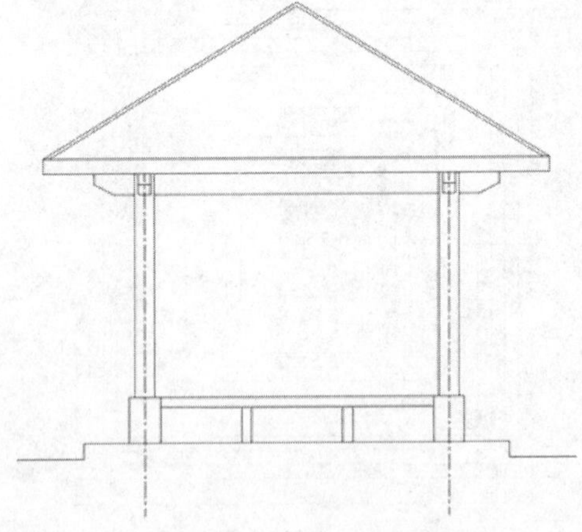
图6-72　绘制底柱

（6）单击“默认”选项卡“修改”面板中的“延伸”按钮，将柱子延伸到亭顶，如图6-73所示。

（7）单击“默认”选项卡“修改”面板中的“修剪”按钮，修剪多余的直线，如图6-74所示。

（8）单击“默认”选项卡“绘图”面板中的“直线”按钮，以内部斜线端点处为起点，绘制两条较短的直线，然后单击“默认”选项卡“修改”面板中的

“删除”按钮，将内部斜线删除，如图 6-75 所示。

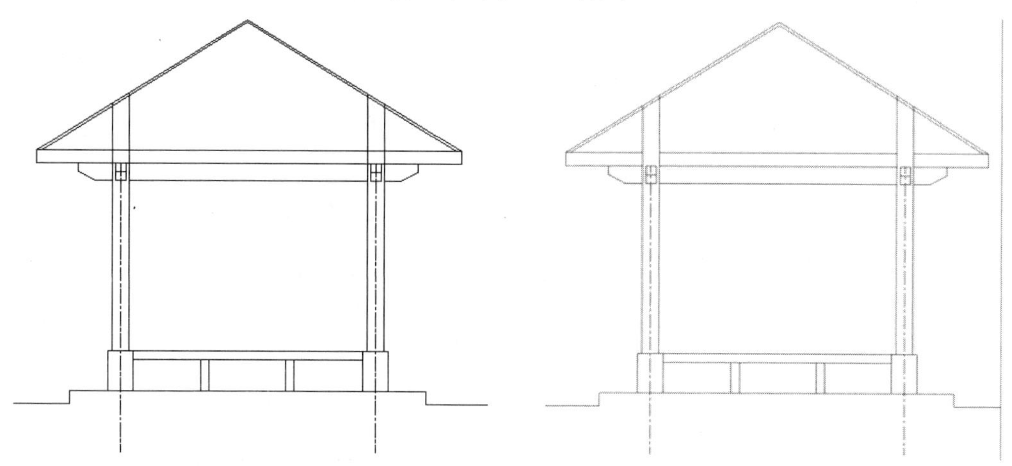

图6-73 延伸柱子

图6-74 修剪多余的直线

（9）单击“默认”选项卡“修改”面板中的“偏移”按钮，将最上侧水平直线向上偏移，偏移距离为 300mm 和 300mm，如图 6-76 所示。

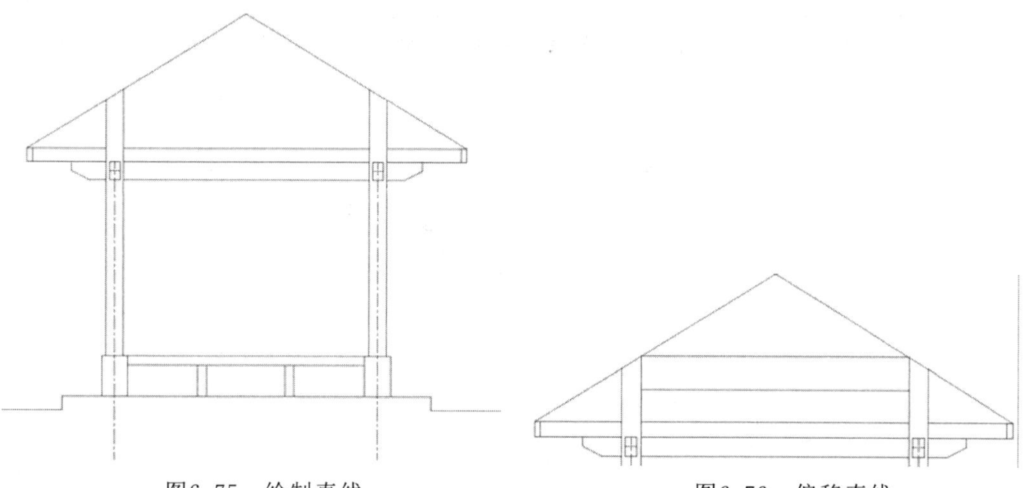

图6-75 绘制直线

图6-76 偏移直线

（10）单击“默认”选项卡“绘图”面板中的“直线”按钮，细化亭顶，如图 6-77 所示。

（11）单击“默认”选项卡“绘图”面板中的“直线”按钮，绘制剩余图形，如图 6-78 所示。

（12）单击“默认”选项卡“绘图”面板中的“图案填充”按钮，打开“图案填充创建”选项卡，如图 6-79 所示，选择 SOLID 图案，用鼠标指定将要填充的区域，填充结果如图 6-80 所示。

（13）按照亭平面图中的标注样式进行设置，设置结果如下：

1）线：超出尺寸线距离为 80mm，起点偏移量为 80mm。

2）符号和箭头：第一个为用户箭头，选择建筑标记，箭头大小为 80mm。

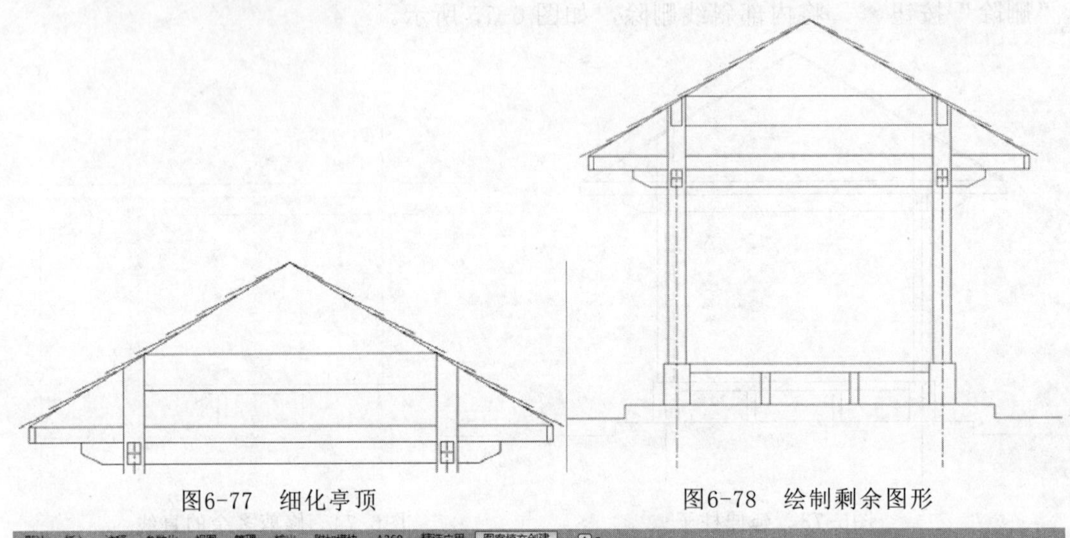

图6-77　细化亭顶　　　　图6-78　绘制剩余图形

图6-79　“图案填充创建”选项卡

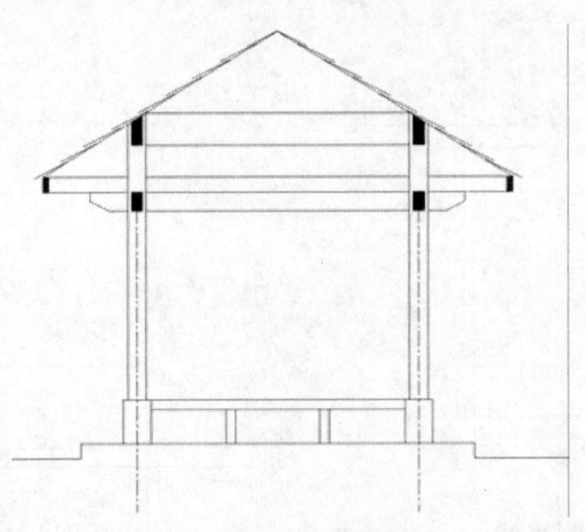

图6-80　填充图形

3）文字：文字高度为150mm，文字位置为垂直上，文字对齐为与尺寸线对齐。

4）主单位：精度为0，比例因子为1。

（14）单击“默认”选项卡“注释”面板中的“线性”按钮和“连续”按钮，为图形标注尺寸，如图6-81所示。

（15）单击“默认”选项卡“绘图”面板中的“直线”按钮，在图中绘制标高符号，如图6-82所示。

（16）单击“默认”选项卡“注释”面板中的“多行文字”按钮，输入标高数值，如图6-83所示。

（17）单击“默认”选项卡“修改”面板中的“复制”按钮，将绘制的标高复制到图中其他位置处，然后双击标高数值，修改内容，完成其他位置处标高的绘

制，如图 6-84 所示。

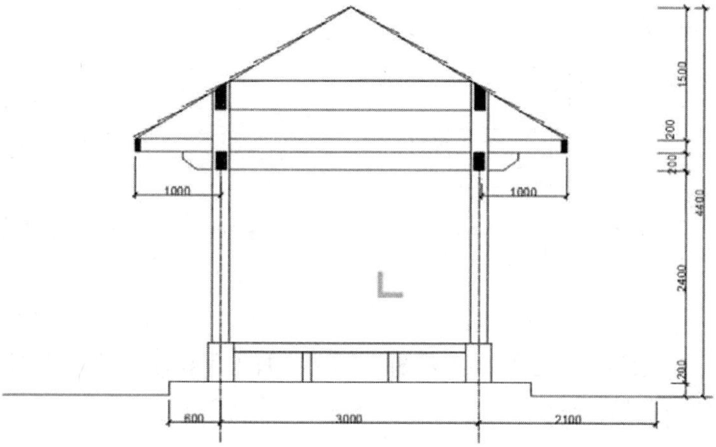

图6-81　标注尺寸

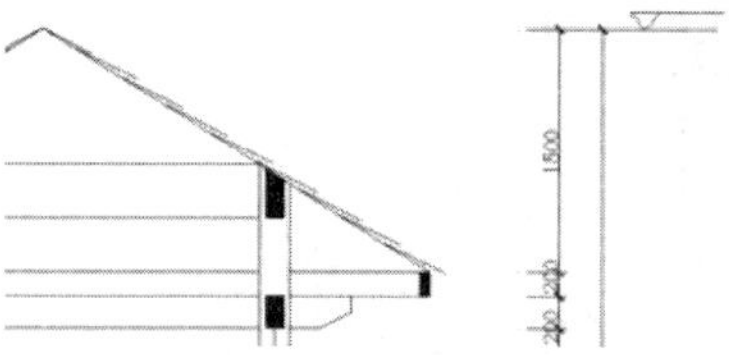

图6-82　绘制标高符号

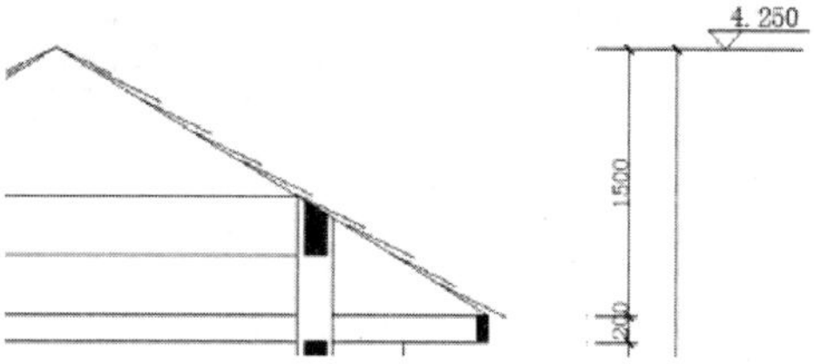

图6-83　输入标高数值

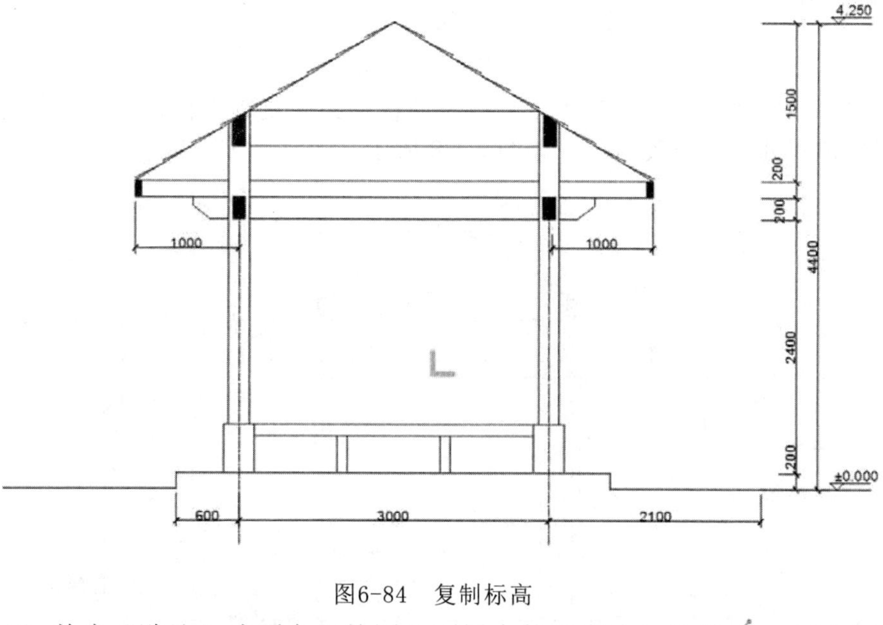

图6-84　复制标高

（18）单击“默认”选项卡“绘图”面板中的“直线”按钮，在图中引出直

线，如图 6-85 所示。

（19）单击“默认”选项卡“绘图”面板中的“圆”按钮，在直线处绘制一个圆，如图 6-86 所示。

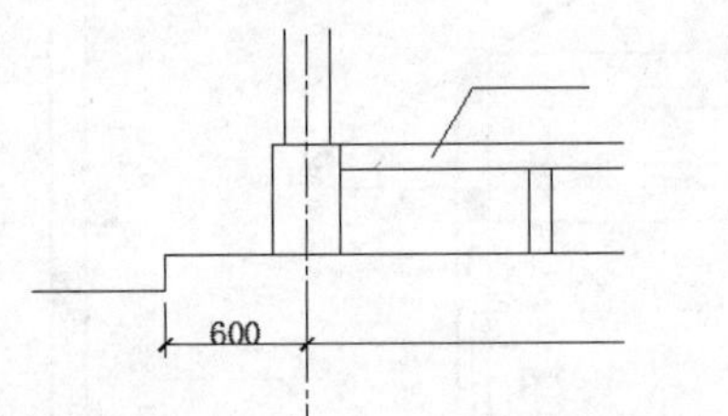

图6-85　引出直线

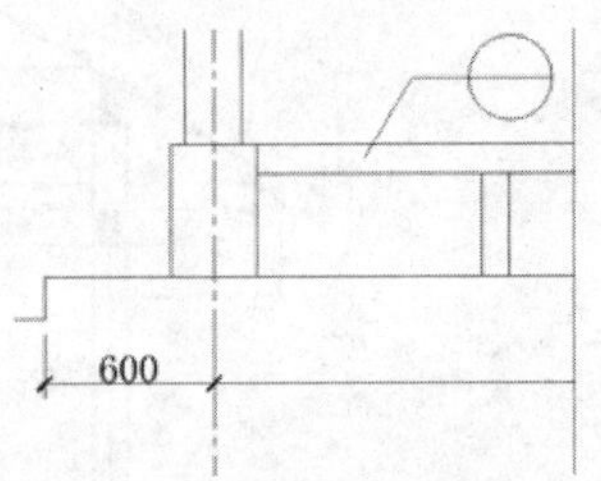

图6-86　绘制圆

（20）单击“默认”选项卡“注释”面板中的“多行文字”按钮A，在圆内输入文字，如图 6-87 所示。

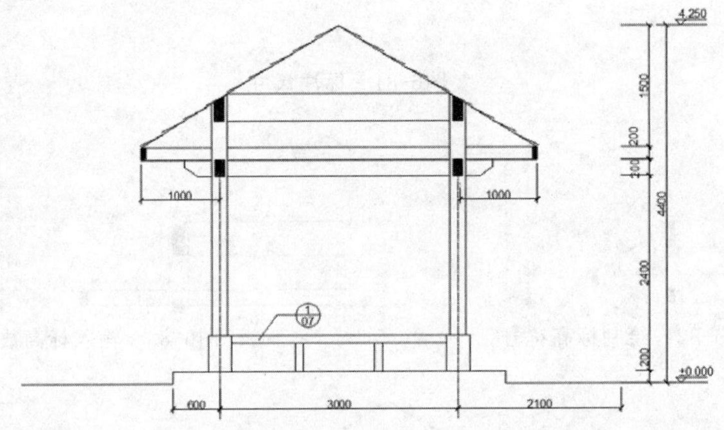

图6-87　输入文字

（21）单击“默认”选项卡“修改”面板中的“复制”按钮，将标号复制到图中其他位置处，并修改内容，如图 6-88 所示。

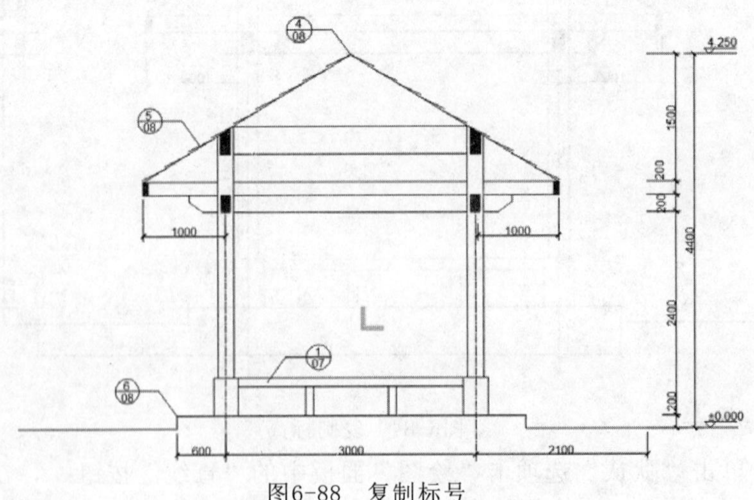

图6-88　复制标号

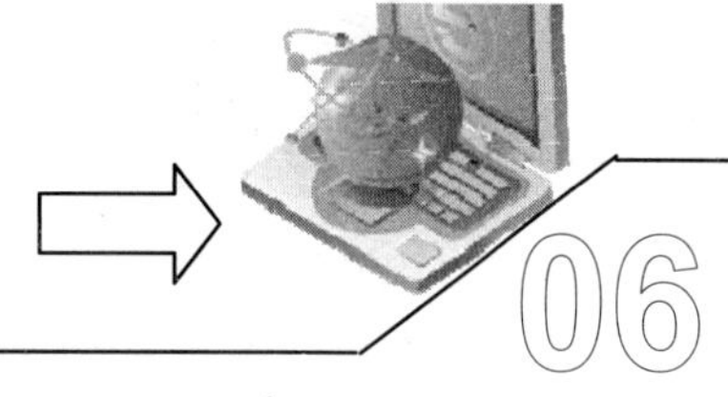

（22）单击“默认”选项卡“绘图”面板中的“直线”按钮、“多段线”按钮和“多行文字”按钮，标注图名，如图 6-89 所示。

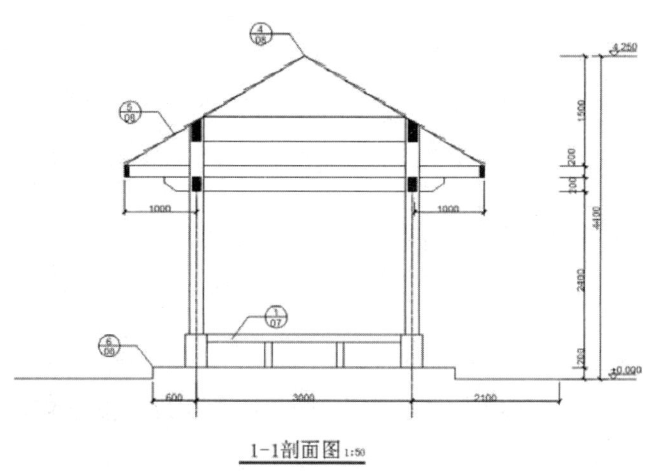

图6-89　标注图名

6.1.6　绘制架顶平面图

光盘\动画演示\第 6 章\绘制架顶平面图.avi

（1）单击“默认”选项卡“绘图”面板中的“直线”按钮，绘制水平长为 3158mm，竖直长为 4034mm 的两条互相垂直的轴线，如图 6-90 所示。

（2）单击“默认”选项卡“修改”面板中的“偏移”按钮，将水平轴线向上偏移为 2150mm，竖直轴线向右偏移为 2150mm，如图 6-91 所示。

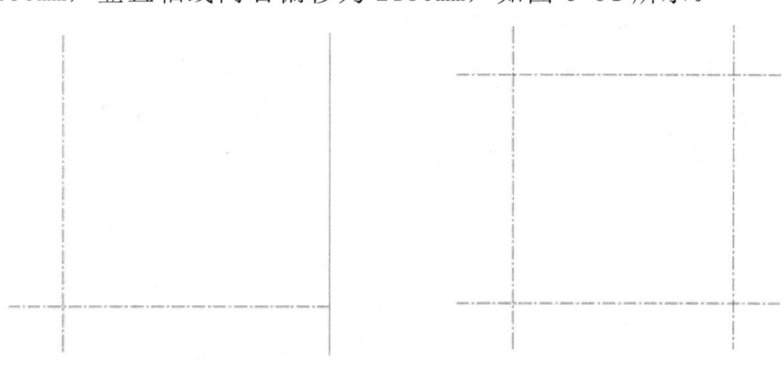

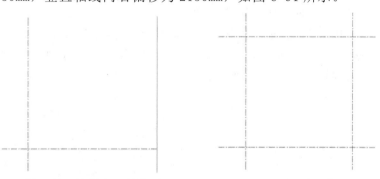

图6-90　绘制水平轴线　　　　图6-91　偏移轴线

（3）单击“默认”选项卡“绘图”面板中的“矩形”按钮，根据图 6-92 所示的尺寸，绘制一个 2600mm×150mm 的方木条。

（4）单击“默认”选项卡“修改”面板中的“复制”按钮和“旋转”按钮，将方木条复制到另外三条轴线上，如图 6-93 所示。

（5）单击“默认”选项卡“修改”面板中的“修剪”按钮，修剪多余的直

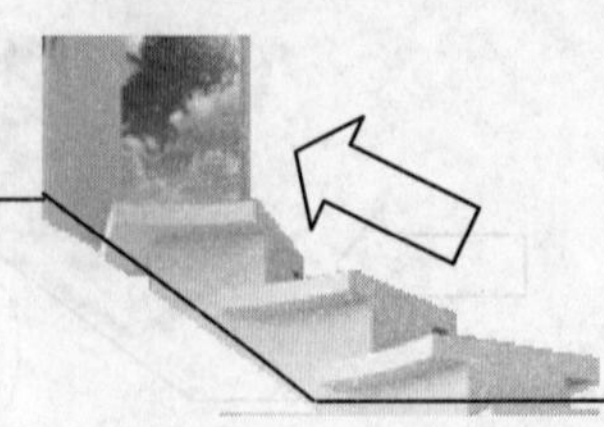

线，如图 6-94 所示。

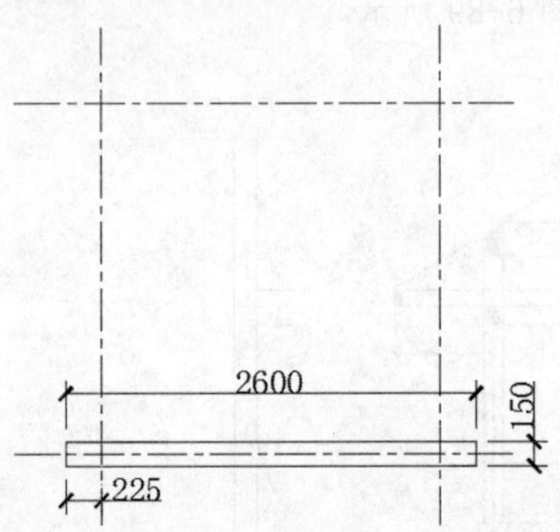

图6-92　绘制方木条

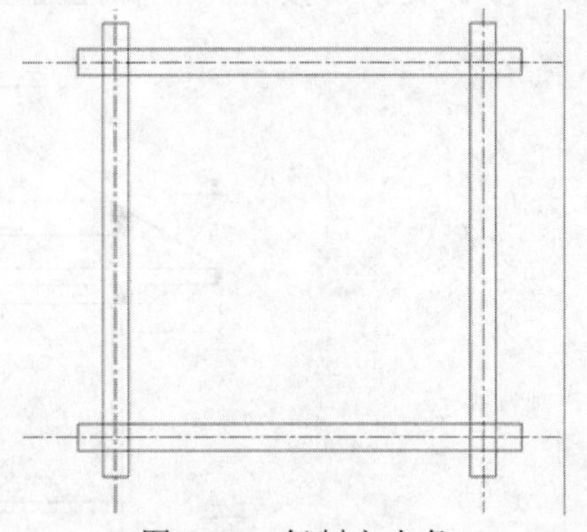
图6-93　复制方木条

（6）单击“默认”选项卡“绘图”面板中的“圆”按钮，在轴线的交点处绘制半径为 9mm 的圆，如图 6-95 所示。

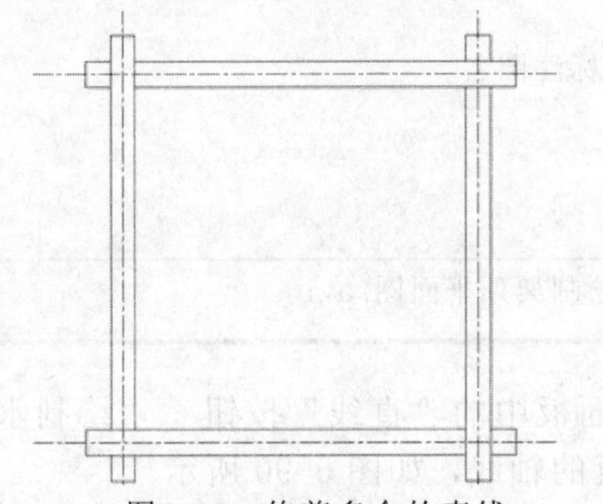
图6-94　修剪多余的直线

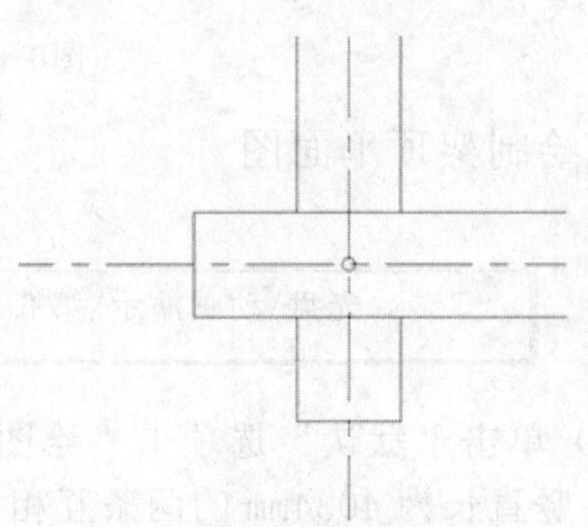
图6-95　绘制圆

（7）单击“默认”选项卡“修改”面板中的“复制”按钮，将圆复制到其他三个角处，完成螺栓的绘制，如图 6-96 所示。

（8）单击“默认”选项卡“修改”面板中的“偏移”按钮，将上侧水平轴线依次向下偏移（单位：mm）15、412、412、412 和 412，左侧竖直轴线向右偏移（单位：mm）15、412、412、412 和 412，如图 6-97 所示。

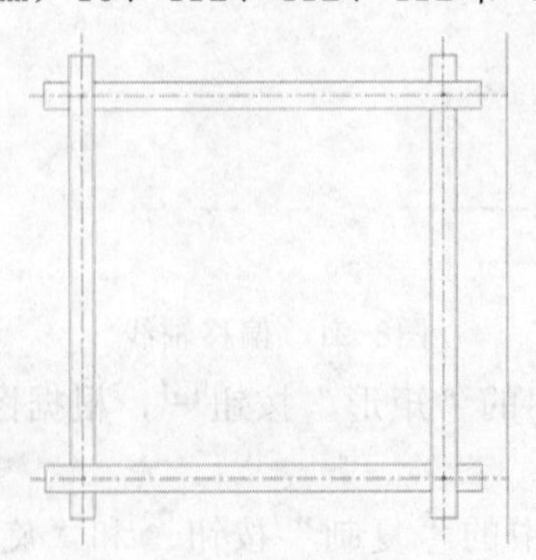
图6-96　绘制螺栓

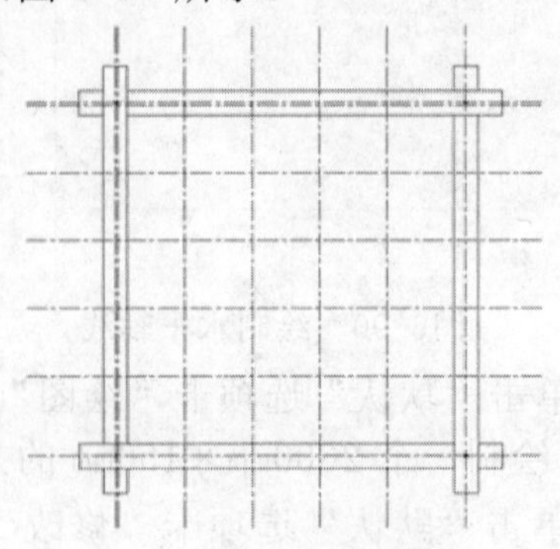
图6-97　偏移轴线

（9）单击“默认”选项卡“绘图”面板中的“矩形”按钮，绘制水平方向

2120mm×60mm 的方木条，如图 6-98 所示。

（10）单击“默认”选项卡“修改”面板中的“复制”按钮，根据辅助线将方木条向下复制三个，如图 6-99 所示。

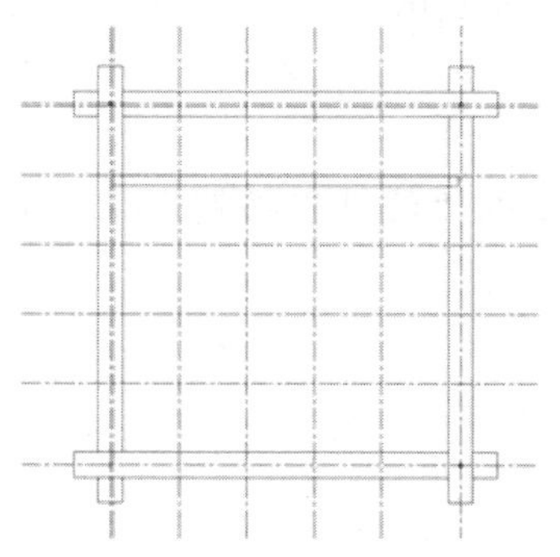
图6-98 绘制方木条

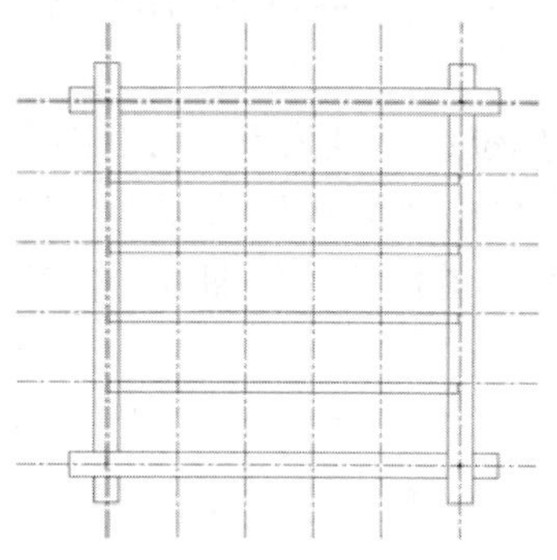
图6-99 复制方木条

（11）同理，绘制竖直方向的方木条，如图 6-100 所示。

（12）单击“默认”选项卡“修改”面板中的“删除”按钮，将辅助线删除，如图 6-101 所示。

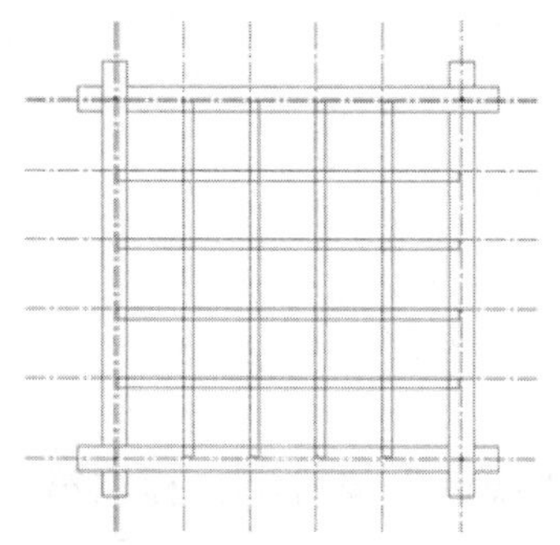
图6-100 绘制方木条

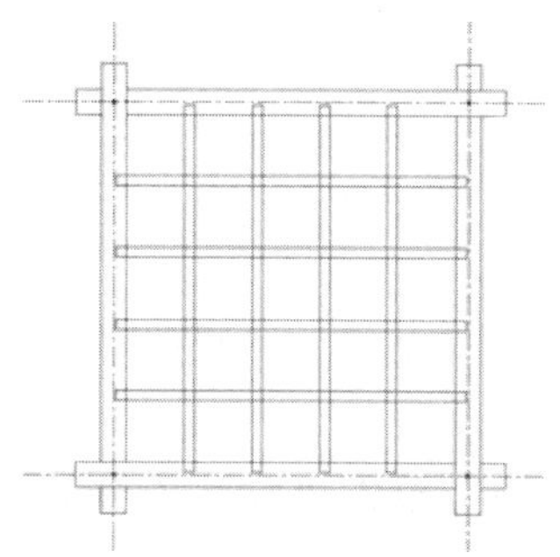
图6-101 删除辅助线

（13）单击“默认”选项卡“修改”面板中的“修剪”按钮，修剪多余的直线，如图 6-102 所示。

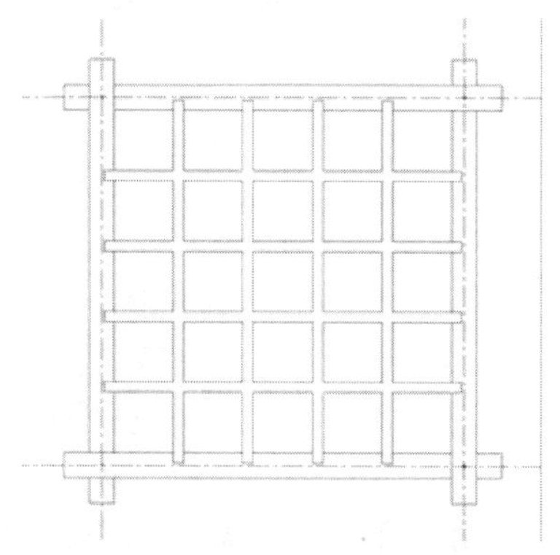
图6-102 修剪多余的直线

（14）按照亭平面图中的标注样式进行设置，设置结果如下：

1）线：超出尺寸线距离为 80mm，起点偏移量为 80mm。

2）符号和箭头：第一个为用户箭头，选择建筑标记，箭头大小为 80mm。

3）文字：文字高度为 1500mm，文字位置为垂直上，文字对齐为与尺寸线对齐。

4）主单位：精度为 0，比例因子为 1。

（15）单击“默认”选项卡“注释”面板中的“线性”按钮和“连续”按钮，标注第一道尺寸，如图 6-103 所示。

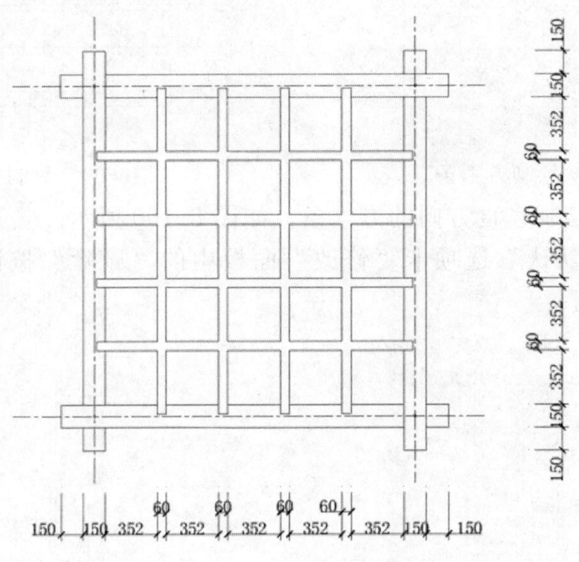

图6-103 标注第一道尺寸

（16）单击“默认”选项卡“注释”面板中的“线性”按钮，标注第二道尺寸，如图 6-104 所示。

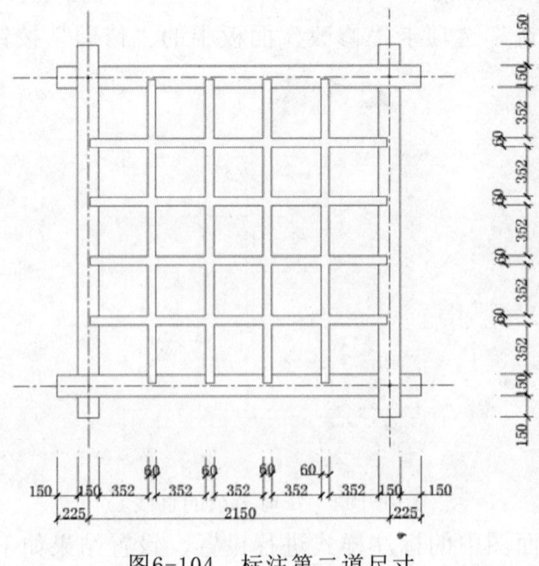

图6-104 标注第二道尺寸

（17）单击“默认”选项卡“注释”面板中的“线性”按钮，标注总尺寸，如图 6-105 所示。

（18）同理，标注细节尺寸，如图 6-106 所示。

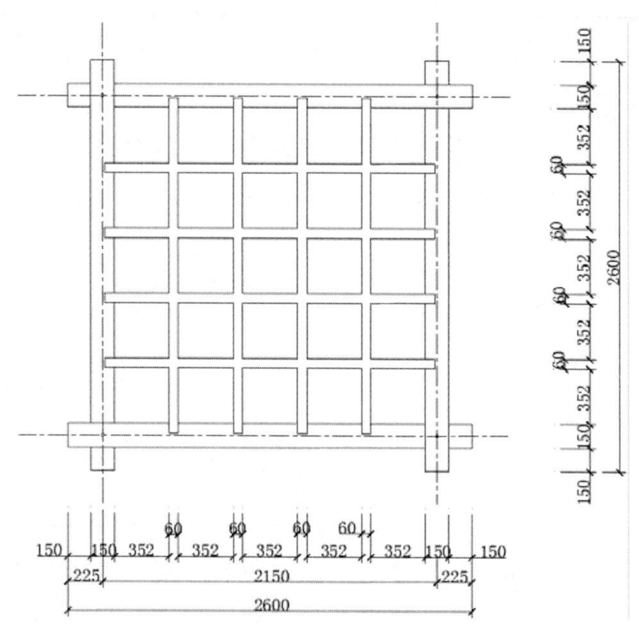

图6-105　标注总尺寸

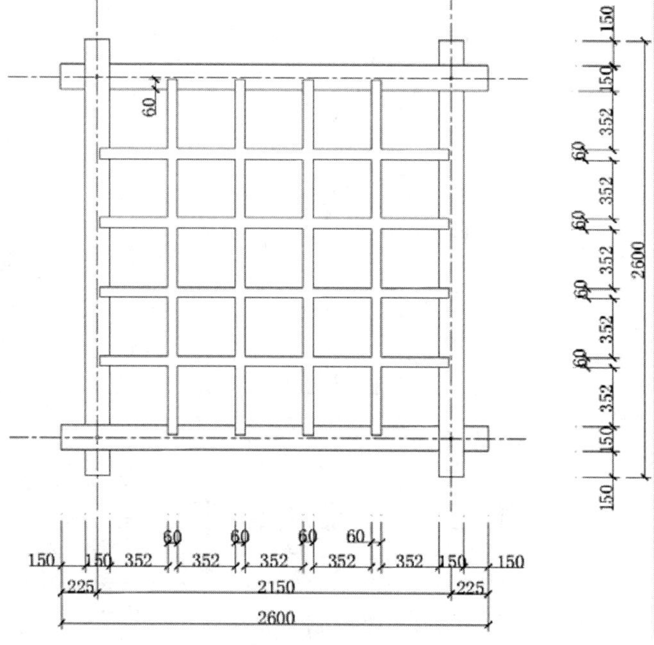

图6-106　标注细节尺寸

注意

对于尺寸字样出现重叠的情况，应将它移开。用鼠标单击尺寸数字，再用鼠标点中中间的蓝色方块标记，将字样移至外侧适当位置后单击“确定”按钮。

（19）单击“默认”选项卡“绘图”面板中的“直线”按钮，在图中引出直线，如图6-107所示。

（20）单击“默认”选项卡“注释”面板中的“多行文字”按钮A，在直线左侧输入文字，如图6-108所示。

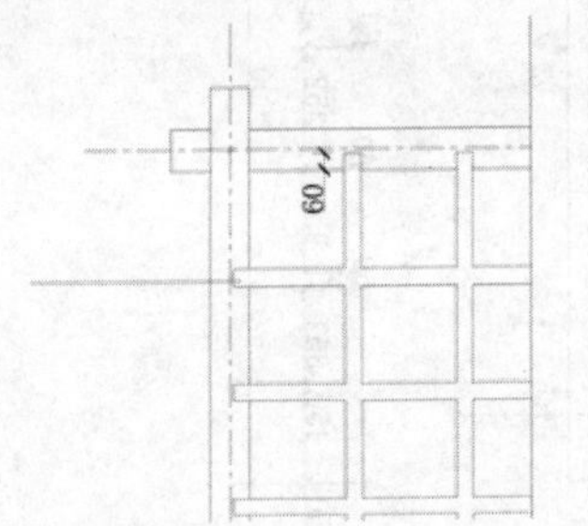

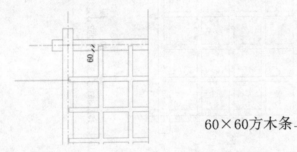

图6-107　引出直线

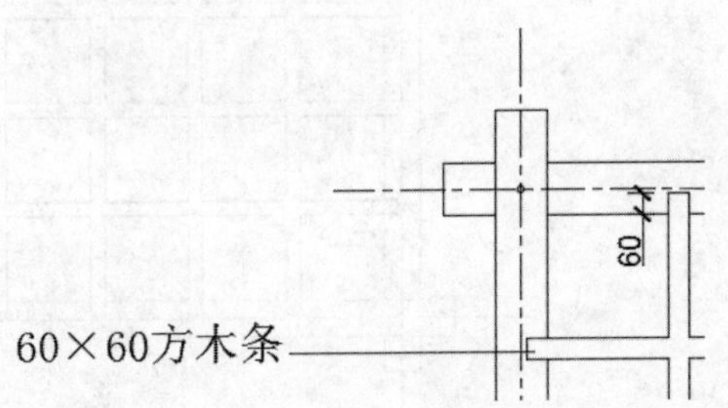

图6-108　输入文字

（21）单击“默认”选项卡“修改”面板中的“复制”按钮，将文字复制到图中其他位置处，然后双击文字，修改文字内容，完成其他位置处文字的标注，如图6-109所示。

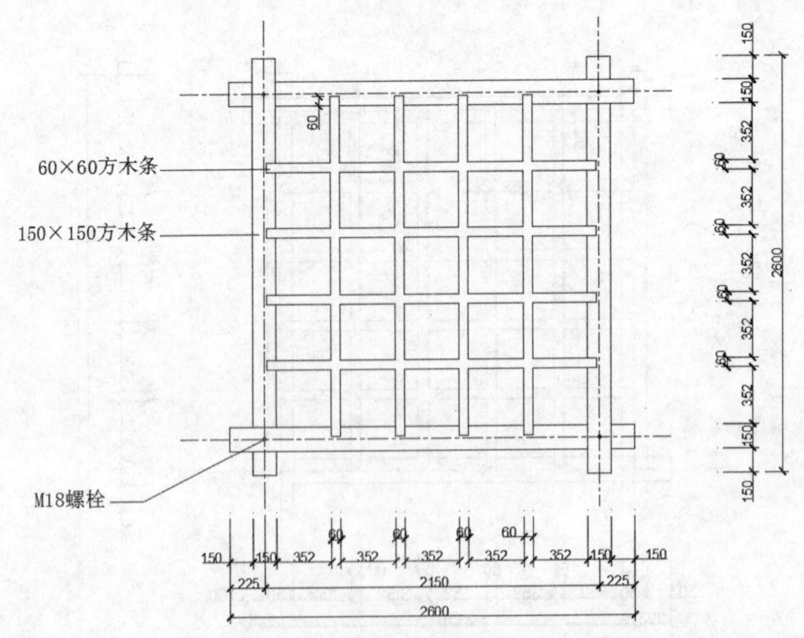

图6-109　标注文字

（22）单击“默认”选项卡“绘图”面板中的“直线”按钮、“圆”按钮

和“多行文字”按钮A，标注标号，如图 6-110 所示。

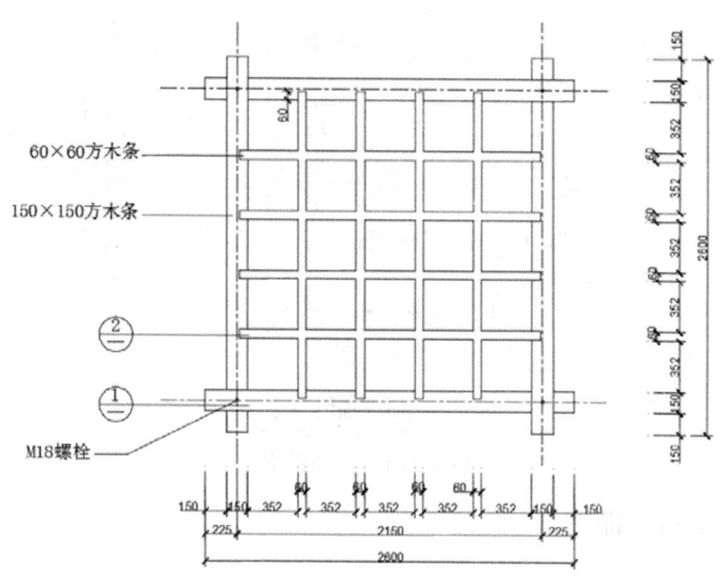

图6-110　标注标号

（23）单击“默认”选项卡“绘图”面板中的“多段线”按钮和“多行文字”按钮A，绘制剖切符号，如图 6-111 所示。

（24）单击“默认”选项卡“修改”面板中的“复制”按钮，将剖切符号复制到另外一侧，如图 6-112 所示。

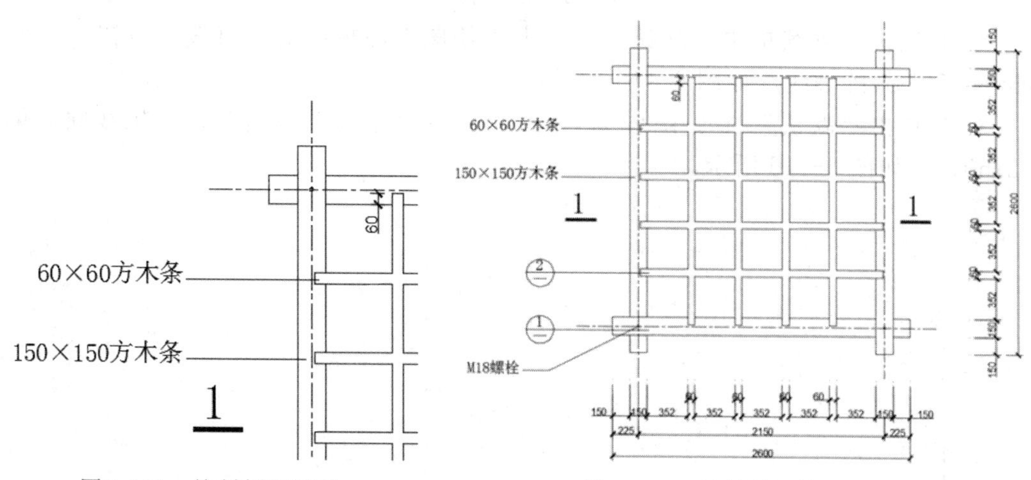

图6-111　绘制剖切符号　　图6-112　复制剖切符号

（25）单击“默认”选项卡“绘图”面板中的“直线”按钮、“多段线”按钮和“多行文字”按钮A，标注图名，如图 6-113 所示。

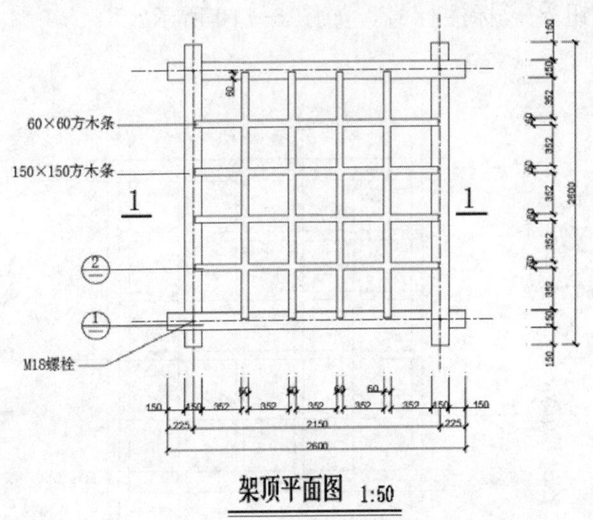

图6-113 标注图名

6.1.7 绘制架顶立面图

光盘\动画演示\第 6 章\绘制架顶立面图.avi

(1) 单击“默认”选项卡“绘图”面板中的“直线”按钮，绘制长为 4400mm 的水平直线，如图 6-114 所示。

图6-114 绘制水平线

(2) 同理，继续单击“默认”选项卡“绘图”面板中的“直线”按钮，绘制长为 2537mm 的轴线，如图 6-115 所示。

(3) 单击“默认”选项卡“修改”面板中的“偏移”按钮，将轴线向右偏移 2150mm，如图 6-116 所示。

图6-115 绘制轴线　　图6-116 偏移轴线

(4) 单击“默认”选项卡“绘图”面板中的“矩形”按钮，绘制 2600mm×150mm 的木梁，如图 6-117 所示。

（5）单击“默认”选项卡“修改”面板中的“偏移”按钮，将两条轴线分别向两侧均偏移 60mm 和 15mm，如图 6-118 所示。

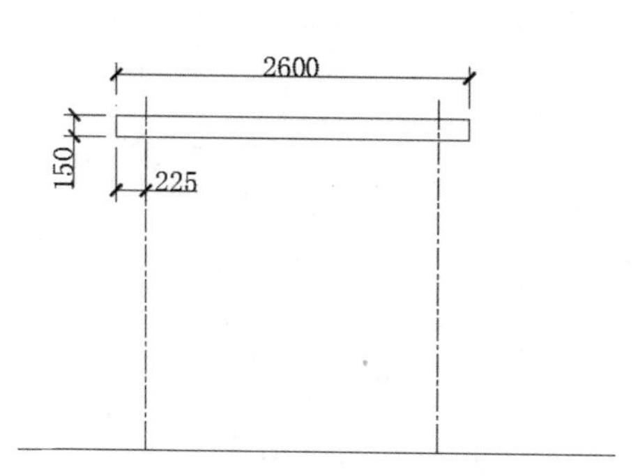

图6-117　绘制木梁

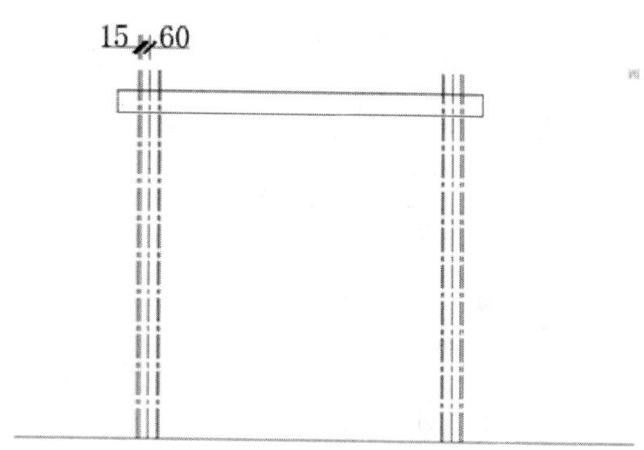

图6-118　偏移直线

（6）单击“默认”选项卡“修改”面板中的“修剪”按钮，修剪多余的直线，并设置线型，完成柱子的绘制，如图 6-119 所示。

（7）单击“默认”选项卡“绘图”面板中的“直线”按钮，绘制方钢管梁，如图 6-120 所示。

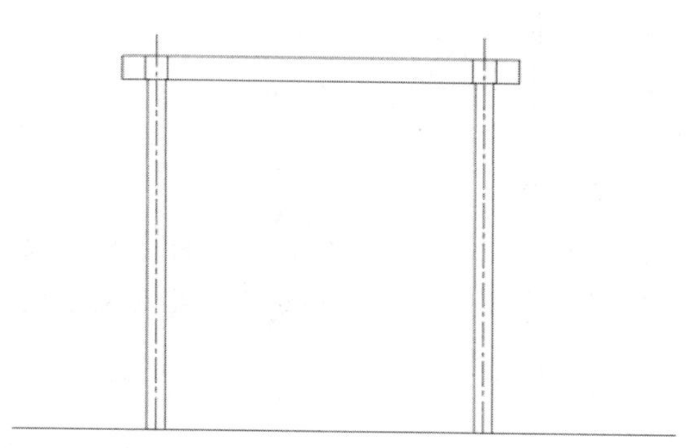

图6-119　绘制柱子

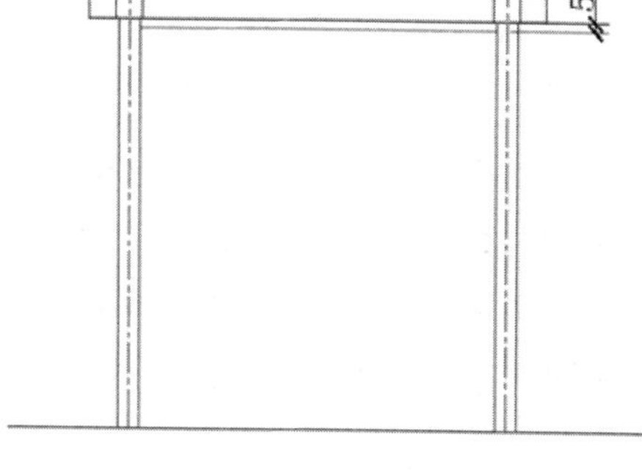

图6-120　绘制方钢管梁

（8）按照亭平面图中的标注样式进行设置，设置结果如下：

1）线：超出尺寸线距离为 80mm，起点偏移量为 80mm。

2）符号和箭头：第一个为用户箭头，选择建筑标记，箭头大小为 80mm。

3）文字：文字高度为 150mm，文字位置为垂直上，文字对齐为与尺寸线对齐。

4）主单位：精度为 0，比例因子为 1。

（9）单击“默认”选项卡“注释”面板中的“线性”按钮和“连续”按钮，标注尺寸，如图 6-121 所示。

（10）单击“默认”选项卡“绘图”面板中的“直线”按钮，在图中引出直线，如图 6-122 所示。

（11）单击“默认”选项卡“注释”面板中的“多行文字”按钮，在直线右侧输入文字，如图 6-123 所示。

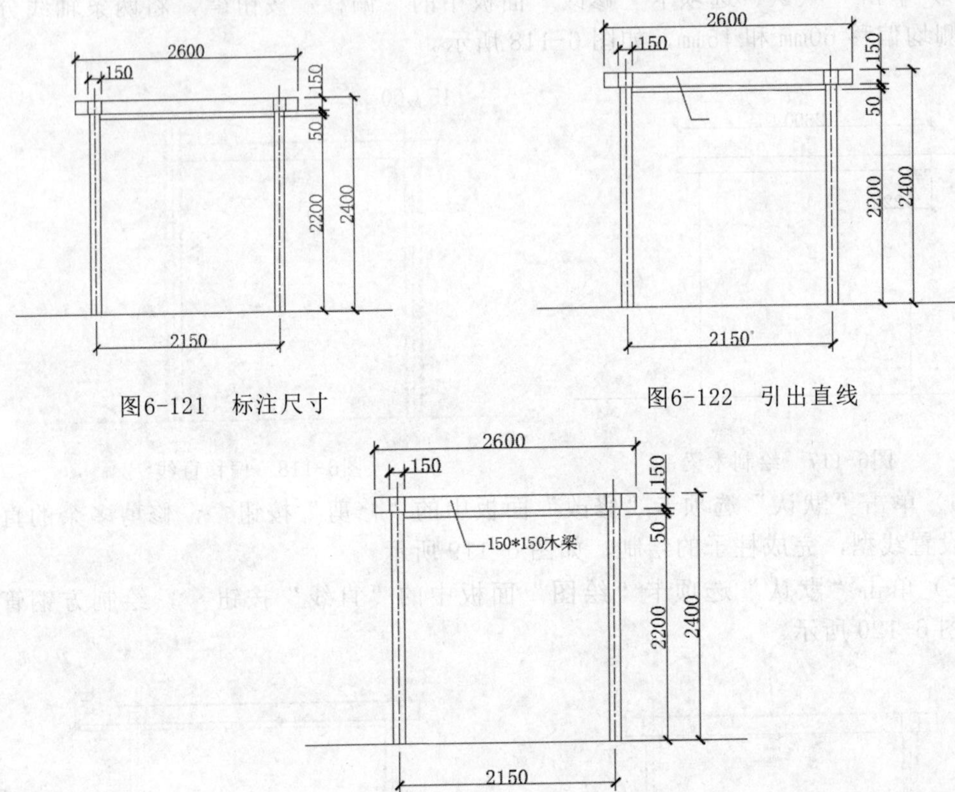

图6-121　标注尺寸

图6-122　引出直线

图6-123　输入文字

（12）单击“默认”选项卡“修改”面板中的“复制”按钮，将直线和文字复制到图中其他位置处，然后双击文字，修改文字内容，完成其他位置处文字的标注，如图 6-124 所示。

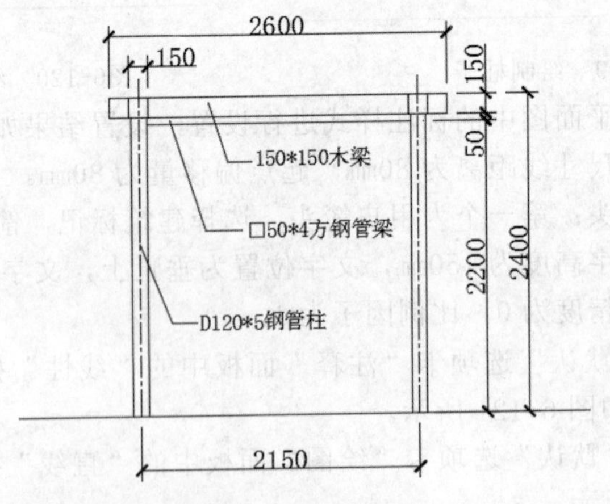

图 6-124　标注文字

（13）单击“默认”选项卡“绘图”面板中的“直线”按钮、“多段线”按钮和“多行文字”按钮，标注图名，如图 6-125 所示。

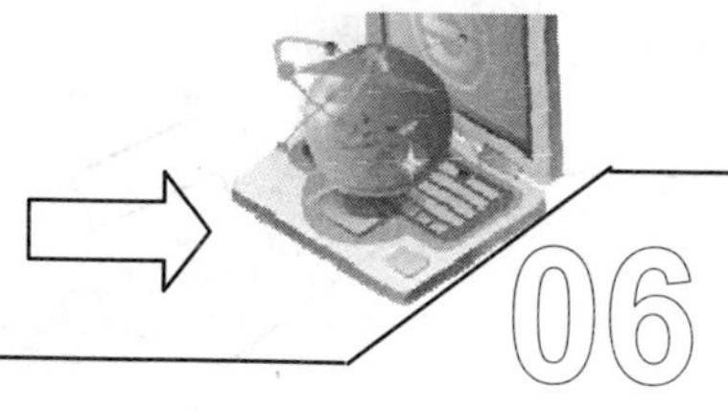

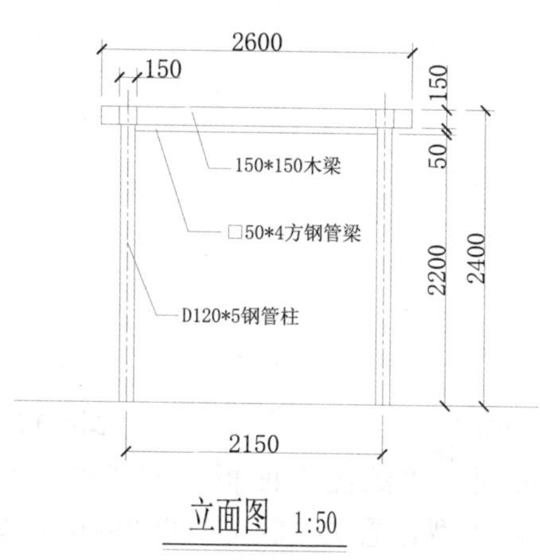

图6-125　标注图名

（14）架顶剖面图的绘制方法与架顶立面图的绘制方法类似，这里不再重述，如图 6-126 所示。

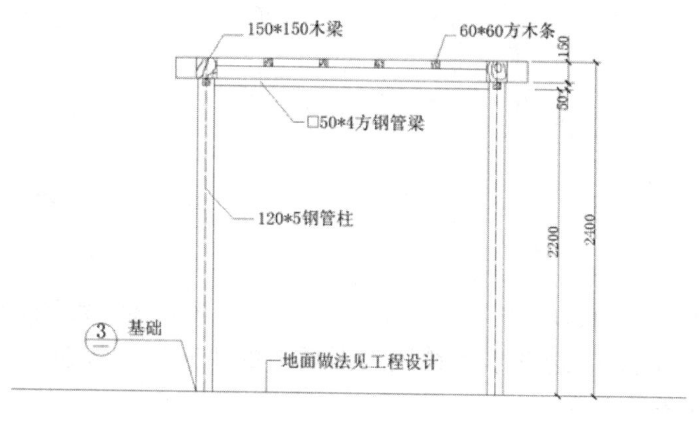

图6-126　架顶剖面图

6.1.8　绘制亭屋面配筋图

光盘\动画演示\第 6 章\绘制亭屋面配筋图.avi

（1）单击“默认”选项卡“绘图”面板中的“矩形”按钮，绘制一个长为 5000mm，宽为 5000mm 的矩形，并将线型改为 ACAD_ISO02W100，如图 6-127 所示。

（2）单击“默认”选项卡“绘图”面板中的“直线”按钮，在矩形内绘制两条相交的直线，并将线型设置为 ACAD_ISO04W100，如图 6-128 所示。

（3）单击“默认”选项卡“修改”面板中的“偏移”按钮，将矩形向内偏移，偏移距离为 83mm、871mm、58mm 和 58mm，并将偏移后的矩形线型改为 Continuous，如图 6-129 所示。

图6-127　绘制矩形

图6-128　绘制斜线

（4）单击“默认”选项卡“绘图”面板中的“圆”按钮，在四个端点处绘制半径为100mm的圆，并将线型设置为ACAD_ISO02W100，如图6-130所示，并在矩形交点绘制半径为339mm的圆，将线型改为ACAD_ISO04W100，如图6-131所示。

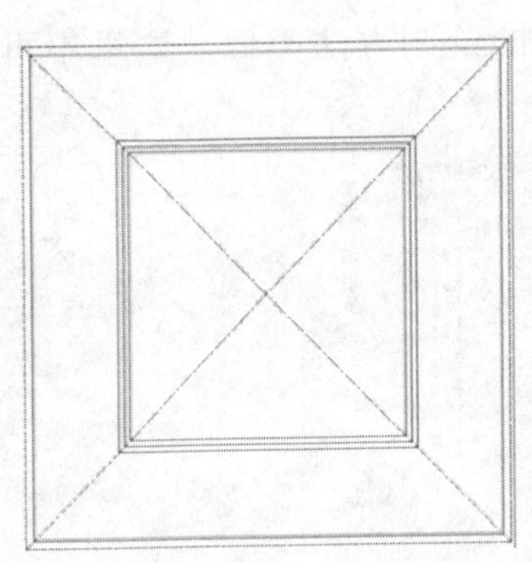

图6-129　偏移矩形

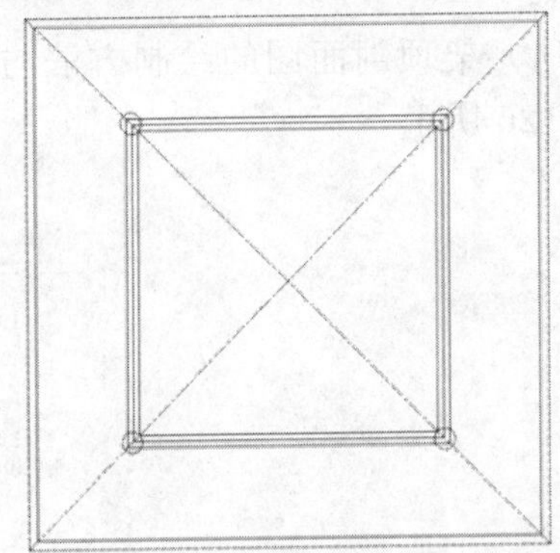

图6-130　绘制四个圆

（5）单击“默认”选项卡“绘图”面板中的“直线”按钮，根据图6-132所示的尺寸绘制多条斜线。

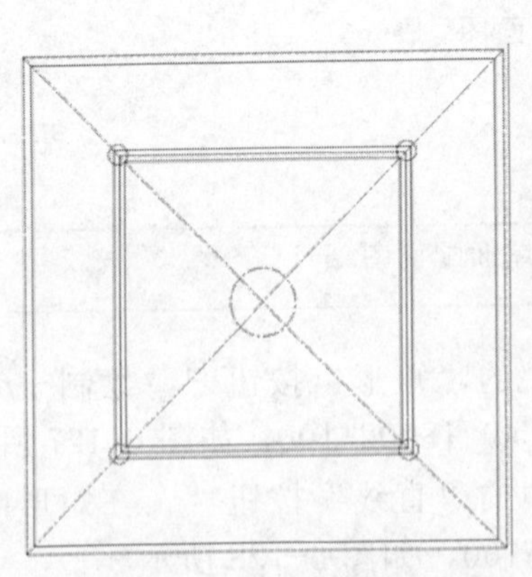

图6-131　绘制大圆

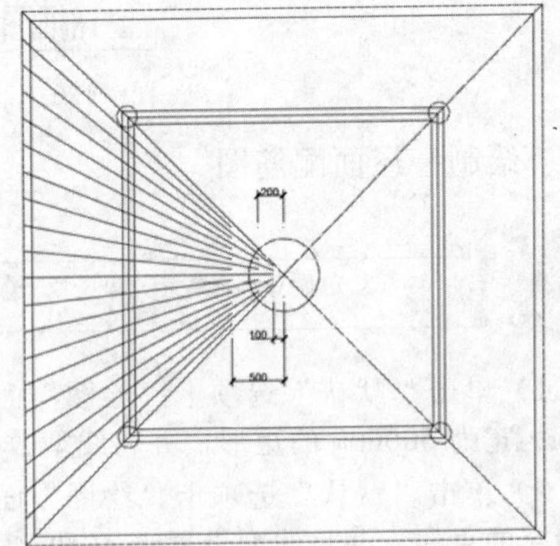

图6-132　绘制斜线

（6）单击“默认”选项卡“绘图”面板中的“多段线”按钮，绘制配筋，如图6-133所示。

（7）同理，绘制其他位置处的配筋，如图 6-134 所示。

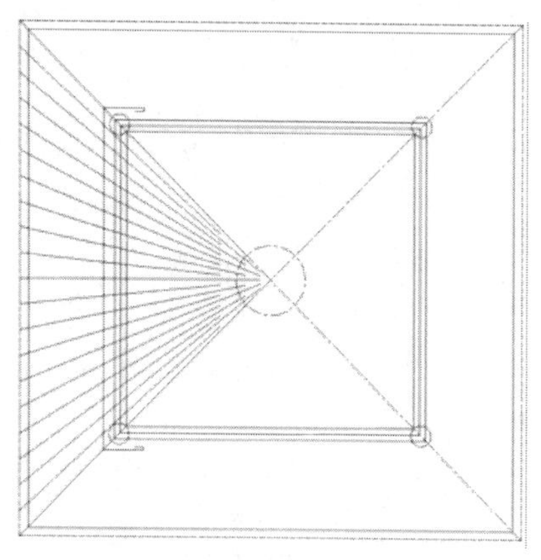

图6-133　绘制配筋

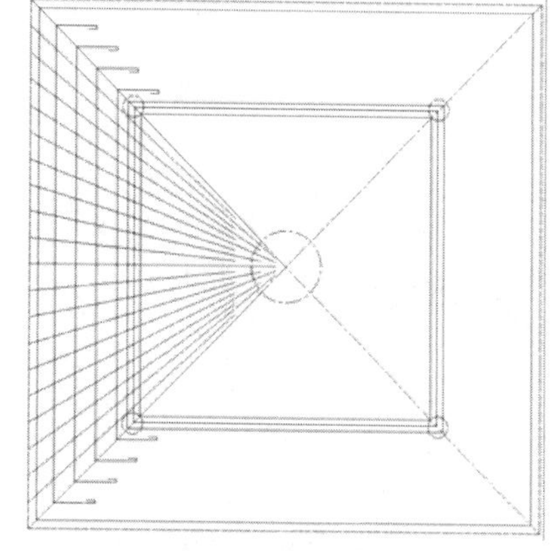

图6-134　绘制剩余配筋

（8）按照亭平面图中的标注样式进行设置，设置结果如下：

1）线：超出尺寸线距离为 80mm，起点偏移量为 80mm。

2）符号和箭头：第一个为用户箭头，选择建筑标记，箭头大小为 80mm。

3）文字：文字高度为 150mm，文字位置为垂直上，文字对齐为与尺寸线对齐。

4）主单位：精度为 0，比例因子为 1。

（9）单击“默认”选项卡“注释”面板中的“线性”按钮，为图形标注尺寸，如图 6-135 所示。

（10）单击“默认”选项卡“绘图”面板中的“直线”按钮，在图中引出直线，如图 6-136 所示。

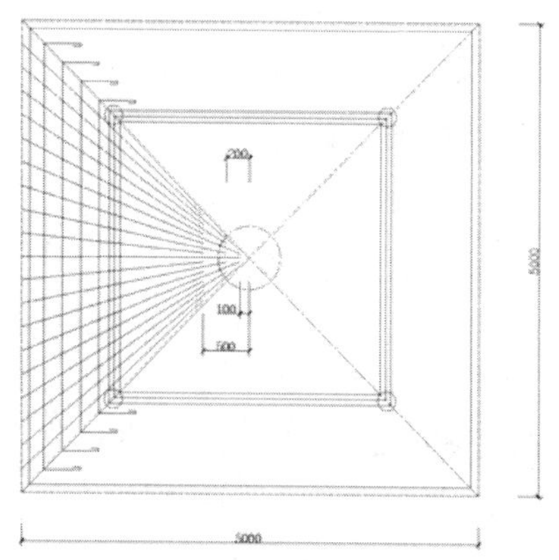

图6-135　标注尺寸

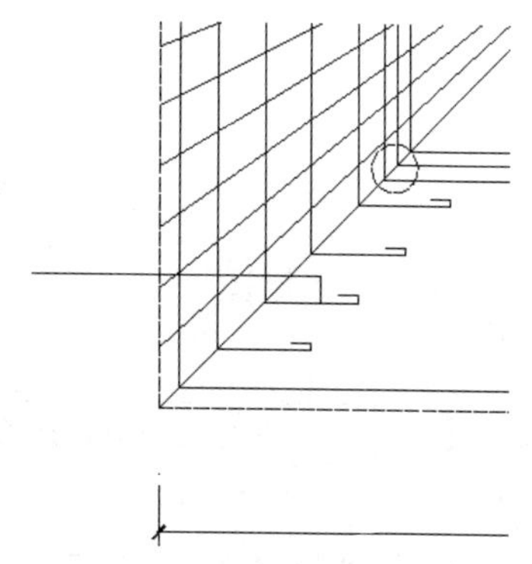

图6-136　引出直线

（11）单击“默认”选项卡“注释”面板中的“多行文字”按钮，在直线左侧输入文字，如图 6-137 所示。

（12）同理，标注其他位置处的文字，如图 6-138 所示。

（13）单击“默认”选项卡“绘图”面板中的“直线”按钮、“多段线”按钮和“多行文字”按钮，标注图名，如图 6-139 所示。

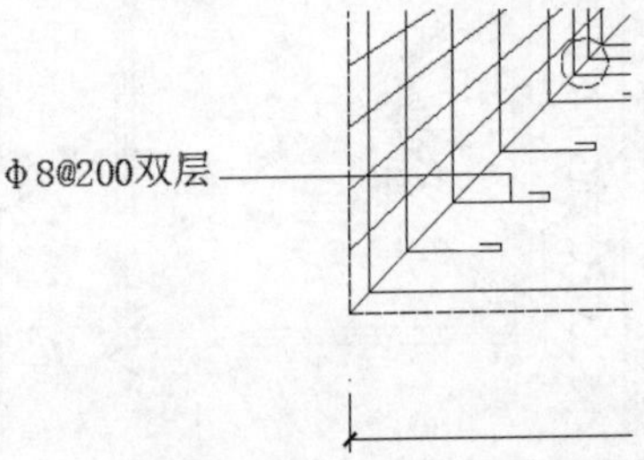

图6-137　输入文字

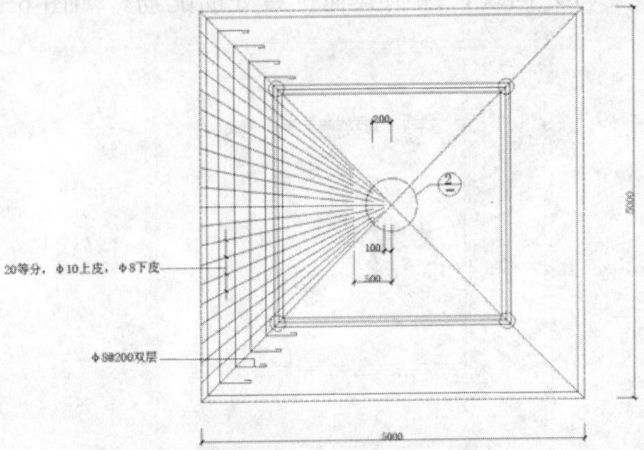

图6-138　标注文字

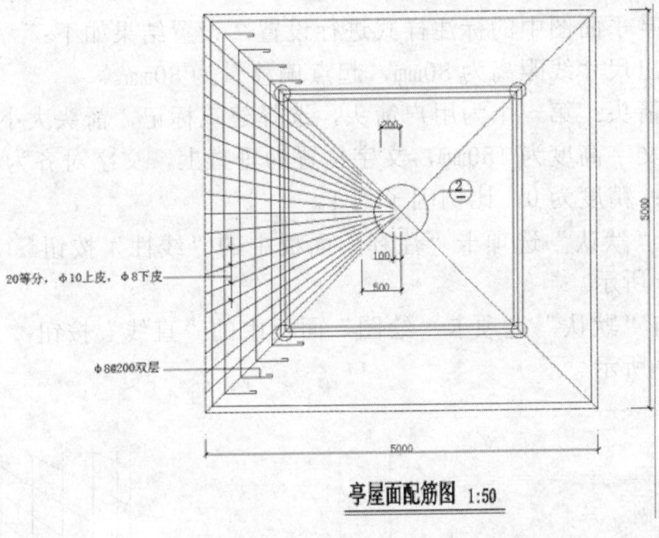

图6-139　标注图名

6.1.9　绘制梁展开图

光盘\动画演示\第 6 章\绘制梁展开图.avi

（1）单击“默认”选项卡“绘图”面板中的“直线”按钮，绘制一条长为 5342mm 的水平线和长为 2684mm 的竖直线，如图 6-140 所示。

（2）单击“默认”选项卡“修改”面板中的“移动”按钮，将竖线向右移动 1424mm，向下移动 284mm，如图 6-141 所示。

（3）单击“默认”选项卡“修改”面板中的“偏移”按钮，将竖线向右偏移（单位：mm）20、160、20、2750、20、160 和 20，如图 6-142 所示。

（4）单击“默认”选项卡“绘图”面板中的“直线”按钮，在最上侧绘制

一条长为 4002mm 的水平直线，如图 6-143 所示。

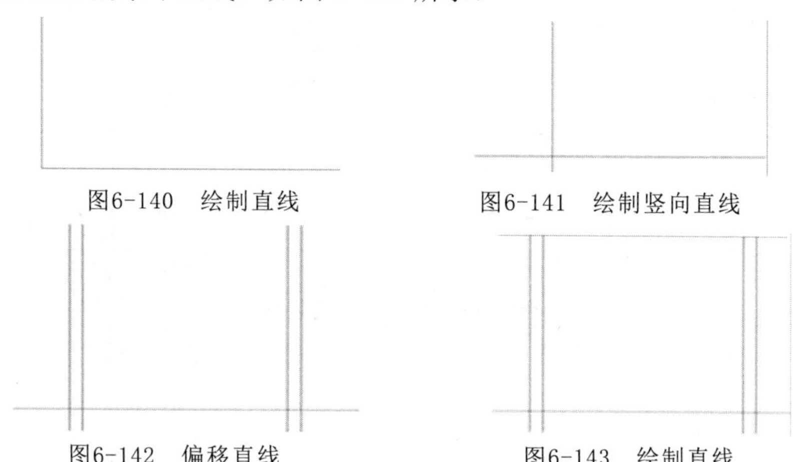

图6-140　绘制直线　　图6-141　绘制竖向直线

图6-142　偏移直线　　图6-143　绘制直线

（5）单击“默认”选项卡“修改”面板中的“偏移”按钮，将水平直线向上偏移（单位：mm）20、160、20、357、20、369、20 和 20，如图 6-144 所示。

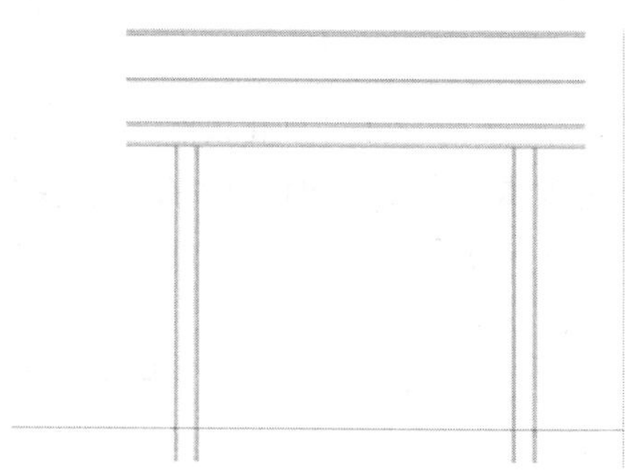

图6-144　偏移水平直线

（6）单击“默认”选项卡“修改”面板中的“延伸”按钮，将部分竖直直线向上延伸，如图 6-145 所示。

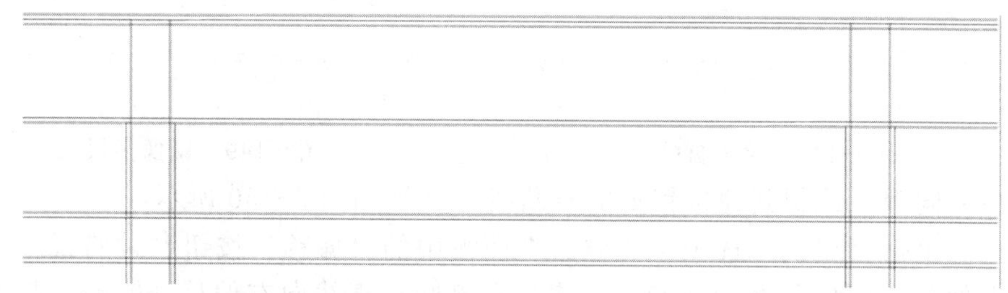

图6-145　延伸直线

（7）单击“默认”选项卡“修改”面板中的“修剪”按钮，修剪多余的直线，如图 6-146 所示。

（8）单击“默认”选项卡“绘图”面板中的“直线”按钮和“修改”工具栏中的“修剪”按钮，细化顶部，如图 6-147 所示。

（9）单击“默认”选项卡“绘图”面板中的“直线”按钮，在图形左侧绘

制折断线，如图 6-148 所示。

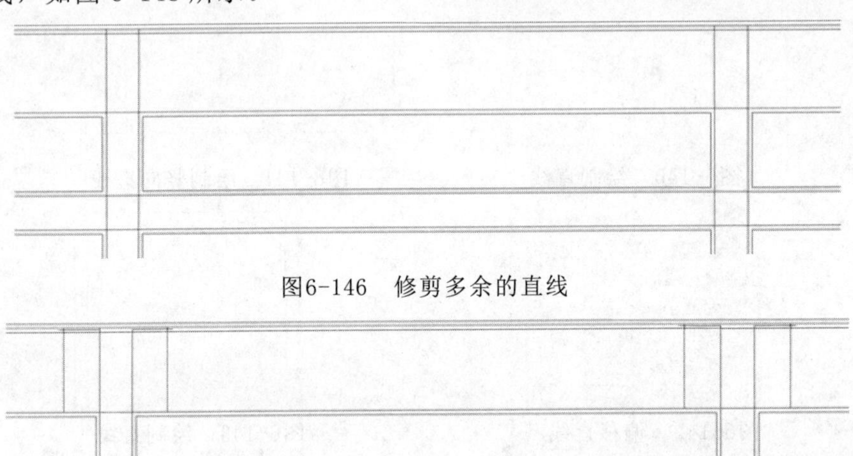

图6-146　修剪多余的直线

图6-147　细化顶部

（10）单击“默认”选项卡“修改”面板中的“镜像”按钮，将左侧折断线镜像到另外一侧，如图 6-149 所示。

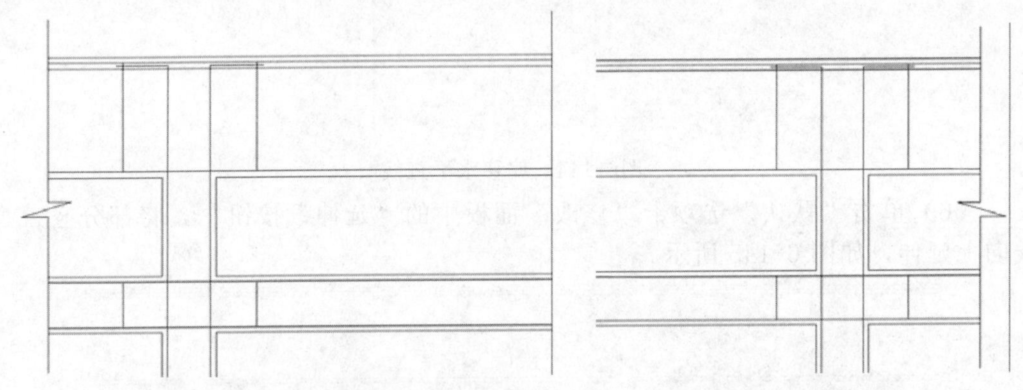

图6-148　绘制折断线　　　　图6-149　镜像多段线

（11）同理，绘制其他位置处的折断线，结果如图 6-150 所示。

（12）单击“默认”选项卡“修改”面板中的“偏移”按钮，将最下侧水平直线向上偏移，偏移距离为 385mm，将最左侧竖直直线向右偏移 500mm，最右侧竖直直线向左偏移 500mm，如图 6-151 所示。

（13）单击“默认”选项卡“修改”面板中的“修剪”按钮，修剪多余的直线，如图 6-152 所示。

（14）单击“默认”选项卡“绘图”面板中的“直线”按钮，绘制剩余图形，如图 6-153 所示。

（15）按照亭平面图中的标注样式进行设置，设置结果如下：

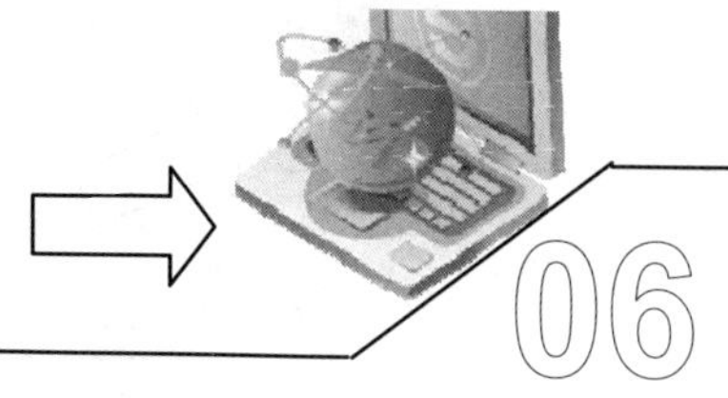

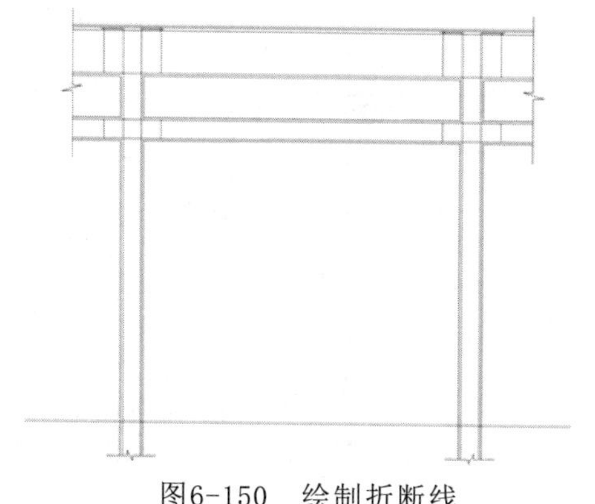

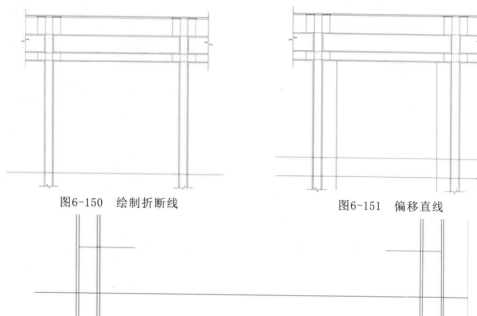

图6-150　绘制折断线

图6-151　偏移直线

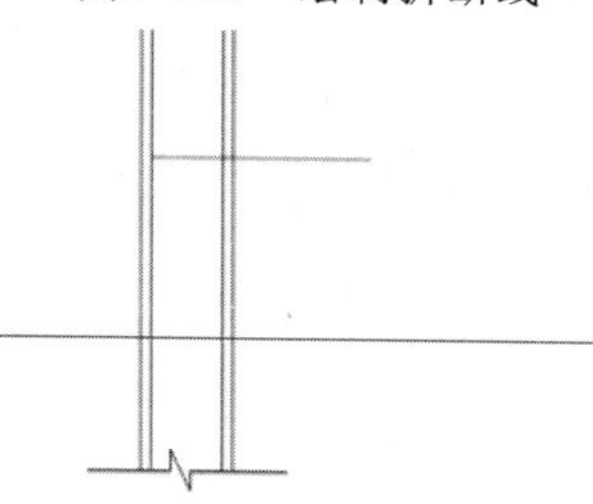

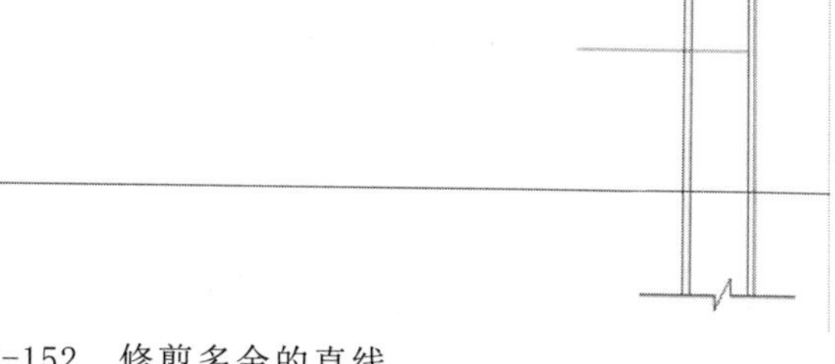

图6-152　修剪多余的直线

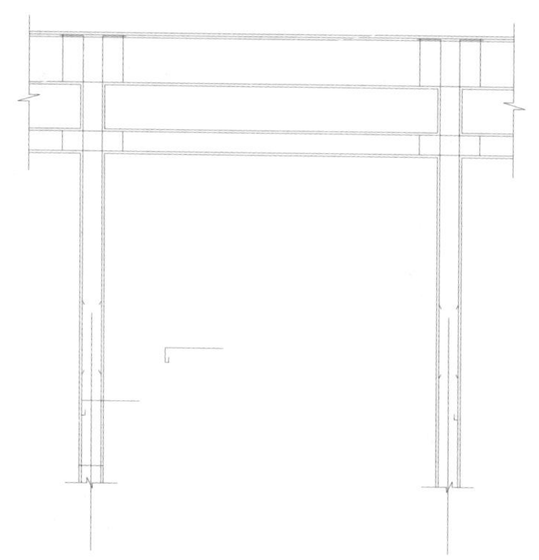

图6-153　绘制剩余图形

1）线：超出尺寸线距离为80mm，起点偏移量为80mm。

2）符号和箭头：第一个为用户箭头，选择建筑标记，箭头大小为80mm。

3）文字：文字高度为120mm，文字位置为垂直上，文字对齐为与尺寸线对齐。

4）主单位：精度为0，比例因子为1。

（16）单击“默认”选项卡“注释”面板中的“线性”按钮和“连续”按钮，标注外部尺寸，如图6-154所示。

（17）同理，标注细节尺寸，如图6-155所示。

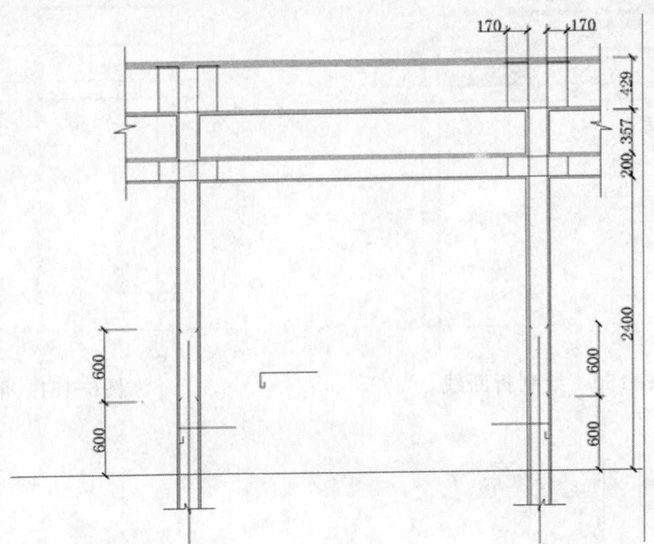

图6-154　标注外部尺寸

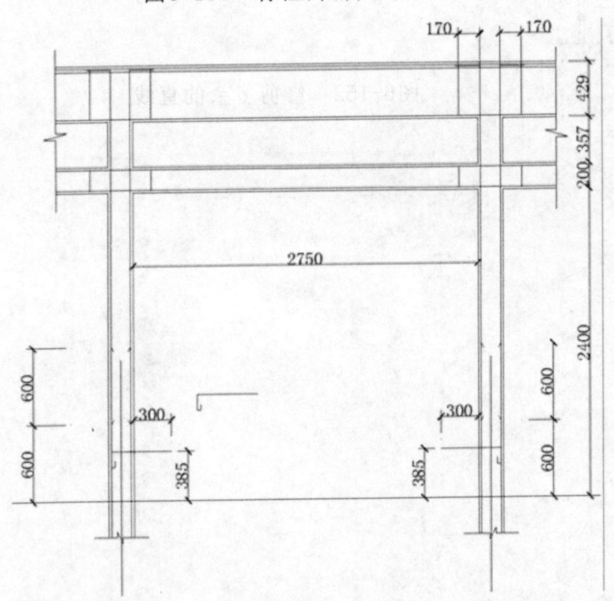

图6-155　标注细节尺寸

（18）单击“默认”选项卡“绘图”面板中的“直线”按钮╱，绘制标高符号，如图6-156所示。

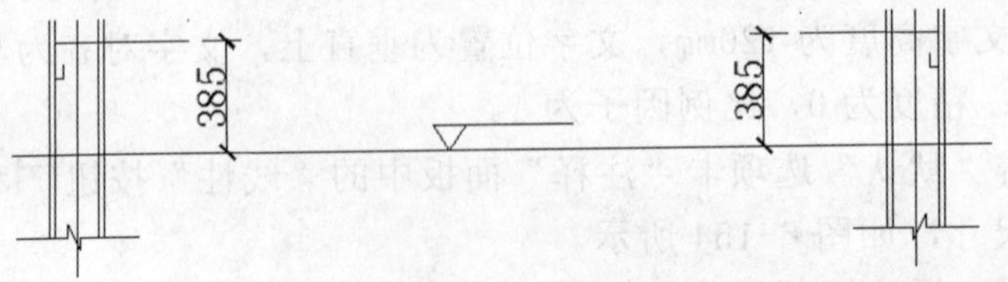

图6-156　绘制标高符号

（19）单击“绘图”工具栏中的“多行文字”按钮A，输入标高数值，如图6-157所示。

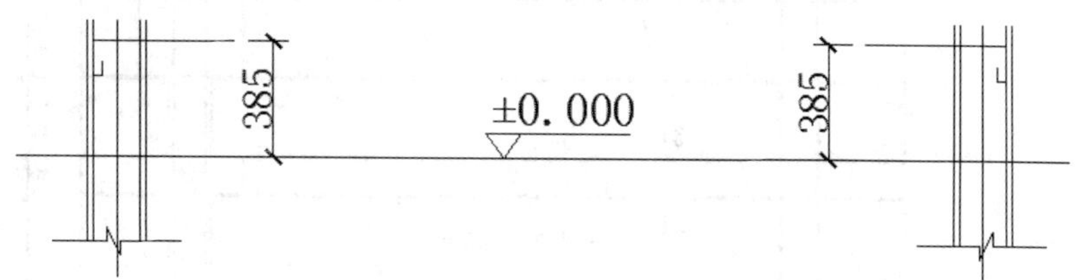

图6-157 输入标高数值

（20）单击“默认”选项卡“绘图”面板中的“直线”按钮，在图中引出直线，如图6-158所示。

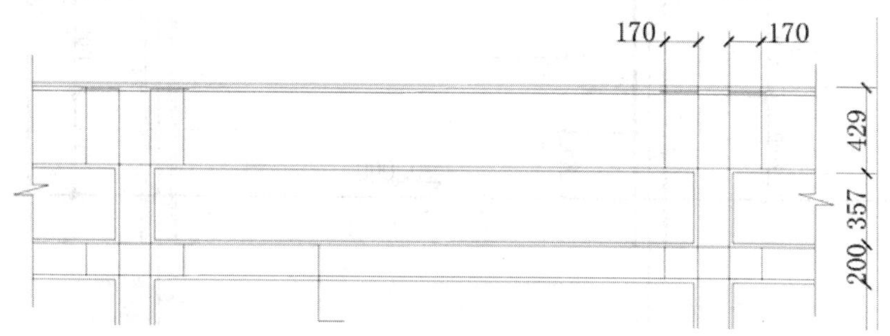

图6-158 引出直线

（21）单击“绘图”工具栏中的“多行文字”按钮A，在直线右侧输入文字，如图6-159所示。

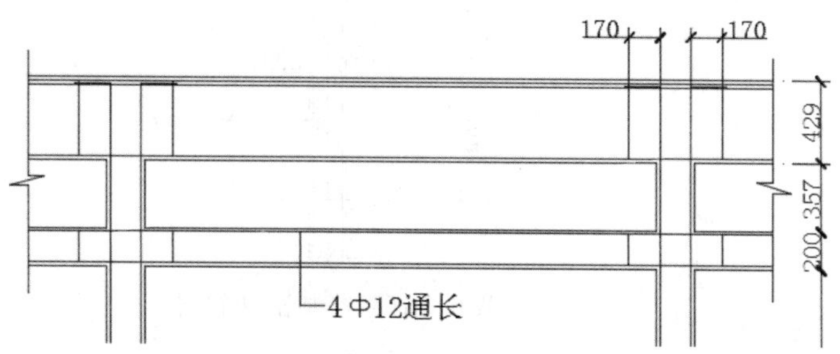

图6-159 输入文字

（22）同理，标注其他位置处的文字说明，如图6-160所示。

（23）单击“默认”选项卡“绘图”面板中的“直线”按钮和“多行文字”按钮A，绘制剖切符号，如图6-161所示。

（24）单击“默认”选项卡“修改”面板中的“复制”按钮，将剖切符号复制到另外一侧，如图6-162所示。

（25）同理，绘制其他位置处的剖切符号，结果如图6-163所示。

（26）单击“默认”选项卡“绘图”面板中的“直线”按钮、“多段线”按钮和“多行文字”按钮A，标注图名，如图6-164所示。

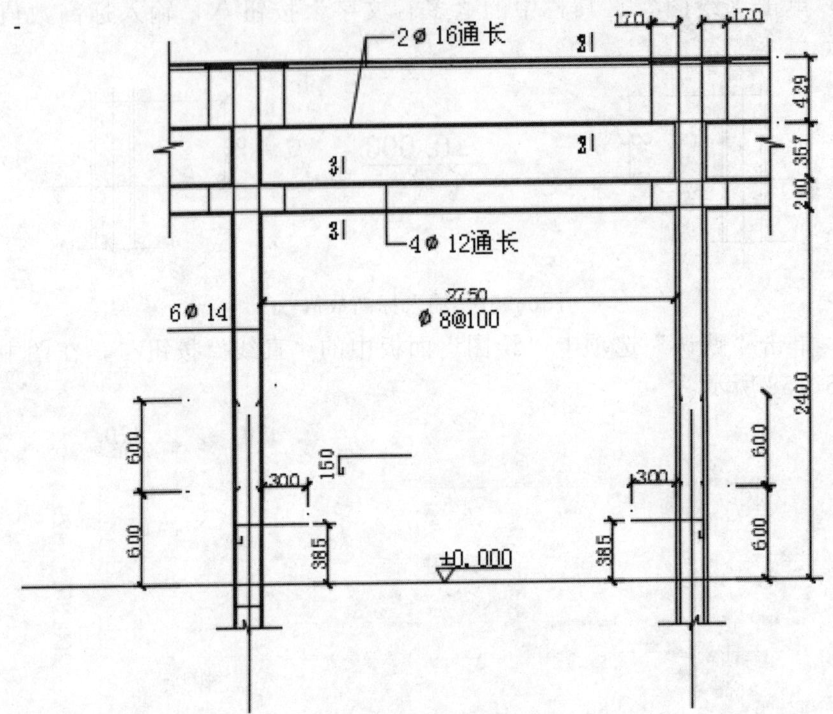

图6-160　标注文字说明

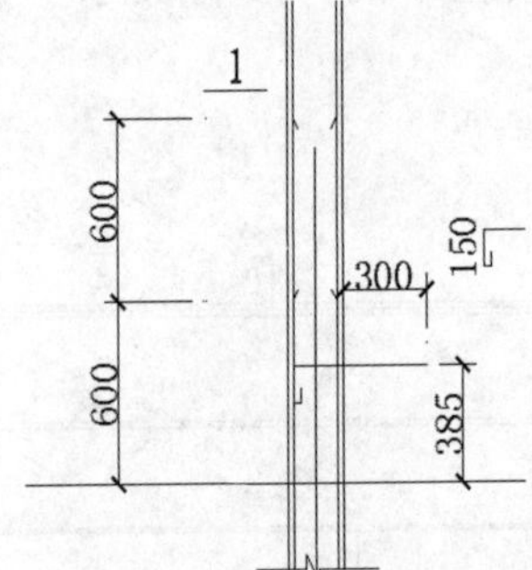

图6-161　绘制剖切符号

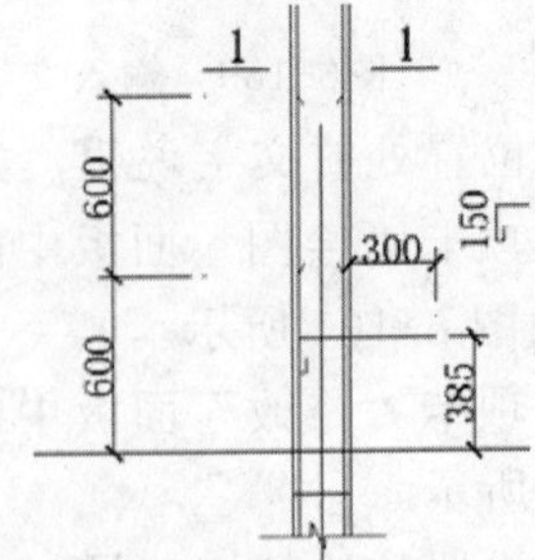

图6-162　复制剖切符号

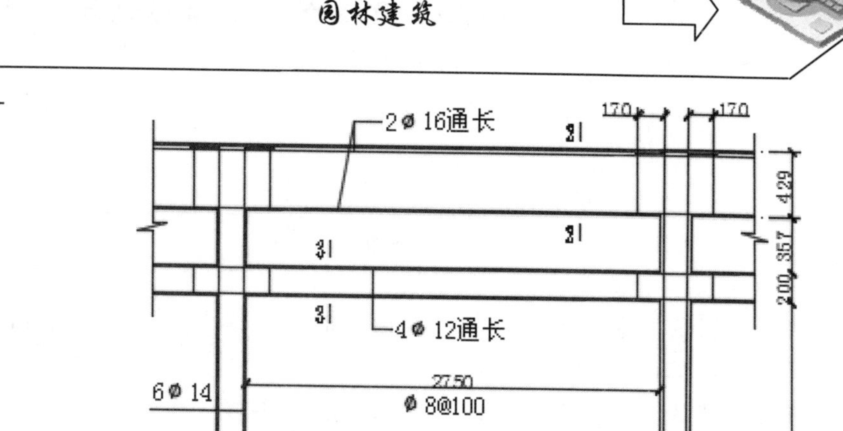

图6-163　绘制剖切符号

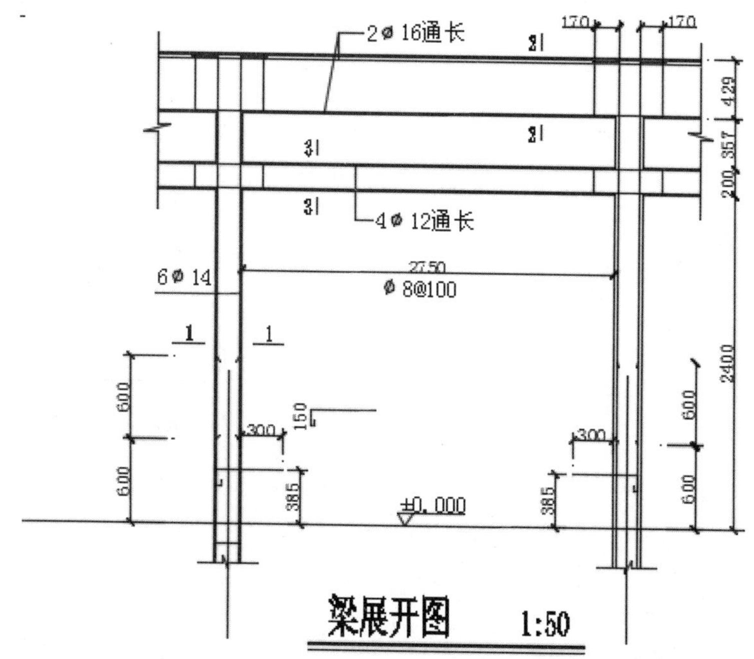

图6-164　标注图名

6.1.10　绘制亭中坐凳

光盘路径

光盘\动画演示\第 6 章\绘制亭中坐凳.avi

（1）单击“默认”选项卡“绘图”面板中的“直线”按钮，绘制一条长为 682mm 的水平直线，如图 6-165 所示。

（2）单击“默认”选项卡“修改”面板中的“偏移”按钮，将水平直线向上依次偏移 60mm、10mm 和 70mm，如图 6-166 所示。

图6-165　绘制水平直线

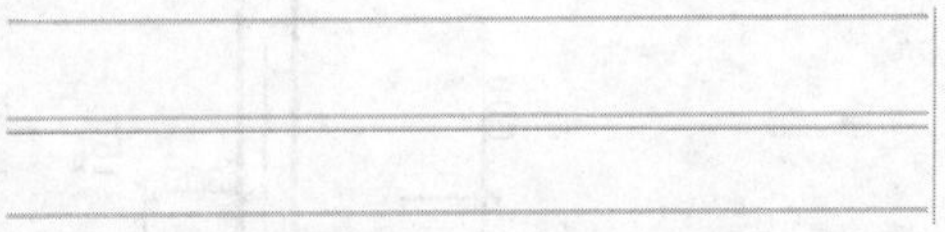

图6-166　偏移直线

（3）单击“默认”选项卡“绘图”面板中的“直线”按钮，绘制折断线，如图 6-167 所示。

（4）单击“默认”选项卡“修改”面板中的“复制”按钮，将折断线复制到另外一侧，并整理图形，结果如图 6-168 所示。

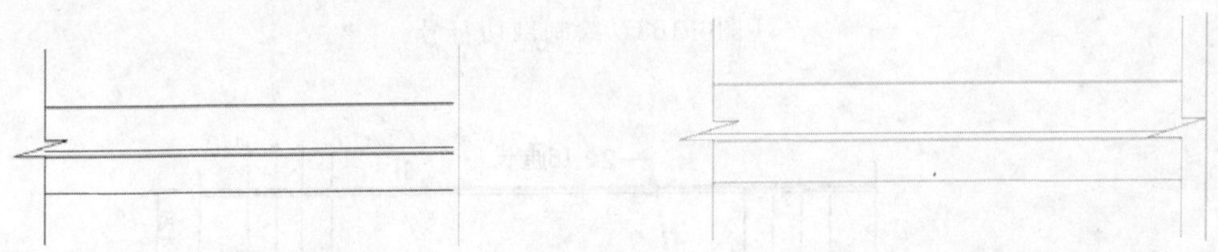

图6-167　绘制折断线

图6-168　复制折断线

（5）单击“默认”选项卡“绘图”面板中的“直线”按钮，绘制基础结构图形，如图 6-169 所示。

（6）单击“默认”选项卡“绘图”面板中的“多段线”按钮，绘制钢筋，如图 6-170 所示。

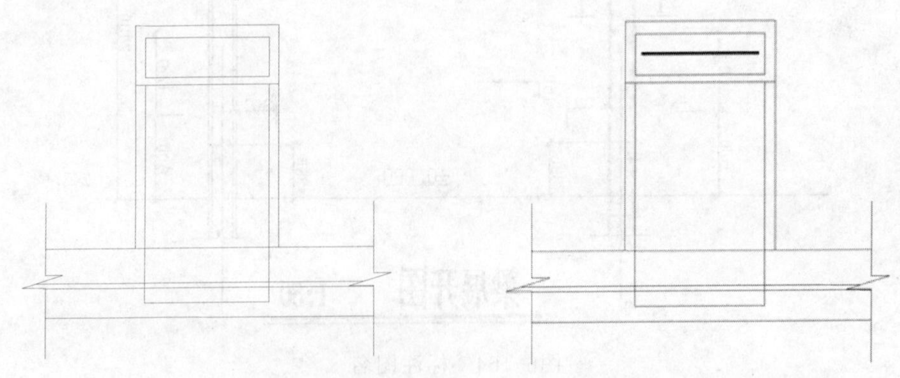

图6-169　绘制基础结构图形

图6-170　绘制钢筋

（7）单击“默认”选项卡“绘图”面板中的“圆”按钮，绘制一个半径为4mm的圆，如图6-171所示。

（8）单击“默认”选项卡“绘图”面板中的“图案填充”按钮，填充圆，如图6-172所示。

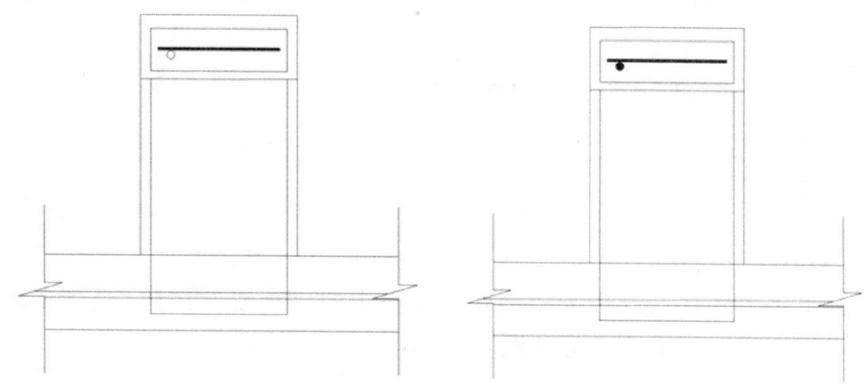

图6-171　绘制圆　　　　图6-172　填充圆

（9）单击“默认”选项卡“修改”面板中的“复制”按钮，将填充圆复制到图中其他位置处，完成配筋的绘制，如图6-173所示。

（10）单击“默认”选项卡“绘图”面板中的“图案填充”按钮，打开“图案填充创建”选项卡，选择图案AR-SAND、ANSI33和AR-HBONE，分别设置填充比例，填充图形，结果如图6-174所示。

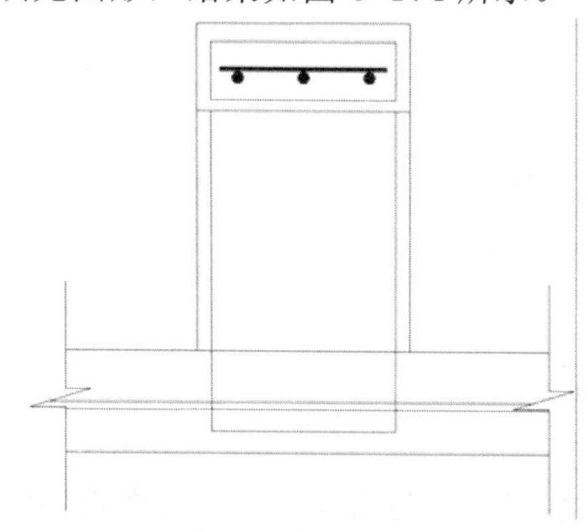

图6-173　复制填充圆

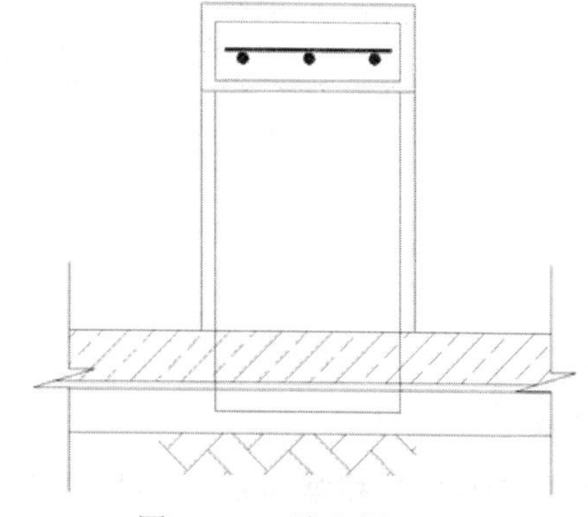

图6-174　填充图形

（11）按照亭平面图中的标注样式进行设置，设置结果如下：

1）线：超出尺寸线距离为10mm，起点偏移量为10mm。

2）符号和箭头：第一个为用户箭头，选择建筑标记，箭头大小为20mm。

3）文字：文字高度为50mm，文字位置为垂直上，文字对齐为与尺寸线对齐。

4）主单位：精度为0，比例因子为1。

（12）单击“默认”选项卡“注释”面板中的“线性”按钮，标注尺寸，如图6-175所示。

（13）单击“默认”选项卡“绘图”面板中的“直线”按钮和“多行文字”

按钮A，标注文字，如图 6-176 所示。

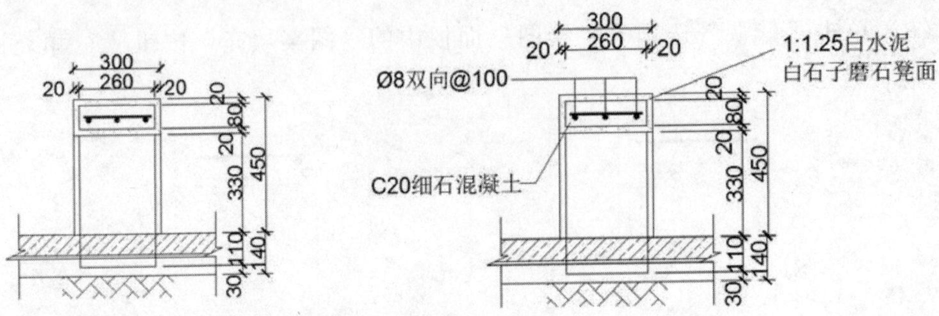

图6-175　标注尺寸　　图6-176　标注文字

（14）单击“默认”选项卡“绘图”面板中的“直线”按钮、“多段线”按钮和“多行文字”按钮A，标注图名，如图 6-177 所示。

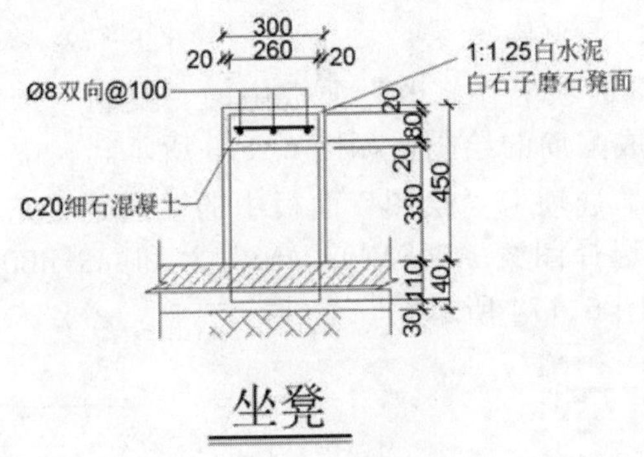

图6-177　标注图名

6.1.11　绘制亭详图

光盘\动画演示\第 6 章\绘制亭详图.avi

利用二维绘制和编辑命令绘制亭详图，绘制方法与前面亭的其他图形绘制方法类似，这里不再重述，结果如图 6-178 所示。

6.2　廊

《园冶》中说“廊者，庑出一步也，宜曲宜长，则胜”。廊可以为组织空间作隔景、透景、框景等，使空间发生变化；另外可以遮阳挡雨供作休憩。依结构可以分为单面柱廊、两面柱廊、半廊、复廊等；依平面可以分为直廊、曲廊、回廊等；依空间可分为沿墙走廊、爬山廊、水廊等。廊的布局可参照《园冶》所述“今予所构曲廊，之字曲者，随形而弯，依势而曲。或蟠山腰，或穷水际，通花渡壑，蜿蜒无尽……”

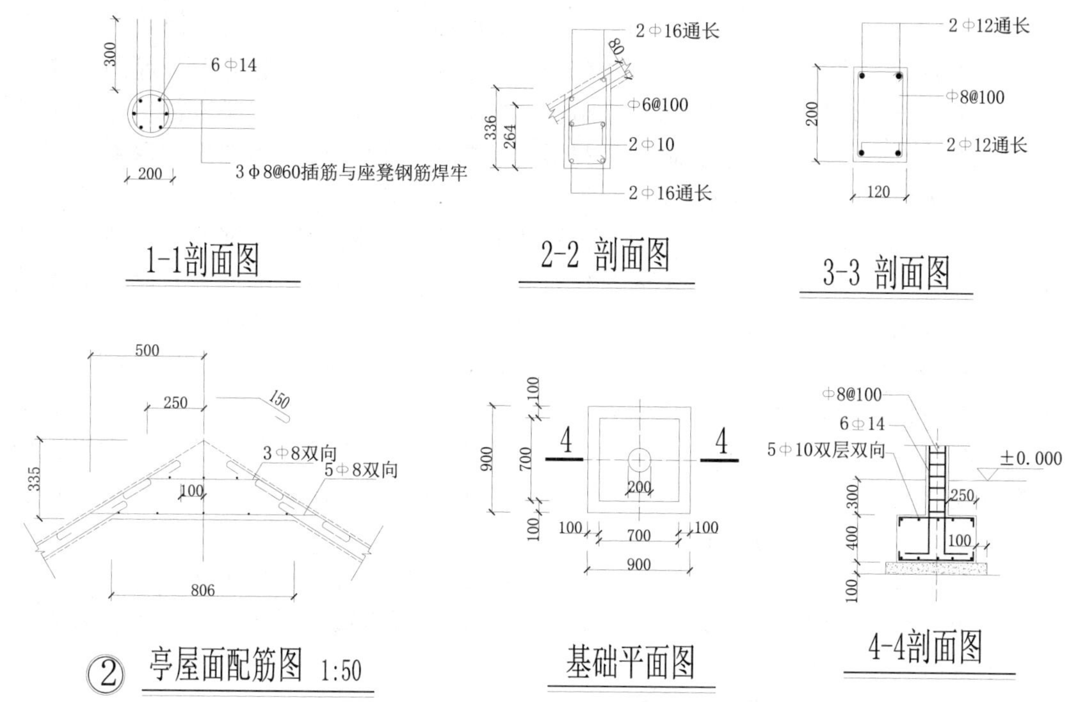

图6-178　亭详图

廊作为园林中的“线”，把分散的“点”，即亭、榭、轩、馆联系成有机的整体。廊往往被用来作为划分空间或景区的手段，有其特殊的作用。

6.2.1　廊的基本特点

廊本来是作为建筑物之间的联系而出现的，中国建筑物属木构架体系，经常通过廊、墙等把一幢幢的单体建筑组织起来，形成空间层次丰富多变的中国传统建筑的特色之一。

廊通常不止在两个建筑物或两个观赏点之间，成为空间联系和空间分化的一种重要手段。它不仅具有遮风避雨、交通联系的实际功能，而且对园林中风景的展开和观赏程序的层次起着重要的组织作用。

廊还有一个特点，就是它一般是一种“虚”的建筑元素，两排细细的列柱顶着一个不太厚实的廊顶。在廊的一边可透过柱子之间的空间观赏廊另一边的景色，像一层“帘子”一样，似隔非隔、若隐若现，将廊两边的空间有分又有合地联系起来，起到一般建筑元素达不到的效果。

中国园林中廊的结构常用的有木结构、砖石结构、钢及混凝土结构、竹结构等。廊顶有坡顶、平顶和拱顶等。中国园林中廊的形式和设计手法丰富多样。其基本类型按结构形式可分为双面空廊、单面空廊、复廊、双层廊和单支柱廊（此柱廊

不是主要的，在这里不作详细介绍）5 种。按廊的总体造型及其与地形、环境的关系可分为直廊、曲廊、回廊、抄手廊、爬山廊、叠落廊、水廊和桥廊等。

（1）双面空廊。两侧均为列柱，没有实墙，在廊中可以观赏两面景色。双面空廊不论直廊、曲廊、回廊、抄手廊等都可采用，不论在风景层次深远的大空间中，或在曲折灵巧的小空间中都可运用。北京颐和园内的长廊就是双面空廊，全长728m，北依万寿山，南临昆明湖，穿花透树，把万寿山前十几组建筑群联系起来，对丰富园林景色起着突出的作用。

（2）单面空廊。有两种：一种是在双面空廊的一侧列柱间砌上实墙或半实墙而成的；另一种是一侧完全贴在墙或建筑物边沿上。单面空廊的廊顶有时作成单坡形，以利排水。

（3）复廊。在双面空廊的中间夹一道墙，就成了复廊，又称“里外廊”。因为廊内分成两条走道，所以廊的跨度大些。中间墙上开有各种式样的漏窗，从廊的一边透过漏窗可以看到廊的另一边景色，一般设置两边景物各不相同的园林空间。如苏州沧浪亭的复廊就是一例，它妙在借景，把园内的山和园外的水通过复廊互相引借，使山、水、建筑构成整体。

（4）双层廊。上下两层的廊，又称“楼廊”。它为游人提供了在上下两层不同高程的廊中观赏景色的条件，也便于联系不同标高的建筑物或风景点以组织人流，可以丰富园林建筑的空间构图。

绘制图 6-179 所示的廊平面图。

光盘\动画演示\第 6 章\廊.avi

6.2.2 轴线绘制

（1）单击“默认”选项卡“图层”面板中的“图层特性”按钮，打开“图层特性管理器”对话框，新建“轴线”图层，并进行相应设置，然后开始绘制轴线。

（2）根据图 6-179 所示的设计尺寸，单击“默认”选项卡“绘图”面板中的“直线”按钮，在绘图区适当位置选取直线的初始点，输入第二点的相对坐标（@0，12000mm），按 Enter 键后绘出竖向轴线。然后重复“直线”命令，在绘图区适当位置选取直线的初始点，输入第二点的相对坐标（@2000mm0，0）。

（3）单击“默认”选项卡“修改”面板中的“偏移”按钮，分别将竖直轴线向右偏移（单位：mm）1800、2100、2700、900、2700、3600、2000、1000、1800 和 1000，水平轴线向上偏移（单位：mm）900、1800、900、2100、3000、3000、2100、900、1800、900、2700、3000、3000、3000，最后对轴线的长度进行调整，结果如图 6-180 所示。

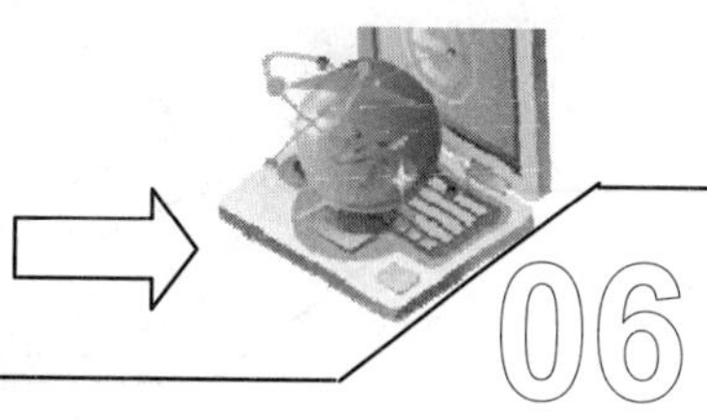

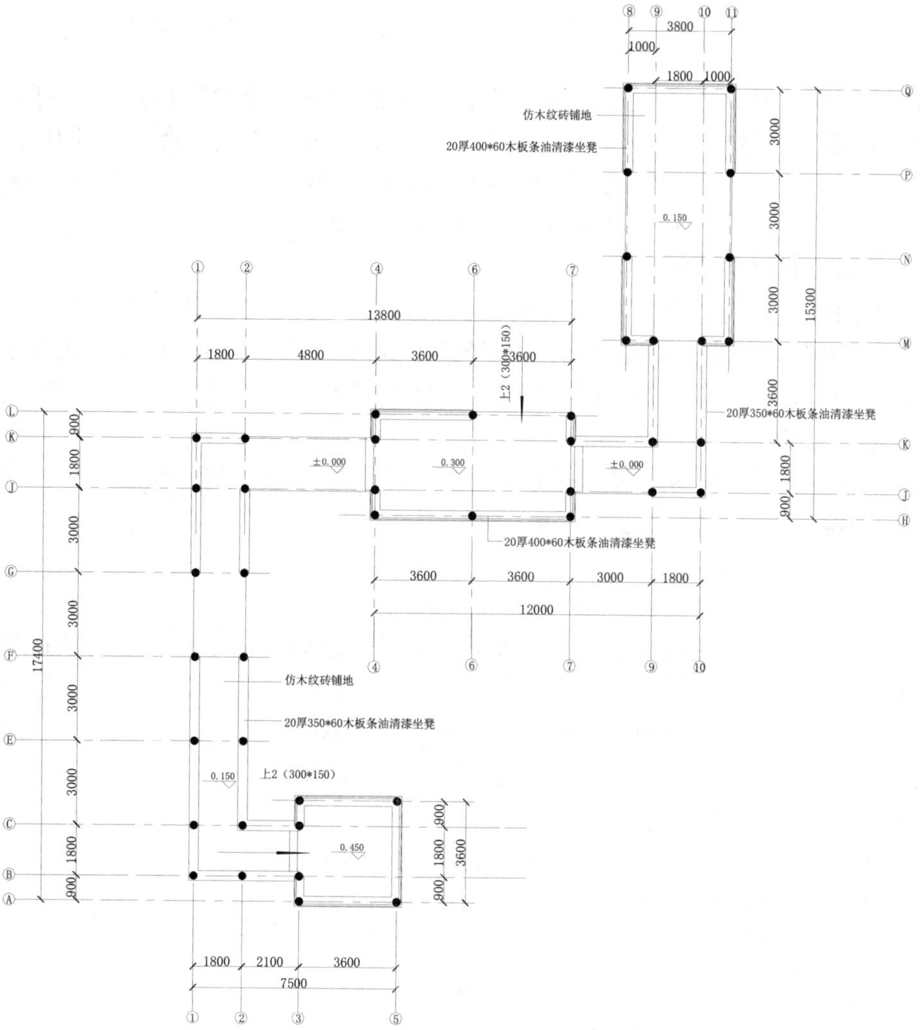

图6-179　廊平面图的绘制

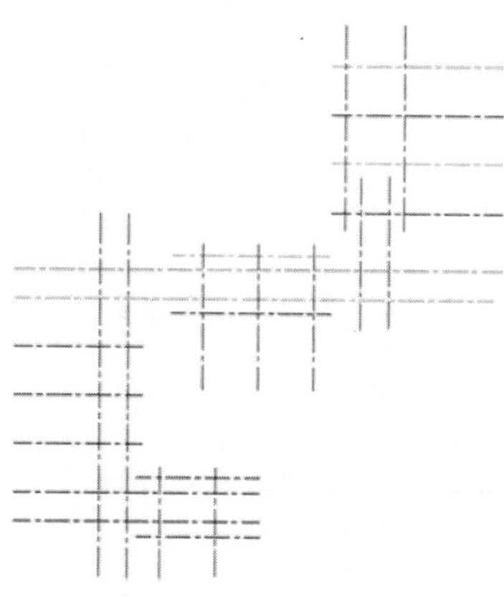

图6-180　主要建筑轴线的绘制和通道轴线的绘制

6.2.3　廊的绘制

（1）单击“默认”选项卡“图层”面板中的“图层特性”按钮，打开“图层特性管理器”对话框，新建“廊”图层，并进行相应设置，如图6-181所示。

廊　洋红　Continu...　0.70...　0　Color_6

图6-181　“廊”图层参数

（2）廊平面图的绘制。

1）柱的绘制。将“廊”图层设置为当前图层，单击“默认”选项卡“绘图”面板中的“圆”按钮，以150mm为半径绘出廊的柱子；单击“默认”选项卡“绘图”面板中的“图案填充”按钮，打开“图案填充创建”选项卡，设置参数如图6-182所示；结果如图6-183所示。

图6-182　“图案填充创建”选项卡

2）坐凳的绘制。在命令行输入“多线”命令MLINE，命令行提示与操作如下：

```
命令: MLINE ↙
当前设置: 对正 = 上，比例 = 20.00，样式 = STANDARD
指定起点或 [对正(J)/比例(S)/样式(ST)]:  j↙
输入对正类型 [上(T)/无(Z)/下(B)] <上>:  z↙
当前设置: 对正 = 无，比例 = 20.00，样式 = STANDARD
指定起点或 [对正(J)/比例(S)/样式(ST)]:  s↙
输入多线比例 <20.00>:  360↙
当前设置: 对正 = 无，比例 = 360.00，样式 = STANDARD
指定起点或 [对正(J)/比例(S)/样式(ST)]: （选择柱心）
指定下一点: （选择柱心）
```

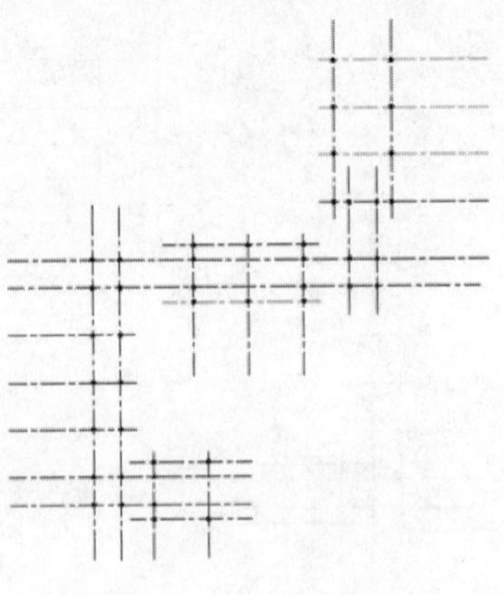

图6-183　柱的绘制

提示

靠背的画法也可以通过“多段线”命令，将椅面的外侧轮廓线再画一遍，然后再向外侧偏移 30mm、90mm。由于是多段线，偏移后就不用修剪和延伸了，一次成形。

绘制结果如图 6-184 所示。

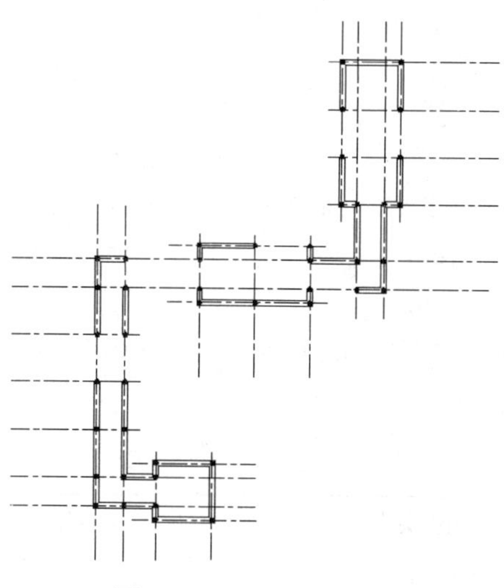

图6-184　坐凳的绘制

3）主要建筑靠背的绘制。单击“默认”选项卡“修改”面板中的“分解”按钮，将步骤 2）绘制的多线进行分解；然后单击“默认”选项卡“修改”面板中的“偏移”按钮，以外侧直线为基准线，进行两次偏移，偏移距离分别为 30mm 和 90mm，结果如图 6-185 和图 6-186 所示。

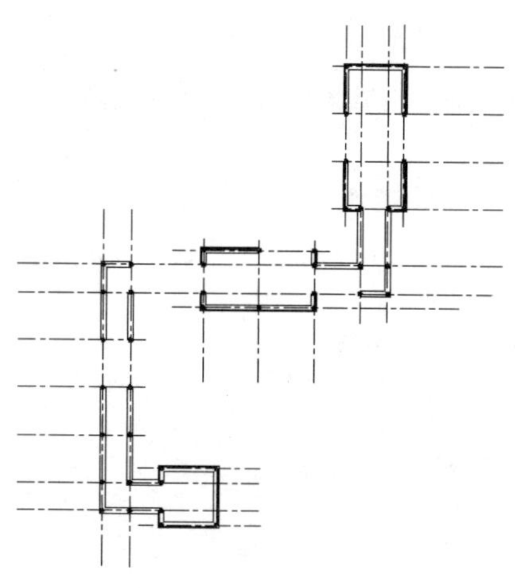

图6-185　靠背的绘制

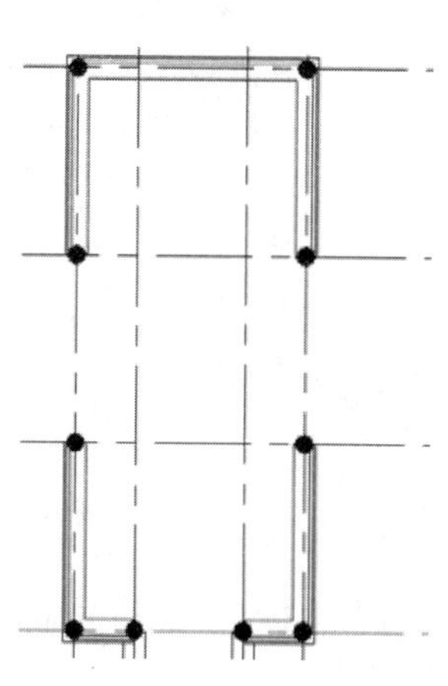

图6-186　靠背绘制的局部放大

提 示

图 6-187 所示为台阶绘制说明，“上 2（300×150）”表示两步台阶，台阶宽度为 300mm、高 150mm，其中箭头的方向表示上台阶的方向。其绘法如下：

单击“默认”选项卡“绘图”面板中的“直线”按钮，打开状态工具栏中的“正交”命令，向下绘制直线，输入长度为 2000mm。单击“默认”选项卡“绘图”面板中的“多段线”按钮，命令行提示与操作如下：

命令：_pline

指定起点：

当前线宽为 0.0000

指定下一个点或［圆弧(A)/半宽(H)/长度(L)/放弃(U)/宽度(W)］：h↙

指定起点半宽〈0.0000〉：100↙

指定端点半宽〈100.0000〉：0↙

指定下一个点或［圆弧(A)/半宽(H)/长度(L)/放弃(U)/宽度(W)］:1000↙（向下输入长度 1000）

指定下一点或［圆弧(A)/闭合(C)/半宽(H)/长度(L)/放弃(U)/宽度(W)］：↙

4）基础轮廓线及台阶的绘制。根据设计尺寸，绘出廊的基础轮廓线和台阶，结果如图 6-187～图 6-189 所示。

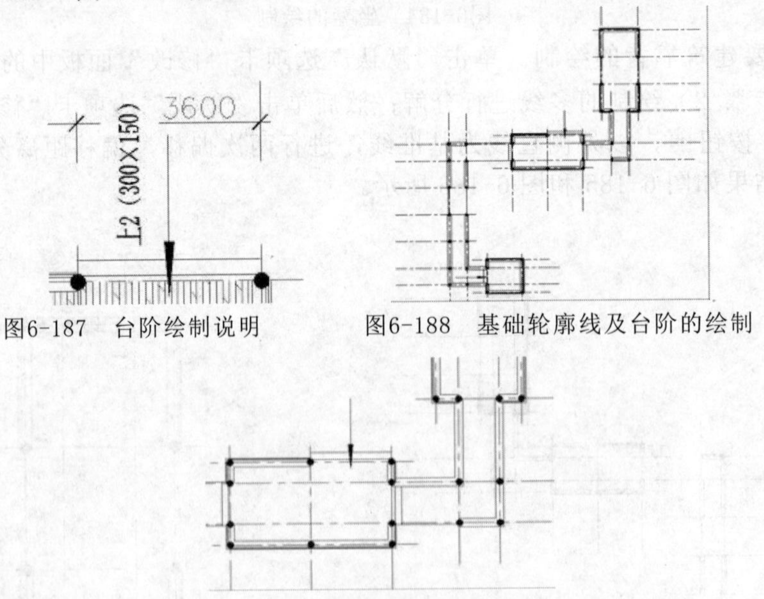

图6-187　台阶绘制说明

图6-188　基础轮廓线及台阶的绘制

图6-189　基础轮廓线及台阶的局部放大

6.2.4　尺寸标注及轴号标注

1. 新建“尺寸”图层

单击“默认”选项卡“图层”面板中的“图层特性”按钮，打开“图层特性

管理器”对话框，继续新建“尺寸”图层，进行相应设置，并将其设置为当前图层，如图 6-190 所示。

尺寸 绿 Continu... —— 默认 0 Color_3

图6-190 “尺寸”图层参数

2. 标注样式设置

标注样式的设置应和绘图比例相匹配。

（1）单击“默认”选项卡“注释”面板中的“标注样式”按钮，打开“标注样式管理器”对话框，在标注样式管理器对话框中单击“新建”按钮，打开“创建新标注样式”对话框，输入新建样式名称“建筑”，如图 6-191 所示，然后单击“继续”按钮，设置新的标注样式。

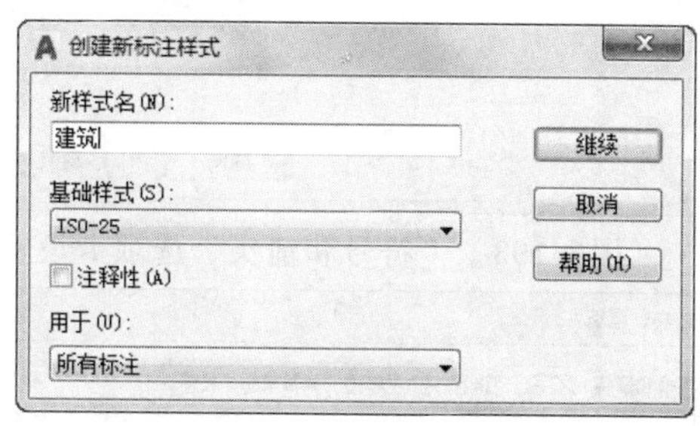

图 6-191 新建标注样式

（2）将“建筑”样式中的选项卡按图 6-192～图 6-196 所示进行设置。单击“确定”按钮后返回“标注样式管理器”对话框，将“建筑”样式设为当前，如图 6-197 所示。

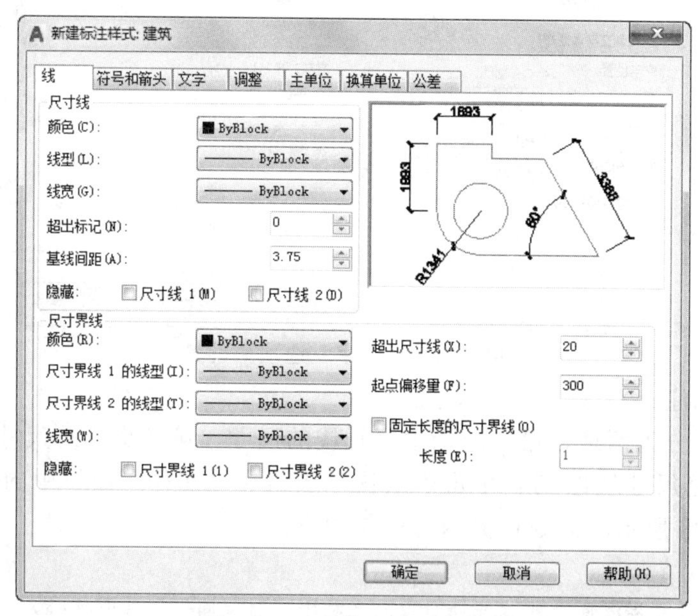

图6-192 “线”选项卡设置

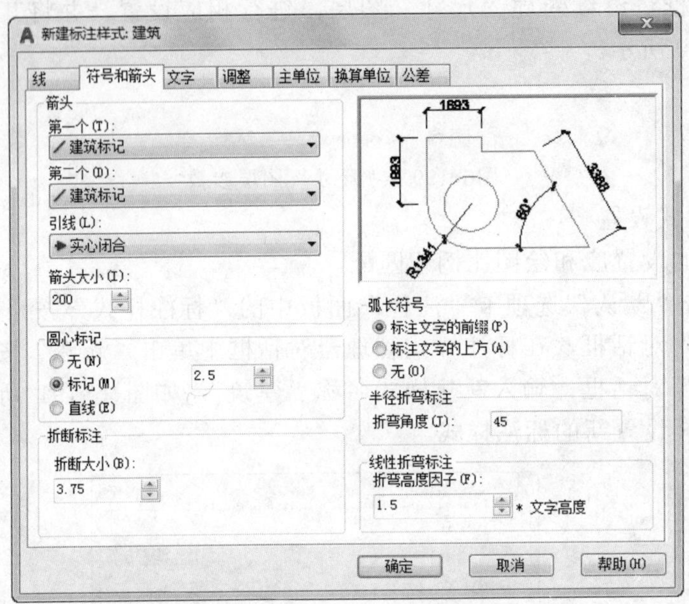

图6-193 “符号和箭头”选项卡设置

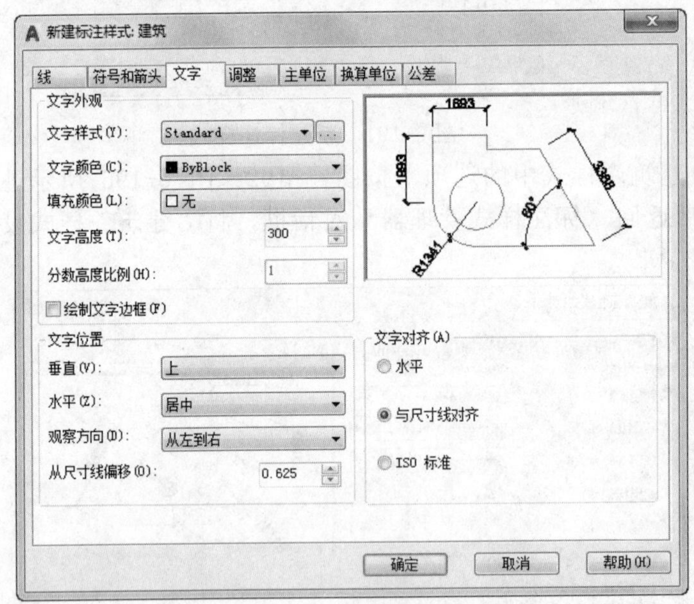

图6-194 “文字”选项卡设置

3. 尺寸标注

（1）尺寸分为两道，第一道为主要轴线的尺寸，第二道为总尺寸。

1）第一道尺寸线绘制。单击“默认”选项卡“注释”面板中的“线性”按钮 ⊢⊣，如图 6-198 所示，命令行提示与操作如下：

命令：_dimlinear

指定第一个尺寸界线原点或 <选择对象>：(利用“对象捕捉”拾取柱心)

指定第二条尺寸界线原点：（捕捉相邻的第二个柱心）

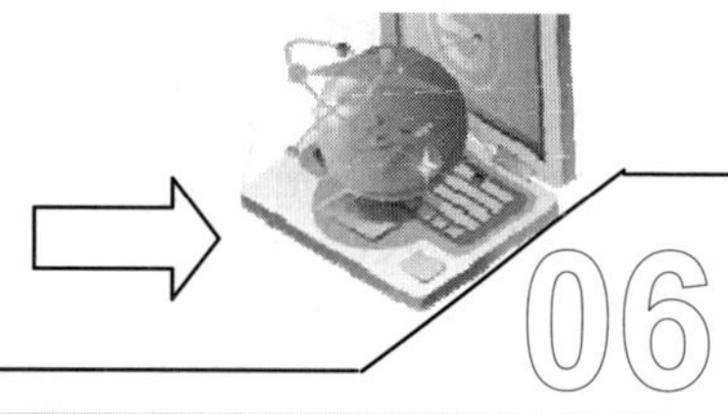

指定尺寸线位置或[多行文字(M)/文字(T)/角度(A)/水平(H)/垂直(V)/旋转(R)]:

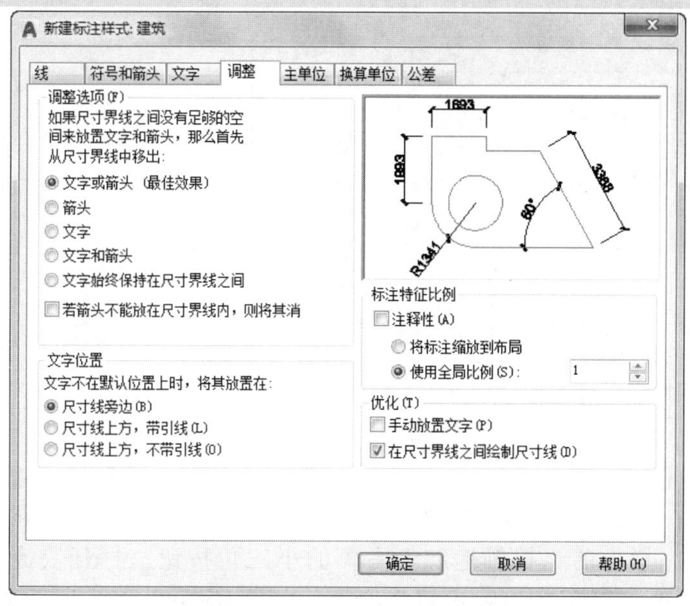

图6-195 “调整”选项卡设置

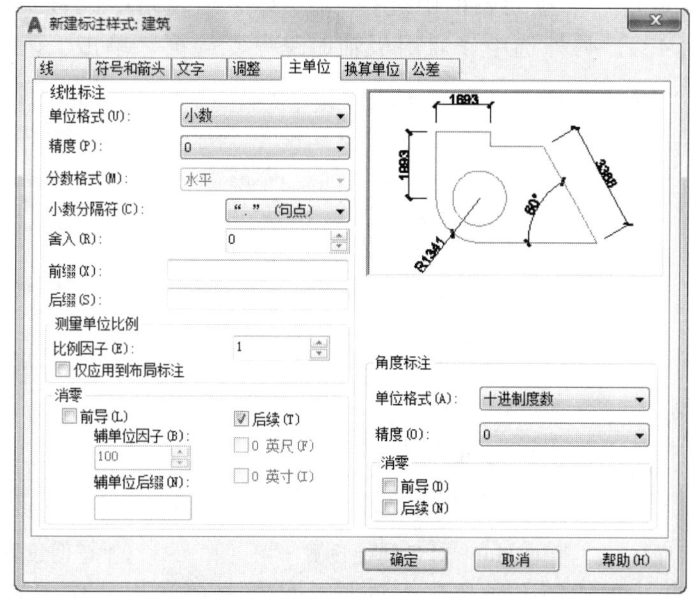

图6-196 “主单位”选项卡设置

2）第二道尺寸线的绘制。方法同第一道尺寸线的绘制，标注总尺寸时，选择相隔较远的柱心。

（2）补充尺寸的说明。如台阶的尺寸，由于建筑面积较大，因此其细微结构尺寸的标注在图面上不好显示，可用文字性的说明来表示。

（3）相对高程的标注。如图 6-199 所示，相对高程是相对于一基准面的高程±0.00 来定义的，表示此地与基准面的高差，正数代表比基准面高，负数代表比基

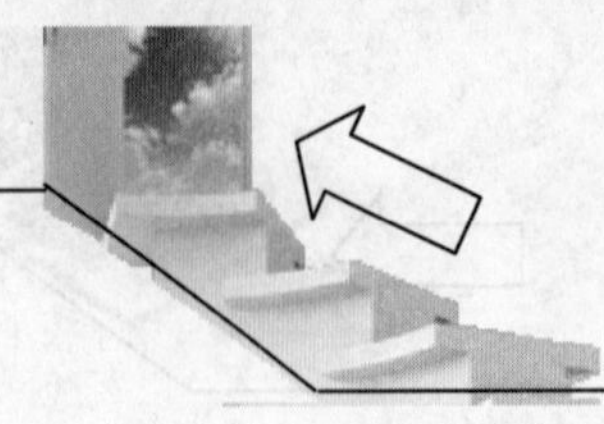

准面低。

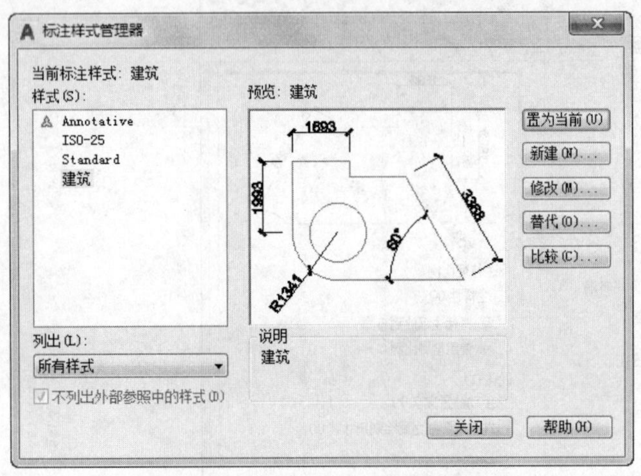

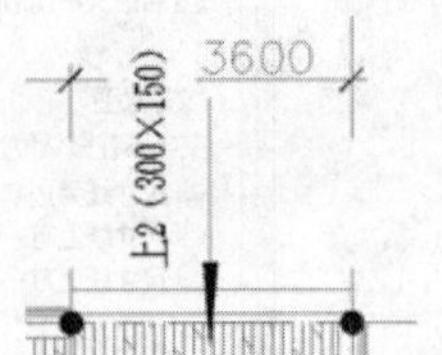

图6-197　将“建筑”样式置为当前　　　　图6-198　补充尺寸

1）单击状态栏上的“极轴追踪”右侧的小三角按钮，打开快捷菜单，如图 6-200 所示，然后选择“正在追踪设置”命令，打开如图 6-201 所示的“草图设置”对话框。在“增量角”下拉列表框中选择 45（如果增量角中没有 45，则单击“新建”按钮，增加 45），另外选中“启用极轴追踪”复选框，单击“确定”按钮。

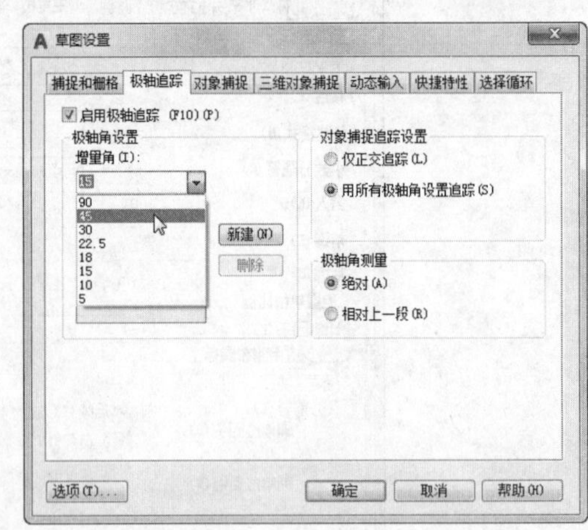

图6-199　相对高程的标注　图6-200　对象捕捉设置　　图6-201　“草图设置”对话框

2）单击“默认”选项卡“绘图”面板中的“多段线”按钮，绘制一条长度合适的线段，本例中线段长度为 2000mm，然后在其右端点处向左下方绘制一条线段，根据“极轴追踪”可以发现有一条左下方 45°追踪的虚线，根据其方向输入长度 400 mm，如图 6-202 所示；以步骤 1）绘制的线段的端点为起点，绘制一条向左上方倾斜 45°的线段，同样出现一条追踪的虚线，在交点处单击即可，如图 6-203 所示。绘制结果如图 6-204 所示，然后在其上方写上文字 0.450，文字高度设为 350 mm，结果如图 6-205 所示。

尺寸标注结果如图 6-206 所示。

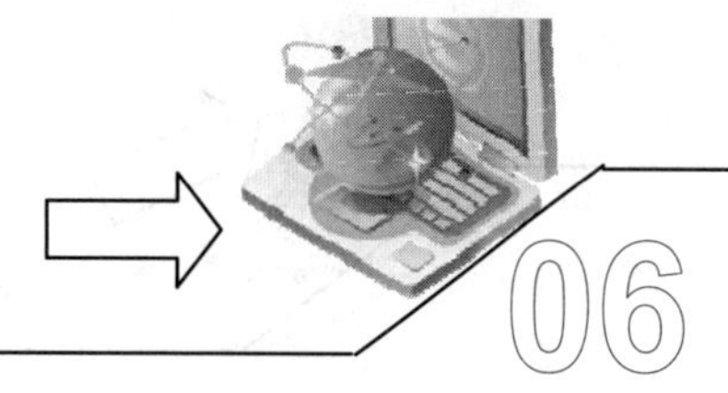

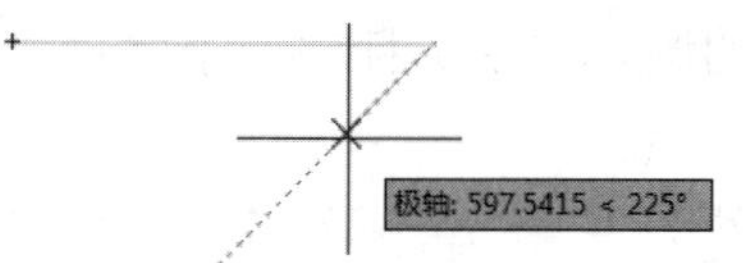

图6-202　相对高程标注符号的绘制1

图6-203　相对高程标注符号的绘制2

图6-204　相对高程标注符号的绘制3

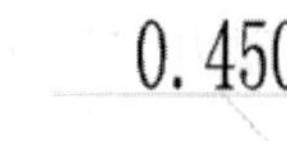

图6-205　相对高程标注符号的绘制4

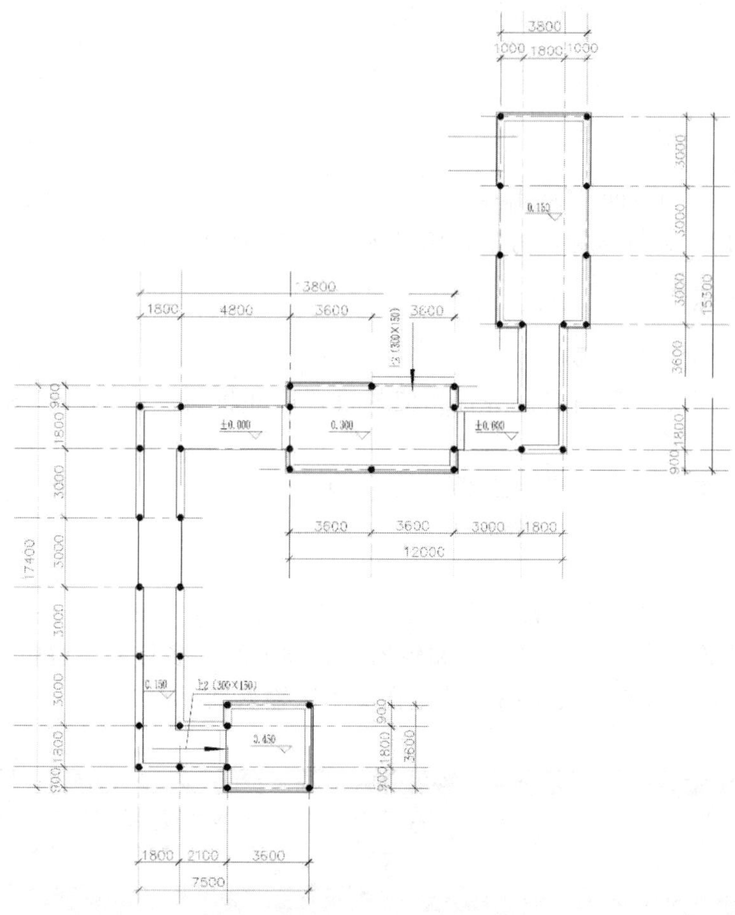

图6-206　尺寸的标注

4．轴号标注

（1）关闭“尺寸”图层，新建“轴号”图层，将其设置为当前图层，如图 6-207 所示。根据规范要求，横向轴号一般用阿拉伯数字 1、2、3…标注，纵向轴号用字母 A、B、C…标注。

（2）在竖向轴线端绘制一个直径为 450mm 的圆，在中央标注一个数字 1，字高

300mm；在横向轴线端同样绘制一个直径为450mm的圆，在中央标注一个字母A，如图6-208所示。

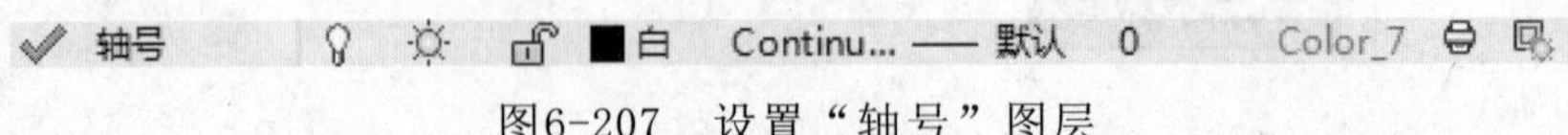

图6-207 设置“轴号”图层

（3）将该轴号图例复制到其他轴线端头，并修改圈内的数字，如图6-209所示。双击数字，打开“文字编辑器”对话框，输入修改的数字后，单击“确定”按钮。

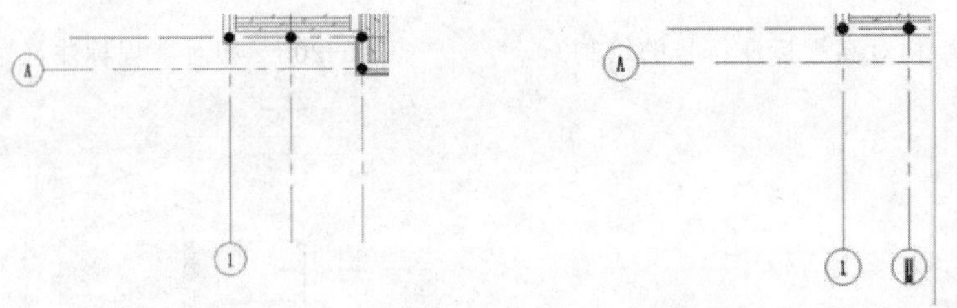

图6-208 轴号标注1　　　　图6-209 轴号标注2

（4）采用上述轴号标注方法，将其他方向的轴号标注完成。

6.2.5 文字标注

1. 建立“文字”图层

继续新建“文字”图层，进行相应的设置，并将其设置为当前图层，如图6-210所示。

图6-210 “文字”图层参数

2. 标注文字

单击“默认”选项卡“注释”面板中的“多行文字”按钮A，在待注文字的区域拉出一个矩形，即可打开“文字编辑器”选项卡和“多行文字编辑器”，如图6-211所示。首先设置字体及字高，其次在文本区输入要标注的文字。

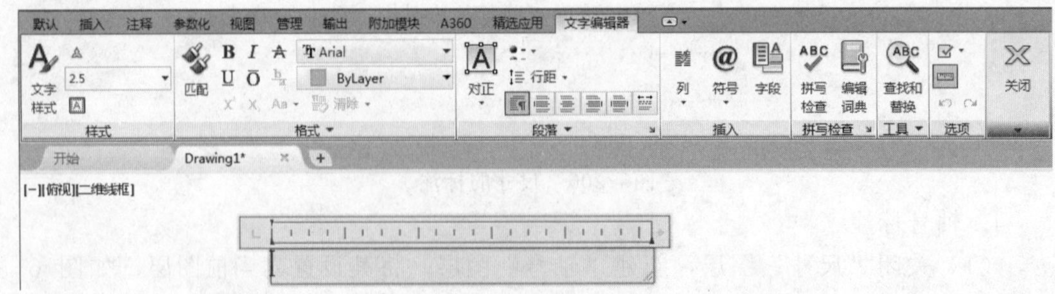

图6-211 “文字编辑器”选项卡和“多行文字编辑器”

采用相同的方法，依次标注出廊平面图构件名称。至此，廊的平面表示方法就完成了，打开“尺寸”图层最终结果如图6-212所示。

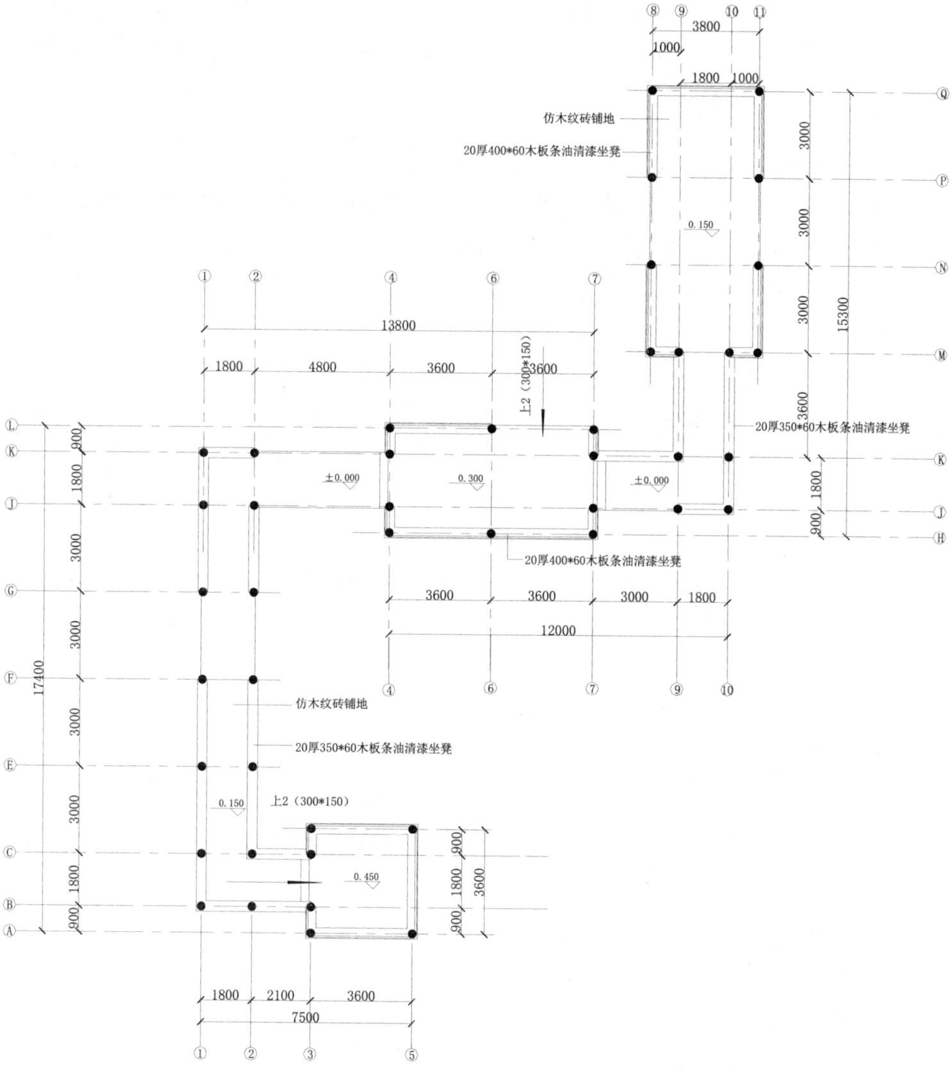

图6-212　廊的平面图

6.3　围墙

围墙在园林中起划分内外范围、分隔组织内部空间和遮挡劣景的作用，也有围合、标识、衬景的功能。建造精巧的园墙可以起到装饰、美化环境、制造气氛等多作用。围墙高度一般控制在 2m 以下。

园林中的墙，根据其材料和剖面的不同有土、砖、瓦、轻钢等。从外观又有高矮、曲直、虚实、光洁与粗糙、有檐与无檐之分。围墙区分的重要标准就是压顶。

围墙的设置多与地形结合，平坦的地形多建成平墙，坡地或山地则就势建成阶梯形，为了避免单调，有的建成波浪形的云墙。划分内外范围的围墙内侧常用土

山、花台、山石、树丛、游廊等把墙隐蔽起来，使有限空间产生无限景观的效果。而专供观赏的景墙则设置在比较重要和突出的位置，供人们细细品味和观赏。

6.3.1 围墙的基本特点

围墙是长形构造物。长度方向要按要求设置伸缩缝，按转折和门位布置柱位，调整因地面标高变化的立面；横向则涉及围墙的强度，影响用料的大小。利用砖、混凝土围墙的平面凹凸、金属围墙构件的前后交错位置，实际上等于加大围墙横向断面的尺寸，可以免去墙柱，使围墙更自然通透。

1. 围墙设计的原则

（1）能不设围墙的地方，尽量不设，让人接近自然，爱护绿化。

（2）能利用空间的办法或自然的材料达到隔离的目的，尽量利用。高差的地面、水体的两侧、绿篱树丛，都可以达到隔而不分的目的。

（3）要设置围墙的地方，能低尽量低，能透尽量透，只有少量须掩饰隐私处，才用封闭的围墙。

（4）使围墙处于绿地之中，成为园景的一部分，减少与人的接触机会，由围墙向景墙转化。善于把空间的分隔与景色的渗透联系统一起来，有而似无，有而生情，才是高超的设计。

2. 围墙按构造分类

围墙的构造有竹木、砖、混凝土、金属材料几种。

（1）竹木围墙。竹篱笆是过去最常见的围墙，现已难得采用。有人设想过种一排竹子而加以编织，使其成为“活”的围墙（篱），则是最符合生态学要求的墙垣。

（2）砖墙。墙柱间距 3～4m，中开各式漏花窗，是节约又易施工、管养的办法。缺点是较为闭塞。

（3）混凝土围墙。一是以预制花格砖砌墙，花型富有变化但易爬越；二是混凝土预制成片状，可透绿也易管养。混凝土墙的优点是一劳永逸，缺点是不够通透。

（4）金属围墙。

1）以型钢为材，断面有几种，表面光洁，性韧易弯不易折断，缺点是每 2～3 年要油漆一次。

2）以铸铁为材，可做各种花型，优点是不易锈蚀又价不高，缺点是性脆且光滑度不够。订货时要注意其所含成分不同。

3）锻铁、铸铝材料。质优而价高，局部花饰中或室内使用。

4）各种金属网材，如镀锌、镀塑铅丝网、铝板网、不锈钢网等。

现在往往把几种材料结合起来，取其长而补其短。混凝土往往用作墙柱、勒脚墙。取型钢为透空部分框架，用铸铁为花饰构件。局部、细微处用锻铁、铸铝。

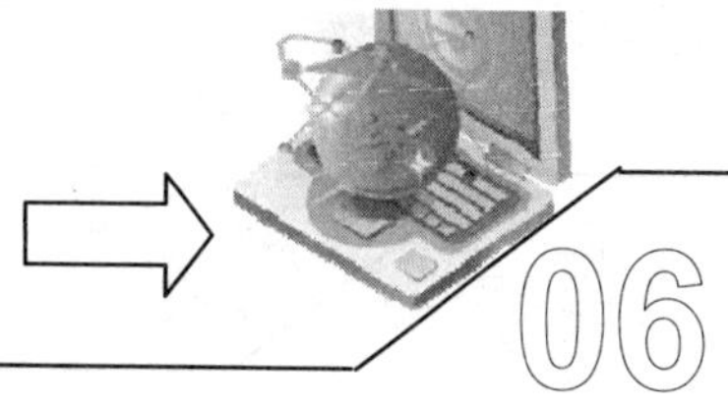

6.3.2 绘制文化墙平面图

光盘\动画演示\第 6 章\绘制文化墙平面图.avi

（1）单击“默认”选项卡“图层”面板中的“图层特性”按钮，打开“图层特性管理器”对话框，新建几个图层，如图 6-213 所示。

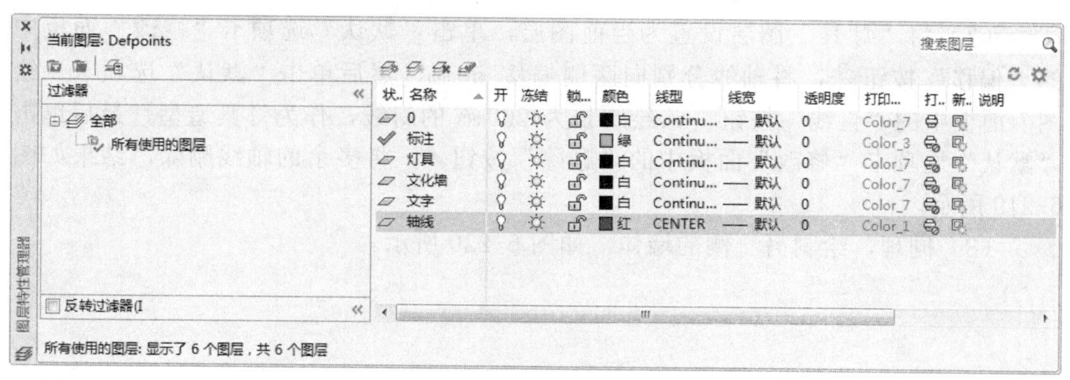

图6-213 新建图层

（2）将“轴线”图层设置为当前图层，单击“默认”选项卡“绘图”面板中的“直线”按钮，绘制一条长为 3786mm 的轴线，并设置与水平方向的夹角为 11°，线型比例为 5，如图 6-214 所示。

图6-214 绘制轴线

（3）单击“默认”选项卡“修改”面板中的“偏移”按钮，将轴线向两侧偏移，偏移距离为 30mm 和 120mm，并将偏移后的最外侧直线替换到“文化墙”图层中，如图 6-215 所示。

（4）将“文化墙”图层设置为当前图层，单击“默认”选项卡“绘图”面板中的“直线”按钮，绘制直线，如图 6-216 所示。

图6-215 偏移直线　　图6-216 绘制直线

（5）单击“默认”选项卡“修改”面板中的“偏移”按钮，将上步绘制的直线依次向右偏移，偏移距离为 250mm、1050mm 和 250mm，并修改部分线型为 CENTER，如图 6-217 所示。

（6）单击“默认”选项卡“修改”面板中的“修剪”按钮，修剪多余的直线，完成墙体的绘制，如图 6-218 所示。

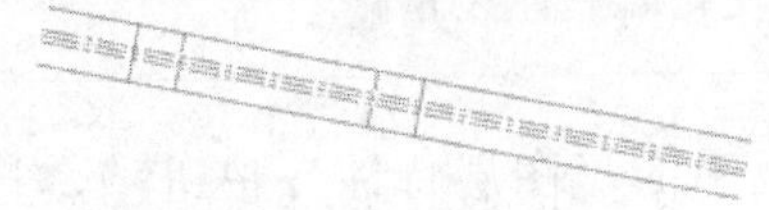

图6-217 偏移直线

图6-218 修剪多余的直线

（7）将“灯具”图层设置为当前图层，单击“默认”选项卡“修改”面板中的“偏移”按钮，将轴线分别向两侧偏移 50mm，然后单击“默认”选项卡“绘图”面板中的“直线”按钮，绘制长为 200mm 的斜线，作为灯具造型，最后单击“默认”选项卡“修改”面板中的“删除”按钮，将多余的轴线删除，结果如图 6-219 所示。

（8）同理，绘制另一侧的墙体，如图 6-220 所示。

图6-219 绘制灯具造型

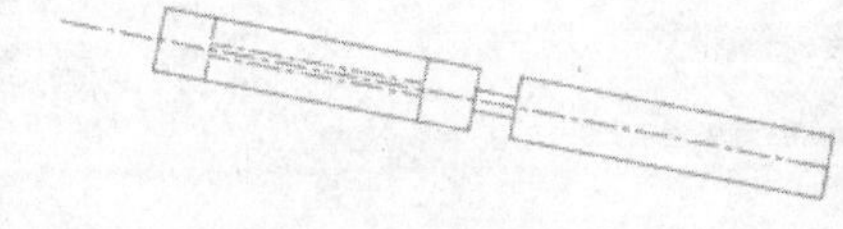

图6-220 绘制墙体

（9）单击“默认”选项卡“修改”面板中的“复制”按钮，将上步绘制的墙体和灯具复制到图中其他位置处，然后单击“默认”选项卡“修改”面板中的“旋转”按钮和“修剪”按钮，将复制的图形旋转到合适的角度并修剪多余的直线，结果如图 6-221 所示。

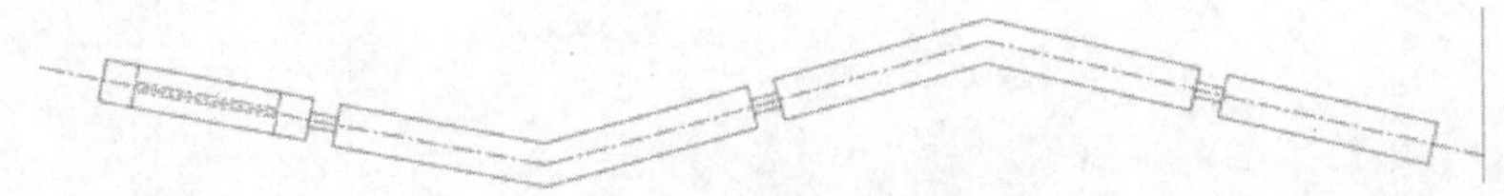

图6-221 复制图形

（10）单击“默认”选项卡“注释”面板中的“标注样式”按钮，打开“标注样式管理器”对话框，新建一个新的标注样式，分别对各个选项卡进行设置，具体如下：

1）线：超出尺寸线距离为 50mm，起点偏移量为 50mm。

2）符号和箭头：第一个为用户箭头，选择建筑标记，箭头大小为 50mm。

3）文字：文字高度为 120mm，文字位置为垂直上，文字对齐为 ISO 标准。

4）主单位：精度为 0，比例因子为 1。

（11）将“标注”图层设置为当前层，单击“默认”选项卡“注释”面板中的“对齐”按钮和“连续”按钮，标注第一道尺寸，如图 6-222 所示。

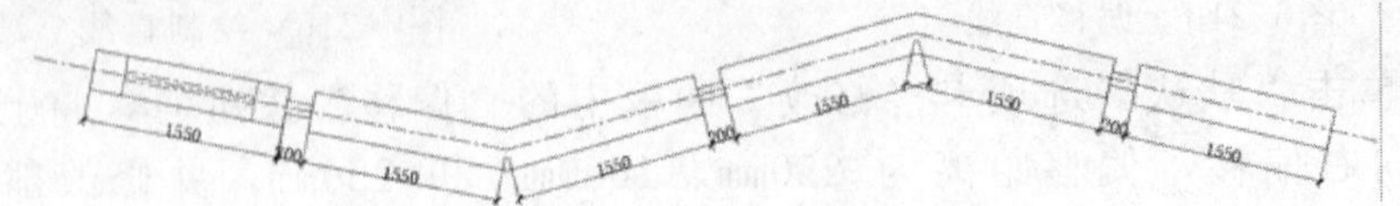

图6-222 标注第一道尺寸

（12）单击“默认”选项卡“注释”面板中的“对齐”按钮，为图形标注总尺寸，如图 6-223 所示。

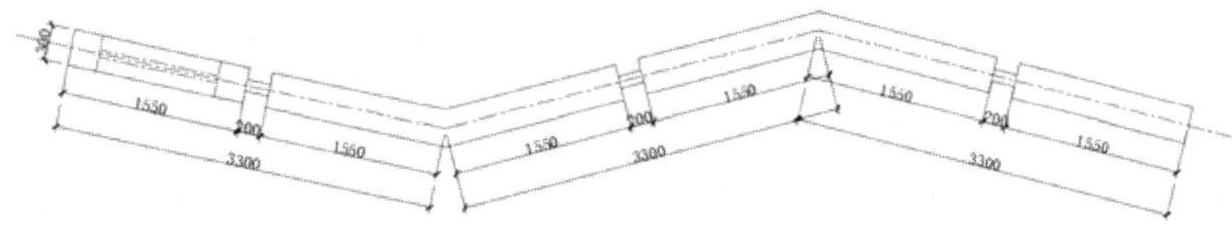

图6-223　标注总尺寸

（13）单击“默认”选项卡“注释”面板中的“对齐”按钮和“角度”按钮，标注细节尺寸，如图 6-224 所示。

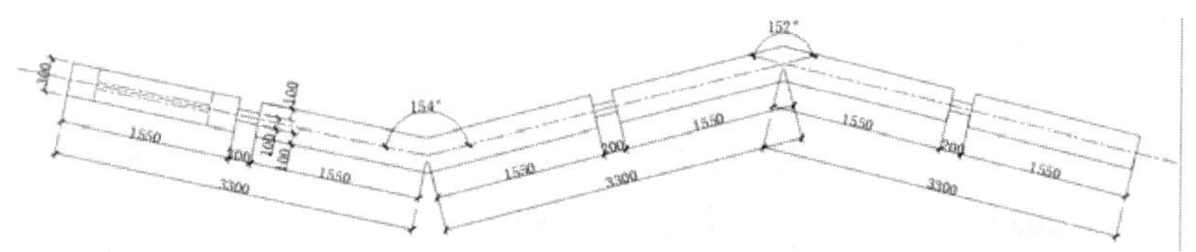

图6-224　标注细节尺寸

（14）单击“默认”选项卡“绘图”面板中的“多段线”按钮，设置线宽为 200mm，绘制剖切符号，如图 6-225 所示。

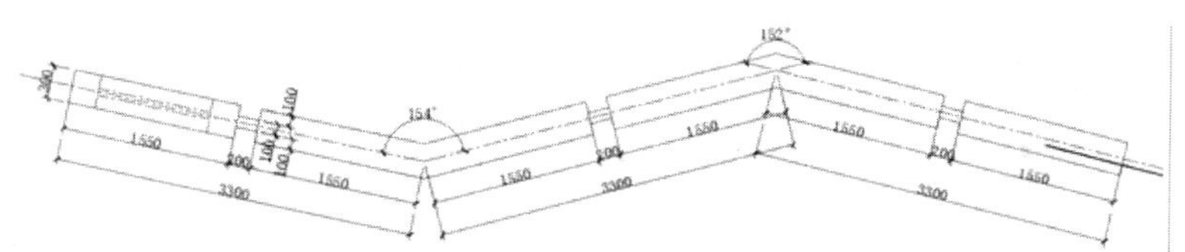

图6-225　绘制剖切符号

（15）单击“默认”选项卡“绘图”面板中的“直线”按钮、“圆”按钮和“多行文字”按钮，标注文字，如图 6-226 所示。

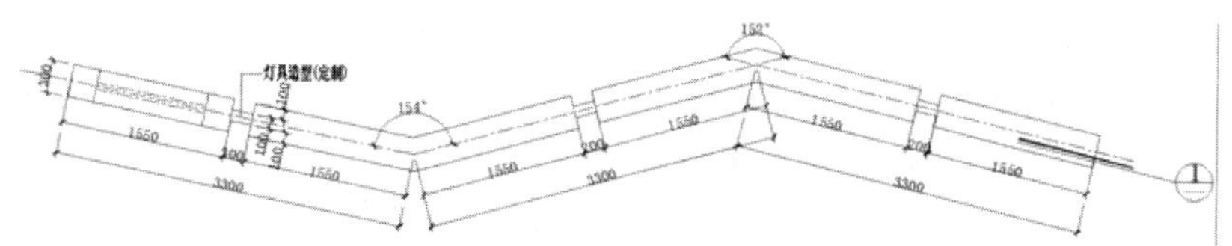

图6-226　标注文字说明

（16）单击“默认”选项卡“绘图”面板中的“直线”按钮、“多段线”按钮和“多行文字”按钮，标注图名，如图 6-227 所示。

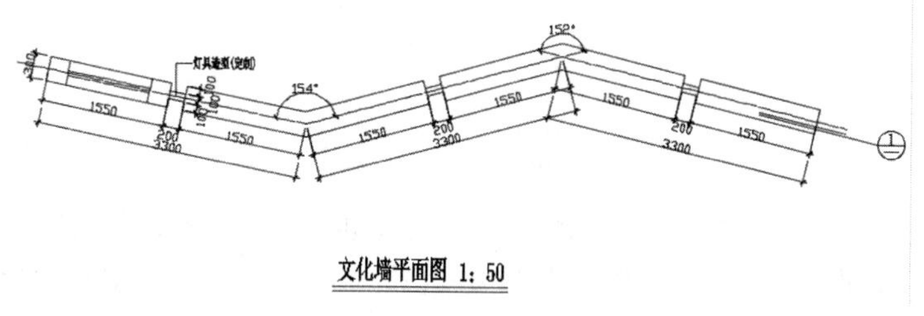

图6-227　文化墙平面图

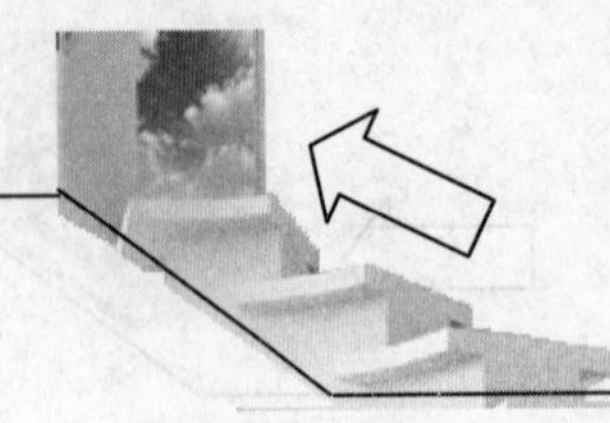

6.3.3 绘制文化墙立面图

光盘\动画演示\第 6 章\绘制文化墙立面图.avi

（1）单击“默认”选项卡“绘图”面板中的“直线”按钮，绘制一条长为 12595 的地基线，如图 6-228 所示。

图6-228　绘制地基线

（2）单击“默认”选项卡“绘图”面板中的“直线”按钮，绘制连续线段，设置竖直方向长为 230mm，水平方向长为 1550mm，如图 6-229 所示。

（3）单击“默认”选项卡“修改”面板中的“偏移”按钮，将水平直线向下偏移 300mm、200mm 和 1600mm，将竖直直线向右偏移为 250mm 和 1050mm，如图 6-230 所示。

（4）单击“默认”选项卡“修改”面板中的“修剪”按钮，修剪多余的直线，如图 6-231 所示。

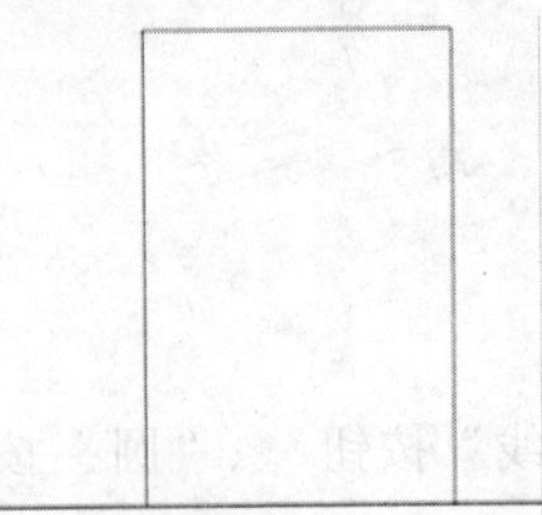

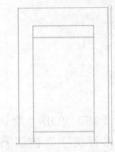

图6-229　绘制连续线段

图6-230　偏移多段线

图6-231　修剪图形

（5）玻璃上下方为镂空处理，用折断线表示，单击“默认”选项卡“绘图”面板中的“直线”按钮，绘制折断线，如图 6-232 所示。

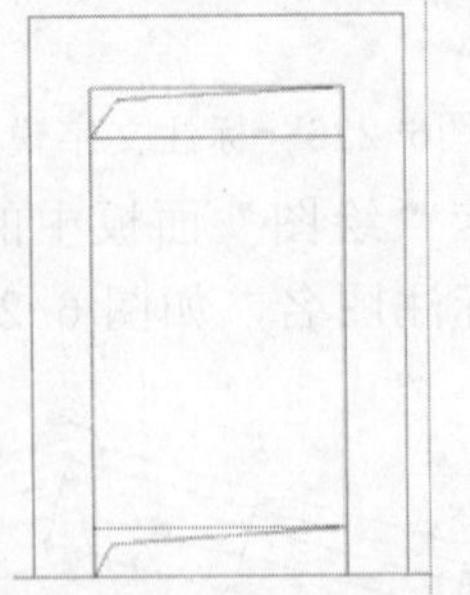

图6-232　绘制折断线

（6）单击“默认”选项卡“绘图”面板中的“图案填充”按钮，打开“图案填充创建”选项卡，在“特性”面板中选择“CUTSTONE”图案(如果软件中没有此图案，可以从随书光盘“AutoCAD 设计常用填充图案集”中加载，直接把所需的

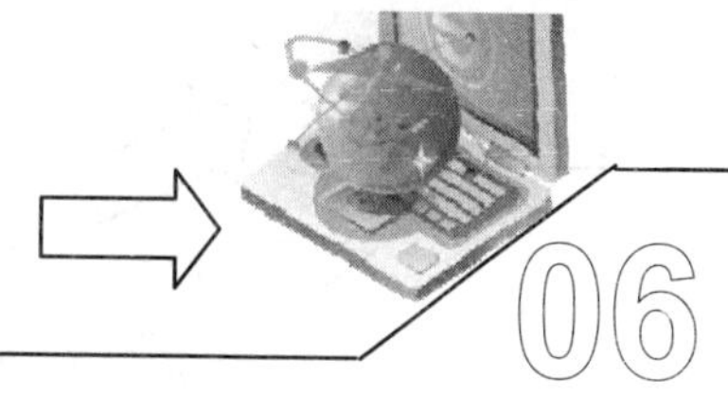

图案复制到安装目录下的 Support 文件夹中，Support 文件夹路径为：C:\Program Files\Autodesk\AutoCAD 2018\Support)，比例设置为 8000mm，如图 6-233 所示，然后选择填充区域，填充图形，结果如图 6-234 所示。

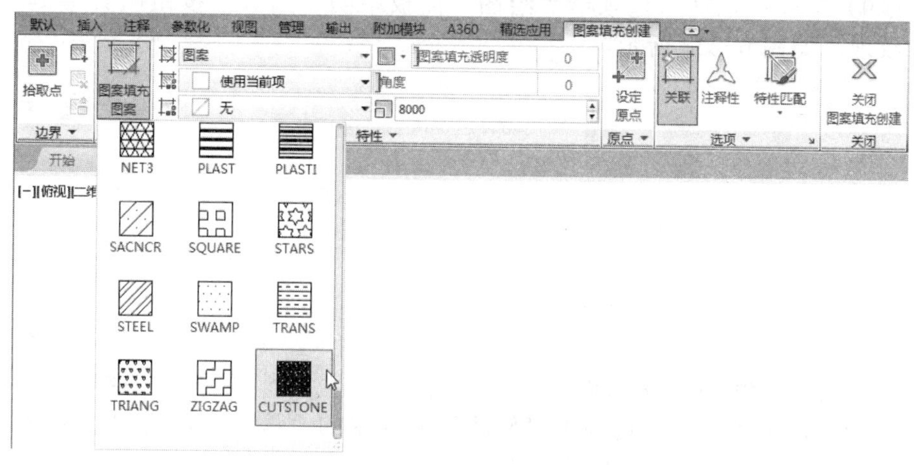

图6-233 “图案填充创建”选项卡

图6-234 填充图形

（7）单击“默认”选项卡“块”面板中的“插入”按钮，打开“插入”对话框，如图 6-235 所示，将文字装饰图块插入到图中，结果如图 6-236 所示。

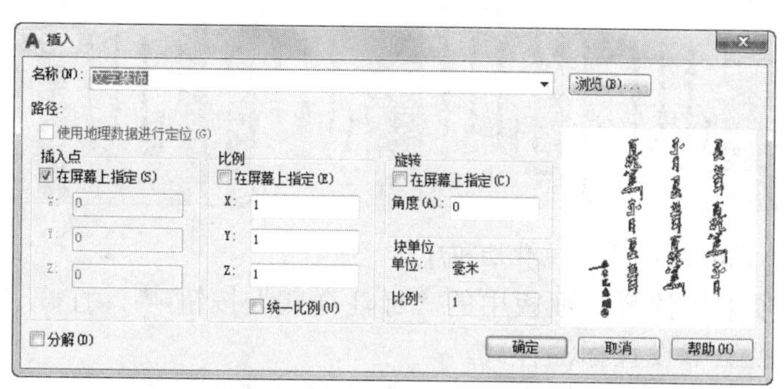

图6-235 “插入”对话框

图6-236 插入文字装饰

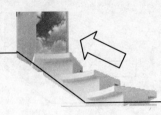

（8）单击“默认”选项卡“绘图”面板中的“矩形”按钮，在屏幕中的适当位置绘制一个长为200mm，宽为1919mm的矩形，如图6-237所示。

（9）单击“默认”选项卡“绘图”面板中的“圆弧”按钮，绘制灯柱上的装饰纹理，如图6-238所示。

图6-237　绘制矩形　　图6-238　绘制装饰纹理

（10）单击“默认”选项卡“修改”面板中的“移动”按钮，将灯柱移动到图中合适的位置，如图6-239所示。

图6-239　移动灯柱

（11）单击“默认”选项卡“修改”面板中的“复制”按钮，将文化墙和灯具依次向右复制，如图6-240所示。

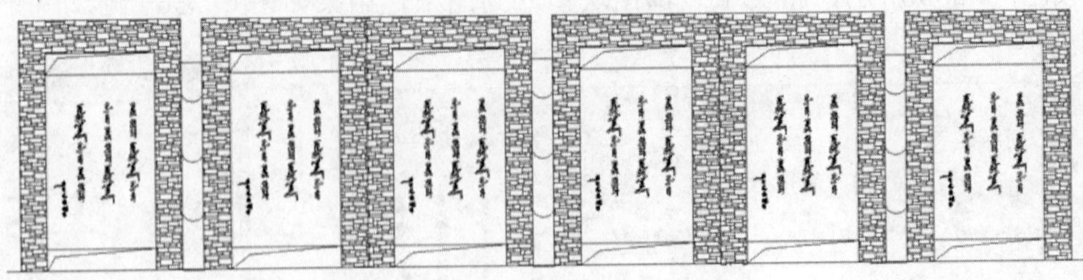

图6-240　复制文化墙和灯具

（12）单击“默认”选项卡“注释”面板中的“标注样式”按钮，打开“标注样式管理器”对话框，参照上节设置标注样式。

1）“线”选项卡：超出尺寸线距离设置为50mm，起点偏移量为50mm。

2）“符号和箭头”选项卡：箭头设置为建筑标记，箭头大小为50mm。

3）“文字”选项卡：文字高度设置为120mm。

4）“主单位”选项卡：精度设置为0，比例因子为1。

（13）单击“默认”选项卡“注释”面板中的“线性”按钮和“连续”按钮，为图形标注第一道尺寸，如图6-241所示。

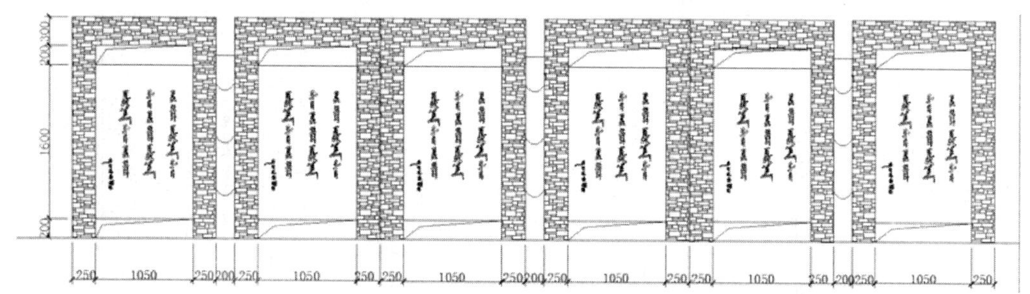

图6-241　标注第一道尺寸

（14）同理，标注第二道尺寸，如图6-242所示。

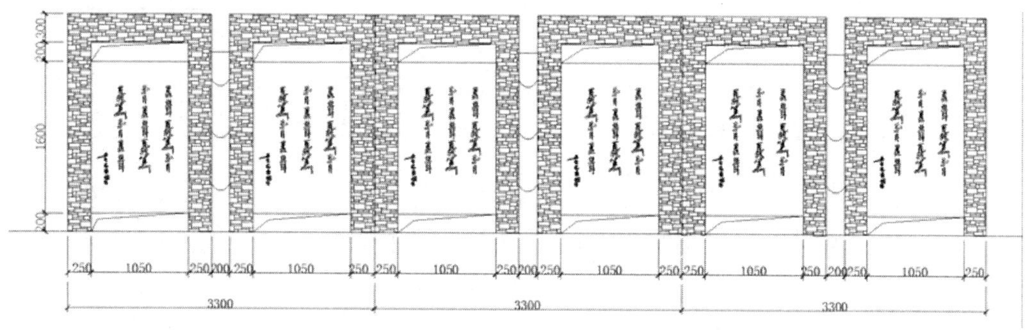

图6-242　标注第二道尺寸

（15）单击“默认”选项卡“注释”面板中的“线性”按钮，为图形标注总尺寸，如图6-243所示。

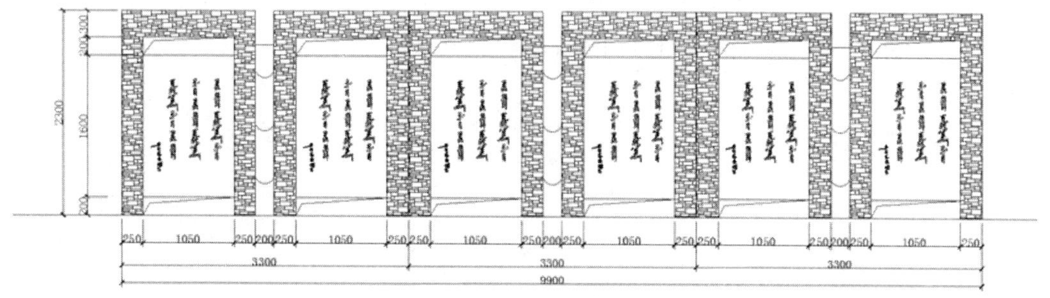

图6-243　标注总尺寸

（16）单击“默认”选项卡“绘图”面板中的“直线”按钮，在图中引出直线，如图6-244所示。

（17）单击“默认”选项卡“注释”面板中的“多行文字”按钮，在直线右侧输入文字，如图6-245所示。

（18）单击“默认”选项卡“修改”面板中的“复制”按钮，将直线和文字

复制到图中其他位置，然后双击文字，修改文字内容，以便文字格式的统一，最终完成其他位置文字的标注，如图 6-246 所示。

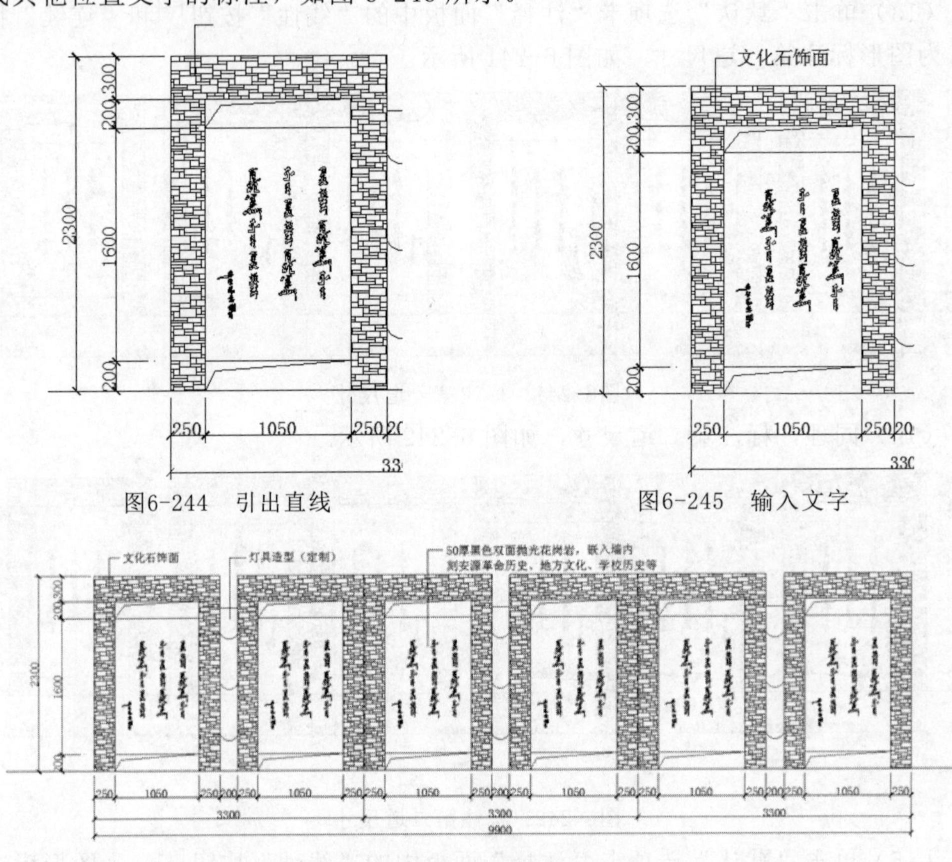

图6-244　引出直线　　图6-245　输入文字

图6-246　标注文字

（19）单击“默认”选项卡“绘图”面板中的“直线”按钮、“多段线”按钮和“多行文字”按钮，标注图名，如图 6-247 所示。

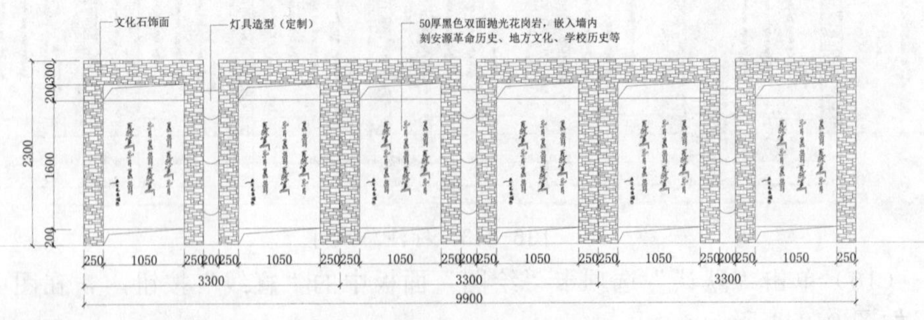

文化墙立面展开图 1:50

图6-247　文化墙立面图

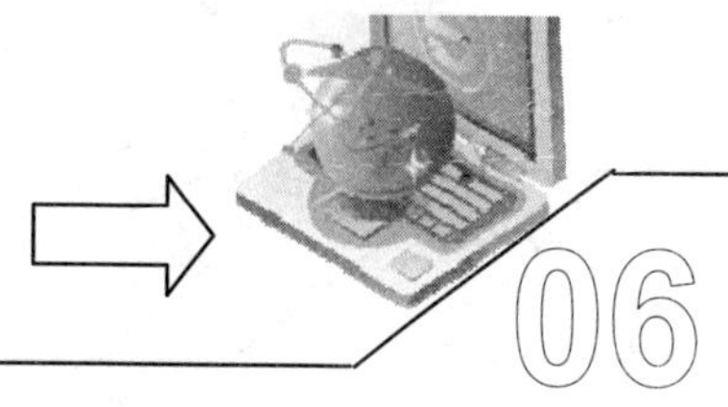

6.3.4　绘制文化墙基础详图

光盘\动画演示\第6章\绘制文化墙基础详图.avi

（1）单击“默认”选项卡“绘图”面板中的“矩形”按钮，绘制长、宽分别为700mm的矩形，如图6-248所示。

（2）单击“默认”选项卡“修改”面板中的“偏移”按钮，将矩形向内偏移100mm、160mm和20mm，如图6-249所示。

图6-248　绘制矩形

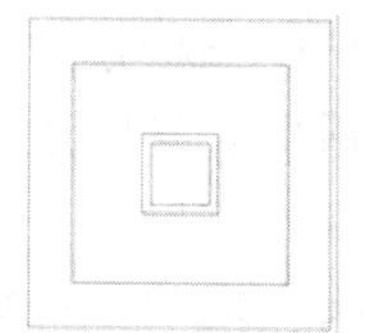

图6-249　偏移矩形

（3）单击“默认”选项卡“绘图”面板中的“直线”按钮，绘制对角线，如图6-250所示。

（4）单击“默认”选项卡“绘图”面板中的“圆”按钮，绘制半径为6mm的圆，如图6-251所示。

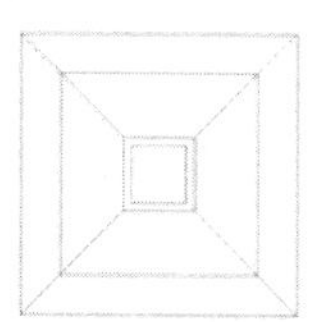

图6-250　绘制对角线

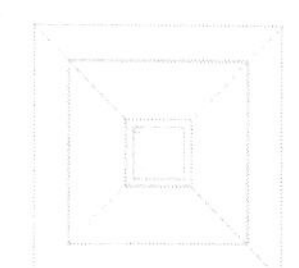

图6-251　绘制圆

（5）单击“默认”选项卡“绘图”面板中的“图案填充”按钮，打开“图案填充创建”选项卡，选择SOLID图案，如图6-252所示，填充圆，结果如图6-253所示。

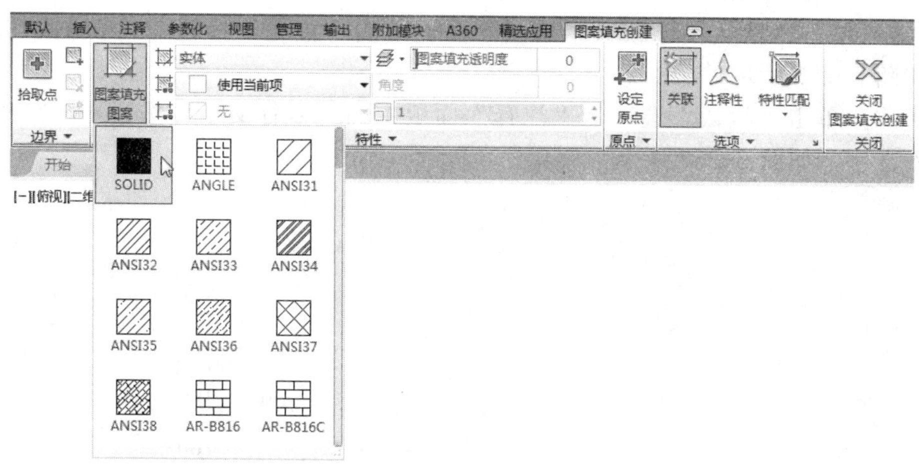

图6-252　“图案填充创建”选项卡

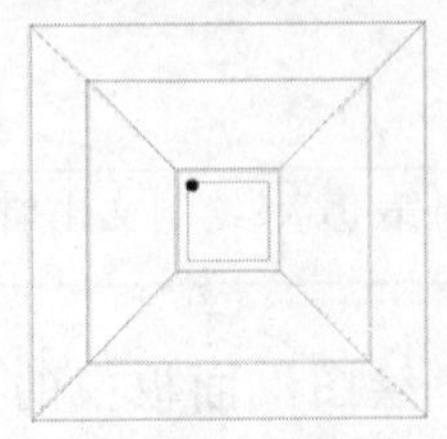

图6-253 填充圆

（6）单击“默认”选项卡“修改”面板中的“复制”按钮，将填充圆复制到图中其他位置，完成配筋的绘制，如图 6-254 所示。

（7）单击“默认”选项卡“注释”面板中的“标注样式”按钮，打开“标注样式管理器”对话框，参照上节设置标注样式。

1)“线”选项卡：超出尺寸线距离设置为 50mm，起点偏移量为 50mm。

2)“符号和箭头”选项卡：箭头设置为建筑标记，箭头大小为 50mm。

3)“文字”选项卡：文字高度设置为 80mm。

4)“主单位”选项卡：精度设置为 0，比例因子为 1。

（8）单击“默认”选项卡“注释”面板中的“线性”按钮，为图形标注尺寸，如图 6-255 所示。

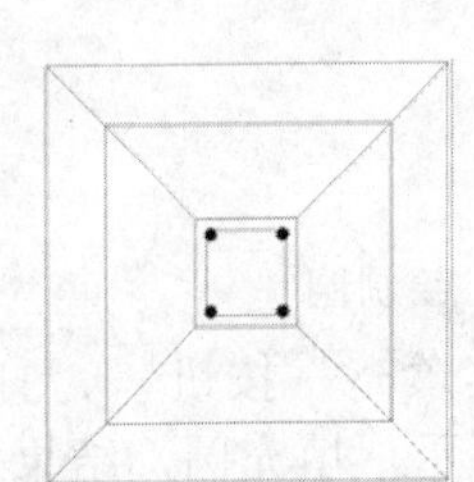

图6-254 绘制配筋

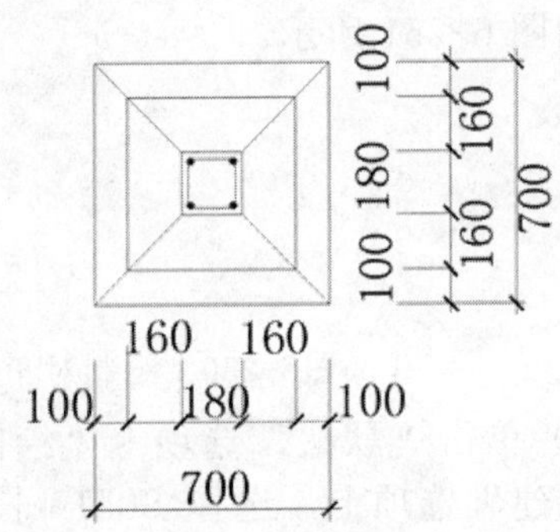

图6-255 标注尺寸

（9）单击“默认”选项卡“绘图”面板中的“直线”按钮，在图中引出直线，如图 6-256 所示。

（10）单击“默认”选项卡“注释”面板中的“多行文字”按钮，在直线左侧输入文字，如图 6-257 所示。

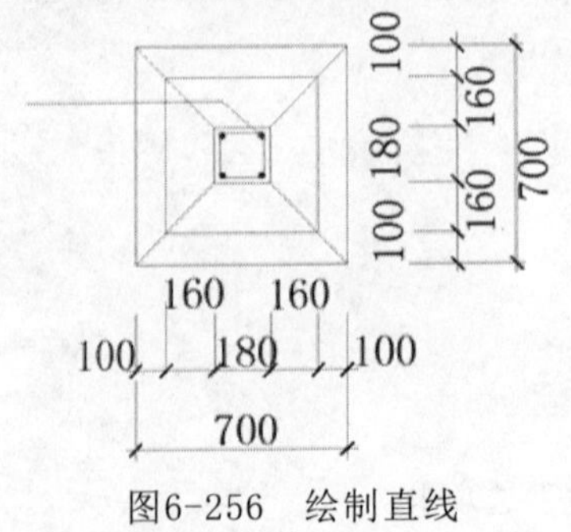

图6-256 绘制直线

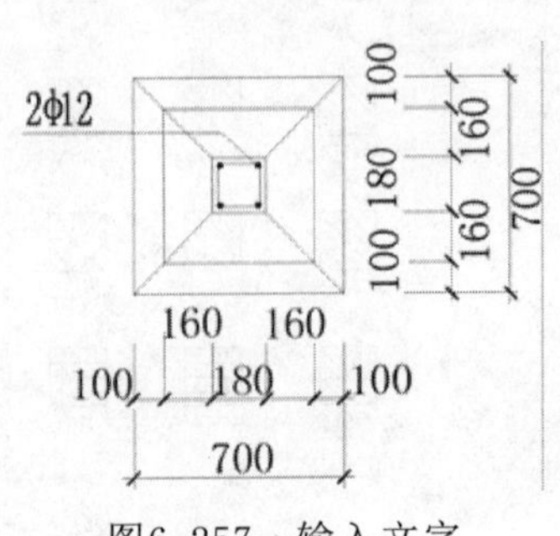

图6-257 输入文字

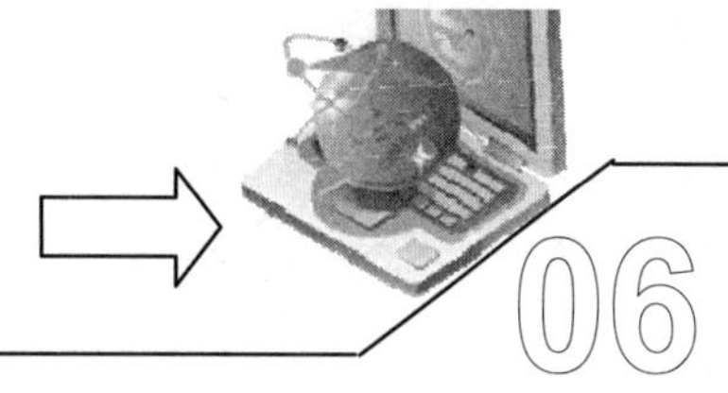

（11）单击“默认”选项卡“修改”面板中的“复制”按钮，将直线和文字复制到下侧，完成其他位置处文字的标注，如图 6-258 所示。

（12）单击“默认”选项卡“绘图”面板中的“直线”按钮、“多段线”按钮和“多行文字”按钮，标注图名，如图 6-259 所示。

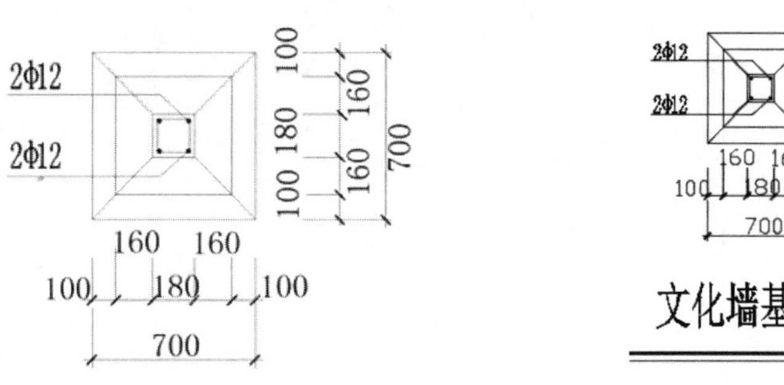

图6-258　标注文字　　　　图6-259　文化墙基础详图

（13）文化墙剖面图的绘制与其他图形的绘制方法类似，这里不再重述，结果如图 6-260 所示。

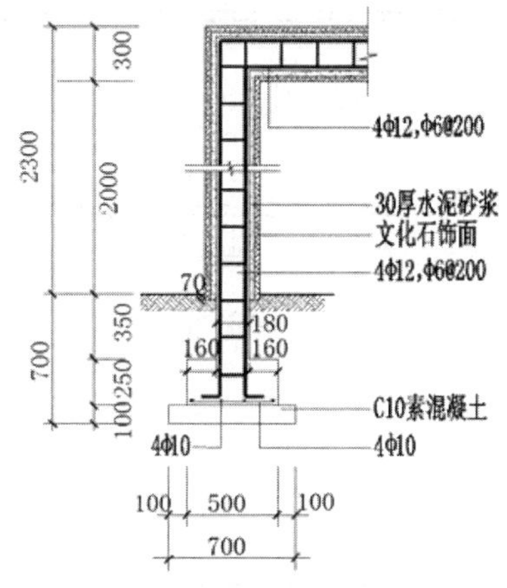

图6-260　文化墙剖面图

6.4　桥

园林中的桥既起到交通连接的功能，又兼备赏景、造景的作用，如拙政园的折桥和“小飞虹”、颐和园中的“十七孔桥”和园内西堤上的六座形式各异的桥、网师园的小石桥等。在全园规划时，应将园桥所处的环境和所起的作用作为确定园桥的设计依据。一般在园林中架桥，多选择两岸较狭窄处，或湖岸与湖岛之间，或两岛之间。桥的形式多种多样，如拱桥、折桥、亭桥、廊桥、假山桥、索桥、独木桥、吊桥等，前几类多以造景为主，联系交通时以平桥居多。就材质而言，有木桥、石桥、混凝土桥等。在设计时应根据具体情况选择适宜的形式和材料。

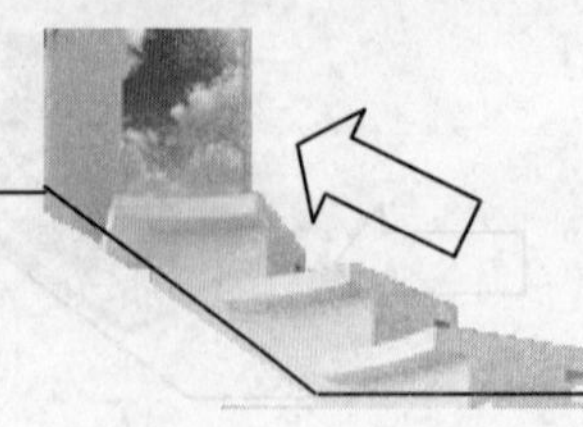

下面以图 6-261 所示的桥为例讲解桥的绘制方法。

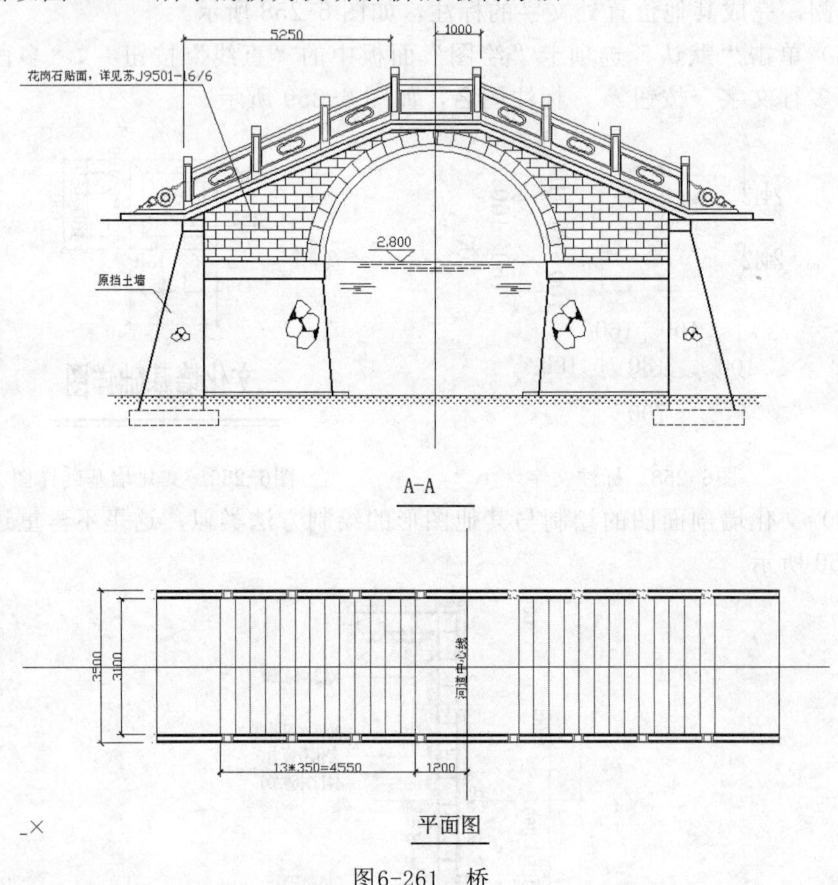

图6-261 桥

6.4.1 桥的绘制

光盘\动画演示\第 6 章\桥的绘制.avi

1. 绘制轴线

建立“轴线”图层，进行相应设置。单击“默认”选项卡“绘图”面板中的“直线”按钮，在绘图区适当位置选取直线的初始点，输入第二点的相对坐标（@0,15000mm），按 Enter 键后绘出竖向轴线。然后重复“直线”命令，在绘图区适当位置选取直线的初始点，输入第二点的相对坐标（@3000mm0,0）进行“范围缩放”后如图 6-262 所示。

2. 桥平面图的绘制

（1）建立一个新图层，命名为“桥”，并进行相应的设置，如图 6-263 所示。

（2）台阶的绘制。

1）将“桥”图层置为当前图层。单击“默认”选项卡“绘图”面板中的“直

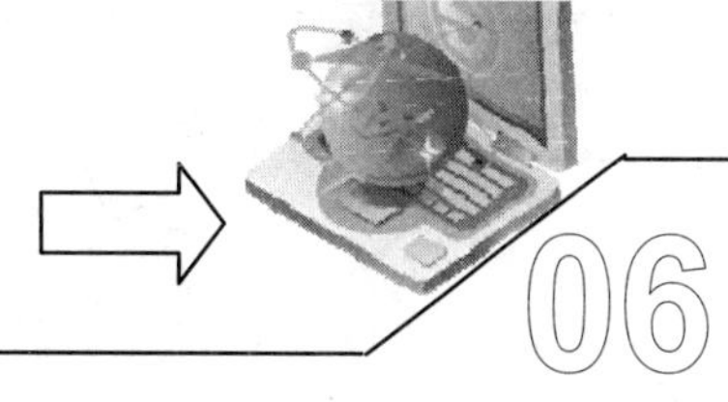

线”按钮⁄，以横向轴线和竖向轴线的交点为起点，水平向左绘制一条直线段，长度为 7250mm；然后垂直向上绘制一条竖向直线段，长度为 1550mm，删除横向直线段，结果如图 6-264 所示。

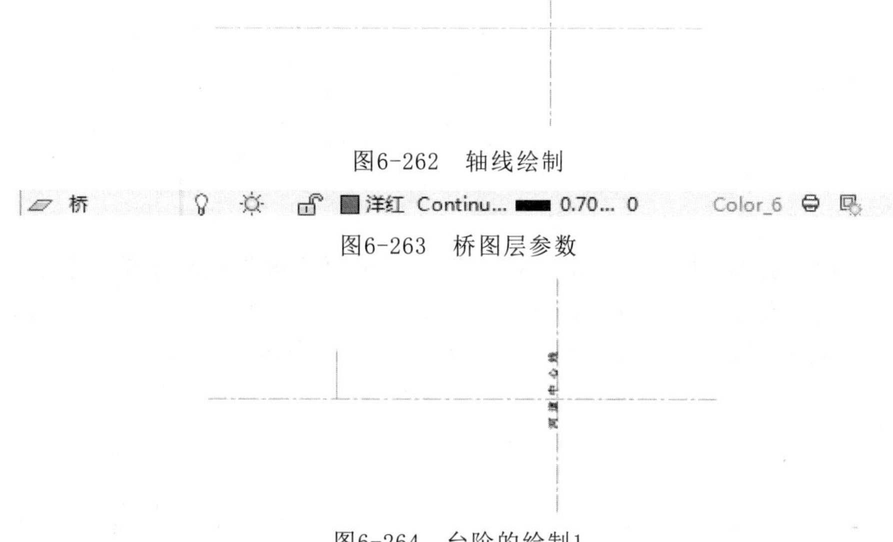

图6-262　轴线绘制

图6-263　桥图层参数

图6-264　台阶的绘制1

2）单击“默认”选项卡“绘图”面板中的“直线”按钮⁄，以上步绘制的直线段的上端点为起点，向下绘制一条长度为 3100mm 的直线段，为桥的界线。单击“默认”选项卡“修改”面板中的“偏移”按钮，将刚绘制出的直线段向右偏移，偏移距离为 1500mm，结果如图 6-265 所示，为第一个台阶。

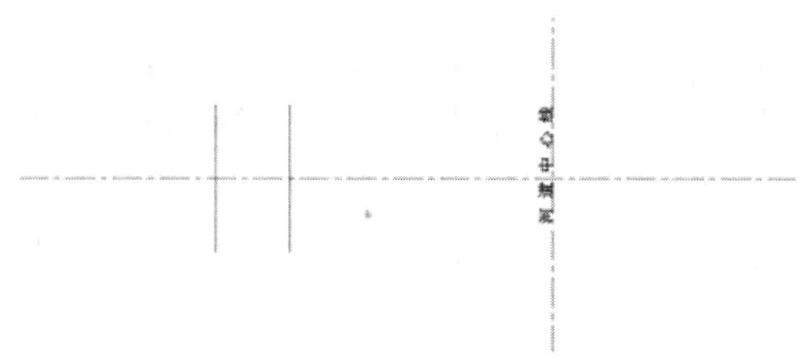

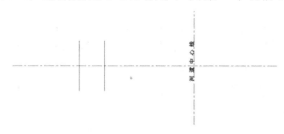

图6-265　台阶的绘制2

（3）单击“默认”选项卡“修改”面板中的“矩形阵列”按钮，将上一步偏移后的直线段向右阵列，阵列设置为 1 行 14 列，行偏移为 1，列偏移为 350mm。结果如图 6-266 所示。

注意

选择对象为上一步第一个台阶的竖向直线。

（4）桥栏的绘制。先绘制一侧栏杆，然后再对其进行镜像，绘制出另外一侧

栏杆。单击“默认”选项卡“绘图”面板中的“直线”按钮，在台阶一侧绘制一条直线（以桥的左端为起点，到中轴线结束），如图 6-267 所示，然后单击“默认”选项卡“修改”面板中的“偏移”按钮，将刚绘制的直线向下偏移，偏移距离为 200mm，为桥栏杆的宽度。

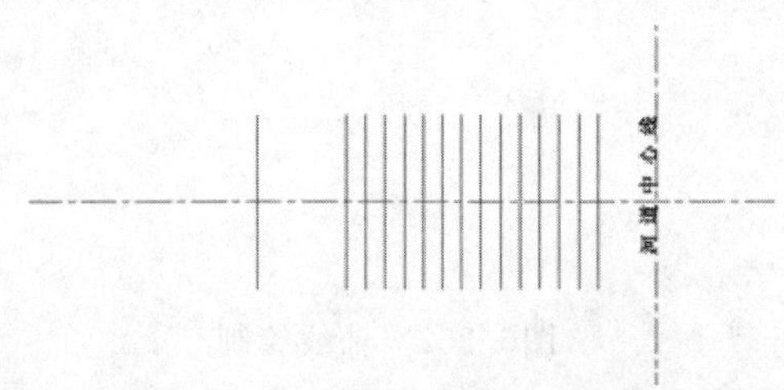

图6-266　全部台阶

（5）桥栏的细部做法，单击“默认”选项卡“修改”面板中的“偏移”按钮，将栏杆的两侧边缘线分别向内侧进行偏移，偏移距离为 25mm，然后以偏移后的直线为基准线，再向内偏移 25mm，结果如图 6-268 所示。

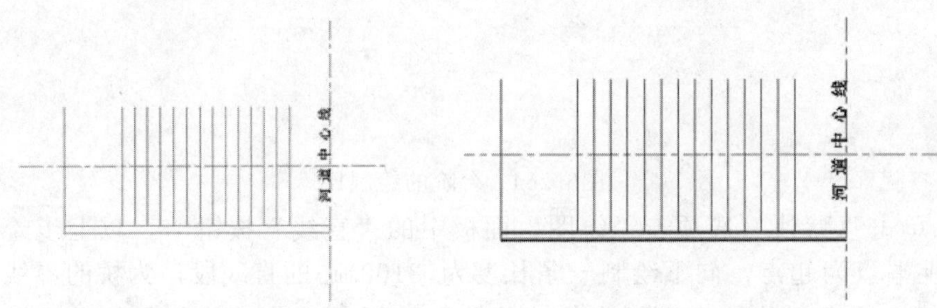

图6-267　桥栏的绘制　　图6-268　桥栏的细部

（6）望柱的绘制。

1）单击“默认”选项卡“绘图”面板中的“多段线”按钮，以第一个台阶与桥栏的交点为起始点，沿桥栏水平向右绘制长为 50mm 的直线段，然后垂直向下，与桥栏的外侧边缘线相交，如图 6-269 所示。

2）单击“默认”选项卡“绘图”面板中的“矩形”按钮，以折点为第一角点，如图 6-270 所示。

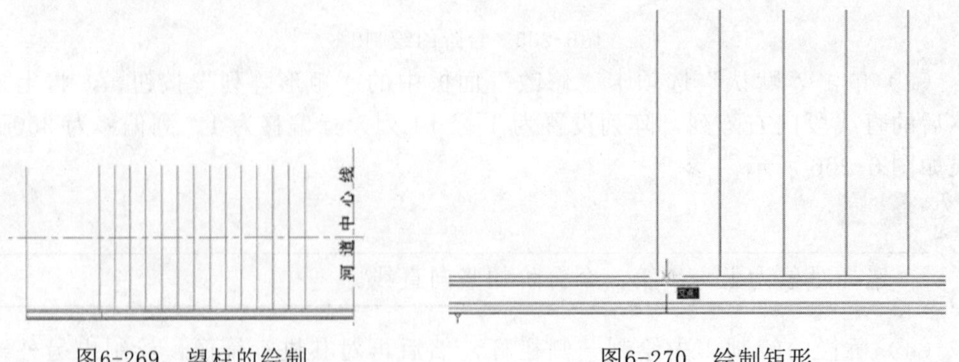

图6-269　望柱的绘制　　图6-270　绘制矩形

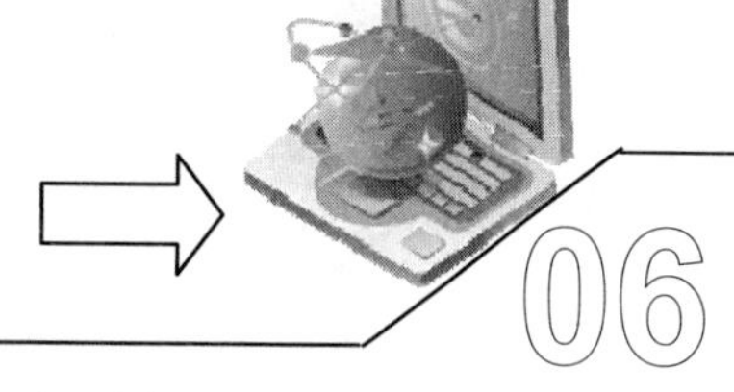

在命令行输入（@240，-200）。然后单击“默认”选项卡“修改”面板中的“修剪”按钮，，修剪矩形内部的多余线条，结果如图 6-271 所示。

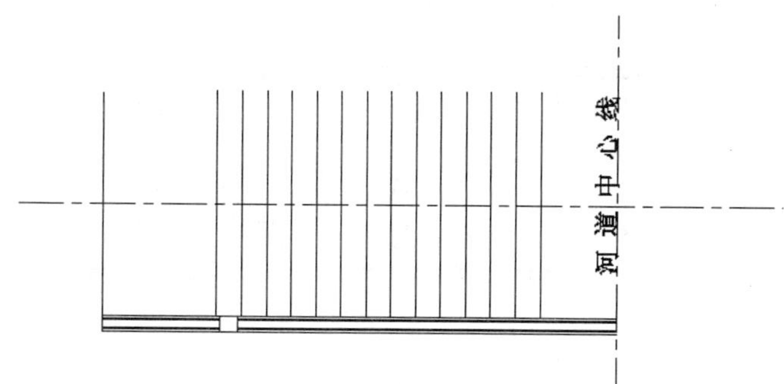

图6-271　修剪多余线条

（7）望柱内部的绘制.

1）单击“默认”选项卡“修改”面板中的“偏移”按钮，将绘制好的矩形向内侧偏移，偏移距离为 30mm，然后将内外矩形对应的四个角点连起来。最后单击“默认”选项卡“块”面板中的“创建”按钮，将其命名为“望柱”，拾取点选择望柱的任意一角点，选择对象为整个望柱。

2）单击“默认”选项卡“修改”面板中的“矩形阵列”按钮，将望柱进行矩形阵列，设置为 1 行 4 列，行偏移为 1，列偏移为 1500mm。

3）单击“默认”选项卡“修改”面板中的“修剪”按钮，修剪“望柱”内部的多余直线，结果如图 6-272 所示。

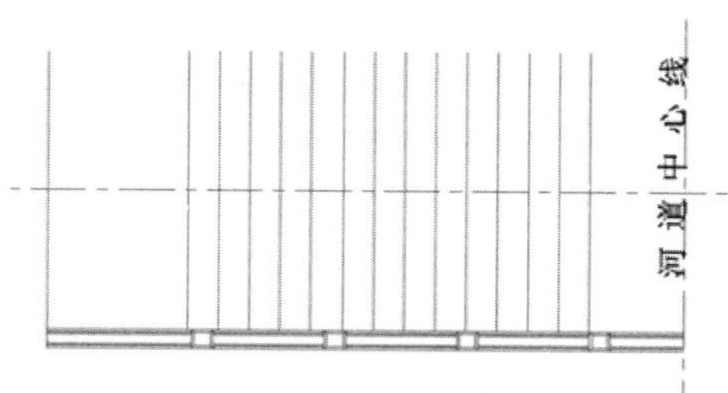

图6-272　修剪多余线条

（8）整个桥栏的绘制。单击“默认”选项卡“修改”面板中的“镜像”按钮，将绘制好的一侧桥栏以水平中心线为镜像中心线进行镜像，结果如图 6-273 所示。

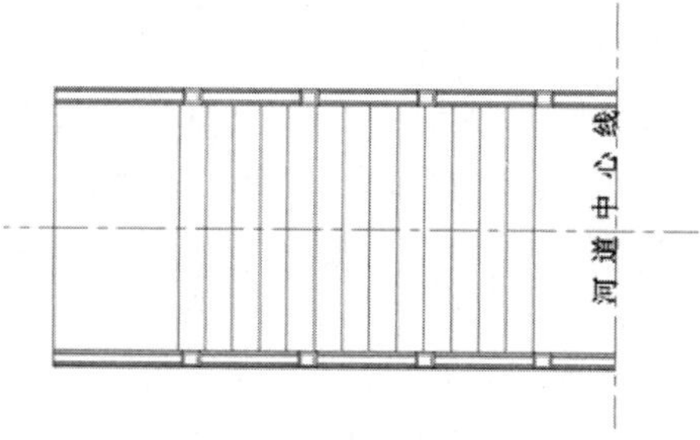

图6-273　一侧桥栏绘制

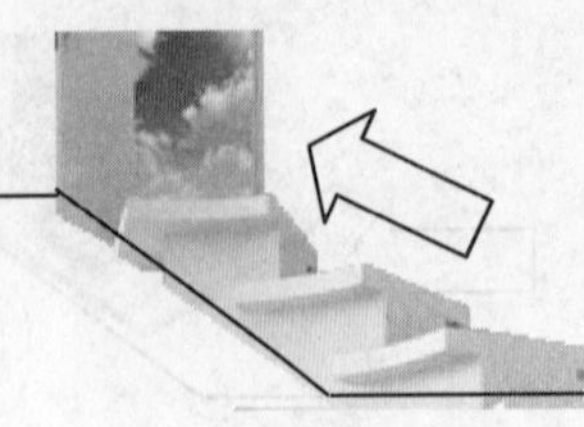

同理，采用相同的方法，单击“默认”选项卡“修改”面板中的“镜像”按钮，将桥栏以竖直中心线为镜像中心线进行镜像。结果如图 6-274 所示。

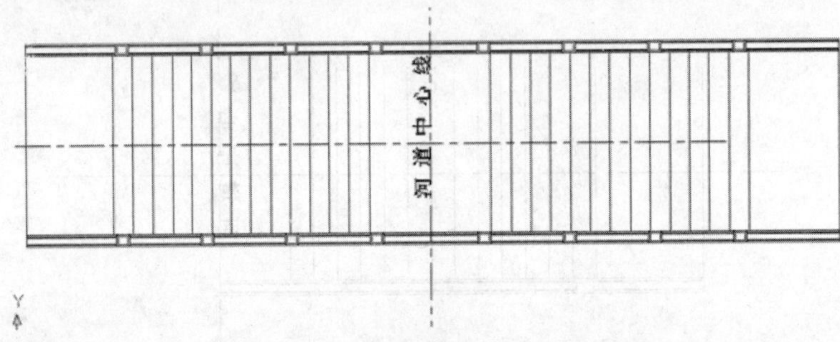

图6-274　镜像得到另一侧桥栏

3．桥立面图的绘制

（1）将“轴线”图层设置为当前图层，打开正交设置。

单击“默认”选项卡“绘图”面板中的“直线”按钮，在绘图区适当位置选取直线的初始点，输入第二点的相对坐标（@0,12000mm），按 Enter 键后绘出竖向轴线。

（2）桥立面轮廓的绘制

1）单击“默认”选项卡“绘图”面板中的“直线”按钮，以轴线上端近顶点处为起点，水平向左绘制一条长为 1000mm 的直线段，为桥体的最高处。右键单击“状态工具栏”中“极轴”命令，打开“草图设置”对话框，设置附加角度 203°。

2）单击“默认”选项卡“绘图”面板中的“直线”按钮，沿极轴追踪方向 203°，在命令行输入直线长度 5250mm，绘制出桥体斜坡的倾斜线；然后沿水平向左方向输入直线长度 2000mm，为桥体的坡脚线，结果如图 6-275 所示。

图6-275　立面轮廓

（3）桥拱的绘制。拱顶距常水位高度为 3000mm，拱券宽度为 150mm，拱券顶部距桥面最高处 300mm。

1）单击“默认”选项卡“绘图”面板中的“直线”按钮，以轴线与桥面最高处的交点为第一个点，沿垂直向下方向绘制直线段，在命令行输入距离 3000mm，然后水平向左绘制直线段，在命令行输入距离 3000mm。单击“默认”选项卡“绘图”面板中的“圆弧”按钮，以折点为圆心，命令行提示与操作如下：

```
命令: _arc
指定圆弧的起点或 [圆心(C)]: c ↙
指定圆弧的圆心:（折点，如图 6-276 所示）
指定圆弧的起点: （轴线与桥面最高处的交点，如图 6-277 所示）
```

指定圆弧的端点(按住 Ctrl 键以切换方向)或 [角度(A)/弦长(L)]:(水平方向直线段的端点,如图 6-278 所示)

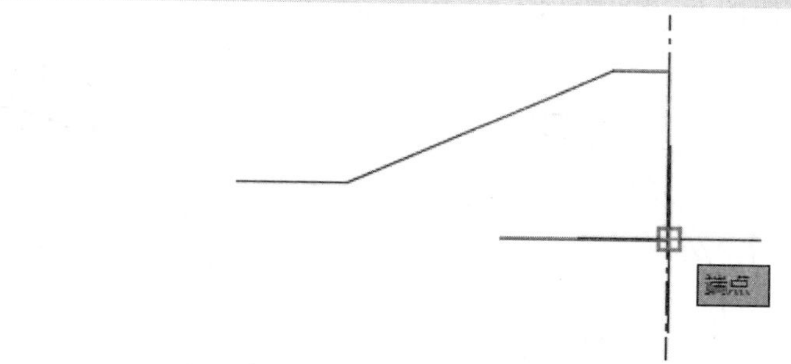

图 6-276 折点

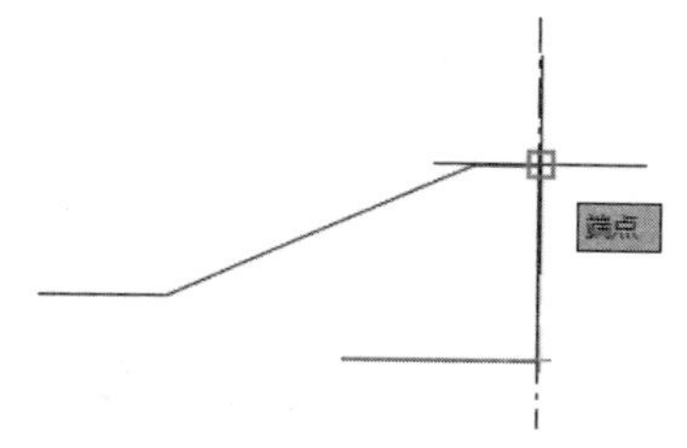

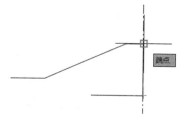

图6-277 轴线与桥面最高处的交点

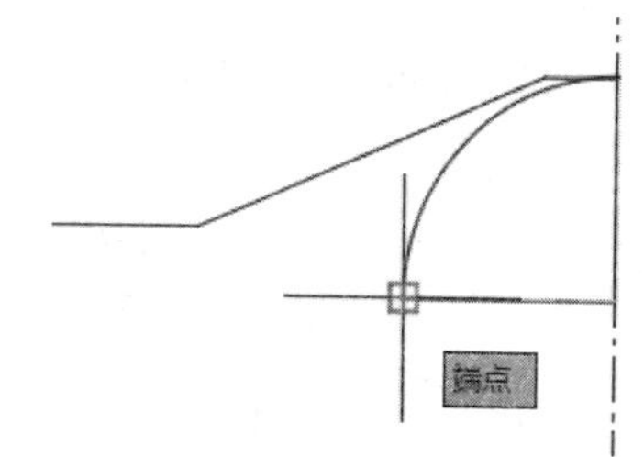

图6-278 水平方向直线段的端点

绘制结果如图 6-279 所示。

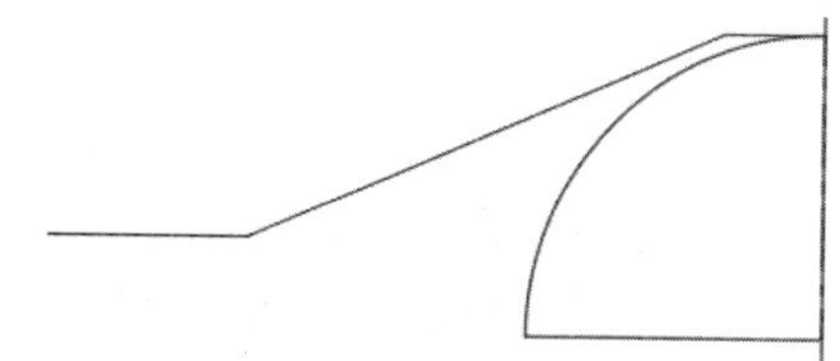

图6-279 桥拱

2)将绘制好的圆弧进行偏移。单击“默认”选项卡“修改”面板中的“偏移”按钮,向内侧进行偏移,偏移距离为 300mm;然后重复“偏移”命令,以偏移后的弧线为基准线,偏移距离为 150mm。

3)单击“默认”选项卡“绘图”面板中的“直线”按钮,在常水位处绘制长短不一的直线段,表示水面,结果如图 6-280 所示。

(4)桥拱砖体的绘制。

1)单击“默认”选项卡“绘图”面板中的“直线”按钮,在拱的最下端绘制一条水平方向的直线段,如图 6-281 所示。

2)单击“默认”选项卡“修改”面板中的“环形阵列”按钮,选择对象为上一步绘制的直线段,中心点选择拱的弧心,选择“填充角度和项目间的角度”,设置填充角度为-90°,项目间的角度为 8°,结果如图 6-282 所示。

(5)桥台的绘制。

1)绘制挡土墙与桥台的界线,单击“默认”选项卡“绘图”面板中的“直

线”按钮╱，以桥面转折点为第一个角点，方向为沿桥面斜线方向，绘制长度为450mm 的一条直线段，如图 6-283 所示。

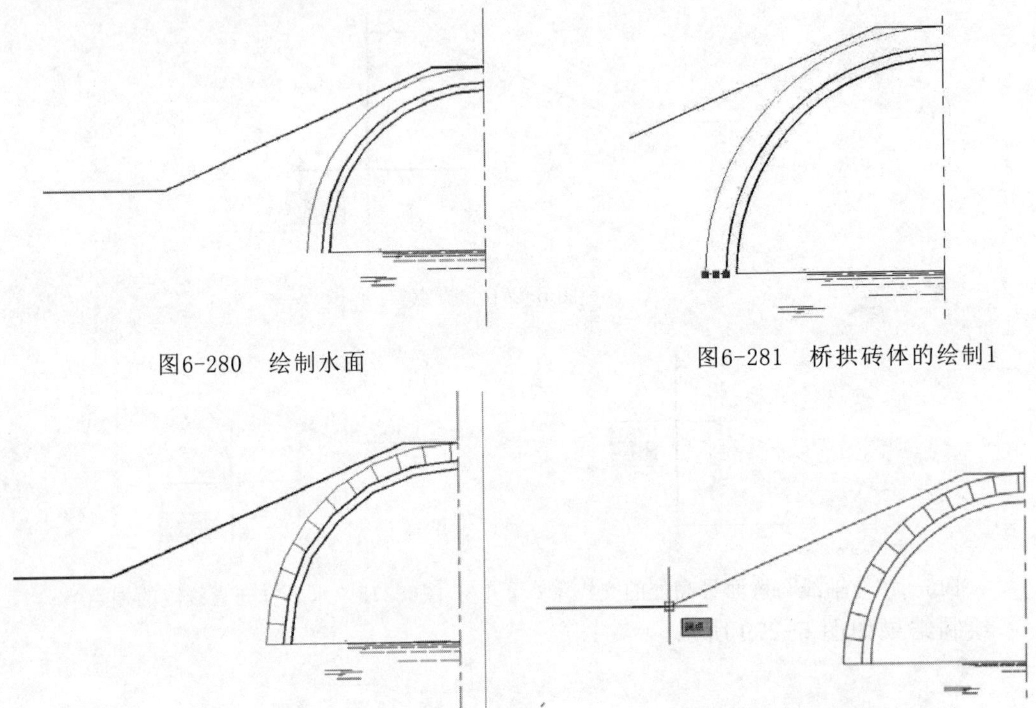

图6-280　绘制水面

图6-281　桥拱砖体的绘制1

图6-282　桥拱砖体的绘制2

图6-283　桥基础的绘制

2）打开“正交”命令，方向转为垂直向下，绘制一条长度为 4200mm 的直线段。

3）单击“默认”选项卡“绘图”面板中的“直线”按钮╱，以 4200mm 的直线段下端点为第一个点，向两侧绘制直线，作为河底线，如图 6-284 所示。

4）单击“默认”选项卡“绘图”面板中的“多段线”按钮，以挡土墙与桥台界线的上起点为第一角点，垂直向下绘制直线段，在命令行输入直线长度1350mm，然后方向水平向右，在命令行输入直线长度 500mm。单击“默认”选项卡“绘图”面板中的“矩形”按钮，以折线的转折点为第一角点，另一角点坐标为（@2850，-400），为挡土石。删除多段线，如图 6-285 所示。

5）单击“默认”选项卡“绘图”面板中的“多段线”按钮，以矩形右下角点为起点，方向水平向左，在命令行输入 50；右键单击“极轴”命令，在打开“草图设置”对话框中设置附加角为 275°。

6）以多段线端点为起点，沿 275°方向，在命令行输入多段线长度 2400mm。为桥台的边缘线，与河底线相交。

7）删除绘制的多段线，结果如图 6-286 所示。

8）单击“默认”选项卡“绘图”面板中的“矩形”按钮，以挡土墙与桥台的界线和河底线的交点为第一角点，另一角点坐标为（@3400，100），为河底基石，结果如图 6-287 所示。

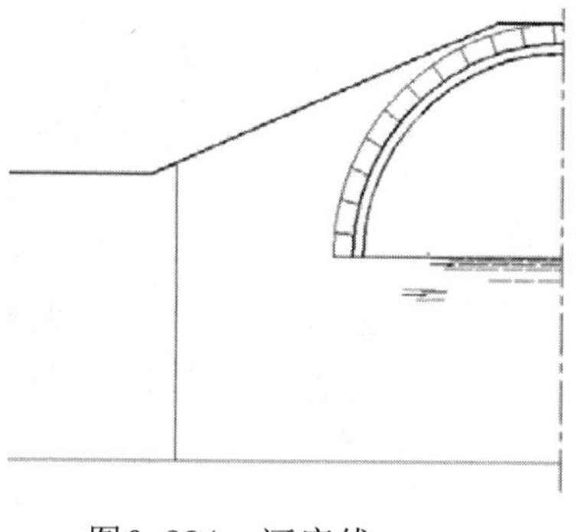

图6-284　河底线

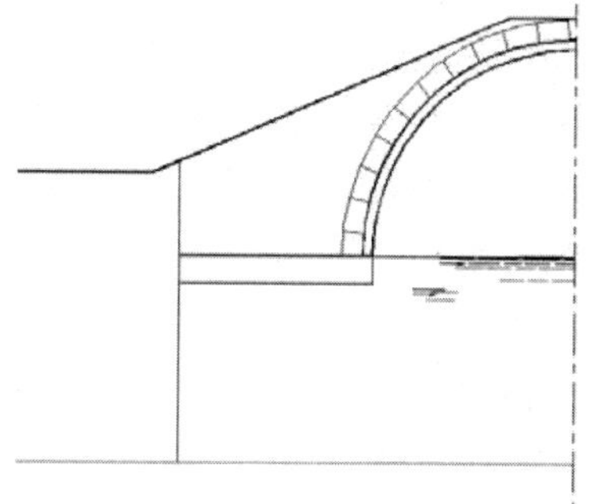

图6-285　挡土石

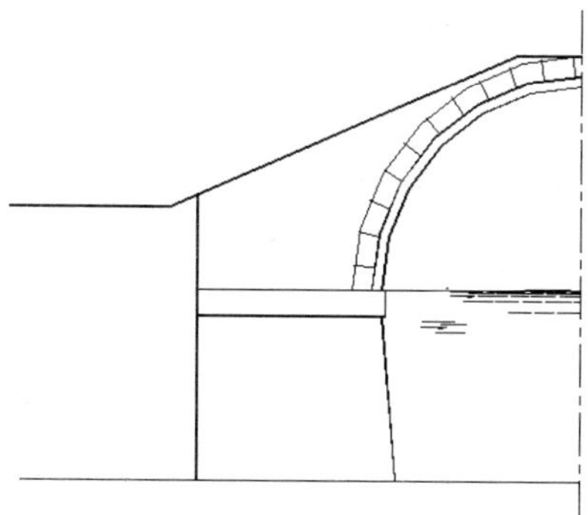

图6-286　桥台的边缘线

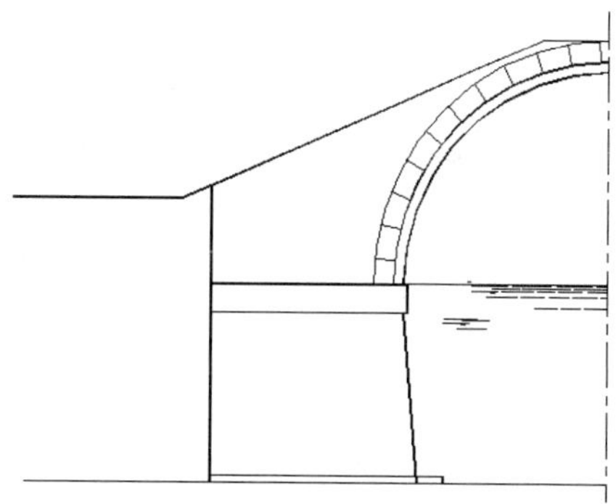

图6-287　河底基石

（6）挡土墙的绘制.

1）单击“默认”选项卡“绘图”面板中的“多段线”按钮，以桥面转折点为起点如图6-288所示，方向为水平向左，在命令行输入距离80mm，绘制一条直线段。

2）方向转为垂直向下，在命令行输入距离 50mm，绘制一条直线段。然后单击“默认”选项卡“绘图”面板中的“矩形”按钮，以多段线的转折点为第一角点，另一角点坐标为（@500,-250），为挡土墙上的基石；单击“默认”选项卡“绘图”面板中的“直线”按钮，以基石的左下角点为第一个点，打开“极轴”命令，附加角度256°，沿256°方向绘制直线，与河底线相交，结果如图6-289所示。

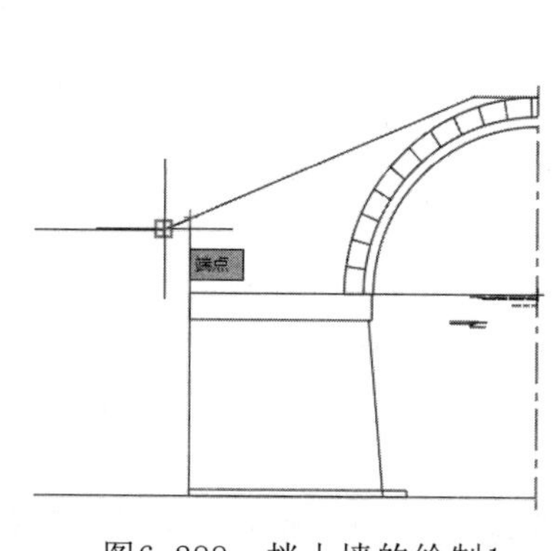

图6-288　挡土墙的绘制1

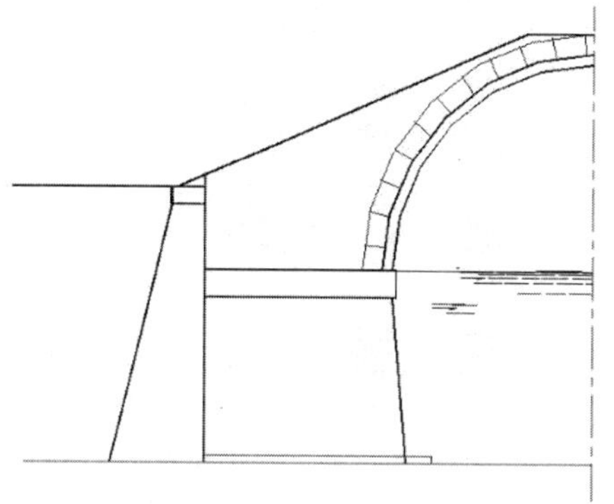

图6-289　挡土墙的绘制2

（7）河底基石的绘制。单击“默认”选项卡“绘图”面板中的“直线”按钮，以挡土墙与桥台的界线和河底线的交点为第一个点垂直向下绘制直线段，在命令行输入长度 325mm，然后方向改为水平向右，在命令行输入距离 360mm，然后单击“默认”选项卡“绘图”面板中的“矩形”按钮，以“直线段”的端点为第一角点，另一角点坐标为（@-2100，-350）。单击“默认”选项卡“修改”面板中的“延伸”按钮，以“矩形”作为选择对象，以 256° 斜线作为要延伸的对象。然后将上一步绘制线条的“线型”全部改为“dashedx2”，全局比例因子设为 1000mm，结果如图 6-290 所示。

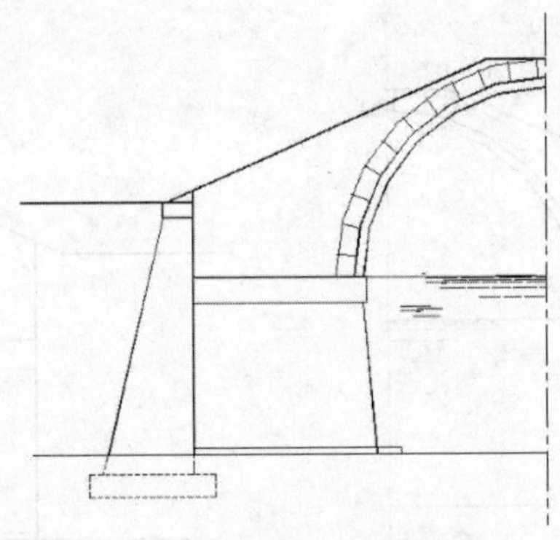

图6-290　河底基石

（8）桥体材料的填充。

1）填充桥台的砖体材料，单击“默认”选项卡“绘图”面板中的“图案填充”按钮，打开“图案填充创建”选项卡，选择 AR-B816 图案，如图 6-291 所示，填充图形，结果如图 6-292 所示。

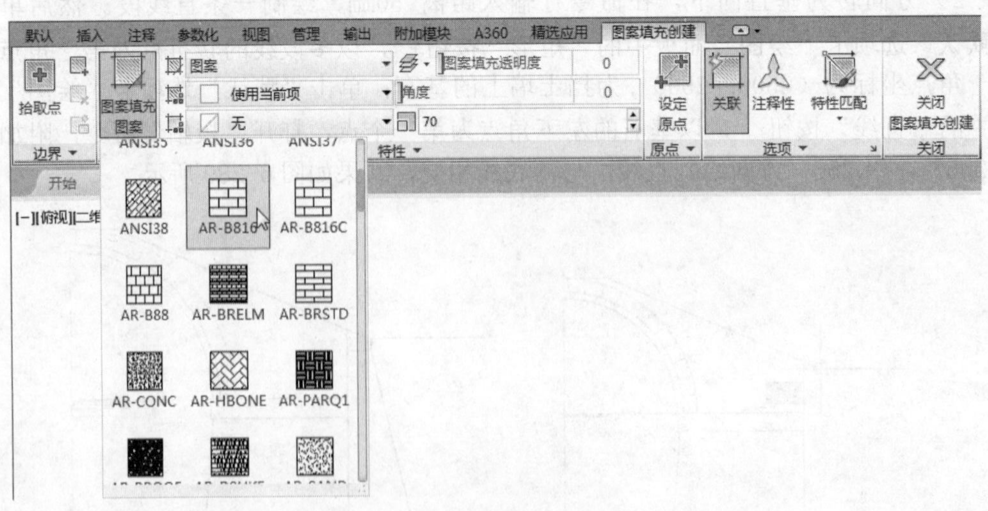

图6-291　“图案填充创建”选项卡

2）填充桥台基础的石材，单击“默认”选项卡“块”面板中的“插入块”按钮，打开“插入”对话框。在浏览中选择“石块”储存的位置，插入图中适当位

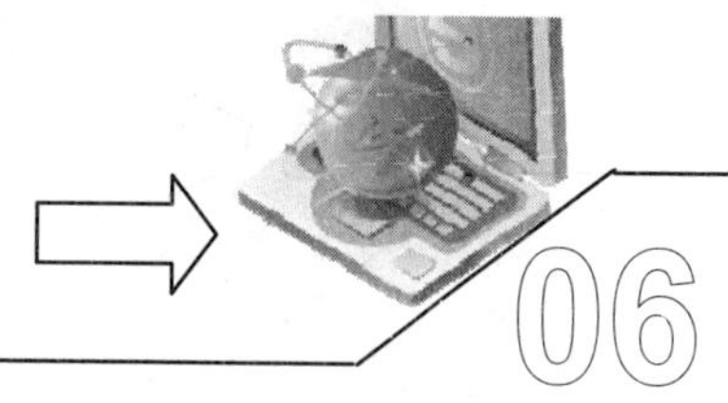

置，结果如图 6-293 所示。

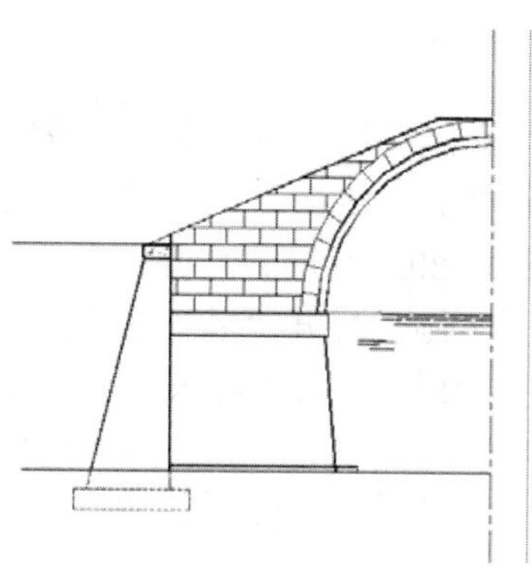

图6-292　填充效果

图6-293　石块

3）填充河底素土的材料，单击“默认”选项卡“绘图”面板中的“矩形”按钮，以河底线与中轴线的交点为第一角点，另一角点坐标为（@-7500，-210）。单击“默认”选项卡“绘图”面板中的“图案填充”按钮，打开“图案填充创建”选项卡，如图 6-294 所示，选择填充图案，填充图形。

4）填充后去掉矩形框，结果如图 6-295 所示。

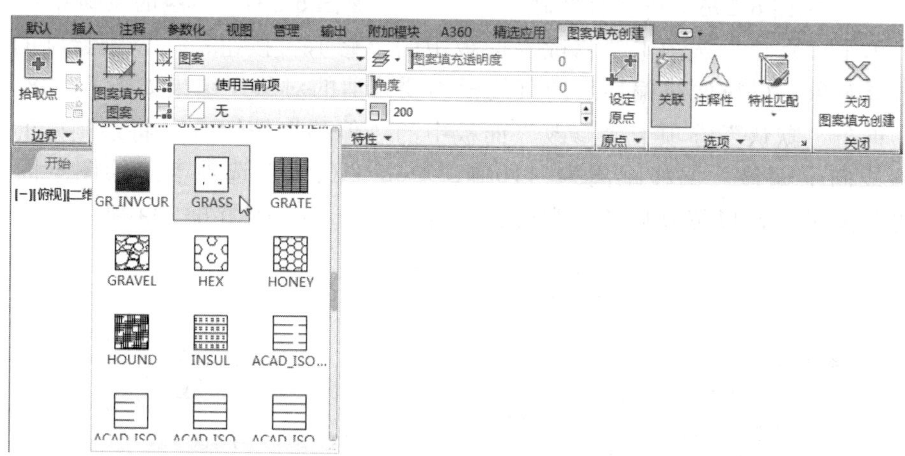

图6-294　“图案填充创建”选项卡

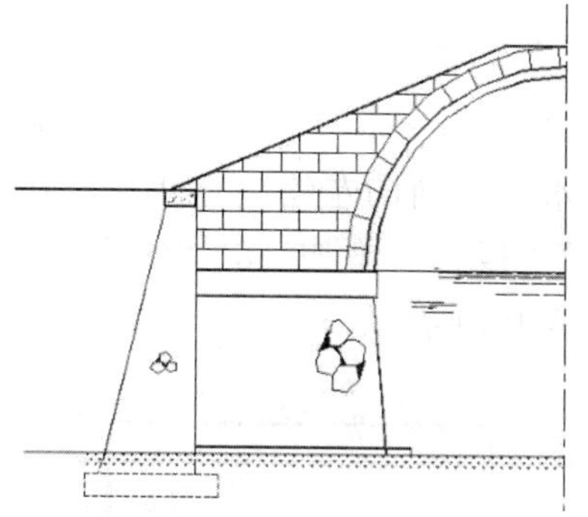

图6-295　填充河底素土

（9）桥栏的绘制。

1）基座的绘制。

①单击“默认”选项卡“修改”面板中的“偏移”按钮，将绘制好的桥面线向上偏移，偏移距离为 150mm，单击“默认”选项卡“绘图”面板中的“直线”按钮，以偏移后的下端转折点为第一个点，如图 6-296 所示。打开“正交”命令，方向水平向左绘制直线段，在命令行输入距离 1500mm。打开“状态”工具栏中“捕捉”命令，方向转为垂直向下，与桥面垂直相交，如图 6-297 所示。

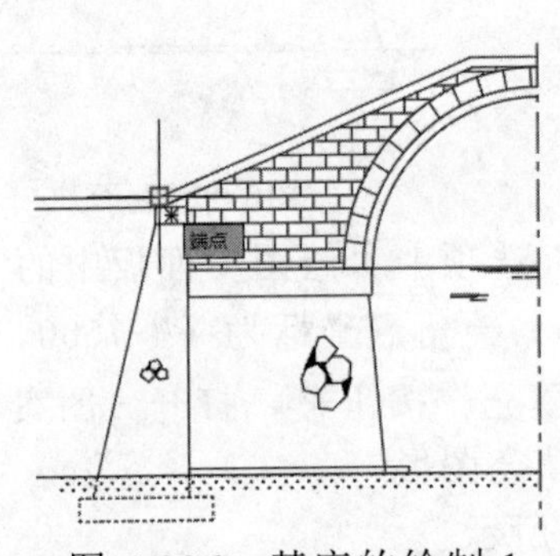

图 6-296　基座的绘制 1

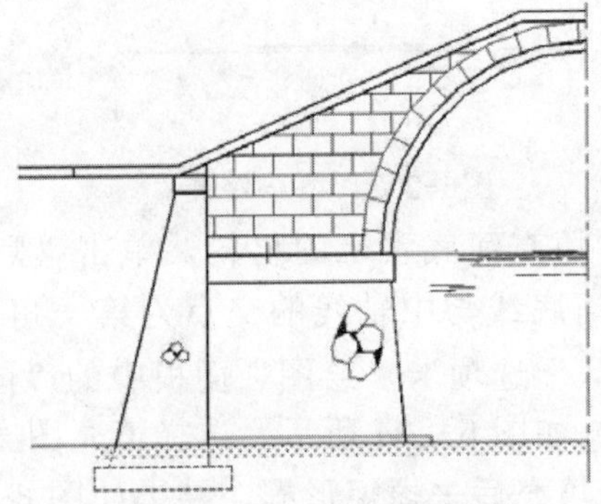

图 6-297　基座的绘制 2

②单击“默认”选项卡“修改”面板中的“修剪”按钮，以刚绘制的垂直线段为选择对象，以桥面线偏移后的直线段为要修剪的对象，结果如图 6-298 所示。

③单击“默认”选项卡“修改”面板中的“偏移”按钮，将绘制好的桥面线的偏移线向上偏移，偏移距离为 110mm，单击“默认”选项卡“绘图”面板中的“直线”按钮，以偏移后的下端转折点为第一个点，如图 6-299 所示。

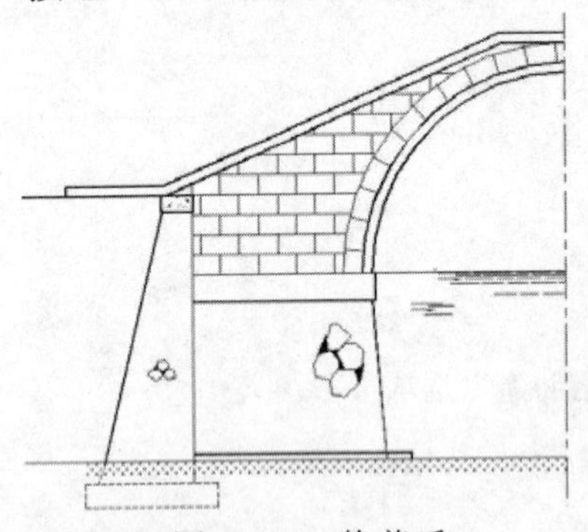

图6-298　修剪后

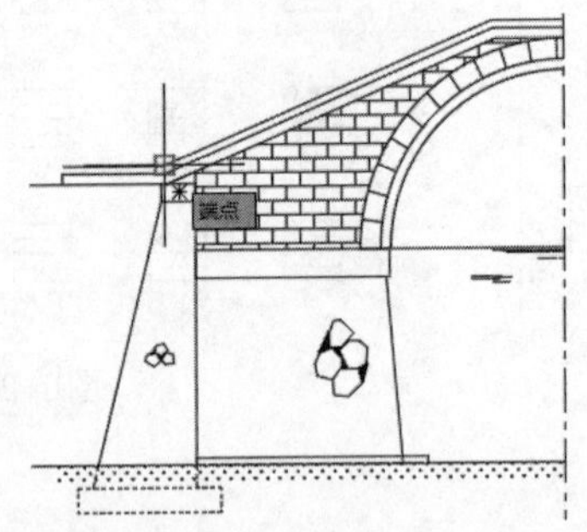

图6-299　确定直线第一角点

④打开“正交”命令，水平方向向左绘制直线段，在命令行输入距离 1200。打开“状态”工具栏中“捕捉”“极轴（附加 45° 角）”命令，方向转为倾斜 225°，与桥面基座线相交，如图 6-300 所示。

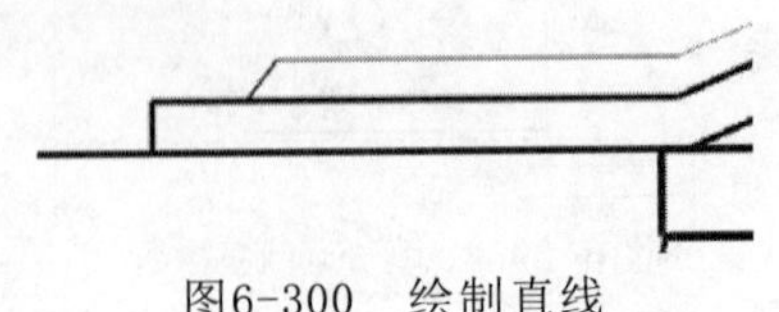

图6-300　绘制直线

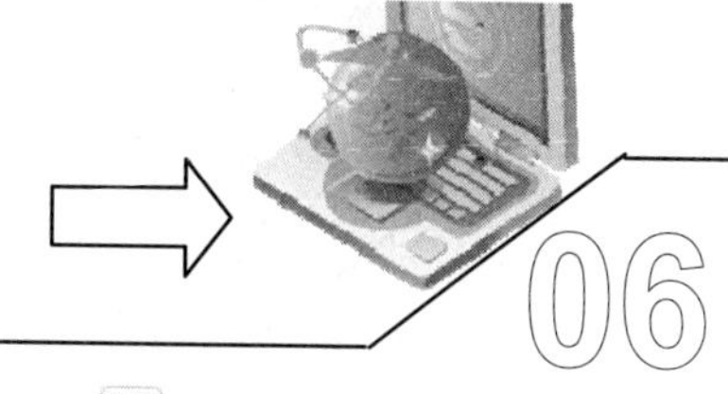

⑤单击“默认”选项卡“绘图”面板中的“圆弧”按钮，以刚绘制的斜线段端点为起点，以斜线段的中点为端点绘制包含角为 90° 的圆弧。重复“圆弧”命令，以斜线段的中点为起点，斜线段下端点为端点，绘制包含角为 90° 的圆弧，结果如图 6-301 所示，删除斜线段后如图 6-302 所示。

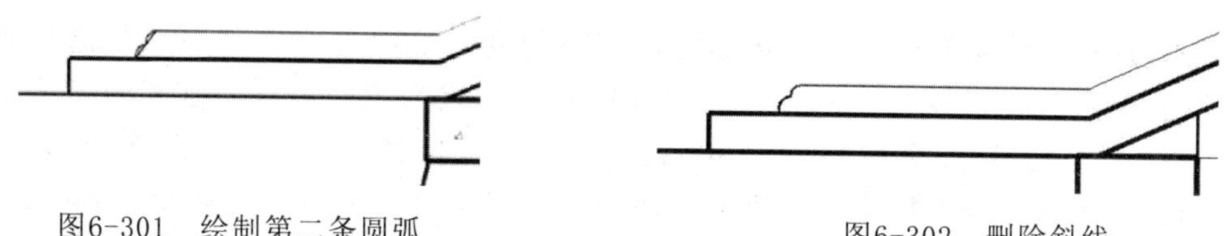

图6-301　绘制第二条圆弧

图6-302　删除斜线

2）栏杆的绘制。

①单击“默认”选项卡“绘图”面板中的“直线”按钮，在界面内任意一点作为直线的第一个点，打开“正交”命令，方向为垂直向上，在命令行输入直线长度 1200mm，然后方向转为水平方向，在命令行输入直线长度 200mm，然后方向转为垂直向下，在命令行输入直线长度 1200mm，结果如图 6-303a 所示。

②单击“默认”选项卡“修改”面板中的“偏移”按钮，以横向直线为基准线，偏移距离为 180mm，结果如图 6-303b 所示。

③单击“默认”选项卡“修改”面板中的“偏移”按钮，以刚刚偏移后的横向直线段为基准线，向下偏移距离为 40mm，然后重复“偏移”命令，以竖向直线段为基准线，向右偏移距离为 35mm，单击“默认”选项卡“绘图”面板中的“矩形”按钮，以两条直线的交点为第一角点，另一角点坐标为（@125，-800），结果如图 6-303c 所示。

④单击“默认”选项卡“绘图”面板中的“圆弧”按钮，分别以矩形的 4 个端点为圆心绘制半径为 18mm 的圆弧。

⑤同样绘制矩形长边中间的圆弧，以矩形长边的中点为圆心绘制半径为 18mm 的圆弧。结果如图 6-303d 所示。

⑥单击“默认”选项卡“修改”面板中的“修剪”按钮，以上一步绘制的圆弧为选择对象，矩形为要修剪的对象。结果如图 6-303e 所示。

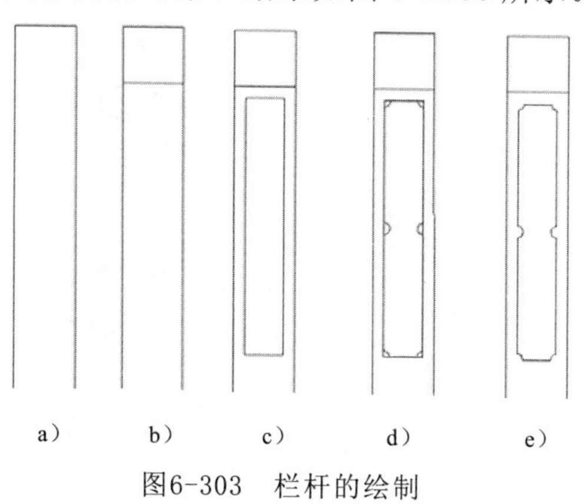

图6-303　栏杆的绘制

⑦单击“默认”选项卡“块”面板中的“创建”按钮，将绘制好的栏杆创建为一个名为“栏杆”的块。“拾取点”选择栏杆的左下角点。

⑧在图中合适的点上插入“栏杆”块，然后将“块”分解，进行修剪后，结果如图 6-304 所示。

⑨打开“极轴”命令，单击右键，附加角度为 23°，单击“默认”选项卡“绘图”面板中的“直线”按钮，以栏杆的右上角点为第一角点，垂直向下绘制直线段，在命令行输入直线长度 280mm，然后方向转为 23°，在命令行输入距离 1180mm，然后单击“默认”选项卡“修改”面板中的“偏移”按钮，将23°斜线向下偏移，偏移距离为 80mm，单击“默认”选项卡“修改”面板中的“延伸”按钮，将偏移后的直线段延伸至栏杆，斜线段的另一端进行修剪，使竖向整齐，结果如图 6-305 所示。

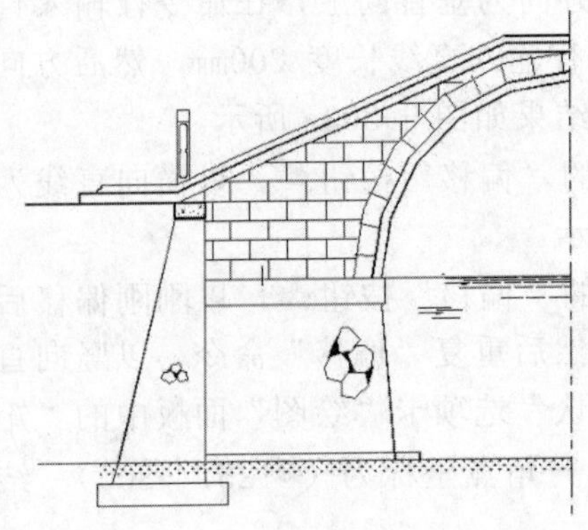

图6-304　分解“块”并进行修剪

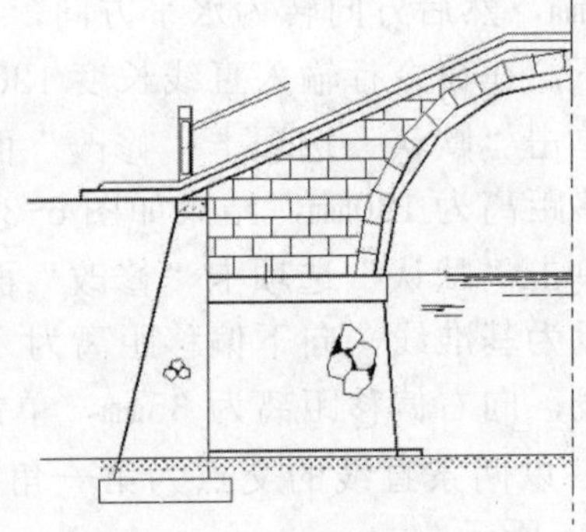

图6-305　绘制直线并偏移

⑩单击“默认”选项卡“修改”面板中的“路径阵列”按钮，选择对象为前面所绘制的栏杆和柱，将其进行阵列。

⑪单击“默认”选项卡“绘图”面板中的“直线”按钮，以第三根栏杆与第四根柱的两个交点为起点，水平向右绘制直线，与中轴线相交，结果如图 6-306 所示。

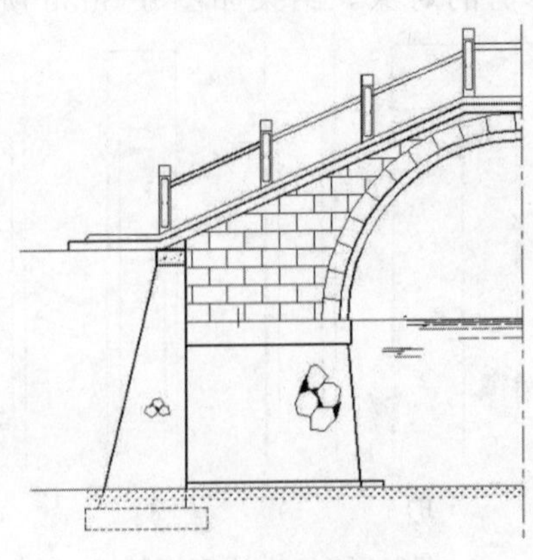

图6-306　绘制直线

4．栏杆内装饰物的绘制

（1）单击“默认”选项卡“修改”面板中的“偏移”按钮，将栏杆的线条向内侧偏移，偏移距离为 130mm，如图 6-307 所示，单击“默认”选项卡“修改”面板中的“修剪”按钮，将多余的线条进行修剪，结果如图 6-308 所示。

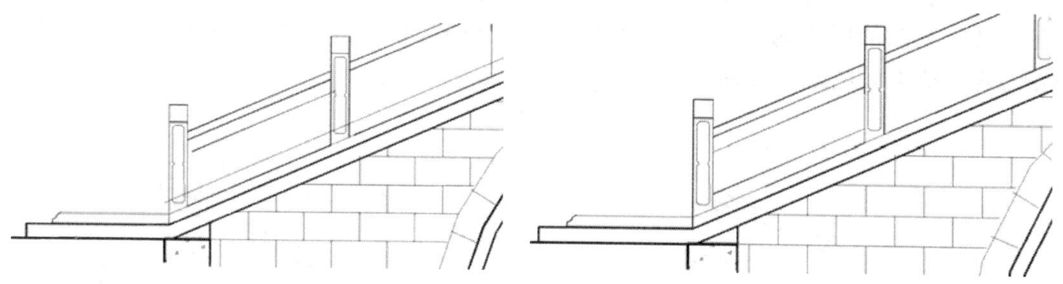
图6-307　栏杆内装饰物的绘制1　　图6-308　栏杆内装饰物的绘制2

（2）单击“默认”选项卡“修改”面板中的“偏移”按钮，将图 6-309 所示的直线段向内侧进行偏移，偏移距离为 30mm，结果如图 6-310 所示。

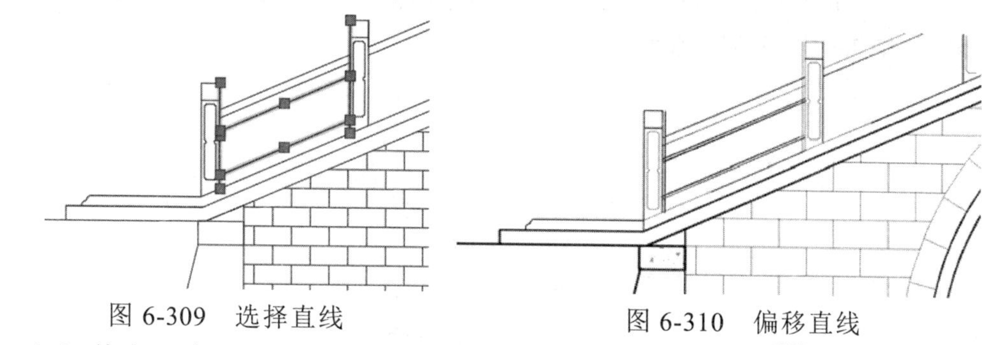
图 6-309　选择直线　　图 6-310　偏移直线

（3）单击“默认”选项卡“修改”面板中的“修剪”按钮，将多余的线条进行修剪，结果如图 6-311 所示。

（4）单击“默认”选项卡“绘图”面板中的“圆弧”按钮，以平行四边形的四个端点为圆心绘制半径为 30mm 的圆弧。

（5）单击“默认”选项卡“修改”面板中的“修剪”按钮，以上一步绘制的圆弧为选择对象，矩形为要修剪的对象。结果如图 6-312 所示。

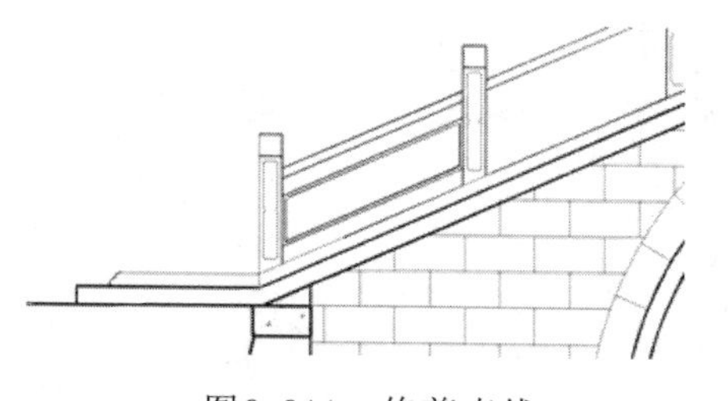
图6-311　修剪直线

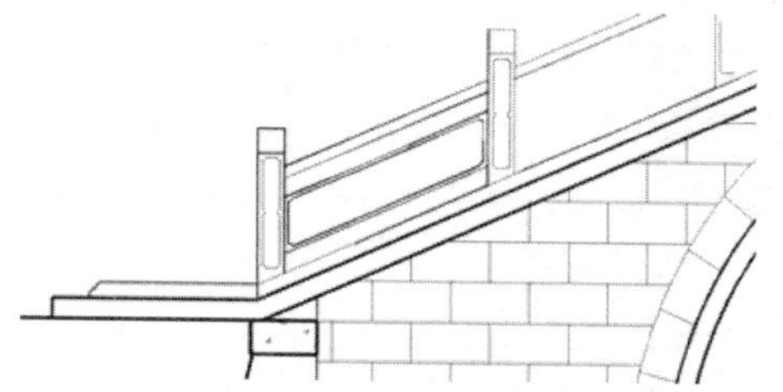
图6-312　修剪矩形

（6）单击“默认”选项卡“绘图”面板中的“直线”按钮，如图 6-313 所示。打开“对象捕捉”，以线段中点为起始点和终点绘制中心线（辅助线）。

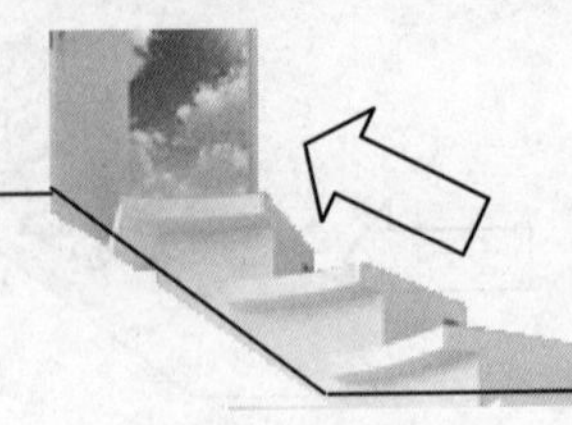

（7）单击“默认”选项卡“修改”面板中的“偏移”按钮，将竖向中心线向两侧偏移，偏移距离为 190mm，单击“默认”选项卡“绘图”面板中的“圆”按钮，以偏移后的直线段与横向轴线的交点为圆心，绘制半径为 100mm 的圆。然后单击“默认”选项卡“绘图”面板中的“圆弧”按钮，绘制一侧圆的圆心为起点，另一侧圆的圆心为端点，包含角分别为 120° 和-120° 的两圆弧。然后删除多余线条，结果如图 6-314 所示。

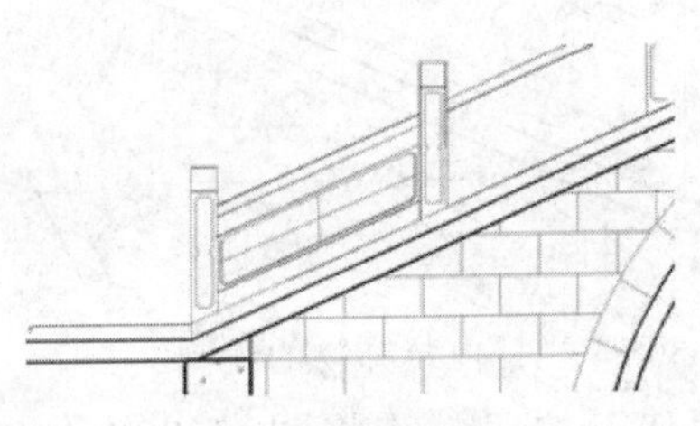

图6-313　绘制辅助线

图6-314　绘制圆和圆弧

（8）单击“默认”选项卡“修改”面板中的“修剪”按钮，对多余线条进行修剪，结果如图 6-315 所示。

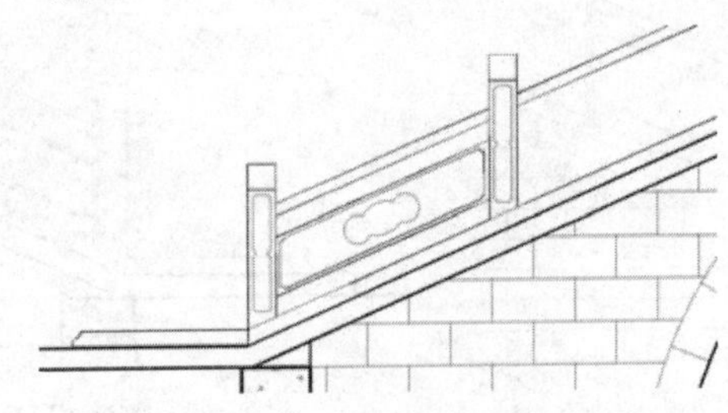

图6-315　修剪多余线条

（9）绘制好的图案不是一个整体，在命令行中输入“编辑多段线”命令 PEDIT，将其合并成一条多段线，命令行提示与操作如下：

```
命令: PEDIT ↙
选择多段线或 [多条(M)]: M↙
选择对象: (选择绘制好的图案) ↙
选择对象: ↙
是否将直线、圆弧和样条曲线转换为多段线? [是(Y)/否(N)]? <Y>↙
输入选项 [闭合(C)/打开(O)/合并(J)/宽度(W)/拟合(F)/样条曲线(S)/非曲线化(D)/线型生成(L)/反转(R)/放弃(U)]: J↙
合并类型 = 延伸
输入模糊距离或 [合并类型(J)] <0.000mm0>:↙
多段线已增加 4 条线段
```

（10）单击“默认”选项卡“修改”面板中的“偏移”按钮，将合并后的多段线向外侧偏移，偏移距离为 32mm，结果如图 6-316 所示。

（11）单击“默认”选项卡“修改”面板中的“复制”按钮，将绘制好的栏

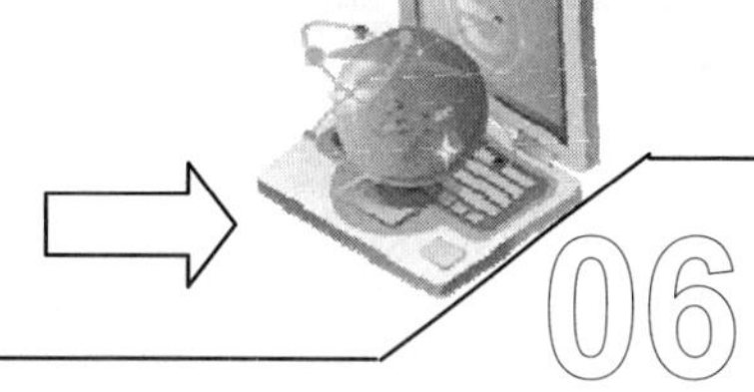

杆装饰全部选中，带基点复制，结果如图 6-317 所示。

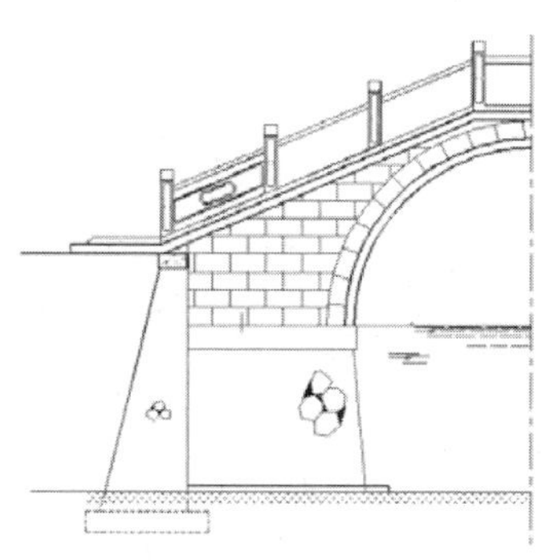

图6-346　合并线段

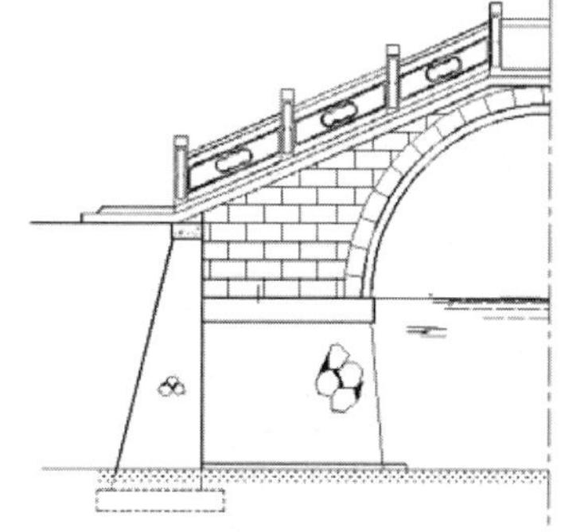

图6-347　复制栏杆内装饰物

5．桥面最高处的栏杆装饰的绘制

（1）单击“默认”选项卡“修改”面板中的“偏移”按钮，将桥面最高处水平方向的栏杆线向内侧偏移，偏移距离为 130mm，结果如图 6-318 所示。

（2）单击“默认”选项卡“修改”面板中的“偏移”按钮，将如图 6-319 所示直线段向内侧进行偏移，偏移距离为 30mm，结果如图 6-320 所示。

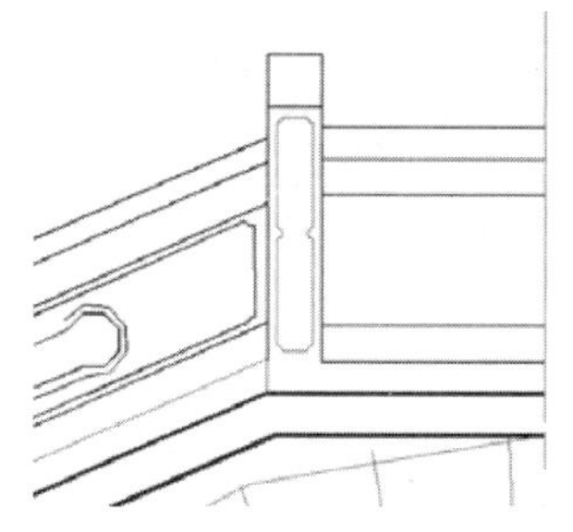

图6-318　偏移线条

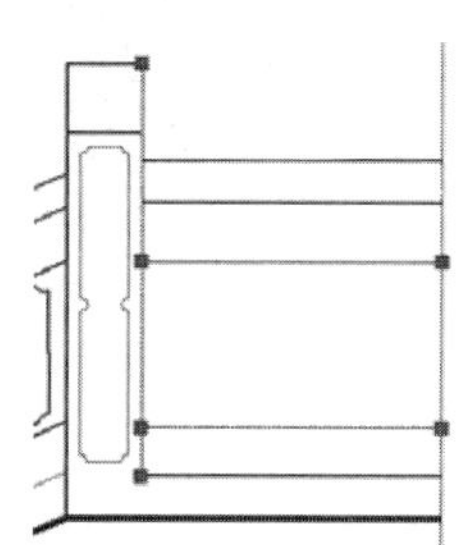

图6-319　选择线段

（3）单击“默认”选项卡“修改”面板中的“修剪”按钮，将多余的线条进行修剪，结果如图 6-321 所示。

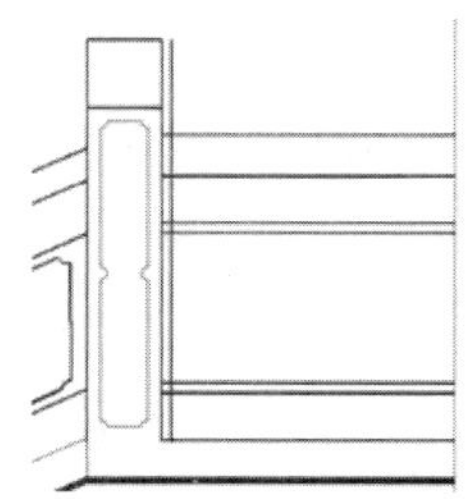

图6-320　偏移线条

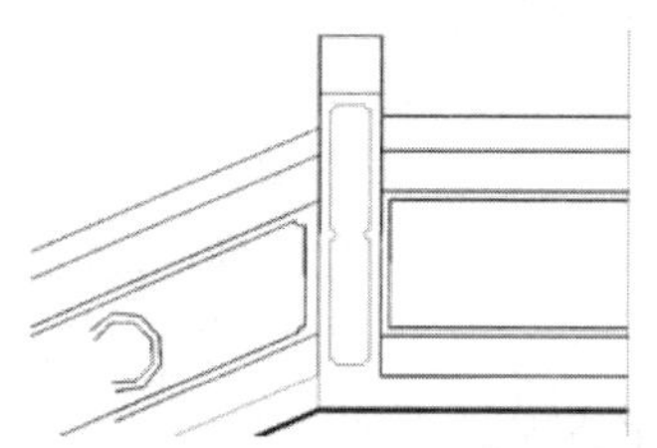

图6-321　修剪多余的线条

（4）单击“默认”选项卡“绘图”面板中的“圆弧”按钮，以上一步修剪好的矩形的两个角点为圆心，绘制半径为 30mm 的圆弧。

（5）单击“默认”选项卡“修改”面板中的“修剪”按钮，以上一步绘制的圆弧为选择对象，矩形为要修剪的对象。结果如图 6-322 所示。

（6）单击“默认”选项卡“块”面板中的“插入”按钮，将“石花”图块插

入图中适当位置，结果如图 6-323 所示。

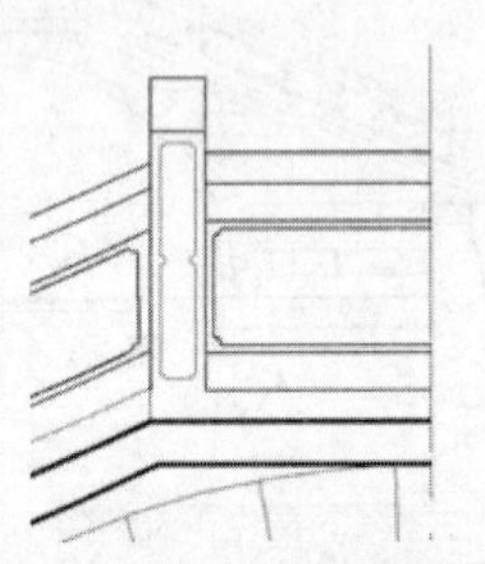

图6-322　将矩形的角圆弧化

图6-323　插入块后效果

将绘制好的一侧全部选中，单击“默认”选项卡“修改”面板中的“镜像”按钮，以中轴线作为对称轴，镜像后如图 6-324 所示。

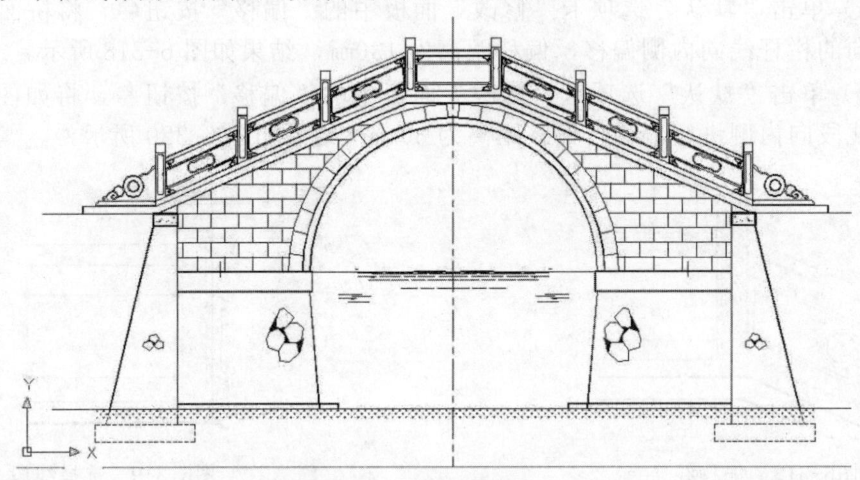

图6-324　桥体绘制完毕

6.4.2　文字、尺寸的标注

1. 建立“尺寸”图层

建立“尺寸”图层，并进行相应的设置，如图 6-325 所示，并将其设置为当前图层。

尺寸　绿　Continu... —— 默认　0　Color_3

图6-325　尺寸图层参数

2. 标注样式设置

标注样式的设置应与绘图比例相匹配。

（1）单击“默认”选项卡“注释”面板中的“标注样式”按钮，打开“标注样式管理器”对话框，新建一个标注样式，命名为“建筑”，单击“继续”按钮。

（2）将“建筑”样式中的参数逐项进行设置。单击“确定”按钮后回到“标注样式管理器”对话框，将“建筑”样式设为当前。

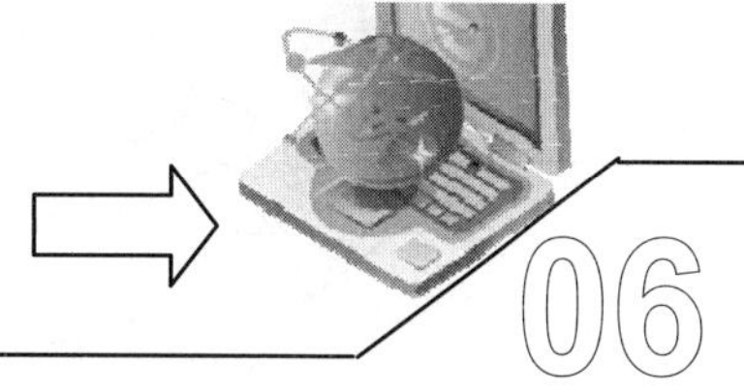

3．尺寸标注

该部分尺寸分为两道，第一道为局部尺寸的标注，第二道为总尺寸。

（1）第一道尺寸线绘制。单击“默认”选项卡“注释”面板中的“线性”按钮，标注图 6-326 所示的尺寸。

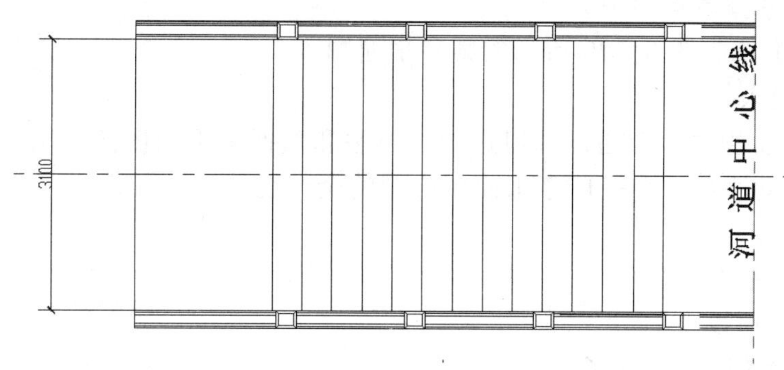

图6-326　第一道尺寸线1

采用同样的方法依次标注第一道其他尺寸，结果如图 6-327 所示。

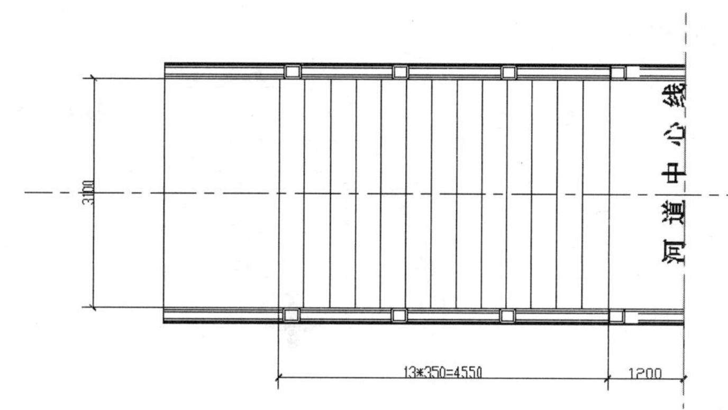

图 6-327　第一道尺寸线 2

（2）第二道尺寸绘制。单击“默认”选项卡“注释”面板中的“线性”按钮，标注图 6-328 所示的尺寸。

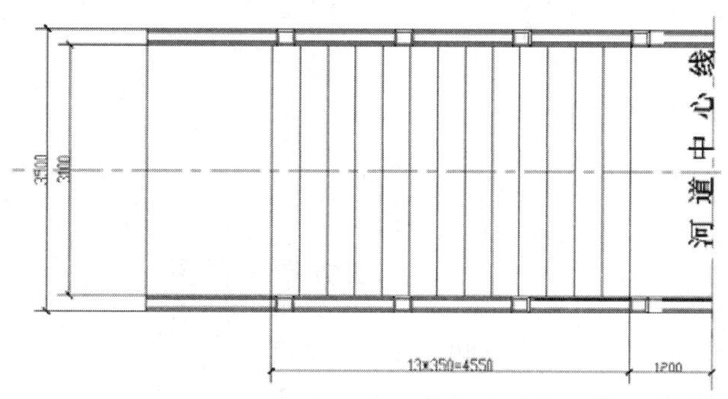

图 6-328　第二道尺寸

结果如图 6-261 所示。

6.5 上机操作

通过前面的学习，读者对本章知识也有了大体的了解，本节通过两个操作练习使读者进一步掌握本章知识要点。

【实例 1】绘制图 6-329 所示的某亭平面图。

1. 目的要求

本实例主要要求读者通过练习进一步熟悉和掌握亭平面图的绘制方法。通过本实例，可以帮助读者学会完成亭平面图绘制的全过程。

2. 操作提示

（1）绘图前准备。

（2）绘制轴线。

（3）绘制轮廓线和柱子。

（4）绘制拼花。

（5）绘制踏步和坐凳。

（6）标注尺寸和文字。

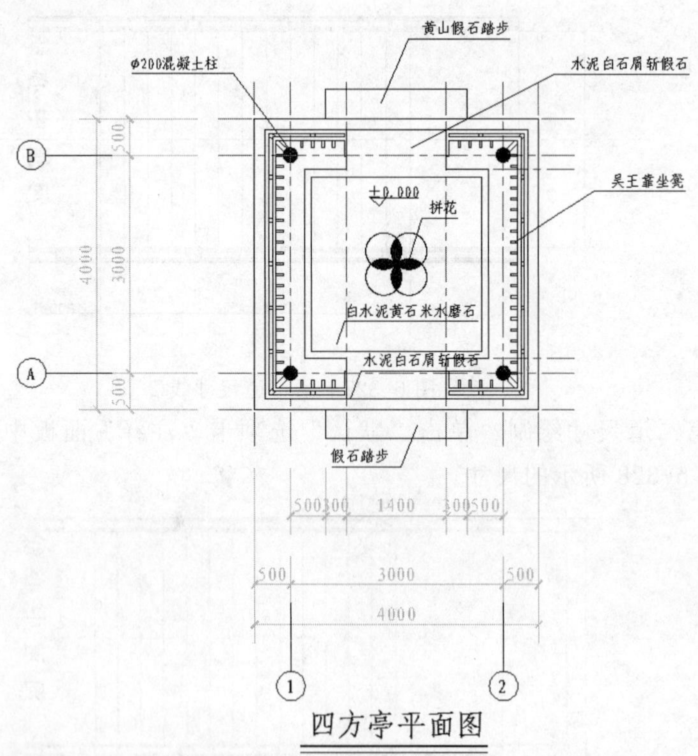

图6-329 亭平面图

【实例 2】绘制图 6-330 所示的某亭立面图。

1. 目的要求

本实例主要要求读者通过练习进一步熟悉和掌握亭立面图的绘制方法。通过本

实例，可以帮助读者完成亭立面图绘制的全过程。

2．操作提示

（1）绘图前准备。

（2）绘制轴线。

（3）绘制立面基础。

（4）绘制圆柱立面。

（5）绘制亭顶轮廓线。

（6）绘制屋面和挂落。

（7）标注尺寸和文字。

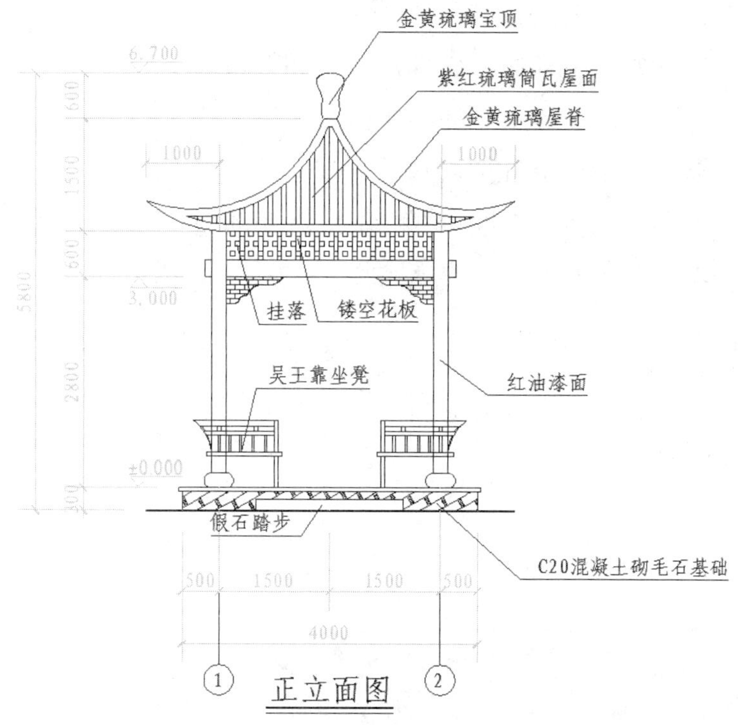

图6-330　亭立面图

第 7 章　园林小品

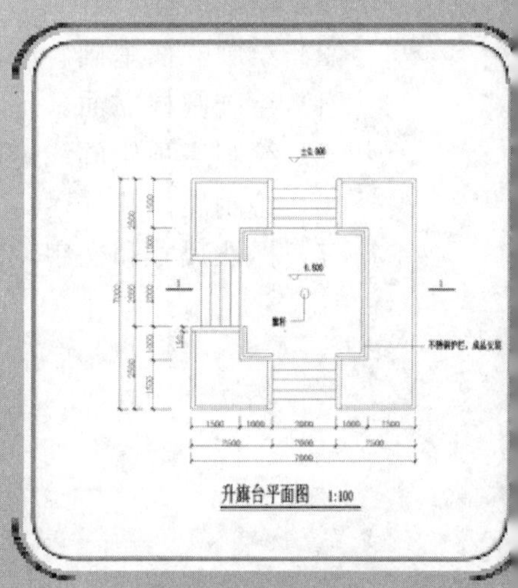
升旗台平面图　1:100

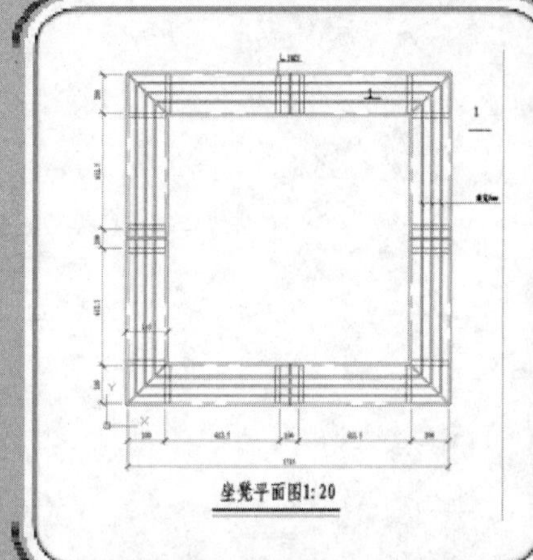
坐凳平面图1:20

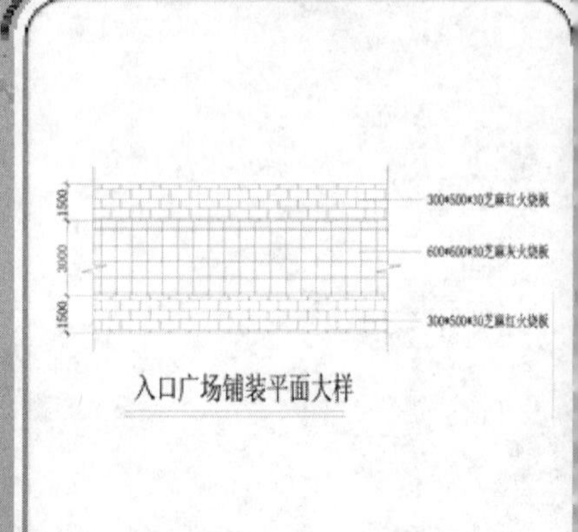
入口广场铺装平面大样

园林中供休息、装饰、照明、展示和为园林管理及方便游人之用的小型建筑设施称为园林建筑小品。一般没有内部空间，体量小巧、造型别致、富有特色，并讲究适得其所。这种建筑小品设置在城市街头、广场、绿地等室外环境中，又称为城市建筑小品。园林建筑小品在园林中既能美化环境，丰富园趣，为游人提供文化休息和公共活动的方便，又能使游人从中获得美的感受和良好的教益。

- 升旗台
- 坐凳
- 树池
- 铺装大样图

7.1 升旗台

升旗台是学校、大型公司、大型公共机构等单位必不可少的一种建筑单元。升旗台一般要设计得大方规整，以与国旗的尊严感相吻合。

7.1.1 绘制升旗台平面图

本节绘制图 7-1 所示的升旗台平面图。

光盘路径

光盘\动画演示\第 7 章\绘制升旗台平面图.avi

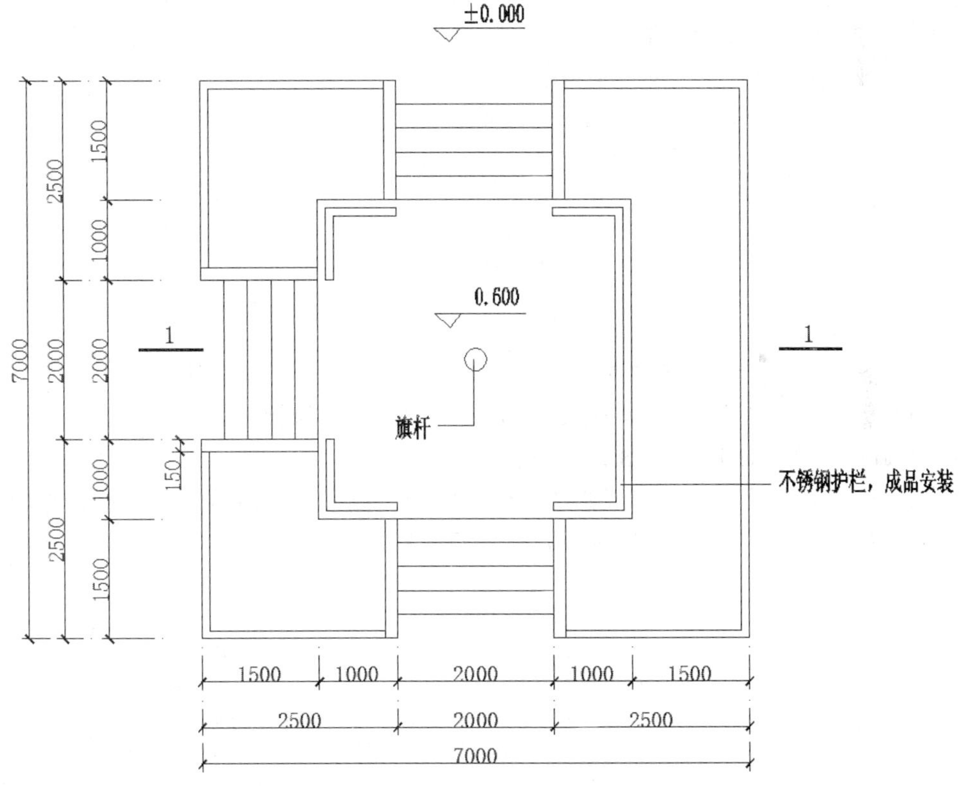

图7-1 升旗台平面图

（1）单击“默认”选项卡“绘图”面板中的“矩形”按钮，绘制一个 4000mm×4000mm 的矩形，如图 7-2 所示。

（2）单击“默认”选项卡“修改”面板中的“偏移”按钮，将矩形向内依次偏移 100mm 和 100mm，如图 7-3 所示。

（3）单击“默认”选项卡“绘图”面板中的“直线”按钮，在图中绘制短直线，

如图 7-4 所示。

图7-2 绘制矩形

图7-3 偏移矩形

（4）单击“默认”选项卡“修改”面板中的“修剪”按钮，修剪掉多余的直线，完成护栏的绘制，如图 7-5 所示。

图7-4 绘制短直线

图7-5 绘制护栏

（5）单击“默认”选项卡“绘图”面板中的“圆”按钮，在中间位置处绘制半径为 150mm 的圆作为旗杆，如图 7-6 所示。

（6）单击“默认”选项卡“修改”面板中的“偏移”按钮，将外侧矩形向外依次偏移，偏移距离为 1400mm 和 100mm，如图 7-7 所示。

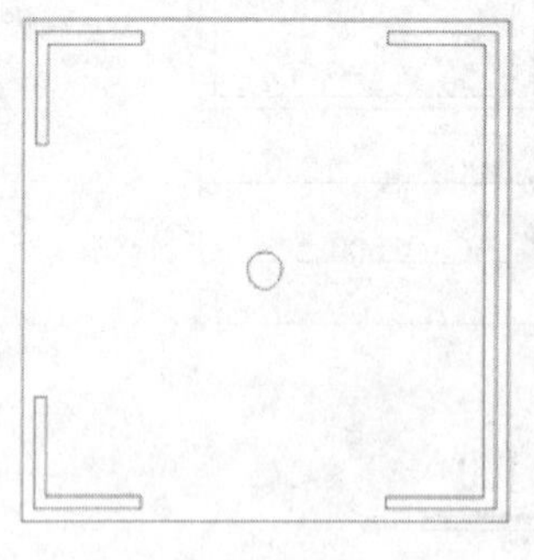

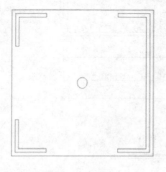

图7-6 绘制旗杆

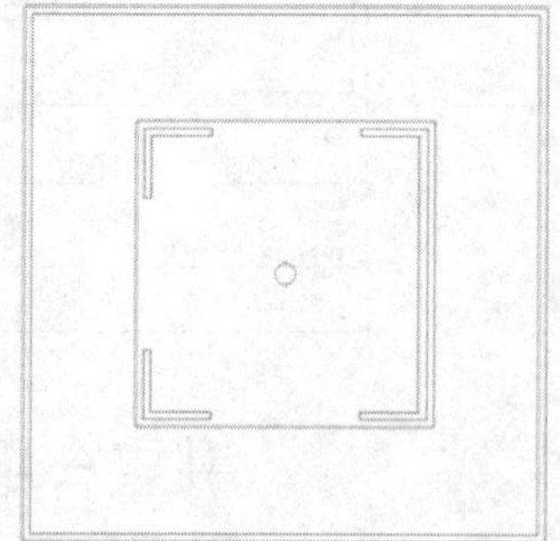

图7-7 偏移矩形

（7）单击“默认”选项卡“绘图”面板中的“直线”按钮，在图中上侧靠左的位置处绘制一条竖直短直线，然后单击“默认”选项卡“修改”面板中的“偏移”按钮，将短直线依次向右偏移 150mm、2000mm 和 150mm。

（8）同理，绘制其他位置处的竖直直线，结果如图 7-8 所示。

（9）单击“默认”选项卡“修改”面板中的“修剪”按钮，修剪掉多余的直线，

如图 7-9 所示。

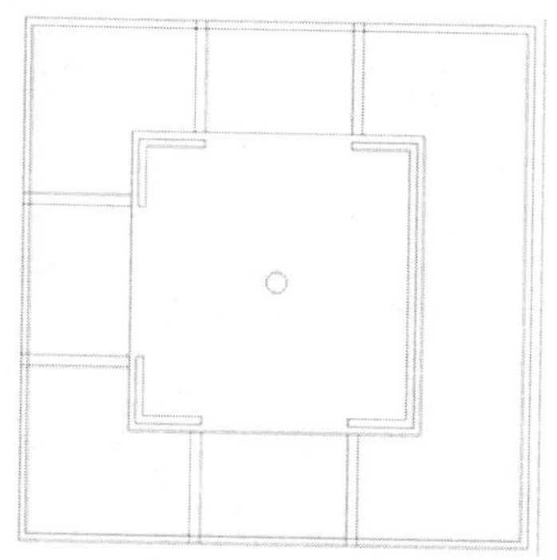

图7-8　绘制竖直直线

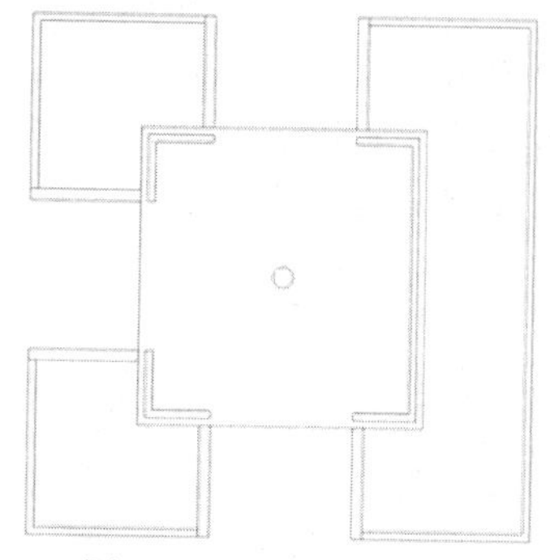

图7-9　修剪掉多余的直线

（10）单击“默认”选项卡“绘图”面板中的“直线”按钮和“偏移”按钮，绘制台阶，设置每个踏步间的距离为 300mm，如图 7-10 所示。

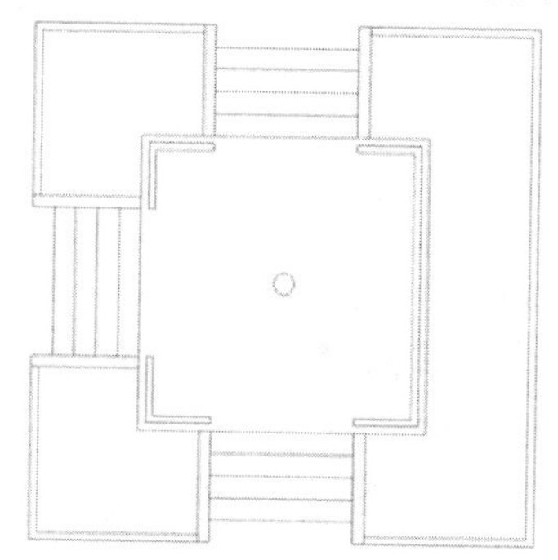

图 7-10　绘制台阶

（11）单击“默认”选项卡“注释”面板中的“标注样式”按钮，打开“标注样式管理器”对话框，如图 7-11 所示，然后新建一个新的标注样式，分别对各个选项卡进行设置，具体如下：

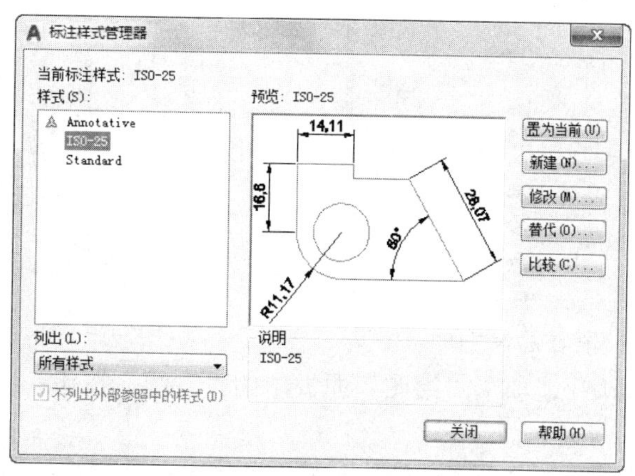

图7-11　“标注样式管理器”对话框

1）线：超出尺寸线距离为 50，起点偏移量为 50mm。

2）符号和箭头：第一个为用户箭头，选择建筑标记，箭头大小为 100mm。

3）文字：文字高度为 200mm，文字位置为垂直上，文字对齐为 ISO 标准。

4）主单位：精度为0，比例因子为1。

（12）单击“默认”选项卡“注释”面板中的“线性”按钮和“连续”按钮，标注第一道尺寸，如图7-12所示。

（13）同理，标注第二道尺寸，如图7-13所示。

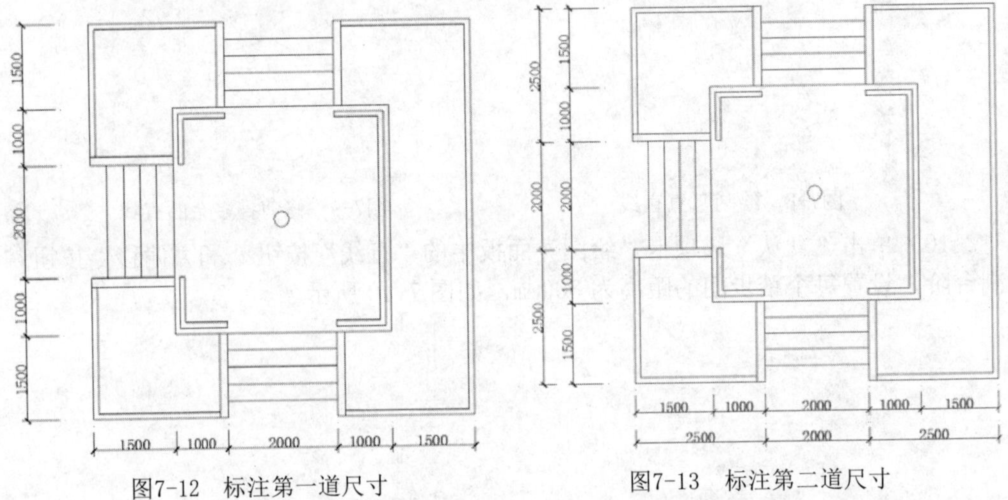

图7-12　标注第一道尺寸　　图7-13　标注第二道尺寸

（14）单击“默认”选项卡“注释”面板中的“线性”按钮，标注总尺寸，如图7-14所示。

（15）同理，标注细节尺寸，如图7-15所示。

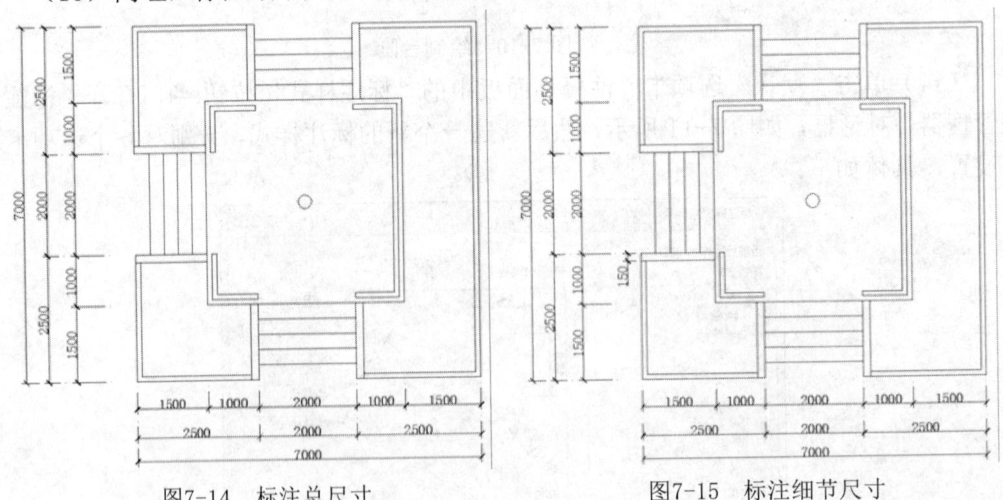

图7-14　标注总尺寸　　图7-15　标注细节尺寸

（16）单击“默认”选项卡“绘图”面板中的“直线”按钮，绘制标高符号，如图7-16所示。

（17）单击“默认”选项卡“注释”面板中的“多行文字”按钮，输入标高数值，如图7-17所示。

（18）单击“默认”选项卡“修改”面板中的“复制”按钮，将标高复制到图中其他位置处，然后双击文字，修改文字内容，最终完成标高的绘制，如图7-18所示。

（19）在命令行中输入“QLEADER”命令，标注文字说明，如图 7-19 所示。

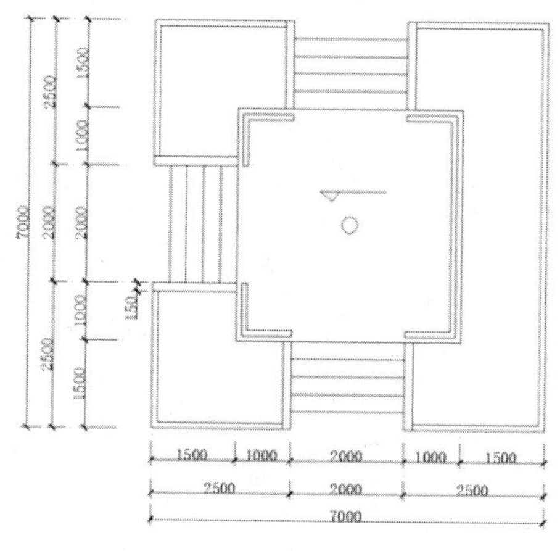

图7-16　绘制标高符号

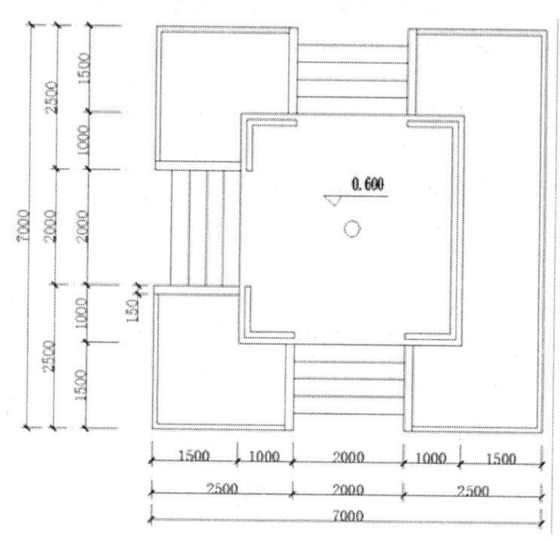

图7-17　输入标高数值

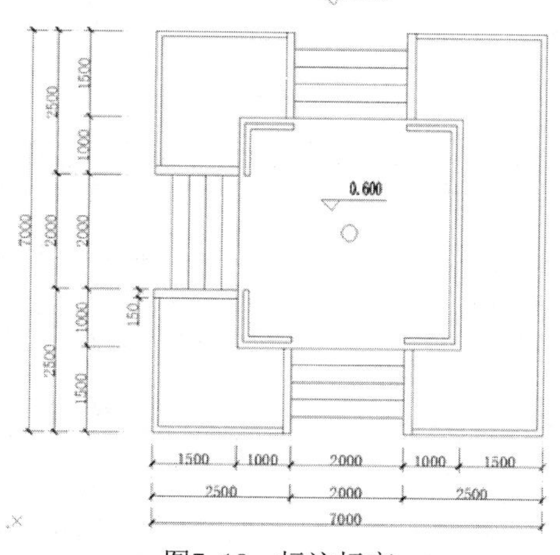

图7-18　标注标高

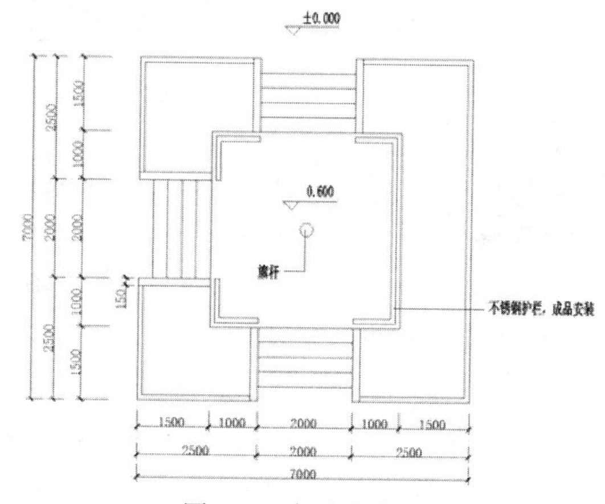

图7-19　标注文字说明

（20）单击“默认”选项卡“绘图”面板中的“多段线”按钮和“多行文字”按钮A，绘制剖切符号，如图 7-20 所示。

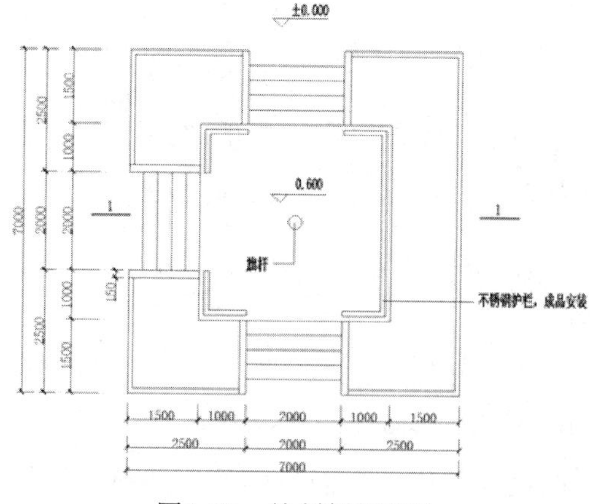

图7-20　绘制剖切符号

（21）单击“默认”选项卡“绘图”面板中的“直线”按钮、“多段线”按钮和“多行文字”按钮，标注图名，如图 7-1 所示。

7.1.2 绘制 1-1 升旗台剖面图

本节绘制图 7-21 所示的 1-1 升旗台剖面图。

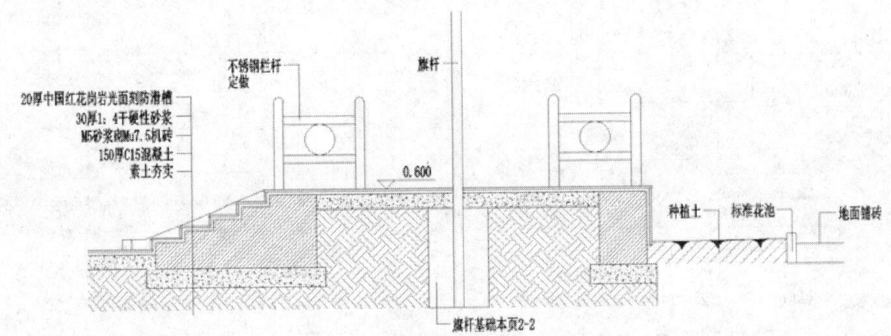

1-1升旗台剖面图 1:100

图7-21 1-1升旗台剖面图

光盘\动画演示\第 7 章\绘制 1-1 升旗台剖面图.avi

（1）单击“默认”选项卡“绘图”面板中的“直线”按钮，绘制一条长为 5900mm 的水平直线，如图 7-22 所示。

图7-22 绘制水平直线

（2）单击“默认”选项卡“修改”面板中的“偏移”按钮，将水平直线向上偏移 1200mm，如图 7-23 所示。

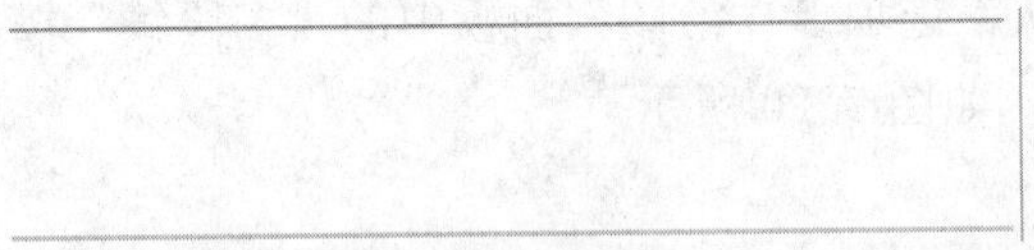

图7-23 偏移直线

（3）单击“默认”选项卡“绘图”面板中的“矩形”按钮，在图中合适的位置绘制矩形，如图 7-24 所示。

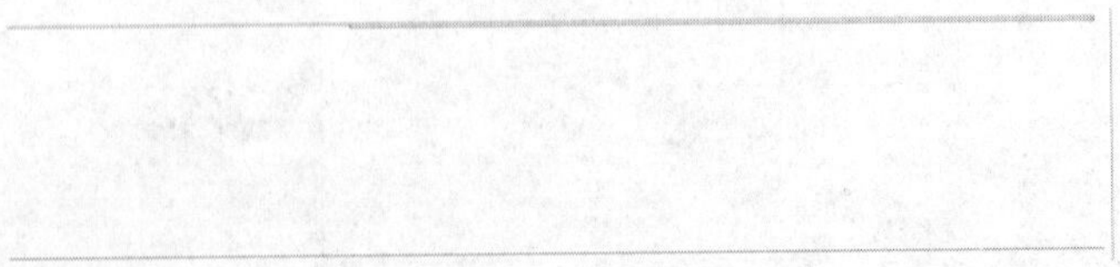

图7-24 绘制矩形

（4）单击“默认”选项卡“修改”面板中的“圆角”按钮，将矩形进行圆角操

作，并删除多余的直线，如图 7-25 所示。

图7-25　绘制圆角

（5）单击“默认”选项卡“绘图”面板中的“直线”按钮和“圆弧”按钮，在图中左侧绘制台阶，如图 7-26 所示。

图7-26　绘制台阶

（6）单击“默认”选项卡“绘图”面板中的“直线”按钮，绘制左侧图形，如图 7-27 所示。

（7）单击“默认”选项卡“绘图”面板中的“直线”按钮，绘制旗杆，如图 7-28 所示。

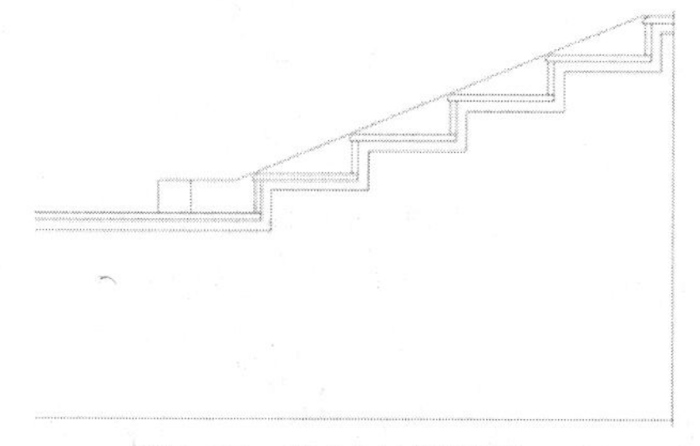

图7-27　绘制左侧图形

图7-28　绘制旗杆

（8）单击“默认”选项卡“修改”面板中的“修剪”按钮，修剪多余的直线，如图 7-29 所示。

（9）单击“默认”选项卡“绘图”面板中的“直线”按钮，绘制旗杆基础，如图 7-30 所示。

图7-29　修剪掉多余的直线　　图7-30　绘制旗杆基础

（10）单击“默认”选项卡“绘图”面板中的“直线”按钮，绘制一条竖直直线，如图 7-31 所示。

（11）单击“默认”选项卡“修改”面板中的“偏移”按钮，将直线向右偏移，如图 7-32 所示。

图7-31　绘制竖直直线　　图7-32　偏移直线

（12）单击“默认”选项卡“绘图”面板中的“圆弧”按钮，在上步绘制的直线顶部绘制圆弧，如图 7-33 所示。

（13）单击“默认”选项卡“修改”面板中的“复制”按钮，将图形复制到另外一侧，如图 7-34 所示。

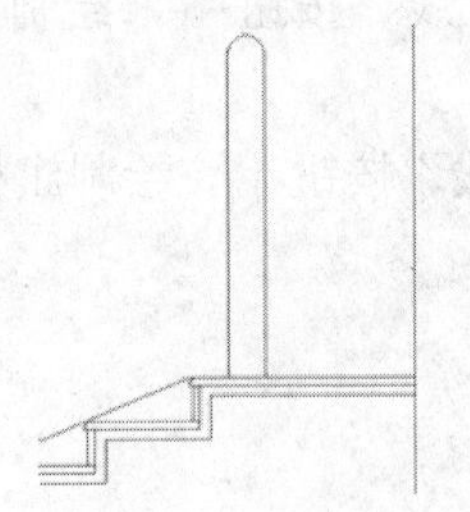

图7-33　绘制圆弧

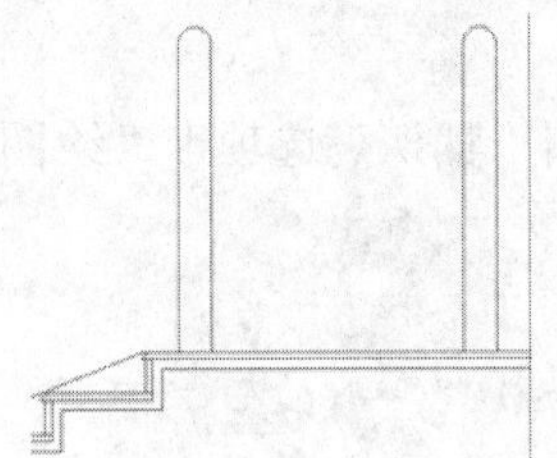

图7-34　复制图形

（14）单击“默认”选项卡“绘图”面板中的“直线”按钮，绘制栏杆，如图 7-35 所示。

（15）单击“默认”选项卡“绘图”面板中的“圆”按钮，在图中绘制一个圆，如图 7-36 所示。

图7-35　绘制栏杆

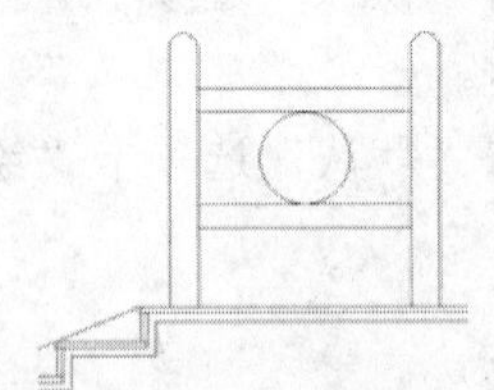

图7-36　绘制圆

（16）单击“默认”选项卡“修改”面板中的“复制”按钮，将绘制的图形复制到另外一侧，如图 7-37 所示。

（17）单击“默认”选项卡“绘图”面板中的“直线”按钮和“修改”工具栏中的“修剪”按钮，细化图形，如图 7-38 所示。

（18）单击“默认”选项卡“绘图”面板中的“样条曲线拟合”按钮，在图形右侧绘制样条曲线，如图 7-39 所示。

（19）单击“默认”选项卡“绘图”面板中的“圆弧”按钮，在样条曲线下侧绘

制圆弧，如图 7-40 所示。

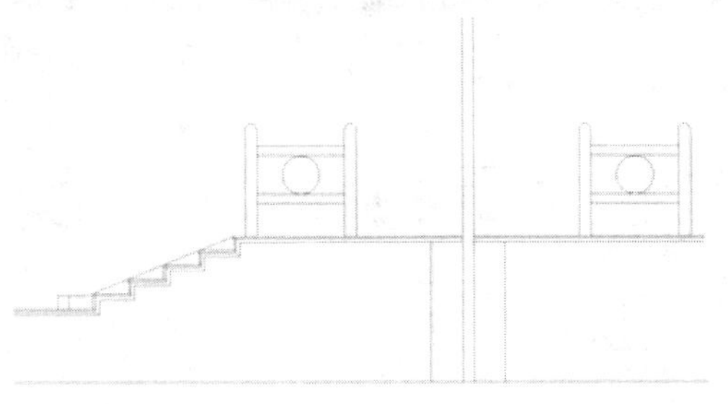

图7-37　复制图形

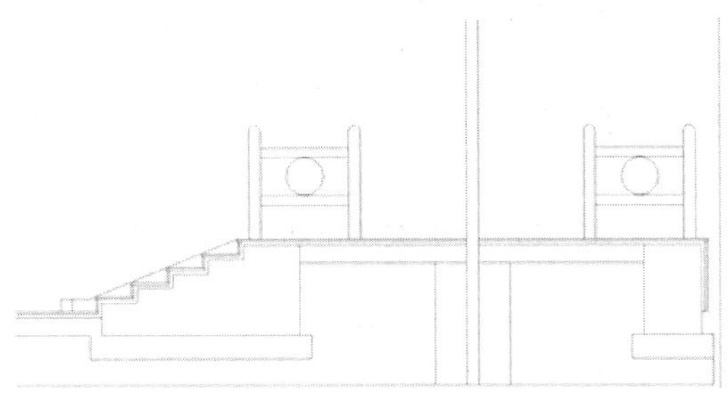

图7-38　细化图形

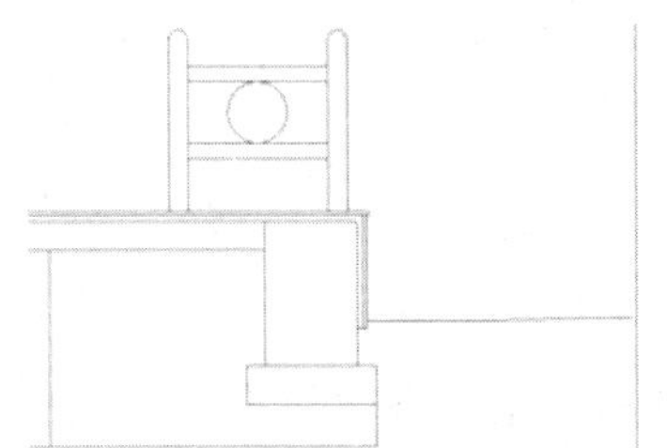

图7-39　绘制样条曲线

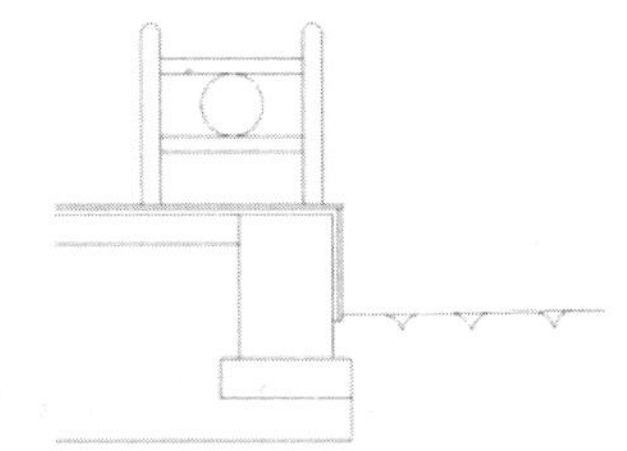

图7-40　绘制圆弧

（20）单击“默认”选项卡“绘图”面板中的“矩形”按钮，绘制标准花池，如图 7-41 所示。

（21）单击“默认”选项卡“绘图”面板中的“直线”按钮，绘制地面铺砖，如图 7-42 所示。

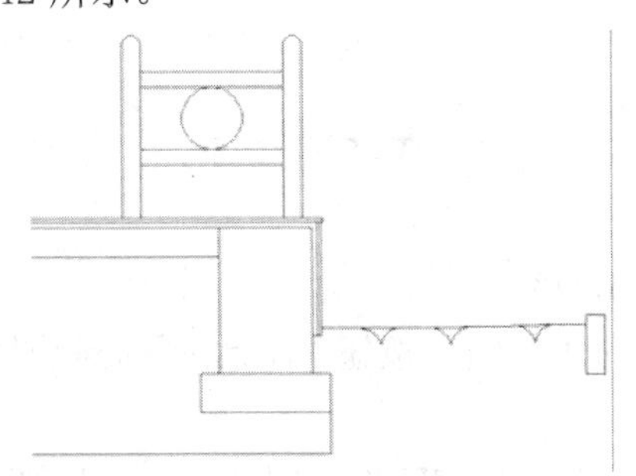

图7-41　绘制标准花池

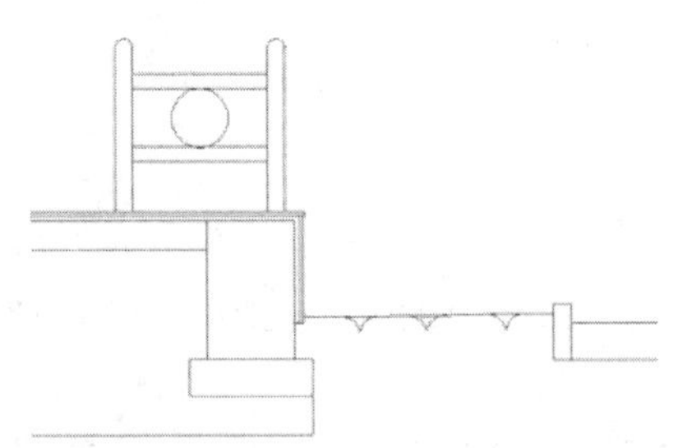

图7-42　绘制地面铺砖

（22）单击“默认”选项卡“绘图”面板中的“图案填充”按钮，打开“图案填充创建”选项卡，如图 7-43 所示，选择 SOLID 图案，填充图形，结果如图 7-44 所示。

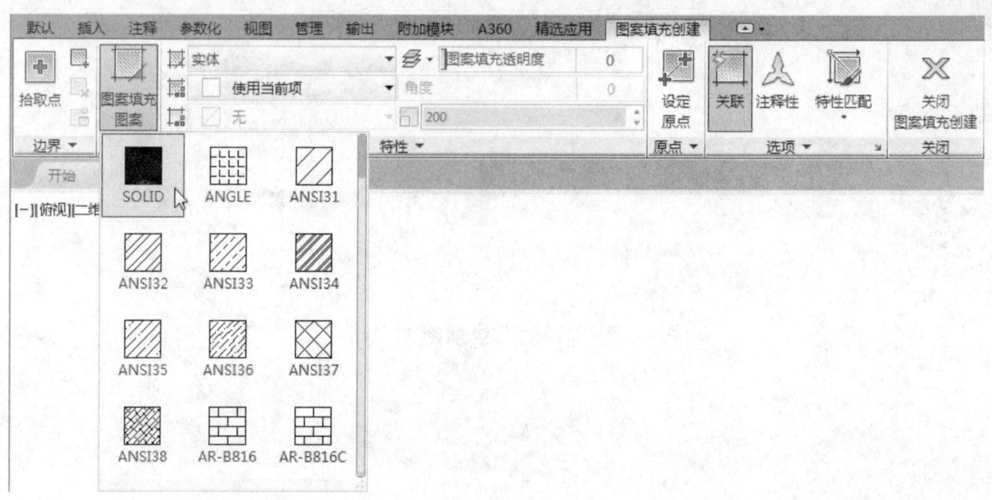

图7-43 “图案填充创建”选项卡

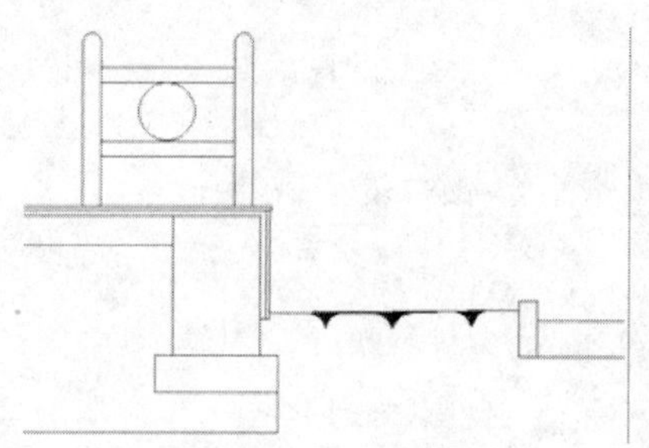

图7-44 填充图形

（23）同理，单击“默认”选项卡“绘图”面板中的“图案填充”按钮，分别选择ANSI31图案、EARTH图案和AR-CONC图案，然后设置填充比例和角度，填充其他图形，并整理图形，结果如图7-45所示。

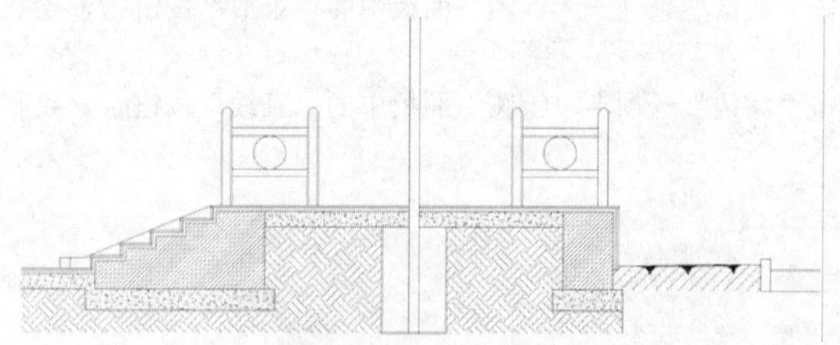

图7-45 填充其他图形

（24）单击“默认”选项卡“绘图”面板中的“直线”按钮，绘制标高符号，如图7-46所示。

（25）单击“默认”选项卡“注释”面板中的“多行文字”按钮，输入标高数值，如图7-47所示。

（26）单击“默认”选项卡“绘图”面板中的“直线”按钮，在图中引出直线，

如图 7-48 所示。

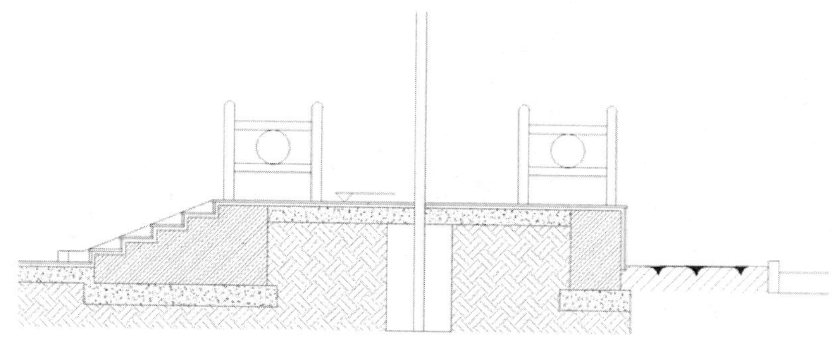

图7-46　绘制标高符号

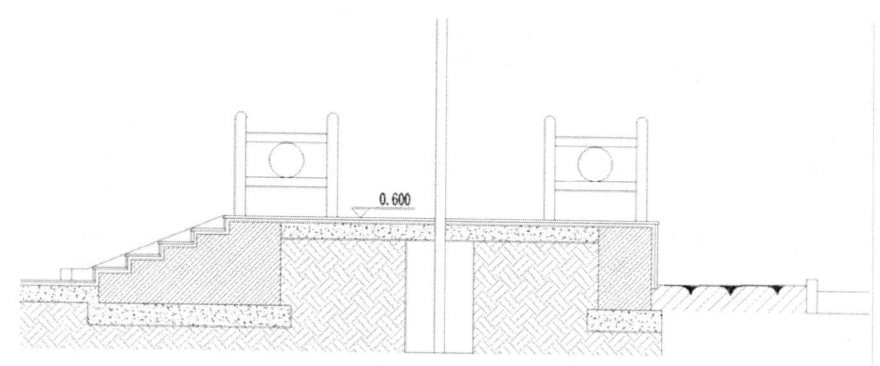

图7-47　输入标高数值

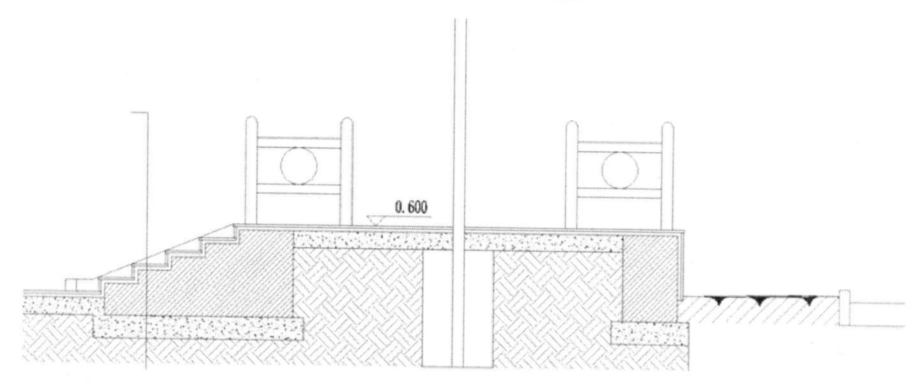

图7-48　引出直线

（27）单击“默认”选项卡“注释”面板中的“多行文字”按钮A，在直线左侧输入文字，如图 7-49 所示。

（28）单击“默认”选项卡“修改”面板中的“复制”按钮，将文字复制到图中其他位置处，然后双击文字，修改文字内容，以便文字格式的统一，最终完成文字的标注，如图 7-50 所示。

（29）单击“默认”选项卡“绘图”面板中的“直线”按钮、“多段线”按钮和“多行文字”按钮A，标注图名，如图 7-21 所示。

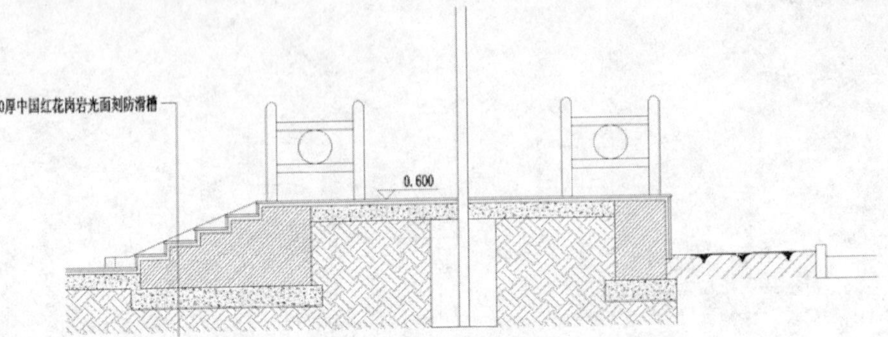

图7-49　输入文字

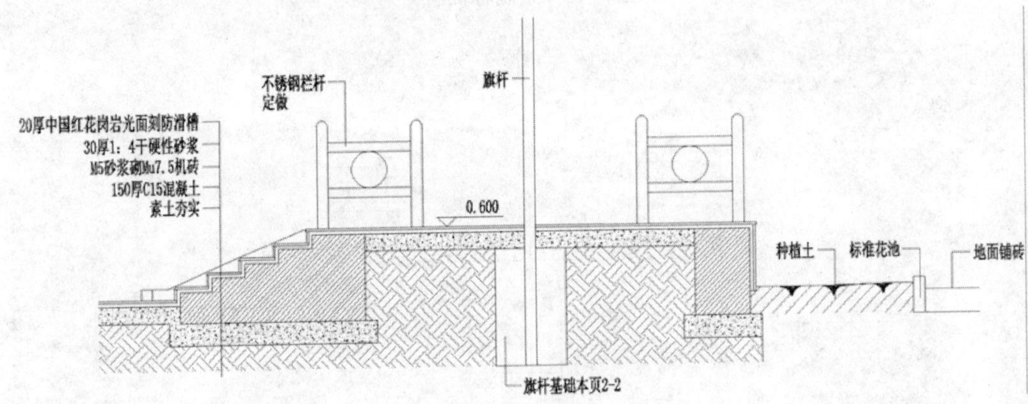

图7-50　标注文字

7.1.3　绘制旗杆基础平面图

本节绘制图 7-51 所示的旗杆基础平面图。

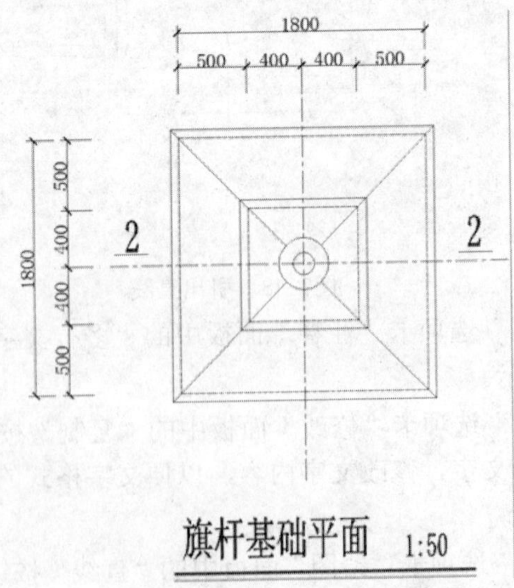

图 7-51　旗杆基础平面图

光盘\动画演示\第 7 章\绘制旗杆基础平面图.avi

（1）单击“默认”选项卡“绘图”面板中的“直线”按钮，绘制长为 3000mm 的两条相交的轴线，并设置线型为 CENTER，线型比例为 5，如图 7-52 所示。

（2）单击“默认”选项卡“绘图”面板中的“圆”按钮，绘制一个半径为 100mm 的圆，如图 7-53 所示。

图7-52　绘制轴线　　图7-53　绘制圆

（3）单击“默认”选项卡“修改”面板中的“偏移”按钮，将圆向外偏移 100mm，如图 7-54 所示。

（4）单击“默认”选项卡“绘图”面板中的“矩形”按钮，在图中绘制一个长、宽分别为 800mm 的矩形，如图 7-55 所示。

图7-54　偏移圆　　图7-55　绘制矩形

（5）单击“默认”选项卡“修改”面板中的“偏移”按钮，将矩形向外偏移 100mm、400mm 和 100mm，并将其中两个矩形的线型修改为 ACAD_ISO02W100，如图 7-56 所示。

（6）单击“默认”选项卡“注释”面板中的“线性”按钮和“连续”按钮，标注第一道尺寸，如图 7-57 所示。

（7）单击“默认”选项卡“注释”面板中的“线性”按钮，标注总尺寸，如图 7-58 所示。

（8）单击“默认”选项卡“绘图”面板中的“直线”按钮，在矩形内绘制两条相交的斜线，如图 7-59 所示。

（9）单击“默认”选项卡“修改”面板中的“修剪”按钮，修剪多余的直线，如图 7-60 所示。

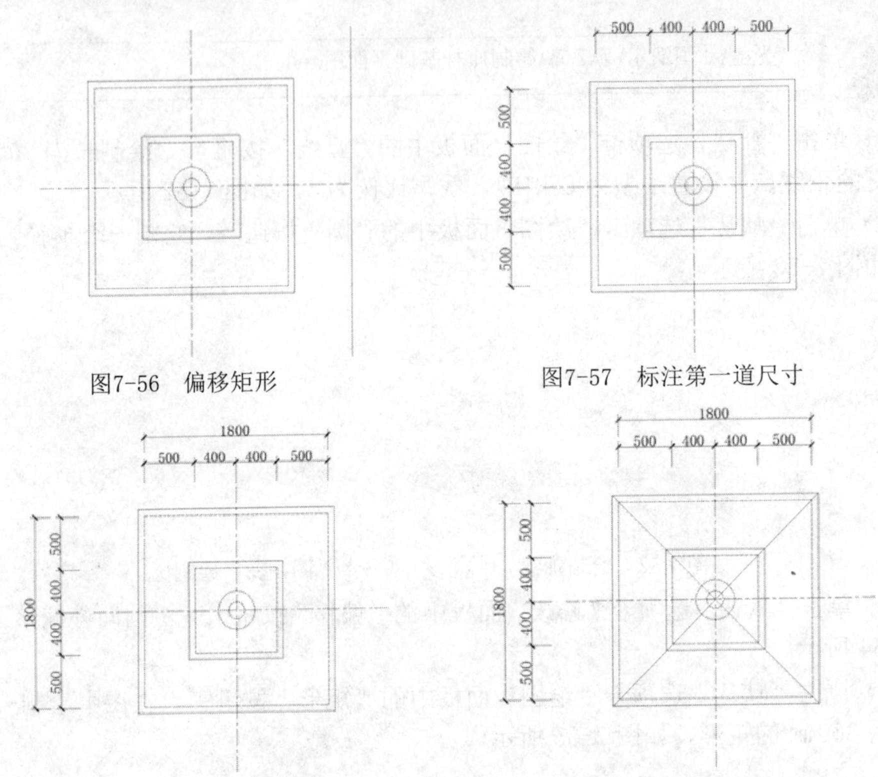

图7-56 偏移矩形　　图7-57 标注第一道尺寸

图7-58 标注总尺寸　　图7-59 绘制直线

（10）单击“默认”选项卡“绘图”面板中的“直线”按钮和“多行文字”按钮，绘制剖切符号，如图 7-61 所示。

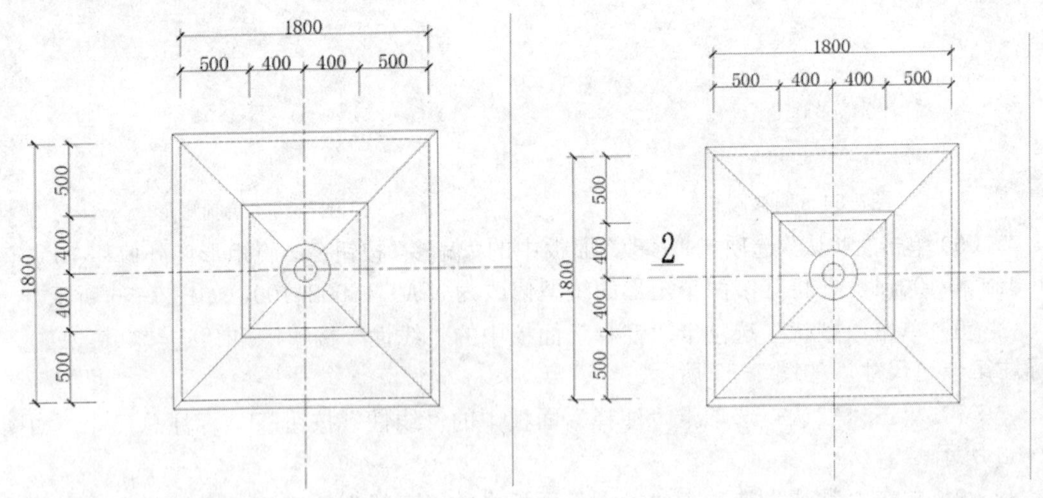

图7-60 修剪多余的直线　　图7-61 绘制剖切符号

（11）单击“默认”选项卡“修改”面板中的“复制”按钮，将剖切符号复制到另外一侧，如图 7-62 所示。

（12）单击“默认”选项卡“绘图”面板中的“直线”按钮、“多段线”按钮和

“多行文字”按钮A，标注图名，如图 7-51 所示。

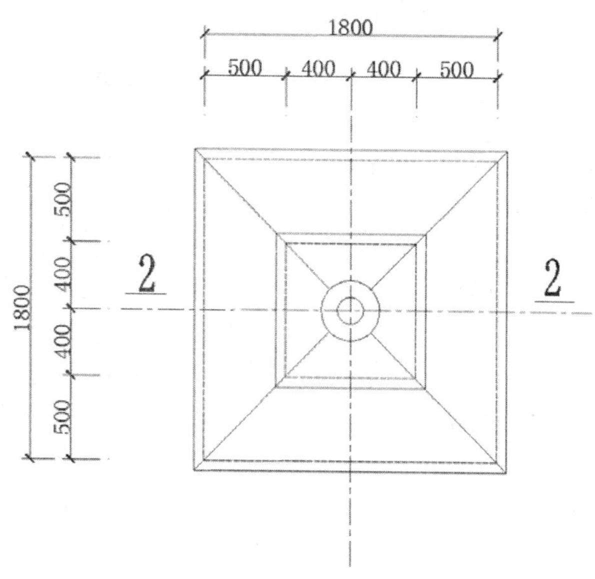

图7-62　复制剖切符号

（13）2-2 剖面图的绘制方法与其他图形的绘制方法类似，这里不再重述，结果如图 7-63 所示。

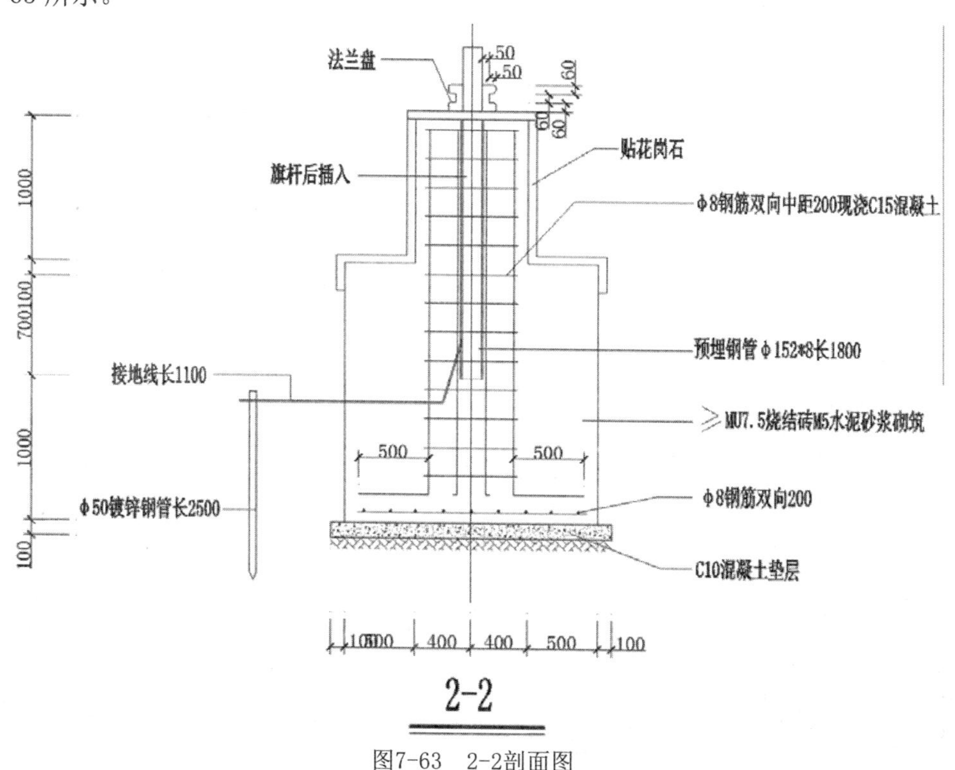

图7-63　2-2剖面图

7.2 坐凳

园椅、园凳、园桌是各种园林绿地及城市广场中必备的设施。湖边池畔、花间林下、广场周边、园路两侧、山腰台地处均可设置，供游人就坐休息、促膝长谈和观赏风景。如果在一片天然的树林中设置一组蘑菇形的休息园凳，宛如林间树下长出的蘑菇，可以把树林环境衬托得野趣盎然。而在草坪边、园路旁、竹丛下适当地布置园椅，也会给人以亲切感，并使大自然富有生机。园椅、园凳、园桌的设置常选择在人们需要就坐休息、环境优美、有景可赏之处。园桌、园凳既可以单独设置，也可成组布置；既可自由分散布置，又可有规则地连续布置。园椅、园凳也可与花坛等其他小品组合，形成一个整体。

园椅、园凳的造型要轻巧美观，形式要活泼多样，构造要简单，制作要方便，要结合园林环境，做出具有特色的设计。小小坐凳、坐椅不仅能为人提供休息、赏景的处所，若与环境结合得很好，本身也能成为一景。在风景游览胜地及大型公园中，园椅、园凳主要供人们在游览路程中小憩，数量可相应少些；而在城镇的街头绿地、城市休闲广场以及各种类型的小游园内，游人的主要活动是休息、弈棋、读书、看报，或者进行各种健身活动，停留的时间较长，因此，园椅、园凳、园桌的设置要相应多一些，密度大一些。绘制的坐凳施工图如图 7-64 所示。

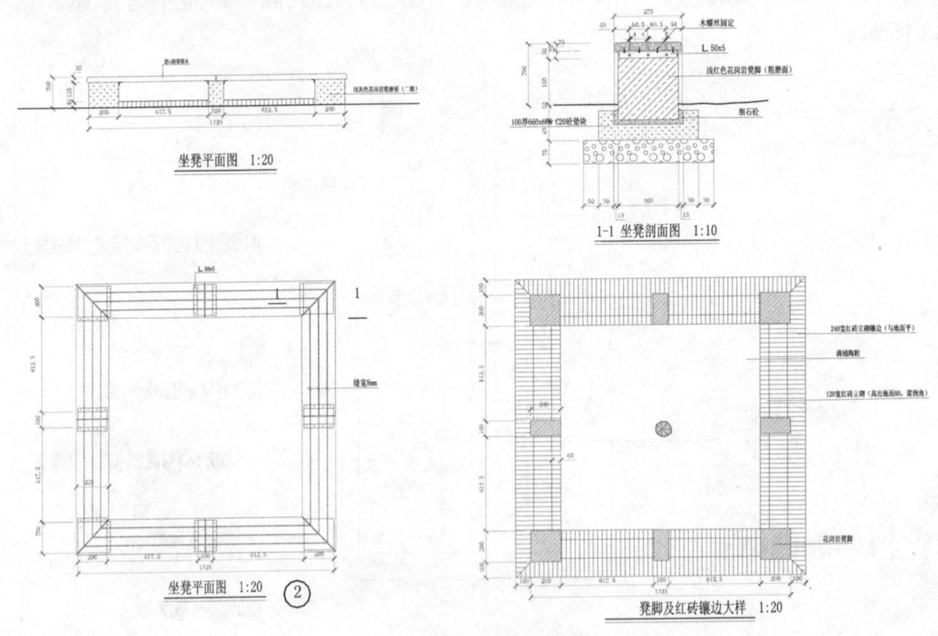

图7-64 坐凳施工图

光盘\动画演示\第 7 章\坐凳.avi

7.2.1　绘图前准备以及绘图设置

1．绘图比例

要根据绘制图形决定绘图的比例，建议采用 1:1 的比例绘制。

2．建立新文件

打开 AutoCAD 2018 应用程序，以“A4.dwt”样板文件为模板，建立新文件，将其文件命名为“坐凳.dwg”并保存。

3．设置绘图工具栏

在任意工具栏处单击鼠标右键，从打开的快捷菜单中选择“标准”“图层”“对象特性”“绘图”“修改”“修改Ⅱ”“文字”和“标注”8 个选项，调出这些工具栏，并将它们移动到绘图窗口中的适当位置。

4．设置图层

单击“默认”选项卡“图层”面板中的“图层特性”按钮，打开“图层特性管理器”对话框，新建:“标注尺寸”“中心线”“轮廓线”“文字”图层，并进行相应的设置，使图样上表示更加清晰，将“中心线”设置为当前图层，如图 7-65 所示。

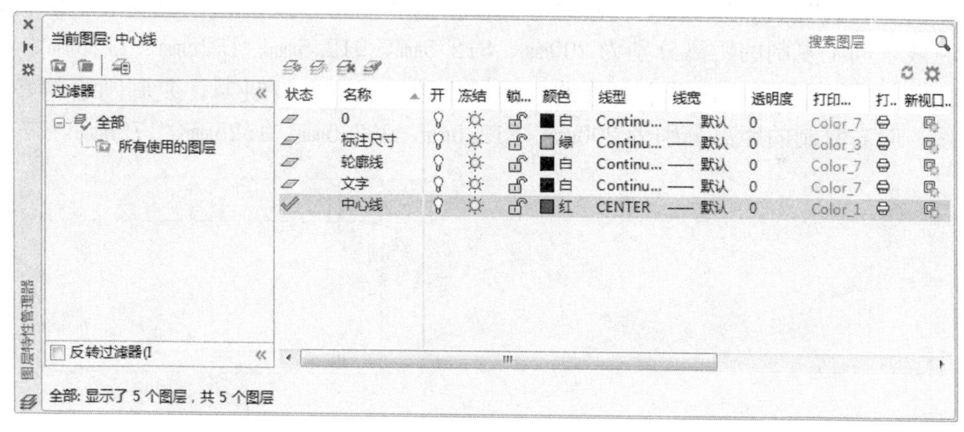

图7-65　坐凳图层设置

5．标注样式的设置

根据绘图比例设置标注样式，单击“默认”选项卡“注释”面板中的“标注样式”按钮，打开“标注样式管理器”对话框，对“线”“符号和箭头”“文字”“主单位”进行相应的设置，具体如下：

（1）线：超出尺寸线距离为 25mm，起点偏移量为 30mm。

（2）符号和箭头：第一个为建筑标记，箭头大小为 30mm，圆心标记为标记 15。

（3）文字：文字高度为 30mm，文字位置为垂直上，从尺寸线偏移为 15mm，文字对齐为 ISO 标准。

（4）主单位：精度为 0.0，比例因子为 1。

6．文字样式的设置

单击“默认”选项卡“注释”面板中的“文字样式”按钮，打开“文字样式”对话框，选择仿宋字体，宽度因子设置为 0.8。

7.2.2　绘制坐凳平面图

光盘\动画演示\第 7 章\绘制坐凳平面图.avi

1. 绘制坐凳平面图定位线

（1）在状态栏，单击“正交模式”按钮，打开正交模式，在状态栏，单击“对象捕捉”按钮，打开对象捕捉模式，在状态栏，单击“对象捕捉追踪”按钮，打开对象捕捉追踪。

（2）单击“默认”选项卡“绘图”面板中的“直线”按钮，绘制一条长为 1725mm 的水平直线。重复“直线”命令，取其一端点绘制一条长为 1725mm 的垂直直线。

（3）将“标注尺寸”图层设置为当前图层，单击“默认”选项卡“注释”面板中的“线性”按钮，标注外形尺寸。完成的图形和尺寸如图 7-66a 所示。

（4）单击“默认”选项卡“修改”面板中的“删除”按钮，删除标注尺寸线。

（5）单击“默认”选项卡“修改”面板中的“复制”按钮，复制刚刚绘制好的水平直线，向上复制的距离分别为 200mm、812.5mm、912.5mm、1525mm、1725mm。

（6）单击“默认”选项卡“修改”面板中的“复制”按钮，复制刚绘制好的垂直直线，向右复制的距离分别为 200mm、812.5mm、912.5mm、1525mm、1725mm。

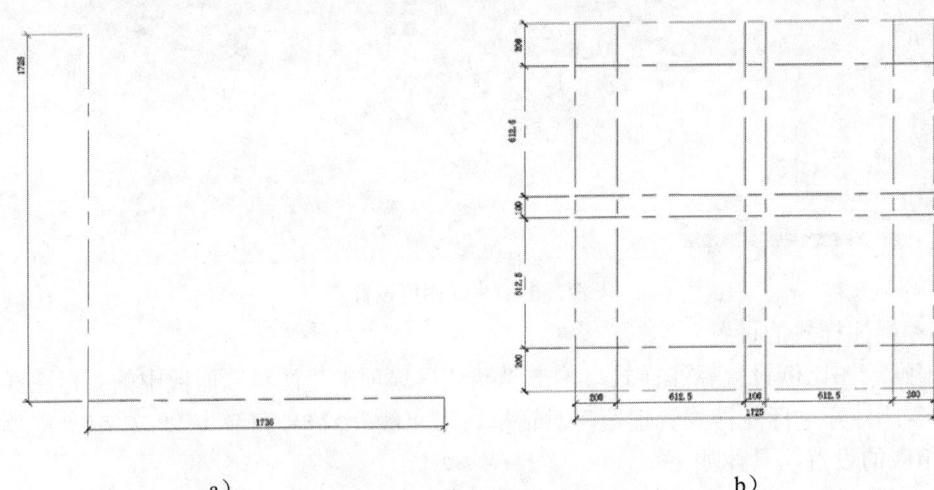

a）　　　　　　b）

图7-66　坐凳平面定位轴线

（7）单击“默认”选项卡“注释”面板中的“线性”按钮，标注线性尺寸，然后单击“注释”选项卡“标注”面板中的“连续”按钮，进行连续标注，命令行提示与操作如下：

```
命令: _dimcontinue
指定第二个尺寸界线原点或 [放弃(U)/选择(S)] <选择>:（选择轴线的端点）
标注文字 =612.5
指定第二个尺寸界线原点或 [放弃(U)/选择(S)] <选择>:
```

完成的图形和尺寸如图 7-66b 所示。

2. 绘制坐凳平面图轮廓

(1) 将“轮廓线”图层设置为当前图层，单击“默认”选项卡“绘图”面板中的“矩形”按钮，绘制 200mm×200mm、200mm×100mm 和 100mm×200mm 的矩形。作为坐凳基础支撑，完成的图形如图 7-67a 所示。

(2) 单击“默认”选项卡“绘图”面板中的“矩形”按钮，绘制角钢固定连接。

(3) 单击“默认”选项卡“绘图”面板中的“圆”按钮，绘制直径为 5mm 的圆，作为连接螺栓。

(4) 单击“默认”选项卡“修改”面板中的“复制”按钮，复制刚绘制好的图形到指定位置，完成的图形如图 7-67b 所示。

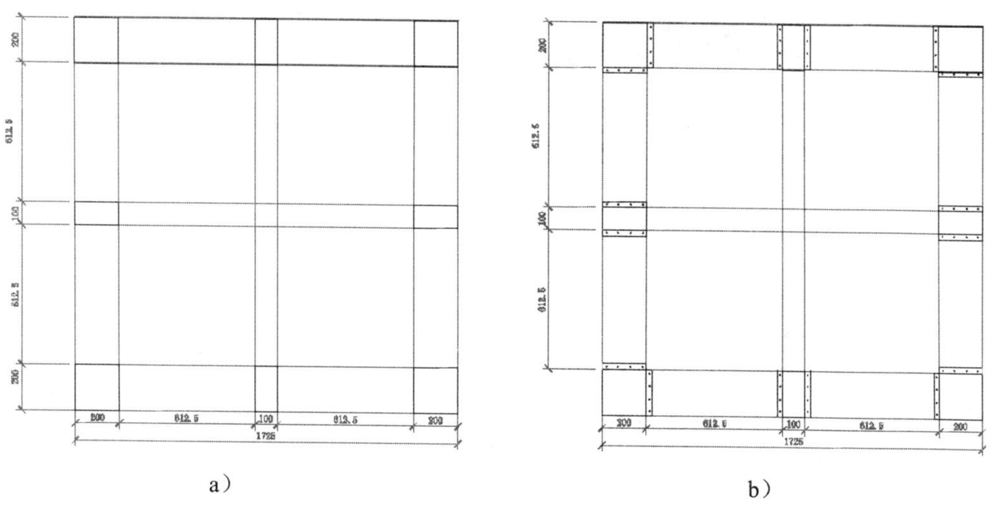

图7-67　坐凳平面图绘制（一）

(5) 单击“默认”选项卡“修改”面板中的“复制”按钮，把外围定位轴线向外平行复制，距离为 12.5mm。

(6) 单击“默认”选项卡“绘图”面板中的“矩形”按钮，绘制 1750mm×1750mm 的矩形 1。

(7) 单击“默认”选项卡“修改”面板中的“偏移”按钮，向矩形内偏移 50mm，得到矩形 2。然后选择刚刚偏移后的矩形，向矩形内偏移 50mm，得到矩形 3。然后选择刚刚偏移后的矩形，向矩形内偏移 50mm，得到矩形 4。

(8) 单击“默认”选项卡“修改”面板中的“偏移”按钮，选择刚刚偏移后的矩形 4，向矩形内偏移 75mm。

(9) 单击“默认”选项卡“修改”面板中的“偏移”按钮，选择偏移后的矩形 2，向矩形内偏移 8mm。然后选择偏移后的矩形 3，向矩形内偏移 8mm。选择偏移后的矩形 4，向矩形内偏移 8mm。

(10) 单击“默认”选项卡“绘图”面板中的“直线”按钮，连接最外面和里面的对角连线。

（11）单击“默认”选项卡“修改”面板中的“偏移”按钮，偏移对角线。向对角线左侧偏移 4mm，向对角线右侧偏移 4mm。

（12）将“标注尺寸”图层设置为当前图层，单击“默认”选项卡“注释”面板中的“线性”按钮，标注线性尺寸。

（13）单击“注释”选项卡“标注”面板中的“连续”按钮，进行连续标注。

（14）单击“默认”选项卡“注释”面板中的“对齐”按钮，进行斜线标注。

（15）单击“默认”选项卡“注释”面板中的“多行文字”按钮，标注文字。完成的图形如图 7-68 所示。

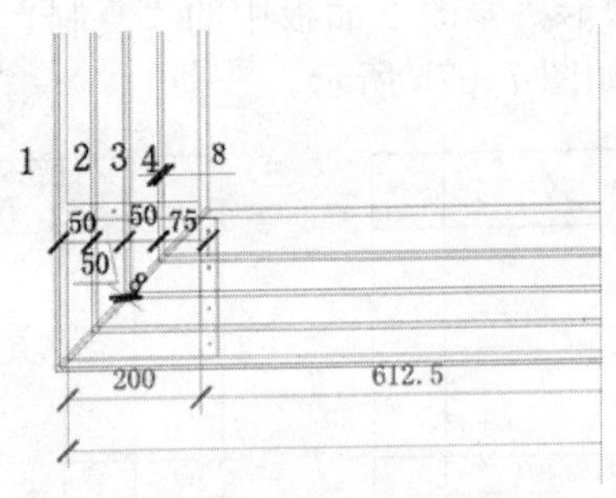

图7-68　坐凳平面图绘制（二）

（16）单击“默认”选项卡“修改”面板中的“删除”按钮，删除定位轴线、多余的文字和标注尺寸。

（17）利用上述方法完成剩余边线的绘制，单击“默认”选项卡“修改”面板中的“修剪”按钮，框选删除多余的实体，完成的图形如图 7-69a 所示。

（18）单击“默认”选项卡“注释”面板中的“多行文字”按钮，标注文字和图名，完成的图形如图 7-69b 所示。

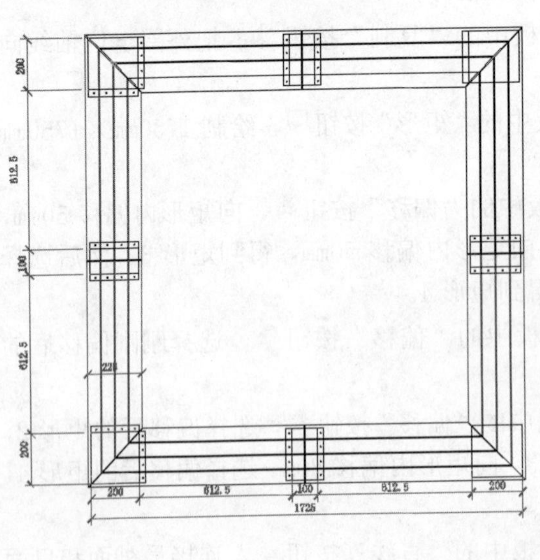

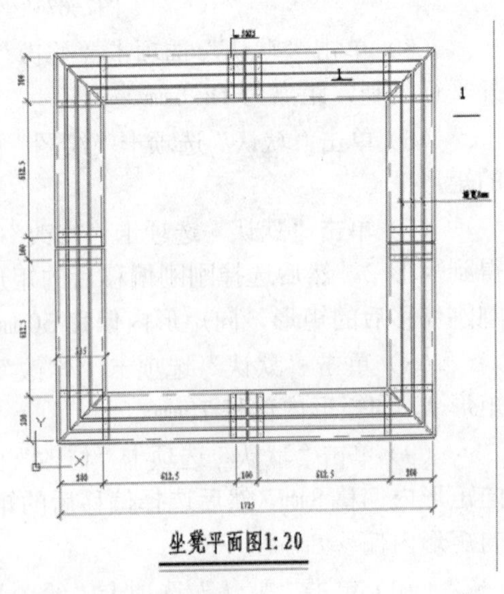

a）　　　　b）

图7-69　坐凳平面图绘制（三）

7.2.3 绘制坐凳其他视图

1．绘制坐凳立面图

完成的立面图如图 7-70 所示。

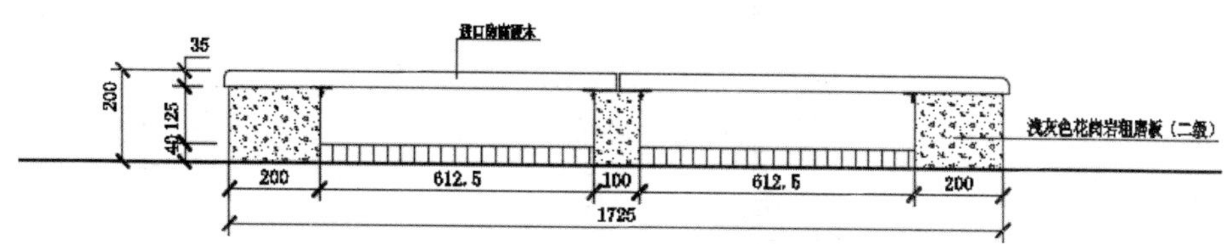

坐凳立面图 1:20

图7-70 坐凳立面图

2．绘制坐凳剖面图

完成的剖面图如图 7-71 所示。

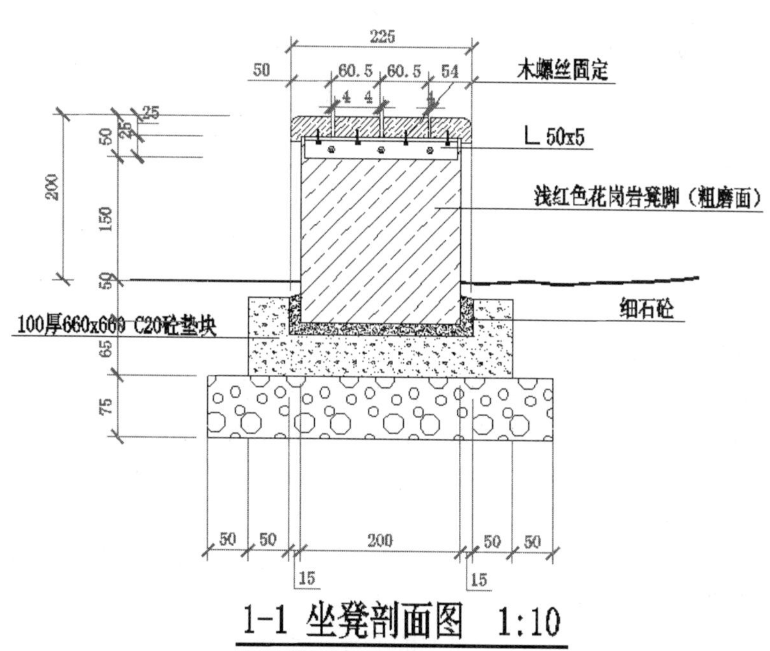

图7-71 坐凳剖面图

3．绘制凳脚及红砖镶边大样

完成的图形如图 7-72b 所示。

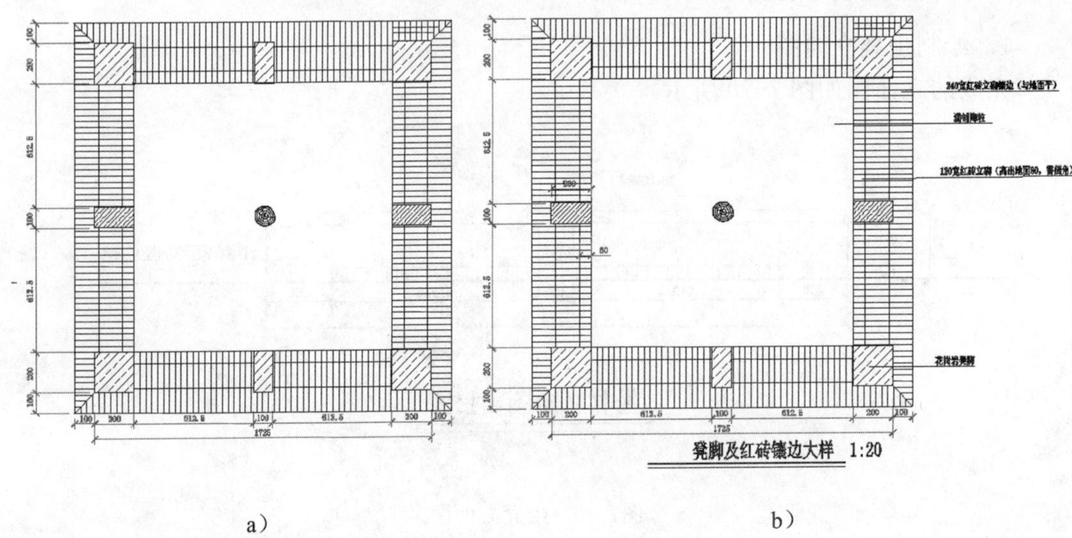

a）　　　　　　　　　　b）

图7-72　凳脚及红砖镶边大样绘制流程（二）

7.3　树池

当在有铺装的地面上栽种树木时，应在树木的周围保留一块没有铺装的土地，通常称之为树池或树穴。树木移植时根球（根钵）的所需空间，用以保护树木，一般由树高、树径、根系的大小所决定。树池深度至少深于树根球以下250mm。

7.3.1　树池的基本特点

树木是营造园林景观的主要材料之一，园林一贯倡导园林景观应以植物造景为主，尤其是能够很好地体现大园林特色的乔木的应用，已成为当今园林设计的主旨之一。城市的街道、公园、游园、广场及单位庭院中的各种乔木，构成了一个城市的绿色框架，体现了一个城市的绿化特色，更为出行和游玩的人们提供着浓浓的绿荫。之前人们主要注重树种的选择、树池的围挡，但对树池的覆盖、树池的美化重视不够，没有把树池的覆盖当作硬性任务来完成，使得许多城市的绿化不够完美、功能不够完备。系统总结园林树池处理技术，坚持生态为先，兼顾使用，以最大限度地发挥园林树池的综合功能。

1．树池处理的功能作用

（1）完善功能，美化容貌。城市街道中无论行道还是便道都种植有各种树木，起着遮阳蔽日、美化市容的作用。由于城市中人多、车多，便利畅通的道路是人人所希望的，如不对树池进行处理，则会由于树池的低洼不平对行人或车辆通行造成影响，好比道路中的井盖缺失一样，影响通行的安全，未经处理的树池也在一定程度上影响城市的容貌。

（2）增加绿地面积。采用植物覆盖或软硬结合方式处理树池，可大大增加城市绿地面积。各城市中一般每条街道都有行道树，小的树池不小于800mm×800mm，主要街道上的大树树池都在1500mm×1500mm，如果把行道树的树池用植物覆盖，将增加大量的绿

地。树池种植植物后增加浇水次数，增加空气湿度，有利于树木生长。

（3）通气保水利于树木生长。近年来经常发现一些行道树和公园广场的树木出现长势衰败的现象，尤其一些针叶树种，对此园林专家认为正是这些水泥不透气的硬铺装阻断了土壤与空气的交流，同时也阻滞了水分的下渗，导致树木根系脱水或窒息而死亡。采用透水铺装材料则能很好地解决这个问题，利于树木水分吸收和自由呼吸，从而保证树木的正常生长。

2．树池处理方式及特点分析

（1）处理方式分类。通过对收集到的园林树池处理方式进行归纳、分析，当前园林树池处理方式可分为硬质处理、软质处理、硬软结合三种。

硬质处理是指使用不同的硬质材料用于架空、铺设树池表面的处理方式。此方式又分为固定式和不固定式。如园林中传统使用的铁箅子，以及近年来使用的塑胶箅子、玻璃钢箅子、碎石砾粘合铺装等，均属固定式。而使用卵石、树皮、陶粒覆盖树池则属于不固定式。

软质处理则指采用低矮植物植于树池内，用于覆盖树池表面的方式。一般北方城市常用大叶黄杨、金叶女贞等灌木或冷季型草坪、麦冬类、白三叶等地被植物进行覆盖。软硬结合指同时使用硬质材料和园林植物对树池进行覆盖的处理方式，如对树池铺设透空转、砖孔处植草等。

（2）树池处理特点分析。

1）从使用功能上讲，上述各种树池处理方式均能起到覆盖树池、防止扬尘的作用，有的还可填平树池，便于行人通行，同时起到美化的作用。但不同的处理方式又具有独特的作用。

随着城市环境建设发展的要求，一些企业瞄准了园林这一市场，具有先进工艺的透水铺装应运而生，如透水铺装材料正是一个典型代表。这种以进口改性纤维化树脂为胶黏剂，配合天然材料或工业废弃物，如石子、木鞋、树皮、废旧轮胎、碎玻璃、炉渣等作骨料，经过混合、搅拌后进行铺装，既利用了废旧物，又为植物提供了可呼吸、可透水的地被，同时对于城市来讲，其特有的色彩又是一种好的装饰。北方由于尘土较多，时间久了其透水性是否减弱，有待进一步考证。

2）从工程造价分析，不同类型的树池其造价差异较大。按每平方米计算，各种树池处理造价由高到底顺序一般为：玻璃钢箅子—石砾粘合铺装—铁箅子—塑胶箅子—透空砖植草—树皮—陶粒—植草。各城市由于用工及材料来源其造价会有所差异。但可以看出，树池植草造价最低，如交通或其他条件允许，树池应以植草为主。

3．树池处理原则及设计要点

（1）树池处理原则。树池处理应坚持因地制宜、生态优先的原则。由于城市绿地树木种植的多样性，不同地段、不同种植方式应采用不同的处理。便道树池在人流较大地段，由于兼顾行人通过，首先要求平坦利于通行，所有树池覆盖以选择箅式为主。

分车带应以植物覆盖为主，个别地段为照顾行人可结合嵌草砖。公园、游园、广场及庭院主干道、环路上的乔木树池选择余地较大，既可选用各种箅式也可用石砾粘合式。而位于干道、环路两侧草地的乔木则可选用陶粒、木屑等覆盖，覆盖物的颜色与绿草形

成鲜明的对比，也是一种景观。林下广场树池应以软覆盖为主，选用麦冬等耐荫抗旱常绿的地被植物。

总之树池覆盖在保证使用功能的前提下，宜软则软、软硬结合，以最大程度地发挥树池的生态效益。

（2）设计技术要点

1）行道树为城市道路绿化的主框架，一般以高大乔木为主，其树池面积要大，一般不小于 1.2 m×1.2m，由于人流较大，树池应选择箅式覆盖，材料选玻璃钢、铁箅或塑胶箅子。如行道树地径较大，则不便使用一次铸造成型的铁箅或塑胶箅子，而以玻璃钢箅子为宜，其最大优点是可根据树木地径大小、树干生长方位随意进行调整。

2）公园、游园、广场及庭院树池由于受外界干扰少，主要为游园、健身、游憩的人们提供服务，树池覆盖要更有特色、更体现环保和生态，所以应选择体现自然、与环境相协调的材料和方式进行树池覆盖。对于主环路树池可选用大块卵石填充，既覆土又透水透气，还平添一些野趣。在对称路段的树池内也可种植金叶女贞或黄杨，通过修剪保持树池植物呈方柱形、叠层形等造型，也别具风格。绿地内选择主要浏览部位的树木，用木屑、陶粒进行软覆盖，具有美化功能，又可很好地解决剪草机作业时与树干相干扰的矛盾。铺装林下广场大树树池可结合环椅的设置，池内植草。其他树池为使地被植物不被踩踏，设计树池时池壁应高于地面 15cm，池内土与地面相平，以给地被植物留有生长空间。片林式树池尤其对于珍贵的针叶树，可将树池扩成带状，铺设嵌草砖，增大其透气面积，提供良好的生长环境。

4．树池处理的保障措施

为保障树木生长，提升城市景观水平，做好城市树木树池的处理是非常必要的。对此应采取多种措施予以保障。

首先是政策支持。作为城市生态工程，政府政策至关重要。解决好透水铺装问题，也是当前建设节约型社会的要求所在。据有关资料报道，包括北京在内的许多地方都相继出台政策，把广泛应用透水铺装作为市政、园林建设的一项重要工作来抓。其次，在透水铺装材料、工艺和技术上，应勇于创新。当前在政策的鼓励下，许多企业都开始开发各种材料，如玻璃钢箅子、碎石（屑）粘合铺装及透水砌块等，在一定程度上满足了园林的需求。第三，为使各种绿地树池尤其是街道树池能一次到位，应按《城市道路绿化规划与设计规范》要求，行道、树之间采用透气性路面材料铺装，树池上设置箅子，同时其覆盖工程所需费用也应列入工程总体预算，从而保证工程的实施。对于已完工程尚未进行覆盖的，要每年列出计划，逐年进行改善。在园林绿化日常养护管理中，将树池覆盖纳入管理标准及检查验收范围，力促树池覆盖工作日趋完善。各城市也要结合自身特点，不断创新树池覆盖技术，形成独特风格。

7.3.2 绘制坐凳树池平面图

本节绘制图 7-73 所示的坐凳树池平面。

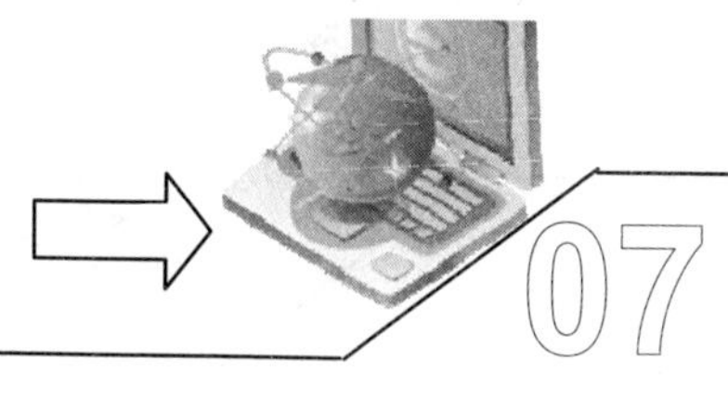

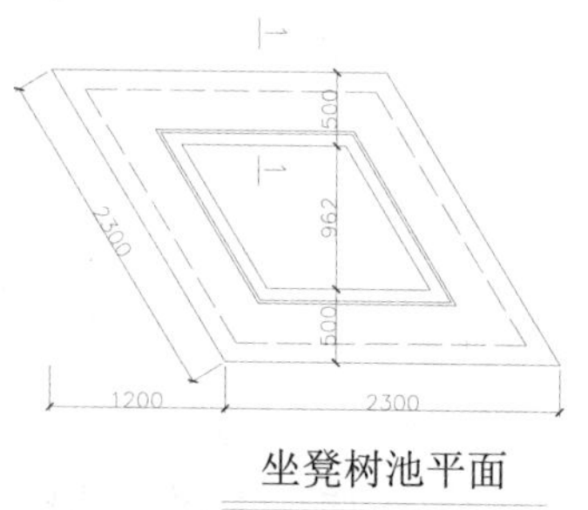

图7-73　坐凳树池平面图

光盘\动画演示\第 7 章\绘制坐凳树池平面图.avi

（1）单击“默认”选项卡“绘图”面板中的“圆”按钮，绘制半径为 2300 的圆，如图 7-74 所示。

（2）单击“默认”选项卡“绘图”面板中的“直线”按钮，捕捉圆心向左绘制长为 1200mm 的水平直线，并向上绘制竖线，与圆边相交，如图 7-75 所示。

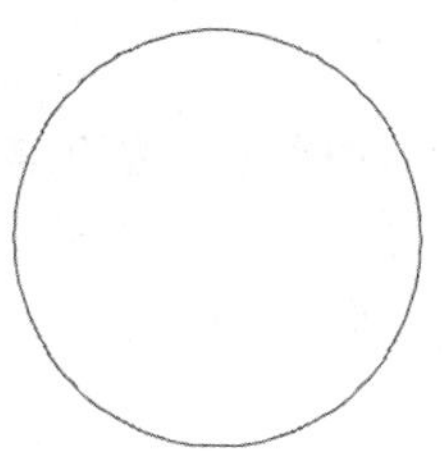

图7-74　绘制圆

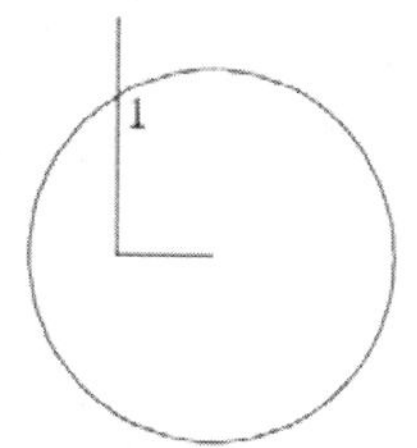

图7-75　绘制直线

同理，继续单击“默认”选项卡“绘图”面板中的“直线”按钮，捕捉圆心为起点，端点为点 1，绘制长为 2300mm 的斜线，结果如图 7-76 所示。

单击“默认”选项卡“修改”面板中的“删除”按钮，删除多余的直线和圆，如图 7-77 所示。

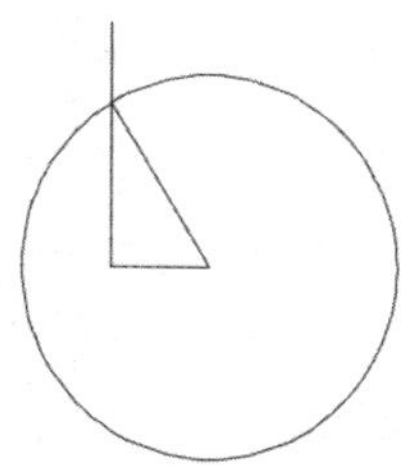

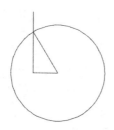

图7-76　绘制斜线

图7-77　删除图形

单击“默认”选项卡“绘图”面板中的“直线”按钮，捕捉斜线下端点，水平向右绘制长为 2300mm 的水平线，如图 7-78 所示。

（3）单击“默认”选项卡“修改”面板中的“复制”按钮，分别复制水平线和斜线，结果如图 7-79 所示。

图7-78　绘制水平线　　　　图7-79　复制直线

（4）单击“默认”选项卡“修改”面板中的“偏移”按钮，将四条直线分别向内偏移，偏移距离为130mm、270mm、20mm和80mm，如图7-80所示。

（5）单击“默认”选项卡“修改”面板中的“修剪”按钮，修剪多余的直线，并将部分线型修改为ACAD_ISO02W100，如图7-81所示。

图7-80　偏移直线

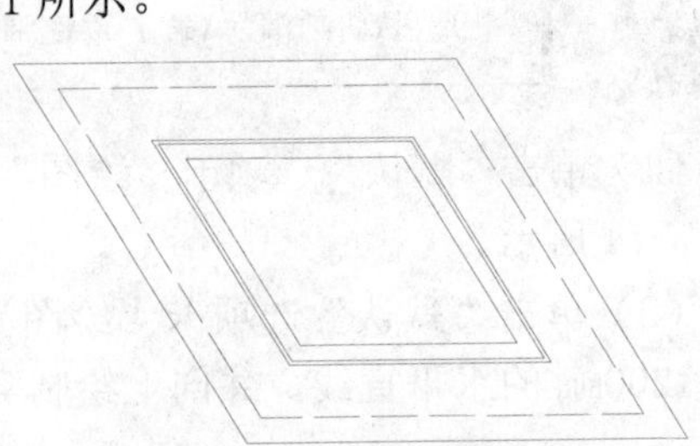

图7-81　修剪直线

（6）单击“默认”选项卡“注释”面板中的“标注样式”按钮，打开“标注样式管理器”对话框，如图7-82所示，单击“新建”按钮，创建一个新的标注样式，如图7-83所示，单击“继续”按钮，打开“新建标注样式：副本ISO-25”对话框，分别对线、符号和箭头、文字和主单位等选项卡进行设置。

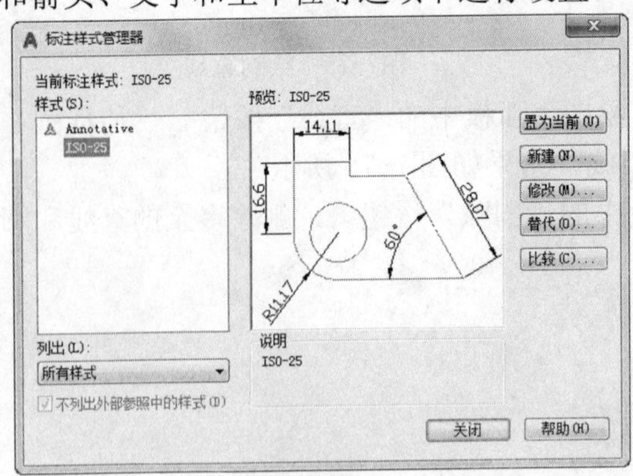

图7-82　“标注样式管理器”对话框

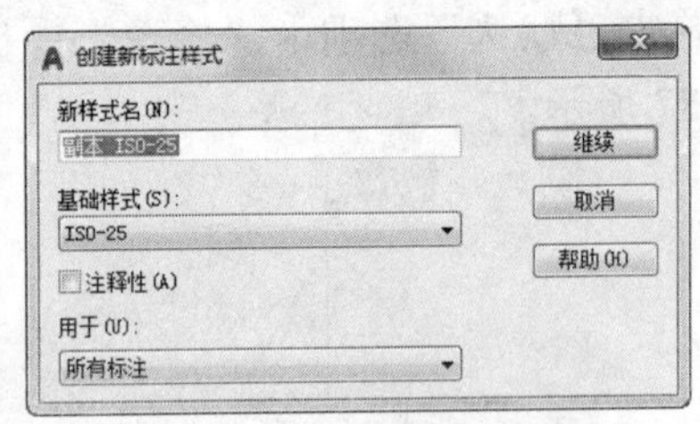

图7-83　创建新标注样式

1）线：超出尺寸线距离为30mm，起点偏移量为30mm。

2）符号和箭头：箭头为建筑标记，箭头大小为50mm。

3）文字：文字高度为100mm。

4）主单位：精度为0。

（7）单击“默认”选项卡“注释”面板中的“线性”按钮，为图形标注尺寸，如图7-84所示。

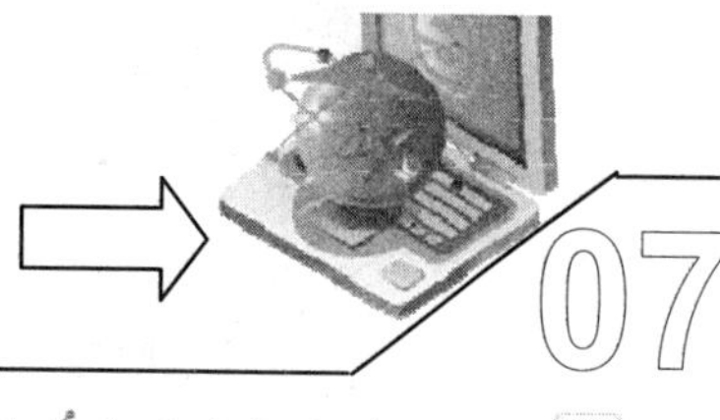

（8）单击“默认”选项卡“绘图”面板中的“直线”按钮 和“多行文字”按钮 A，绘制剖切符号，如图 7-85 所示。

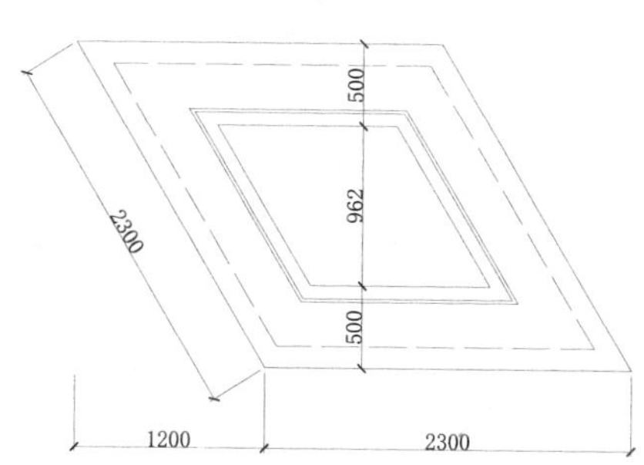

图7-84　标注尺寸

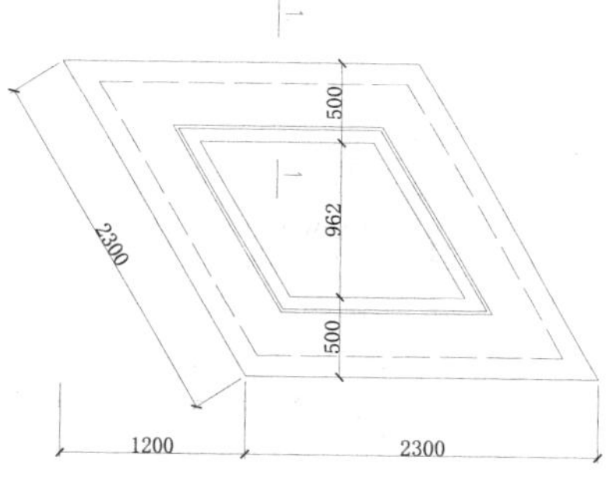

图7-85　绘制剖切符号

（9）单击“默认”选项卡“绘图”面板中的“直线”按钮 和“多行文字”按钮 A，标注图名，结果如图 7-73 所示。

7.3.3　绘制坐凳树池立面图

本节绘制图 7-86 所示的坐凳树池立面图。

光盘\动画演示\第 7 章\绘制坐凳树池立面图.avi

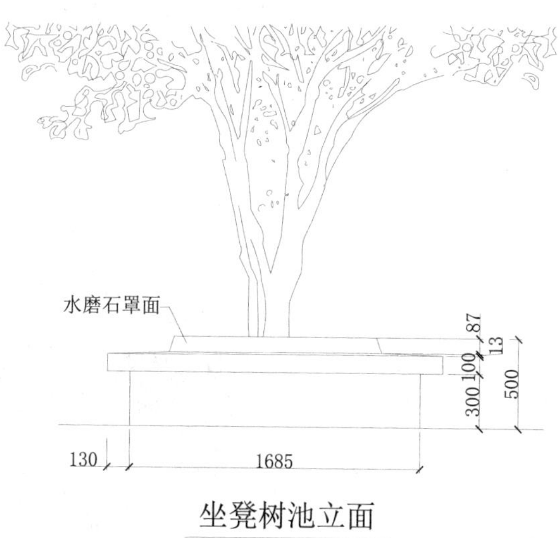

图7-86　坐凳树池立面图

（1）单击“默认”选项卡“绘图”面板中的“直线”按钮 ，绘制长为 2820mm 的地坪线，如图 7-87 所示。

图7-87　绘制地坪线

（2）单击“默认”选项卡“修改”面板中的“偏移”按钮 ，将地平线向上偏移

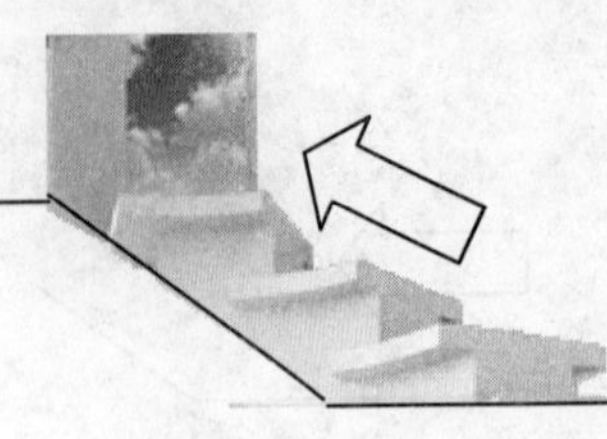

300mm、100mm、13mm 和 87mm，如图 7-88 所示。

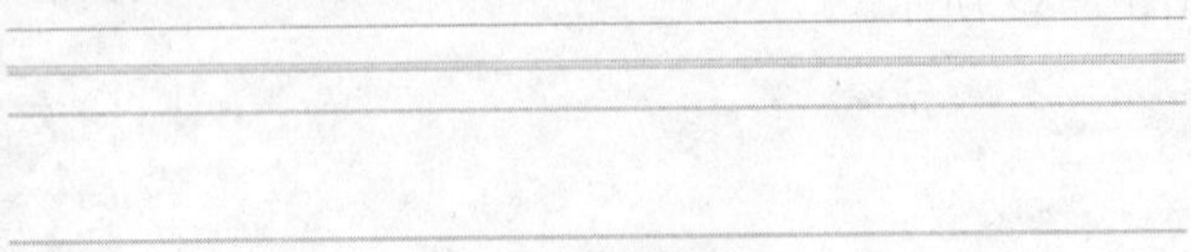

图7-88 偏移地坪线

（3）单击“默认”选项卡“绘图”面板中的“直线”按钮，在图中合适的位置处绘制一条竖直直线，如图 7-89 所示。

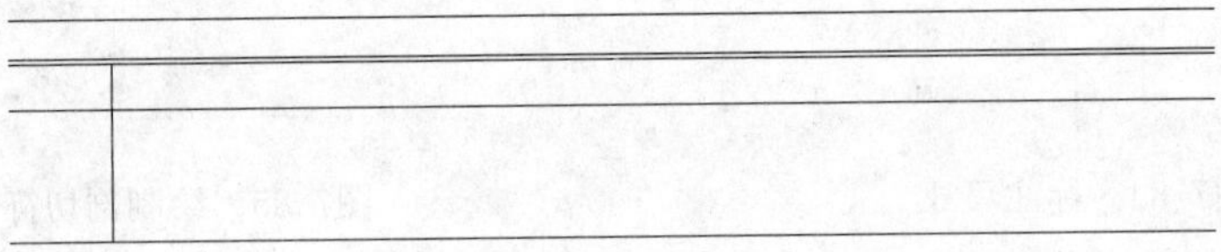

图7-89 绘制竖直直线

（4）单击“默认”选项卡“修改”面板中的“偏移”按钮，将竖直直线向右偏移 130mm、1685mm 和 130mm，如图 7-90 所示。

图7-90 偏移竖直直线

（5）单击“默认”选项卡“修改”面板中的“修剪”按钮，修剪多余的直线，如图 7-91 所示。

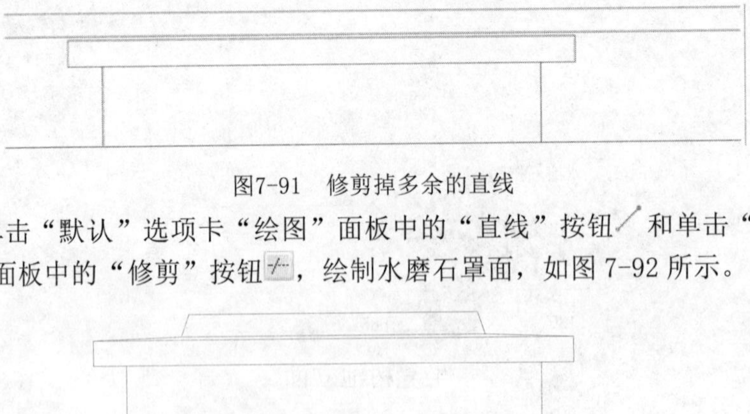

图7-91 修剪掉多余的直线

（6）单击“默认”选项卡“绘图”面板中的“直线”按钮和单击“默认”选项卡“修改”面板中的“修剪”按钮，绘制水磨石罩面，如图 7-92 所示。

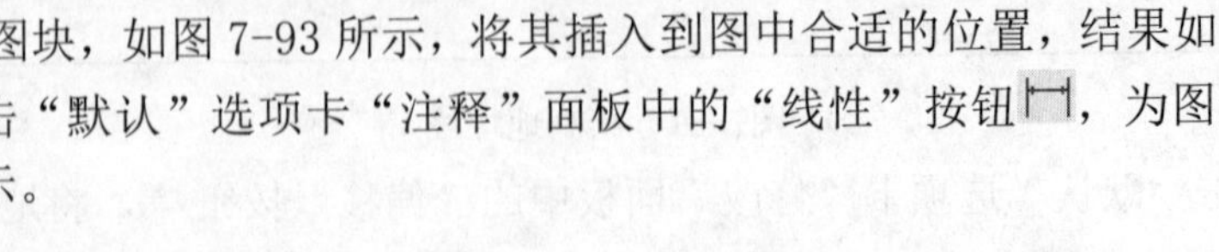

图7-92 绘制水磨石罩面

（7）单击“默认”选项卡“块”面板中的“插入”按钮，打开“插入”对话框，选择“树木”图块，如图 7-93 所示，将其插入到图中合适的位置，结果如图 7-94 所示。

（8）单击“默认”选项卡“注释”面板中的“线性”按钮，为图形标注尺寸，如图 7-95 所示。

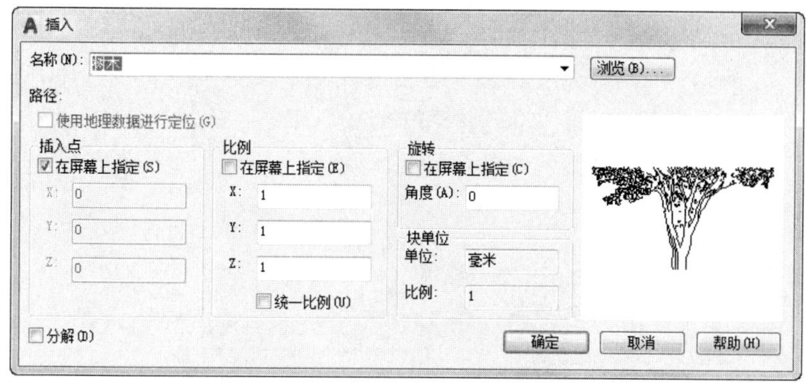

图7-93 “插入”对话框

图7-94 插入树木图块

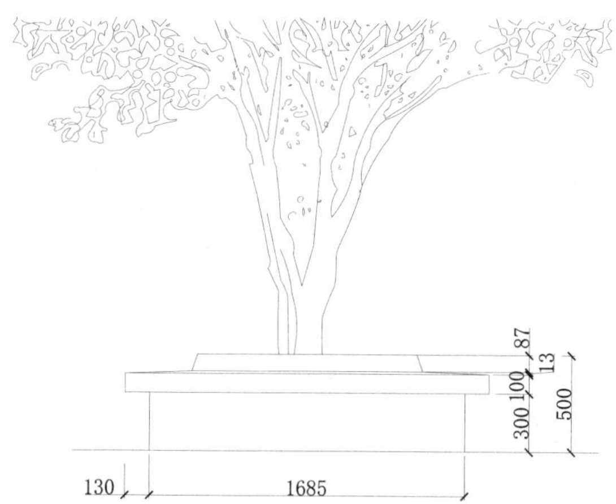

图7-95 标注尺寸

（9）在命令行中输入“Q;EADER”命令，标注文字，如图 7-96 所示。

（10）同理，单击“默认”选项卡“绘图”面板中的“直线”按钮╱和“多行文字”按钮A，标注图名，如图 7-86 所示。

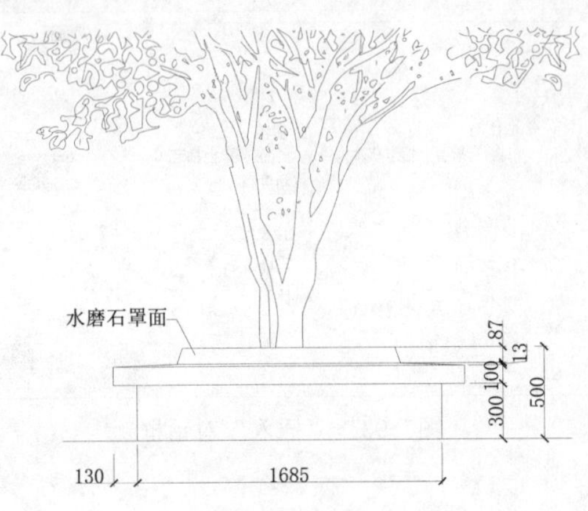

图7-96　标注文字

7.3.4　绘制坐凳树池断面图

本节绘制图 7-97 所示的坐凳树池断面图。

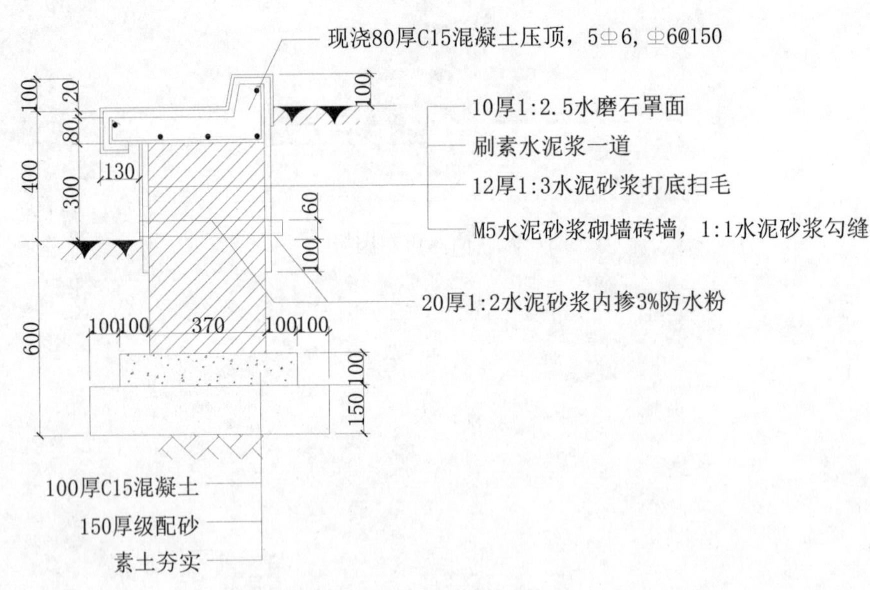

图7-97　坐凳树池断面图

光盘\动画演示\第 7 章\绘制坐凳树池断面图.avi

（1）单击“默认”选项卡“绘图”面板中的“矩形”按钮，绘制长为770mm、宽为150mm的矩形，如图7-98所示。

（2）同理，在矩形上面绘制一个570mm×100mm的小矩形，将两个矩形的中点重合，结果如图7-99所示。

图7-98　绘制矩形　　图7-99　绘制小矩形

（3）单击“默认”选项卡“修改”面板中的“分解”按钮，将小矩形分解。

（4）单击“默认”选项卡“修改”面板中的“偏移”按钮，将小矩形的短边分别向内偏移100mm，如图7-100所示。

（5）单击“默认”选项卡“绘图”面板中的“直线”按钮，以偏移的直线顶端点为起点，绘制两条长为650mm的竖直直线，然后单击“默认”选项卡“修改”面板中的“删除”按钮，将偏移后的直线删除，如图7-101所示。

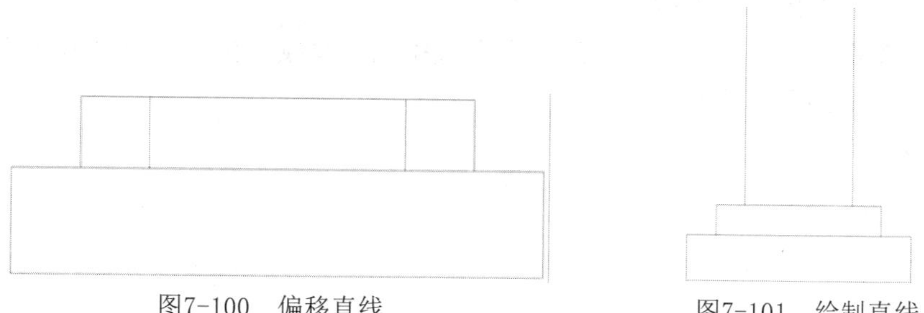

图7-100　偏移直线　　图7-101　绘制直线

（6）单击“默认”选项卡“绘图”面板中的“直线”按钮，在竖直直线顶部绘制一条长为500mm的水平直线，如图7-102所示。

（7）单击“默认”选项卡“修改”面板中的“偏移”按钮，将水平直线向上偏移，偏移距离为80mm，如图7-103所示。

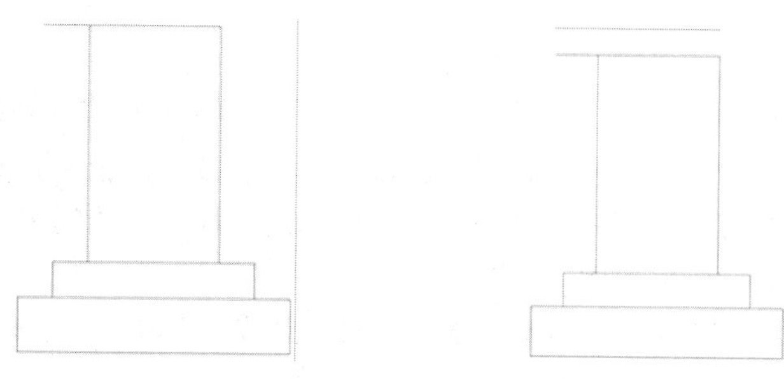

图7-102　绘制水平直线　　图7-103　偏移直线

（8）单击“默认”选项卡“绘图”面板中的“直线”按钮和“修剪”按钮，细化顶部图形，如图7-104所示。

（9）单击“默认”选项卡“修改”面板中的“偏移”按钮，将直线1向下偏移300mm和100mm，如图7-105所示。

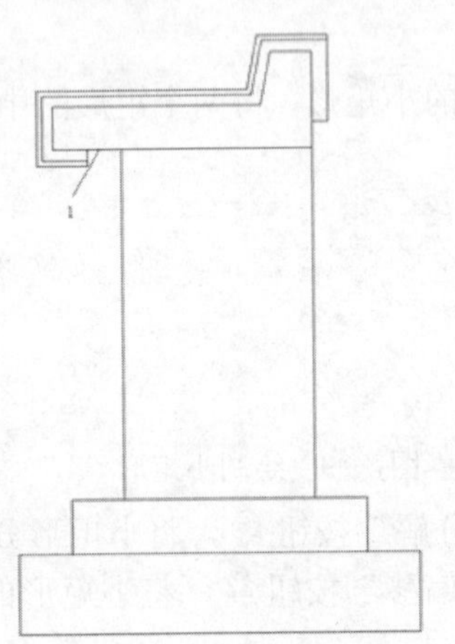

图7-104　细化顶部图形

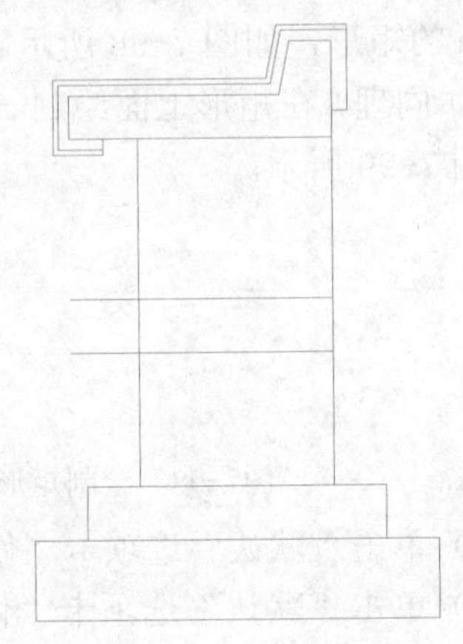

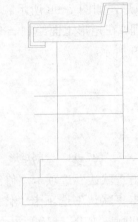

图7-105　偏移直线

（10）单击“默认”选项卡“绘图”面板中的“直线”按钮，在图形两侧绘制竖直直线，然后单击“默认”选项卡“修改”面板中的“修剪”按钮，修剪多余的直线，整理图形，结果如图 7-106 所示。

（11）单击“默认”选项卡“绘图”面板中的“直线”按钮和“圆弧”按钮，绘制种植土，如图 7-107 所示。

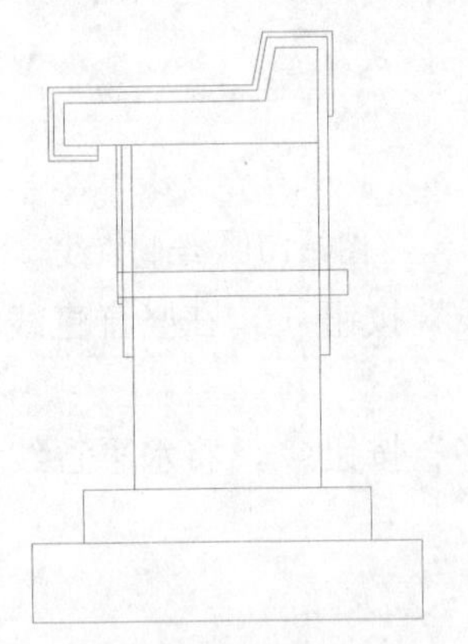

图7-106　整理图形

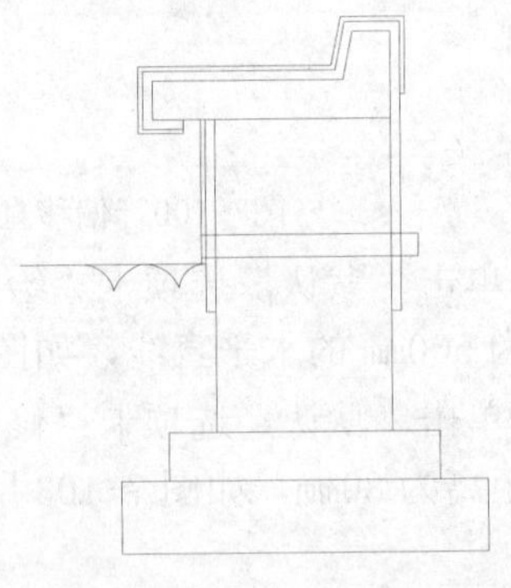

图7-107　绘制种植土

（12）单击“默认”选项卡“修改”面板中的“镜像”按钮，将种植土镜像到另外一侧，然后单击“默认”选项卡“修改”面板中的“移动”按钮，将镜像后的图形移动到合适的位置处，结果如图 7-108 所示。

（13）单击“默认”选项卡“绘图”面板中的“直线”按钮，绘制钢筋，如图 7-109 所示。

（14）单击“默认”选项卡“绘图”面板中的“圆”按钮，绘制一个半径为 8mm 的圆，如图 7-110 所示。

（15）单击“默认”选项卡“绘图”面板中的“图案填充”按钮，打开“图案填充创建”选项卡，选择 SOLID 图案，填充圆，完成配筋的绘制，结果如图 7-111 所示。

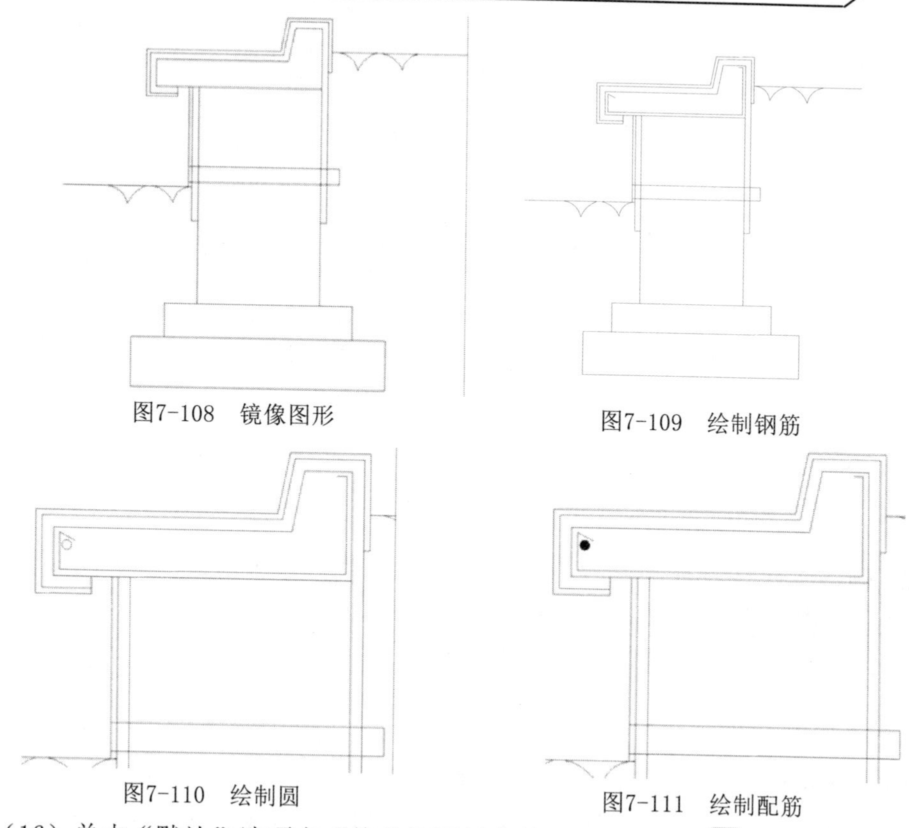

图7-108　镜像图形

图7-109　绘制钢筋

图7-110　绘制圆

图7-111　绘制配筋

（16）单击“默认”选项卡“修改”面板中的“复制”按钮，将填充圆复制到图中其他位置处，如图 7-112 所示。

（17）单击“绘图”工具栏中的“图案填充”按钮，填充其他位置处的图形，在填充图形前，首先利用直线命令补充绘制填充区域，结果如图 7-113 所示。

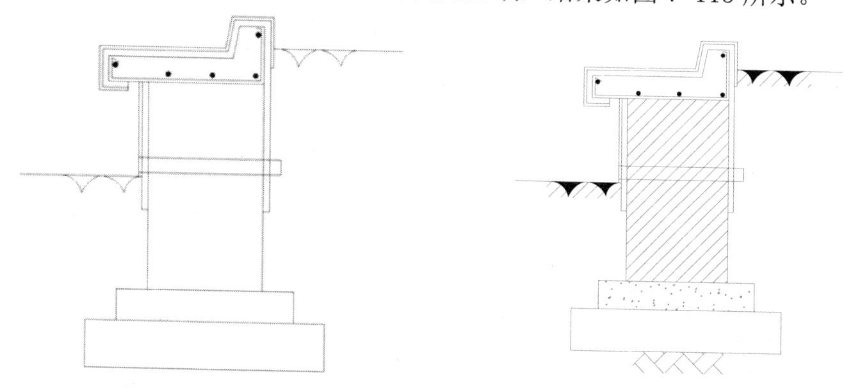

图7-112　复制填充圆

图7-113　填充图形

（18）单击“默认”选项卡“注释”面板中的“线性”按钮，为图形标注尺寸，如图 7-114 所示。

（19）单击“默认”选项卡“绘图”面板中的“直线”按钮，在图中引出直线，如图 7-115 所示。

（20）单击“默认”选项卡“注释”面板中的“多行文字”按钮A，在直线右侧输入文字，如图 7-116 所示。

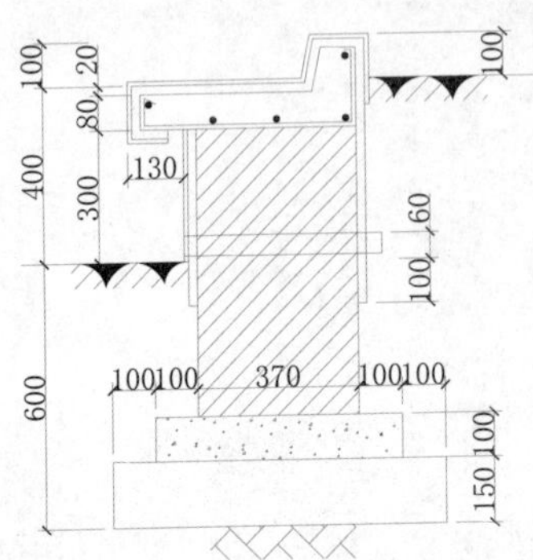

图7-114　标注尺寸

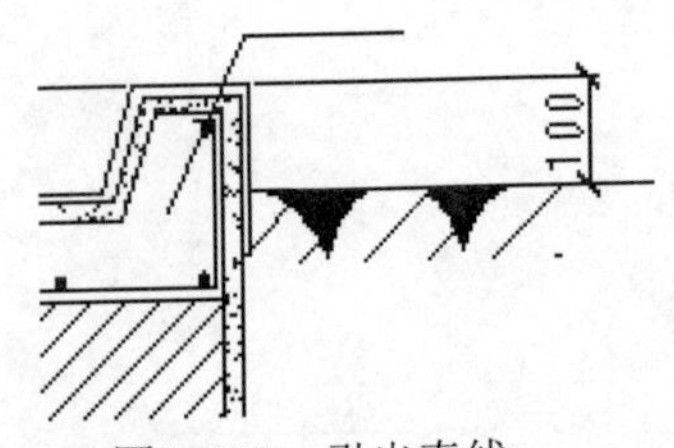

图7-115　引出直线

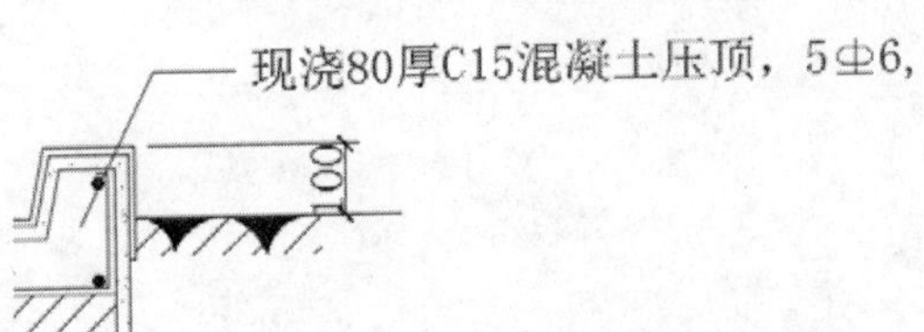

图7-116　输入文字

（21）单击“默认”选项卡“绘图”面板中的“直线”按钮 和单击“默认”选项卡“修改”面板中的“复制”按钮，将文字复制到图中其他位置处，双击文字，修改文字内容，以便文字格式的统一，最终完成文字的标注说明，结果如图 7-117 所示。

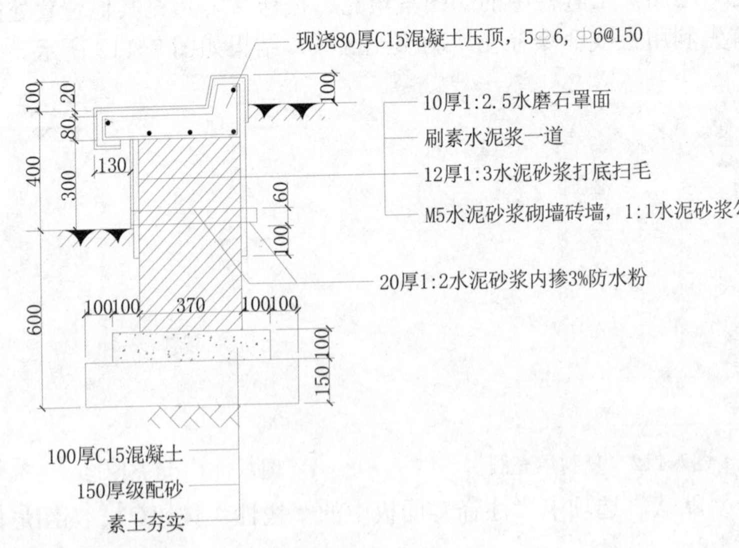

图7-117　标注文字

（22）单击“默认”选项卡“绘图”面板中的“直线”按钮 和“多行文字”按钮，标注图名，如图 7-97 所示。

7.3.5 绘制人行道树池

光盘\动画演示\第 7 章\绘制人行道树池.avi

绘制图 7-118 所示的人行道树池。

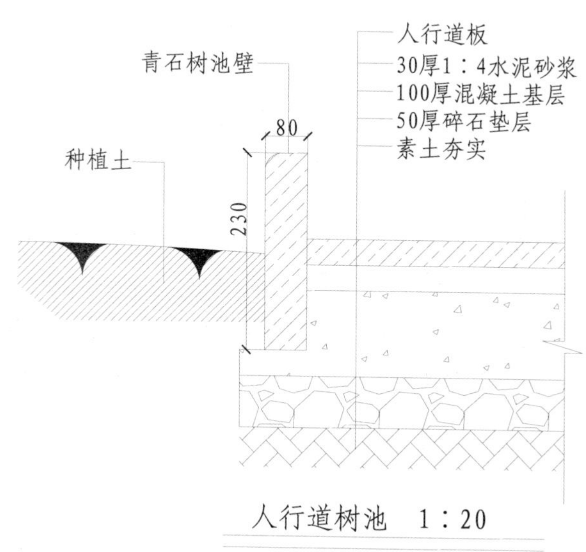

图7-118 人行道树池

（1）单击“默认”选项卡“绘图”面板中的“直线”按钮，在图中绘制一条水平直线，如图 7-119 所示。

图7-119 绘制水平直线

（2）单击“默认”选项卡“修改”面板中的“偏移”按钮，将上步绘制的水平直线依次向上偏移，如图 7-120 所示。

（3）单击“默认”选项卡“绘图”面板中的“直线”按钮，在右侧绘制折断线，如图 7-121 所示。

图7-120 偏移直线

图7-121 绘制折断线

（4）单击“默认”选项卡“绘图”面板中的“矩形”按钮，绘制池壁，如图 7-122 所示。

（5）单击“默认”选项卡“修改”面板中的“圆角”按钮，对池壁进行圆角操作，如图 7-123 所示。

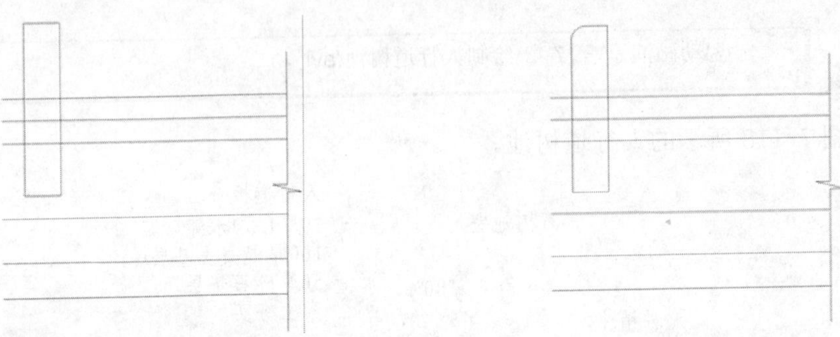

图7-122　绘制池壁　　　　图7-123　绘制圆角

（6）单击“默认”选项卡“修改”面板中的“修剪”按钮，修剪多余的直线，如图 7-124 所示。

（7）单击“默认”选项卡“绘图”面板中的“直线”按钮和“圆弧”按钮，绘制种植土地面，如图 7-125 所示。

图7-124　修剪多余的直线　　　　图7-125　绘制种植土地面

（8）单击“默认”选项卡“绘图”面板中的“图案填充”按钮，打开“图案填充创建”选项卡，选择 SOLID 图案，填充图形，如图 7-126 所示。

（9）同理，单击“默认”选项卡“绘图”面板中的“直线”按钮和“图案填充”按钮，填充其他图形，然后删除多余的直线，结果如图 7-127 所示。

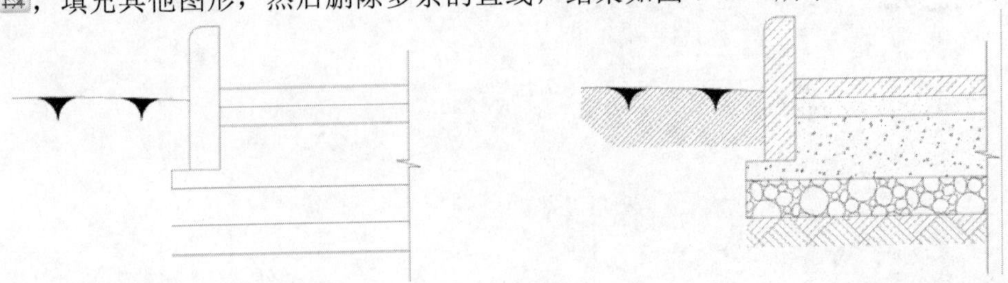

图7-126　填充图形1　　　　图7-127　填充图形2

（10）单击“默认”选项卡“注释”面板中的“线性”按钮，为图形标注尺寸，如图 7-128 所示。

（11）单击“默认”选项卡“绘图”面板中的“直线”按钮，在图中引出直线，

如图 7-129 所示。

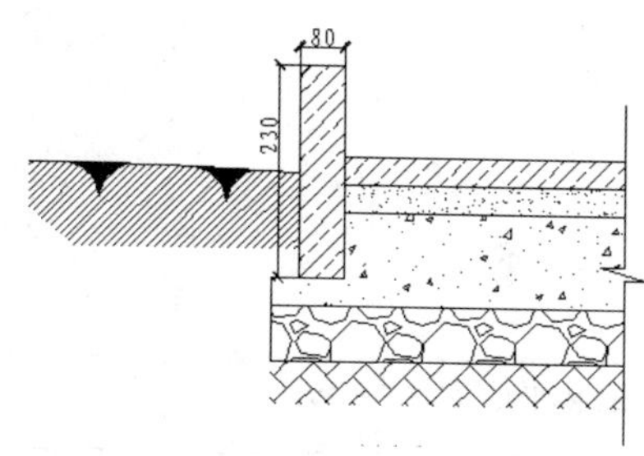

图7-128　标注尺寸

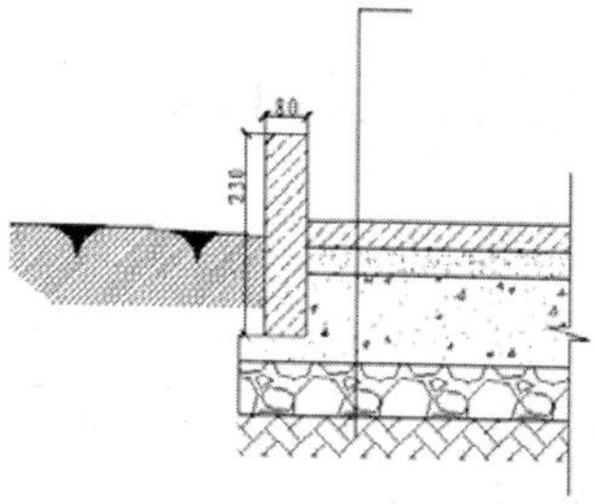

图7-129　引出直线

（12）单击“默认”选项卡“注释”面板中的“多行文字”按钮A，在直线右侧输入文字，如图 7-130 所示。

（13）单击“默认”选项卡“修改”面板中的“复制”按钮，将短直线和文字依次向下复制，如图 7-131 所示。

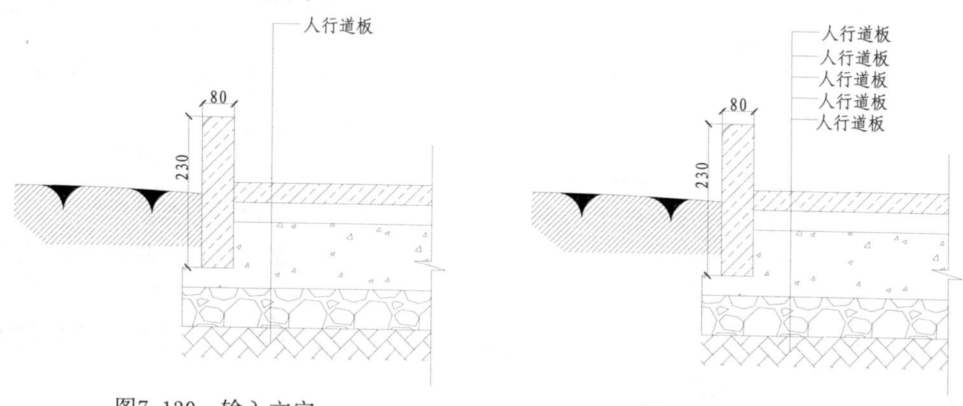

图7-130　输入文字

图7-131　复制文字

（14）双击上步复制的文字，修改文字内容，以便文字格式的统一，如图 7-132 所示。

（15）同理，单击“默认”选项卡“绘图”面板中的“直线”按钮和“多行文字”按钮A，标注其他位置处的文字说明，如图 7-133 所示。

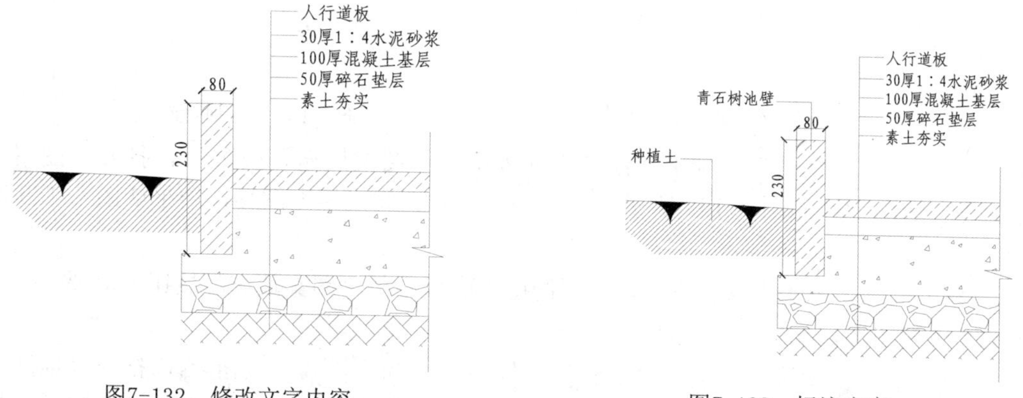

图7-132　修改文字内容

图7-133　标注文字

（16）单击“默认”选项卡“绘图”面板中的“直线”按钮和“多行文字”按钮

A，标注图名，如图 7-118 所示。

7.4 铺装大样图

7.4.1 绘制入口广场铺装平面大样图

光盘\动画演示\第 7 章\绘制入口广场铺装平面大样图.avi

（1）单击“默认”选项卡“绘图”面板中的“直线”按钮，绘制一条长为 12000mm 的水平直线，如图 7-134 所示。

（2）单击“默认”选项卡“修改”面板中的“偏移”按钮，将水平直线向下依次偏移，偏移距离为 1500mm、3000mm 和 1500mm，如图 7-135 所示。

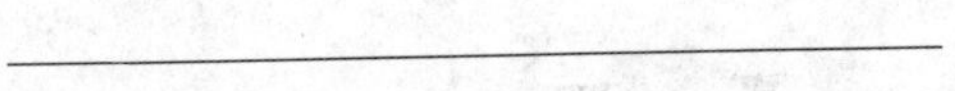

图7-134 绘制直线

图7-135 偏移直线

（3）单击“默认”选项卡“绘图”面板中的“直线”按钮，在图形左侧绘制折断线，如图 7-136 所示。

（4）单击“默认”选项卡“修改”面板中的“复制”按钮，将折断线复制到另外一侧，如图 7-137 所示。

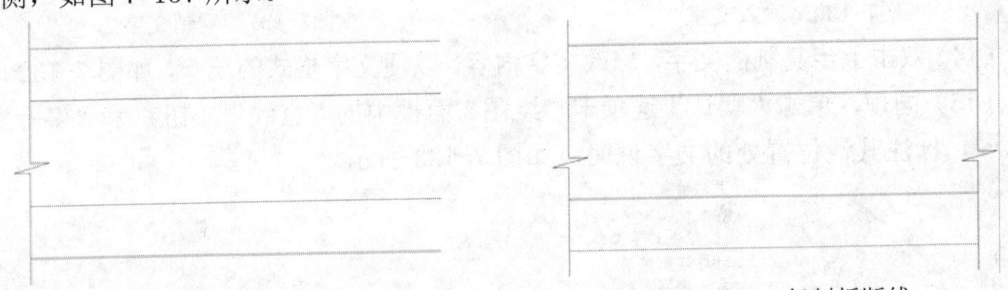

图7-136 绘制折断线

图7-137 复制折断线

（5）单击“默认”选项卡“绘图”面板中的“图案填充”按钮，打开“图案填充创建”选项卡，如图 7-138 所示，选择 AR-B816 图案，填充图形，结果如图 7-139 所示。

（6）同理，单击“默认”选项卡“绘图”面板中的“图案填充”按钮，选择 NET 图案，填充图形，如图 7-140 所示。

（7）单击“默认”选项卡“注释”面板中的“标注样式”按钮，打开“标注样式管理器”对话框，如图 7-141 所示，单击“新建”按钮，创建一个新的标注样式，打开“新建标注样式：副本 ISO-25”对话框，如图 7-142 所示，并分别对线、符号和箭头、

文字和主单位进行设置。设置结果如下：

1）线：超出尺寸线为50mm，起点偏移量为50mm。

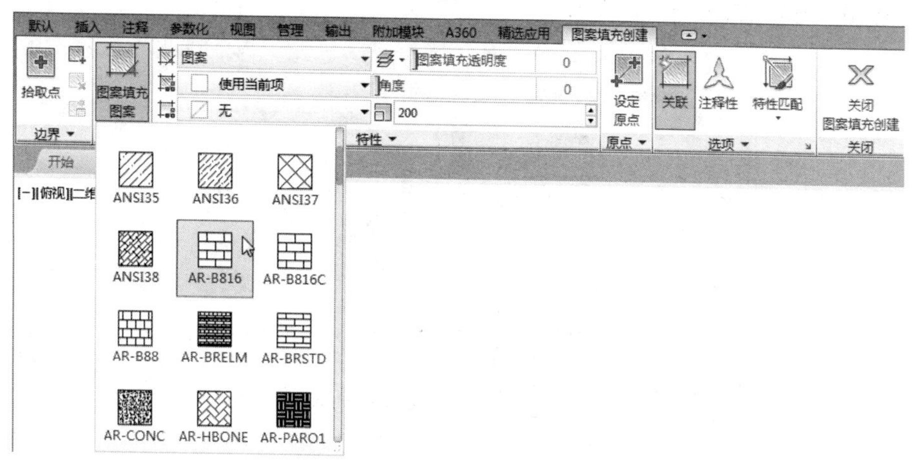

图7-138　“图案填充创建”选项卡

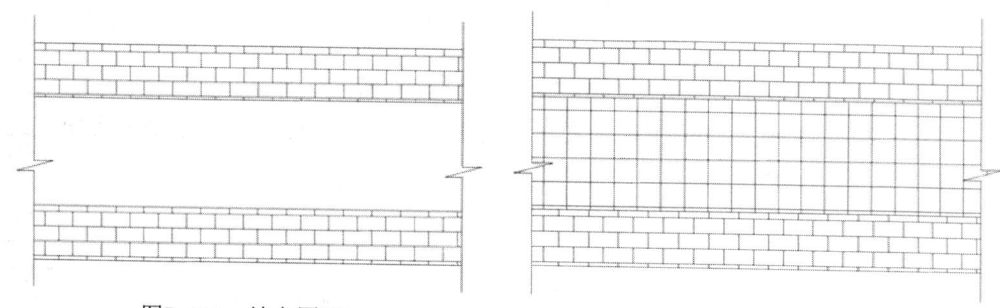

图7-139　填充图形1　　　　图7-140　填充图形2

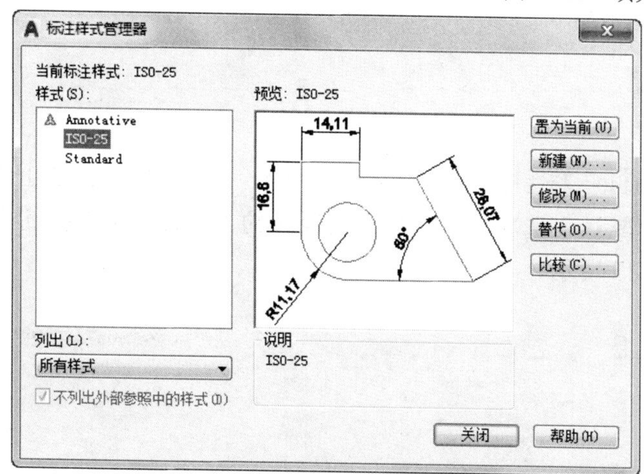

图7-141　“标注样式管理器”对话框

2）符号和箭头：第一个为用户箭头，选择建筑标记，箭头大小为50mm。

3）文字：文字高度为300mm，文字位置为垂直上，文字对齐为与尺寸线对齐。

4）主单位：精度为0，比例因子为1。

（8）单击“默认”选项卡“注释”面板中的“线性”按钮和“连续”按钮，为图形标注尺寸，如图 7-143 所示。

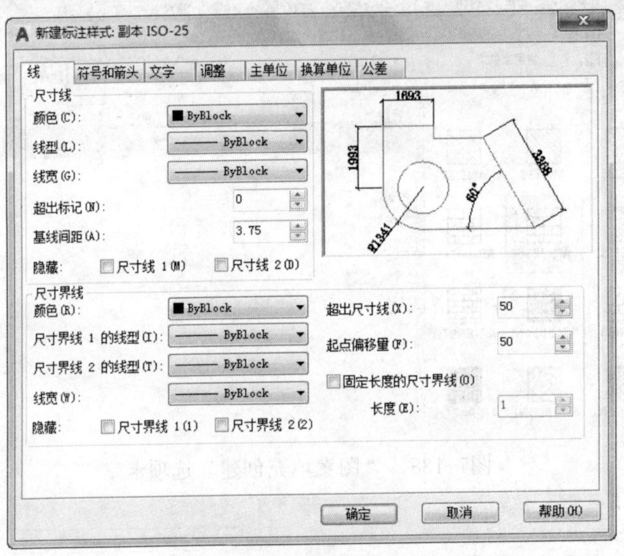

图7-142　新建标注样式

（9）单击“默认”选项卡“绘图”面板中的“直线”按钮，在图中引出直线，如图 7-144 所示。

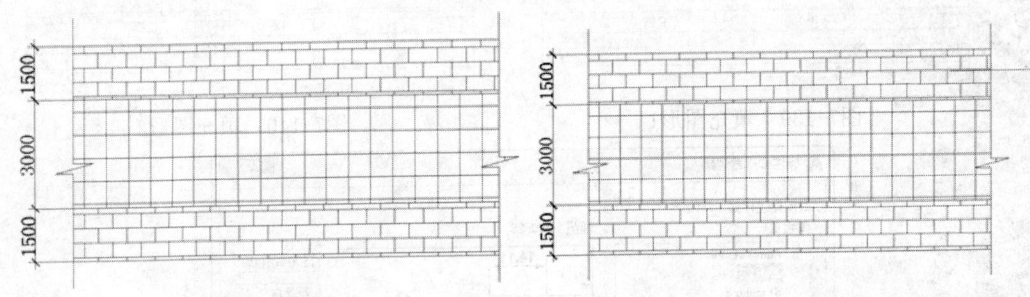

图7-143　标注尺寸　　　　图7-144　引出直线

（10）单击“默认”选项卡“注释”面板中的“多行文字”按钮，在直线右侧输入文字，如图 7-145 所示。

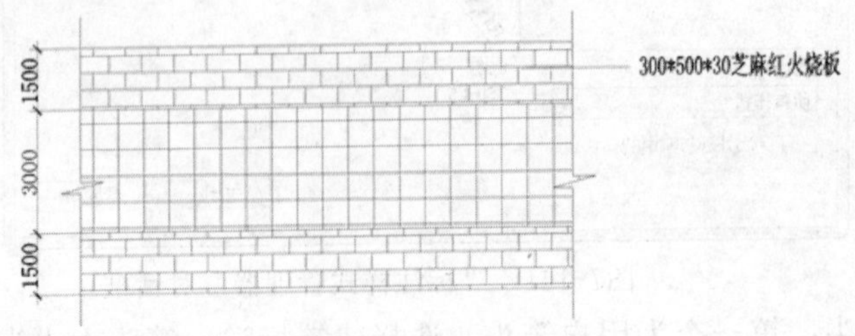

图7-145　输入文字

（11）单击“默认”选项卡“绘图”面板中的“直线”按钮和单击“默认”选项卡“修改”面板中的“复制”按钮，将文字复制到图中其他位置处，然后双击文字，

修改文字内容，以便文字格式的统一，最终完成文字的标注，结果如图 7-146 所示。

（12）单击“绘图”工具栏中的“直线”按钮和“多行文字”按钮A，标注图名，如图 7-147 所示。

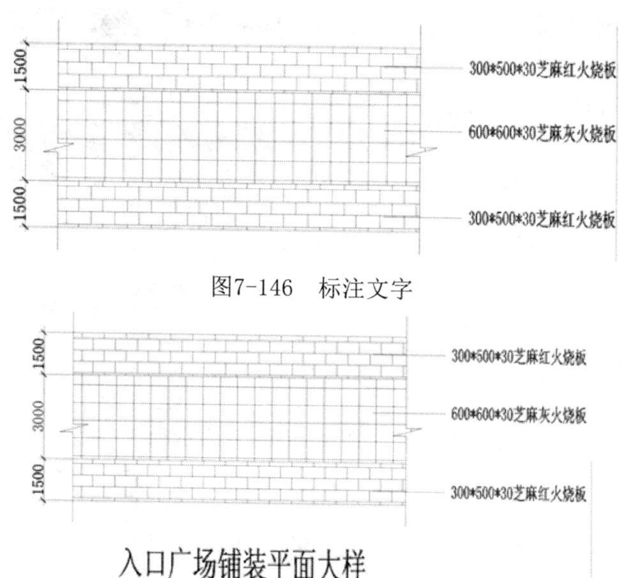

图7-146　标注文字

图7-147　标注图名

7.4.2　绘制文化墙广场铺装平面大样图

光盘\动画演示\第 7 章\绘制文化墙广场铺装平面大样图.avi

（1）单击“默认”选项卡“绘图”面板中的“直线”按钮，绘制一条长为 27460mm、角度为 50° 的斜线，如图 7-148 所示。

（2）单击“默认”选项卡“修改”面板中的“复制”按钮，将斜线向右依次复制，间距分别为 3904mm、15844mm、3904mm、15844mm 和 4122mm，如图 7-149 所示。

图7-148　绘制斜线

图7-149　复制斜线

（3）单击“默认”选项卡“绘图”面板中的“直线”按钮，绘制折断线，如图 7-150 所示。

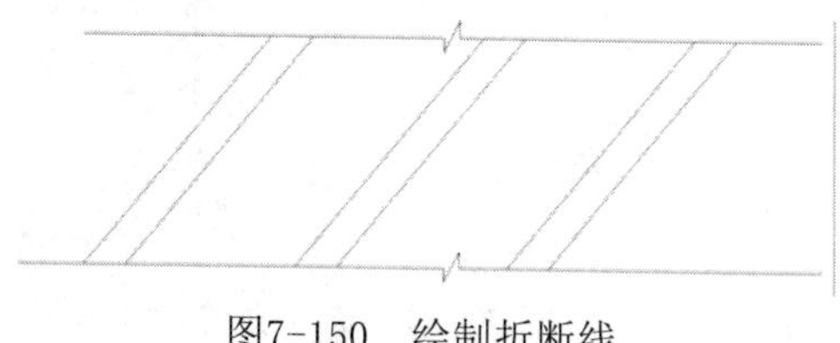

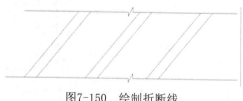

图7-150　绘制折断线

（4）单击“默认”选项卡“绘图”面板中的“图案填充”按钮，打开“图案填充创建”选项卡，选择HEX图案，如图7-151所示，填充图形，结果如图7-152所示。

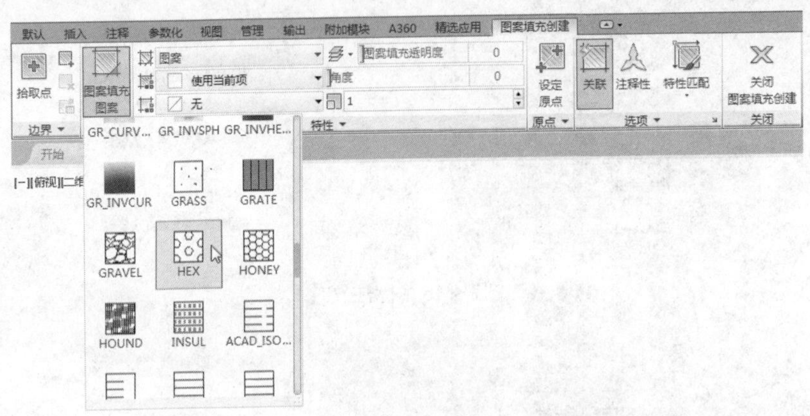

图7-151 “图案填充创建”选项卡

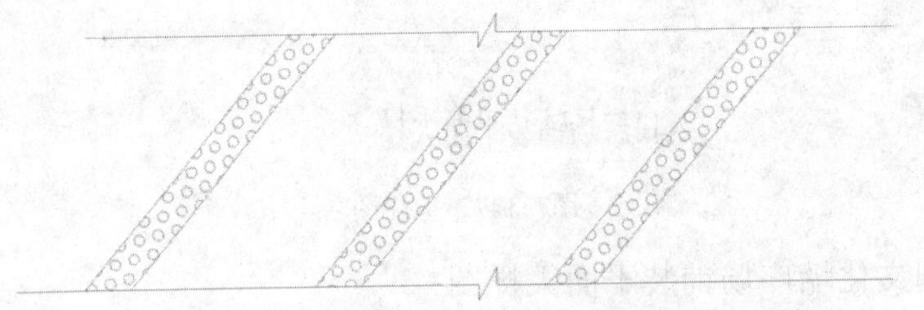

图7-152 填充图形1

（5）同理，填充剩余图形，如图7-153所示。

图7-153 填充图形2

（6）单击“默认”选项卡“绘图”面板中的“直线”按钮和“多行文字”按钮，标注文字说明，如图7-154所示。

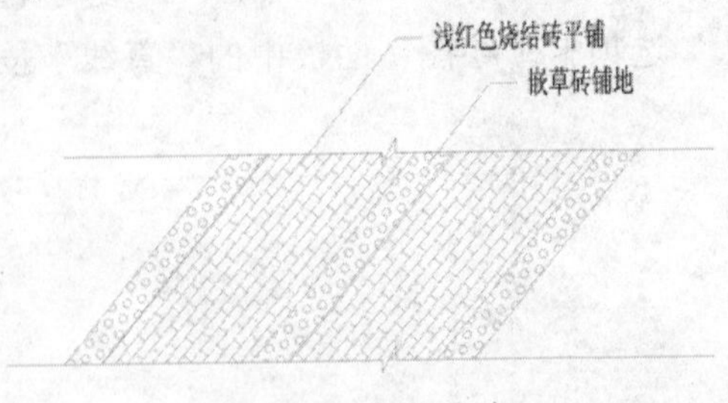

图7-154 标注文字

（7）同理，单击“默认”选项卡“绘图”面板中的“直线”按钮 和“多行文字”按钮 A，标注图名，如图 7-155 所示。

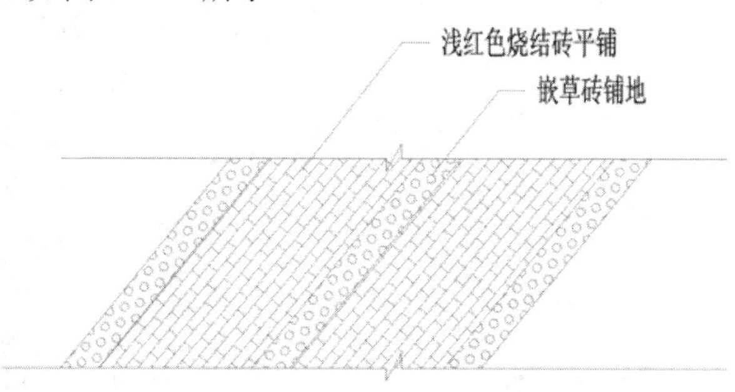

图7-155　标注图名

7.4.3　绘制升旗广场铺装平面大样图

光盘\动画演示\第 7 章\绘制升旗广场铺装平面大样图.avi

（1）单击“默认”选项卡“绘图”面板中的“直线”按钮 ，绘制一条长为 68300mm 的水平线和长为 68500mm 的竖直线，如图 7-156 所示。

（2）单击“默认”选项卡“修改”面板中的“移动”按钮 ，将竖直线向右移动 6100mm，向下移动 7300mm，如图 7-157 所示。

（3）单击“默认”选项卡“修改”面板中的“偏移”按钮 ，将水平线向上偏移（单位：mm）3000、6000、3000、30000、3000、6000 和 3000，将竖直线向右偏移（单位：mm）3000、6000、3000、30000、3000、6000 和 3000，如图 7-158 所示。

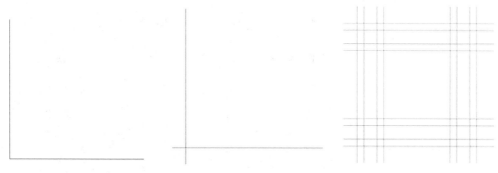

图7-156　绘制直线　　图7-157　移动直线　　图7-158　偏移直线

（4）单击“默认”选项卡“修改”面板中的“修剪”按钮 ，修剪多余的直线，如图 7-159 所示。

（5）单击“默认”选项卡“绘图”面板中的“图案填充”按钮 ，填充图形，在填充图形时，首先利用直线命令绘制填充界线，以便填充，然后将绘制的界线删除，结

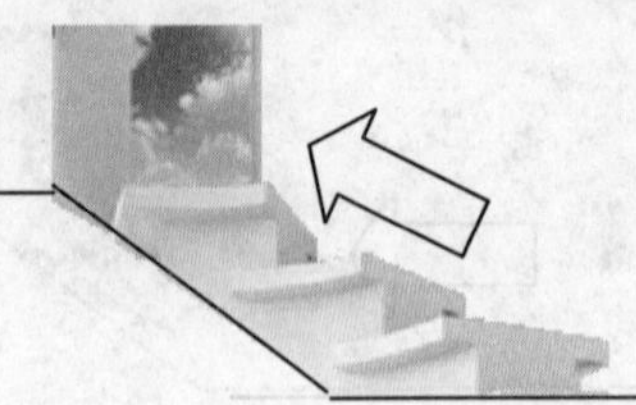

果如图 7-160 所示。

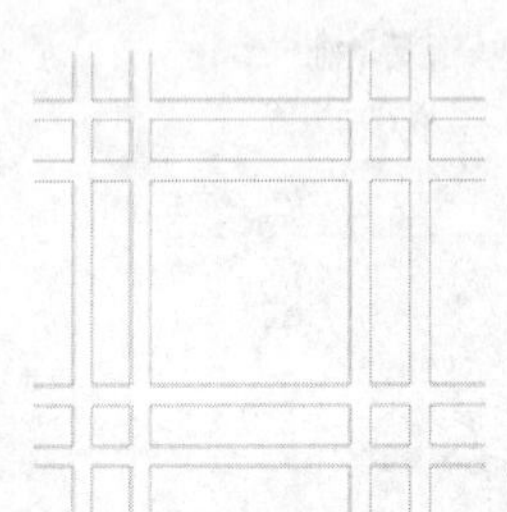

图7-159　修剪多余的直线

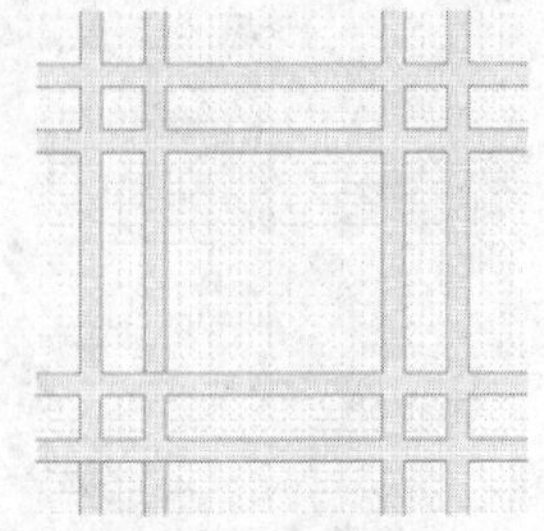

图7-160　填充图形

（6）单击“默认”选项卡“绘图”面板中的“直线”按钮 和“多行文字”按钮，标注文字说明，如图 7-161 所示。

（7）同理，标注图名，如图 7-162 所示。

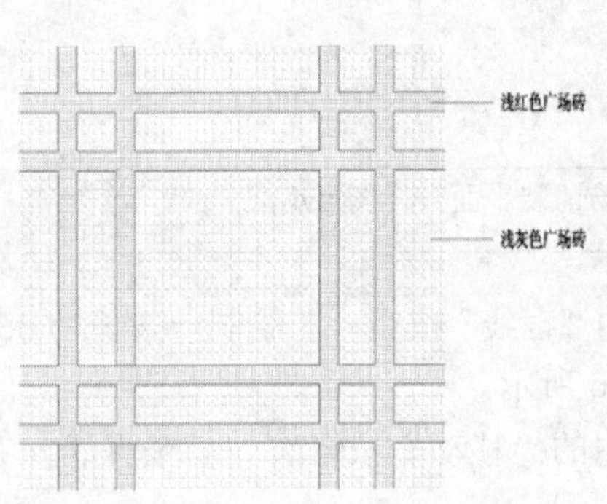

图7-161　标注文字

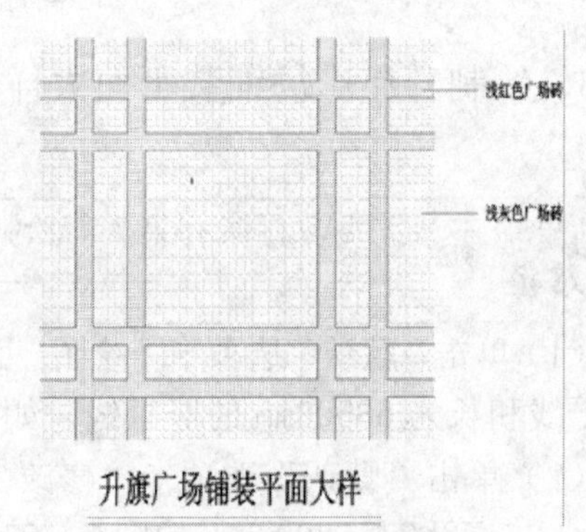

图7-162　标注图名

（8）利用二维绘制和编辑命令，绘制其他大样图以及剖面图，这里不再详述，结果如图 7-163、图 7-164 所示。

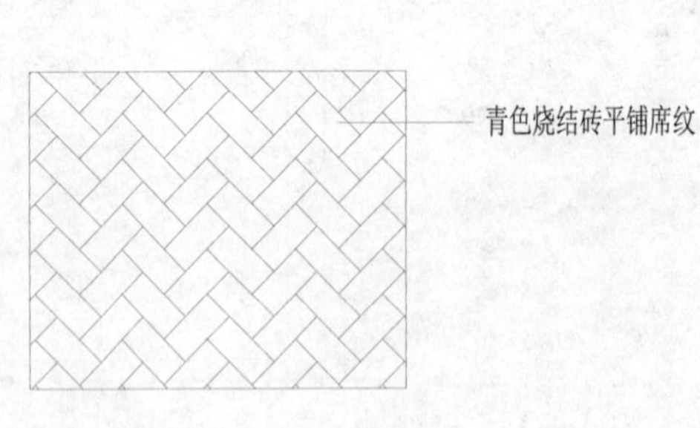

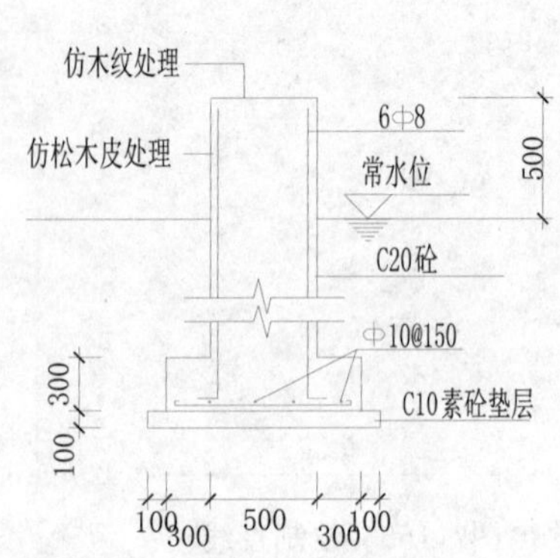

图7-163　绘制大样图

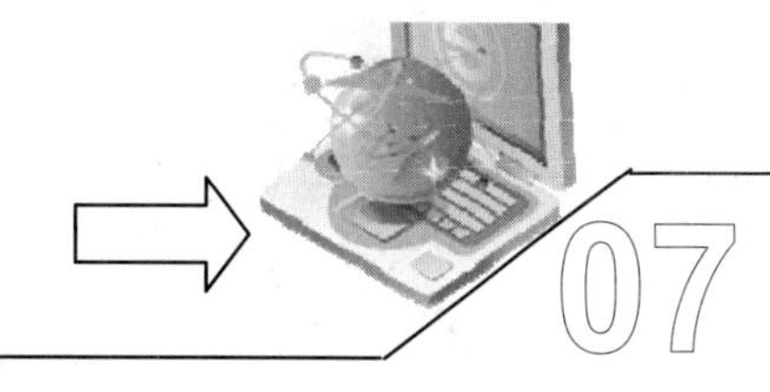

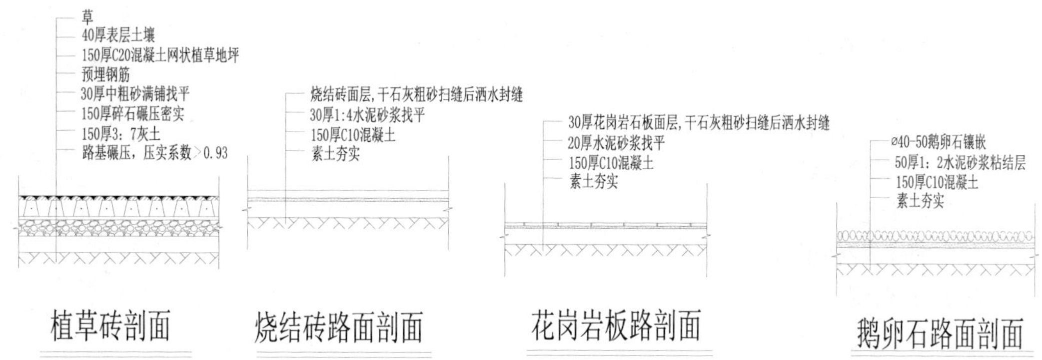

图7-164 绘制剖面图

7.5 上机操作

通过前面的学习，读者对本章知识也有了大体的了解，本节通过两个操作练习使读者进一步掌握本章知识要点。

【实例 1】绘制图 7-165 所示的花钵剖面图。

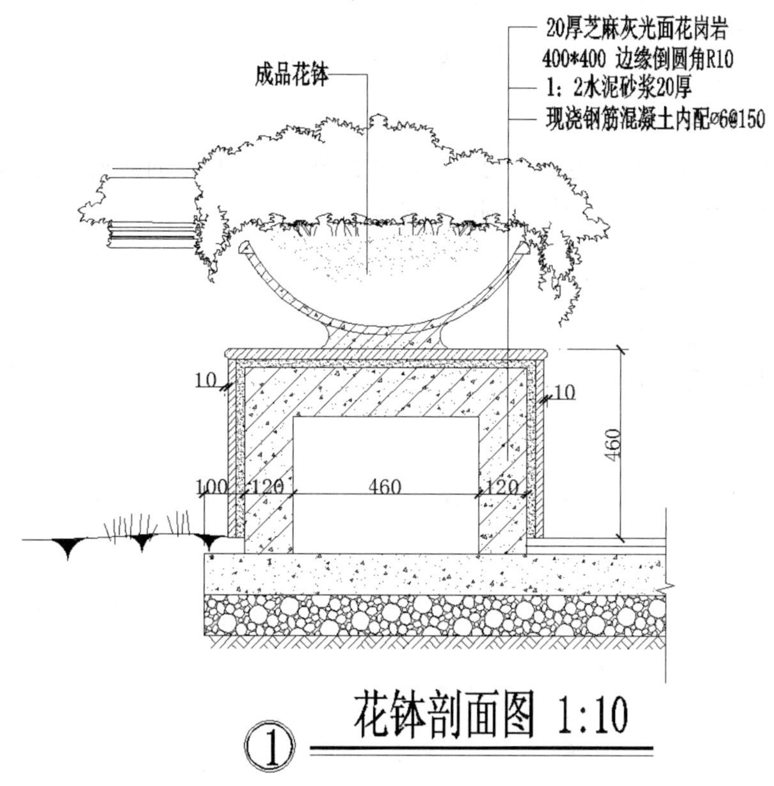

图7-165 花钵剖面图

1．目的要求

本实例主要要求读者通过练习进一步熟悉和掌握花钵剖面图的绘制方法。通过本实

例，可以帮助读者学会完成花钵剖面图绘制的全过程。

2．操作提示

（1）绘图前准备。

（2）绘制轮廓线。

（3）细化图形。

（4）插入花钵装饰。

（5）填充图形。

（6）标注尺寸和文字。

【实例 2】绘制图 7-166 所示的宣传栏。

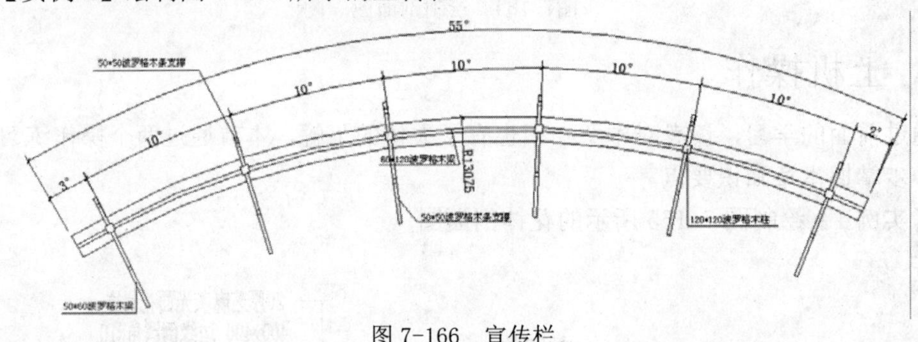

图 7-166　宣传栏

1．目的要求

本实例主要要求读者通过练习进一步熟悉和掌握宣传栏的绘制方法。通过本实例，可以帮助读者学会完成宣传栏绘制的全过程。

2．操作提示

（1）绘图前准备。

（2）绘制标志牌平面图。

（3）标注尺寸和文字。

第 8 章　园林水景

本章主要讲解园林水景的绘制。水景作为园林中一道别样的风景点缀，以它特有的气息与神韵感染着每一个人。它是园林景观和给水排水的有机结合。随着房地产等相关行业的发展，人们对居住环境有了更高的要求，水景逐渐成为居住区环境设计的一大亮点，水景的应用技术也得到了快速发展，许多技术已大量应用于园林实践中。

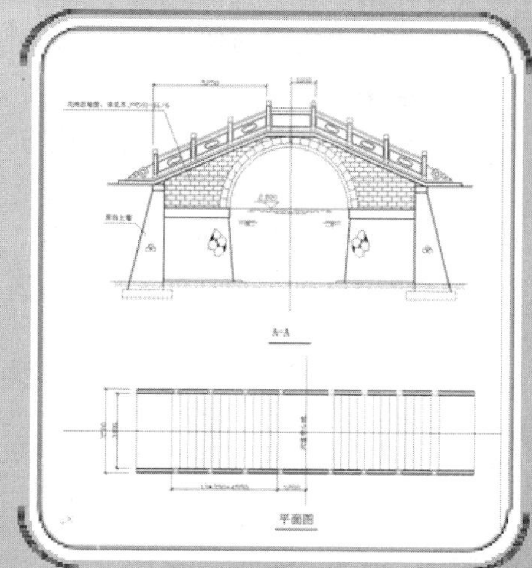

- 园林水景工程图概述
- 喷泉顶视图绘制
- 喷泉立面图绘制
- 喷泉剖面图绘制

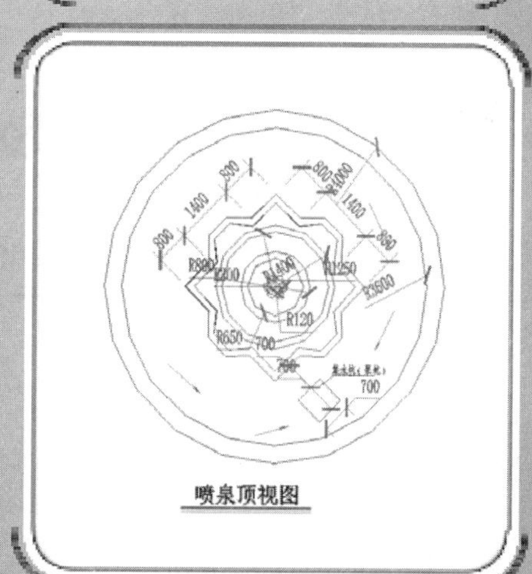
喷泉顶视图

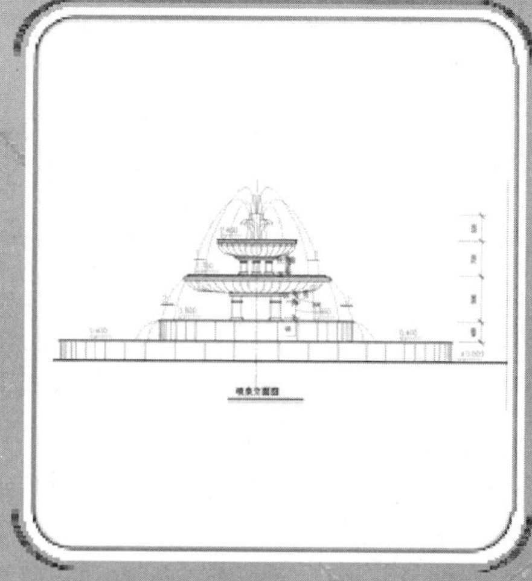

8.1 园林水景工程图概述

山石水体是园林的骨架，表达水景工程构筑物（如驳岸、码头、喷水池等）的图样称为水景工程图。在水景工程图中，除表达工程设施的土建部分外，一般还有机电、管道、水文地质等专业内容。此处主要介绍水景工程图的表达方法、一般分类和喷水池工程图。

1．水景工程图的表达方法

（1）视图的配置。水景工程图的基本图样仍然是平面图、立面图和剖面图。水景工程构筑物，如基础、驳岸、水闸、水池等许多部分被土层履盖，所以剖面图和断面图应用较多。人站在上游（下游），面向建筑物作投射，所得的视图称为上游（下游）立面图，如图 8-1 所示。

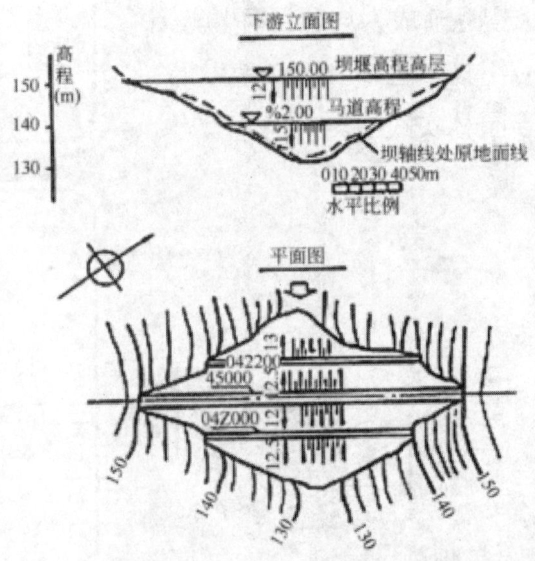

图8-1　上游（下游）立面图

为看图方便，每个视图都应在图形下方标出名称，各视图应尽量按投影关系配置。布置图形时，习惯使水流方向由左向右或自上而下。

（2）其他表示方法

1）局部放大图。物体的局部结构用较大比例画出的图样称为局部放大图或详图。放大的详图必须标注索引标志和详图标志。

2）展开剖面图。当构筑物的轴线是曲线或折线时，可沿轴线剖开物体并向剖切面投影，然后将所得剖面图展开在一个平面上，这种剖面图称为展开剖面图，在图名后应标注“展开”二字。

3）分层表示法。当构筑物有几层结构时，在同一视图内可按其结构层次分层绘制。相邻层次用波浪线分界，并用文字在图形下方标注各层名称。

4）掀土表示法。被土层覆盖的结构，在平面图中不可见。为表示这部分结构，可假想将土层掀开后再画出视图。

5）规定画法。除可采用规定画法和简化画法外，还有以下规定：

构筑物中的各种缝线，如沉陷缝、伸缩缝和材料分界线，两边的表面虽然在同一平面内，但画图时一般按轮廓线处理，用一条粗实线表示。

水景构筑物配筋图的规定画法与园林建筑图相同。如钢筋网片的布置对称可以只画一半，另一半表达构件外形。对于规格、直径、长度和间距相同的钢筋，可用粗实线画出其中一根来表示。同时用一横穿的细实线表示其余的钢筋。

如图形的比例较小，或者某些设备，另有专门的图样来表达，可以在图中相应的部位用图例来表达工程构筑物的位置。常用图例如图8-2所示。

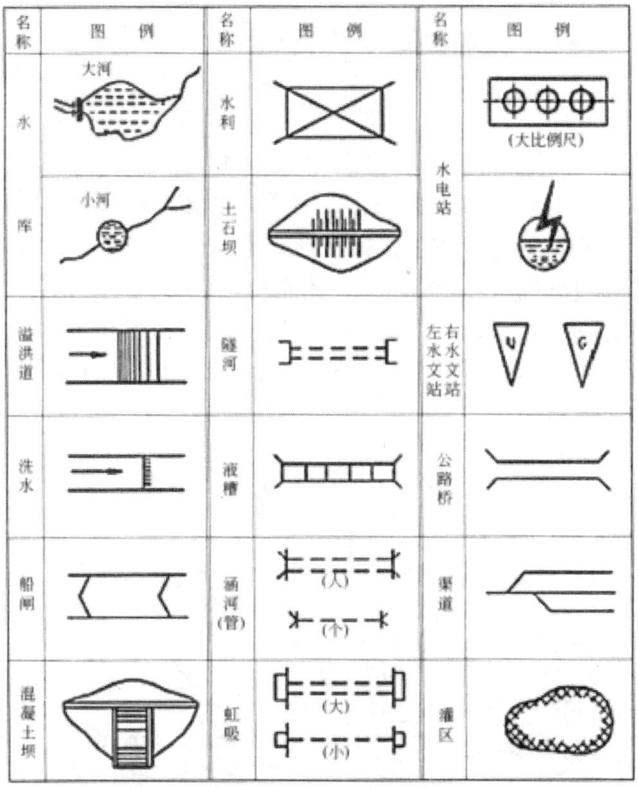

名称	图例	名称	图例	名称	图例
水库	大河	水利		水电站	(大比例尺)
	小河	土石坝			
溢洪道		隧洞		左水文站 右水文站	
泄水		渡槽		公路桥	
船闸		涵洞(管)	(大) (小)	渠道	
混凝土坝		虹吸	(大) (小)	灌区	

图8-2　常见图例

2．水景工程图的尺寸注法

投影制图有关尺寸标注的要求，在注写水景工程图的尺寸时也必须遵守。但水景工程图也有它自己的特点，主要如下：

（1）基准点和基准线。要确定水景工程构筑物在地面的位置，必须先定好基准点和基准线在地面的位置，各构筑物的位置均以基准点进行放样定位。基准点的平面位置是根据测量坐标确定的，两个基准点的连线可以定出基准线的平面位置。基准点的位置用交叉十字线表示，引出标注测量坐标。

（2）常水位、最高水位和最低水位。设计和建造驳岸、码头、水池等构筑物时，应根据当地的水情和一年四季的水位变化来确定驳岸和水池的形式和高度。使得常水位时景观最佳．最高水位不至于溢出，最低水位时岸壁的景观也可入画。因此在水景工程图上，应标注常水位、最高水位和最低水位的标高，并常将水位作为相对标高的零点．如图 8-3 所示。为便于施工测量．图中除注写各部分的高度尺寸外，尚需注出必要的高程。

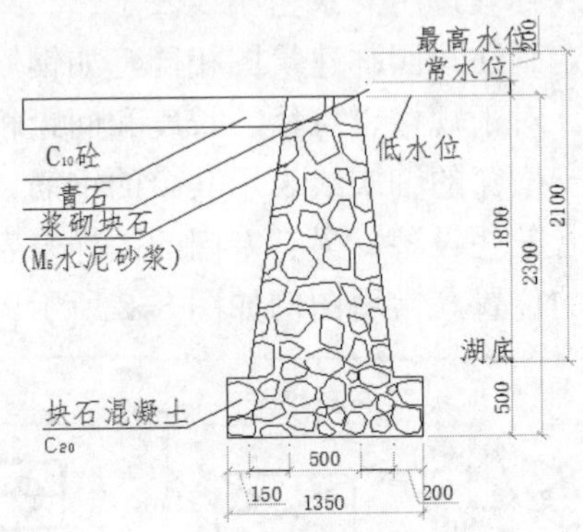

图8-3　驳岸剖面图尺寸标注

（3）里程桩。对于堤坝、渠道、驳岸、隧洞等较长的水景工程构筑物，沿轴线的长度尺寸通常采用里程桩的标注方法。标注形式为 k+m，k 为公里数，m 为米数。如起点桩号标注成 0＋000，起点桩号之后，k、m 为正值，起点桩号之前，k、m 为负值。桩号数字一般沿垂直于轴线的方向注写，且标注在同一侧，如图 8-4 所示。当同一图中几种建筑物均采用“桩号”标注时，可在桩号数字之前加注文字以示区别，如坝 0＋021.00、洞 0＋018.30 等。

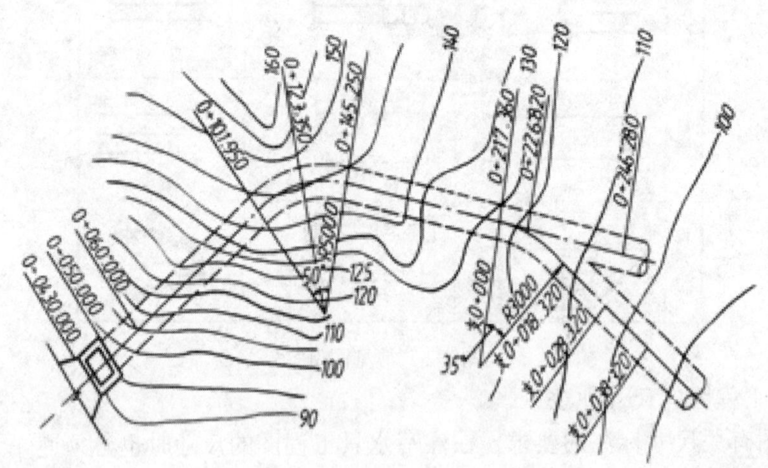

图8-4　里程桩尺寸标注

3．水景工程图的内容

开池理水是园林设计的重要内容。园林中的水景工程，一类是利用天然水源（河流、湖泊）和现状地形修建的较大型水面工程，如驳岸、码头、桥梁、引水渠道和水闸等；更多的是在街头、游园内修建的小型水面工程．如喷水池、种植池、盆景池、观鱼池等人工水池。水景工程设计一般也要经过规划、初步设计、技术设计和施工设计几个阶段。

每个阶段都要绘制相应的图样。水景工程图主要有总体布置图和构筑物结构图。

（1）总体布置图。主要表示整个水景工程各构筑物在平面和立面的布置情况。总体布置图以平面布置图为主，必要时配置立面图：平面布置图一般画在地形图上；为了使图形主次分明，结构土的次要轮廓线和细部构造均省略不画，或用图例或示意图表示这些构造的位置和作用。图中一般只注写构筑物的外形轮廓尺寸和主要定位尺寸，主要部位的高程和填挖方坡度。总体布置图的绘图比例一般为 1:200～1:500。总体布置图包括以下内容：

1）工程设施所在地区的地形现状、河流及流向、水面、地理方位（指北针）等。

2）各工程构筑物的相互位置、主要外形尺寸、主要高程。

3）工程构筑物与地面交线、填挖方的边坡线。

（2）构筑物结构图。结构图是以水景工程中某一构筑物为对象的工程图。包括结构布置图、分部和细部构造图以及钢筋混凝土结构图。构筑物结构图必须把构筑物的结构形状、尺寸大小、材料、内部配筋及相邻结构的连接方式等都表达清楚。结构图包括平、立、剖面图、详图和配筋图，绘图比例一般为 1:8～1:100。构筑物结构图包括以下内容：

1）表明工程构筑物的结构布置、形状、尺寸和材料。

2）表明构筑物各分部和细部构造、尺寸和材料。

3）表明钢筋混凝土结构的配筋情况。

4）工程地质情况及构筑物与地基的连接方式。

5）相邻构筑物之间的连接方式。

6）附属设备的安装位置。

7）构筑物的工作条件，如常水位和最高水位等。

4．喷水池工程图

喷水池的面积和深度较小，一般仅几十厘米至一米，可根据需要建成地面上或地面下或者半地上半地下的形式。人工水池与天然湖池的区别：一是采用各种材料修建池壁和池底，并有较高的防水要求。二是采用管道给水排水，要修建闸门井、检查井、排放口和地下泵站等附属设备。

常见的喷水池结构有两种：一类是砖、石池壁水池，池壁用砖墙砌筑，池底采用素混凝土或钢筋混凝土；另一类是钢筋混凝土水池，池底和池壁都采用钢筋混凝土结构。喷水池的防水做法多是在池底上表面和池壁内外墙面抹 20mm 厚防水砂浆。北方水池还有防冻要求，可以在池壁外侧回填时采用排水性能较好的轻骨料如矿渣、焦渣或级配砂石等。喷水池土建部分用喷水池结构图表达，以下主要说明喷水池管道的画法。

喷水的基本形式有直射形、集射形、放射形、散剔形、混合形等。喷水又可与山石、雕塑、灯光等相互依赖，共同组合形成景观。不同的喷水外形主要取决于喷头的形式，可根据不同的喷水造型设计喷头。

（1）管道的连接方法。喷水池采用管道给水排水，管道是工业产品，有一定的规格和尺寸。在安装时加以连接组成管路，其连接方式将因管道的材料和系统而不同。常用的管道连接方式有 4 种：

1）法兰接。在管道两端各焊一个圆形的法兰盘，在法兰盘中间垫以橡皮，四周钻有成组的小圆孔，在圆孔中用螺栓连接。

2）承插接。管道的一端做成钟形承口，另一端是直管，直管插入承口内，在空隙处填以石棉水泥。

3）螺纹接。管端加工有外螺纹，用有内螺纹的套管将两根管道连接起来。

4）焊接。将两管道对接焊成整体，在园林给水排水管路中应用不多。

喷水池给水排水管路中，给水管一般采用螺纹连接，排水管大多采用承插接。

（2）管道平面图。主要是用以显示区域内管道的布置。一般游园的管道综合平面图常用比例为 1：200～1：2000。喷水池管道平面图主要能显示清楚该小区范围内的管道即可，通常选用 1：50～1：300 的比例。管道均用单线绘制，称为单线管道图。但用不同的宽度和不同的线型加以区别。新建的各种给水排水管用粗线，原有的给水排水管用中粗线；给水管用实线，排水管用虚线等。

管道平面图中的房屋、道路、广场、围墙、草地花坛等原有建筑物和构筑物按建筑总平面图的图例用细实线绘制，水池等新建建筑物和构筑物用中粗线绘制。

铸铁管以公称直径“DN”表示，公称直径指管道内径，通常以 in 为单位(1in=25.4mm)，也可标注 mm，例如 DN50。

混凝土管以内径“d”表示，例如 d150。管道应标注起讫点、转角点、连接点、变坡点的标高。给水管宜注管中心线标高，排水管宜注管内底标高。一般标注绝对标高，如无绝对标高资料，也可注相对标高。给水管是压力管，通常水平敷设，可在说明中注明中心线标高。

排水管为简便起见，可在检查井处引出标注，水平线上面注写管道种类及编号，例如 W-5，水平线下面注写井底标高。也可在说明中注写管口内底标高和坡度。管道平面图中还应标注闸门井的外形尺寸和定位尺寸、指北针或风向玫瑰图。为便于对照阅读，应附足给水排水专业图例和施工说明。施工说明一般包括：设计标高、管径及标高、管道材料和连接方式、检查井和闸门井尺寸、质量要求和验收标准等。

（3）安装详图。主要用以表达管道及附属设备安装情况的图样，或称工艺图。安装详图以平面图作为基本视图，然后根据管道布置情况选择合适的剖面图，剖切位置通过管道中心，但管道按不剖绘制。局部构造，如闸门井、泄水口、喷泉等用管道节点图表达。在一般情况下管道安装详图与水池结构图应分别绘制。

一般安装详图的画图比例都比较大，各种管道的位置、直径、长度及连接情况必须表达清楚。在安装详图中，管径大小按比例用双粗实线绘制，称为双线管道图。

为便于阅读和施工备料，应在每个管件旁边，以指引线引出 6mm 小圆圈并加以编号，相同的管配件可编同一号码。在每种管道旁边注明其名称，并画箭头以示其流向。

池体等土建部分另有构筑物结构图详细表达其构造、厚度、钢筋配置等内容。在管道安装工艺图中，一般只画水池的主要轮廓，细部结构可省略不画。池体等土建构筑物的外形轮廓线（非剖切）用细实线绘制，闸门并、池壁等剖面轮廓线用中粗线绘制，并画出材料图例。

管道安装详图的尺寸包括：构筑尺寸、管径及定位尺寸、主要部位标高。构筑尺寸指水池、闸门井、地下泵站等内部长、宽和深度尺寸，沉淀池、泄水口、出水槽的尺寸等。在每段管道旁边注写管径和代号“DN”等，管道通常以池壁或池角定位。构筑物的主要部位（池顶、池底、泄水口等）及水面、管道中心、地坪应标注标高。

喷头是经机械加工的零部件，与管道用螺纹连接或法兰连接。自行设计的喷头应按机械制图标准画出部件装配图和零件图。

为便于施工备料、预算，应将各种主要设备和管配件汇总列出材料表。表列内容包括：件号、名称、规格、材料、数量等。

（4）喷水池结构图。喷水池池体等土建构筑物的布置、结构、形状大小和细部构造用喷水池结构图来表示。喷水池结构图通常包括：表达喷水池各组成部分的位置、形状和周围环境的平面布置图，表达喷泉造型的外观立面图，表达结构布置的剖面图和池壁、池底结构详图或配筋图。如图 8-5 所示，是钢筋混凝地上水池的池壁和池底详图。其钢筋混凝土结构的表达方法应符合建筑结构制图标准的规定。图 8-5 所示为某公园喷泉结构图。

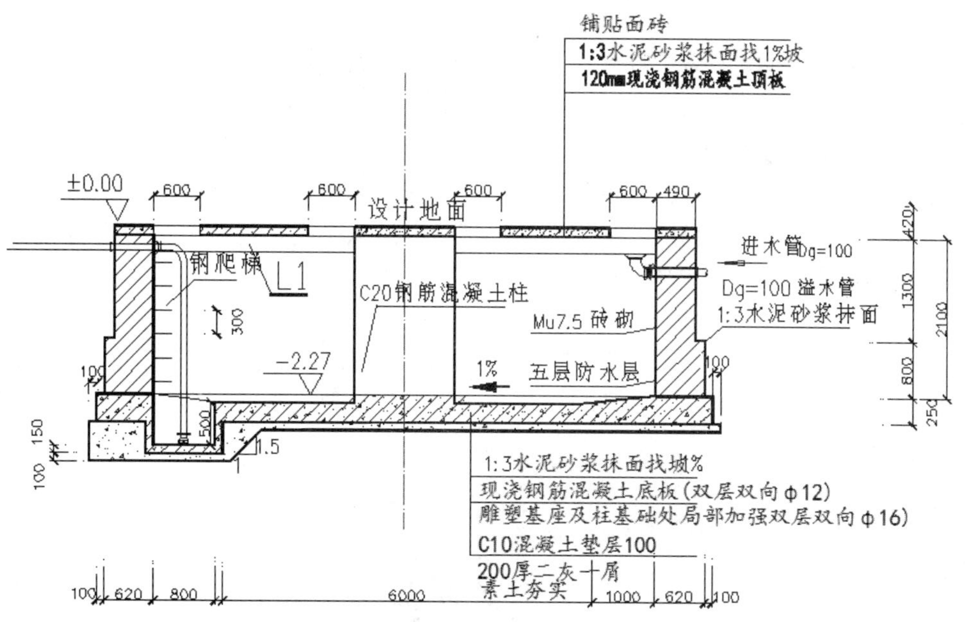

图8-5　某公园喷泉结构图

8.2　喷泉顶视图绘制

光盘\动画演示\第 8 章\喷泉顶视图绘制.avi

使用直线、圆命令绘制定位轴线和喷池；使用直线、偏移、修剪命令绘制喷泉顶视图；用半径标注命令标注尺寸；完成喷泉顶视图绘制，如图 8-6 所示。

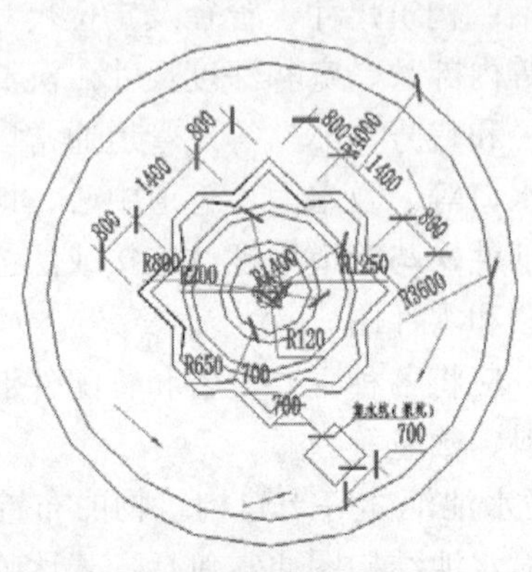

图8-6　喷泉顶视图

8.2.1　绘图前准备及绘图设置

根据绘制图形决定绘图的比例，建议采用 1:1 的比例绘制。

1. 建立新文件

打开 AutoCAD 2018 应用程序，建立新文件，将新文件命名为“喷泉顶视图.dwg”并保存。

2. 设置绘图工具栏

在任意工具栏处单击鼠标右键，从打开的快捷菜单中选择“标准”“图层”“对象特性”“绘图”“修改”“修改Ⅱ”“文字”和“标注”这八个选项，调出这些工具栏，并将它们移动到绘图窗口中的适当位置。

3. 设置图层

设置以下四个图层：“标注尺寸”“中心线”“轮廓线”“文字”，把这些图层设置成不同的颜色，使图样上表示更加清晰，将“中心线”设置为当前图层。设置好的图层如图 8-7 所示。

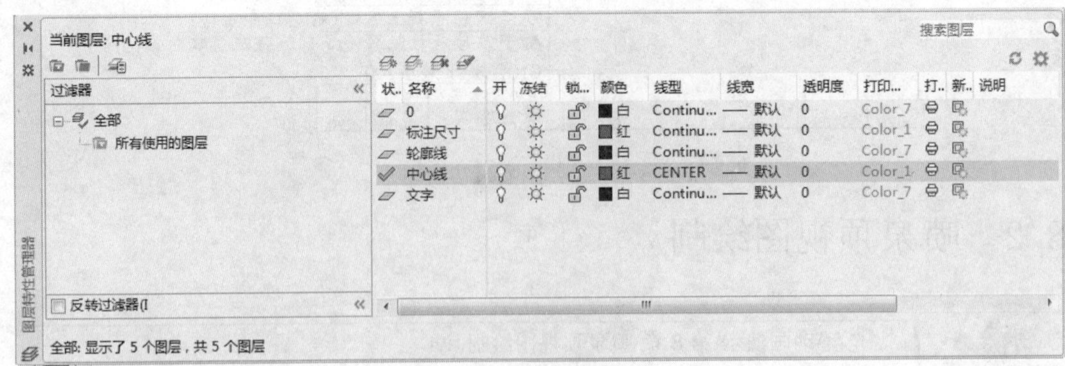

图8-7　喷泉顶视图图层设置

4. 标注样式的设置

根据绘图比例设置标注样式，对标注样式线、符号和箭头、文字、主单位进行设置，

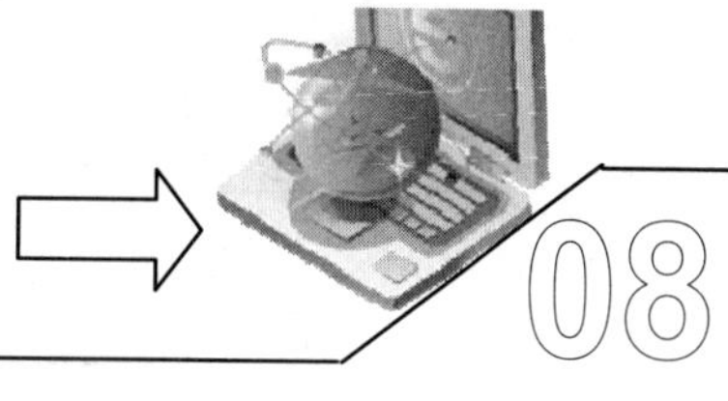

具体如下：

（1）线：超出尺寸线距离为250mm，起点偏移量为300mm。

（2）符号和箭头：第一个为建筑标记，箭头大小为300mm，圆心标注为标记150。

（3）文字：文字高度为300mm，文字位置为垂直上，从尺寸线偏移150mm，文字对齐为ISO标准。

（4）主单位：精度为0，比例因子为1。

5．文字样式的设置

单击“默认”选项卡“注释”面板中的“文字样式”按钮，进入“文字样式”对话框，选择宋字字体，宽度因子设置为0.8。文字样式的设置如图8-8所示。

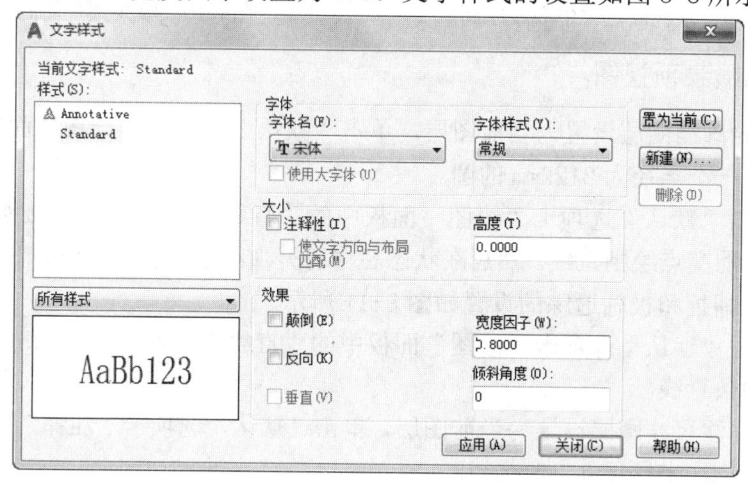

图8-8　喷泉顶视图文字样式设置

8.2.2　绘制定位轴线

（1）在状态栏，单击“正交模式”按钮，打开正交模式，在状态栏，单击“对象捕捉”按钮，打开对象捕捉模式。

（2）单击“默认”选项卡“绘图”面板中的“直线”按钮，绘制一条长为8000mm的水平直线。重复“直线”命令，以中点为起点向上绘制一条长为4000mm的垂直直线，重复“直线”命令，以中点为起点向下绘制一条长为4000mm的垂直直线。

（3）把标注尺寸图层设置为当前图层，单击“默认”选项卡“注释”面板中的“线性”按钮，标注外形尺寸。完成的图层和尺寸如图8-9所示。

（4）单击“默认”选项卡“修改”面板中的“删除”按钮，删除标注尺寸。

（5）把轮廓线图层设置为当前图层单击“默认”选项卡“绘图”面板中的“圆”按钮，绘制同心圆，圆的半径分别为（单位：mm）：120、200、280、650、800、1250、1400、3600、4000。

（6）把标注尺寸图层设置为当前图层，单击“默认”选项卡“注释”面板中的“半径”按钮，标注外形尺寸。完成的图形和尺寸如图8-10所示。

（7）单击“默认”选项卡“修改”面板中的“删除”按钮，删除标注尺寸。

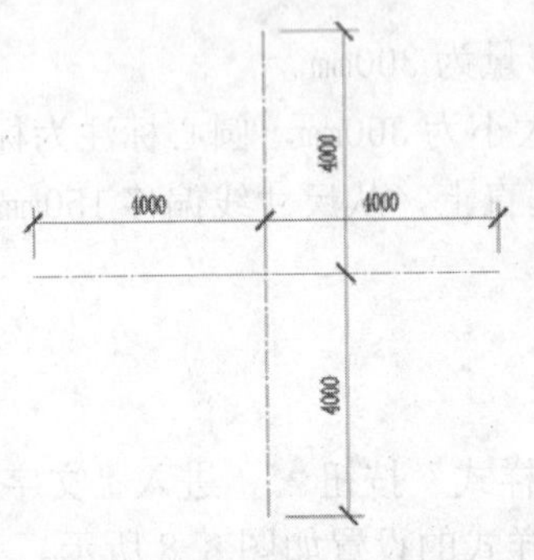

图8-9　喷泉顶视图定位中心线绘制

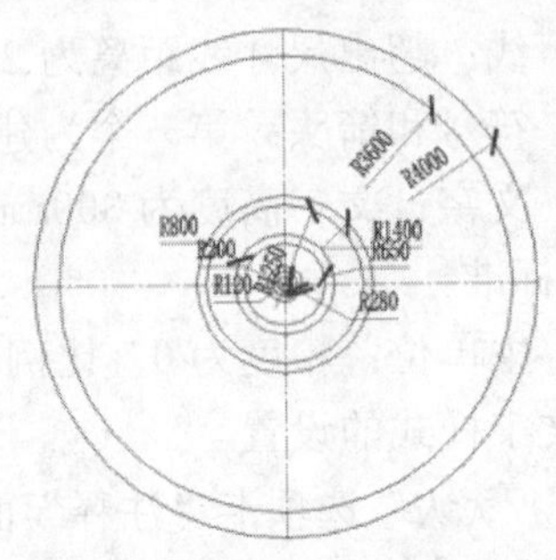

图8-10　喷泉顶视图同心圆绘制

8.2.3　绘制喷泉顶视图

（1）把轮廓线图层设置为当前图层。单击“默认”选项卡“绘图”面板中的“圆”按钮，绘制一个半径为 2122mm 的圆。

（2）单击“默认”选项卡“绘图”面板中的“直线”按钮，连接刚绘制好的圆与定位中心线的交点绘制直线。然后在状态栏中打开“对象捕捉”按钮和“极轴追踪”按钮，对象捕捉和极轴追踪的设置如图 8-11 所示。

（3）单击“默认”选项卡“绘图”面板中的“直线”按钮，在 45° 方向绘制长为 800mm 的两条直线。

（4）把标注尺寸图层设置为当前图层，单击“默认”选项卡“注释”面板中的“半径”按钮，标注半径尺寸。

（5）单击“默认”选项卡“注释”面板中的“对齐”按钮，标注斜向尺寸。完成的图形和尺寸如图 8-12 所示。

（6）把轮廓线图层设置为当前图层。单击“默认”选项卡“绘图”面板中的“圆”按钮，以 45° 方向直线的端点为圆心绘制两个半径为 750mm 的圆，两圆交于下方的一点 C。

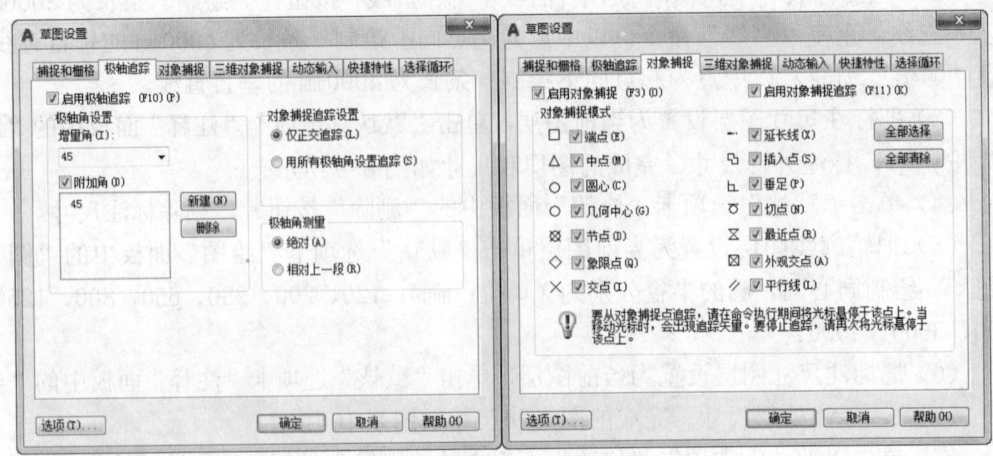

图8-11　喷泉顶视图极轴追踪和对象捕捉设置

（7）单击“默认”选项卡“绘图”面板中的“圆弧”按钮，绘制45°方向圆弧，指定45°方向直线的端点A点为圆弧的起点，指定两圆交点C点为圆弧的圆心，指定45°方向直线的端点B点为圆弧的端点。

（8）把标注尺寸图层设置为当前图层，单击“默认”选项卡“注释”面板中的“半径”按钮，标注半径尺寸。完成的图形和尺寸如图8-13所示。

（9）单击“默认”选项卡“修改”面板中的“删除”按钮，删除多余圆、直线以及标注尺寸。

（10）单击“默认”选项卡“注释”面板中的“对齐”按钮，标注斜向尺寸。

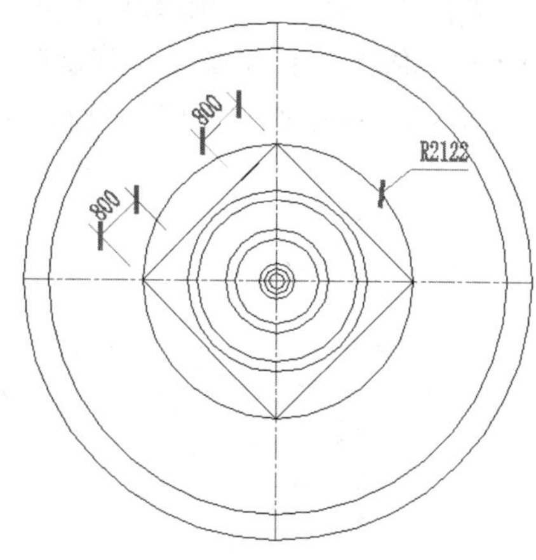

图8-12　45°方向直线绘制

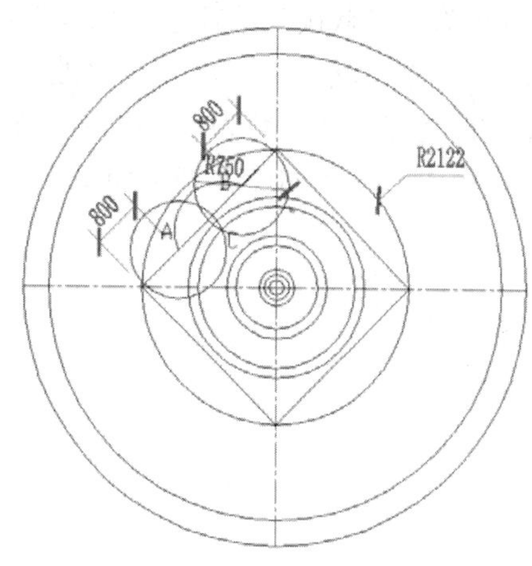

图8-13　45°方向圆弧绘制

（11）单击“默认”选项卡“修改”面板中的“镜像”按钮，分别以两条定位中心线为镜像线复制45°方向圆弧的实体。完成的图形如图8-14所示。

（12）单击“默认”选项卡“修改”面板中的“删除”按钮、“编辑多段线”按钮，45°方向的实体转化为多段线，指定所有线段的新宽度为2mm。

（13）单击“默认”选项卡“修改”面板中的“偏移”按钮，复制刚定义好的多段线，向内偏移距离为150mm。完成的图形如图8-15所示。

图8-14　45°方向实体的复制

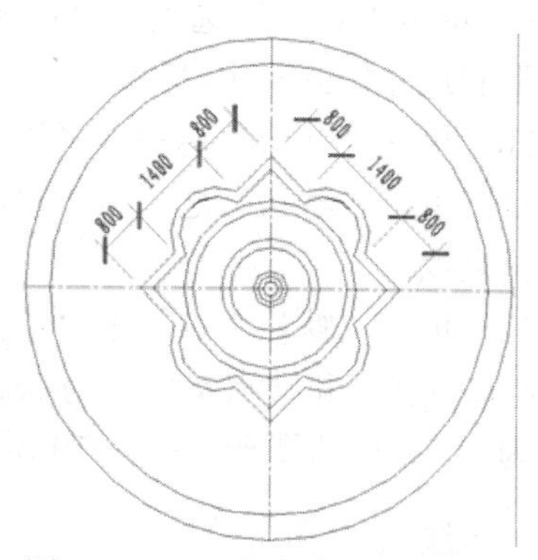

图8-15　45°方向实体的偏移

8.2.4 绘制喷泉池

（1）单击“默认”选项卡“绘图”面板中的“直线”按钮，绘制一条与水平成30°角的直线。

（2）单击“默认”选项卡“绘图”面板中的“圆”按钮，以垂直直线和30°方向的直线与半径为200mm的圆的交点为圆心绘制半径为100mm的圆。

（3）单击“默认”选项卡“绘图”面板中的“圆弧”按钮，绘制圆弧。完成的图形和尺寸如图8-16所示。

（4）单击“默认”选项卡“修改”面板中的“删除”按钮，删除多余圆和直线。

（5）单击“默认”选项卡“修改”面板中的“环形阵列”按钮，选择圆弧为阵列对象。设置阵列项目数为6，项目间填充角度为60，拾取的中心点为同心圆的圆心。

绘制完成的图形如图8-17所示。

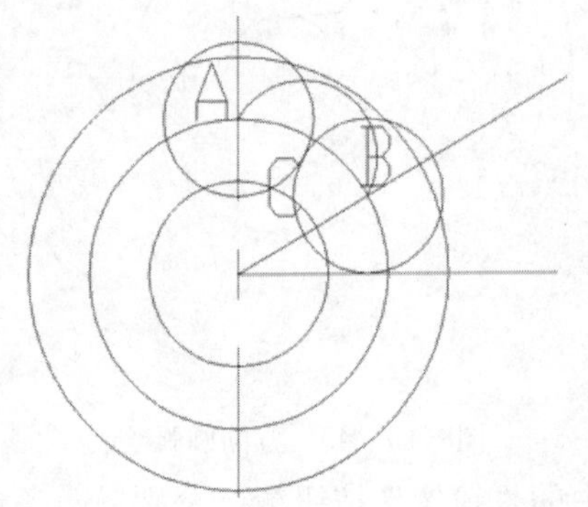

图8-16　喷泉中心喷池平面圆弧绘制

图8-17　喷泉中心喷池绘制

（6）单击“默认”选项卡“绘图”面板中的“直线”按钮，绘制集水坑定位线。

（7）单击“默认”选项卡“绘图”面板中的“矩形”按钮，绘制集水坑。指定矩形的长度为700mm，指定矩形的宽度为700mm，指定旋转角度为45°。

（8）把标注尺寸图层设置为当前图层，单击“默认”选项卡“注释”面板中的“线性”按钮，标注外形尺寸。

（9）单击“默认”选项卡“注释”面板中的“对齐”按钮，标注斜向尺寸。完成的图形和尺寸如图8-18所示。

（10）单击“默认”选项卡“注释”面板中的“半径”按钮，标注半径尺寸。

（11）单击“默认”选项卡“修改”面板中的“删除”按钮，删除多余的标注尺寸和定位直线。

（12）单击“默认”选项卡“绘图”面板中的“多段线”按钮，绘制箭头。输入w来指定起点宽度和端点宽度均为5mm。然后输入w来指定起点宽度为50mm、端点宽度的宽度为0。完成的图形如图8-19所示。

8.2.5 标注尺寸和文字

（1）单击“默认”选项卡“注释”面板中的“半径”按钮，标注半径尺寸。标注

完的图形如图 8-20 所示。

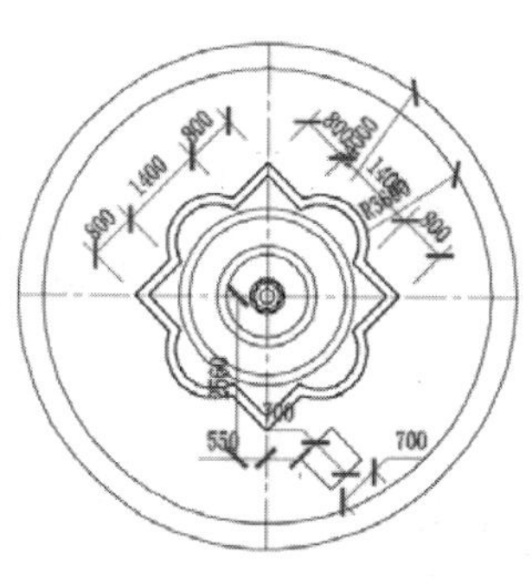

图8-18　集水坑绘制

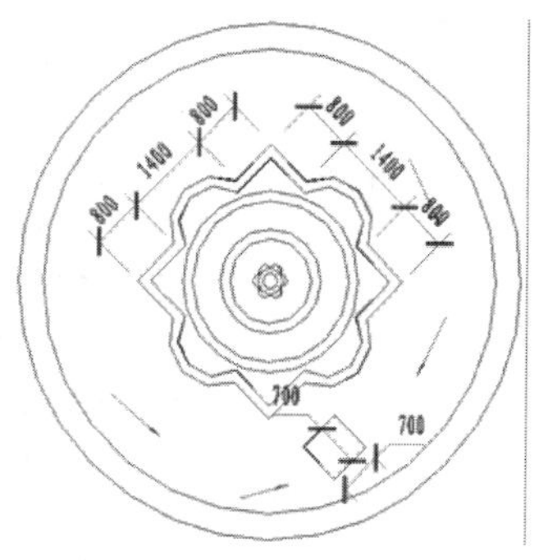

图8-19　箭头绘制

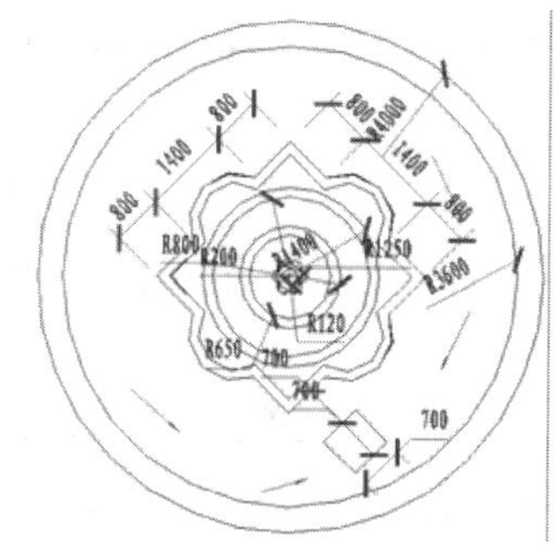

图8-20　喷泉标注绘制

（2）单击“默认”选项卡“注释”面板中的“多行文字”按钮A，标注文字。标注完成的图形如图 8-6 所示。

8.3　喷泉立面图绘制

光盘\动画演示\第 8 章\喷泉立面图绘制.avi

使用直线、复制命令绘制定位轴线；使用直线、样条曲线、复制、修剪等命令绘制喷泉立面图；标注标高，使用多行文字命令标注文字，完成保存喷泉立面图，如图 8-21 所示。

8.3.1　绘图前准备以及绘图设置

根据绘制图形决定绘图的比例，建议采用 1:1 的比例绘制。

1. 建立新文件

打开 AutoCAD 2018 应用程序，建立新文件，将新文件命名为“喷泉立面图.dwg”并保存。

2. 设置绘图工具栏

在任意工具栏处单击鼠标右键，从打开的快捷菜单中选择“标准”“图层”“对象特性”“绘图”“修改”“修改Ⅱ”“文字”和“标注”8 个选项，调出这些工具栏，并将它

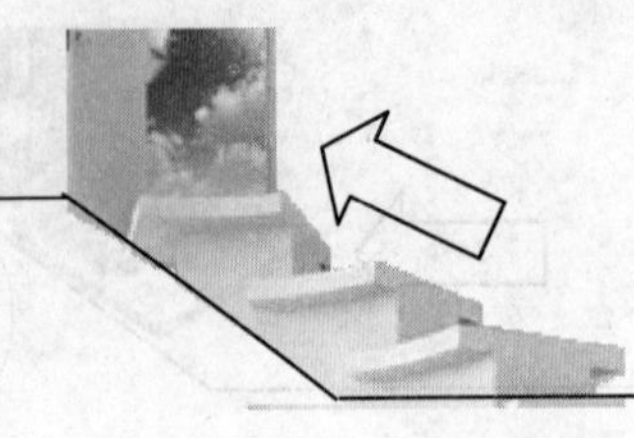

们移动到绘图窗口中的适当位置。

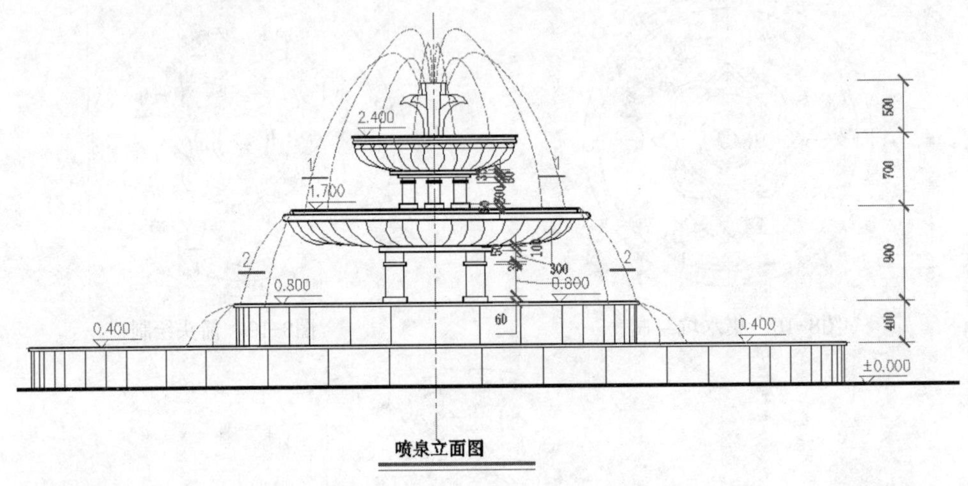

图8-21　喷泉立面图

3. 设置图层

设置以下 5 个图层：“标注尺寸”“中心线”“轮廓线”“文字”和“水面线”，将“中心线”设置为当前图层。设置好的图层如图 8-22 所示。

4. 标注样式的设置

根据绘图比例设置标注样式，对标注样式线、符号和箭头、文字、主单位进行设置，具体如下：

（1）线：超出尺寸线为 120mm，起点偏移量为 150。

（2）符号和箭头：第一个为建筑标记，箭头大小为150mm，圆心标注为标记 75。

（3）文字：文字高度为 150mm，文字位置为垂直上，从尺寸线偏移 150mm，文字对齐为 ISO 标准。

（4）主单位：精度为 0，比例因子为 1。

5. 文字样式的设置

单击“默认”选项卡“注释”面板中的“文字样式”按钮，进入“文字样式”对话框，选择宋字字体，宽度因子设置为 0.8。文字样式的设置如图 8-23 所示。

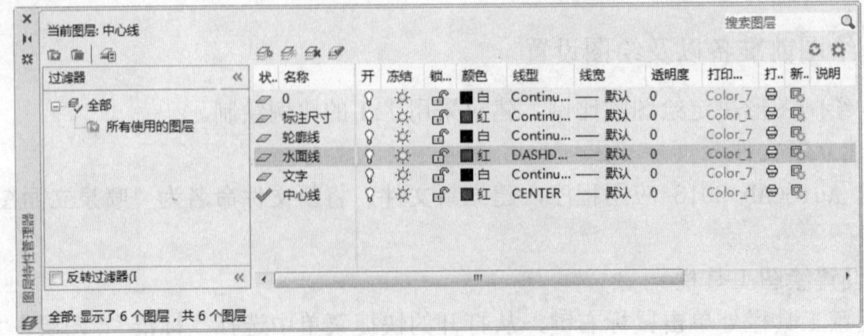

图8-22　喷泉立面图图层设置

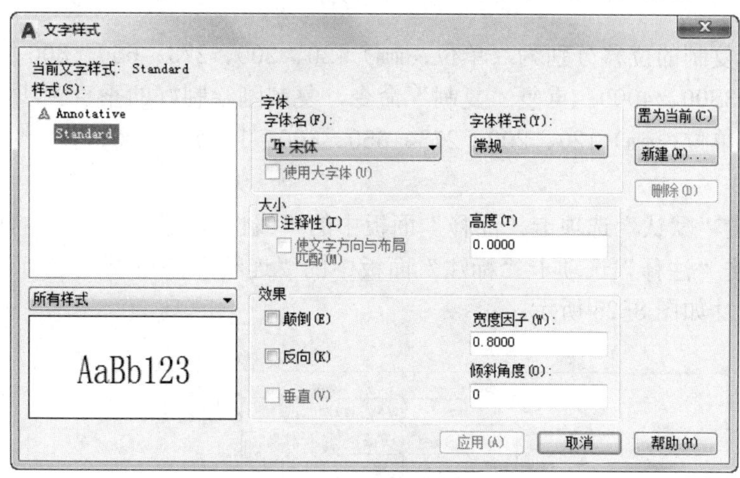

图8-23　喷泉立面图文字设置

8.3.2　绘制定位轴线

（1）在状态栏，单击“正交模式”按钮，打开正交模式，在状态栏单击“对象捕捉”按钮，打开对象捕捉模式。

（2）单击“默认”选项卡“绘图”面板中的“直线”按钮，绘制一条长为8050的水平直线。重复“直线”命令，以中点为起点向上绘制一条长为2224mm的垂直直线，重复“直线”命令，以中点为起点向下绘制一条长为2224mm的垂直直线。

（3）把标注尺寸图层设置为当前图层，单击“默认”选项卡“注释”面板中的“线性”按钮，标注外形尺寸。然后单击“注释”选项卡“标注”面板中的“连续”按钮，进行连续标注。完成的图形和尺寸如图8-24所示。

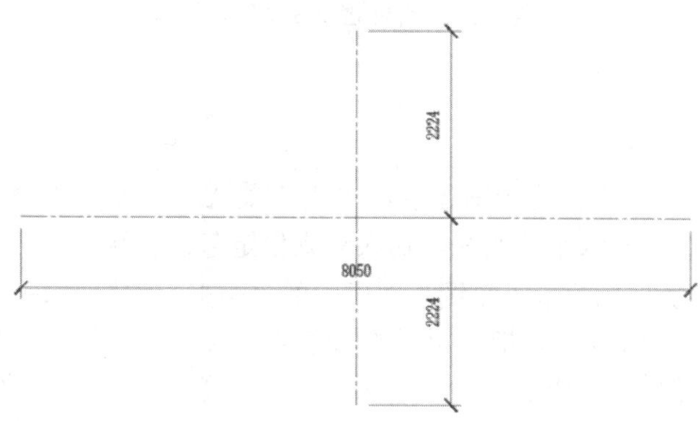

图8-24　喷泉立面图定位轴线绘制

（4）单击“默认”选项卡“修改”面板中的“删除”按钮，删除标注尺寸线。单击“默认”选项卡“修改”面板中的“复制”按钮，复制刚绘制好的水平直线，向上复制的位移分别为700mm、1200mm。

（5）单击“默认”选项卡“修改”面板中的“复制”按钮，复制刚绘制好的水平直线，向下复制的位移分别为900mm、1300mm、1700mm。

（6）单击“默认”选项卡“修改”面板中的“复制”按钮，复制刚绘制好的垂

直直线，向右复制的位移分别为（单位：mm）120、200、273、650、800、1250、1400、1832、1982、3800、4000。重复“复制”命令，复制刚绘制好的垂直直线，向左复制的位移分别为（单位：mm）120、200、273、650、800、1250、1400、1832、1982、3800、4000。

（7）单击“默认”选项卡“注释”面板中的“线性”按钮，标注直线尺寸。

（8）单击“注释”选项卡“标注”面板中的“连续”按钮，进行连续标注。完成的图形和尺寸如图 8-25 所示。

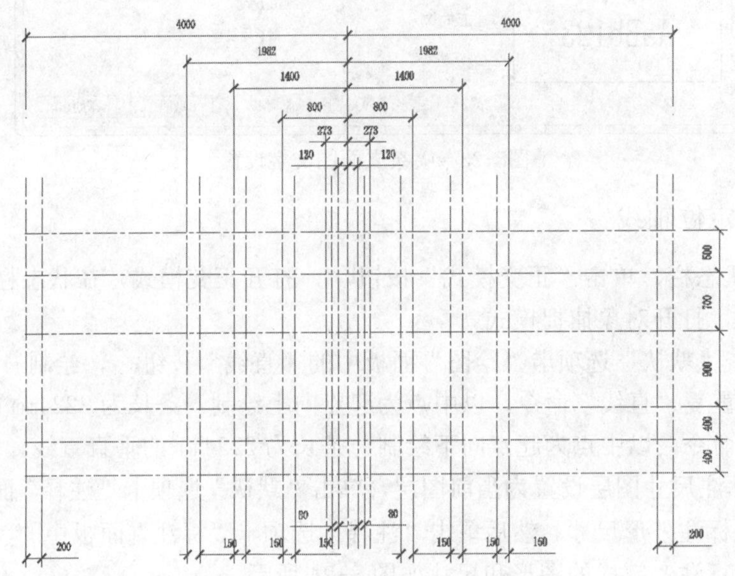

图8-25　喷泉立面图定位轴线

8.3.3　绘制喷泉立面图

1. 绘制最底面喷池

（1）把轮廓线图层设置为当前图层，单击“默认”选项卡“绘图”面板中的“多段线”按钮，绘制一条水平地面线。输入 w 来指定起点和端点的宽度为 30mm。

（2）单击“默认”选项卡“绘图”面板中的“矩形”按钮，绘制最外面的喷池，尺寸为 8000mm×30mm。输入 f 来指定矩形的圆角半径为 15mm，输入 w 指定矩形的线宽为 5mm。完成的图形如图 8-26 所示。

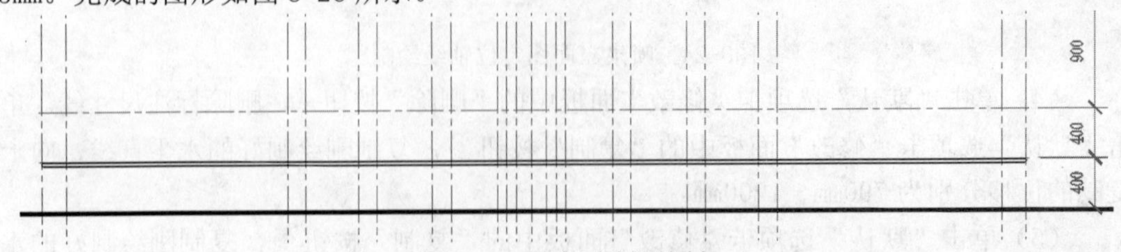

图8-26　最底面喷池绘制

（3）单击“默认”选项卡“绘图”面板中的“直线”按钮，绘制最底面的竖向

线，长度为370。

（4）单击“默认”选项卡“修改”面板中的“复制”按钮，复制刚绘制好的竖向线，向右复制的距离分别为（单位：mm）25、75、125、225、325、525、725、925、1325、1725、2325、2925、3525。

（5）单击“默认”选项卡“修改”面板中的“删除”按钮，删除最初绘制的竖向直线。

（6）单击“默认”选项卡“修改”面板中的“镜像”按钮，以竖向线为对称轴为基点复制刚绘制完的竖向线。

（7）把标注尺寸图层设置为当前图层，单击“默认”选项卡“注释”面板中的“线性”按钮，标注直线尺寸。

（8）单击“注释”选项卡“标注”面板中的“连续”按钮，进行连续标注。完成的图形和尺寸如图8-27所示。

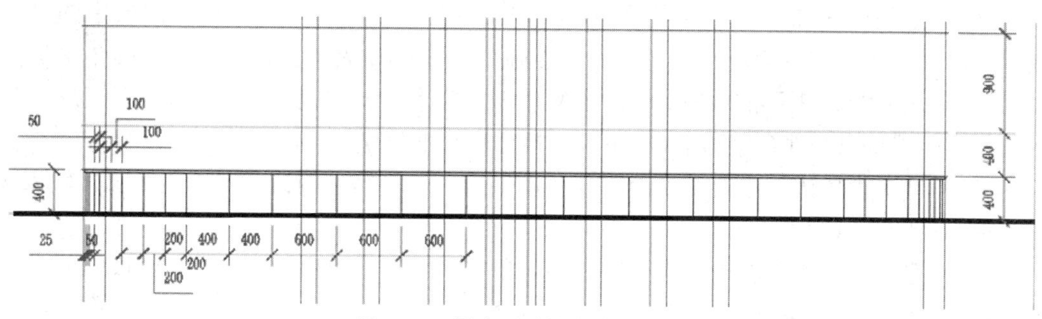

图8-27　最底面喷池竖向线绘制

2．绘制第二层喷池

（1）把轮廓线图层设置为当前图层，单击“默认”选项卡“绘图”面板中的“矩形”按钮，绘制第二层喷池，尺寸为3964mm×30mm。输入f指定矩形的圆角半径为15mm，输入w指定矩形的线宽为5mm。

（2）单击“默认”选项卡“绘图”面板中的“直线”按钮，绘制最底面的竖向线，长度为370mm。

（3）单击“默认”选项卡“修改”面板中的“复制”按钮，复制刚绘制好的竖向线，向右复制的距离分别为（单位：mm）25、50、100、150、250、350、550、750、1150、1550。

（4）单击“默认”选项卡“修改”面板中的“删除”按钮，删除最初绘制的竖向直线。

（5）单击“默认”选项卡“修改”面板中的“镜像”按钮，以竖向线为对称轴为基点复制刚刚绘制完的竖向线。

（6）把标注尺寸图层设置为当前图层，单击“默认”选项卡“注释”面板中的“线性”按钮，标注直线尺寸。

（7）单击“注释”选项卡“标注”面板中的“连续”按钮，进行连续标注。完成第二层喷池的绘制，完成的图形和尺寸如图8-28所示。

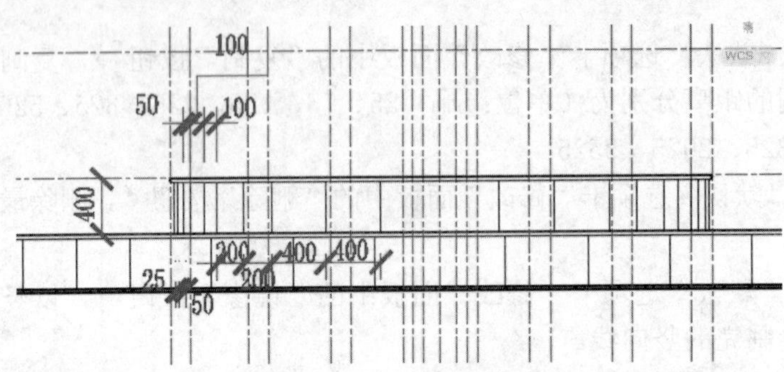

图8-28　第二层喷池绘制

3．绘制第三层喷池

（1）单击“默认”选项卡“修改”面板中的“复制”按钮，复制离地面距离为1700mm的直线，向下复制的距离为15mm、45mm、105mm。

（2）把轮廓线图层设置为当前图层，单击“默认”选项卡“绘图”面板中的“矩形”按钮，绘制第三层喷池，尺寸为2800mm×15mm。输入f来指定矩形的圆角半径为7.5mm，输入w指定矩形的线宽为5。重复“矩形”命令，绘制3000mm×60mm矩形。输入f指定矩形的圆角半径为30mm，输入w指定矩形的线宽为5mm。

（3）单击“默认”选项卡“绘图”面板中的“多段线”按钮，绘制圆弧。输入w来设置起点和端点宽度为5mm。

（4）把标注尺寸图层设置为当前图层，单击“默认”选项卡“注释”面板中的“线性”按钮，标注直线尺寸。

（5）单击“注释”选项卡“标注”面板中的“连续”按钮，进行连续标注。完成的图形和尺寸如图8-29所示。

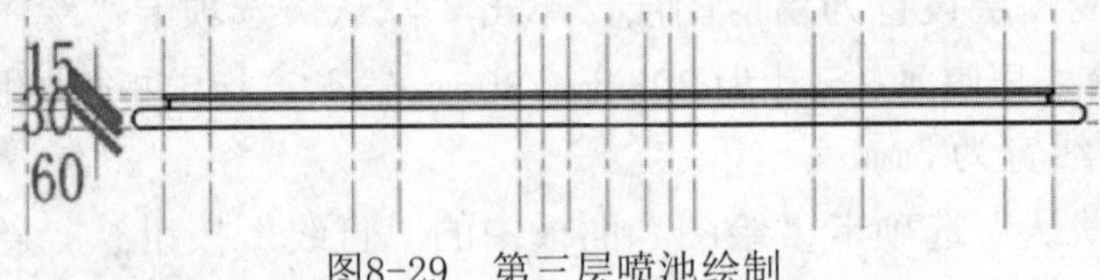

图8-29　第三层喷池绘制

（6）单击“默认”选项卡“修改”面板中的“删除”按钮，删除多余的标注尺寸。使用直线和多段线命令绘制立柱。

（7）单击“默认”选项卡“修改”面板中的“复制”按钮，复制中心的垂直直线，分别向左、右的距离为390mm，以确定底柱中心线。

（8）把轮廓线图层设置为当前图层，单击“默认”选项卡“绘图”面板中的“矩形”按钮，绘制240mm×60mm的矩形，输入w设置起点宽度为5mm。

（9）单击“默认”选项卡“绘图”面板中的“直线”按钮，绘制长为300mm的垂直直线。

（10）单击“默认”选项卡“修改”面板中的“复制”按钮，复制此竖向直线，向右偏移的距离为180mm。

（11）单击“默认”选项卡“绘图”面板中的“矩形”按钮，绘制220mm×30mm

矩形，输入 w 设置起点宽度为 5mm。

（12）单击“默认”选项卡“绘图”面板中的“直线”按钮，绘制长为 100mm 的垂直直线。

（13）单击“默认”选项卡“修改”面板中的“复制”按钮，复制此竖向直线，向右的距离为 180mm。

（14）单击“默认”选项卡“绘图”面板中的“矩形”按钮，绘制 1100mm×50mm 矩形，输入 w 设置起点宽度为 5mm。

（15）单击“默认”选项卡“修改”面板中的“复制”按钮，复制刚绘制好的立柱，复制的距离为 780mm。

（16）把标注尺寸图层设置为当前图层，单击“默认”选项卡“注释”面板中的“线性”按钮，标注直线尺寸。

（17）单击“注释”选项卡“标注”面板中的“连续”按钮，进行连续标注。完成的图形和尺寸如图 8-30 所示。

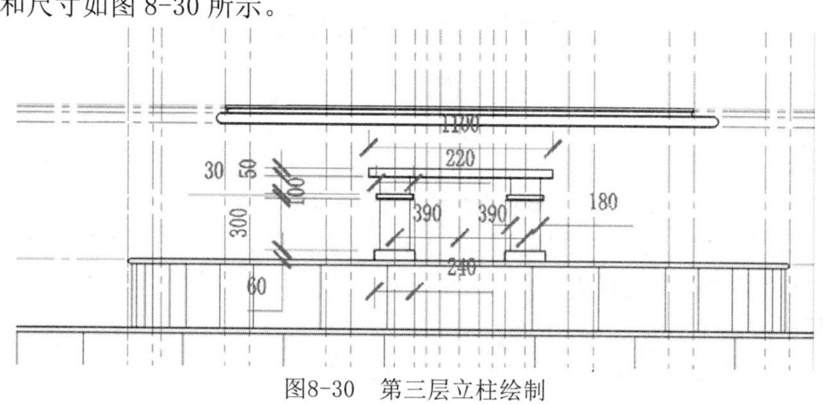

图8-30　第三层立柱绘制

（18）单击“默认”选项卡“修改”面板中的“删除”按钮，删除多余的标注尺寸。

（19）单击“默认”选项卡“绘图”面板中的“圆弧”按钮，绘制喷池立面装饰线，完成的图形如图 8-31 所示。

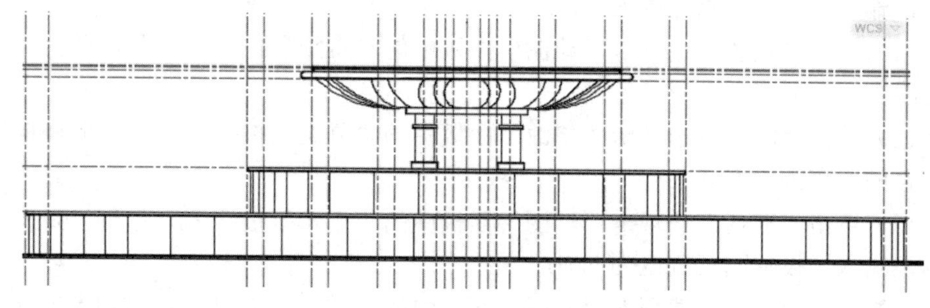

图8-31　第三层喷池立面装饰绘制

4．绘制第四层喷池

（1）单击“默认”选项卡“修改”面板中的“复制”按钮，复制离地面距离为 2400mm 的直线，向下复制的距离为 15mm、45mm、75mm。

（2）把轮廓线图层设置为当前图层，单击“默认”选项卡“绘图”面板中的“矩

形”按钮，绘制第四层喷池，尺寸为 1615mm×15mm。输入 f 指定矩形的圆角半径为 7.5mm，输入 w 指定矩形的线宽为 5mm。重复“矩形”命令，绘制 1600mm×30mm。输入 f 指定矩形的圆角半径为 15mm，输入 w 指定矩形的线宽为 5mm。

（3）单击“默认”选项卡“绘图”面板中的“多段线”按钮，绘制圆弧。输入 w 设置起点和端点宽度为 5mm。

（4）把标注尺寸图层设置为当前图层，单击“默认”选项卡“注释”面板中的“线性”按钮，标注直线尺寸。

（5）单击“注释”选项卡“标注”面板中的“连续”按钮，进行连续标注。完成的图形和尺寸如图 8-32 所示。

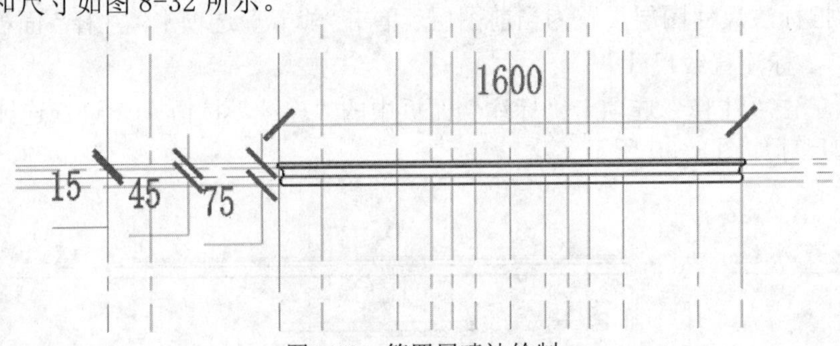

图8-32　第四层喷池绘制

（6）单击“默认”选项卡“修改”面板中的“删除”按钮，删除多余的标注尺寸。

（7）把轮廓线图层设置为当前图层，单击“默认”选项卡“绘图”面板中的“矩形”按钮，绘制 180mm×50mm 矩形，输入 w 设置起点宽度为 5。

（8）单击“默认”选项卡“绘图”面板中的“直线”按钮，绘制长为 200mm 的垂直直线。

（9）单击“默认”选项卡“修改”面板中的“复制”按钮，复制此竖向直线，向右的距离为 120mm。

（10）单击“默认”选项卡“绘图”面板中的“矩形”按钮，绘制 140mm×20mm 的矩形，输入 w 设置起点宽度为 5mm。

（11）单击“默认”选项卡“绘图”面板中的“直线”按钮，绘制长为 30mm 的垂直直线。

（12）单击“默认”选项卡“修改”面板中的“复制”按钮，复制此竖向直线，向右偏移的距离为 120mm。

（13）单击“默认”选项卡“绘图”面板中的“矩形”按钮，绘制 700mm×30mm 的矩形，输入 w 设置起点宽度为 5mm。

（14）单击“默认”选项卡“绘图”面板中的“矩形”按钮，绘制 860mm×35mm 的矩形，输入 w 设置起点宽度为 5mm。

（15）单击“默认”选项卡“修改”面板中的“复制”按钮，复制刚绘制好的立柱，分别向左、向右偏移的距离为 250mm。

（16）把标注尺寸图层设置为当前图层，单击“默认”选项卡“注释”面板中的“线

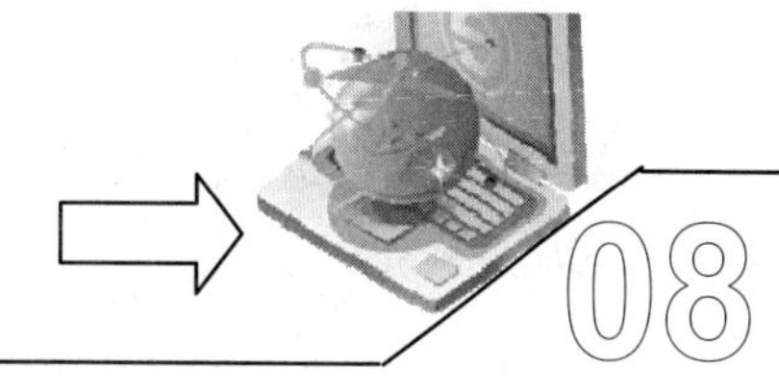

性”按钮，标注直线尺寸。

（17）单击“注释”选项卡“标注”面板中的“连续”按钮，进行连续标注。完成第四层喷池的绘制，完成的图形和尺寸如图 8-33 所示。

（18）单击“默认”选项卡“绘图”面板中的“圆弧”按钮，绘制喷池立面装饰线。

（19）单击“默认”选项卡“绘图”面板中的“直线”按钮，绘制 1550mm×50mm 的矩形。

（20）单击“默认”选项卡“修改”面板中的“删除”按钮，删除多余的标注尺寸和直线。完成的图形如图 8-34 所示。

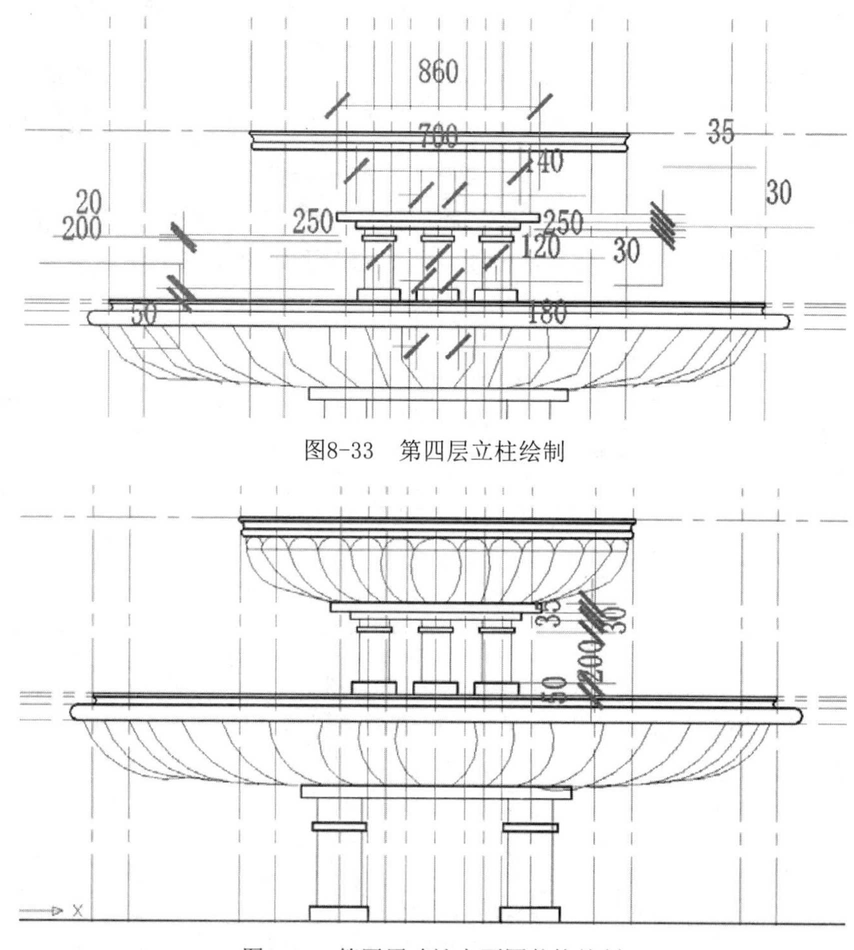

图8-33　第四层立柱绘制

图8-34　第四层喷池立面图装饰绘制

8.3.4　绘制喷嘴造型

（1）把轮廓线图层设置为当前图层，单击“默认”选项卡“绘图”面板中的“直线”按钮，绘制喷嘴。

（2）把标注尺寸图层设置为当前图层，单击“默认”选项卡“注释”面板中的“线性”按钮，标注直线尺寸，完成的图形和尺寸如图 8-35a 所示。

（3）把轮廓线图层设置为当前图层，单击“默认”选项卡“绘图”面板中的“圆弧”按钮，绘制花瓣，完成的图形如图 8-35b 所示。

（4）单击“默认”选项卡“修改”面板中的“修剪”按钮，修剪多余的部分。完成的图形如图 8-35c 所示。

（5）单击“默认”选项卡“修改”面板中的“镜像”按钮，复制刚绘制好的花瓣，完成的图形如图 8-35d 所示。

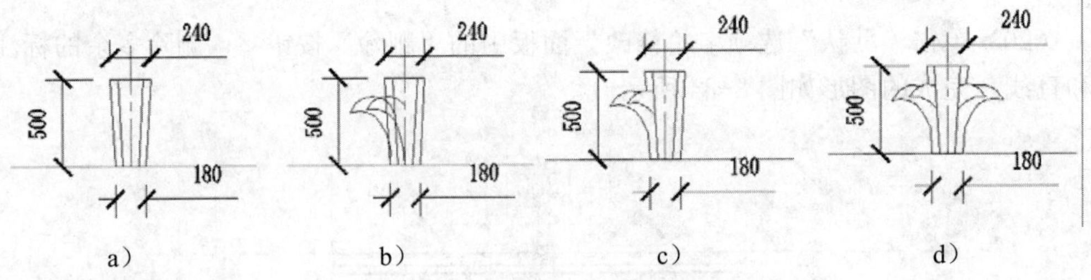

图8-35　顶部喷嘴造型绘制流程

（6）单击“默认”选项卡“修改”面板中的“移动”按钮，把绘制好的喷嘴花瓣移动到指定的位置，删除多余的定位线，完成的图形如图 8-36 所示。

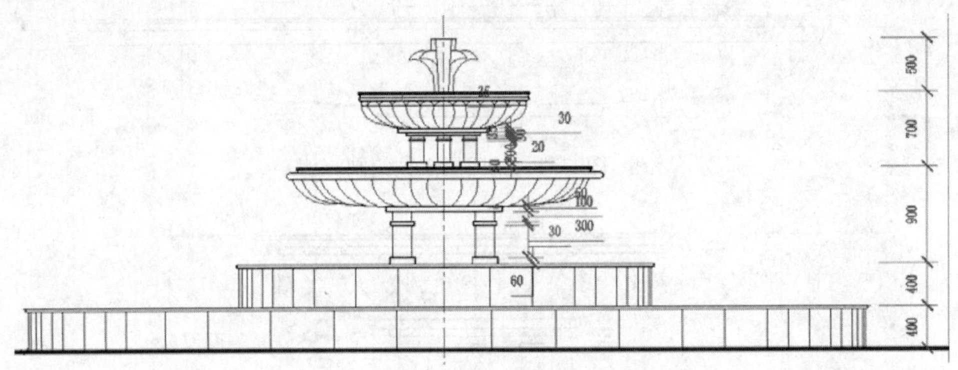

图8-36　喷泉轮廓图

（7）单击“默认”选项卡“绘图”面板中的“样条曲线拟合”按钮，绘制喷水。完成的图形如图 8-37 所示。

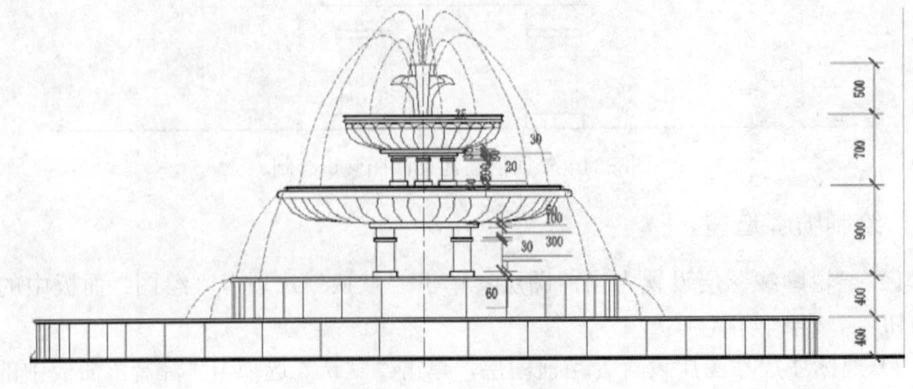

图8-37　喷水的绘制

8.3.5 标注文字

（1）利用前面所学知识在喷泉立面图中绘制标高符号。

（2）单击“默认”选项卡“修改”面板中的“复制”按钮，把标高和文字复制到相应的位置。然后双击文字，对标高文字进行修改，完成的图形如图 8-38 所示。

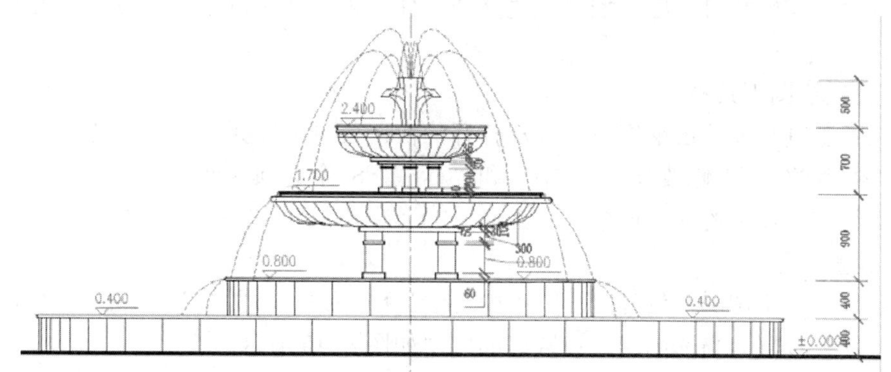

图8-38 喷泉立面图标高标注

（3）单击“默认”选项卡“绘图”面板中的“多段线”按钮，绘制剖切线。输入 w 确定多段线的宽度为 10mm。

（4）单击“默认”选项卡“注释”面板中的“多行文字”按钮，标注剖切文字和图名，完成的图形如图 8-21 所示。

8.4 喷泉剖面图绘制

光盘\动画演示\第 8 章\喷泉剖面图绘制.avi

使用多段线、矩形、复制等命令绘制基础；使用直线、圆弧等命令绘制喷泉剖面轮廓；使用直线、矩形等命令绘制管道；填充基础和喷池；标注标高、使用多行文字标注文字，完成喷泉剖面图的复制，如图 8-39 所示。

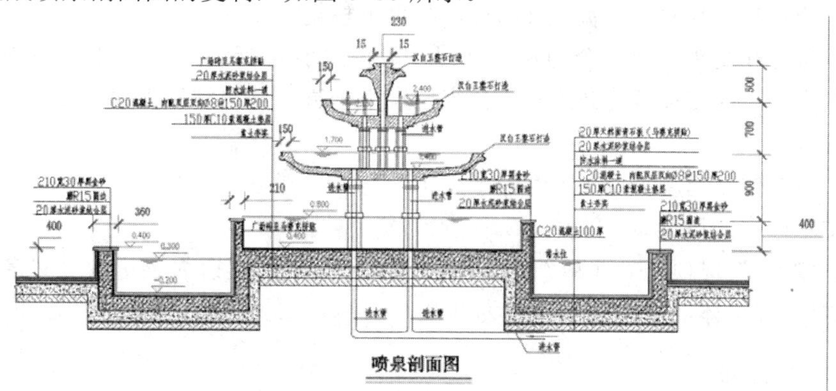

图8-39 喷泉剖面图

8.4.1 绘图前准备以及绘图设置

根据绘制图形决定绘图的比例，建议采用 1:1 的比例绘制。

1. 建立新文件

打开 AutoCAD 2018 应用程序，建立新文件，将新文件命名为“喷泉剖面图.dwg”并保存。

2. 设置绘图工具栏

在任意工具栏处单击鼠标右键，从打开的快捷菜单中选择“标准”“图层”“对象特性”“绘图”“修改”“修改Ⅱ”“文字”和“标注”8 个选项，调出这些工具栏，并将它们移动到绘图窗口中的适当位置。

3. 设置图层

设置以下 6 个图层：“标注尺寸”“中心线”“轮廓线”“文字”“填充”和“水面线”，将“轮廓线”设置为当前图层。设置好的图层如图 8-40 所示。

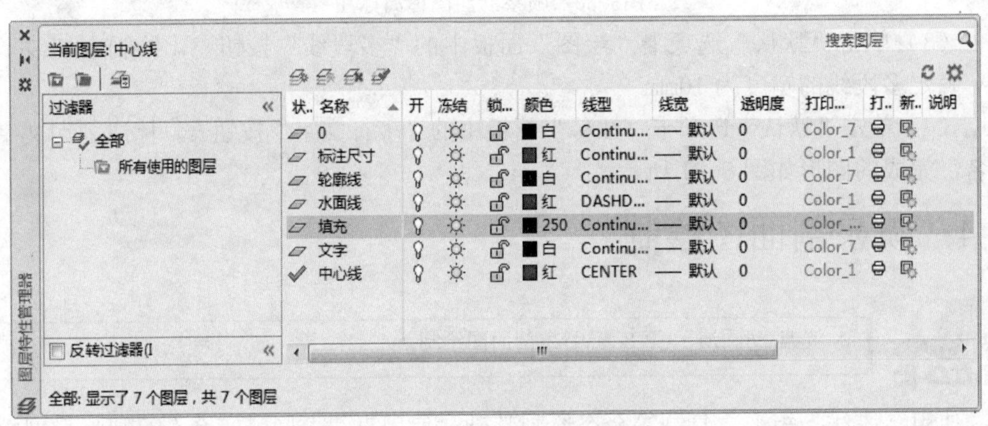

图8-40 喷泉剖面图图层设置

4. 标注样式设置

（1）线：超出尺寸线距离为 120mm，起点偏移量为 150mm。

（2）符号和箭头：第一个为建筑标记，箭头大小为 150mm，圆心标注为标记 75mm。

（3）文字：文字高度为 150mm，文字位置为垂直，从尺寸线偏移 150mm，文字对齐为 ISO 标准。

（4）主单位：精度为 0，比例因子为 1。

5. 文字样式的设置

单击“默认”选项卡“注释”面板中的“文字样式”按钮，进入“文字样式”对话框，选择宋字字体，宽度因子设置为 0.8。文字样式的设置如图 8-8 所示。

8.4.2 绘制基础

（1）在状态栏，单击“正交模式”按钮，打开正交模式，在状态栏，单击“对象捕捉”按钮，打开对象捕捉模式。

（2）单击“默认”选项卡“绘图”面板中的“多段线”按钮，绘制基础底部线。

（3）把标注尺寸图层设置为当前图层，单击“默认”选项卡“注释”面板中的“线性”按钮，标注外形尺寸。

（4）单击“注释”选项卡“标注”面板中的“连续”按钮，进行连续标注。完成的图形和尺寸如图 8-41 所示。

（5）单击“默认”选项卡“修改”面板中的“删除”按钮，删除多余的标注尺寸。

（6）把轮廓线图层设置为当前图层，单击“默认”选项卡“绘图”面板中的“矩形”按钮，绘制五个尺寸分别为（单位：mm）1000×100、2400×100、3400×100、2400×100、1000×100 的矩形。

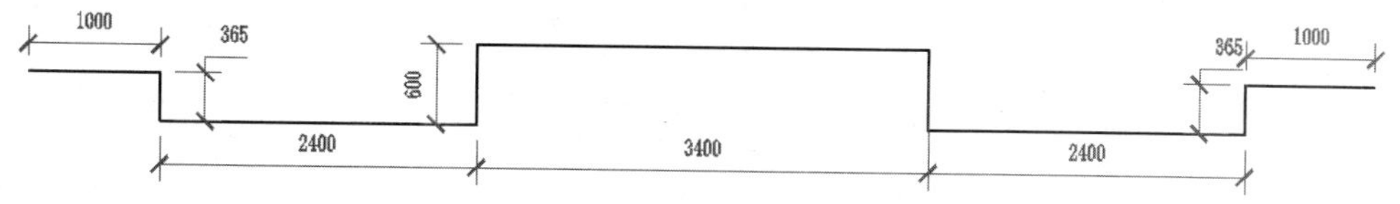

图8-41　喷泉剖面图基础底部线

（7）把标注尺寸图层设置为当前图层，单击“默认”选项卡“注释”面板中的“线性”按钮，完成的图形和尺寸如图 8-42 所示。

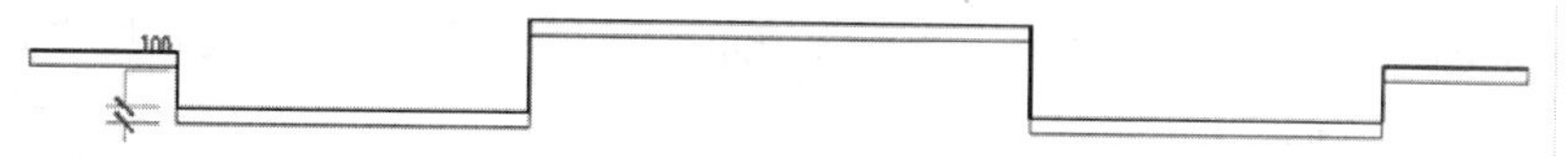

图8-42　喷泉剖面图基础垫层绘制

（8）把轮廓线图层设置为当前图层，单击“默认”选项卡“修改”面板中的“偏移”按钮，把绘制好的多段线向上偏移 150mm。

（9）单击“默认”选项卡“修改”面板中的“复制”按钮，复制直线。

（10）把标注尺寸图层设置为当前图层，单击“默认”选项卡“注释”面板中的“线性”按钮，标注外形尺寸。

（11）单击“注释”选项卡“标注”面板中的“连续”按钮，进行连续标注。复制的尺寸和完成的图形如图 8-43 所示。

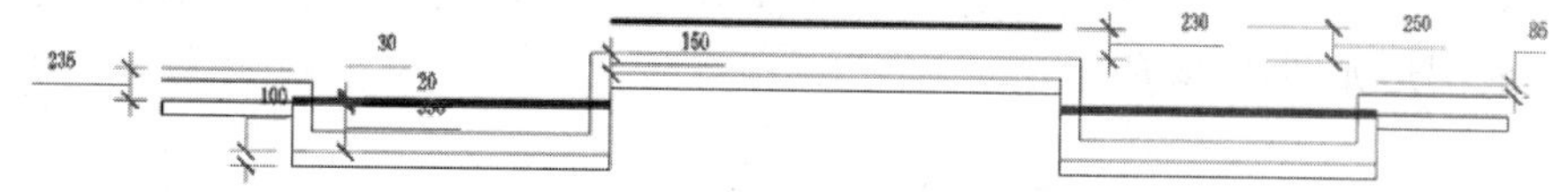

图8-43　喷泉剖面基础定位线复制

（12）把轮廓线图层设置为当前图层，将最上端水平直线向左右各拉伸 95mm，多次单击“默认”选项卡“绘图”面板中的“多段线”按钮，指定线宽为 5mm，绘制长分别为（单位：mm）1100、370、300、570、1605、970、150、390 的直线，

（13）把标注尺寸图层设置为当前图层单击“默认”选项卡“注释”面板中的“线性”按钮，标注外形尺寸。

（14）把轮廓线图层设置为当前图层，然后单击“默认”选项卡“绘图”面板中的

“直线”按钮，绘制长为 370mm 的垂直直线和水平长为 1925mm 的直线。

（15）单击“默认”选项卡“修改”面板中的“镜像”按钮，复制刚绘制好的直线。

（16）单击“默认”选项卡“注释”面板中的“线性”按钮，标注外形尺寸。完成的图形如图 8-44 所示。

（17）单击“默认”选项卡“修改”面板中的“删除”按钮，删除多余的标注尺寸。

（18）单击“默认”选项卡“修改”面板中的“复制”按钮，复制竖向线和水平线。

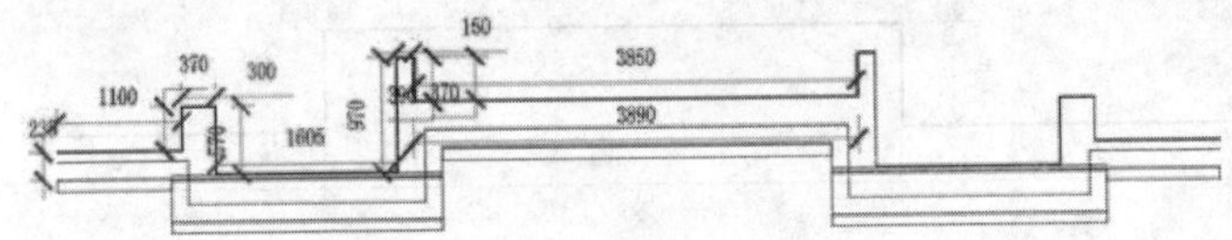

图8-44 喷泉剖面基础轮廓绘制（一）

（19）单击“默认”选项卡“修改”面板中的“修剪”按钮，剪切多余的直线。

（20）单击“默认”选项卡“绘图”面板中的“矩形”按钮，绘制 360mm×30mm 和 210mm×30mm 的立面水台。输入 f 指定矩形的圆角半径为 15，输入 w 指定矩形的线宽为 5mm。

（21）把标注尺寸图层设置为当前图层，单击“默认”选项卡“注释”面板中的“线性”按钮，标注外形尺寸，如图 8-45 所示。

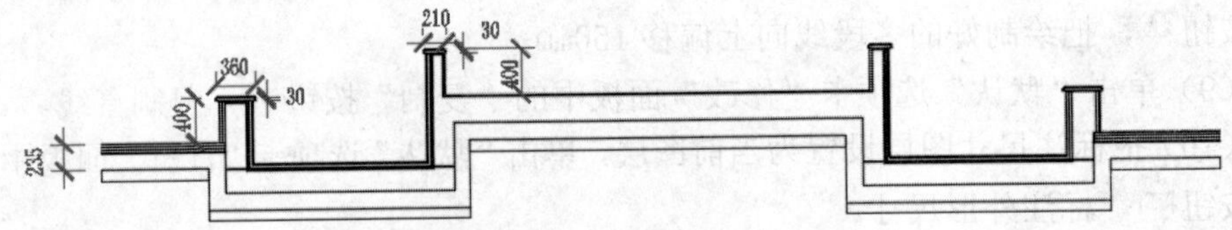

图8-45 喷泉剖面基础轮廓绘制（二）

（22）单击“默认”选项卡“绘图”面板中的“直线”按钮，完成图形折弯线的绘制，完成图形如图 8-46 所示。

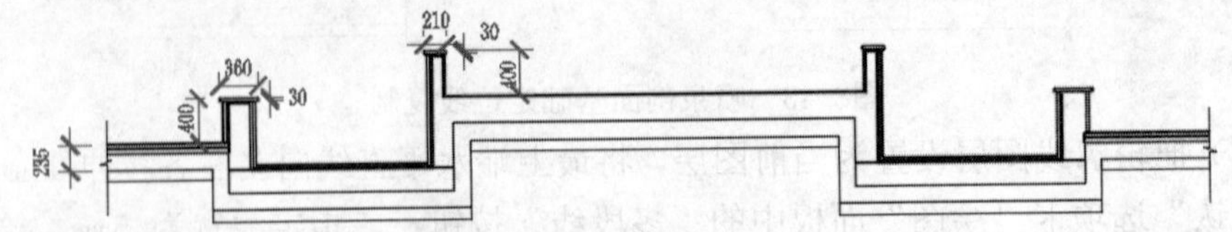

图8-46 喷泉剖面基础轮廓绘制（三）

（23）单击“默认”选项卡“修改”面板中的“删除”按钮，删除多余的直线。完成图形如图 8-47 所示。

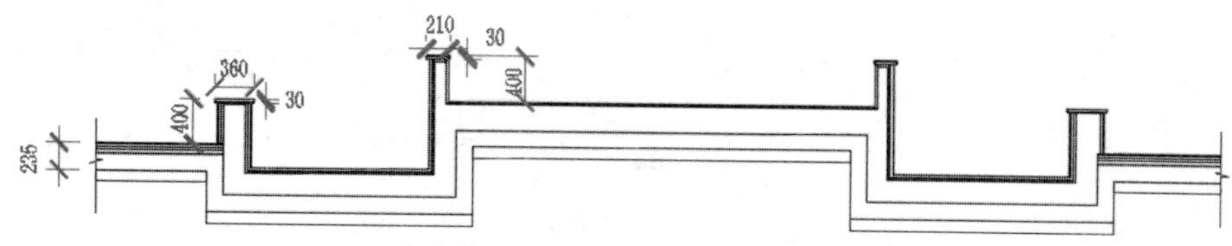

图8-47　喷泉剖面基础绘制流程（四）

8.4.3　绘制喷泉剖面轮廓

（1）将“中心线”图层设置为当前图层，单击“默认”选项卡“绘图”面板中的“直线”按钮，绘制长8050mm的水平直线和长4448mm的竖直相交的定位轴线。

（2）单击“默认”选项卡“修改”面板中的“复制”按钮，复制刚绘制好的水平直线，分别向下复制的位移分别为900mm、1300mm、1700mm，向上复制的位移分别为700mm、1200mm。

（3）单击“默认”选项卡“修改”面板中的“复制”按钮，复制刚刚绘制好的垂直直线，向右复制的位移分别为（单位：mm）120、200、273、650、800、1250、1400、1832、1982、3800、4000。重复“复制”命令，复制刚刚绘制好的垂直直线，向左复制的位移分别为（单位：mm）120、200、273、650、800、1250、1400、1832、1982、3800、4000。

（4）单击“默认”选项卡“修改”面板中的“移动”按钮，把绘制好的基础轮廓线复制到定位线上。

（5）把标注尺寸图层设置为当前图层，单击“默认”选项卡“注释”面板中的“线性”按钮，标注外形尺寸，如图8-48所示。

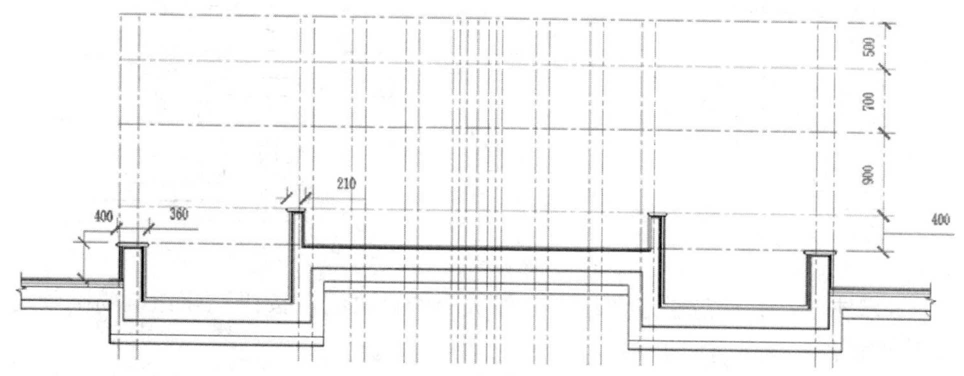

图8-48　喷泉剖面基础复制到定位线

（6）根据立面图的尺寸，使用直线、圆弧等命令绘制喷泉剖面轮廓，具体的绘制流程和方法与立面图轮廓线的绘制类似。完成的图形如图8-49所示。

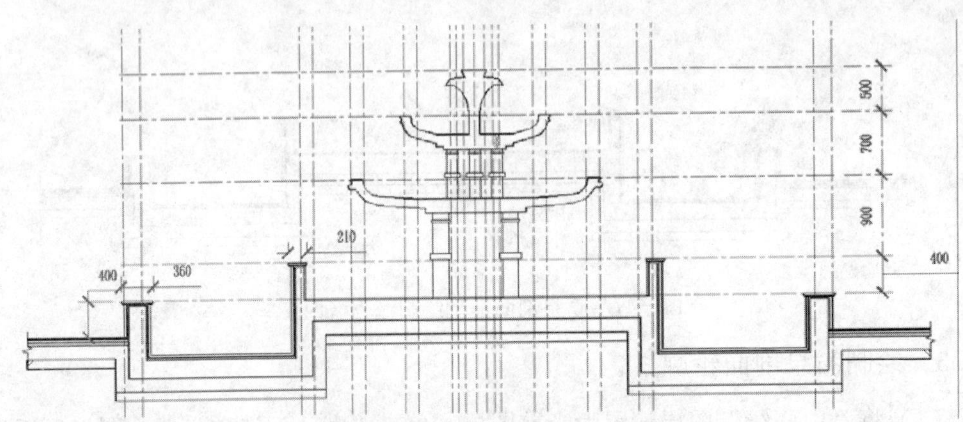

图8-49 喷泉剖面轮廓线绘制

8.4.4 绘制管道

（1）把“轮廓线”图层设置为当前图层，单击“默认”选项卡“绘图”面板中的“直线”按钮，绘制进水管道。

（2）单击“默认”选项卡“修改”面板中的“圆角”按钮，把进水管道转角处进行圆角处理，指定圆角半径为50mm，完成的图形如图8-50所示。

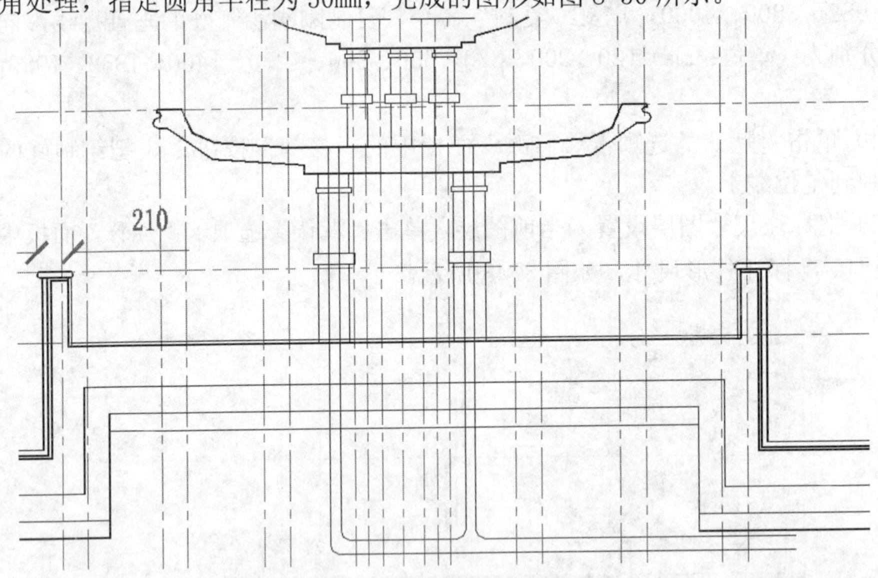

图8-50 进水管道绘制

（3）单击“默认”选项卡“绘图”面板中的“直线”按钮，绘制喷嘴管道和喷嘴，完成的图形如图8-51所示。

（4）单击“默认”选项卡“绘图”面板中的“直线”按钮，绘制水位线。

（5）单击“默认”选项卡“修改”面板中的“复制”按钮，复制刚绘制好的水位线到相应的位置，完成的图形如图8-52所示。

（6）单击“默认”选项卡“修改”面板中的“删除”按钮，删除多余的定位轴线，完成的图形如图 8-53 所示。

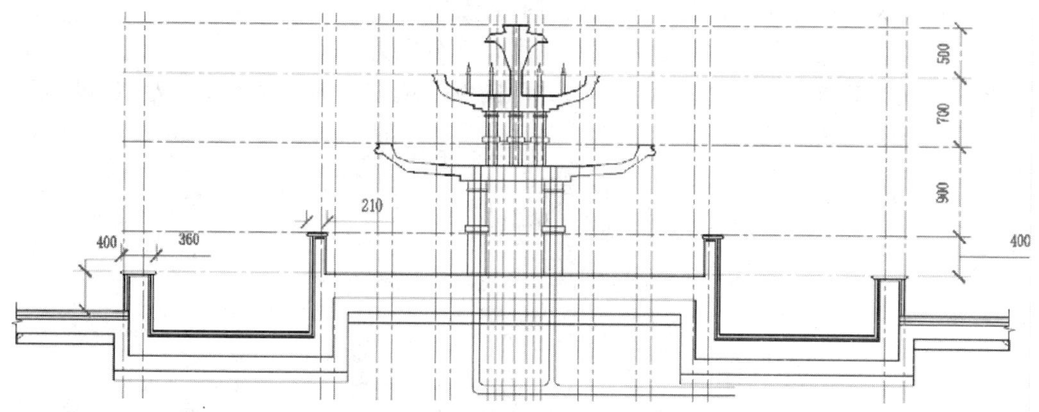

图8-51　喷泉喷嘴绘制

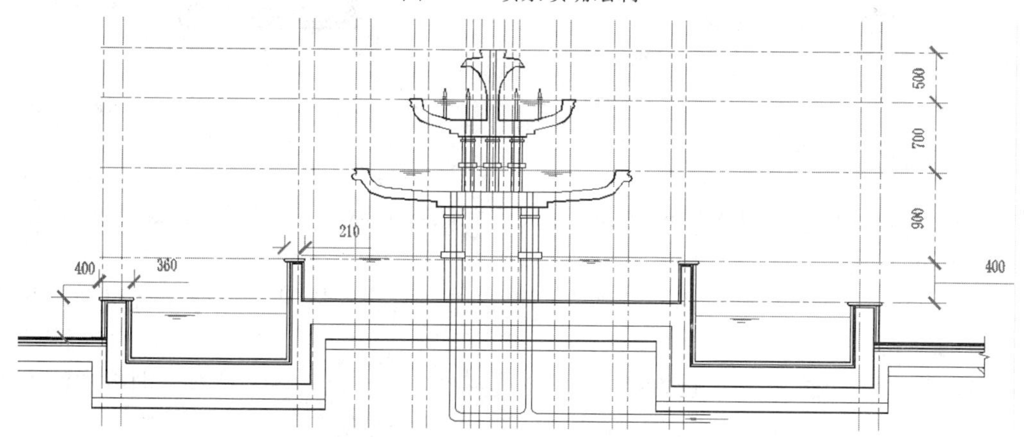

图8-52　喷泉剖面水位线绘制

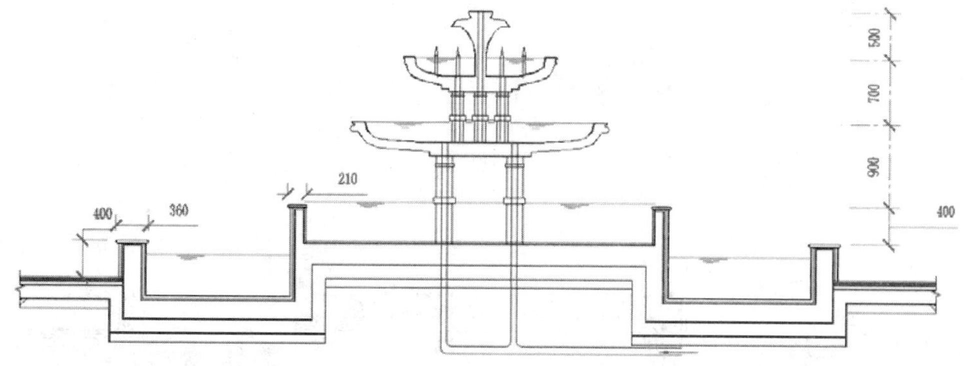

图8-53　喷泉剖面轮廓线绘制

8.4.5　填充基础和喷池

把填充图层设置为当前图层，单击“默认”选项卡“绘图”面板中的“图案填充”按钮，填充基础和喷池。在“填充图案选项板”对话框中，依次选择如下：

- 自定义“回填土”图例，填充比例和角度分别为 400 和 0。

◆ 自定义“混凝土”图例，填充比例和角度分别为 0.5 和 0。
◆ 自定义“钢筋混凝土”，填充比例和角度分别为 10 和 0。
◆ “汉白玉整石”填充采用“ANSI33”图例，填充比例和角度分别为 10 和 0。

完成的图形如图 8-54 所示。

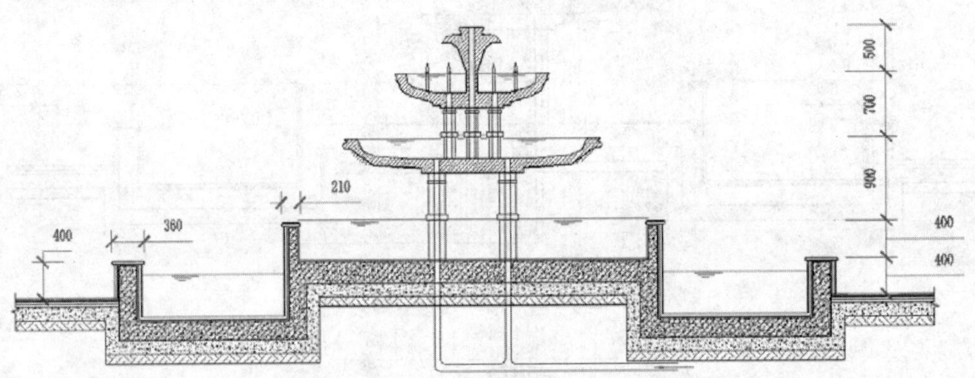

图8-54　喷泉剖面的填充

8.4.6　标注文字

（1）使用 Ctrl+C 命令复制喷泉立面图中绘制好的标高，然后使用 Ctrl+V 命令粘贴到喷泉剖面图中。

（2）单击“默认”选项卡“修改”面板中的“复制”按钮，把标高和文字复制到相应的位置。

（3）把标注尺寸图层设置为当前图层，单击“默认”选项卡“注释”面板中的“线性”按钮，标注其他直线尺寸，完成的图形如图 8-55 所示。

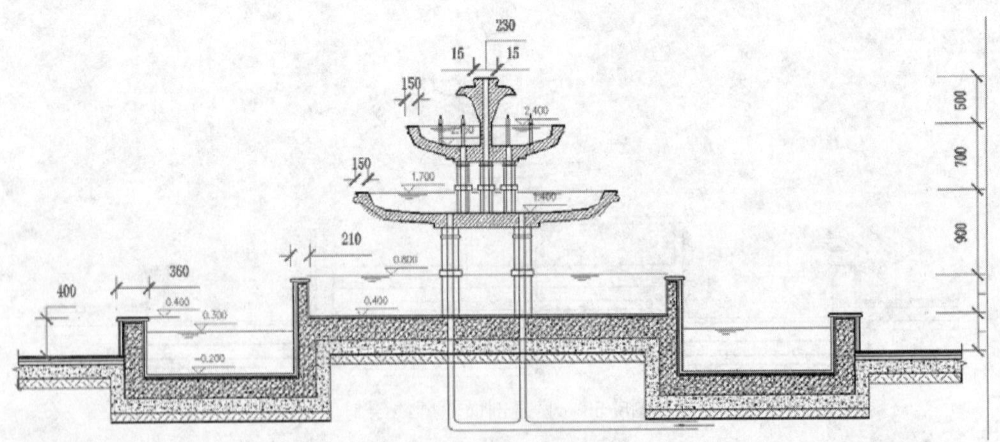

图8-55　喷泉剖面标高标注

（4）把文字图层设置为当前图层，多次单击“默认”选项卡“注释”面板中的“多行文字”按钮，标注坐标文字，完成的图形如图 8-39 所示。

8.5 上机操作

通过前面的学习，读者对本章知识有了大体的了解，本节通过两个操作练习使读者进一步掌握本章知识要点。

【实例 1】绘制图 8-56 所示的喷泉详图。

1．目的要求

本实例主要要求读者通过练习进一步熟悉和掌握喷泉详图的绘制方法。通过本实例，可以帮助读者学会完成喷泉详图绘制的全过程。

2．操作提示

（1）绘图前准备及绘图设置。

（2）绘制定位线（以 Z2 为例）。

（3）绘制汉白玉石柱。

（4）标注文字。

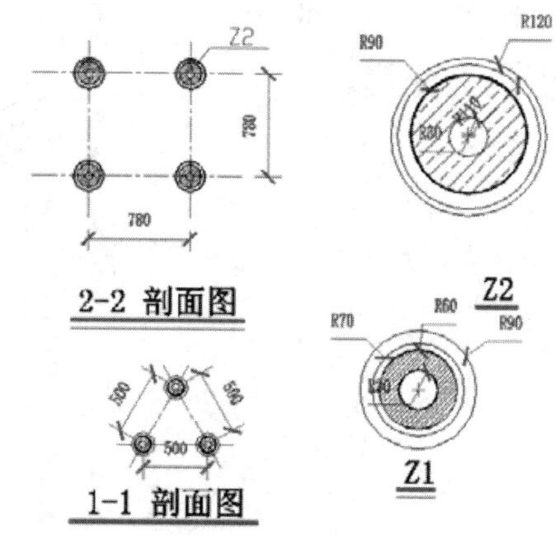

图8-56　喷泉详图

【实例 2】绘制图 8-57 所示的驳岸一详图。

1．目的要求

本实例要求读者通过练习进一步熟悉和掌握驳岸详图的绘制方法。通过本实例，可以帮助读者学会完成驳岸详图绘制的全过程。

2．操作提示

（1）绘图前准备及绘图设置。

（2）绘制挡土墙。

（3）插入石块和植物。

（4）绘制水位线。

（5）填充图形。

（6）标注文字

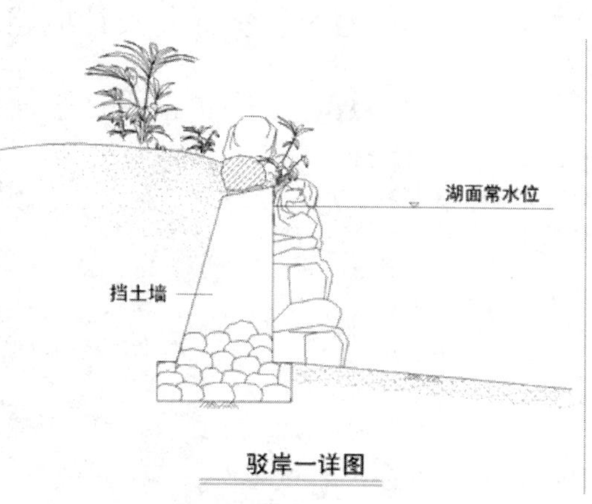

图8-57　驳岸一详图

第 9 章　园林绿化设计

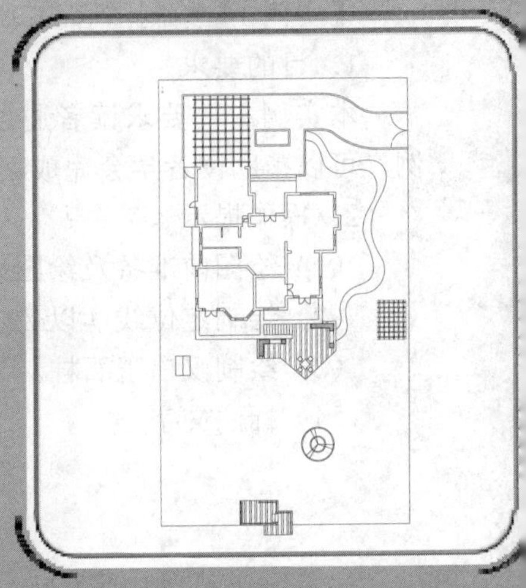

园林的绿化在园林设计中占有十分重要的地位，其多变的形体和丰富的季相变化使园林风貌充满丰采。植物景观配置成功与否，将直接影响环境景观的质量及艺术水平。本章首先对植物种植设计进行简单的介绍，然后讲解应用 AutoCAD 2018 绘制园林植物图例和进行植物的配置。

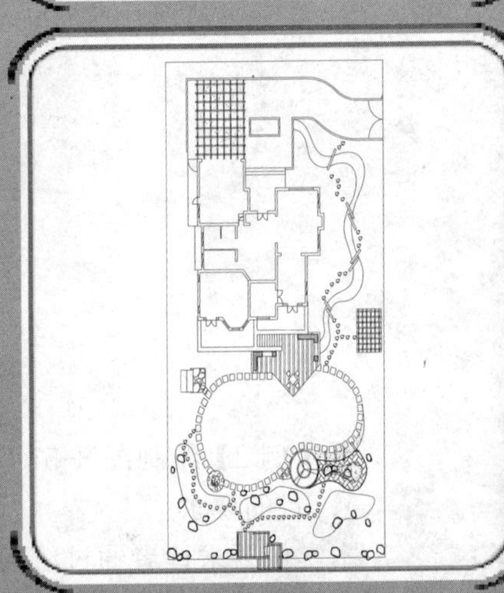

知识点

- 园林绿化设计概述
- 公园种植设计平面图的绘制

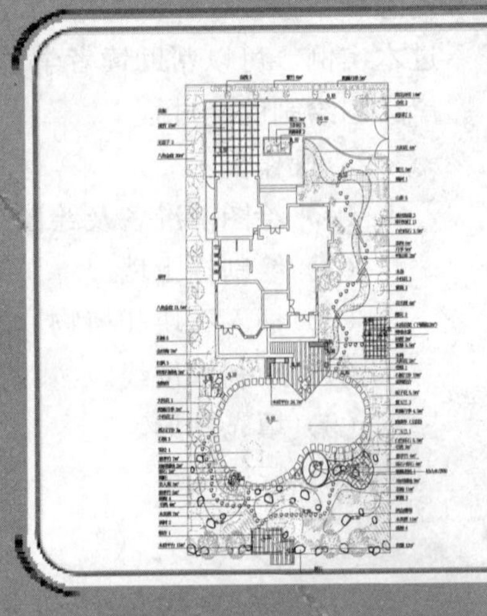

9.1 园林绿化设计概述

植物是园林设计中有生命的题材。园林植物作为园林空间构成的要素之一，其重要性和不可替代性在现代园林中正在日益明显地表现出来。园林生态效益的体现主要依靠以植物群落景观为主体的自然生态系统和人工植物群落；园林植物有着多变的形体和丰富的季相变化，其它的构景要素无不需要借助园林植物来丰富和完善，园林植物与地形、水体、建筑、山石、雕塑等有机配植，将形成优美、雅静的环境和艺术效果。

植物要素包括乔木、灌木、攀缘植物、花卉、草坪地被、水生植物等。各种植物在各自适宜的位置上发挥着共同的效益和功能。植物的四季景观，本身的形态、色彩、芳香、习性等都是园林造景的题材。植物景观配置成功与否，将直接影响环境景观的质量及艺术水平。

9.1.1 园林植物配置原则

1．整体优先原则

城市园林植物配置要遵循自然规律，利用城市所处的环境、地形地貌特征，自然景观，城市性质等进行科学建设或改建。要高度重视保护自然景观、历史文化景观，以及物种的多样性，把握好它们与城市园林的关系，使城市建设与自然和谐，在城市建设中可以回味历史，保障历史文脉的延续。充分研究和借鉴城市所处地带的自然植被类型、景观格局和特征特色，在科学合理的基础上，适当增加植物配置的艺术性、趣味性，使之具有人性化和亲近感。

2．生态优先的原则

在植物材料的选择、树种的搭配、草本花卉的点缀，草坪的衬托等必须最大限度地以改善生态环境、提高生态质量为出发点，也应该尽量多地选择和使用乡土树种，创造出稳定的植物群落，合理配置植物，只有最适合的才是最好的，才能发挥出最大的生态效益。

3．可持续发展原则

以自然环境为出发点，按照生态学原理，在充分了解各植物种类的生物学、生态学特性的基础上，合理布局、科学搭配，使各植物物种和谐共存，群落稳定发展，达到调节自然环境与城市环境关系，在城市中实现社会、经济和环境效益的协调发展。

4．文化原则

在植物配置中坚持文化原则，可以使城市园林向充满人文内涵的高品位方向发展，使不断演变起伏的城市历史文化脉络在城市园林中得到体现。在城市园林中把反应某种人文内涵、象征某种精神品格、代表着某个历史时期的植物科学合理地进行配置，形成具有特色地城市园林景观。

9.1.2 配置方法

1. 近自然式配置

所谓近自然式配置，一方面是指植物材料本身为近自然状态，尽量避免人工重度修剪和造型；另一方面是指在配置中要避免植物种类单一、株行距整齐划一以及苗木规格的一致。在配置中，尽可能自然，通过不同物种、密度、不同规格的适应、竞争实现群落的共生与稳定。目前，城市森林在我国还处于起步阶段，森林绿地的近自然配置应该大力提倡。首先要以地带性植被为样板进行模拟，选择合适的建群种；同时要减少对树木个体、群落的过度人工干扰。

2. 融合传统园林中植物配置方法

充分吸收传统园林植物配置中模拟自然的方法，师法自然，经过艺术加工来提升植物景观的观赏价值，在充分发挥群落生态功能的同时尽可能创造社会效益。

9.1.3 树种选择配置

树木是构成森林最基本的组成要素，科学地选择城市森林树种是保证城市森林发挥多种功能的基础，也直接影响城市森林的经营和管理成本。

1. 发展各种高大的乔木树种

在我国城市绿化用地十分有限的情况下，要达到以较少的城市绿化建设用地获得较高生态效益的目的，必须发挥乔木树种占有空间大、寿命长、生态效益高的优势。例如，德国城市森林树木达到 12m 修剪 6m 以下的侧枝，林冠下种植栎类、山毛榉等阔叶树种。我国的高大树木物种资源丰富，30～40m 的高大乔木树种很多，应该广泛加以利用。在高大乔木树种选择的过程中除了重视一些长寿命的基调树种以外，还要重视一些速生树种的使用，特别是在我国城市森林还比较落后的现实情况下，通过发展速生树种可以尽快形成森林环境。

2. 按照城市气候特点和具体城市绿地的环境选择常绿与阔叶树种

乔木树种的主要作用之一是为城市居民提供遮荫环境。在我国，大部分地区都有酷热漫长的夏季，冬季虽然比较冷，但阳光比较充足。因此，我国的城市森林建设在夏季能够遮荫降温，在冬季要透光增温。而现在许多城市的城市森林建设并没有这种考虑，偏爱使用常绿树种。有些常绿树种虽然引种进来，但许多都处在濒死的边缘，几乎没有生态效益。一些具有鲜明地方特色的落叶阔叶树种，不仅能够在夏季旺盛生长而发挥降温增湿、净化空气等生态效益，而且在冬季落叶后能增加光照，起到增温作用。因此，要根据城市所处地区的气候特点和具体城市绿地的环境需求选择常绿与落叶树种。

3. 选择本地带野生或栽培的建群种

追求城市绿化的个性与特色是城市园林建设的重要目标。地区之间因气候

条件、土壤条件的差异造成植物种类的不同，乡土树种是表现城市园林特色的主要载体之一。使用乡土树种更为可靠、廉价、安全，它能适应本地区的自然环境条件，抵抗病虫害、环境污染等干扰的能力强，可尽快形成相对稳定的森林结构和发挥多种生态功能，有利于减少养护成本。因此，乡土树种和地带性植被应该成为城市园林的主体。建群种是森林植物群落中在群落外貌、土地利用、空间占用、数量等方面占主导地位的树木种类。建群种可以是乡土树种，也可以是在引入地经过长期栽培，已适应引入地自然条件地的外来种。建群种无论是对当地气候条件的适应性，增建群落的稳定性，还是展现当地森林植物群落外貌特征等方面都有不可替代的作用。

9.2 公园种植设计平面图的绘制

图 9-1 所示为某公园的总平面图，此园位于城近郊区，南北方向长为 45.5m，东西方向长为 26.25m。

光盘\动画演示\第 9 章\公园种植设计平面图的绘制.avi

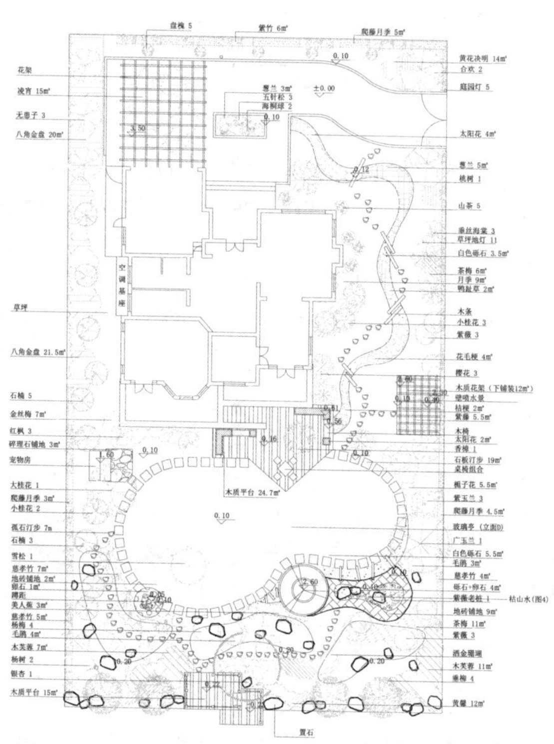

图9-1 公园总平面图

9.2.1 绘图设置

（1）单位设置。将系统单位设为毫米（mm）。以 1∶1 的比例绘制。选择菜单栏中的“格式”→“单位”命令，打开“图形单位”对话框，进行图 9-2 所示的设置，然后单击“确定”按钮。

（2）图形界限设置。AutoCAD 2018 默认的图形界限为 420mm×297mm，是 A3 图幅，下面以 1∶1 的比例绘图，将图形界限设为 420000mm×297000mm。

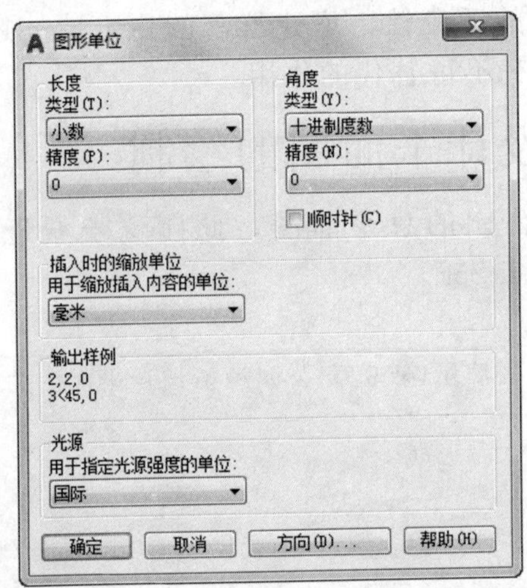

图9-2　设置

（3）图层设置。单击“默认”选项卡“图层”面板中的“图层特性”按钮，打开“图层特性管理器”对话框，新建几个图层，如图 9-3 所示。

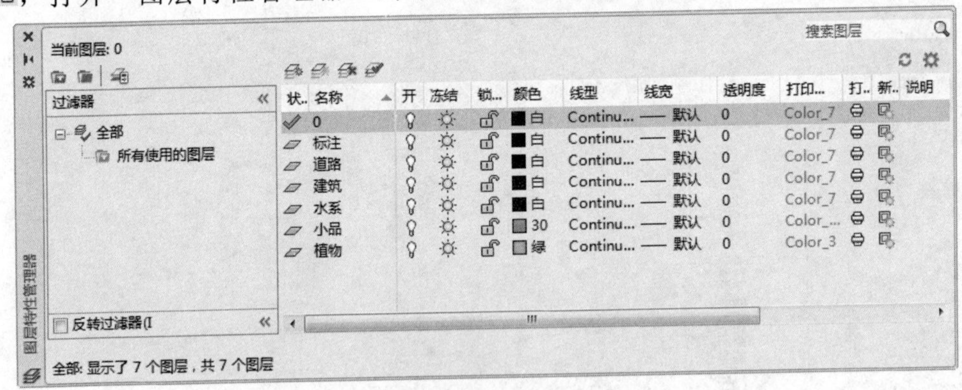

图9-3　新建图层

9.2.2 入口确定

（1）将“建筑”图层设置为当前层，单击“默认”选项卡“绘图”面板中的“矩形”按钮，绘制 26250mm×45500mm 的矩形，如图 9-4 所示。

（2）单击“默认”选项卡“修改”面板中的“分解”按钮，将矩形分解。

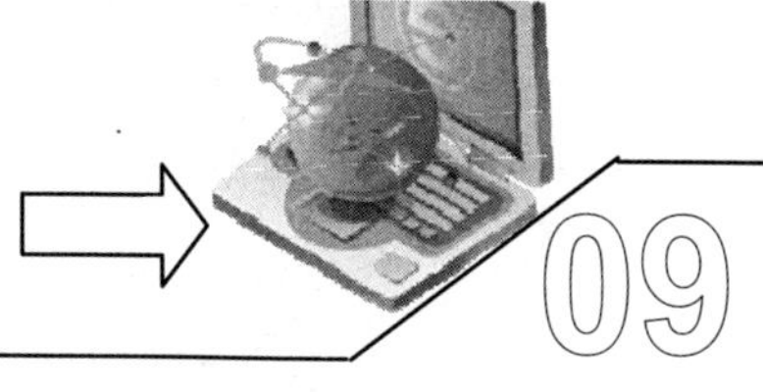

（3）单击“默认”选项卡“修改”面板中的“偏移”按钮，将矩形的上侧边向下偏移 3500mm、150mm、3500mm 和 150mm，如图 9-5 所示。

图9-4　绘制矩形

图9-5　偏移直线

（4）由于此公园为小型公园，所以只建立了一个入口，在此入口的位置处，绘制门图形。

（5）单击“默认”选项卡“绘图”面板中的“直线”按钮，绘制长为 1750mm 的两条直线，如图 9-6 所示。

（6）单击“默认”选项卡“绘图”面板中的“圆弧”按钮，绘制圆弧，完成单扇门的绘制，命令行提示与操作如下：

```
命令：_arc
指定圆弧的起点或 [圆心(C)]：c↙
指定圆弧的圆心：(选择两条直线的交点)
指定圆弧的起点：(选择水平直线的右端点)
指定圆弧的端点(按住 Ctrl 键以切换方向)或 [角度(A)/弦长(L)]：(选择水平直线的左端点)
```

结果如图 9-7 所示。

（7）单击“默认”选项卡“修改”面板中的“镜像”按钮，将单扇门进行镜像，得到双扇门，如图 9-8 所示。

图9-6　绘制直线

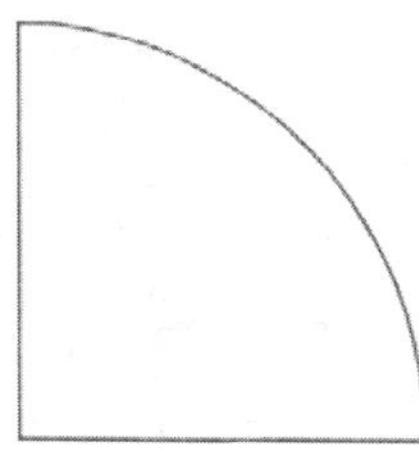

图9-7　绘制圆弧

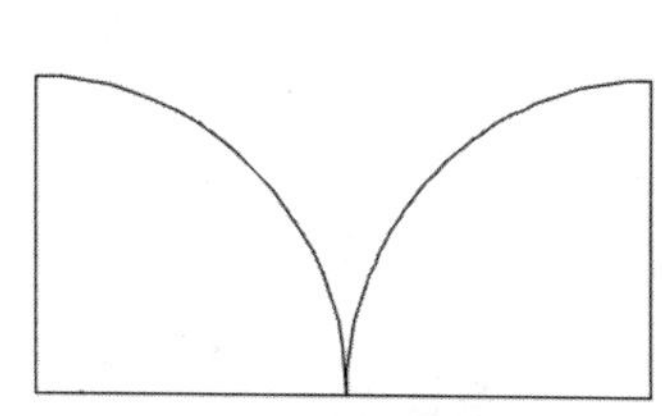

图9-8　镜像单扇门

（8）单击“默认”选项卡“块”面板中的“创建”按钮，打开“块定义”对话框，将双扇门创建为块，如图 9-9 所示。

（9）单击“默认”选项卡“修改”面板中的“旋转”按钮，将双扇门旋转 90°。

（10）单击“默认”选项卡“修改”面板中的“移动”按钮，将双扇门移动到偏移的直线处，确定“出入口”的位置，如图 9-10 所示。

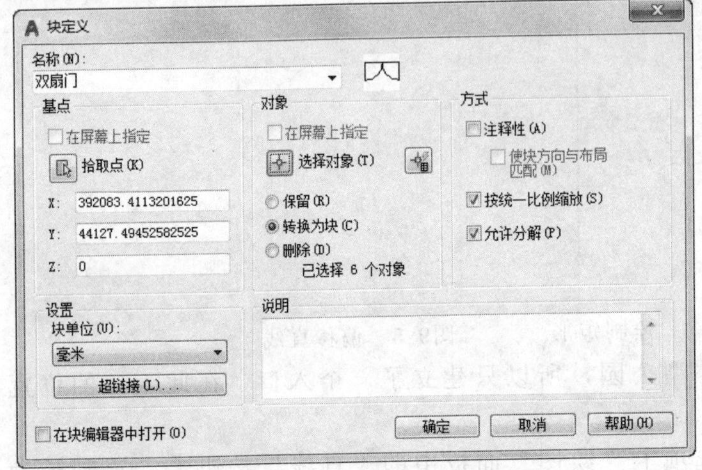

图9-9 “块定义”对话框

图9-10 确定“出入口”

9.2.3 建筑设计

（1）将“建筑”图层设置为当前层，单击“默认”选项卡“修改”面板中的“偏移”按钮，将矩形的上侧边向下偏移为 1500mm、150mm、3500mm 和 150mm，右侧边向左偏移为 3169mm、5831mm、1850mm 和 150mm，如图 9-11 所示。

（2）单击“默认”选项卡“绘图”面板中的“样条曲线拟合”按钮，根据偏移的直线绘制样条曲线，如图 9-12 所示。

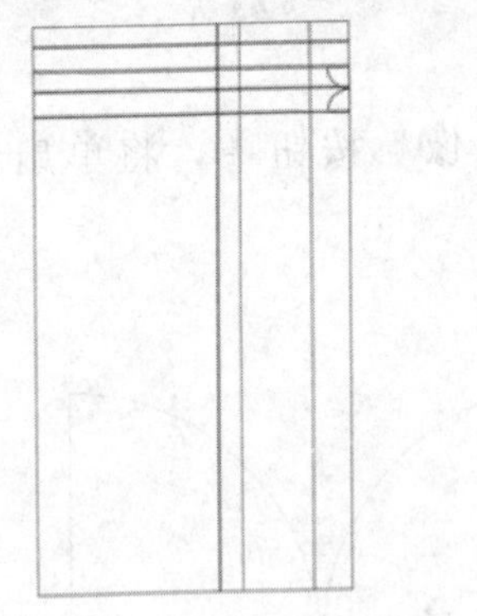

图9-11 偏移直线

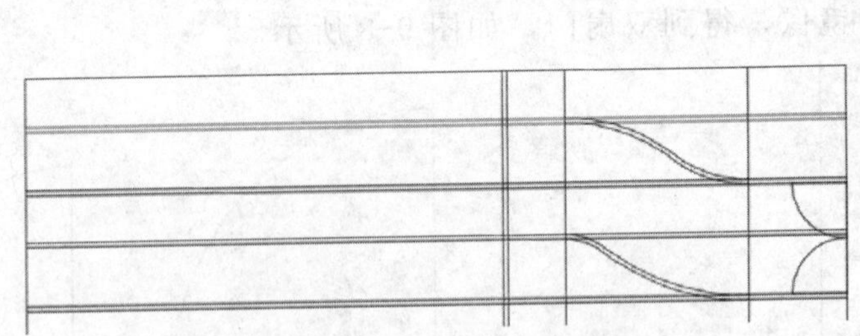

图9-12 绘制样条曲线

（3）单击“默认”选项卡“修改”面板中的“修剪”按钮和“删除”按钮，修剪图形，并删除多余的直线，完成大门入口处通道的绘制，如图 9-13 所示。

（4）单击“默认”选项卡“绘图”面板中的“多段线”按钮，设置宽度为 0，绘制竖直长为 4624.8mm，水平长为 850mm 的连续多段线，如图 9-14 所示。

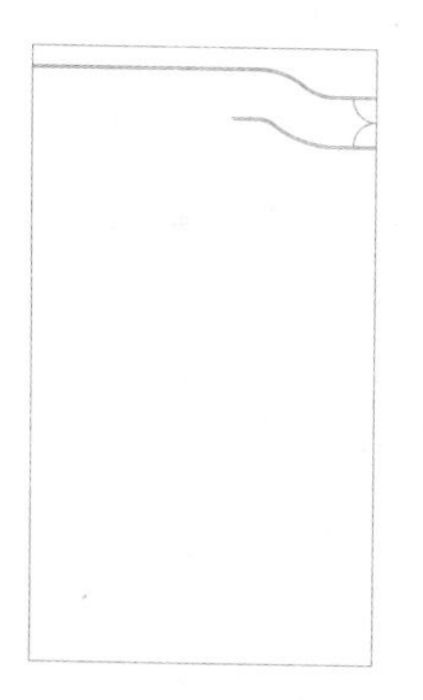

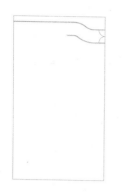

图9-13　修剪图形

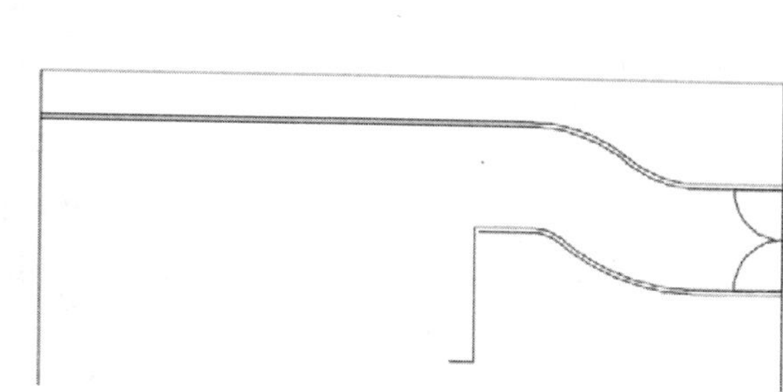

图9-14　绘制多段线

（5）单击“默认”选项卡“修改”面板中的“偏移”按钮，将多段线向右偏移150mm，如图9-15所示。

（6）单击“默认”选项卡“修改”面板中的“修剪”按钮，修剪多余的直线，如图9-16所示。

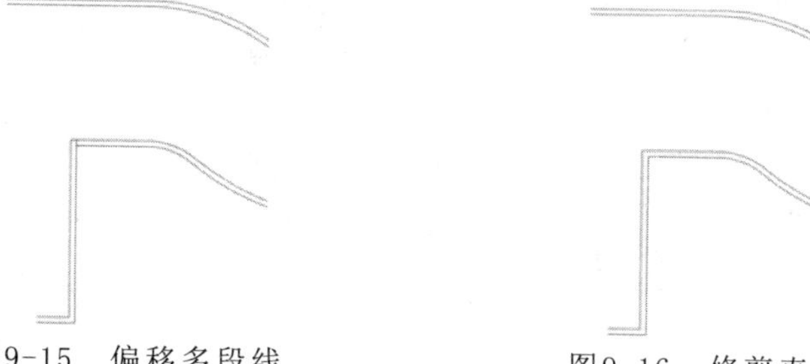

图9-15　偏移多段线　　图9-16　修剪直线

（7）单击“默认”选项卡“绘图”面板中的“直线”按钮，绘制长为1825.2mm的竖线，如图9-17所示。

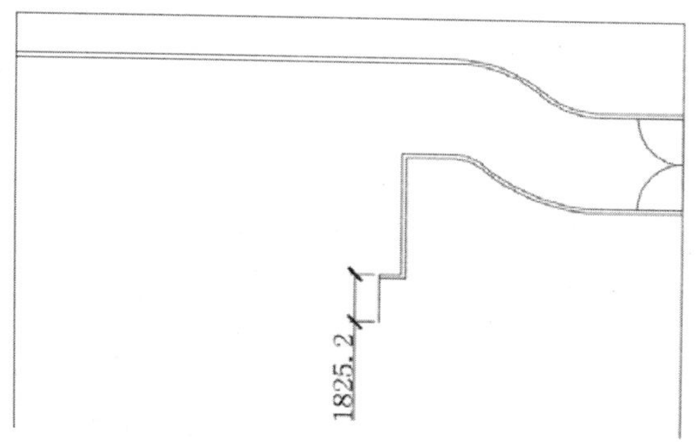

图9-17　绘制竖线

（8）单击“默认”选项卡“绘图”面板中的“多段线”按钮，捕捉上步绘制的竖线下端点为起点，绘制连续的多段线，如图9-18所示。

（9）单击“默认”选项卡“修改”面板中的“偏移”按钮，将多段线向内偏移250mm，完成外墙线的绘制，结果如图9-19所示。

（10）单击“默认”选项卡“修改”面板中的“分解”按钮，将多段线

分解。

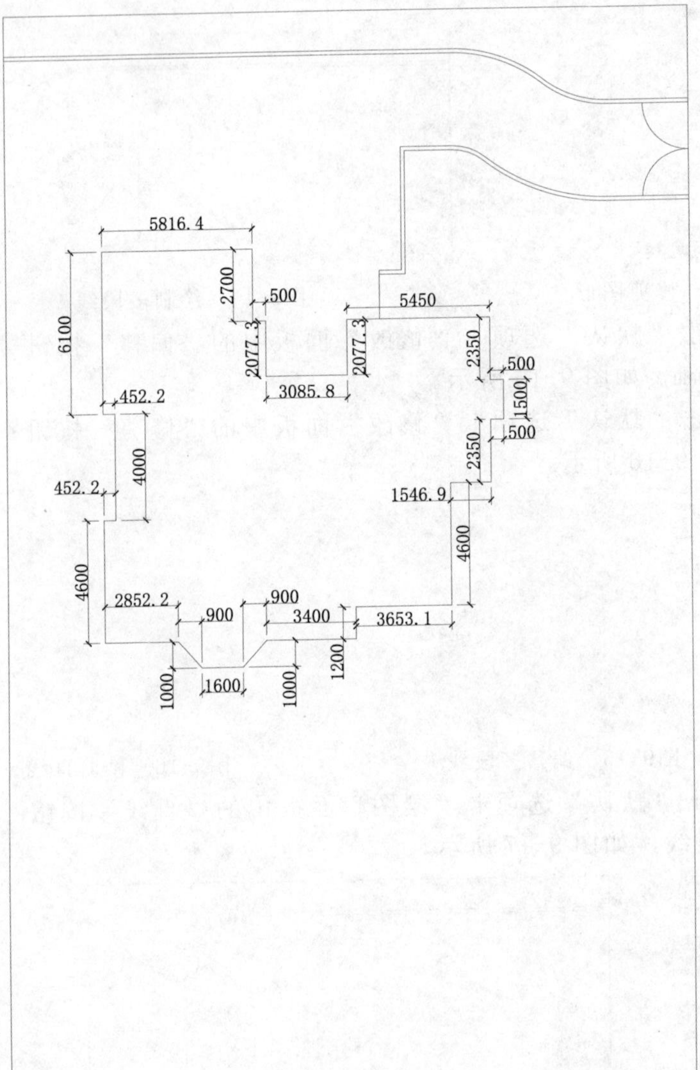

图9-18　绘制多段线

（11）单击“默认”选项卡“绘图”面板中的“直线”按钮和单击“默认”选项卡“修改”面板中的“偏移”按钮，绘制内部墙线。

（12）单击“默认”选项卡“修改”面板中的“修剪”按钮，修剪多余的直线，结果如图 9-20 所示。

（13）单击“默认”选项卡“绘图”面板中的“直线”按钮和单击“默认”选项卡“修改”面板中的“偏移”按钮、“修剪”按钮，绘制门窗，结果如图 9-21 所示。

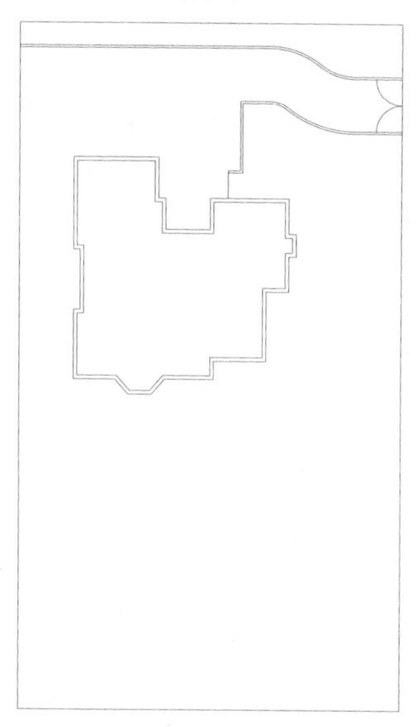
图9-19　偏移多段线

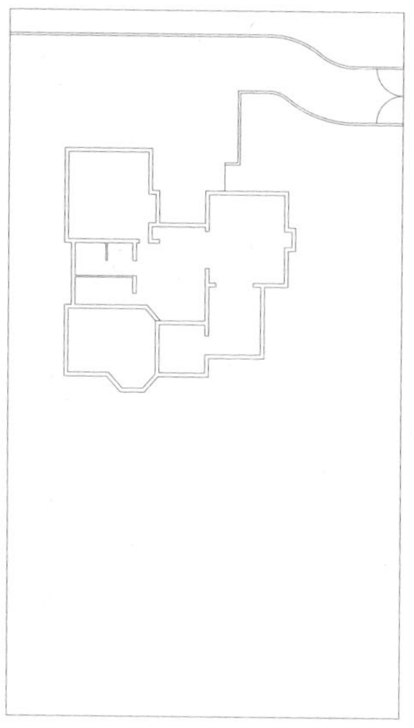
图9-20　绘制内部墙线

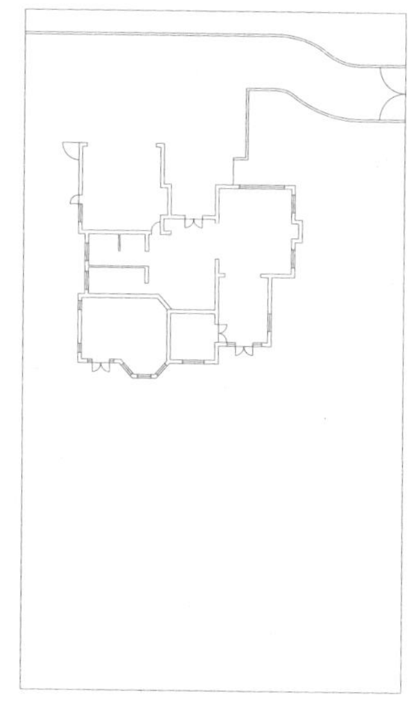
图9-21　绘制门窗

（14）单击“默认”选项卡“绘图”面板中的“直线”按钮和单击“默认”选项卡“修改”面板中的“偏移”按钮、“修剪”按钮，绘制 400mm 厚的墙线，如图 9-22 所示。

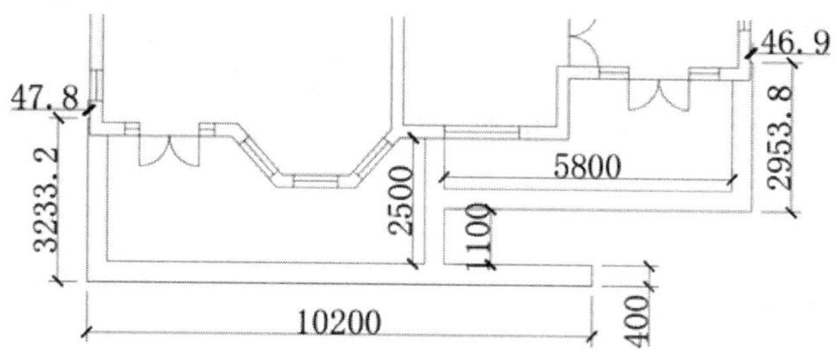

图9-22　绘制400mm厚墙线

（15）单击“默认”选项卡“修改”面板中的“偏移”按钮，将直线 1 向右进行偏移 10 次，偏移距离均为 300mm，完成台阶的绘制，如图 9-23 所示。

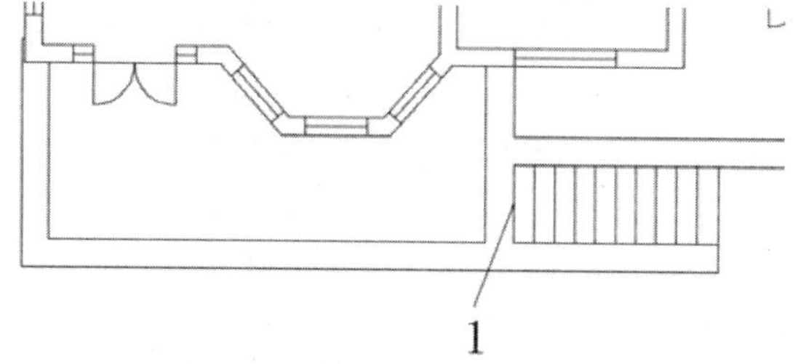

图9-23　偏移直线

（16）同理，绘制剩余台阶，结果如图 9-24 所示。

（17）单击“默认”选项卡“绘图”面板中的“矩形”按钮，绘制800mm×4000mm的空调基座，如图9-25所示。

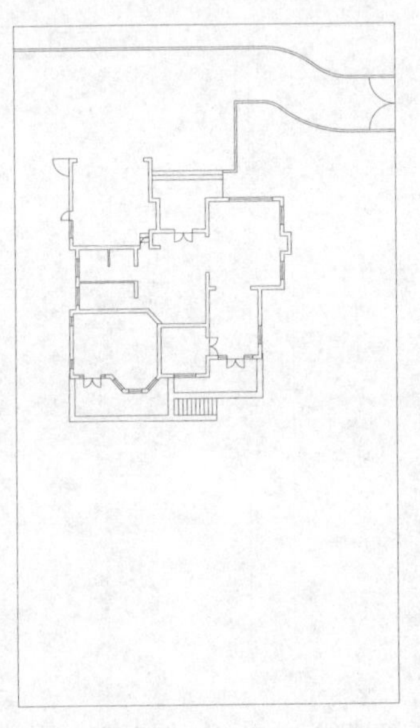

图9-24 绘制台阶

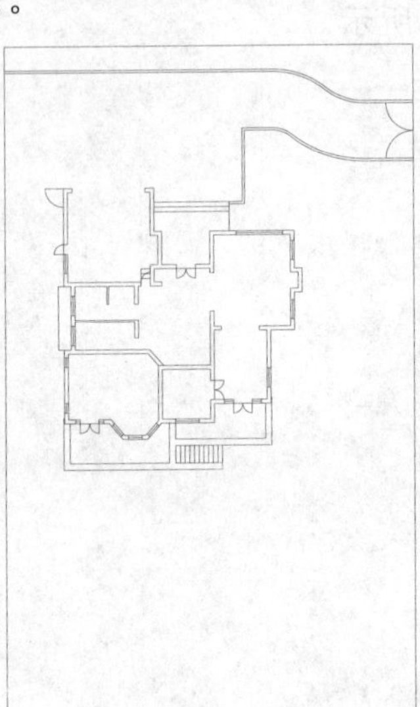

图9-25 绘制空调基座

（18）单击“默认”选项卡“绘图”面板中的“直线”按钮和单击“默认”选项卡“修改”面板中的“修剪”按钮，补充绘制上侧剩余图形，如图9-26所示。

（19）单击“默认”选项卡“绘图”面板中的“矩形”按钮，绘制3685.8mm×1700mm的矩形，如图9-27所示。

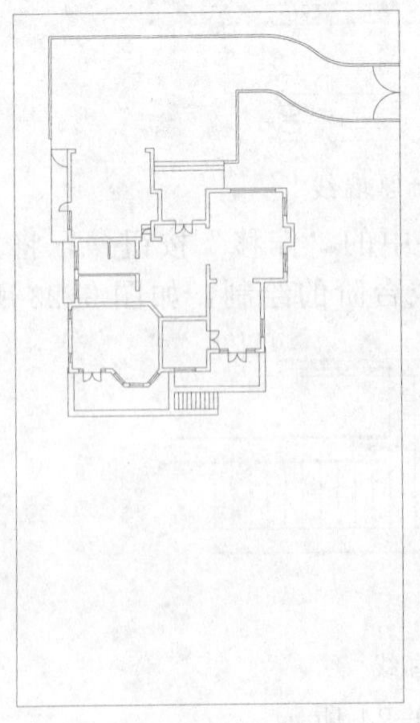

图9-26 绘制剩余图形

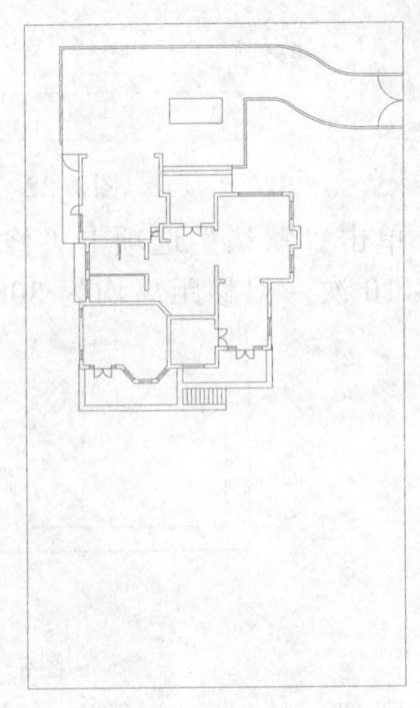

图9-27 绘制矩形

（20）单击“默认”选项卡“修改”面板中的“偏移”按钮，将矩形向内偏移 150mm，如图 9-28 所示。

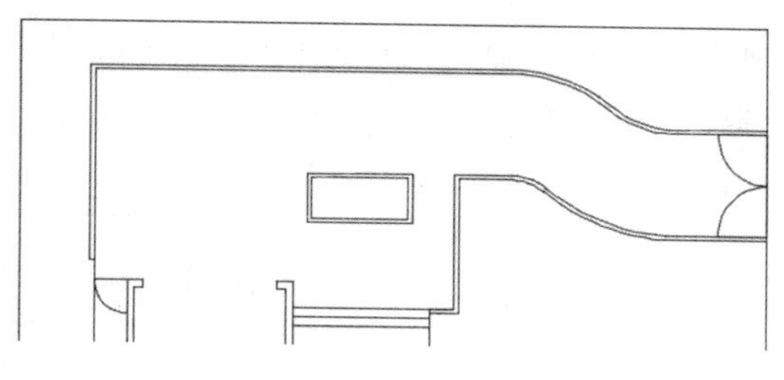

图9-28　偏移矩形

9.2.4　小品设计

1. 绘制花架

（1）将“小品”图层设置为当前层，单击“默认”选项卡“绘图”面板中的“矩形”按钮，在图中合适的位置处，绘制 100mm×7250mm 的矩形，如图 9-29 所示。

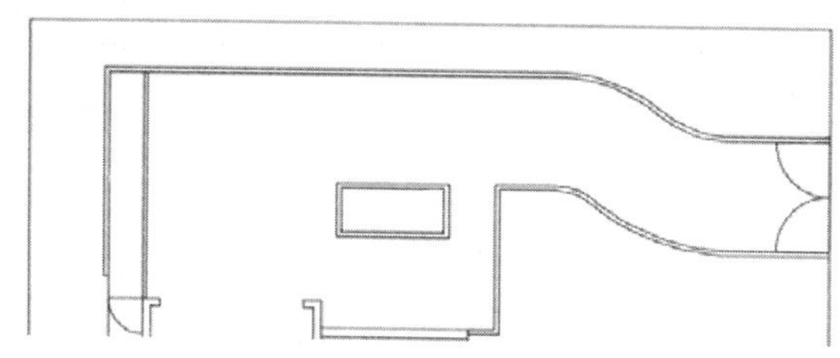

图9-29　绘制矩形

（2）单击“默认”选项卡“修改”面板中的“矩形阵列”按钮，将矩形进行阵列，命令行提示与操作如下：

命令：_arrayrect

选择对象：（选择图 9-26 所示的矩形）

选择对象：↙

类型 = 矩形　关联 = 是

选择夹点以编辑阵列或 [关联(AS)/基点(B)/计数(COU)/间距(S)/列数(COL)/行数(R)/层数(L)/退出(X)] <退出>: as↙

创建关联阵列 [是(Y)/否(N)] <是>: N↙

选择夹点以编辑阵列或 [关联(AS)/基点(B)/计数(COU)/间距(S)/列数(COL)/行数(R)/层数(L)/退出(X)] <退出>: r↙

输入行数数或 [表达式(E)] <3>: 1↙

之间的距离或 [总计(T)/表达式(E)] <10875>:↙

指定 行数 之间的标高增量或 [表达式(E)] <0>:↙

选择夹点以编辑阵列或 [关联(AS)/基点(B)/计数(COU)/间距(S)/列数(COL)/行数(R)/层数(L)/退出(X)] <退出>: col↙

输入列数数或 [表达式(E)] <4>: 8↙

指定 列数 之间的距离或 [总计(T)/表达式(E)] <150>: 800↙

选择夹点以编辑阵列或 [关联(AS)/基点(B)/计数(COU)/间距(S)/列数(COL)/行数(R)/层数(L)/退出(X)] <退出>:↙

结果如图 9-30 所示。

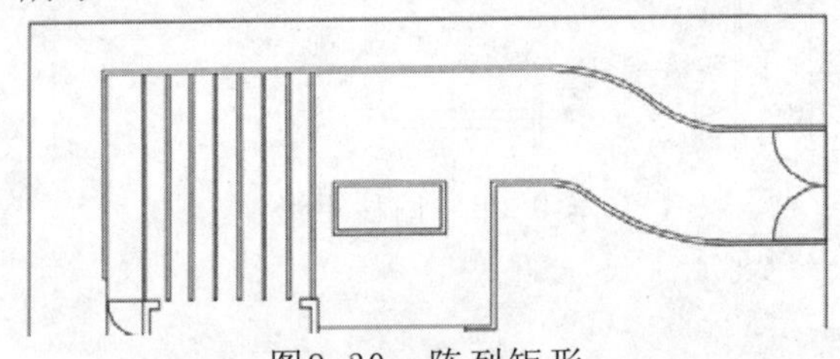

图9-30　阵列矩形

（3）单击“默认”选项卡“修改”面板中的“偏移”按钮，将直线 1 向下偏移 343.6mm，直线 2 向右偏移 964.2mm，得到辅助线，如图 9-31 所示。

（4）单击“默认”选项卡“绘图”面板中的“矩形”按钮，以上步偏移直线的交点为起点，绘制一个 6000mm×100mm 的矩形，如图 9-32 所示。

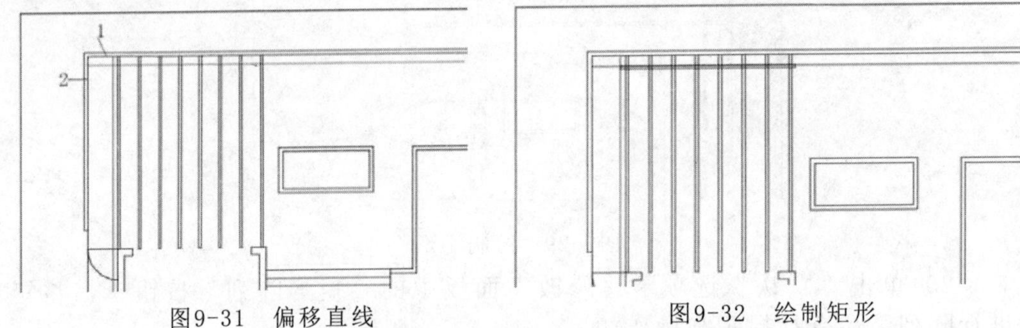

图9-31　偏移直线　　图9-32　绘制矩形

（5）单击“默认”选项卡“修改”面板中的“删除”按钮，删除辅助线，如图 9-33 所示。

（6）单击“默认”选项卡“修改”面板中的“矩形阵列”按钮，将 6000mm×100mm 的矩形进行阵列，设置行数为 9，列数为 1，行偏移-800mm，完成花架的绘制，如图 9-34 所示。

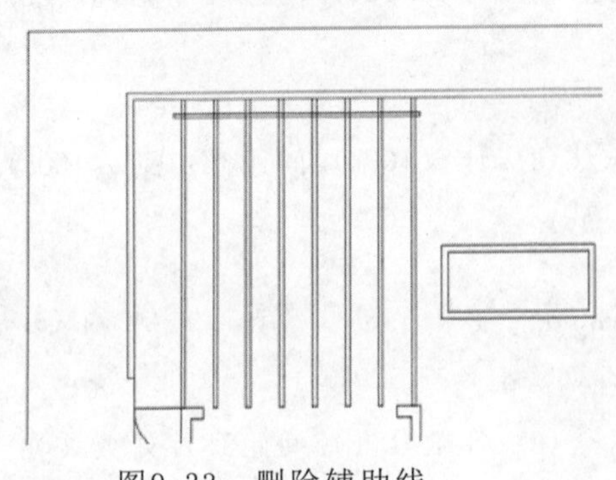

图9-33　删除辅助线

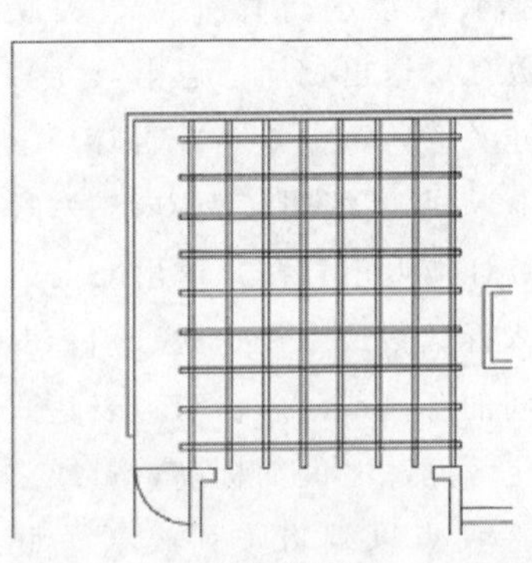

图9-34　阵列矩形

（7）同理，单击“默认”选项卡“绘图”面板中的“矩形”按钮和单击“默认”选项卡“修改”面板中的“矩形阵列”按钮，绘制其他位置处的木质花架，如图 9-35 所示。

2．绘制木质平台

（1）单击“默认”选项卡“绘图”面板中的“直线”按钮和“圆”按钮，绘制辅助直线和圆。

（2）单击“默认”选项卡“绘图”面板中的“多段线”按钮，绘制连续多段线，完成木质平台的绘制，如图 9-36 所示。

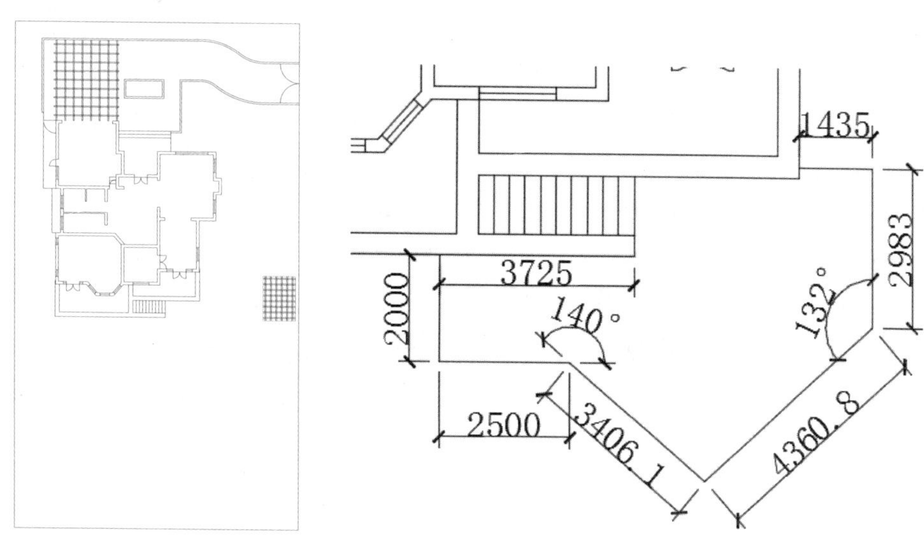

图9-35 绘制花架

图9-36 绘制木质平台

（3）单击“默认”选项卡“绘图”面板中的“矩形”按钮，在木质平台内绘制一个 750mm×750mm 的矩形，然后单击“默认”选项卡“修改”面板中的“旋转”按钮，将矩形旋转 45°，完成桌子的绘制，如图 9-37 所示。

（4）单击“默认”选项卡“绘图”面板中的“多边形”按钮，绘制边长为 400mm 的正方形，完成椅子的绘制，如图 9-38 所示。

（5）单击“默认”选项卡“修改”面板中的“环形阵列”按钮，将椅子进行阵列，设置阵列数目为 4，完成桌椅组合的绘制，结果如图 9-39 所示。

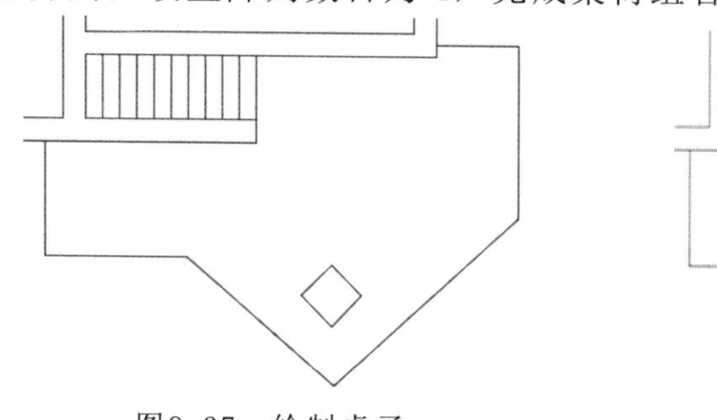

图9-37 绘制桌子

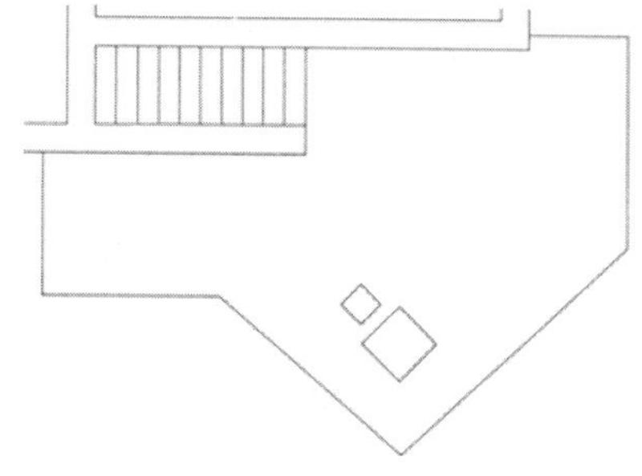

图9-38 绘制椅子

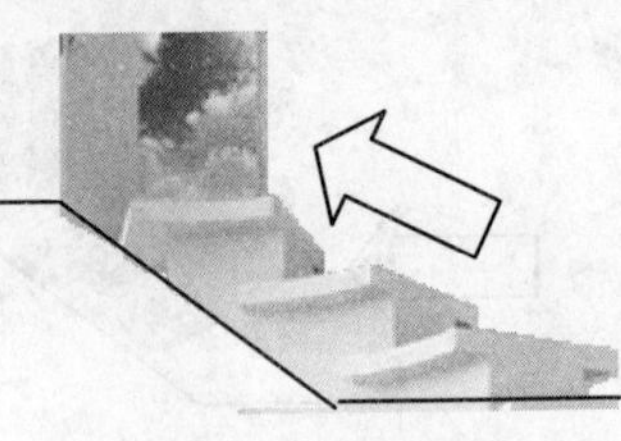

（6）单击“默认”选项卡“绘图”面板中的“多段线”按钮，绘制花池的外轮廓线，如图 9-40 所示。

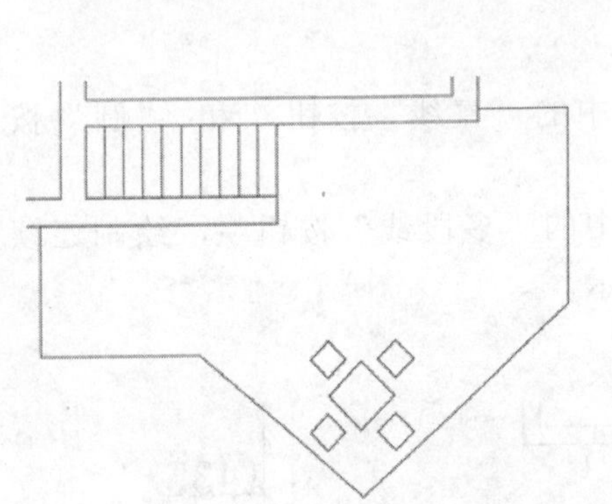

图9-39　阵列椅子

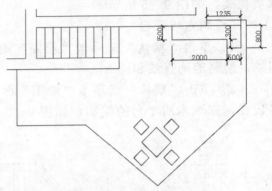

图9-40　绘制外轮廓线

（7）单击“默认”选项卡“修改”面板中的“偏移”按钮，将多段线向内偏移 50mm，完成花池的绘制，如图 9-41 所示。

（8）单击“默认”选项卡“绘图”面板中的“直线”按钮，在花池的下方绘制一条长为 1200mm 的竖线，如图 9-42 所示。

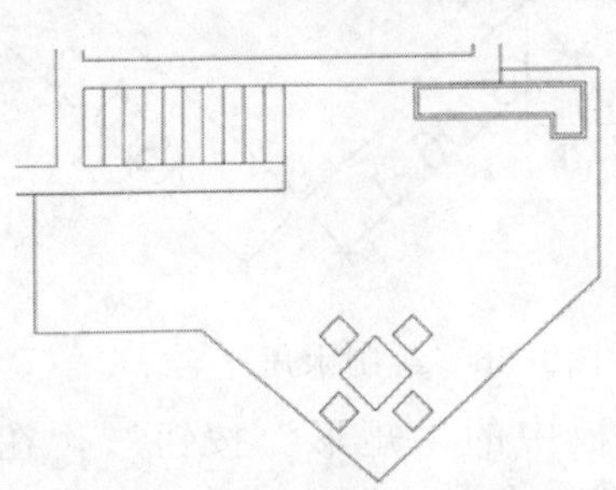

图9-41　偏移多段线

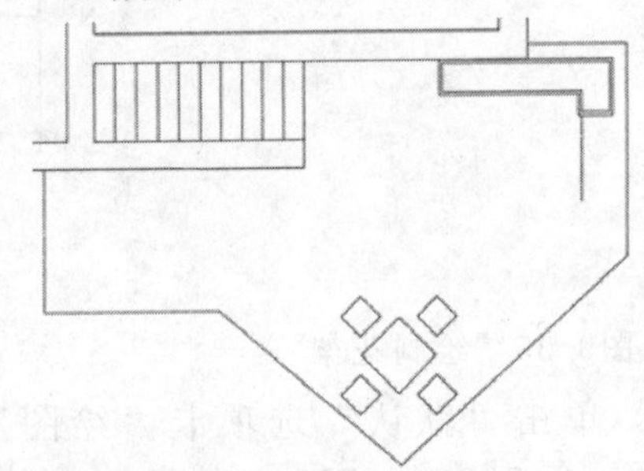

图9-42　绘制竖线

（9）单击“默认”选项卡“修改”面板中的“偏移”按钮，将竖线向右偏移 400mm，完成木椅的绘制，如图 9-43 所示。

（10）单击“默认”选项卡“绘图”面板中的“矩形”按钮，绘制一个 500mm×500mm 的矩形，如图 9-44 所示。

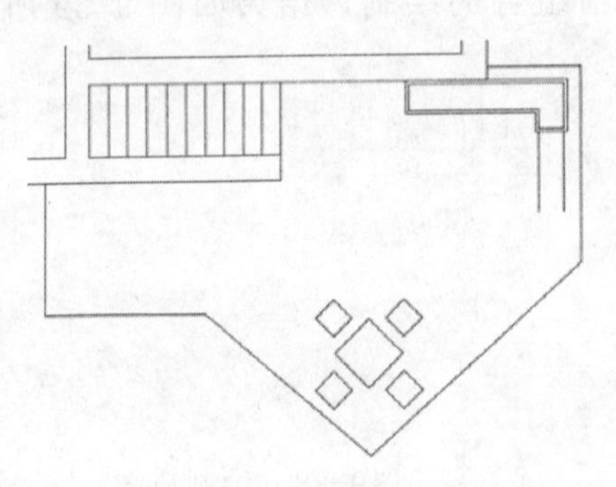

图9-43　绘制木椅

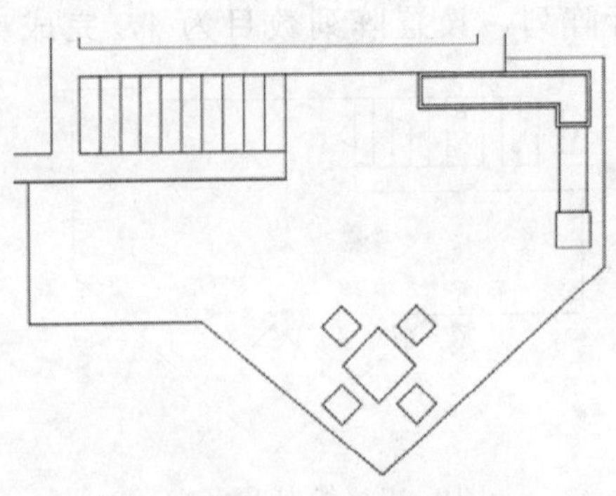

图9-44　绘制矩形

（11）单击“默认”选项卡“修改”面板中的“偏移”按钮，将矩形向内偏移 50mm，完成另一个花池的绘制，如图 9-45 所示。

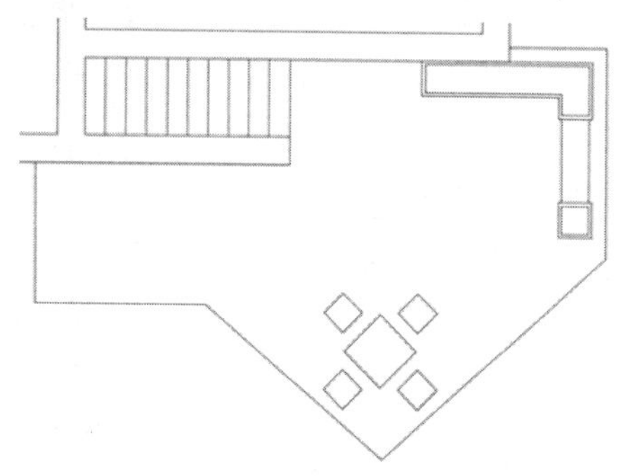

图9-45　绘制花池

（12）将“植物”图层设置为当前层，单击“默认”选项卡“绘图”面板中的“图案填充”按钮，打开“图案填充创建”选项卡，如图 9-46 所示，选择“CROSS”图案，设置比例为 10，角度为 0°，填充花池，如图 9-47 所示。

图9-46　“图案填充创建”选项卡

（13）同理，在木质平台另外一侧继续绘制花池和木椅，这里不再赘述，结果如图 9-48 所示。

（14）单击“默认”选项卡“绘图”面板中的“图案填充”按钮，打开“图案填充创建”选项卡，如图 9-49 所示，选择“ANSI32”图案，设置角度为 45°，比例为 60，填充木质平台，结果如图 9-50 所示。

（15）单击“默认”选项卡“绘图”面板中的“矩形”按钮，在最下侧绘制 4000mm×2500mm 和 3000mm×2425mm 的两个矩形，完成木质平台外轮廓的绘制，如图 9-51 所示。

（16）单击“默认”选项卡“修改”面板中的“修剪”按钮，修剪多余

的直线，如图 9-52 所示。

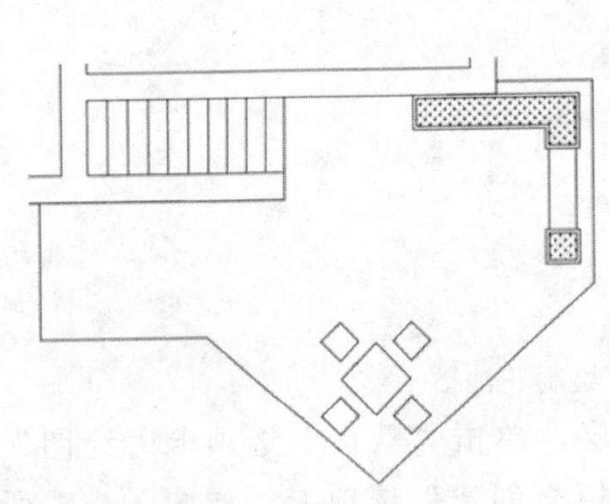

图9-47　填充花池

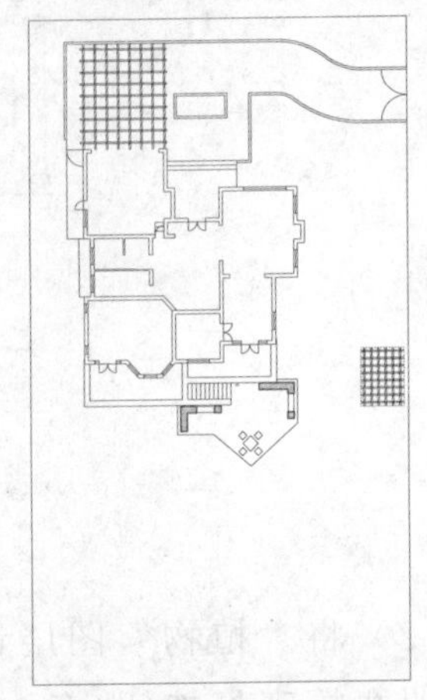

图9-48　绘制花池和木椅

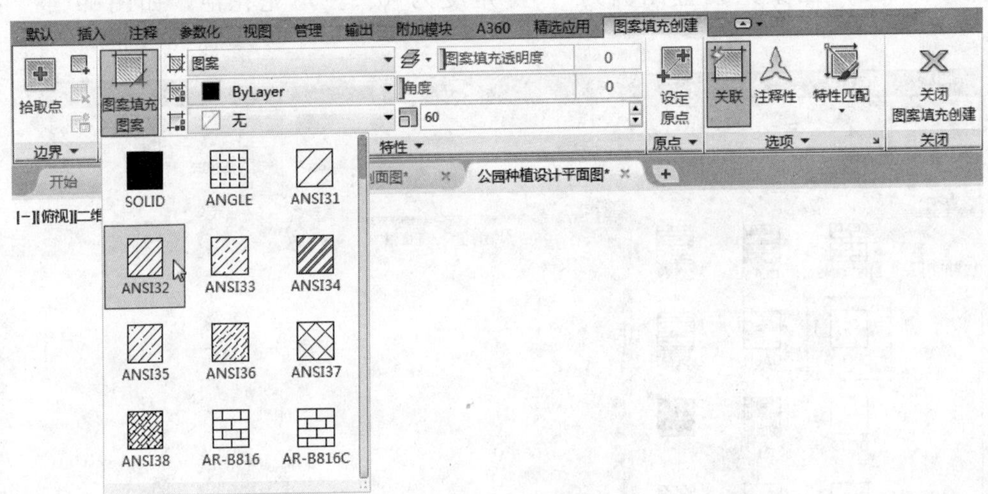

图9-49　“图案填充创建”选项卡

（17）单击“默认”选项卡“修改”面板中的“分解”按钮，将木质平台外轮廓分解。

（18）单击“默认”选项卡“修改”面板中的“偏移”按钮，将左侧矩形的上侧边向下偏移 100mm，左侧边向右偏移 100mm，作为辅助线，如图 9-53 所示。

（19）单击“默认”选项卡“绘图”面板中的“矩形”按钮，以辅助线的交点为起点，绘制 150mm×150mm 的矩形，如图 9-54 所示。

（20）单击“默认”选项卡“修改”面板中的“删除”按钮，将辅助线删除，如图 9-55 所示。

（21）单击“默认”选项卡“修改”面板中的“复制”按钮，根据图 9-56 所示的间距复制矩形。

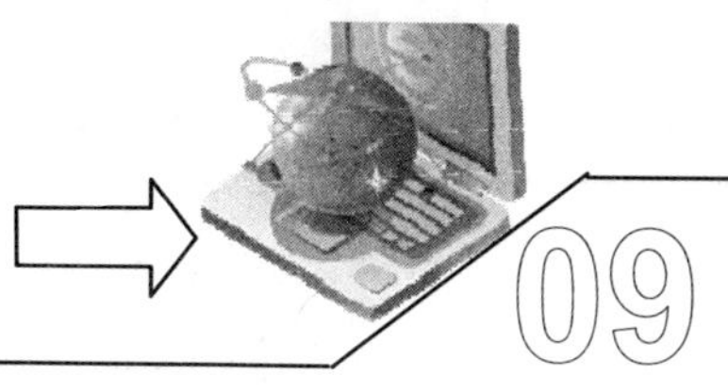

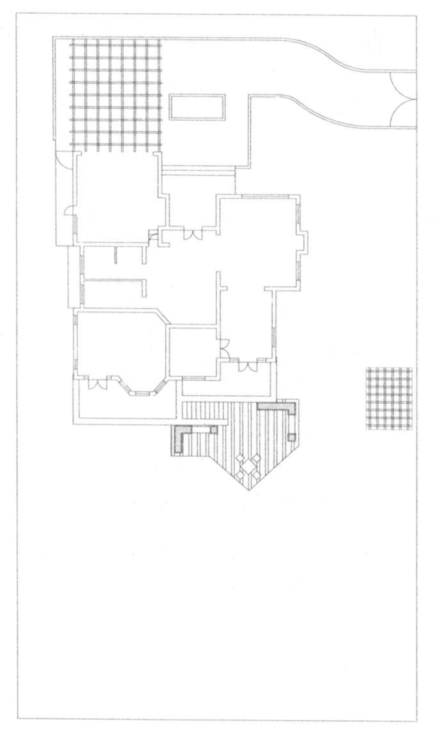

图9-50　填充木质平台

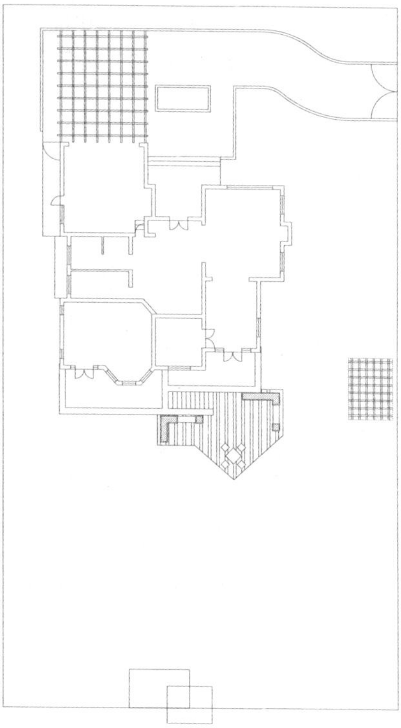

图9-51　绘制矩形

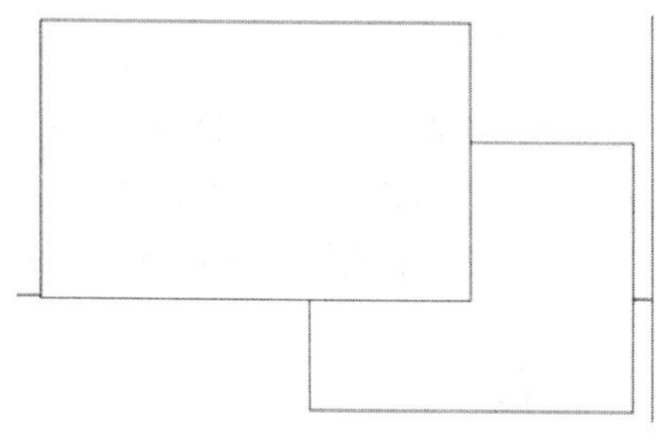

图9-52　修剪图形

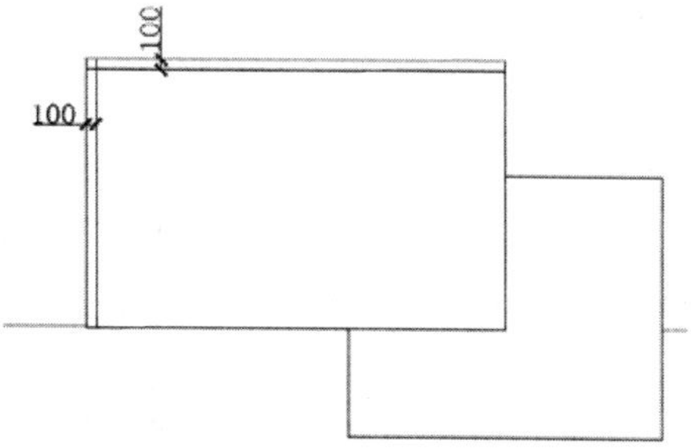

图9-53　绘制辅助线

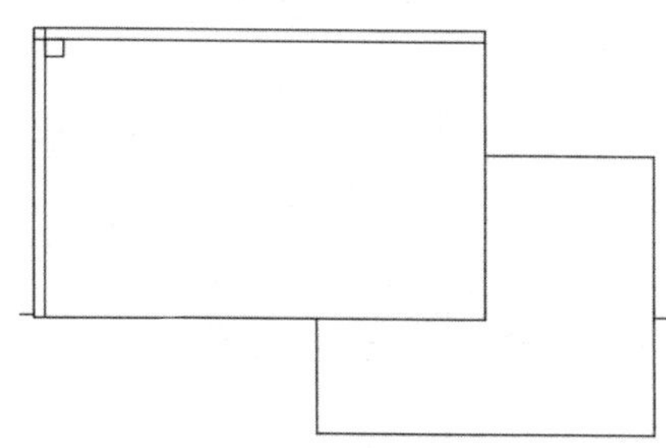

图9-54　绘制矩形

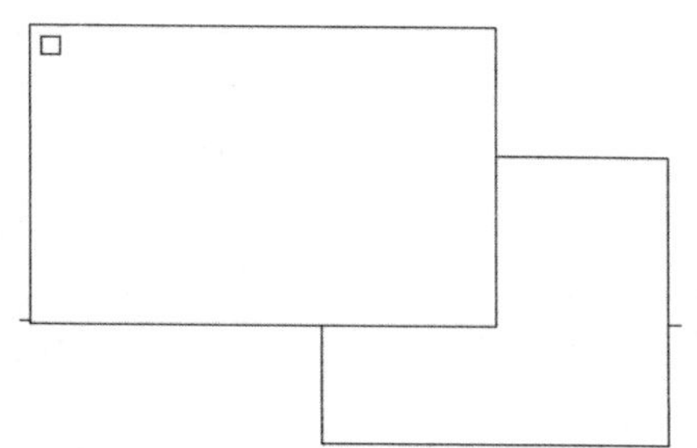

图9-55　删除辅助线

（22）单击“默认”选项卡“修改”面板中的“偏移”按钮，将直线 1

向下偏移 150mm、50mm、2100mm 和 50mm，直线 2 向右偏移 150mm、50mm、3600mm 和 50mm，如图 9-57 所示。

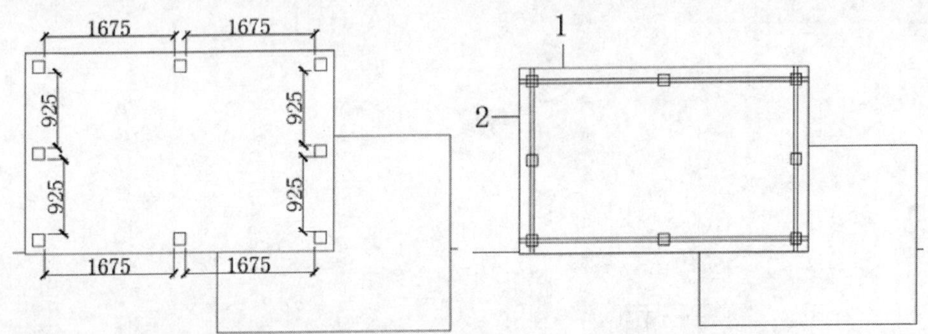

图9-56　复制矩形　　　　图9-57　偏移直线

（23）单击“默认”选项卡“修改”面板中的“修剪”按钮，修剪多余的直线，完成坐凳的绘制，结果如图 9-58 所示。

（24）同理，绘制另外一个矩形内的坐凳，如图 9-59 所示。

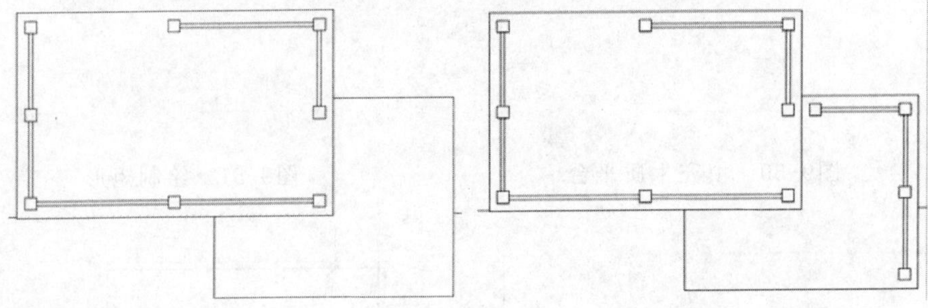

图9-58　修剪直线　　　　图9-59　绘制坐凳

（25）单击“默认”选项卡“修改”面板中的“偏移”按钮，将图 9-57 所示的直线 1 向下偏移 1375mm 和 825mm，直线 2 向右偏移 3400mm 和 300mm，如图 9-60 所示。

（26）单击“默认”选项卡“修改”面板中的“修剪”按钮，修剪多余的直线，完成踏步的绘制，如图 9-61 所示。

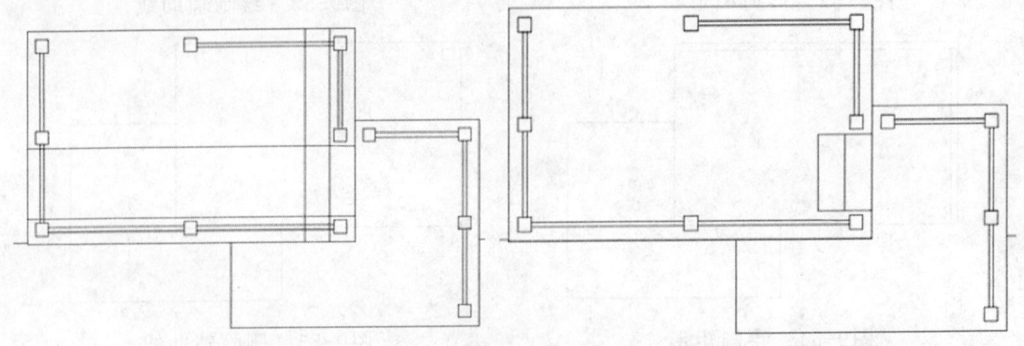

图9-60　偏移直线　　　　图9-61　绘制踏步

（27）单击“默认”选项卡“绘图”面板中的“图案填充”按钮，打开

“图案填充创建”选项卡，如图 9-62 所示，选择“ANSI32”图案，设置角度为 45°，比例为 60，填充木质平台，结果如图 9-63 所示。

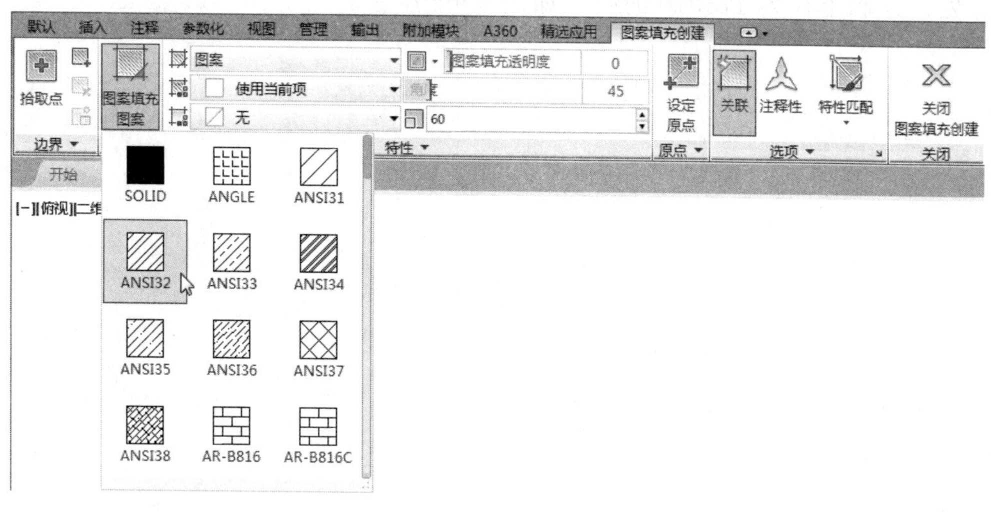

图9-62 “图案填充创建”选项卡

3. 绘制宠物房

（1）单击“默认”选项卡“绘图”面板中的“矩形”按钮，绘制一个 1500mm×2000mm 的矩形，如图 9-64 所示。

（2）单击“默认”选项卡“绘图”面板中的“直线”按钮，捕捉矩形短边中点，向下绘制一条竖线，完成宠物房的绘制，结果如图 9-65 所示。

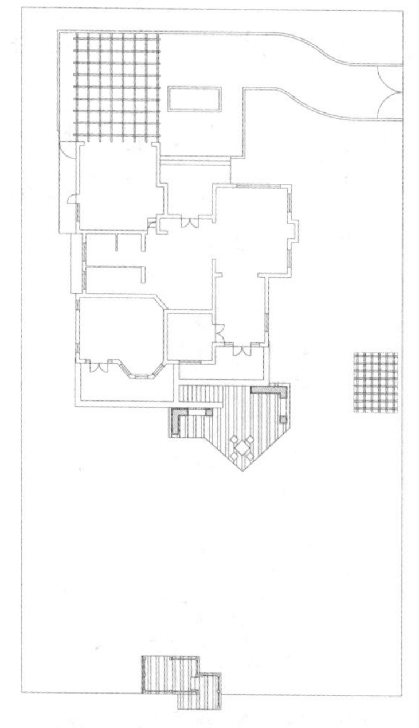

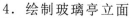

图9-63 填充木质平台

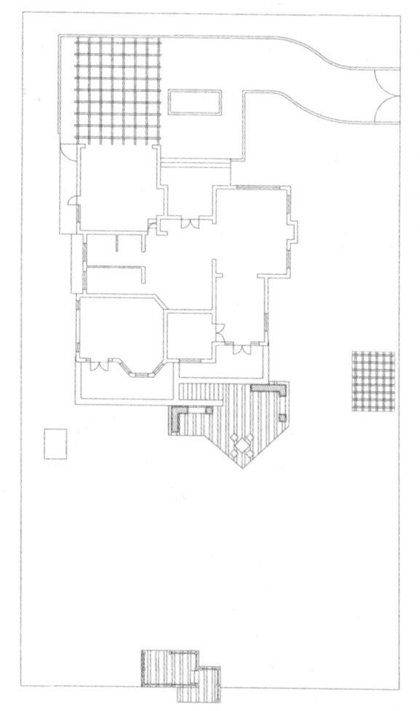

图9-64 绘制矩形

4. 绘制玻璃亭立面

（1）单击“默认”选项卡“绘图”面板中的“圆”按钮，在图中合适的位置处，绘制半径为1750mm的圆，如图9-66所示。

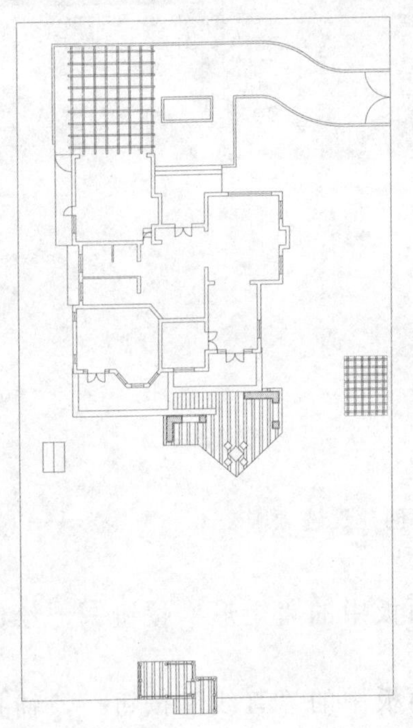
图9-65　绘制宠物房

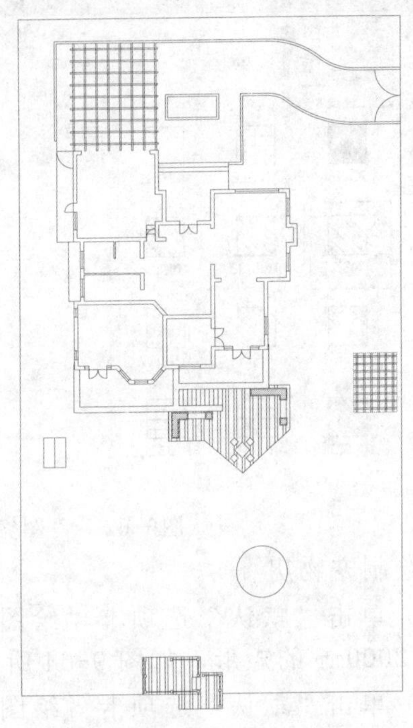
图9-66　绘制圆

（2）单击“默认”选项卡“修改”面板中的“偏移”按钮，将圆向内偏移100mm、818.8mm和100mm，如图9-67所示。

（3）在状态栏上单击“极轴追踪”右侧的小三角按钮，打开快捷菜单，如图9-68所示，选择“正在追踪设置”命令，打开“草图设置”对话框，添加102°和118°的附加角，并勾选“启用极轴追踪”复选框，如图9-69所示。

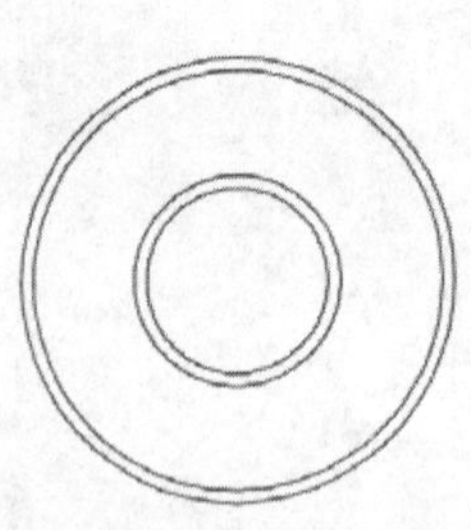
图9-67　偏移圆

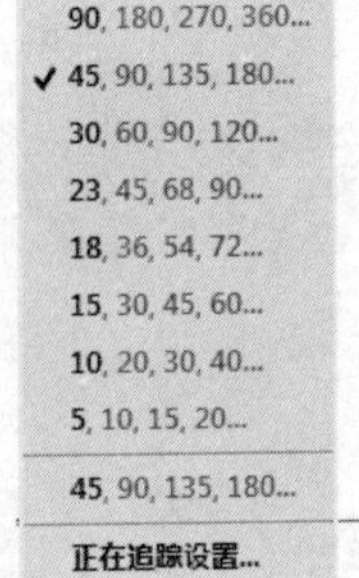

图9-68　快捷菜单

（4）单击“默认”选项卡“绘图”面板中的“直线”按钮，在圆内绘制102°和118°的两条直线，结果如图9-70所示。

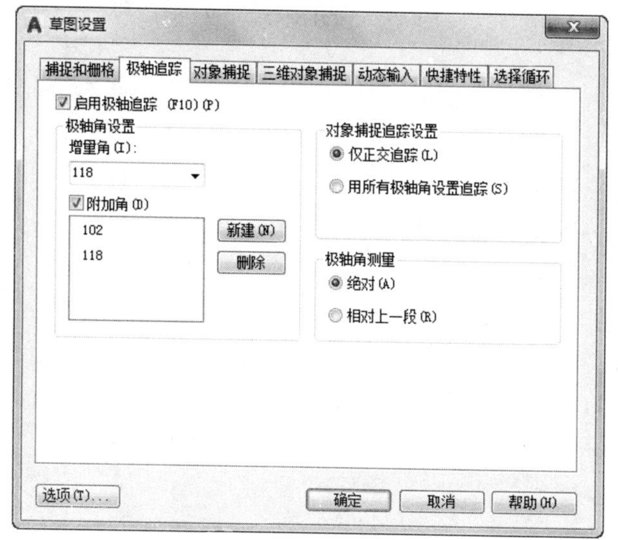

图9-69　“草图设置”

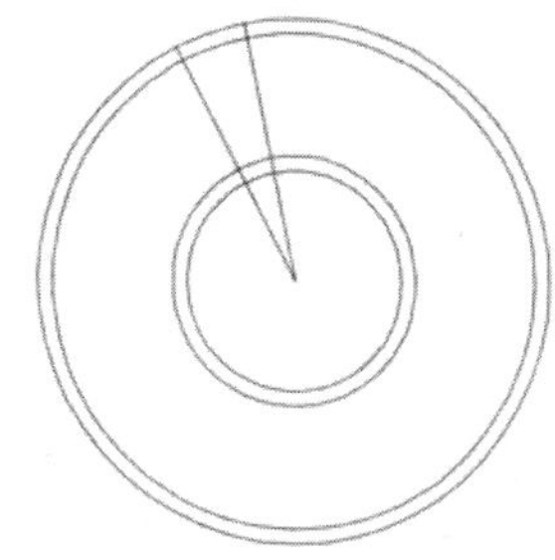

图9-70　绘制直线

（5）单击“默认”选项卡“修改”面板中的“环形阵列”按钮，将两条直线进行阵列，设置数目为 3，完成玻璃亭立面的绘制，结果如图 9-71 所示。

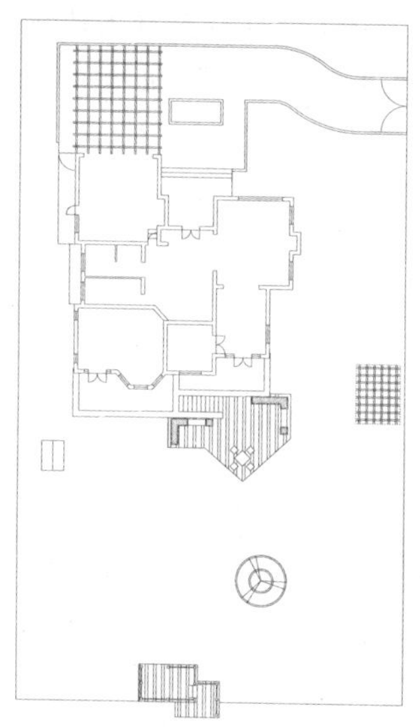

图 9-71　绘制玻璃亭立面

9.2.5　道路系统

（1）将“道路”图层设置为当前层，单击“默认”选项卡“绘图”面板中的“样条曲线拟合”按钮，绘制两条样条曲线，如图 9-72 所示。

（2）单击“默认”选项卡“绘图”面板中的“矩形”按钮和单击“默认”选项卡“修改”面板中的“旋转”按钮，在样条曲线上绘制木条，并旋

转到合适的角度，结果如图 9-73 所示。

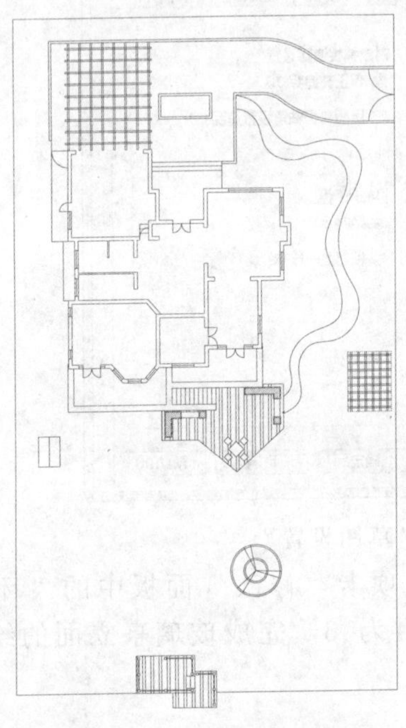

图9-72　绘制样条曲线

（3）单击“默认”选项卡“修改”面板中的“修剪”按钮，修剪木条内的样条曲线，结果如图 9-74 所示。

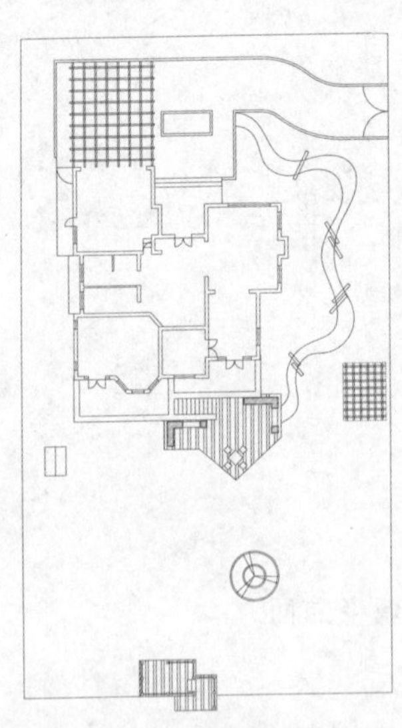

图9-73　绘制木条

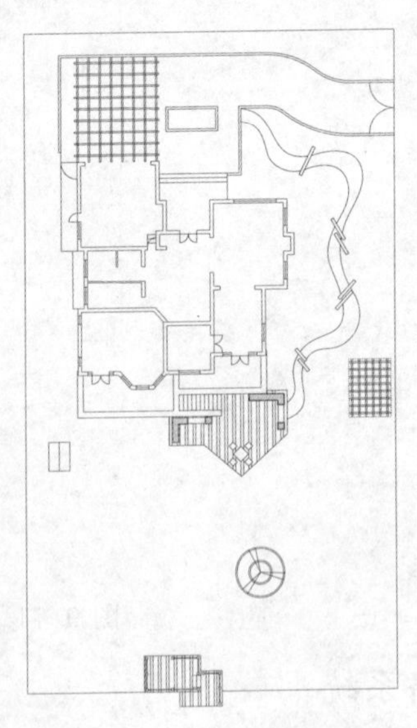

图9-74　修剪样条曲线

（4）单击“默认”选项卡“块”面板中的“插入”按钮，打开源文件/9/石块，将其插入到道路的两边，如图 9-75 所示。

（5）单击“默认”选项卡“绘图”面板中的“矩形”按钮，在图中合适位置处，绘制一个 600mm×600mm 的矩形，如图 9-76 所示。

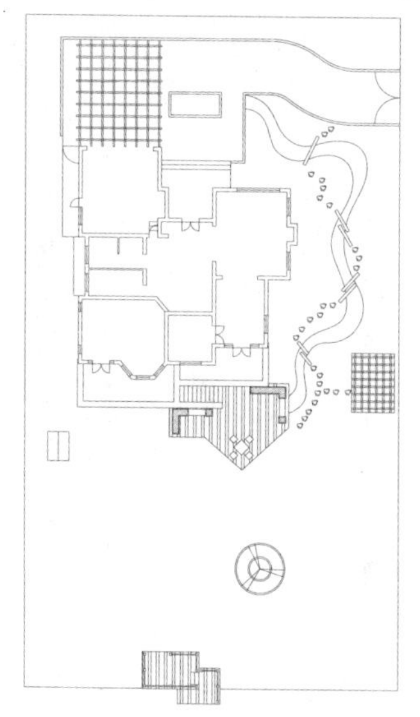

图9-75　插入石块

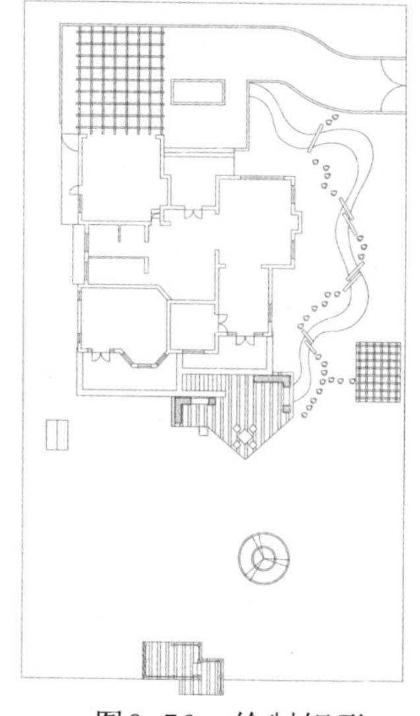

图9-76　绘制矩形

（6）单击“默认”选项卡“修改”面板中的“复制”按钮和“旋转”按钮，将矩形复制到其他位置处并旋转一定的角度，如图 9-77 所示。

（7）单击“默认”选项卡“绘图”面板中的“圆”按钮，绘制半径为 1000mm 的圆，如图 9-78 所示。

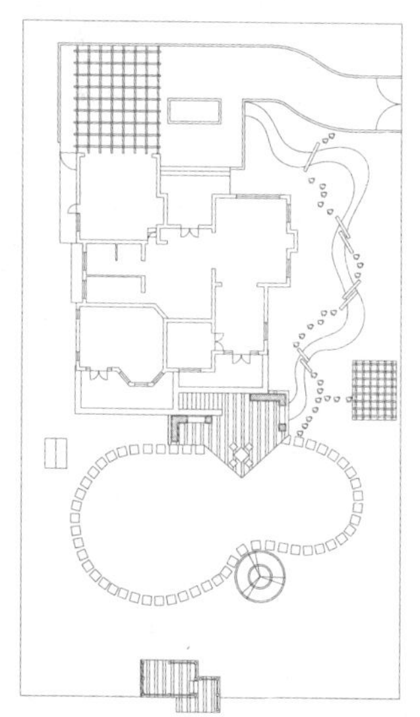

图9-77　复制旋转矩形

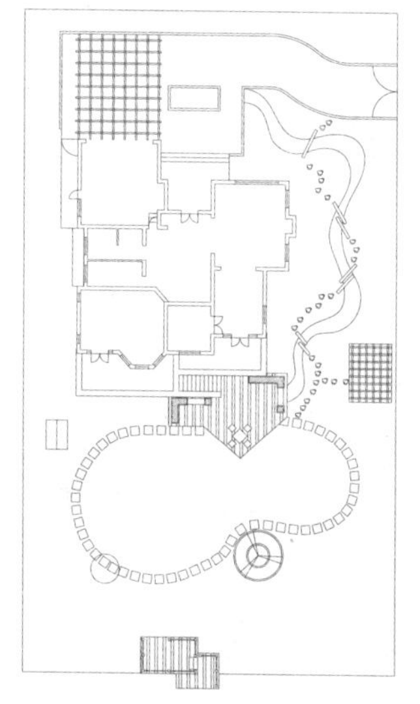

图9-78　绘制圆

（8）单击“默认”选项卡“修改”面板中的“修剪”按钮，修剪圆内多余的直线，如图 9-79 所示。

（9）单击“默认”选项卡“修改”面板中的“偏移”按钮，将圆向内偏移 500mm，如图 9-80 所示。

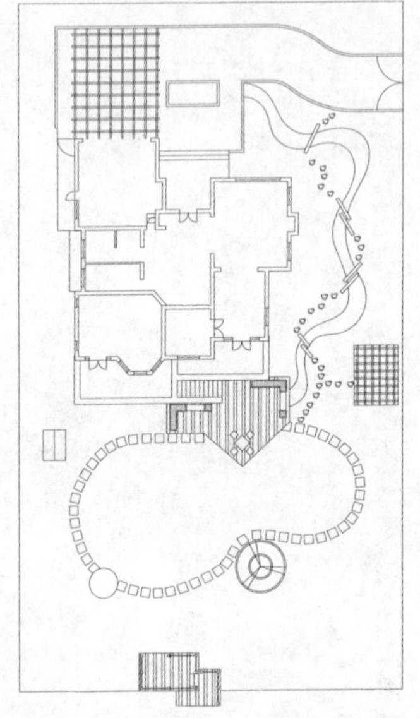

图9-79　修剪圆

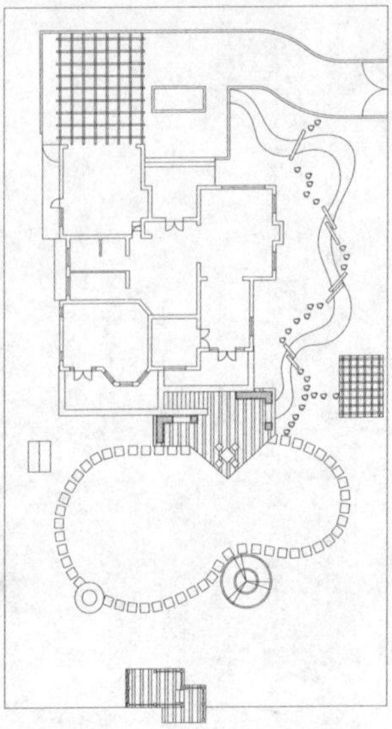

图9-80　偏移圆

（10）单击“默认”选项卡“绘图”面板中的“直线”按钮和“圆”按钮，绘制蹲踞，如图 9-81 所示。

（11）单击“默认”选项卡“绘图”面板中的“椭圆”按钮，绘制卵石，如图 9-82 所示。

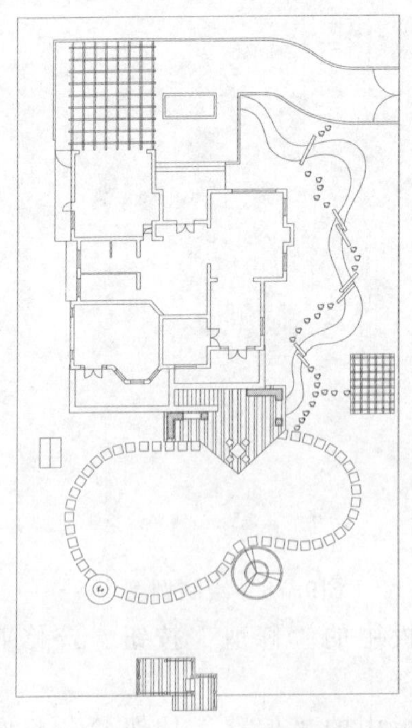

图9-81　绘制蹲踞

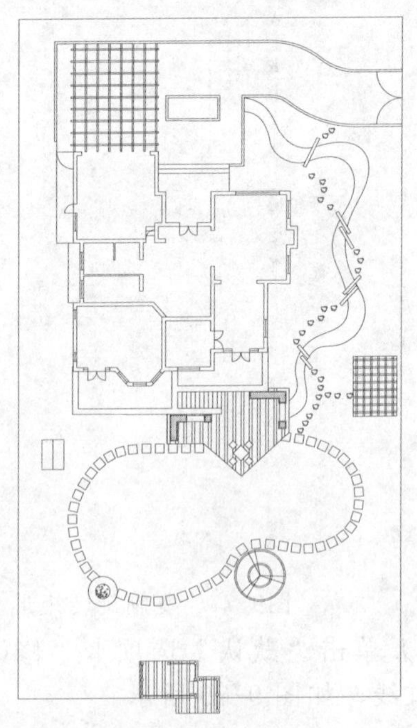

图9-82　绘制卵石

（12）单击“默认”选项卡“绘图”面板中的“图案填充”按钮，打开

“图案填充创建”选项卡，如图 9-83 所示，选择“HEX”图案，设置角度为 0°，比例为 60，填充圆，完成地砖铺地的绘制，结果如图 9-84 所示。

（13）同理，绘制其他位置处的道路铺地，这里不再赘述，结果如图 9-85 所示。

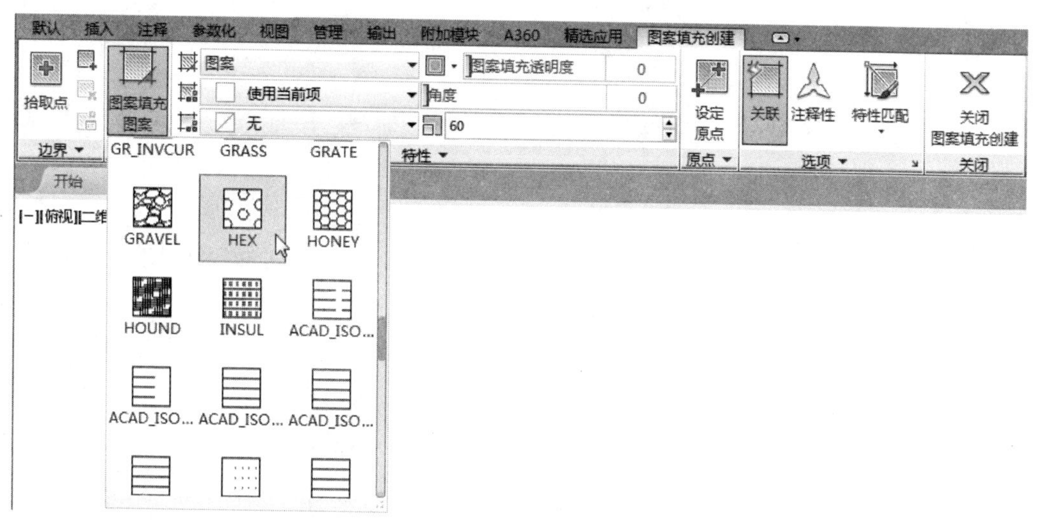

图9-83 “图案填充创建”选项卡

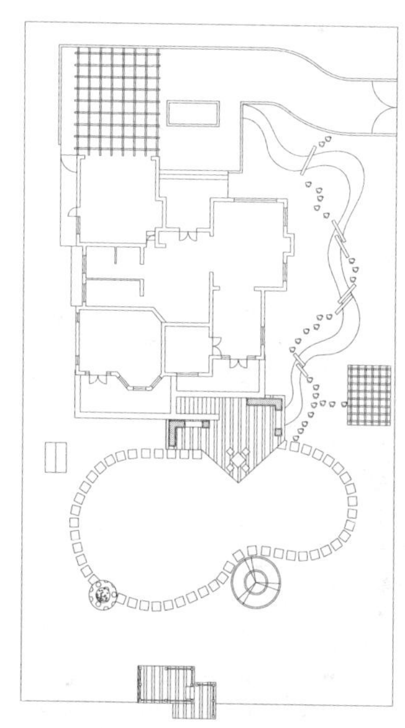

图9-84 绘制地砖铺地

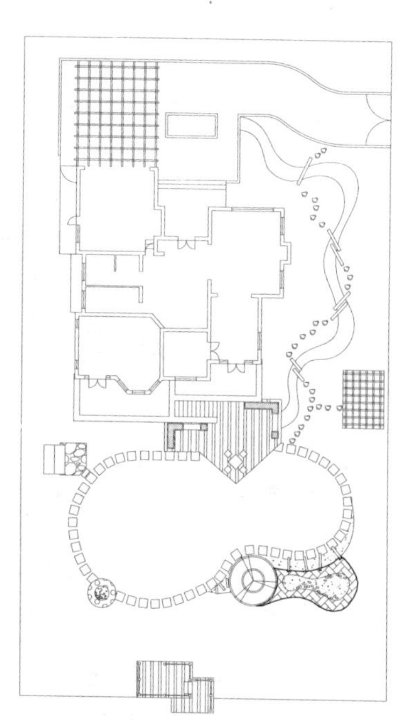

图9-85 绘制道路铺地

（14）将“水系”图层设置为当前层，单击“默认”选项卡“绘图”面板中的“样条曲线拟合”按钮，绘制水系，如图 9-86 所示。

（15）单击“默认”选项卡“块”面板中的“插入”按钮，打开“插入”对话框，如图 9-87 所示，将图库中所需的石块插入到水系中，结果如图 9-88 所示。

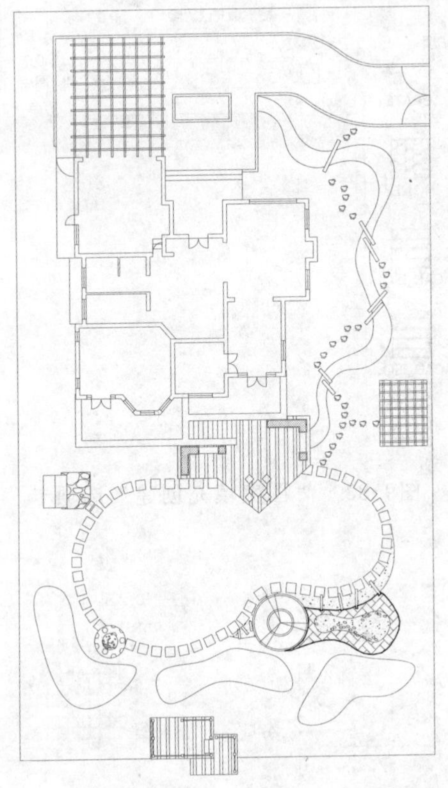

图9-86 绘制水系

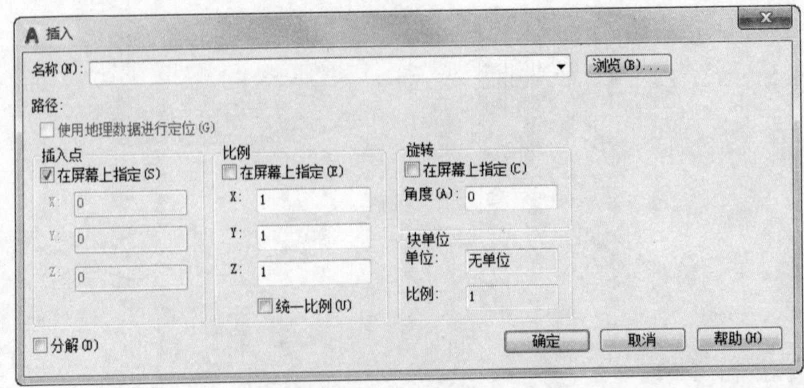

图9-87 “插入”对话框

（16）单击“默认”选项卡“绘图”面板中的“圆”按钮，补充绘制半

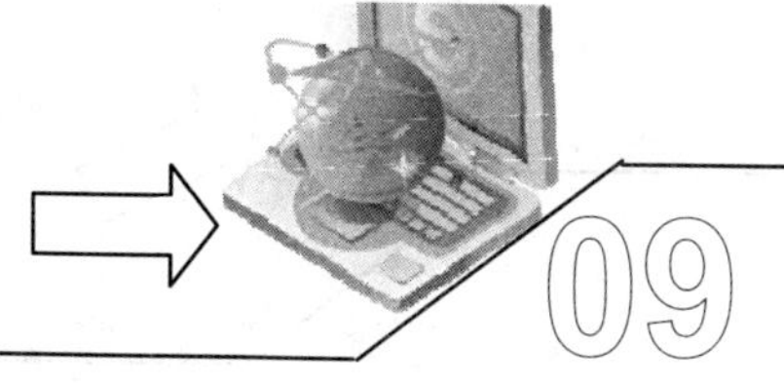

径为 100mm 的圆，完成庭院灯的绘制，如图 9-89 所示。

（17）单击“默认”选项卡“修改”面板中的“复制”按钮，复制庭院灯，如图 9-90 所示。

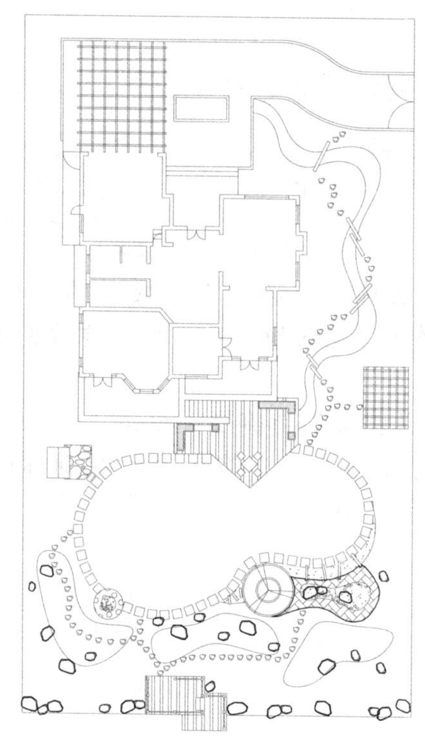

图9-88 插入石块

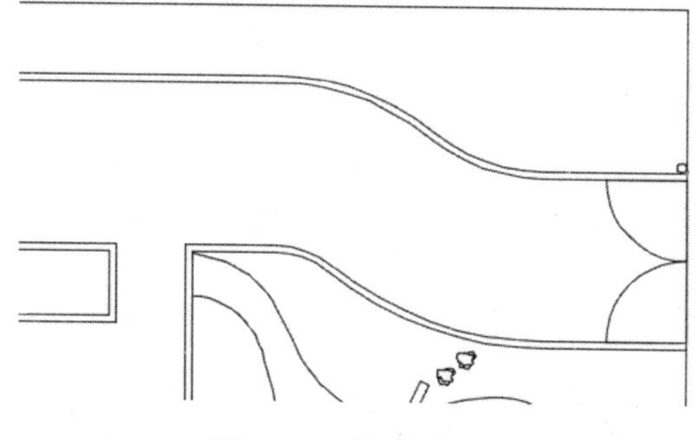

图9-89 绘制庭院灯

9.2.6 植物的配置

（1）将“植物”图层设置为当前层，单击“默认”选项卡“绘图”面板中的“徒手画修订云线”按钮，在花架处绘制云线，完成凌宵的绘制，如图 9-91 所示。

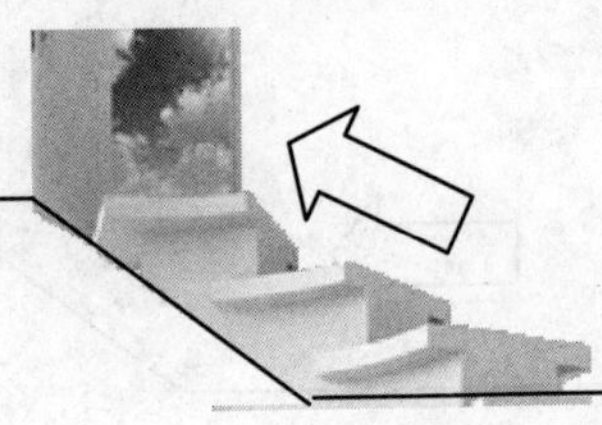

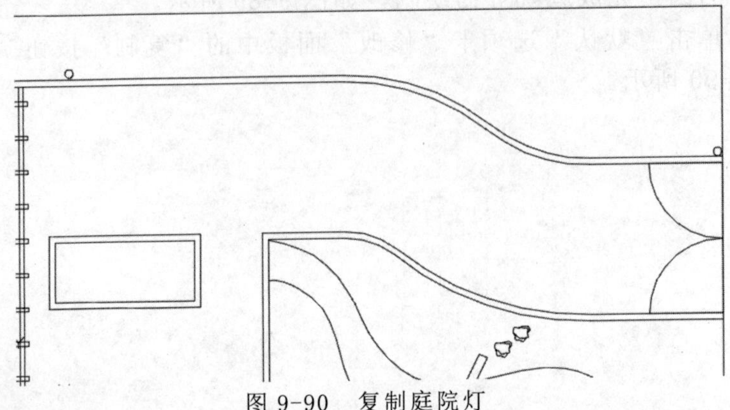

图 9-90 复制庭院灯

（2）单击“默认”选项卡“绘图”面板中的“徒手画修订云线”按钮、“图案填充”按钮和“插入块”按钮，完成图中所有植物的绘制，结果如图 9-92 所示。

（3）将“标注”图层设置为当前层，单击“默认”选项卡“绘图”面板中的“直线”按钮和“多行文字”按钮，绘制标高符号，如图 9-93 所示。

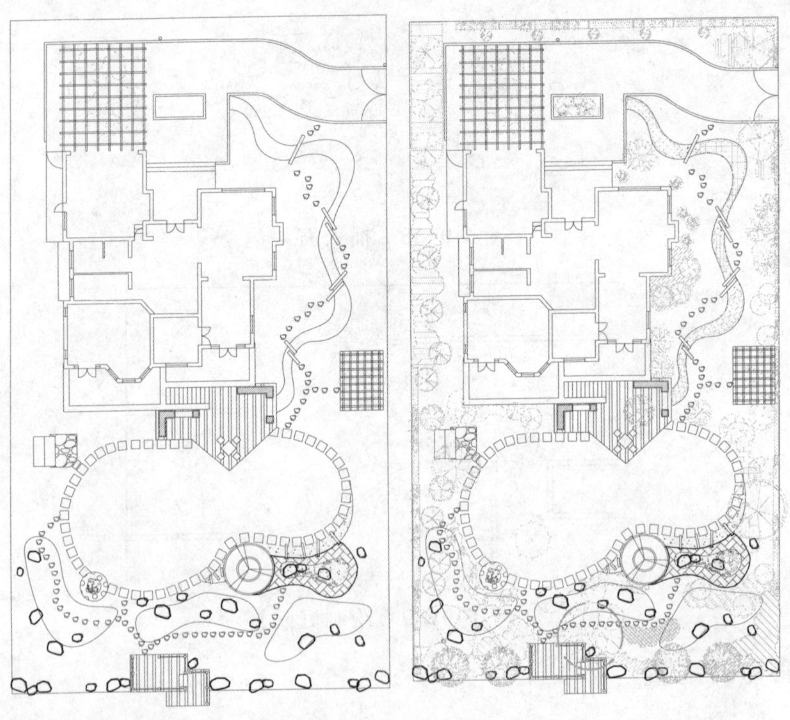

图9-91 绘制凌霄　　图9-92 绘制植物

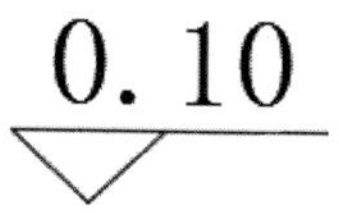

0.10

图9-93　绘制标高符号

（4）单击“默认”选项卡“修改”面板中的“复制”按钮，将标高符号复制到图中其他位置处，然后双击文字，修改对应的文字内容，结果如图 9-94 所示。

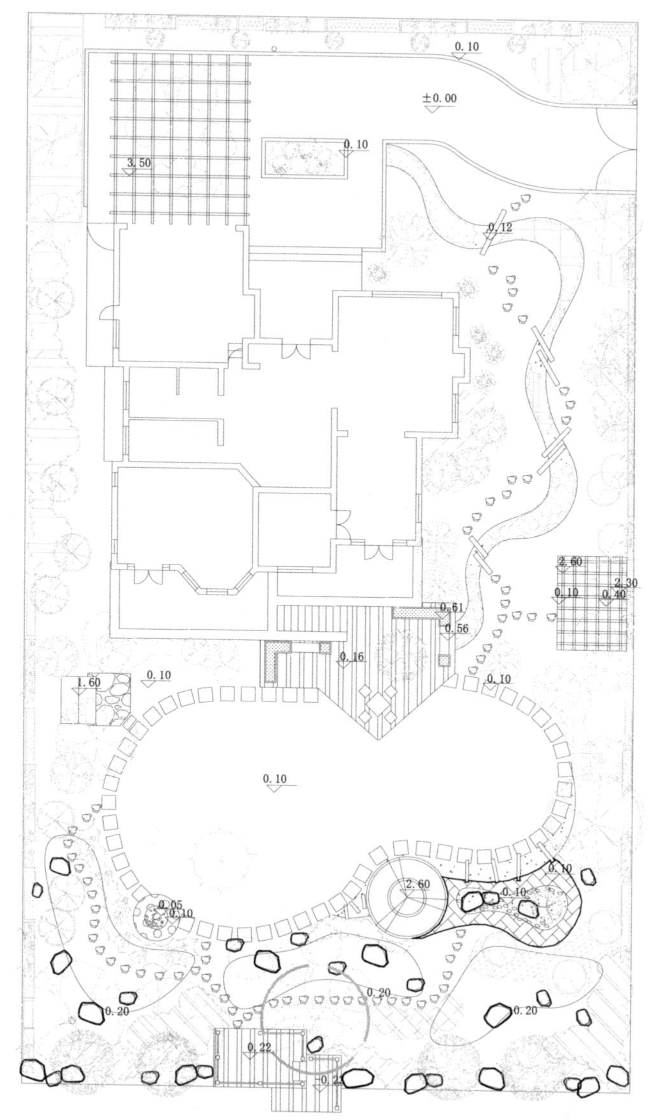

图9-94　绘制标高

（5）单击“默认”选项卡“绘图”面板中的“直线”按钮和“多行文字”按钮A，标注文字说明，最终完成公园种植设计平面图的绘制，结果如图

9-95 所示。

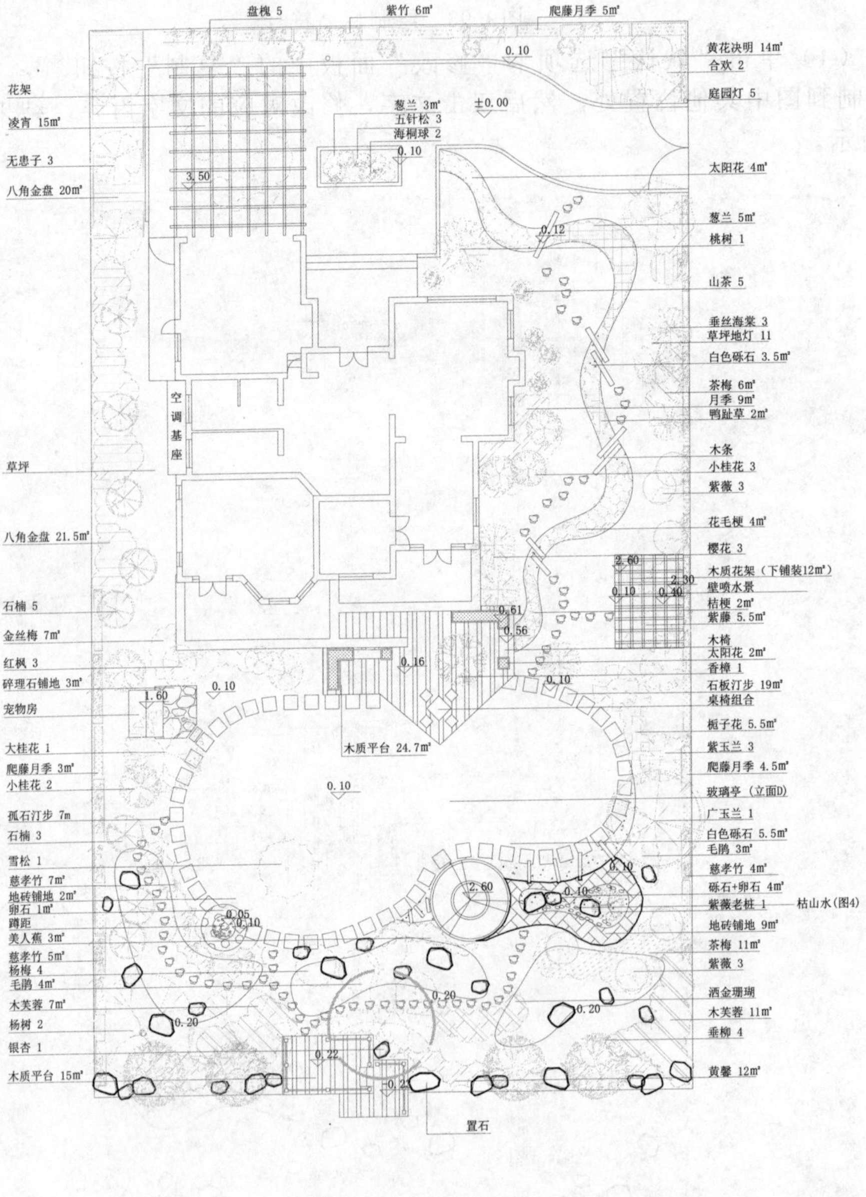

图9-95　标注文字

9.3　上机操作

通过前面的学习，读者对本章知识有了大体的了解，本节通过两个操作练习使读者进一步掌握本章知识要点。

【实例 1】绘制图 9-96 所示的公园绿地设计图。

1. 目的要求

本实例主要要求读者通过练习进一步熟悉和掌握公园绿地设计图的绘制方法。通过本实例，可以帮助读者学会公园绿地设计图绘制的全过程。

2. 操作提示

（1）绘图前准备及绘图设置。

（2）绘制入口。

（3）绘制道路系统。

（4）绘制建筑物。

（5）景点的规划设计。

（6）植物的配置。

（7）标注文字。

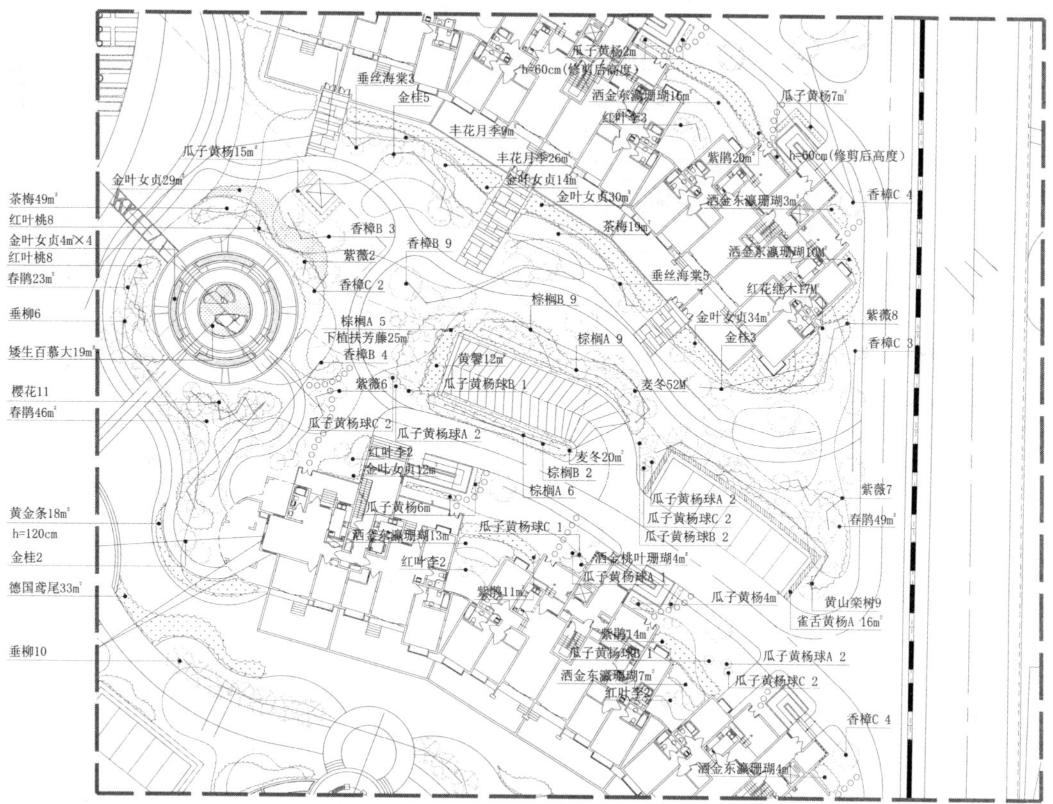

图9-96　公园绿地设计图

【实例 2】绘制图 9-97 所示的休闲广场种植设计图。

1. 目的要求

本实例主要要求读者通过练习进一步熟悉和掌握休闲广场种植设计图的绘制方法。通过本实例，可以帮助读者学会种植设计图绘制的全过程。

2. 操作提示

（1）绘图前准备及绘图设置。

（2）绘制入口和设计地形。
（3）绘制道路系统和广场。
（4）景点的规划设计。
（5）绘制景点细节。
（6）绘制建筑物。
（7）植物的配置。
（8）标注文字。

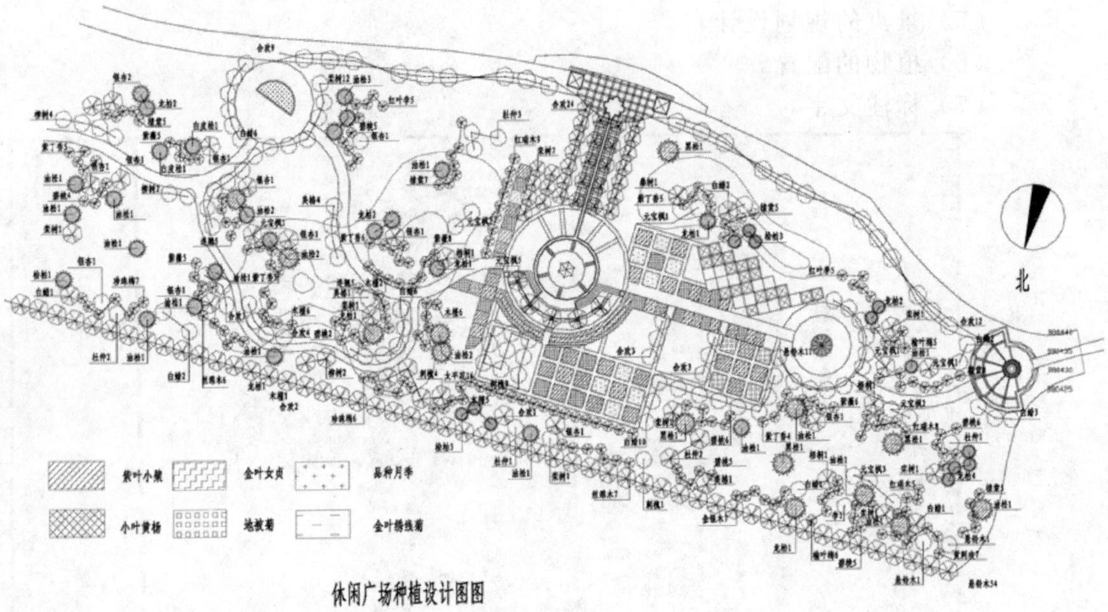

图9-97　休闲广场种植设计图

第3篇

综合实例篇

本篇主要

介绍一个大型综合实例，通过实例帮助读者掌握具体的园林设计工程实际操作过程中的一些基本思路和技巧。

内容要点：

- 带状公园设计

第 10 章　带状公园设计

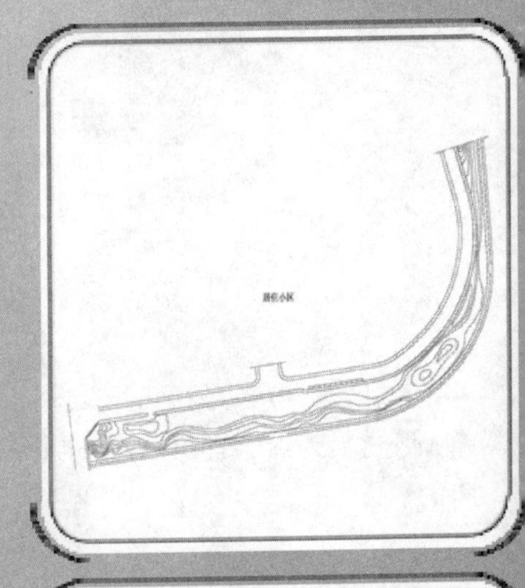

带状公园是公园绿地中形状比较特殊的一类，因此设计时不容易处理，由于其具有穿越城市的特性，可以设计成对城市生态改善作用比较大的绿色廊道。本章首先对带状公园的特点和设计要点进行简单说明，接着详细地讲解其绘制方法。

知识点

- 带状公园设计概述
- 带状公园的规划设计
- 带状公园设计实例分析
- 带状绿地平面图的绘制

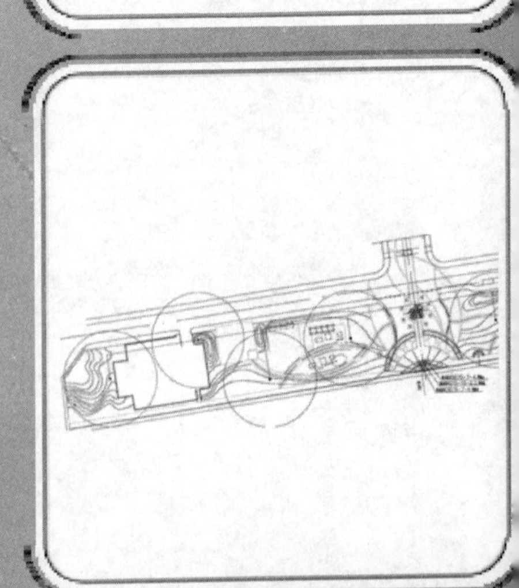

10.1 带状公园设计概述

带状公园是指沿城市道路、城墙、水滨等，有一定游憩设施的狭长形绿地，如沿道路分布且属于公园用地的绿地、各种滨河绿地、城墙遗址公园等。

城市带状绿地是城市绿色景观的重要组成部分，与斑块状绿地不同，带状公园由于其穿越城市的特性，可以设计成集生态防护、商业、休闲于一体的绿色廊道。这些廊道有利于城市内外空气流通，引入外界的新鲜空气，缓解城市中的热岛效应，改善小环境气候，为动植物提供保护和安全的迁移路线，保持自然群落的连续性，得以实现人、建筑环境与自然的共生、共乐和协调。因此，随着城市的发展，带状绿地得到了城市管理者的重视，而这类绿地中的带状公园与人们的生活密切相关。下面重点介绍带状公园的设计与绘制。

10.2 带状公园的规划设计

带状公园的规划设计与一般公园类似，应设置亭、廊、座椅、雕塑、水池、喷泉等设施，用来隔离、装饰街道和供市民短暂休息。园内应设置简单的休憩设施，植物配置。应考虑与城市环境的关系及园外、行人、乘车人对公园外貌的观赏效果。最后，因其特殊的形状、穿越城市的特性，更应注意发挥其生态效益。

本章重点在于对园林规划设计图样的绘制程序进行一一介绍，对详细景点的设计只作简单介绍。

10.3 带状公园设计实例分析

此园为一L形带状绿地，长约600m，宽约40m，面积将近24000m^2。园区上北下南，绿地内侧为居住区用地，南侧滨河。现状园区为连绵起伏的微地形，最高处高约3m。图10-1所示为规划园区的现状图。绘制图10-2所示的带状公园。

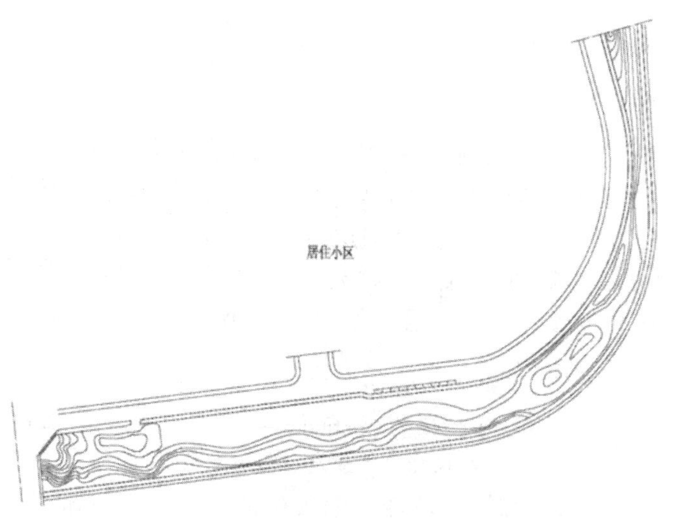

图 10-1 规划园区的现状图

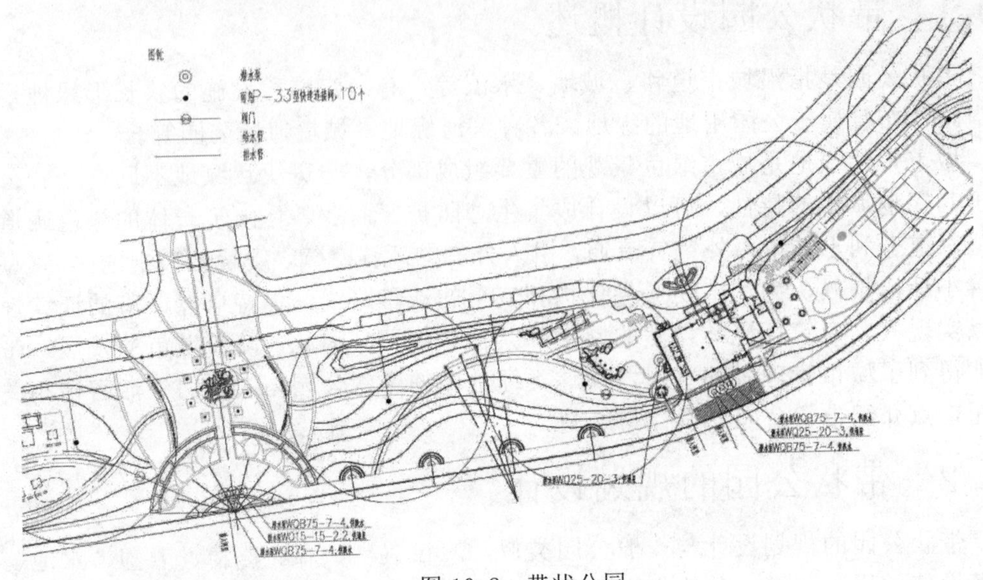

图 10-2　带状公园

10.4　带状绿地平面图的绘制

首先绘制入口，然后规划道路广场和景区，再绘制施工图和各个景点详图，最后绘制照明和给排水。

10.4.1　绘图设置

1．单位设置

将系统单位设为 mm。以 1:1 的比例绘制，具体操作不再详述。

2．图形界限设置

AutoCAD 2018 默认的图形界限为 420mm×297mm，是 A3 图幅，下面以 1:1 的比例绘图，所以应将图形界限设为 420000mm×297000mm。

10.4.2　建筑位置的确定与绘制

《园冶》中提到：“凡园圃立基，定厅堂为主”，因此在此狭长形的带状绿地中，首先应确定主要建筑的位置。本设计中将建筑定址在绿地的拐角处。

（1）单击“图层”工具栏中的“图层特性管理器”按钮，打开“图层特性管理器”对话框，建立一个新图层，命名为“建筑”，颜色选取洋红，线型为 Continuous，线宽为默认，并将其设置为当前图层，如图 10-3 所示。单击“确定”按钮后回到绘图状态。

✔ 建筑　　洋红 Continu... —— 默认 0　　Color_6

图 10-3　“建筑”图层参数设置

（2）单击“默认”选项卡“绘图”面板中的“直线”按钮，绘制出图 10-4 所示的主要建筑，在此不再详述。

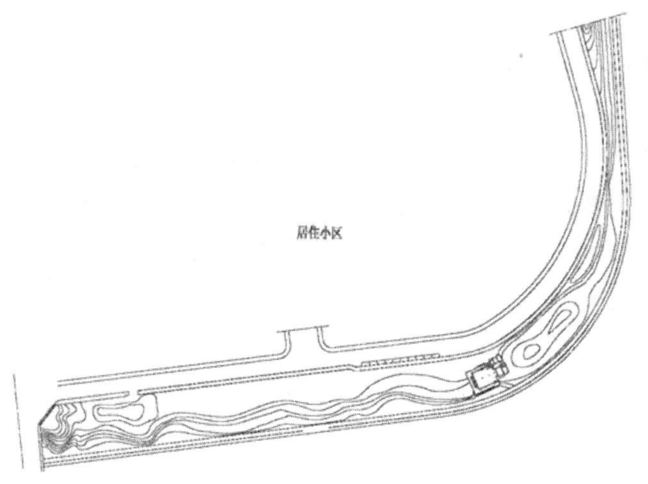

图 10-4　主要建筑规划

10.4.3　入口位置的规划

（1）新建“入口”图层，并将其设置为当前图层，如图 10-5 所示。单击“确定”按钮后回到绘图状态。

✓ 入口　Continu... —— 默认　0　Color_3

图 10-5　“入口”图层参数设置

（2）在图 10-6 所示的入口位置绘制主要入口。

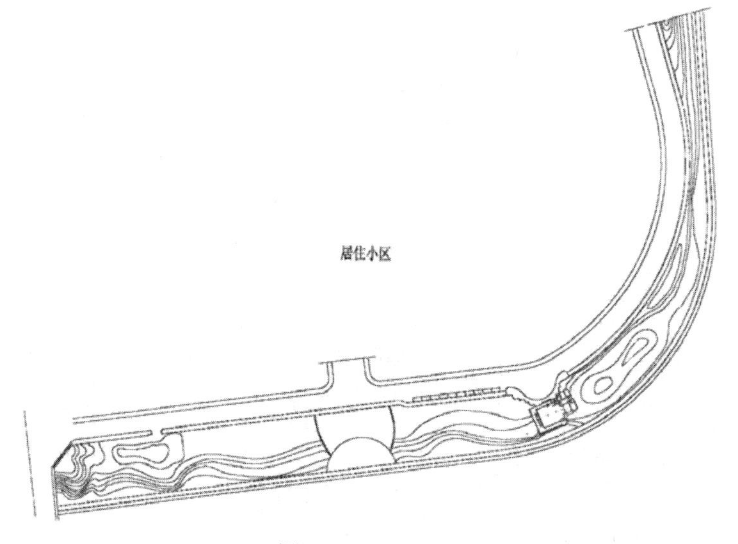

图 10-6　入口的规划

10.4.4　道路广场位置的规划

（1）新建“道路”图层，并将其设置为当前图层，如图 10-7 所示。单击“确定”按钮后回到绘图状态。

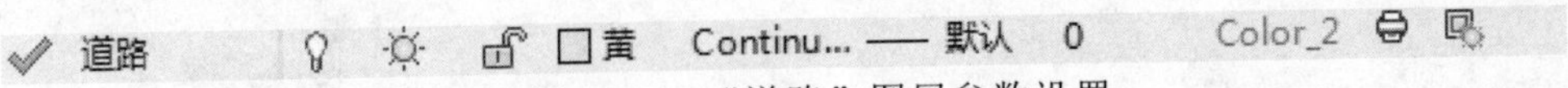

✓ 道路 Continu... —— 默认 0 Color_2

图 10-7 “道路”图层参数设置

（2）在图 10-8 所示的道路广场位置规划出道路广场，其规划主要是对现状图竖向的一个规划设计，将开敞空间和闭合空间与园区的规划结合起来，结果如图 10-8 所示。

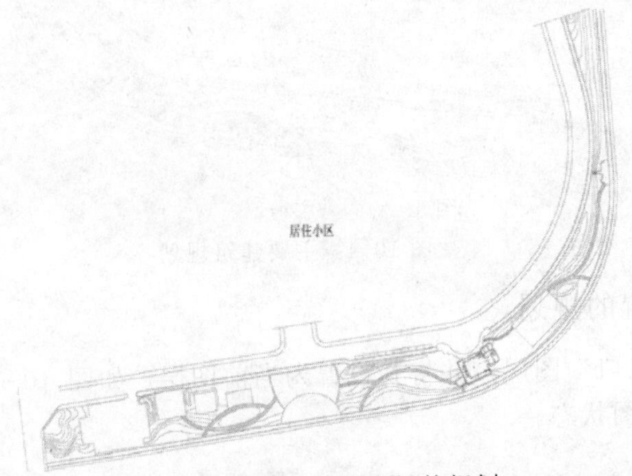

图 10-8 道路广场的规划

10.4.5 景区的规划设计

各个景点的规划设计在后面附有详图，结果如图 10-9～图 10-13 所示。

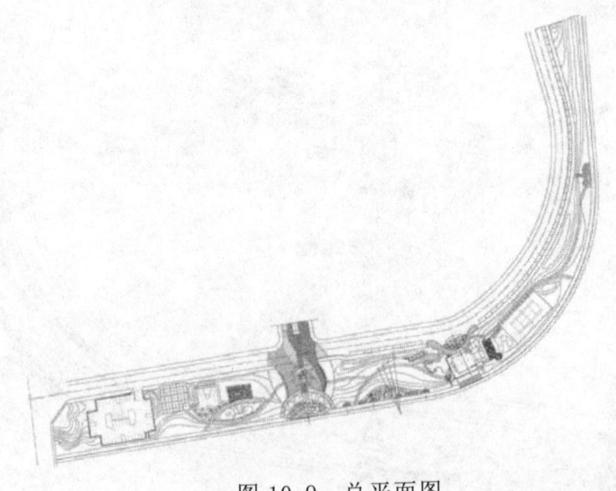

图 10-9 总平面图

1. 图纸目录的绘制

绘制图纸目录以便于尽快找到所需的图纸的具体位置，图号和图名一一对应，见表 10-1。另外还要注意比例的大小，平面图的比例尺一般为 1:500，横纵剖面图的比例尺一般为 1:200～1:500，局部种植设计图在 1:500 比例尺的图纸上，能够较准确地反映乔木的种植点、栽植数量、树种，其他种植类型如花坛、花境、水生植

物、灌木丛、草坪等的种植设计图可选用 1:300 的比例尺，或 1:200 的比例尺。

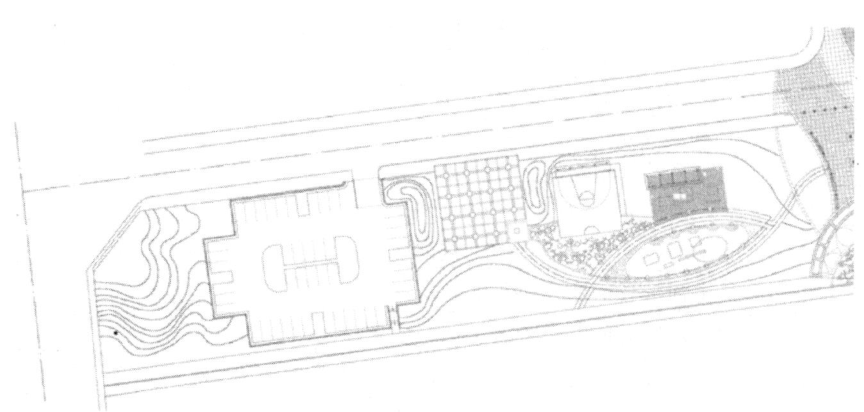

图 10-10　总平面图局部放大 1

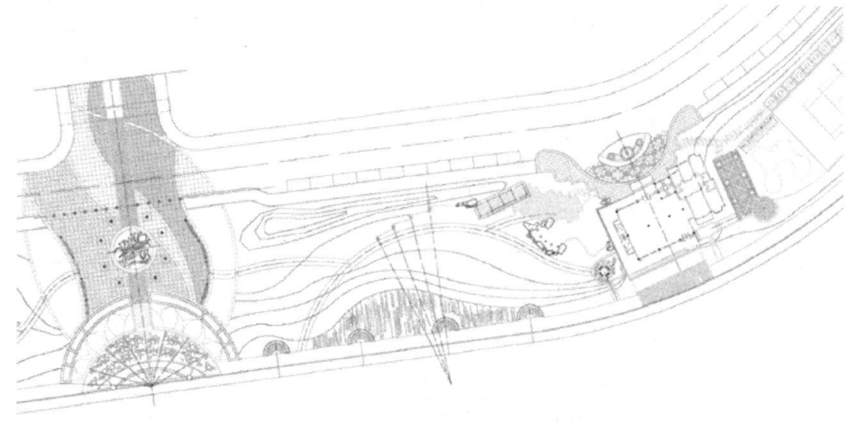

图 10-11　总平面图局部放大 2

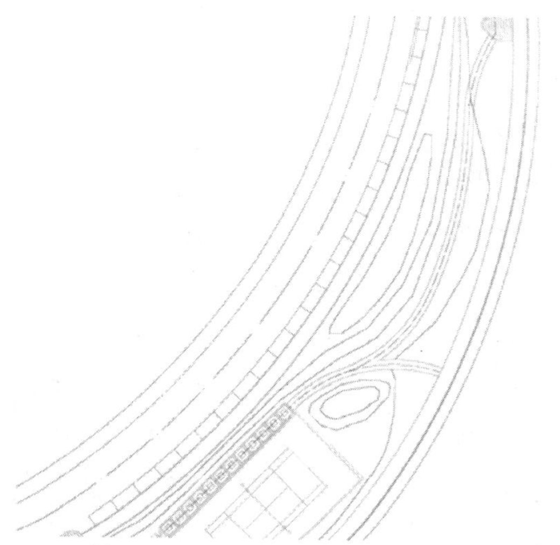

图 10-12　总平面图局部放大 3

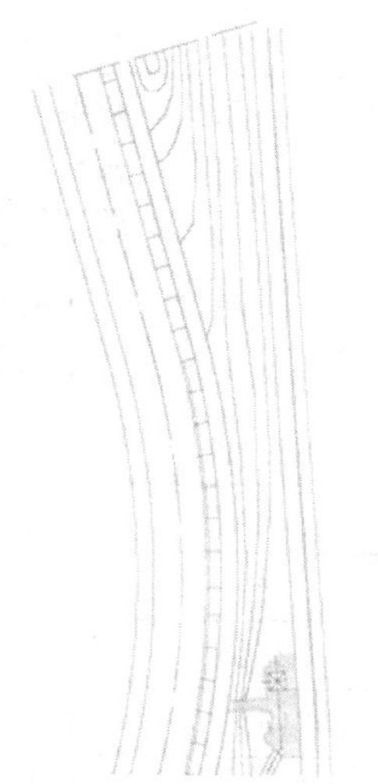

图 10-13　总平面图局部放大 4

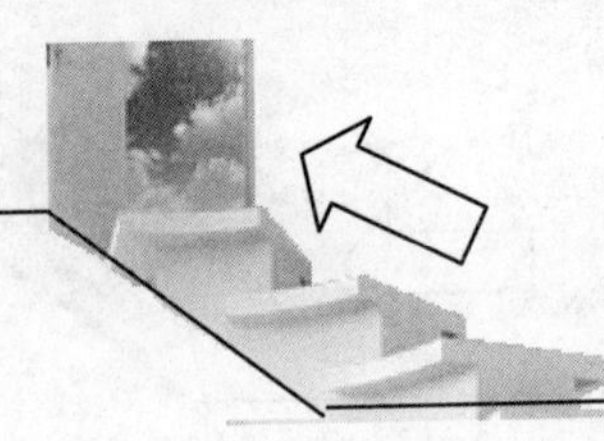

表 10-1 图纸目录

序号	图号	图名	图幅	比例
1	YC1-01	图纸目录	A3	
2	YC1-02	设计说明	A3	
3	YC1-03	河滨总平面图	A1	1:600
4	YC1-04	河滨会所西南景区放线平面图	A1 加长	1:300
5	YC1-05	河滨会所及会所东北景区放线平面图	A1 加长	1:300
6	YC1-06	河滨会所西南景区竖向平面图	A1 加长	1:300
7	YC1-07	河滨会所及会所东北景区竖向平面图	A1 加长	1:300
8	YC1-08	河滨会所西南景区上层植物配置平面图	A1 加长	1:300
9	YC1-09	河滨会所及会所东北景区上层植物配置平面图	A1 加长	1:300
10	YC1-10	河滨会所西南景区下层植物配置平面图	A1 加长	1:300
11	YC1-11	河滨会所及会所东北景区下层植物配置平面图	A1 加长	1:300
12	YC1-12	需水泥	A2	
13	YC1-13	河滨停车场平面详图	A2	1:150
14	YC1-14	河滨树阵广场平面详图	A2	1:150
15	YC1-22	3-3、4-4 剖面图	A2	1:100
16	YC2-01	跌水莲花池详图	A3	
17	YC2-02	中心广场草地喷泉详图	A3	
18	YC2-03	花岗石金属高灯柱详图	A3	
19	YC2-04	花岗石矮灯柱，车阻柱详图	A3	
20	YC2-05	河滨体息座详图	A3	
21	YC2-06	河滨休息座前铺地详图	A3	
22	YC2-07	花架 1、花架 4 详图	A3	
23	YC2-08	花架 2、花架 3 详图	A3	
24	YC2-09	圆形广场 1、圆形广场 2 详图	A3	
25	YC2-10	会所前广场雕塑花坛详图	A3	
26	YC2-11	水墙详图	A3	
27	YC2-12	水墙详图	A3	
28	YC2-13	园路详图	A3	
29	YC2-14	大样 1	A3	
30	YC2-15	大样 2	A3	
31	DC1-01	河滨灯位平面图	A1	
32	SC1-01	河滨水景平面图	A1	

对于建筑小品、铺装等内容的剖面图要求用 1:20 的比例绘制，植物配置图的比

例尺一般选用 1:500、1:300、1:200，根据具体情况而定。大样图可用 1:100 的比例尺，以便准确地表示出重要景点的设计内容。

2．总体布局

整个图绘制完毕后，用文字标注每个区域、景点的名称，如图 10-14～图 10-17 所示。

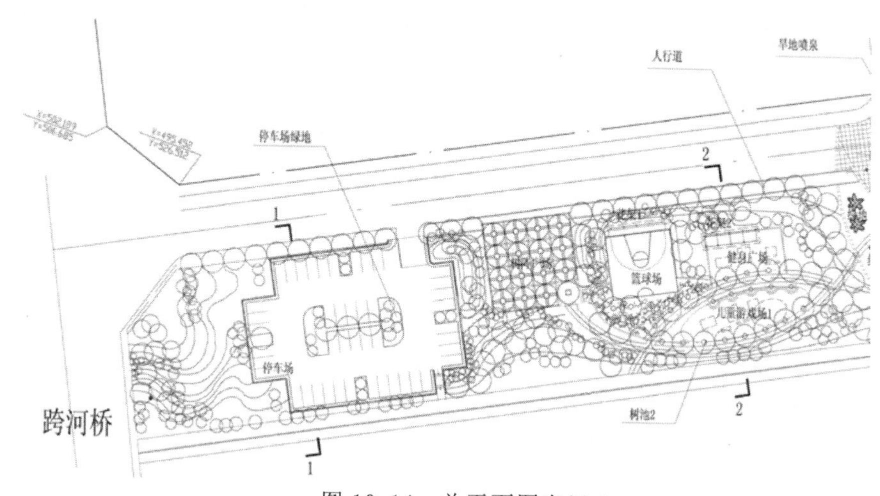

图 10-14　总平面图布局 1

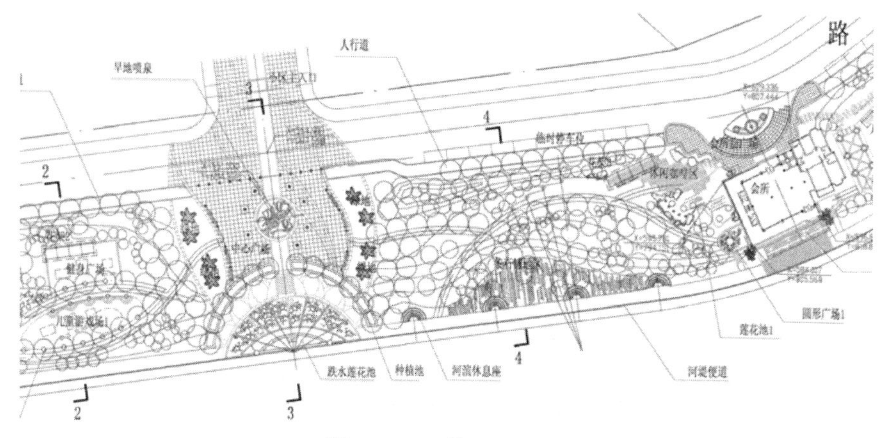

图 10-15　总平面图布局 2

10.4.6　施工图的绘制

1．平面放线图

在整个园林施工图的绘制中，首先要绘制平面施工放线图，如图 10-18 所示。绘制放线图之前要找到施工原点——平面放线网格原点，该原点的选择尤为重要，要选择施工期间不会发生变化的点，如拆迁、破坏等，一般多选择比较稳定的建筑上的一点；另一方面要便于施工，如点不能选在道路上，否则施工期间在道路上放线会引起不便。点选择好后，要注意网格的间距大小，面积较大的可选择 20m×20m 的网格，面积小的可选择 5m×5m 的网格。

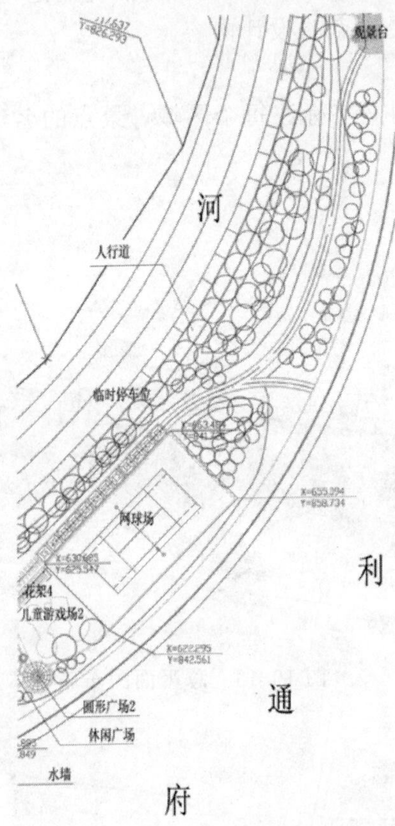

图 10-16　总平面图布局 3

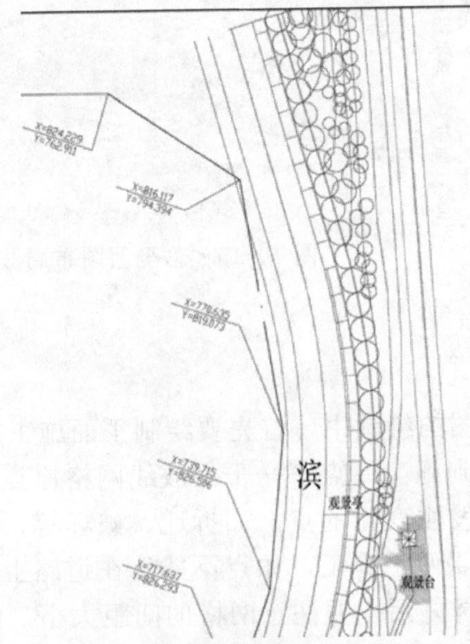

图 10-17　总平面图布局 4

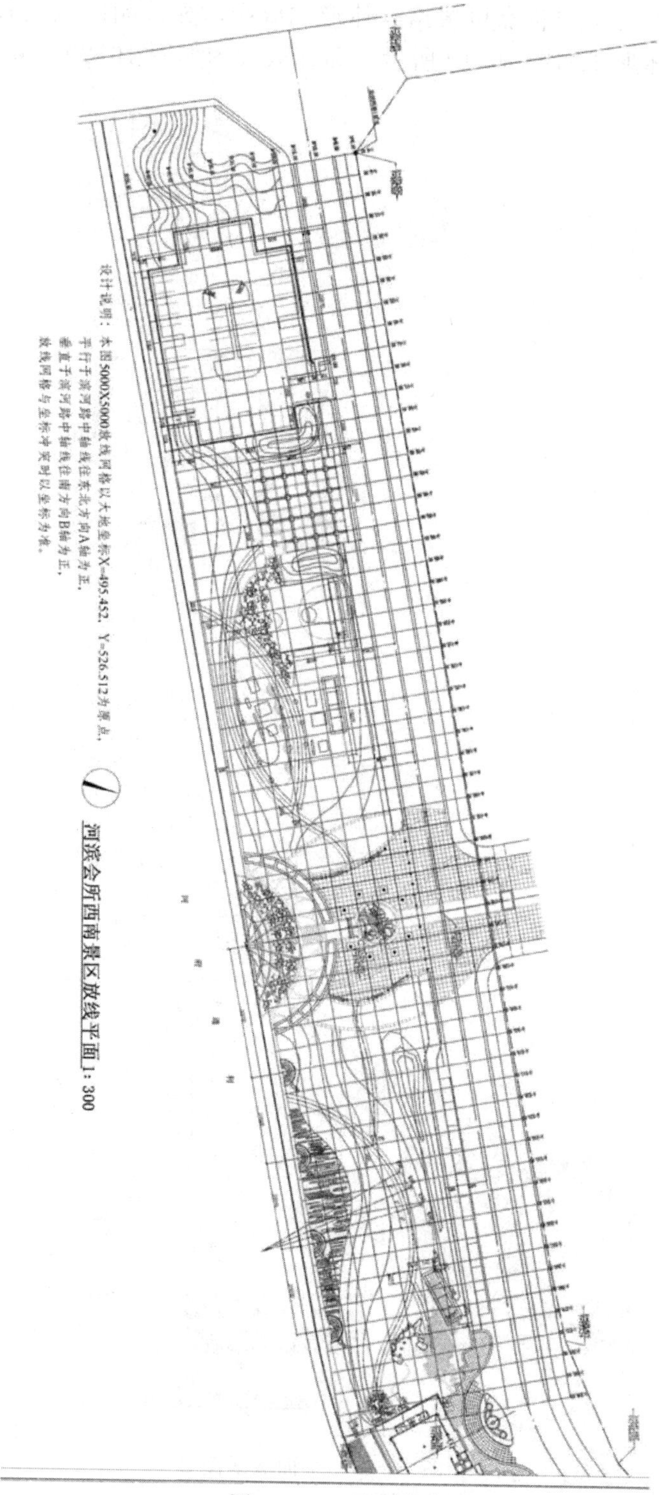

图 10-18 平面放线图 1

另外，园区有一定的特点可根据具体形式放线，如该园区呈狭长形，放线可分为两个部分，具体形式如图 10-19 所示，局部放大图如图 10-20 和图 10-21 所示。

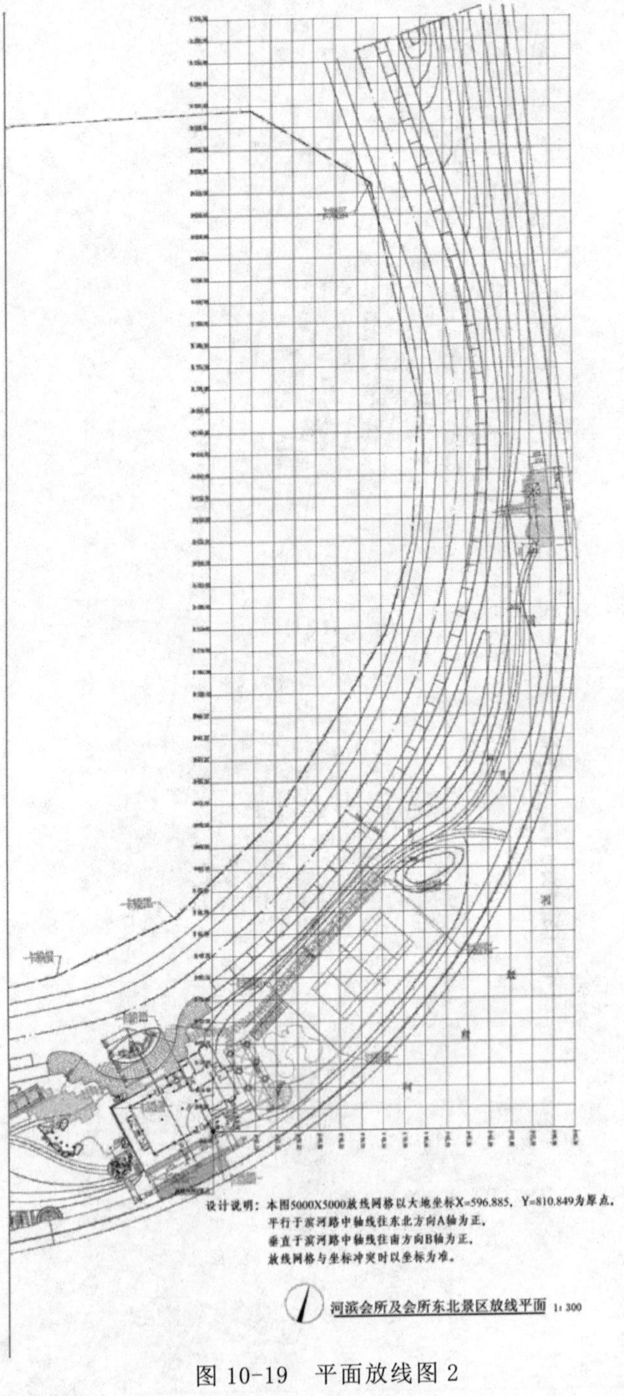

设计说明：本图5000X5000放线网格以大地坐标X=596.885，Y=810.849为原点。
平行于滨河路中轴线往东北方向A轴为正，
垂直于滨河路中轴线往南方向B轴为正，
放线网格与坐标冲突时以坐标为准。
河滨会所及会所东北景区放线平面 1:300

图 10-19　平面放线图 2

图 10-20　平面放线图局部放大 1

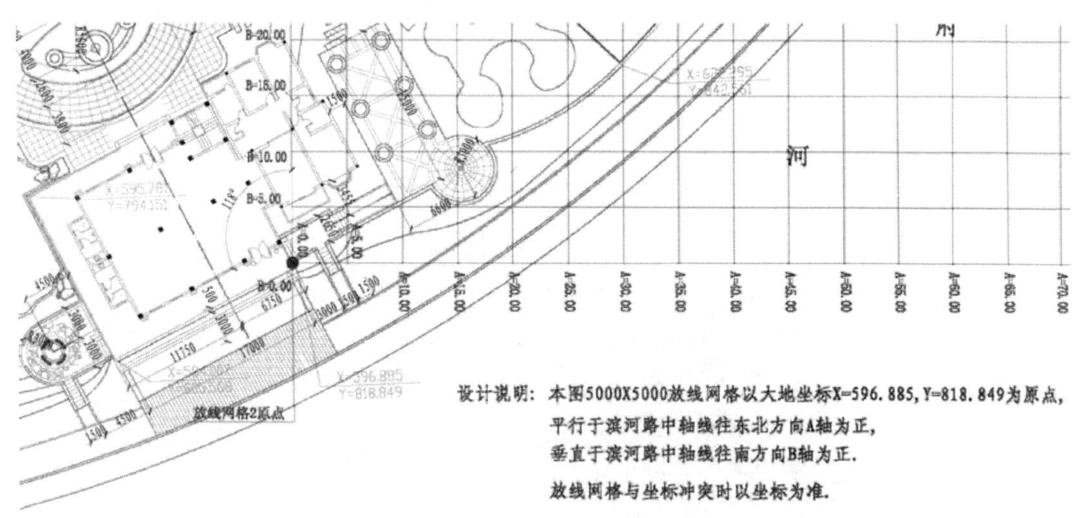

图 10-21　平面放线图局部放大 2

2．竖向设计图

在平面网格放线完成之后，对其原有地形进行竖向的整理，以便于各个景点的准确施工，如图 10-22～图 10-26 所示。

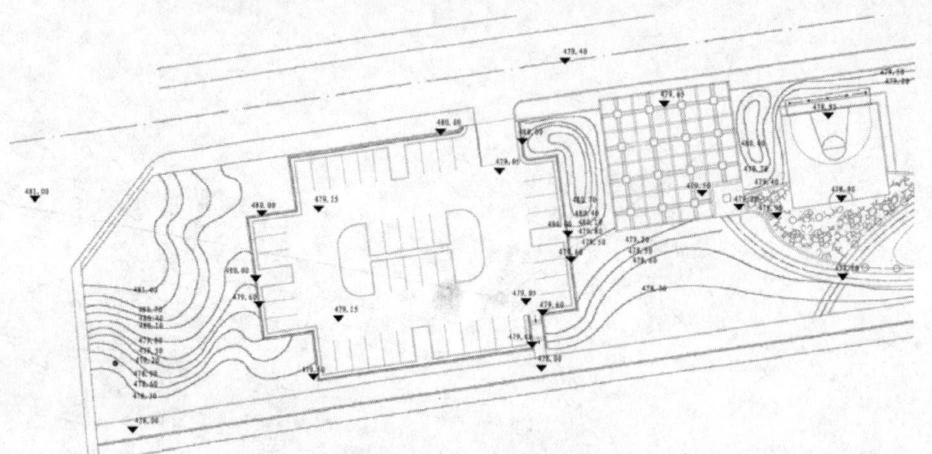

图 10-22　竖向设计图 1

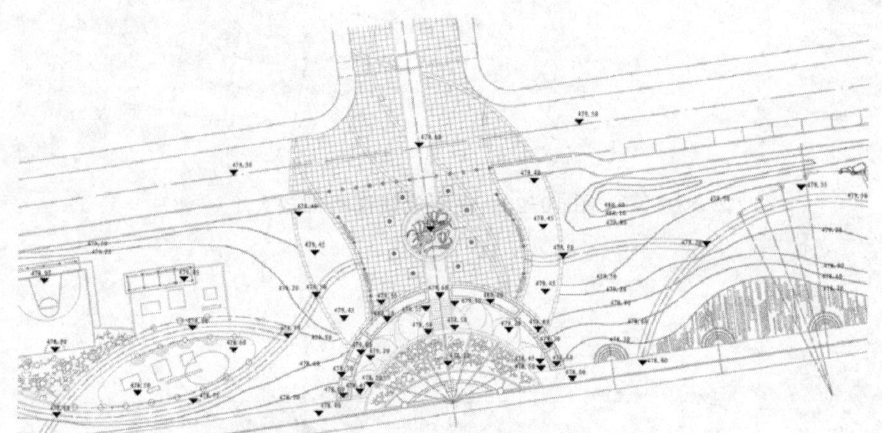

图 10-23　竖向设计图 2

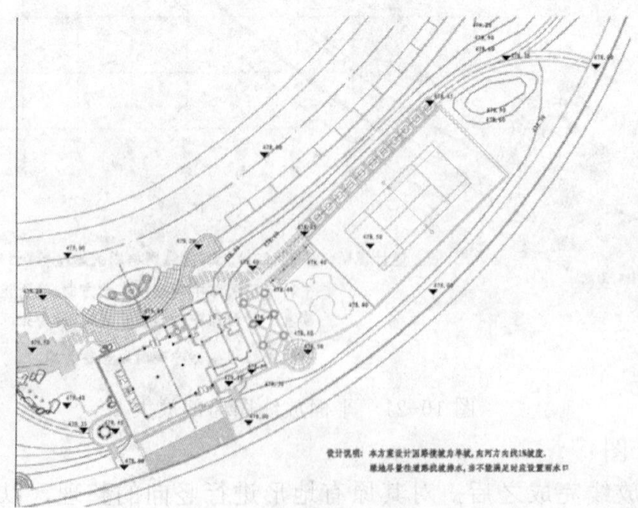

图 10-24　竖向设计图 3

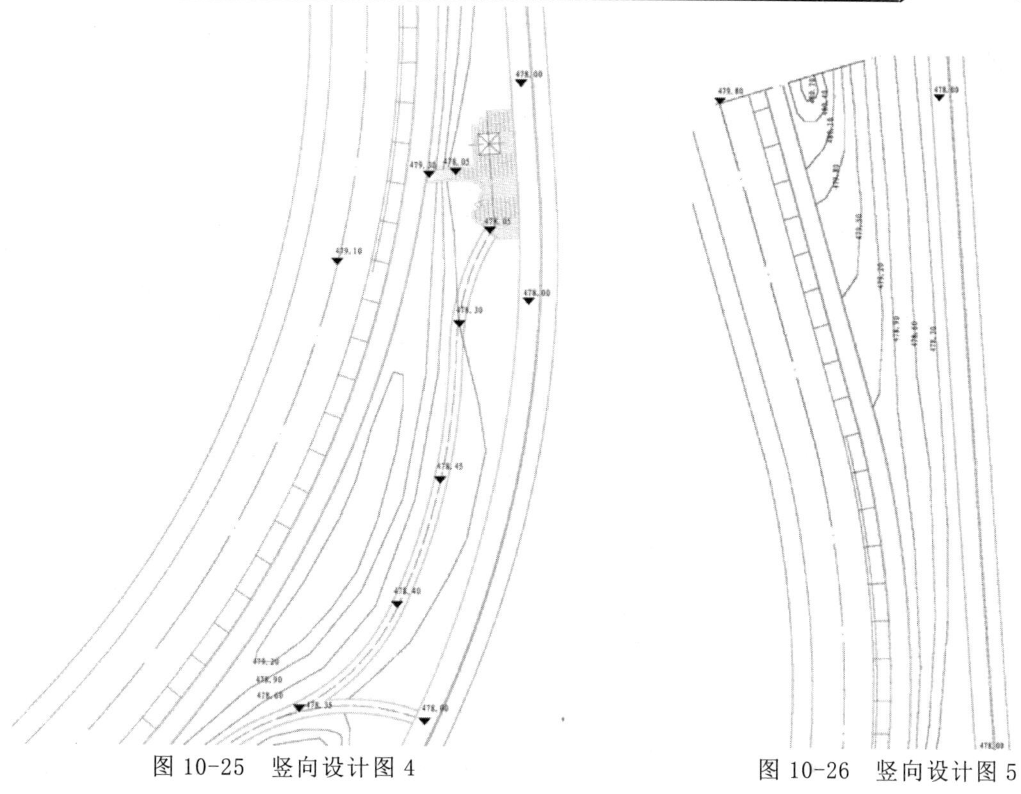

图 10-25　竖向设计图 4　　　　图 10-26　竖向设计图 5

10.4.7　植物的配置

植物配置过程中，首先要分别建立“乔木”图层、“灌木”图层等，将其分别管理，以便于出图，图 10-27～图 10-31 所示为上层乔木配置，图 10-32～图 10-37 所示为下层灌木配置。

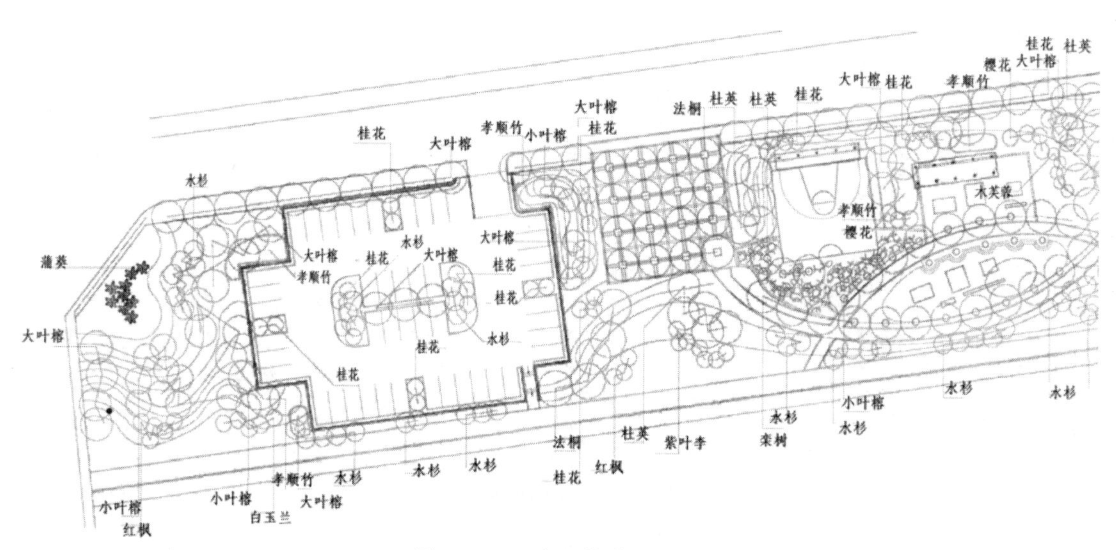

图 10-27　上层植物配置图 1

图 10-28　上层植物配置图 2

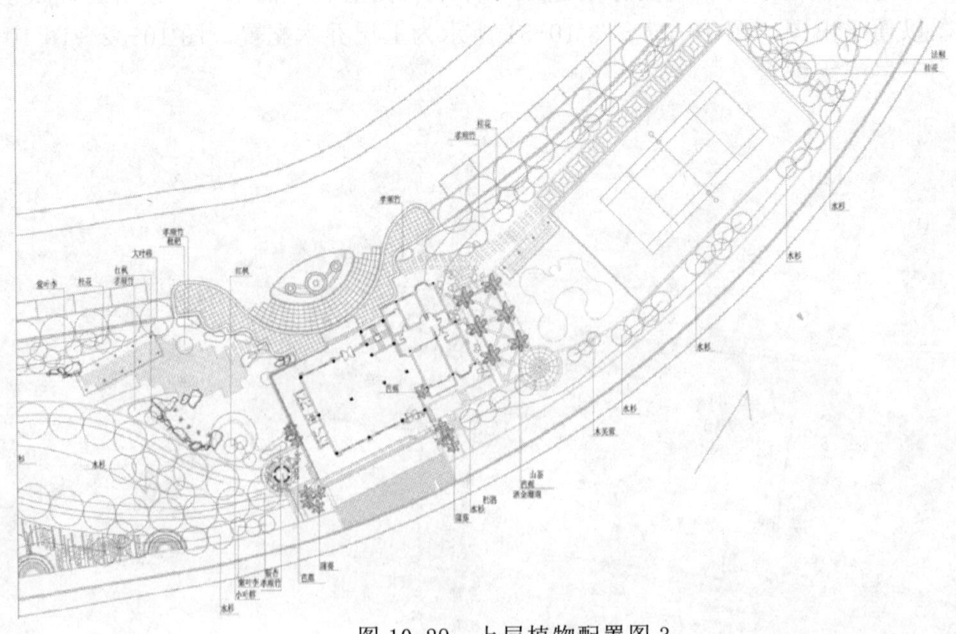

图 10-29　上层植物配置图 3

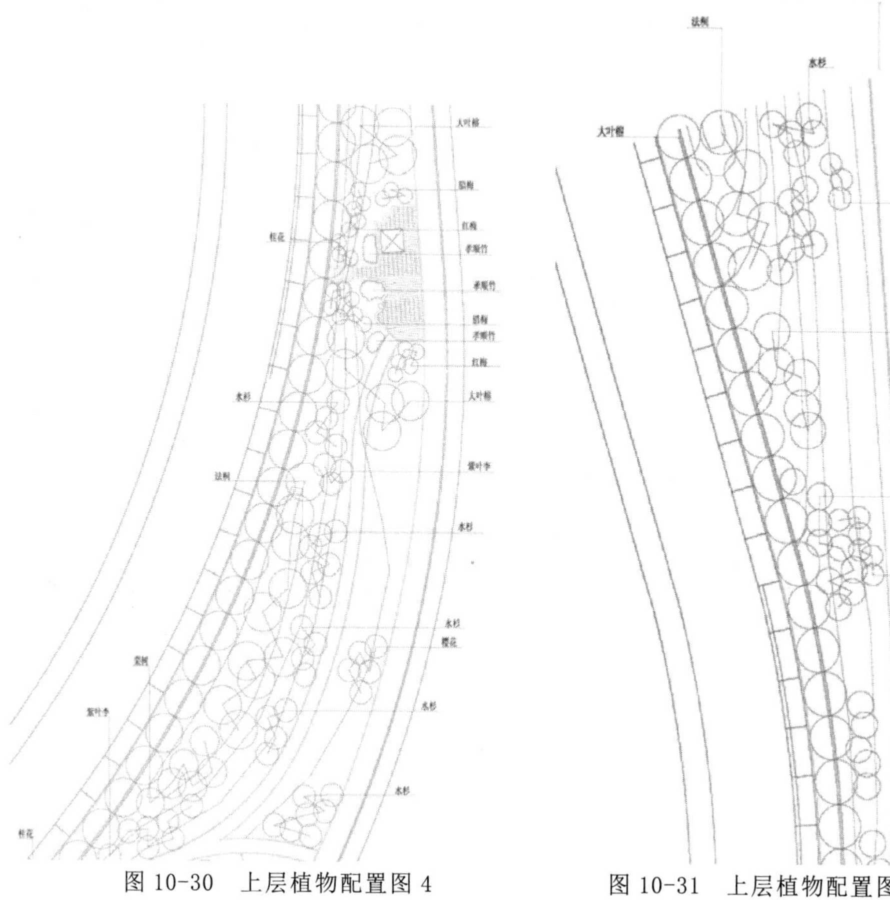

图 10-30　上层植物配置图 4　　　图 10-31　上层植物配置图 5

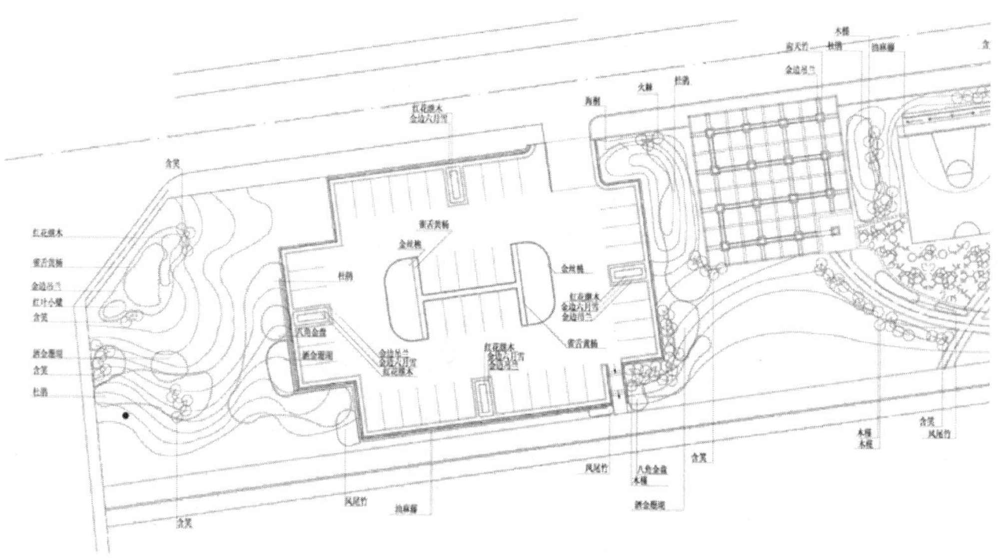

图 10-32　下层植物配置图 1

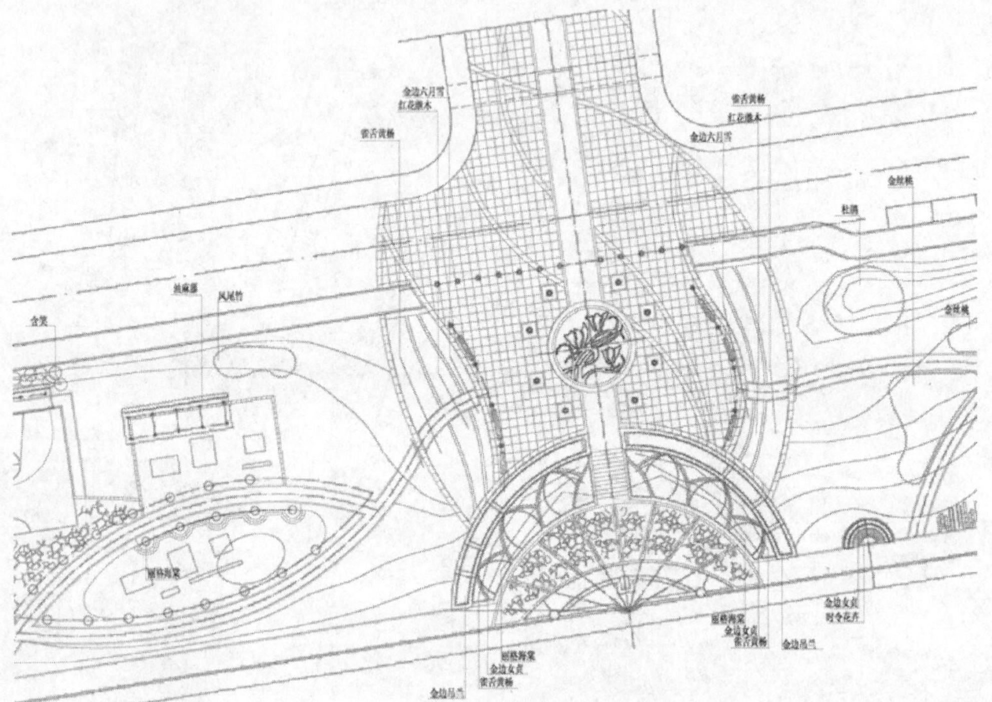

图 10-33 下层植物配置图 2

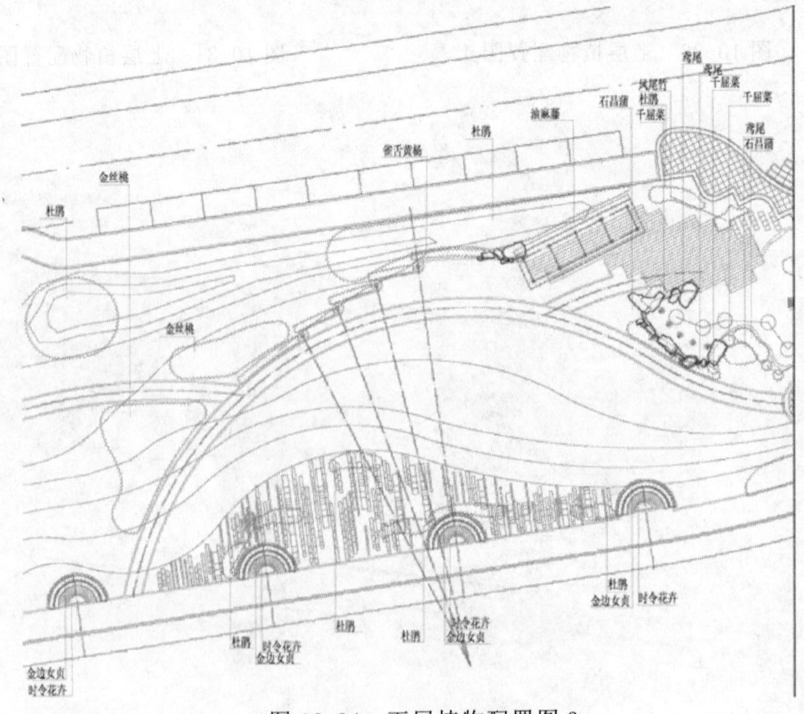

图 10-34 下层植物配置图 3

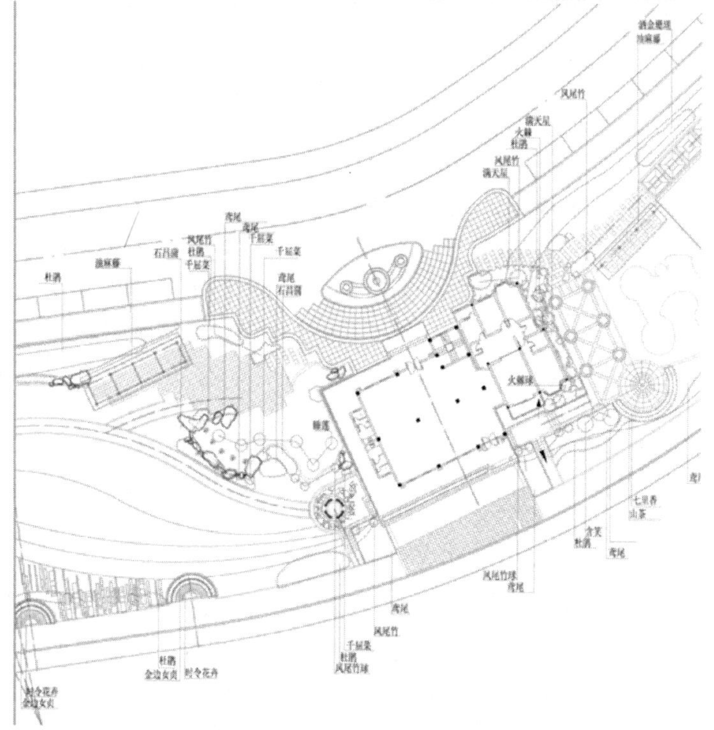

图 10-35 下层植物配置图 4

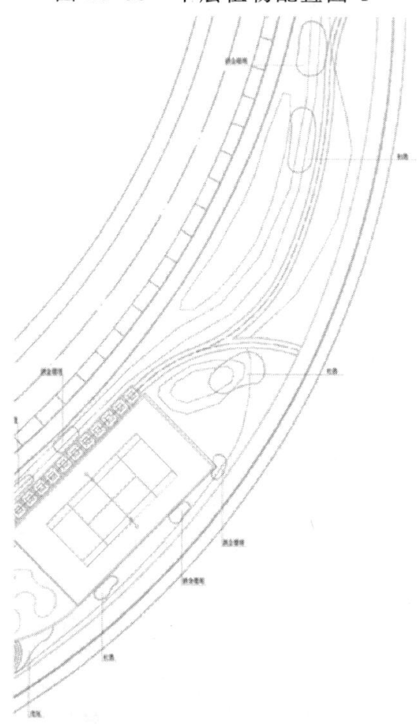

图 10-36 下层植物配置图 5

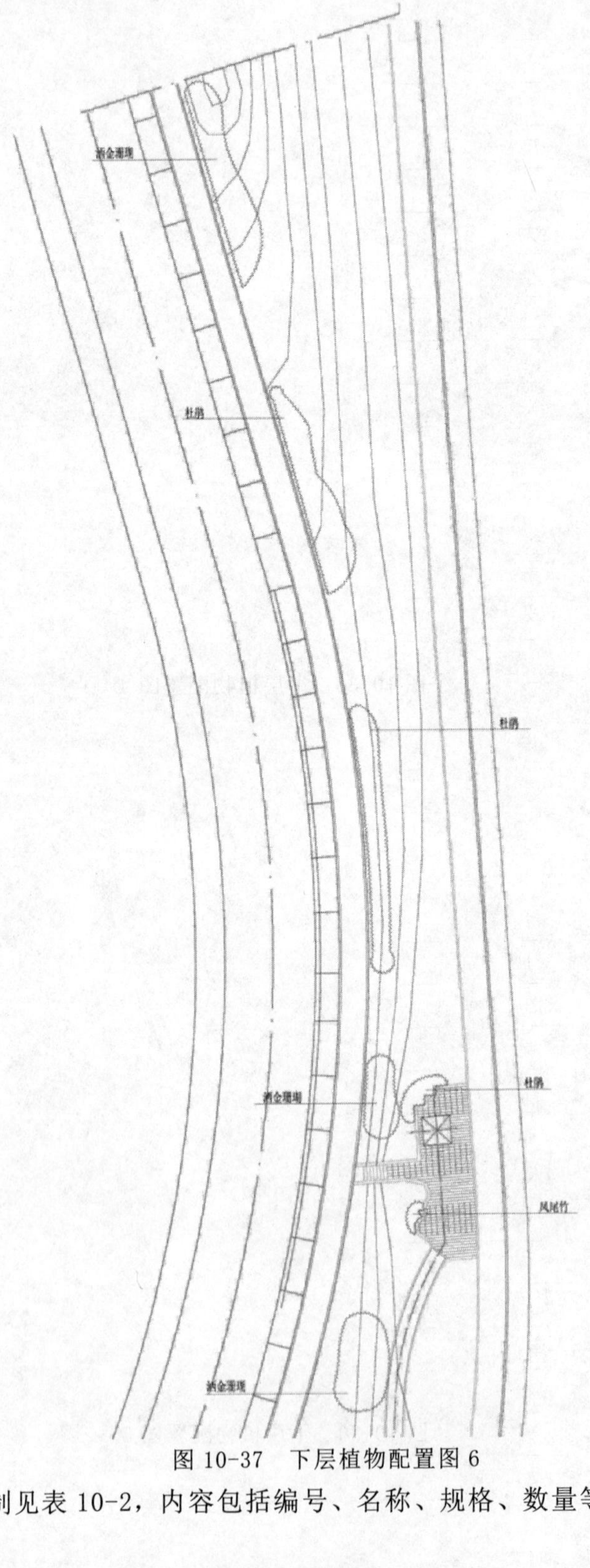

图 10-37　下层植物配置图 6

苗木表的绘制见表 10-2，内容包括编号、名称、规格、数量等，在此不再详述，

详细绘制方法参见 10.2.4 节。

表 10-2　苗木表

编号	名称	规格	数量（株）	备注
1	杜英	D=15～20cm		
2	广玉兰	D=8～10cm		
3	水杉	D=8～10cm		
4	大叶榕	D=15～20cm		
5	小叶榕	D=8～10cm		
6	法桐	D=8～10cm		
7	栾树	D=8～10cm		
8	芭蕉	H=3.5～4.0m		
9	大蒲葵	H=3.5～4.0m		
10	蒲葵	H=2.0～2.5m		
11	棕榈	H=1.5～2.0m		
12	孝顺竹	H=2.5～8.0m		
13	凤尾竹	H=3.5～4m		
14	凤尾竹环	H=2.5～3m		
15	红梅	D=5～6cm		
16	枇杷	H=0.8～1m		
17	紫叶李	D=5～6cm		
18	桂花	D=5～6cm		
19	樱花	D=5～6cm		
20	红枫	D=5～6cm		
21	腊梅	H=1.5～2.0m		
22	白玉兰	D=5～6cm		
23	木槿	H=0.9～1.2m		
24	含笑	H=0.9～1.2m		
25	火棘	H=0.5m		
26	木芙蓉	H=1.5～2.0m		
27	洒金东瀛珊瑚	H=2.2～2.5m		
28	山茶	H=0.5m		
29	八爪金盘	H=0.8m		
30	南天竹	H=0.5m		
31	红花继木	H=0.5m		
32	金丝桃	H=0.5m		
33	金叶女贞（球）	H=1.0m		

（续）

编号	名称	规格	数量（株）	备注
34	金边六月雪	H=0.3m		
35	杜鹃	H=0.5m		
36	雀舌黄杨	H=0.5m		
37	金边吊兰	H=0.8m 或 0.7m		
38	丽格海棠			
39	满天星			
40	菖蒲			
41	黄菖蒲			
42	石菖蒲			
43	鸢尾			
44	睡莲			
45	荷花			
46	千屈菜			
47	爬山虎	二、三年生		
48	油麻藤	二、三年生		
49	草坪			
50	应时花卉			

10.4.8 各景点详图的绘制

详图的绘制有助于指导施工，每一个台阶、小品均按照施工详图来进行，如图 10-38～图 10-44 所示。

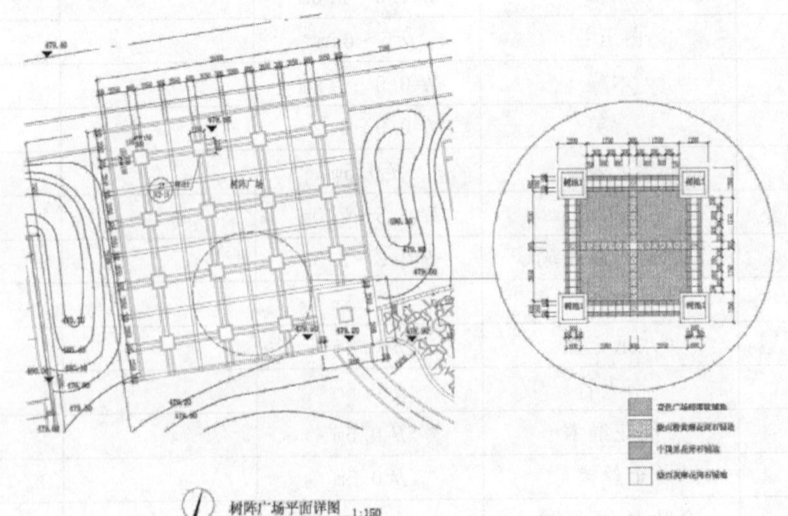

图 10-38 树阵广场平面详图

其中 符号代表该图的局部放大详图在第 YC2-15 号图纸上，其标号为 2，这样可以方便找到该详图。另外还有符号 ，表示该图的局部放大详图在本张图纸上。

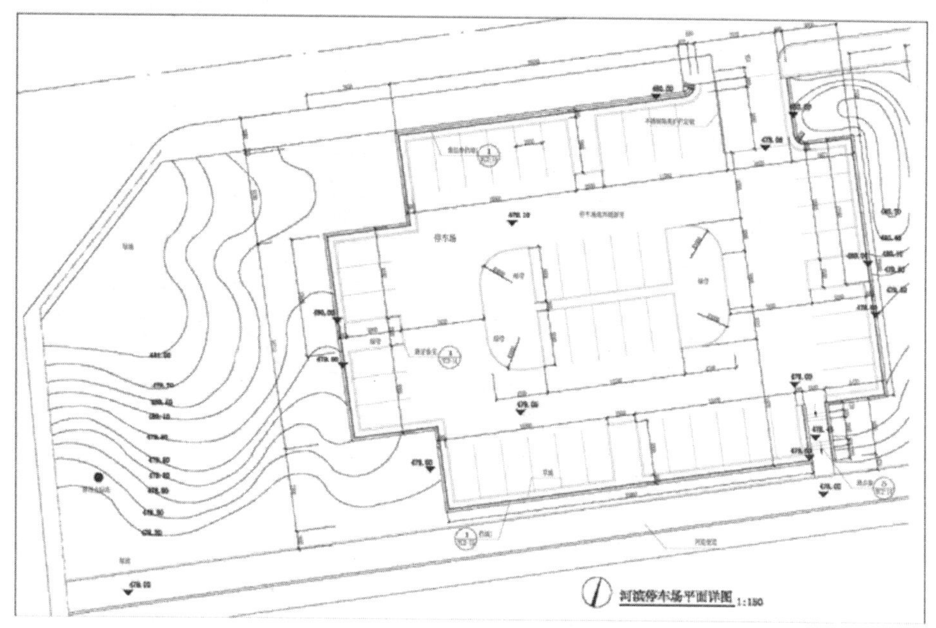

图 10-39 停车场平面详图

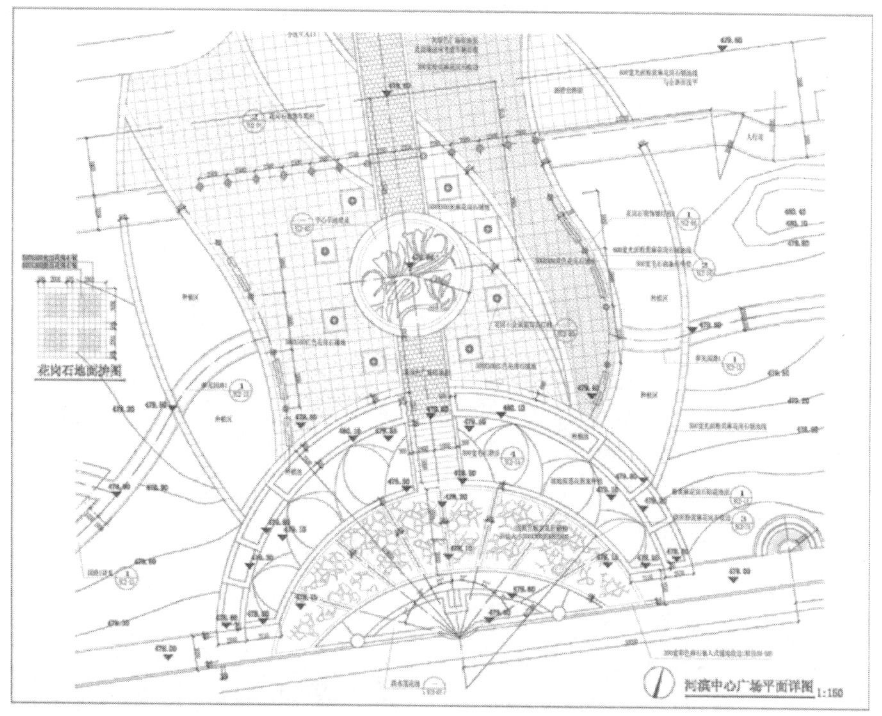

图 10-40 中心广场平面详图

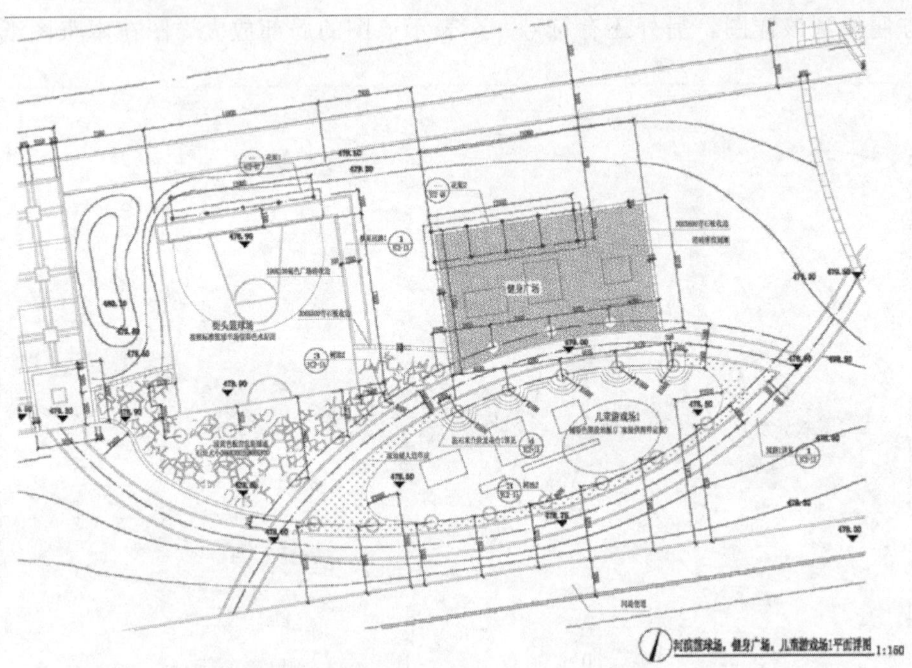

图 10-41　篮球场、健身广场、儿童游戏场 1 平面详图

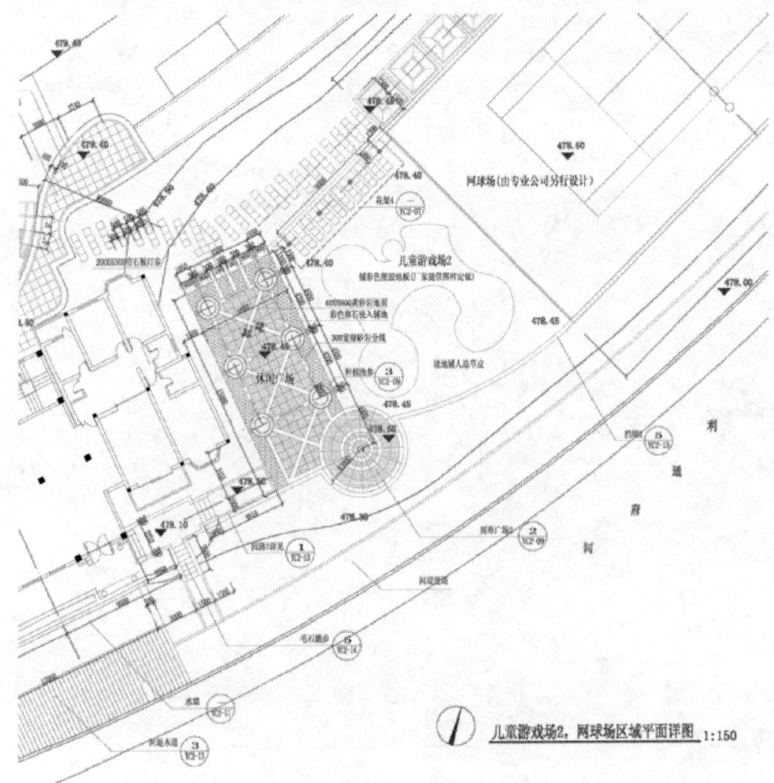

图 10-42　儿童游戏场 2、网球场区域平面详图

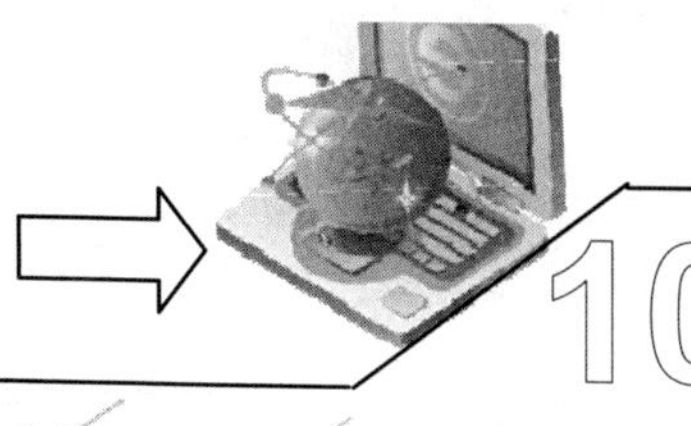

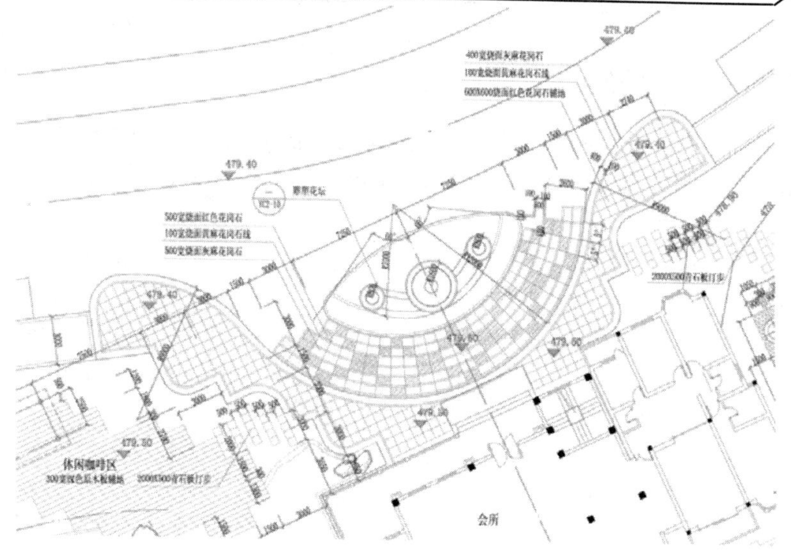

河滨会所前广场平面详图 1:150

图 10-43 河滨会所前广场平面详图

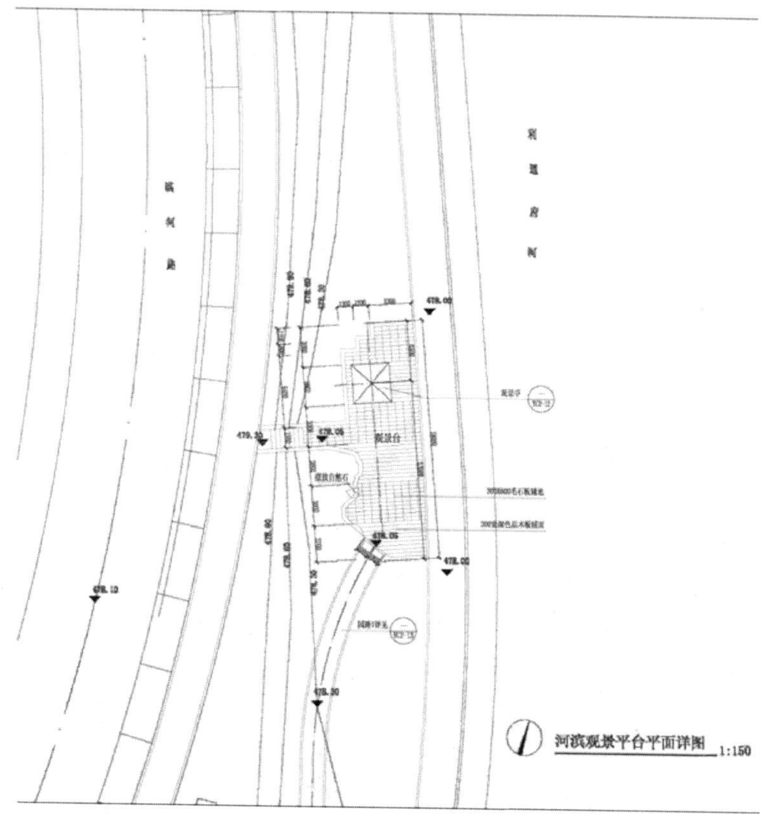

图 10-44 河滨观景平台平面详图

10.4.9　竖向剖面图的绘制

竖向剖面图可表现竖向设计中重点区域的立面效果，如图 10-45 所示。

休闲咖啡区、莲花池 1、条石铺地区平面详图如图 10-46 所示。

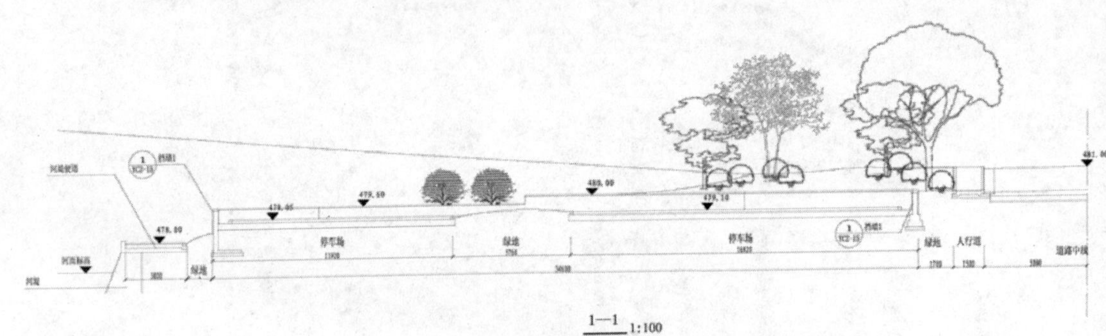

1-1 剖面图

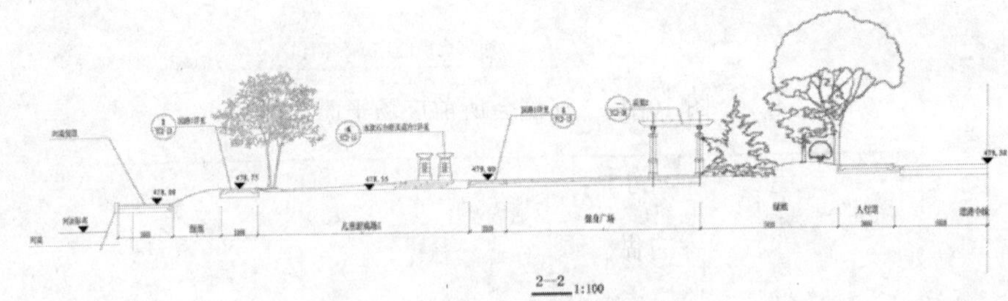

2-2 剖面图

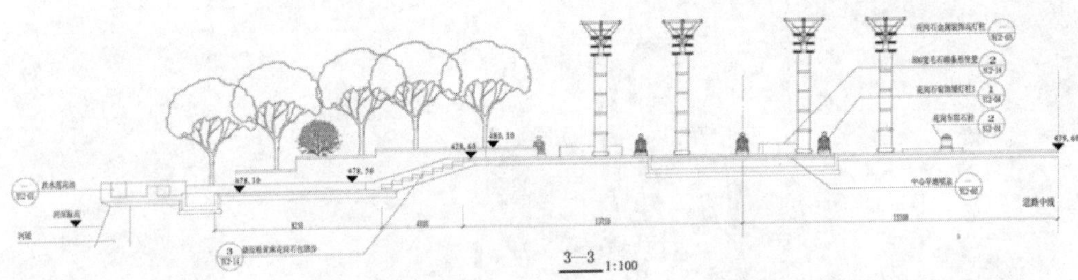

3-3 剖面图

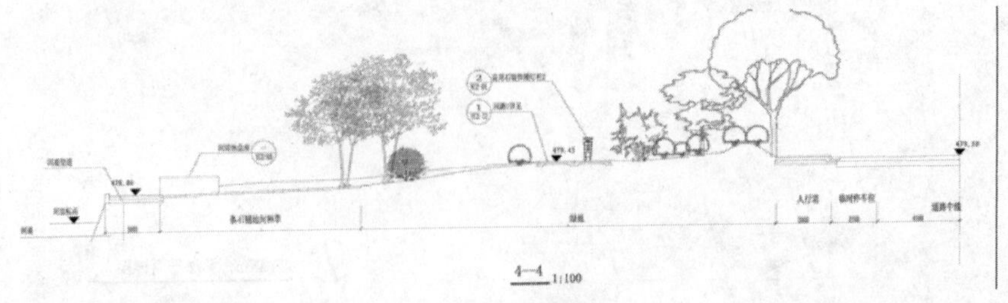

4-4 剖面图

图 10-45　竖向剖面图的绘制

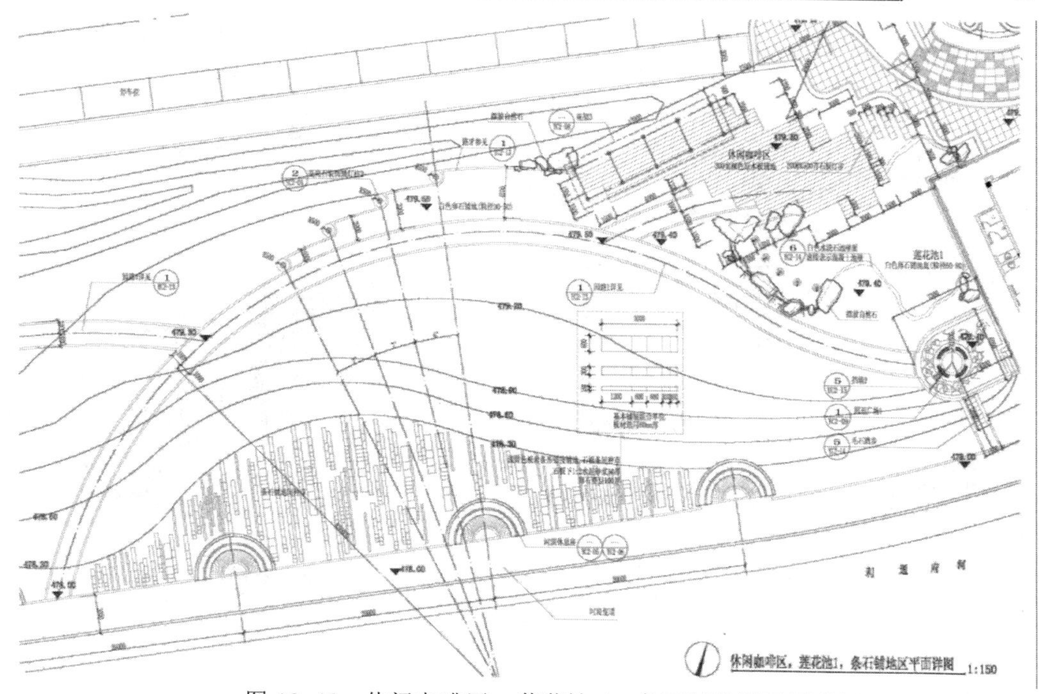

图 10-46　休闲咖啡区、莲花池 1、条石铺地区平面详图

10.4.10　建筑、铺装、小品的做法详图

以下为建筑、铺装、小品的做法详图，如图 10-47～图 10-61 所示。

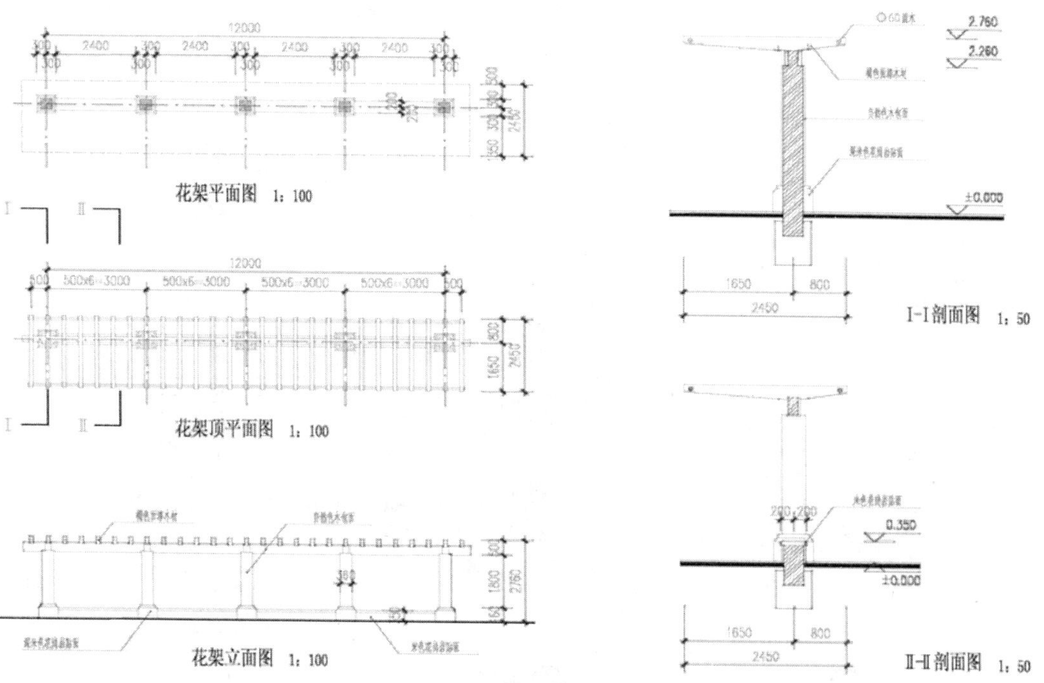

图 10-47　花架详图 1

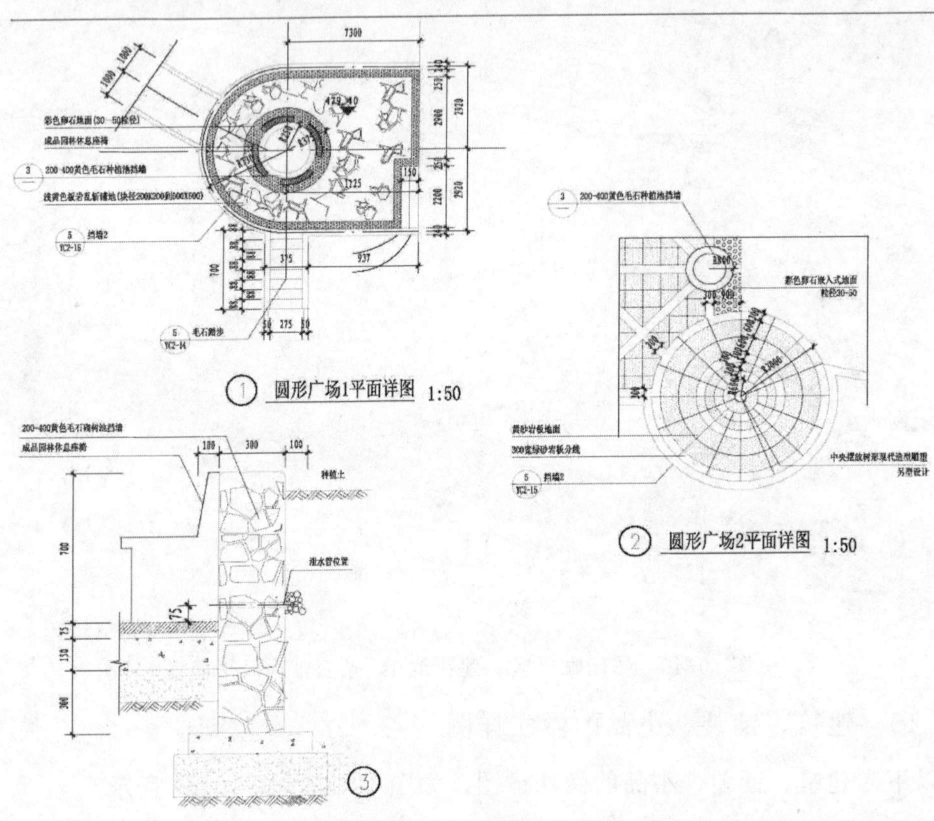

图 10-48　圆形广场详图

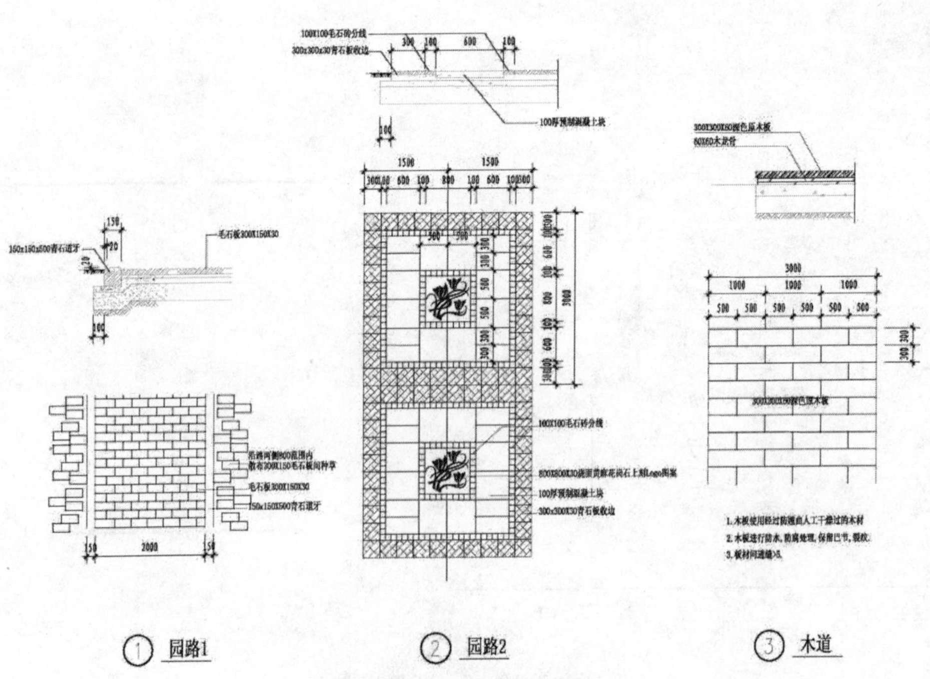

图 10-49　园路详图

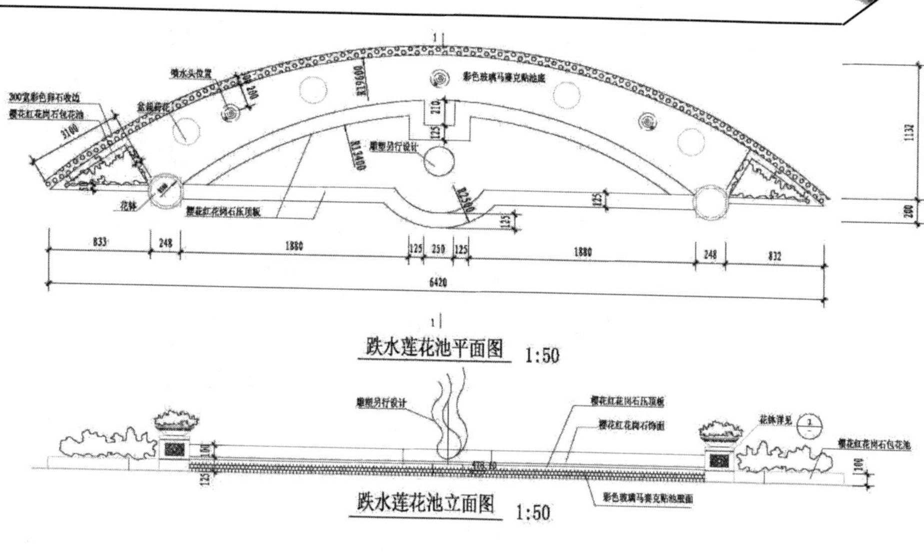

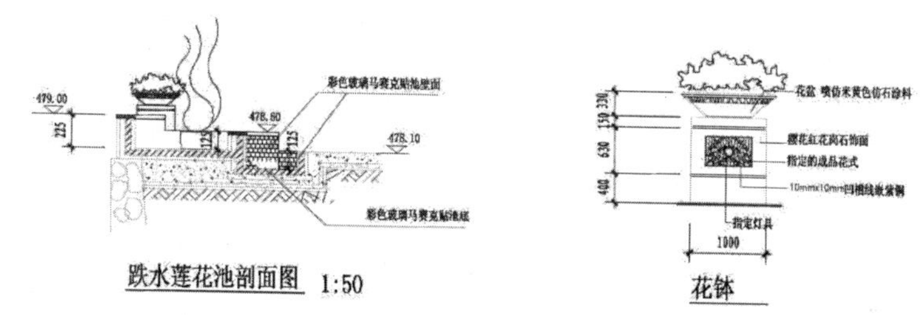

跌水莲花池剖面图 1:50

花钵

图 10-50 水池详图

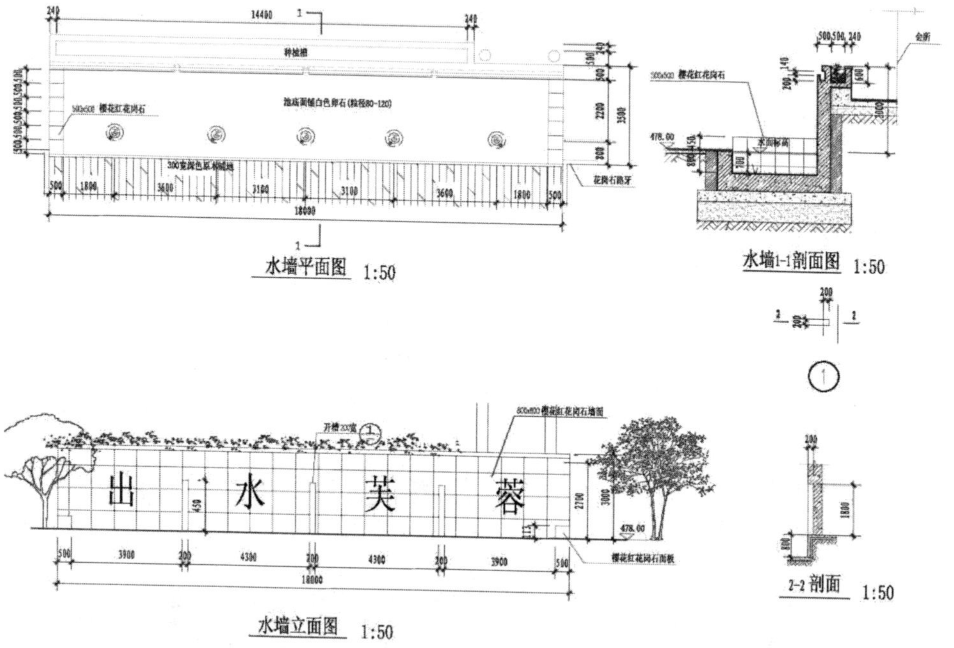

图 10-51 水墙详图

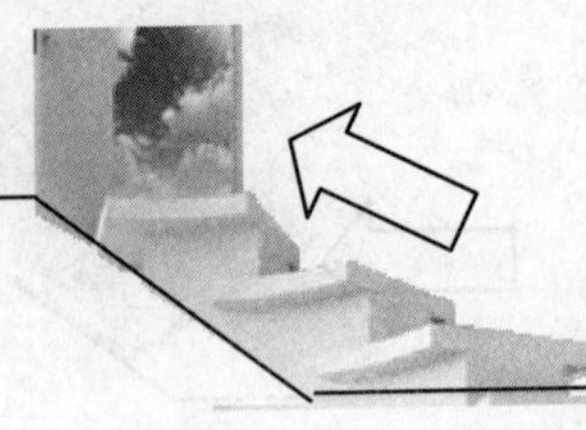

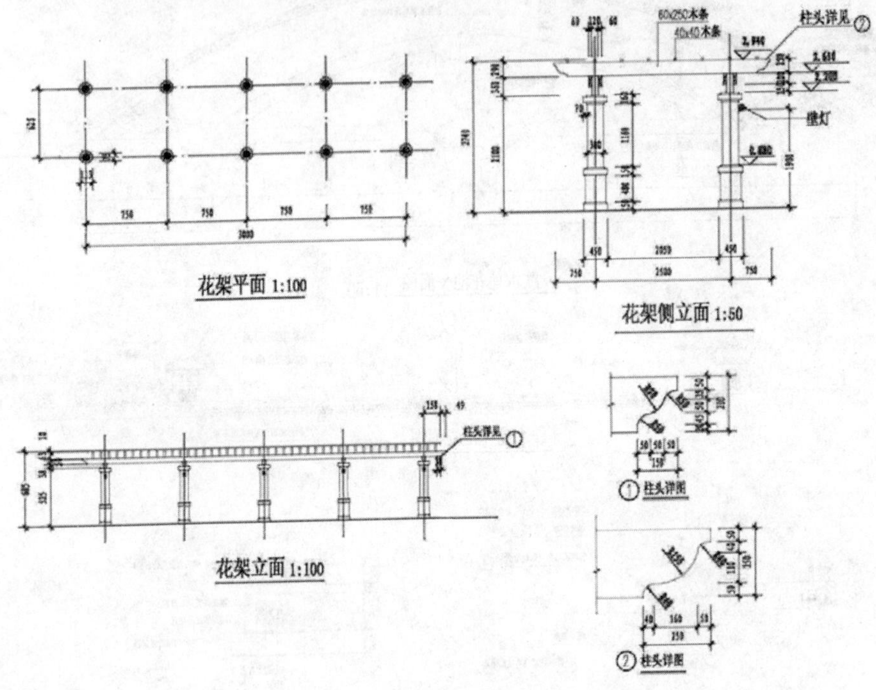

图 10-52　花架详图 2

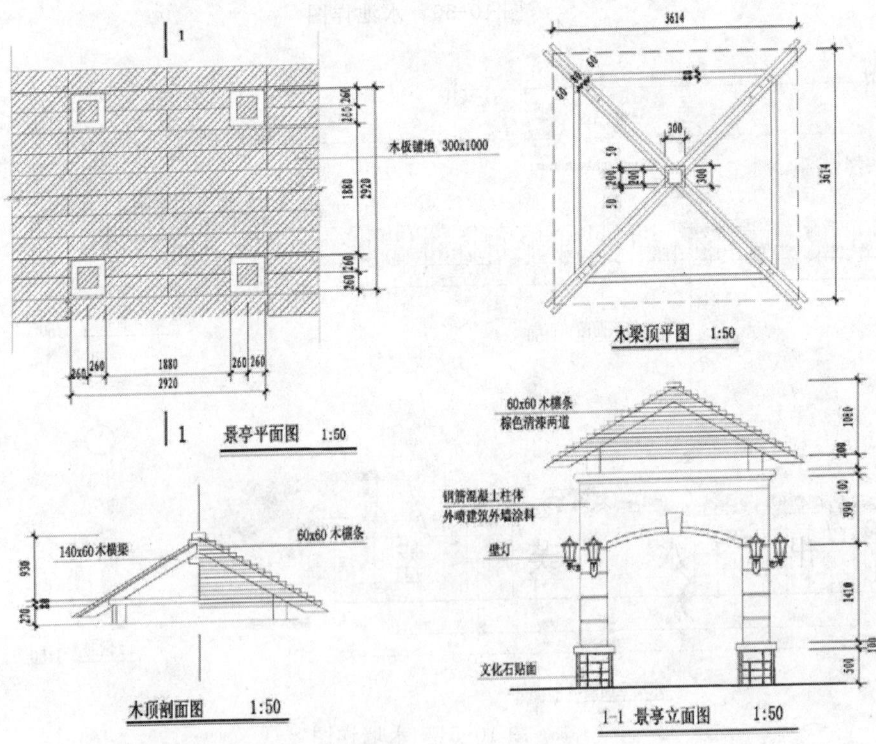

图 10-53　景亭详图

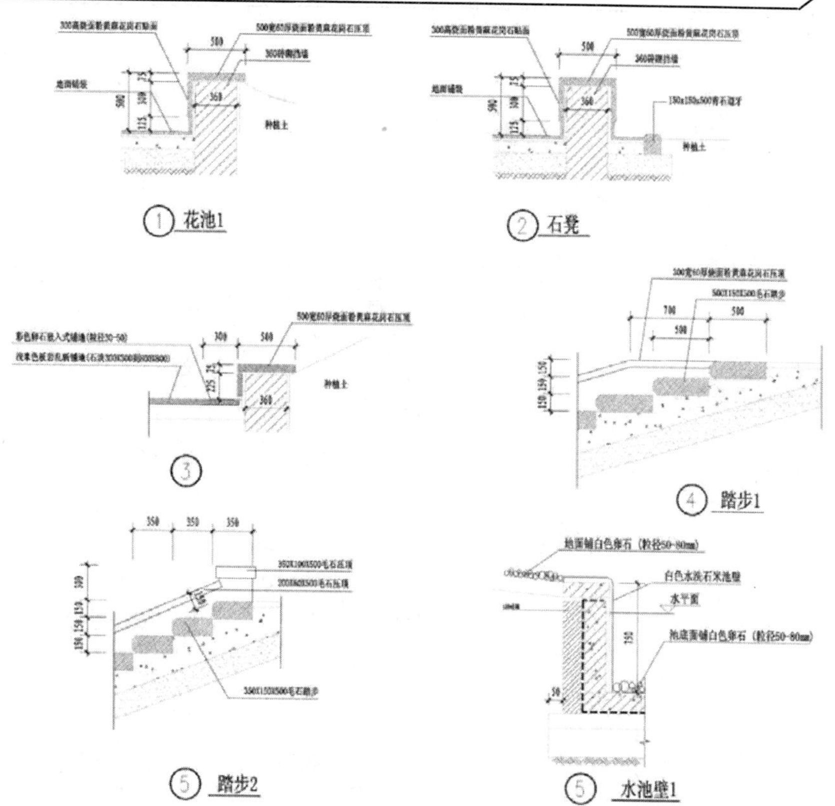

图 10-54　花池、石凳、踏步等小品详图

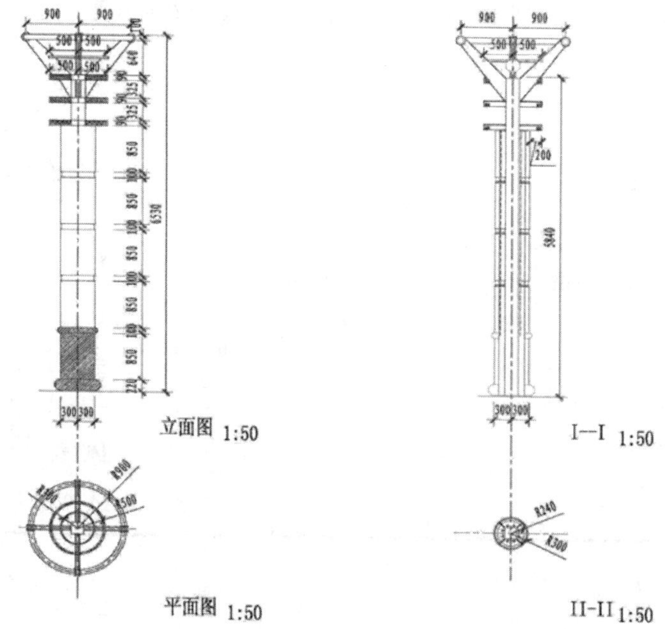

图 10-55　景观灯柱详图

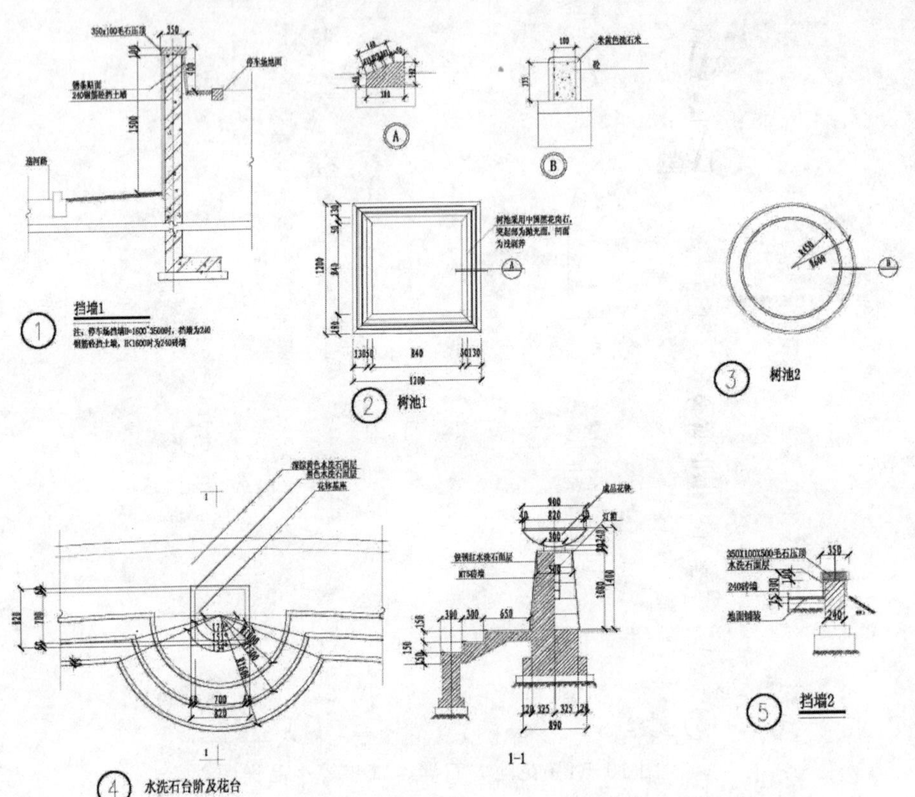

图 10-56　挡墙、树池、台阶及花台详图

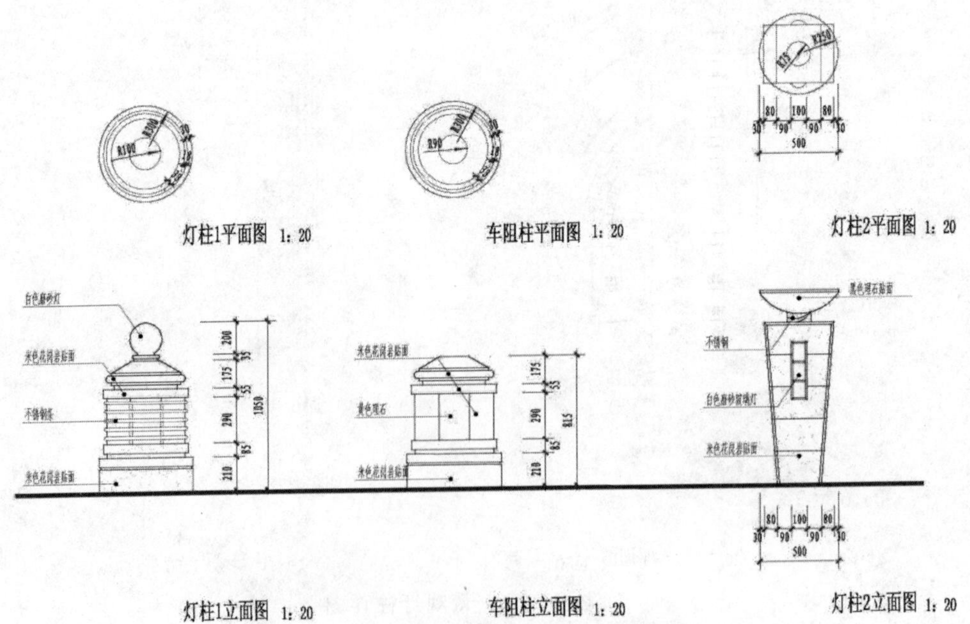

图 10-57　景观灯柱、车阻柱详图

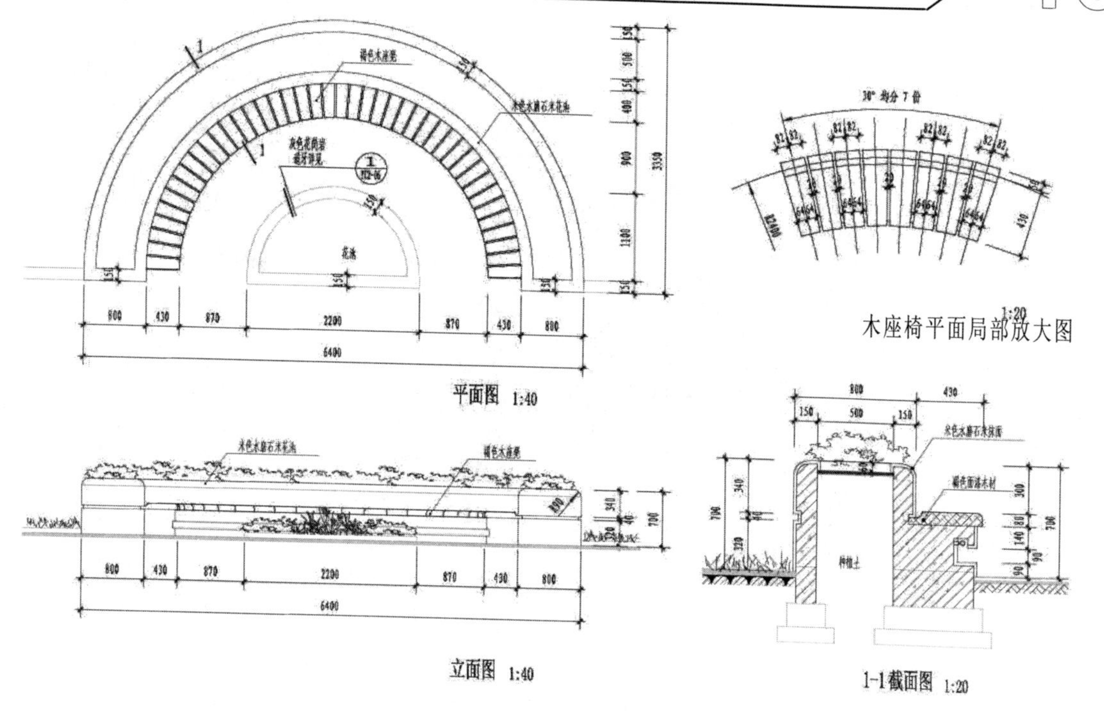

图 10-58　木座椅详图

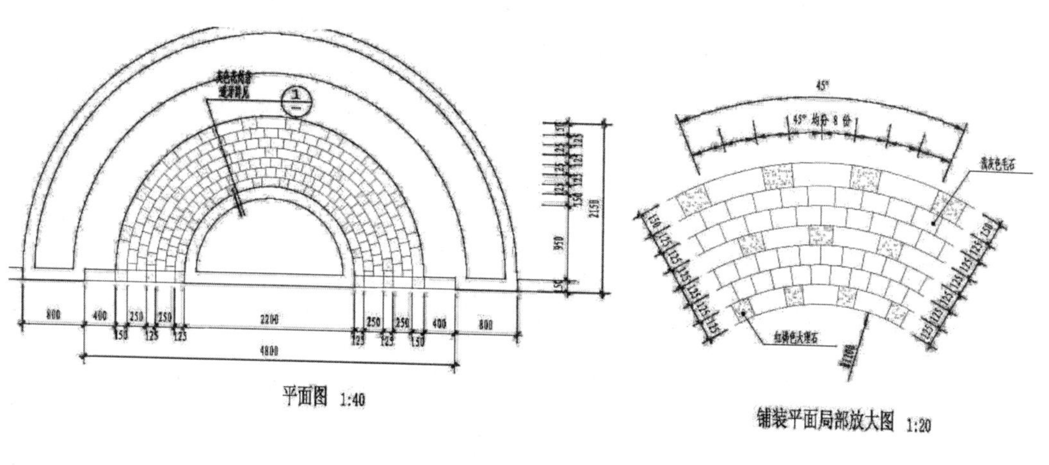

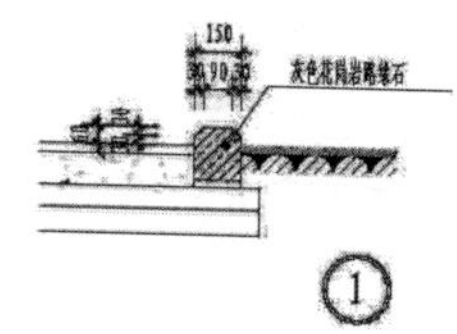

图 10-59　铺装详图

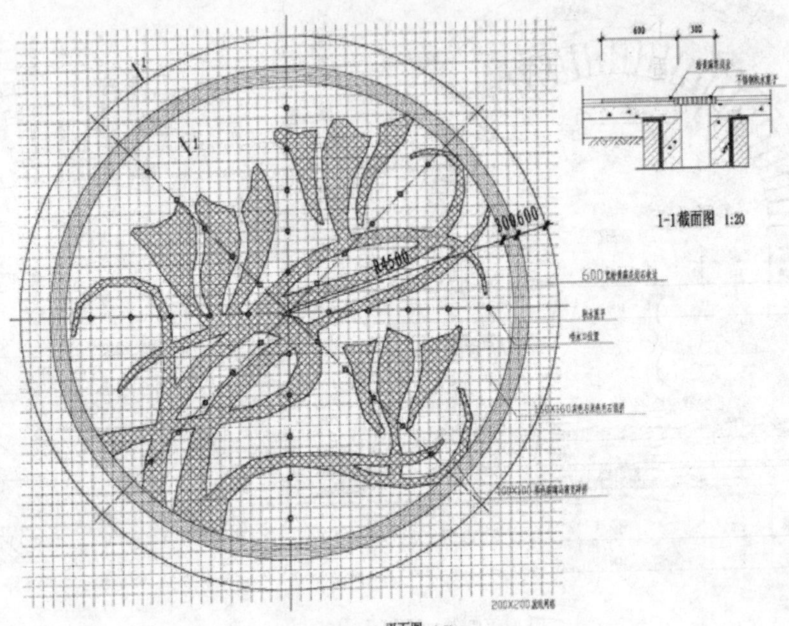

图 10-60 中心广场铺装详图

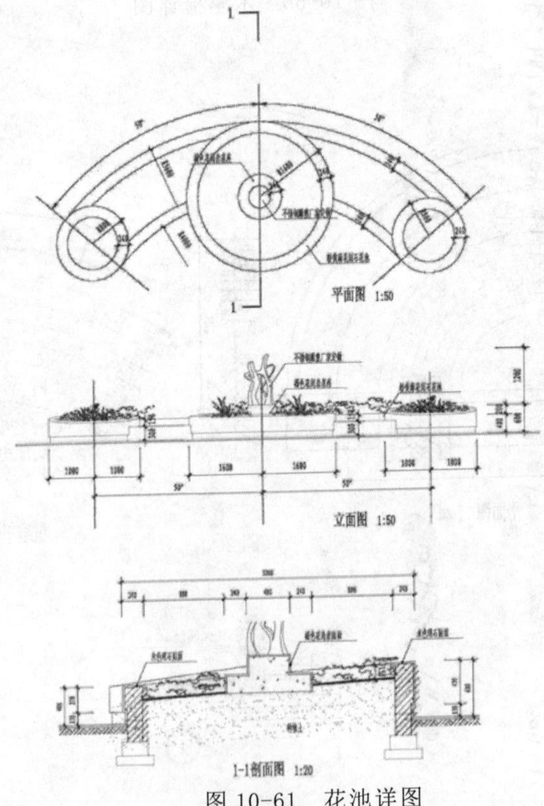

图 10-61 花池详图

10.4.11 照明设计

在照明设计中，不同的灯具图例代表不同的灯具，如庭院灯、草坪灯等。在园区合适的位置布置合适的灯，并根据灯的数量和功率计算出用电负荷，如图 10-62～图 10-66 所示。

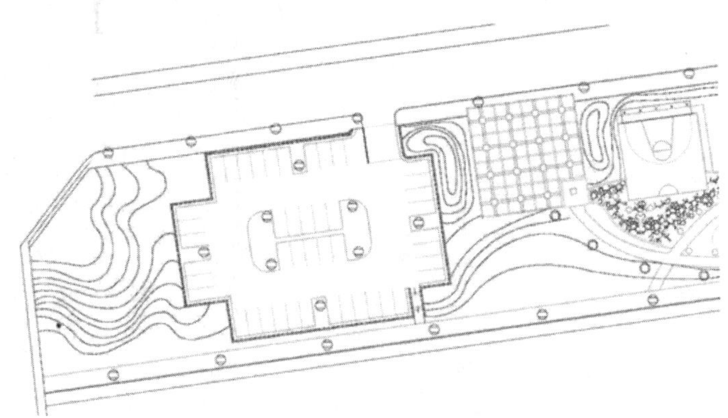

图 10-62 灯位平面图 1

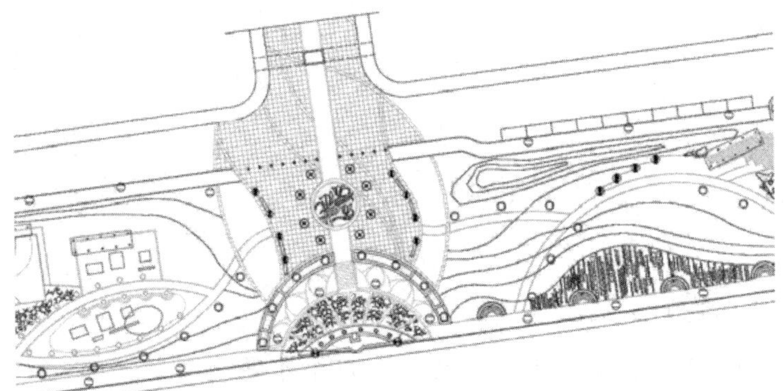

图 10-63 灯位平面图 2

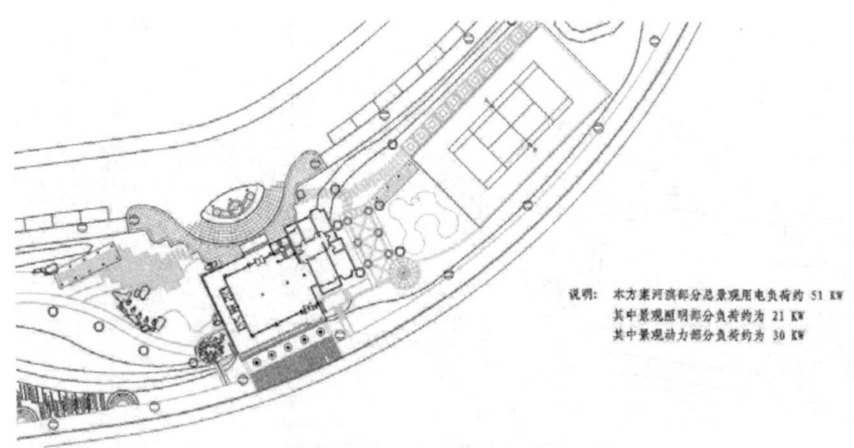

说明: 本方案河滨部分总景观用电负荷约 51 KW
其中景观照明部分负荷约为 21 KW
其中景观动力部分负荷约为 30 KW

图 10-64 灯位平面图 3

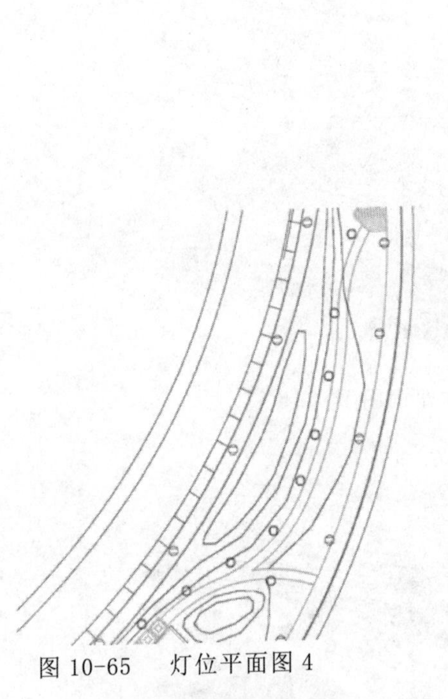

图 10-65　灯位平面图 4

图 10-66　灯位平面图 5

10.4.12　给排水设计

根据园区的形状、水源所在地，合理安排给水管道和排水管道。该园区主要靠竖向地形来排水，另外要考虑当地冻土层的厚度，将管道设在冻土层之下，如图 10-67～图 10-69 所示。

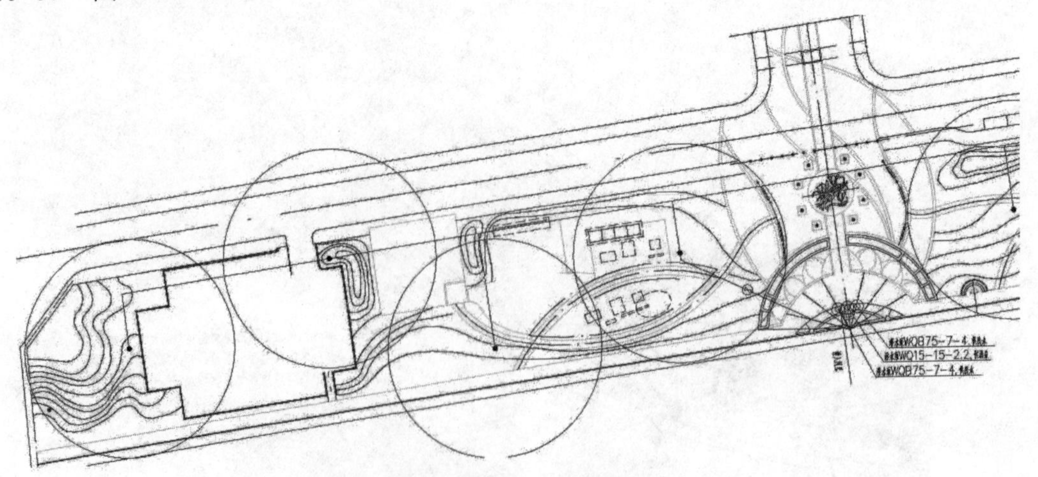

图 10-67　给水管线布置 1

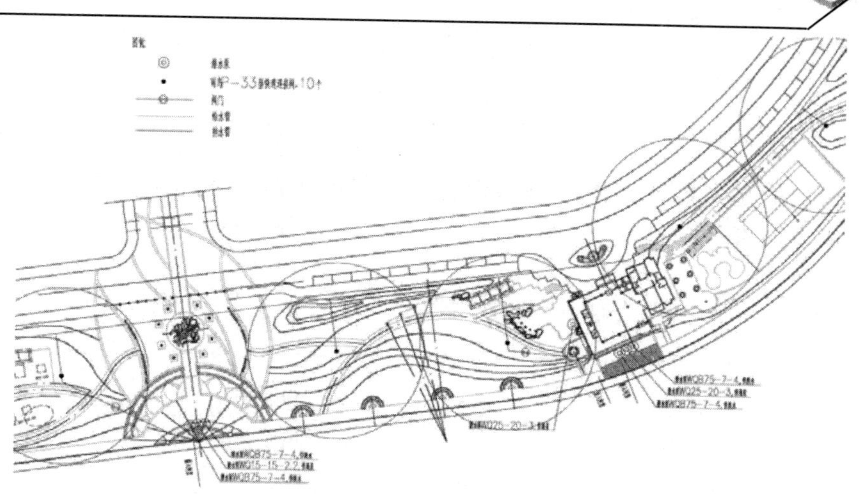

图 10-68　给水管线布置 2

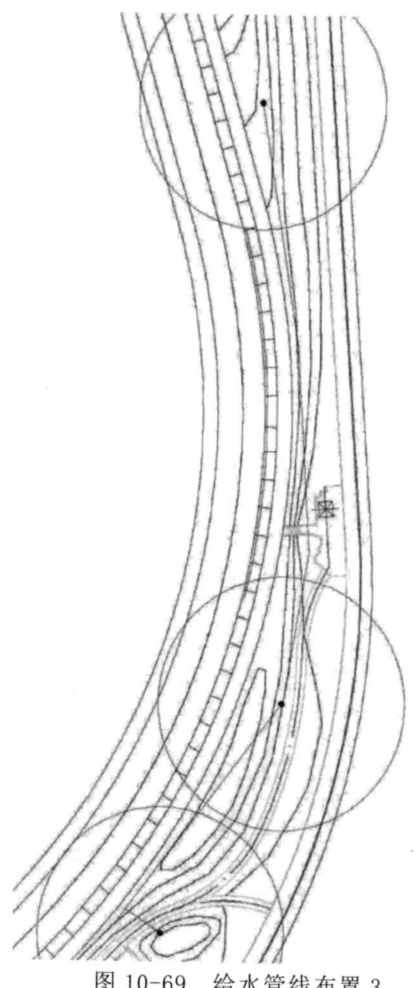

图 10-69　给水管线布置 3

10.5 上机操作

通过前面的学习，读者对本章知识有了大体的了解，本节通过两个操作练习使读者进一步掌握本章知识要点。

【实例 1】绘制图 10-70 所示的花园绿地设计。

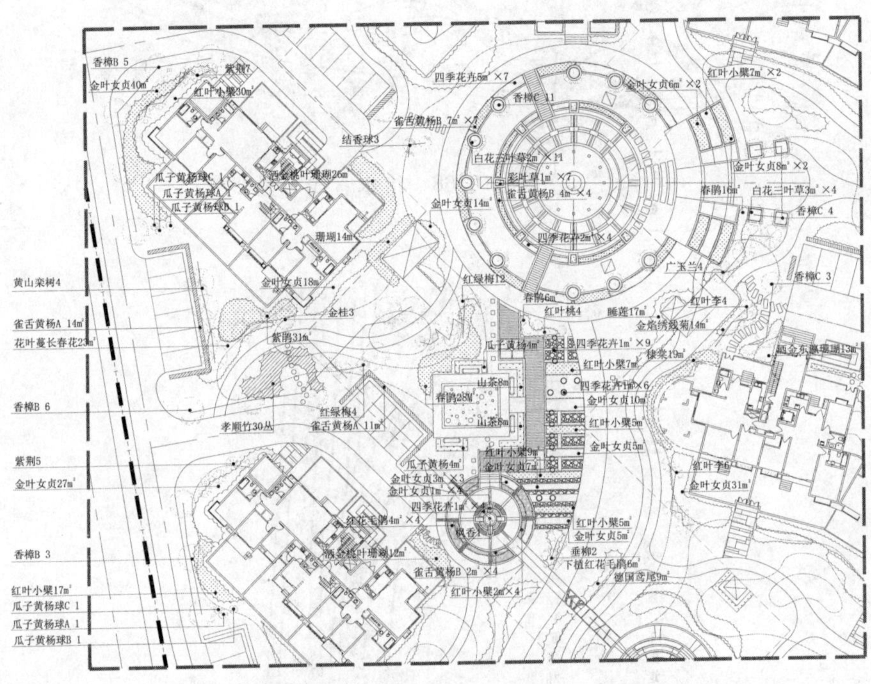

图 10-70 花园绿地设计

1. 目的要求

本实例主要要求读者通过练习进一步熟悉和掌握花园绿地设计的绘制方法。通过本实例，可以帮助读者学会完成绿地设计绘制的全过程。

2. 操作提示

（1）绘图前准备及绘图设置。

（2）绘制入口和设计地形。

（3）绘制道路系统和广场。

（4）景点的规划设计。

（5）绘制景点细节。

（6）绘制建筑物。

（7）植物的配置。

（8）标注文字。

【实例 2】绘制图 10-71 所示的道路绿化图。

1．目的要求

本实例主要要求读者通过练习进一步熟悉和掌握道路绿化图的绘制方法。通过本实例，可以帮助读者学会完成绿化图绘制的全过程。

2．操作提示

（1）绘图前准备及绘图设置。

（2）绘制 B 区道路轮廓线以及定位轴线。

（3）绘制 B 区道路绿化、亮化。

（4）标注文字。

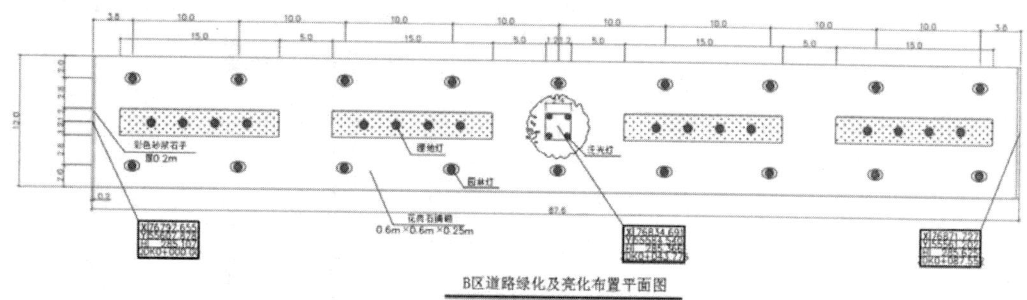

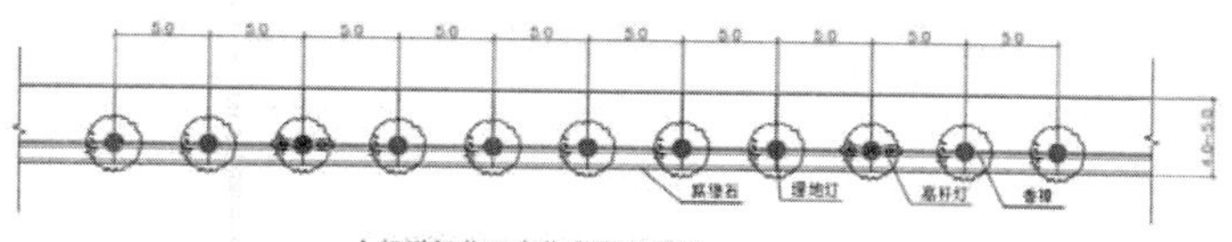

附注:
1.本图尺寸均以米计。
2.B区道路两侧花池规格15m×2.4m×0.4m，中间花池规格15m×2.4m×0.4m。
3.B区道路两侧花池以种植灌木为主，用花卉点缀,每个花池等间距布置四盏埋地灯。
4.B区道路中间花池种植乔木，在花池四个角个布置一盏泛光灯。
5.园林灯高3.6m，每隔10m在步行街两侧布置。
6.高杆灯高10m，每隔30m在人行道两侧布置。
7.人行道每隔5m种植一棵行道树，行道树种植胸径为10~12cm的香樟。每棵树下设置一盏埋地灯。

图 10-71　道路绿化图